LOGIK DER WISSENSCHAFTLICHEN FORSCHUNG

Logik
der wissenschaftlichen Forschung

Herausgegeben
von
P. W. KOPNIN und M. W. POPOWITSCH

Akademie der Wissenschaften der UdSSR
Institut für Philosophie

AKADEMIE-VERLAG · BERLIN
1969

Russischer Originaltitel

Догика научного исследования

Издательство наука, Москва 1965

Verfaßt von einem Autorenkollektiv
unter Leitung von P. W. Kopnin

Verfasser:

Einleitung P. W. Kopnin

1. Kapitel J. S. Sharikow
2. Kapitel W. W. Kossolapow
3. Kapitel N. W. Kossolapow
4. Kapitel P. F. Jolon
5. Kapitel S. B. Krymski
6. Kapitel M. W. Popowitsch
7. Kapitel P. W. Kopnin
8. Kapitel M.W. Popowitsch
9. Kapitel I. W. Bytschko, J. S. Sharikow
10. Kapitel S. B. Krymski (I, II), A. T. Artjuch (III)
11. Kapitel P. W. Kopnin
12. Kapitel W. F. Tschernowolenko

Übersetzt von Willi Hoepp

Erschienen im Akademie-Verlag GmbH, 108 Berlin, Leipziger Straße 3–4

Lizenznummer: 202 · 100/19/69
Herstellung: IV/2/14 VEB Werkdruck, 445 Gräfenhainichen · 3024
Bestellnummer: 5679 · ES 3 B 2/18 A

Inhalt

5. KAPITEL

6. KAPITEL

7. KAPITEL

8. KAPITEL

9. KAPITEL

10. KAPITEL

11. KAPITEL

12. KAPITEL

EINLEITUNG

Aufgaben und Grundbegriffe der Logik der wissenschaftlichen Forschung

Unsere Zeit beeindruckt durch die Kühnheit des menschlichen Denkens, das die tiefsten Geheimnisse der Natur und des Menschen enthüllt. Wir sind daran gewöhnt, daß die Presse fast jeden Tag Meldungen über Errungenschaften unserer Wissenschaftler bringt. Der Bereich der wissenschaftlichen Forschungen wächst unaufhörlich. In stetig steigendem Maße wird die Wissenschaft zu einer unmittelbaren Produktivkraft. „Die Anwendung der Erkenntnisse der Wissenschaft", heißt es im Programm der KPdSU, „wird für ein mächtiges Wachstum der gesellschaftlichen Produktivkräfte zu einem entscheidenden Faktor. Die Entwicklung der Wissenschaft und die Anwendung ihrer Errungenschaften in der Volkswirtschaft bleibt auch weiterhin Gegenstand besonderer Aufmerksamkeit der Partei."[1]

Das Ausmaß der wissenschaftlichen Forschungen und ihre Bedeutung für die Entwicklung der Gesellschaft haben ein Niveau erreicht, auf dem die Forcierung der Wissenschaftsplanung und die Koordination der Forschungen im Unionsmaßstab zu einer aktuellen Notwendigkeit geworden sind.

Die Intensität der Entwicklung der für die Schaffung der materiell-technischen Basis des Kommunismus erforderlichen wissenschaftlichen Forschungen und die Heranbildung eines allseitig entwickelten Menschen der neuen Gesellschaft hängen von vielen Faktoren ab: von den Kadern der Forscher, von der wissenschaftlichen Ausrüstung und dergleichen mehr. Große Bedeutung erlangt die Beherrschung der Methoden der wissenschaftlichen Forschung, das Verständnis für die Logik ihrer Entwicklung.

Es erhebt sich die Frage, welche Rolle in der Forschung die Logik spielt, wie man die Entwicklung der Wissenschaft planen kann, wo doch Entdeckungen in der Wissenschaft unerwartet geschehen, häufig auf der Grundlage der Intuition.

[1] Programm und Statut der Kommunistischen Partei der Sowjetunion. Angenommen auf dem XXII. Parteitag der KPdSU 17. bis 31. Oktober 1961, Berlin 1962, S. 119.

Zweifelsohne spielen in der Wissenschaft sowohl die materialistisch verstandene Intuition wie die Phantasie und sogar die Spekulation eine bestimmte Rolle. In das Unbekannte vordringend, angefangen von den riesigen Räumen des Kosmos und endend mit den Elementarteilchen, wo der übliche Begriff „Dimension" im wesentlichen seinen Sinn verliert, ist die Wissenschaft imstande, jeden romantisch veranlagten Geist anzuziehen.

Ungeachtet dessen jedoch sind die Entwicklung der Wissenschaft allgemein und der Lauf der wissenschaftlichen Forschung bestimmten strengen Gesetzmäßigkeiten unterworfen und haben ihre Logik, deren Beherrschung für eine erfolgreiche wissenschaftliche Tätigkeit unumgänglich ist.

Das Resultat der wissenschaftlichen Forschung ist der Gewinn neuer Kenntnisse über die Erscheinungen der Natur und Gesellschaft. Die in theoretischer und praktischer Hinsicht bedeutendsten Errungenschaften der Wissenschaft werden Entdeckungen genannt. Das Problem der Logik der wissenschaftlichen Forschung entstand ursprünglich in Form der Suche nach einem System der Logik der Entdeckungen: Sollte es nicht möglich sein, ein logisches System zu konstruieren, das die Menschen lehren könnte, wissenschaftliche Entdeckungen zu machen? Von einer solchen Logik hatte bereits der mittelalterliche Scholastiker Raimundus Lullus geträumt, der das Projekt einer Maschine vorlegte, mit deren Hilfe man alle möglichen Wahrheiten erhalten sollte.

Mit der Idee einer solchen Logik befaßten sich auch hervorragende Denker der Neuzeit – Francis Bacon und René Descartes. Die Logik seiner Zeit charakterisierend, schrieb Bacon: „So, wie die gegenwärtigen Wissenschaften für die Erfindungen von wirklichen Werken nutzlos sind, so ist auch die jetzige Logik nutzlos für die Entdeckung wahrer Wissenschaft." („Sicut Scientiae, quae nunc habentur, inutiles sunt ad inventionem Operum: Ita & Logica, quae nunc habetur, inutilis est ad inventionem Scientiarum.")[2] Descartes stellte ebenfalls die Frage nach einer Logik, die als Mittel zur Entdeckung neuer zuverlässiger Wahrheiten[2a] dienen sollte.

[2] *Francisci Baconis* Novum organum scientiarum, sive judicia vera de interpretatione naturae, in: *Francisci Baconi* Opera omnia, Lipsiae 1694, p. 280; deutsch zit. nach: *Francis Bacon,* Das neue Organon (Novum organon). Hrsg. v. M. Buhr. Übers. v. R. Hoffmann, Berlin 1962, S. 43.

[2a] russ.: достоверные истины – Das Adjektiv „достоверный" kann selbstverständlich auch mit „sicher", „gesichert", „gewiß" wiedergegeben werden. Analog werden im weiteren für das Substantiv „достоверность" je nach dem Kontext die Entsprechungen „Zuverlässigkeit", „Sicherheit", „Gewißheit" wahlweise verwendet. – *D. Ü.*

Dabei sah er diese neue Logik als Teil der praktischen Philosophie an. Sie habe ihm gezeigt, „daß es möglich ist, zu Kenntnissen zu kommen, die von großem Nutzen für das Leben sind, und statt jener spekulativen Philosophie, die in den Schulen gelehrt wird, eine praktische zu finden, die uns die Kraft und Wirkungsweise des Feuers, des Wassers, der Luft, der Sterne, der Himmelsmaterie und aller anderen Körper, die uns umgeben, ebenso genau kennen lehrt, wie wir die verschiedenen Techniken unserer Handwerker kennen, so daß wir sie auf ebendieselbe Weise zu allen Zwecken, für die sie geeignet sind, verwenden und uns so zu Herren und Eigentümern der Natur machen könnten" („qu'il est possible de parvenir à des connaissances qui soient fort utiles à la vie, et qu'au lieu de cette philosophie spéculative, qu'on enseigne dans les écoles, on en peut trouver une pratique, par laquelle connaissant la force et les actions du feu, de l'eau, de l'air, des astres, des cieux et de tous les autres corps qui nous environnent, aussi distinctement que nous connaissons les divers métiers de nos artisans, nous les pourrions employer en même façon à tous les usages auxquels ils sont propres, et ainsi nous rendre comme maîtres et possesseurs de la nature")[3].

Die Herrschaft über Himmel und Erde, die Verlängerung des Lebens und die Verjüngung des Menschen, die Verwandlung bestimmter Körper in andere, die Schaffung neuer Pflanzen- und Tierarten, das waren Aufgaben, die die genialen Denker des 17. Jahrhunderts dem Menschen stellten, und die Logik der Entdeckung war von ihnen als wirksames Mittel zur Erreichung dieser Ziele gedacht.

Wie edel die Ziele Bacons, Descartes' und anderer auch waren, die spezielle Logik der wissenschaftlichen Entdeckungen blieb ein unerfüllter Traum, man kann sagen, eine logische Utopie. Es kann keine Logik geben, die durch die Beherrschung ihrer Gesetze und Regeln die Entdeckungen in der Wissenschaft garantieren würde. Hätte eine solche Logik bestanden, dann wären von allen, die die Gesetze und Regeln dieser Logik studiert hätten, stetig Entdeckungen gemacht worden.

Jedermann weiß indessen, daß keineswegs alle Menschen, bei weitem nicht einmal alle Wissenschaftler, eine Entdeckung in der Wissenschaft zuwege bringen. Ein streng formalisiertes logisches System des Prozesses, der zu Entdeckungen in der Wissenschaft führt, ist grundsätzlich unmöglich, weil jede Entdeckung ihrer logischen Struktur nach kompliziert ist und zutiefst individuelle, unwiederholbare Züge enthält, die von wesent-

[3] *René Descartes*, Discours de la Méthode. Von der Methode des richtigen Vernunftgebrauchs und der wissenschaftlichen Forschung. Übers. u. hrsg. v. L. Gäbe, Hamburg 1960, S. 101; franz. Text ebenda, S. 100.

licher Bedeutung sind. Man kann beispielsweise in allen Einzelheiten erforschen, wie und auf welchen Wegen, mit Hilfe welcher Denkmethoden Mendelejew zur Entdeckung des Periodengesetzes der Elemente kam. Der bekannte sowjetische Philosoph B. M. Kedrow hat bis ins einzelne gehend einen Tag im Leben Mendelejews untersucht.[4] Er machte klar, was Mendelejew an dem Tag, an dem er sein berühmtes Gesetz formulierte, tat und dachte, welcher Methoden er sich bediente. Diese Untersuchung ist sehr interessant, und wir wissen jetzt viel über die schöpferische Arbeitsweise des großen Chemikers. Doch die Anwendung des Mendelejewschen Denkschemas garantiert keineswegs Entdeckungen auf anderen Wissenschaftsgebieten, ja nicht einmal in der Chemie selber. Es würde exakt funktionieren, wenn wir erneut darangingen, das Periodengesetz zu entdecken, doch schon die Weiterentwicklung und Ergänzung der Tabelle Mendelejews vollzog sich in etwas anderer Weise als seine Entdeckung der Tabelle.

Als nahezu allgemein anerkannt gilt, daß der Prozeß der wissenschaftlich-schöpferischen Arbeit nicht auf logische Operationen zu reduzieren ist, die sich darauf erstrecken, Schlüsse aus früher gewonnenen Kenntnissen zu ziehen. Das Fortschreiten der Erkenntnis zu neuen Resultaten darf nicht vereinfacht als Prozeß aufgefaßt werden, bei dem nach den Gesetzen der strengen logischen Deduktion aus gegebenen Prämissen Folgerungen abgeleitet werden.

Das Verhältnis des neuen Wissens zum voraufgegangenen Wissen sprengt den Rahmen des formallogischen Satzes vom Widerspruch; neue Resultate brauchen logisch keineswegs aus den früher erzielten Kenntnissen zu folgen, sondern können zu ihnen in Widerspruch treten.

Das hängt damit zusammen, daß das Denken im Prozeß der wissenschaftlichen Forschung unweigerlich Sprünge macht, die Kontinuität unterbricht und über die Grenzen der früheren theoretischen Vorstellungen hinausgeht. Letzteren Umstand nach dem gegebenen Stand der Erkenntnis formal und logisch zu begründen, ist unmöglich. Dadurch erscheinen die Resultate wissenschaftlich-schöpferischer Arbeit mitunter einfach alogisch, da sich die Entstehung neuer Kenntnisse niemals vollständig in einem bestehenden logischen System unterbringen läßt. Dieser Sprung des Denkens beim Entdeckungsvorgang vollzieht sich intuitiv, und die Wissenschaft operiert eine Zeitlang mit einer These, deren Richtigkeit sie nicht streng logisch zu begründen vermag.

Darauf spekulieren die Irrationalisten, die die Intuition als etwas Nichtrationales, Mystisches, als übernatürliche Offenbarung schildern. In Wirk-

[4] Siehe *Б. М. Кедров*, День одного великого открытия, Москва 1958.

lichkeit fügen sich diese Sprünge im Denken ein in den Rahmen eines vernünftigen, rationalen, auf der Praxis beruhenden Verhältnisses des Menschen zur Natur. Die Dialektik geht davon aus, daß das Denken ein sich entwickelnder Vorgang ist, der die Entstehung von etwas prinzipiell Neuem einschließt. Lenin schrieb über die dialektische Auffassung der Entwicklung unter anderem: „Wodurch unterscheidet sich der dialektische Übergang vom nichtdialektischen? Durch den Sprung. Durch den Widerspruch. Durch das Abbrechen der Allmählichkeit. Durch die Einheit (Identität) von Sein und Nichtsein.“[5]

Das bezieht sich auch auf die Entwicklung der Erkenntnis, die ebenfalls den Sprung, die Widersprüchlichkeit in sich birgt, während der Begriff der Folgerichtigkeit nicht etwas ein für allemal Gegebenes, Abgeschlossenes ist.

Das neue Resultat erscheint alogisch im Verhältnis zum voraufgegangenen Wissen, wenn man das „Logische“ in den engen Rahmen des Formallogischen sperrt, das als unveränderlich und ein für allemal gegeben angesehen wird. In Wirklichkeit stellt das Unveränderliche einen unbedeutenden Teil des Bereichs des Logischen dar, selbst das Formallogische wird ständig durch neue Rechnungssysteme ergänzt.

Unter dem Logischen muß man indessen die Gesamtheit aller Gesetzmäßigkeiten des Fortschreitens des Denkens zu neuen, den Charakter objektiver Wahrheit tragenden Resultaten verstehen. Jedoch selbst bei einer so weitgehenden Auffassung des Logischen läßt sich der wissenschaftliche Forschungsprozeß nicht vollständig in ihm unterbringen, denn bei den wissenschaftlichen Entdeckungen sind die Persönlichkeit des Wissenschaftlers und seine Fähigkeiten, die Charakterstärke, die frühere Erfahrung und – wie mancherseits betont wird – sogar die Kindheits- und Jugenderlebnisse von großer Bedeutung. Das alles zusammengenommen kann natürlich nicht von einem logischen Schema vorausgesehen werden.

Die moderne Wissenschaft verfügt über mächtige logische Mittel.

Erstens fungiert die materialistische Dialektik als Logik, die die allgemeine Methode für das Fortschreiten des Denkens zu neuen Resultaten gibt. Die Gesetze der Dialektik sind die logischen Prinzipien des Übergangs zu neuem Wissen, die zum Abbrechen der Allmählichkeit führende Synthese der Kenntnisse. Die Schaffung einer neuen Theorie impliziert als unausbleibliches Moment das Entstehen einer neuen Qualität, wobei die voraufgegangenen Resultate unter Wiederholung einiger ihrer Mo-

[5] *W. I. Lenin*, Konspekt zu Hegels „Vorlesungen über die Geschichte der Philosophie“, in: *W. I. Lenin*, Werke, Bd. 38, Berlin 1964, S. 272.

mente in der neuen Synthese negiert werden und Gegensätzliches vereinigt wird.[6]

Zweitens ist in der heutigen Zeit ein sehr entwickelter Apparat der formalen Logik geschaffen worden, welche unter Anwendung mathematischer Mittel viele logische Rechnungssysteme zu schaffen verstanden hat. Die Struktur des Beweises ist gegenwärtig von seiner formallogischen Seite her tiefschürfend und recht vollständig erforscht.

Es heißt, daß sich die logischen Systeme, wieviele es von ihnen auch gegeben hat und wieviele neue noch entstehen würden, unter die zwei Logiken – die dialektische und die formale – subsumieren lassen. Im Prinzip ist das richtig, denn die Dialektik und die formale Logik umfassen in entwickeltster und vollständigster Form die gesamte Sphäre des Logischen. Allerdings sind logische Systeme möglich, die zur Erforschung ihres Gegenstandes alle von der heutigen Wissenschaft gebotenen Mittel anwenden müssen.

Die Teilung der Logik in die formale und die dialektische Logik erfolgte deshalb, weil es erforderlich war, die verschiedenen Momente im Denkprozeß detailliert und eingehend zu erforschen. Durch diese Aufteilung der Logik wurde es möglich, den formalen Apparat für die Erforschung des Denkens auszuarbeiten und ständig zu vervollkommnen, was im Grunde den Gegenstand der formalen Logik mit all ihren Zweigen bildet. Andererseits zeitigte die Entwicklung der Logik das Resultat, eine philosophische Theorie des Denkens und die Methode zu seiner Erforschung geliefert zu haben. Die materialistische Dialektik als Logik hat eine Theorie und Methode geschaffen, die den Bedürfnissen der sich entwickelnden Wissenschaft entsprechen.

Aber der formale Apparat und die philosophische Methode sind als Mittel und Instrumente der allseitigen Erforschung des Denkens, seiner Formen, Arten, Etappen usw. unbedingt erforderlich. Hier darf man sich

[6] Die Bedeutung des Gesetzes der Einheit und des Kampfes der Gegensätze als Denkprinzip hat W. I. Schinkaruk gut dargelegt. Er unterschied zwischen der Überlegung als Schlußfolgerung und dem Denken, das neue Theorien hervorbringt: „. . . das dialektische Prinzip der Einheit der Gegensätze ist das Prinzip des dialektischen Zusammenhangs zwischen den *Überlegungen* im Prozeß des *Denkens*. Konkreter ausgedrückt ist es das Prinzip der dialektischen Synthese objektiver Resultate, gewonnen aus Überlegungen, denen *gegensätzliche*, in ihrer Relation aber *wahre* Urteile über ein und denselben in verschiedenen (gegensätzlichen) Betrachtungsebenen untersuchten Gegenstand entspringen." (*В. И. Шинкарук*, Логика, диалектика и теория познания Гегеля, Киев 1964, стр. 185.)

nicht davor scheuen, gleichzeitig formallogische Mittel und die dialektische Methode anzuwenden. Man muß umgekehrt, um eine konkrete Form des Denkens, z. B. eine Hypothese oder einen Begriff, zu untersuchen, sowohl mit der Kenntnis der heutigen philosophischen Methode als auch des formalen Apparats an sie herangehen. Auf Grund dessen werden zweifelsohne logische Systeme synthetischen Charakters entstehen, die den konkreten Gegenstand (Methode, Form, Etappe der Erkenntnis und dergleichen) mit allen vorhandenen Mitteln, sowohl logischen als auch speziellwissenschaftlichen, erforschen.

Die Entwicklung der heutigen Wissenschaft erfordert es, den wissenschaftlichen Forschungsprozeß selber zu untersuchen. Wir leben im Zeitalter einer beschleunigten Entwicklung der wissenschaftlichen Kenntnisse, die dem Fortschritt auf technischem und kulturellem Gebiet dienen. Um den Verlauf dieses Prozesses zu beeinflussen, muß man die Logik der wissenschaftlichen Forschung, den wechselseitigen Zusammenhang der ihre Bestandteile bildenden Elemente begreifen. Die Kybernetik stellt die Forderung, einige Funktionen des Menschen im Prozeß der wissenschaftlichen Forschung Maschinen zu übertragen, und diese Forderung wird kaum ernsthaften Einwänden begegnen. Doch eine solche Übertragung setzt die Formalisierung des wissenschaftlichen Forschungsprozesses voraus. Bevor man aber etwas formalisiert, muß geklärt werden, was, nämlich welcher Wissensgehalt, durch Formalismen und ihre Systeme ausgedrückt werden soll. Mit anderen Worten: in unserem Falle der Formalisierung muß die Untersuchung der Prozesse der wissenschaftlichen Forschung und ihrer logischen Aufeinanderfolge von der inhaltlichen Seite her vorangehen.

Gegenwärtig können wir beobachten, daß die Formalisierungsbedürfnisse die Erforschung des Inhalts dieses oder jenes Prozesses überholt haben. Einen immer größeren Wirkungskreis erfassen die Arbeiten auf dem Gebiet der Anwendung von Maschinen in den verschiedenen Bereichen der geistigen Tätigkeit des Menschen. Aber die inhaltsbezogene Seite der Logik dieser Tätigkeit ist wenig erforscht. Deshalb tappen die Menschen, die sich mit der Formalisierung des Vorgangs der Übersetzung von einer Sprache in eine andere, der Tätigkeit des Arztes bei der Diagnosenstellung und dergleichen beschäftigen, häufig im Dunkeln, denn die Denktätigkeit auf diesen Gebieten ist von ihrer inhaltlichen Seite her nur schwach erforscht.

Die Logik hat den menschlichen Denkprozeß bis zu einem gewissen Grade theoretisch erforscht, indem sie ihn in einzelne Formen zerlegte, um diese dann zu beschreiben und zu deuten. Doch der Verlauf, den die Entwicklung von Wissenschaft und gesellschaftlicher Praxis nimmt, erfordert heute, daß die Menschen den Denkprozeß in einem solchen Grade beherrschen, daß sie seine Entwicklung zu lenken vermögen. Der Mensch soll das Denken nicht bloß erkennen, sondern es auch meistern.

Die Aufgabe, sich zum Herrn über das menschliche Denken zu machen, es sich zu unterwerfen, haben die Philosophen schon seit langem gestellt. Die altindischen Jogis verkündeten, daß die Selbsterlösung möglich wäre, wenn der Mensch die Körper-, Sinnes- und Geistesfunktionen unterdrücken könne. Unter Unterwerfung des Denkens verstanden sie jedoch dessen Loslösung vom Zusammenhang mit dem Objekt, die Durchdringung jener Schichten des Geistes, hinter denen sich die göttliche Natur des Verstandes verbirgt. Die Beherrschung des Geistes bei den Jogis bedeutete eine Hemmung der auf das Begreifen der äußeren Naturerscheinungen gerichteten geistigen Tätigkeit.

Unsere Aufgabe ist hingegen eine völlig andere, nämlich uns das Denken zu unterwerfen, um es zu einem noch wirksameren Mittel in der praktischen Beherrschung der Natur und Gesellschaft innewohnenden Kräfte zu machen, es nicht vom Objekt, das es widerspiegelt, loszulösen, sondern es noch enger mit diesem zu verknüpfen. Hierfür aber darf sich die Logik nicht auf die Beschreibung und Deutung einzelner Denkformen beschränken, sondern sie muß das Denken im ganzen als Prozeß des Fortschreitens zu neuen Resultaten untersuchen.

Es gibt keine spezielle Logik der Entdeckungen und kann sie auch nicht geben, aber die Logik muß in ihrer Entwicklung auf die mit dem Verlauf wissenschaftlicher Entdeckungen zusammenhängenden Fragen in immer größerem Maße eine Antwort geben, sie muß die wissenschaftliche Suche des Wissenschaftlers lenken und dem wissenschaftlichen Forschungsprozeß selber näherkommen.

Im Zusammenhang damit entstand auch das Problem der Logik der wissenschaftlichen Forschung. Sie ist nicht als neues, in sich geschlossenes logisches Rechnungssystem aufzufassen, das ein ideales Modell der Denkzusammenhänge im Ablauf einer wissenschaftlichen Forschung darstellt. Wäre ein solches System auch möglich, so würde es seinem Gehalt nach sehr dürftig sein, für die praktische wissenschaftliche Forschung ginge ihm im Grunde jegliche Bedeutung ab. Die Logik der wissenschaftlichen Forschung ist vor allem unumgänglich notwendig als inhaltsbezogenes logisch-erkenntnistheoretisches System, das ein ganzheitliches Wissen über den wissenschaftlichen Forschungsprozeß und seine einzelnen Elemente vermittelt.

Die methodologische Grundlage dieses Systems bildet die dialektische Logik, deren Gesetze und Kategorien den Erkenntnisprozeß von allgemeiner erkenntnistheoretischer Seite her charakterisieren. Doch die Forschung als Erkenntnis hat ihre spezifischen Besonderheiten, die damit zusammenhängen, daß sie unmittelbar auf die Erzielung von dem Subjekt (der Menschheit und nicht dem Individuum) zuvor unbekannten Resultaten gerichtet ist. Schüler und Student erkennen, wenn sie am Unterricht teilnehmen oder Lehrbücher lesen, aber sie forschen nicht. Sie eignen sich das für sie neue Wissen an, erzielen aber keine für die menschliche Gesellschaft neuen Resultate. Der Forschungsprozeß hat hingegen als unmittelbare Aufgabe die Gewinnung neuer Kenntnisse für die Menschheit.

Um die Besonderheiten dieses in der Erforschung des Denkens neuen Aspektes zu verstehen, ist es erforderlich, über das Wesen der Forschung in ihrem Verhältnis zur Erkenntnis Klarheit zu schaffen. Forschung ist unzweifelhaft Erkenntnis, deshalb gilt das allgemeine logisch-erkenntnistheoretische Charakteristikum der Erkenntnis auch für die Forschung. Um aber die Forschung zu beherrschen, sie kontrollieren zu können, ist das allgemeine logisch-erkenntnistheoretische Merkmal, das sie als einen Erkenntnisvorgang ausweist, unzureichend; man muß sie als Forschung kenntlich machen, nämlich die Besonderheiten jenes Erkenntnisaktes aufdecken, der unmittelbar auf die Erlangung von Resultaten gerichtet ist, die dem Subjekt als Gesellschaft, nicht aber als Individuum zuvor unbekannt waren.

Die wissenschaftliche Forschung ist Erkenntnis, die unmittelbar darauf abzielt, im Denken ein Resultat zu erzielen, das *nicht nur für das betreffende* Subjekt, *sondern für das Subjekt allgemein* neu ist. Zu beachten ist auch, daß man die Erkenntnis, um ihr Wesen zu verstehen, als Forschung ansehen muß, da in dieser auch eine charakteristische Besonderheit der menschlichen Erkenntnis auftritt – das Fortschreiten des Denkens zu wirklich neuen Resultaten.

Forschung als Erkenntnisakt vollzieht sich auf der Basis praktischer Wechselwirkung zwischen Subjekt und Objekt. Sie ist die theoretische Form, in der das Subjekt vom Objekt geistigen Besitz ergreift; in ihr wird die gesellschaftliche Natur des Subjekts besonders sichtbar. Wenn sich der Wissenschaftler mit der Erforschung beispielsweise des kosmischen Raumes beschäftigt, dann fungiert er nicht als Petrow, Sidorow, Sedow, sondern als Gesellschaft, die einen Reifegrad erreicht hat, der ihr die kosmischen Weiten zugänglich macht, deren Erforschung für den weiteren gesellschaftlichen Fortschritt notwendig wird. Das Resultat der wissenschaftlichen Erforschung des kosmischen Raumes ist die Gewinnung von Wissen, das nicht nur für Petrow, Sidorow oder Sedow neu ist, sondern für die Gesellschaft auf der betreffenden Entwicklungsstufe. Anderenfalls wäre es keine Forschung.

Auf das Problem der Logik der wissenschaftlichen Forschung konzentrieren in letzter Zeit Logiker und Wissenschaftler anderer Fachgebiete ihre Aufmerksamkeit. Die Logiker bemühen sich ihrerseits darum, den Erfordernissen näherzukommen, die mit den Aufgaben der Organisation der Forschung in den verschiedenen Wissenschaften verbunden sind, während andererseits die Wissenschaftler auf dem Gebiet der humanitären und insbesondere der Naturwissenschaften immer mehr die Notwendigkeit spüren, sich der zu neuen Wahrheiten in ihrem Bereich führenden Wege logisch bewußt zu werden. Im Zusammenhang damit sind viele Arbeiten über Probleme der Wissenschaftslogik geschrieben worden.

Von den entsprechenden Beiträgen nichtmarxistischer Philosophen ist das einschlägige Buch des positivistischen Logikers Karl Raimund Popper erwähnenswert.[7] Die Art und Weise, wie Popper die Lösung des Problems angeht, ist freilich grundsätzlich anders als bei den Marxisten. Da er erkannte, daß das Gebiet der Logik der wissenschaftlichen Forschung viel weitgespannter ist, als es die Mittel der formalen Logik sind, überließ er der Logik nur *ein* Feld in der wissenschaftlichen Forschung, nämlich mit ihrem Apparat neue Ideen und Theorien sowie die Argumente für ihren Beweis zu überprüfen. Alles übrige überantwortete er der „schöpferischen Intuition" und der – wie es Einstein ausgedrückt hatte – „Einfühlung in die Erfahrung".[7a] Auf Grund dessen wird die gesamte Logik der wissenschaftlichen Forschung von ihm auf die Anwendung des formallogischen Apparats, auf die Beschreibung von Prozessen, die bei der Forschung vor sich gehen, reduziert. Das ist zweifellos von gewissem Interesse, aber das Hauptsächliche, der Prozeß der Herausarbeitung neuer Ideen, der Synthese des neuen Wissens, erweist sich in diesem Falle als außerhalb der Logik liegend.

Das ist die eine Tendenz in der ausländischen nichtmarxistischen Literatur über die Probleme der Logik der wissenschaftlichen Forschung. Andere Philosophen versuchen, über die Grenzen des rein formallogischen Verfahrens zur Lösung des Problems der Wissenschaftslogik hinauszugehen, doch dabei verfallen sie in ein anderes Extrem – sie verwerfen schlechthin die logische Analyse des wissenschaftlichen Forschungsprozesses und beschäftigen sich mit belletristischer Beschreibung der Wissenschaft und mit Betrachtungen über sie. Ein Beispiel hierfür ist ein Werk von John George Kemeny, das der Verfasser selbst als „kein Buch der Wissenschaft" („not a

[7] Siehe *Karl Popper*, Logik der Forschung, 2. erw. Aufl., Tübingen 1966 (1. Aufl. Wien 1935; engl. Ausg.: *Karl Popper*, The Logic of Scientific Discovery, London 1959).

[7a] Siehe ebenda, S. 7 (dt. Ausg.).

science book"), sondern als „ein Buch über die Wissenschaft" („a book about science") bezeichnet.[8] Die Philosophie befaßt sich seiner Ansicht nach allgemein „mit den Fragen, die der Wissenschaftler entweder nicht beantwortet oder nicht beantworten kann" („with those questions that the scientist either does not answer or cannot answer")[9]. Dazu rechnet der Verfasser auch die Fragenkomplexe, die mit der Logik der wissenschaftlichen Forschung zusammenhängen, sowie die philosophischen „Fragen, die sich aus der Wissenschaft ergeben" („questions that arise out of science"), ferner die Probleme, die die Methode der Wissenschaft, die Gesetze ihrer Wahrheitsfindung und dergleichen betreffen, d. h. alles, was unter die Versuche fällt, „ein einheitliches Bild von der Natur der Wissenschaft zu geben" („to give a unified picture of the nature of science")[9a].

Das Problem der Logik der wissenschaftlichen Forschung zieht auch die Aufmerksamkeit marxistischer Philosophen auf sich.[10] Unter den Marxisten bestehen keine Meinungsverschiedenheiten darüber, daß die Logik in alles, was mit den Gesetzmäßigkeiten des Vorgangs der wissenschaftlichen Forschung zusammenhängt, eindringen soll und kann. Dabei darf sich die logische Analyse der wissenschaftlichen Forschung nicht auf die Anwendung des Apparats der formalen Logik beschränken, denn das ist nur ein Moment der Analyse und nicht mehr.

Geht es jedoch um die konkreten Wege und die Methoden der logischen Untersuchung der wissenschaftlichen Forschung, dann muß gesagt werden, daß von den sowjetischen Philosophen verschiedene Konzeptionen vertreten werden. Einige nehmen an, daß alle logischen Systeme stets mit der wissenschaftlichen Forschung verknüpft sind. Professor W. F. Asmus führte 1962 auf dem Kiewer Symposium zur Logik der wissenschaftlichen Forschung aus, „daß die Logik als Wissenschaft immer eine Logik der wissenschaftlichen Forschung in dem Sinne war, daß ihre Aufgabe stets in der Erklärung aller Formen und Methoden des Denkens bestand"[11]. Und das ist richtig, denn jedes logische System hat diese oder jene Beziehung

[8] *John G. Kemeny*, A Philosopher Looks at Science, Princeton, N. J.-Toronto-London-New York 1959, p. X.

[9] Ebenda. [9a] Ebenda, p. XI, X.

[10] In jüngster Zeit ist eine Reihe sowjetischer Arbeiten erschienen, die sich mit den Problemen der logischen Analyse der wissenschaftlichen Forschung befassen. Konferenzen und Symposien über die Logik und Methodologie der Wissenschaft fanden 1960 und 1963 in Tomsk sowie 1962 und 1965 in Kiew statt.

[11] *В. Ф. Асмус*, Выступление на симпозиуме по логике научного исследования, in: Вопросы философии, 1962, 10, стр. 134.

zur wissenschaftlichen Forschung, da diese ein Erkenntnisprozeß ist. Andererseits enthebt das nicht der Aufgabe, die wissenschaftliche Forschung als Ganzes, mit all ihren spezifischen Besonderheiten einer speziellen logischen Untersuchung zu unterziehen.

Andere sowjetische Philosophen fassen die Logik der wissenschaftlichen Forschung als angewandtes Gebiet auf. So schreibt M. N. Alexejew: „Selbstverständlich denken wir, wenn wir von Anwendung der Logik auf die wissenschaftliche Forschung sprechen, an Logik im weiten Sinne des Wortes, wobei wir sie nicht auf den Rahmen der formalen, erst recht nicht der mathematischen Logik beschränken. Wo es um die Lösung der Fragen der Logik der wissenschaftlichen Forschung geht, gebührt der dialektischen Logik eine große, ja sogar die führende Rolle.“[12]

Wir vertreten die Ansicht, daß die Logik der wissenschaftlichen Forschung zwar die Verwendung der Methode der materialistischen Dialektik und formallogischer Mittel einschließt, aber nicht deren bloße Anwendung ist, sondern ein spezielles theoretisches Gebiet der Wissenschaft, das einen eigenen Gegenstand und eigene Grundbegriffe hat.

W. N. Sadowski wirft die Frage nach der Wissenschaftsmethodologie als einem besonderen Gebiet der Wissenschaft auf, das die methodologische Seite der wissenschaftlichen Forschung untersucht. Den Inhalt dieses Gebiets definiert er folgendermaßen: „Ihrem Wesen nach ist die Wissenschaftsmethodologie ein Komplex erkenntnistheoretischer Probleme, die aus der allgemeinen Erkenntnistheorie ausgegliedert sind und deren Ziel es ist, eine spezielle Analyse der wissenschaftlichen Kenntnisse zu geben.“[13] Dabei nimmt er an, daß sich die Wissenschaftsmethodologie aufbaut im Zusammenhang sowohl mit den Forschungen nach der dialektischen Logik, mit der Analyse der wissenschaftlichen Kenntnisse unter dem Gesichtspunkt ihres Inhalts und ihrer Genese, als auch mit der Anwendung des Apparats der heutigen formalen Logik auf die Erforschung der Problematik der Wissenschaftsmethodologie. Unklar bleibt aber, wie in der Logik der wissenschaftlichen Forschung der inhaltlich-genetische und der formallogische Aspekt der Analyse der wissenschaftlichen Kenntnis[13a] zu kombinieren sind. Auch ruft der Gebrauch des Terminus „Wissenschafts-

[12] *М. Н. Алексеев*, Логика научного исследования, in: Вопросы философии, 1962, 11, стр. 77.

[13] *В. Н. Садовский*, Проблемы методологии дедуктивных теорий, in: Вопросы философии, 1963, 3, стр. 64.

[13a] russ.: научное знание — Für diesen Terminus wäre in der deutschen Wiedergabe auch möglich: „szientifisches Wissen“ oder „wissenschaftliches Wissen“ (so bei *Alfred Kosing*, Wissenschaftstheorie als Aufgabe der marxistischen

methodologie“ in der betreffenden Bedeutung Zweifel hervor, da hierunter gewöhnlich ein relativ großer Kreis von Fragen verstanden wird, die sich durchaus nicht nur auf die Logik und die Erkenntnistheorie, sondern auch auf die soziologischen Aspekte der Wissenschaft beziehen.

Einige Autoren (beispielsweise G. P. Stschedrowizki) erheben die Forderung nach einer speziellen inhaltlich-genetischen operationalen Logik, deren Apparat sich von vornherein auf die Lösung der Probleme zu orientieren habe, die mit dem Verständnis der Genese und Entwicklung des Denkens im allgemeinen und der wissenschaftlichen Forschung im besonderen zusammenhängen. Die formale Logik sei hierbei außerstande, die inhaltsbezogene Seite des Denkens zu erfassen, da sie nur seine Symbol(Zeichen)-sphäre berühre.

Natürlich sind der formalen Logik bei der Erforschung des Denkens von der inhaltlichen Seite her enge Grenzen gesetzt, aber es geht nicht an zu sagen, daß sie diese Frage überhaupt nicht berühre; in ihren Formalismen drückt sich ein bestimmter Inhalt unseres Denkens aus.

Außerdem ist auch die dialektische Logik, die das Denken speziell von der Seite der Veränderung seines Inhalts im Prozeß des Fortschreitens zur objektiven Wahrheit untersucht, inhaltsbezogen.

Wie bereits oben betont wurde, konzentriert die Logik der wissenschaftlichen Forschung ihre Aufmerksamkeit auf die inhaltliche Seite des Denkprozesses, doch stellt sie sich nicht die Aufgabe, einen formalen Apparat auszuarbeiten neben den logischen Kalkülen, die von der formalen Logik bereits geschaffen wurden und noch geschaffen werden. Im Prinzip ist die Schaffung eines weiteren formalen Apparats außer den gegenwärtig vorliegenden Rechnungssystemen möglich. Die Erfahrung aus der Entwicklung der formalen Logik zeigt, daß die Entstehung eines neuen Systems in ihr gebunden ist an die Einführung oder den Ausschluß eines inhaltsbezogenen Satzes. (Die Anerkennung des Satzes vom ausgeschlossenen Dritten ist nicht zwingend, und der Einschluß der Wahrscheinlichkeitswertung von Aussagen hat zur Entstehung der mehrstelligen Prädikatenlogik geführt.) Man kann einen Satz recht allgemeinen Inhalts aus jedem Wissensgebiet einschließlich der Philosophie nehmen und ihn als Ausgangssatz bei der Konstruktion eines formallogischen Rechnungssystems wählen, das je nach dem Charakter dieses neu eingeführten Satzes mehr oder weniger breite Anwendung finden wird.

Philosophie, Berlin 1967, S. 29). Da „Kenntnis“ und „Wissen“ Synonyme sind, wird hier und im folgenden „знание“ häufig mit „Kenntnis“ übersetzt, fast immer aber in der Kombination „научное знание“. – *D. Ü.*

Zur Aufgabe der Logik der wissenschaftlichen Forschung gehört es jedoch nicht, den formallogischen Apparat um ein neues Rechnungssystem zu bereichern. Das kann die formale Logik selber oder eine andere Wissenschaft tun, die sich des formallogischen Apparats zur Lösung ihrer Aufgaben bedient. Die Logik der wissenschaftlichen Forschung hat sich das Ziel gesetzt, die wissenschaftliche Forschung als ein Ganzes zu begreifen; sie wendet alle vorhandenen logischen Mittel einschließlich des Apparats der heutigen formalen Logik an, außerdem aber auch Angaben aus anderen Wissenschaftsbereichen, z. B. aus der Psychologie der wissenschaftlichen Arbeit.

Einige Autoren (P. W. Tawanez, W. S. Schwyrjow)[14] ziehen es vor, den Terminus „Logik der wissenschaftlichen Erkenntnis" zu verwenden, womit sie die Disziplin bezeichnen, die mit allen möglichen logischen Mitteln den Gang der wissenschaftlichen Erkenntnis erforscht. In diesem Falle geht aber die Spezifik der wissenschaftlichen Forschung unter.

Gegenwärtig läßt sich nicht sagen, daß die Logik der wissenschaftlichen Forschung als selbständige Wissenschaft besteht. Eine Wissenschaft kann man nicht erfinden und als solche deklarieren, sie entsteht auf natürliche, gesetzmäßige Weise im Zuge der Entwicklung des Wissens, wenn ihr Gegenstand und ihre Methode klar hervortreten. Die Logik der wissenschaftlichen Forschung existiert vielmehr als wissenschaftliches Problem, an dem die Arbeiten vor relativ kurzer Zeit aufgenommen wurden und heute in zwei Hauptrichtungen geführt werden: Die Vertreter der einen Richtung bemühen sich zu erklären, wieviel der Apparat der heutigen formalen Logik auf dem Gebiet der Organisation, Systematisierung und Begründung der im Forschungsprozeß gewonnenen wissenschaftlichen Kenntnisse für das Verständnis des wissenschaftlichen Forschungsprozesses zu geben vermag; die Anhänger der zweiten Richtung legen Nachdruck auf die andere Seite, nämlich darauf, daß nur vom Standpunkt der dialektischen Logik das Wesen der Forschung verstanden sowie die Bedeutung und Wechselbeziehung ihrer verschiedenen Methoden und Seiten bestimmt werden können. Und das ist ebenfalls richtig; die in dieser Richtung geführten Arbeiten sind außerordentlich wichtig. Gleichwohl ist es unbedingt notwendig, diese beiden Richtungen irgendwie zu vereinigen und die wissenschaftliche Forschung im ganzen darzubieten sowie den Inhalt der Begriffe, die die Erkenntnis als wissenschaftliche Forschung charakterisieren, von allen Seiten her zu bestimmen.

[14] Siehe *P. V. Tavanec* und *V. S. Švyrjev*, Die Logik der wissenschaftlichen Erkenntnis, in: Studien zur Logik der wissenschaftlichen Erkenntnis. Hrsg. v. G. Kröber, übers. v. G. Richter, Berlin 1967, S. 11–35.

Für die Erforschung der Erkenntnis unter allgemeinem erkenntnistheoretischem Gesichtspunkt hat die Philosophie eine Reihe von Kategorien ausgearbeitet wie die Widerspiegelung, das Sinnliche und Rationale, das Empirische und Theoretische, das Abstrakte und Konkrete, das Wahre und Falsche, das Historische und Logische und dergleichen mehr. Gleichzeitig gliederte sie hierfür die Erkenntnis in bestimmte Formen auf, deren Beschreibung und Erklärung das Verständnis der allgemeinen Gesetzmäßigkeiten des Erkenntnisprozesses gefördert haben. Geht man aber mit diesen Kategorien an die Forschung heran, so stellt sich heraus, daß sie für das Verständnis ihrer Spezifik unzureichend sind. Deshalb ist es erforderlich, eine ganze Reihe von Kategorien und Formen auszuarbeiten, die die Erkenntnis als Forschung ausweisen würden. Das eben gehört zur Aufgabe der Logik der wissenschaftlichen Forschung.

Nicht darum geht es, spezielle Formen des Denkens zu finden, die im Laufe der wissenschaftlichen Forschung zu Entdeckungen führen. Die Einteilung der Denkformen in solche, die zur Entdeckung neuer Wahrheiten führen, und solche, die lediglich früher aufgestellte Thesen beweisen, wie sie insbesondere Francis Bacon vornahm, der die gegebenenfalls zu Entdeckungen führende Induktion dem angeblich nur zum Beweise des Bekannten taugenden aristotelischen Syllogismus gegenüberstellte, findet keine Bestätigung in der Praxis der wissenschaftlichen Forschung.

Die Versuche, irgendwelche besonderen Denkformen zu konstruieren, mittels deren eine wissenschaftliche Entdeckung vollzogen wird, haben nicht zu positiven Ergebnissen geführt und werden auch schwerlich dazu führen können. Manche Philosophen haben angenommen, daß die dialektische Logik zum Unterschied von der formalen Logik spezielle, eigene dialektische Formen der Schlußfolgerung habe, die zur Gewinnung neuer Ideen und theoretischer Konstruktionen führen. Doch die Struktur dieser Formen zu finden und zu beschreiben ist bisher niemandem gelungen.

In der wissenschaftlichen Forschung sowie bei der Herausbildung neuer Ideen und Annahmen bedient sich der Wissenschaftler nicht nur der Analogie und Induktion, sondern auch aller Formen deduktiver Schlußfolgerungen. Wenn die Frage nach den Kategorien der Logik der wissenschaftlichen Forschung gestellt wird, dann geht es um Begriffe, in denen sich das Wesen der wissenschaftlichen Forschung und der sie bildenden Momente ausdrückt. Dabei muß man die Besonderheiten dieser Kategorien berücksichtigen, die aus dem praktischen Verhältnis des Subjekts zum Objekt im wissenschaftlichen Forschungsprozeß entspringen. Sehr große

Bedeutung für das Verständnis des Wesens dieser Kategorien hat das Moment des Sollens, von dem sich die Forschung leiten läßt.

Der Mensch widerspiegelt die Wirklichkeit nicht nur so, wie sie im augenblicklichen Zeitpunkt existiert, sondern auch so, wie sie für seine gesellschaftlichen Bedürfnisse sein soll. Die von vornherein auf die Befriedigung praktischer Bedürfnisse des Menschen abzielende Erkenntnis schafft Bilder von Gegenständen, die nicht in der Natur existieren, sondern existieren sollen. In Lenins Exzerpten aus Hegels Werken findet sich die treffende Bemerkung, daß „die Welt den Menschen nicht befriedigt und der Mensch beschließt, sie durch sein Handeln zu verändern“[15]. Als Maßstab für die Veränderung der Welt treten eben die Ideen des Menschen auf, in denen die Erscheinungen der Wirklichkeit nicht nur in den existierenden, sondern ebenfalls in den für den Menschen notwendigen Formen widergespiegelt werden. Die wissenschaftliche Forschung ist unmittelbar auf die Auffindung jener Formen gerichtet, gemäß denen die Welt verändert werden soll, deshalb wird sie von Anfang an durch den Willen des Subjekts in Bewegung gesetzt, von dem Hegel sagte: „Während es der Intelligenz nur darum zu thun ist, die Welt so zu nehmen, wie sie ist, so geht dagegen der Wille darauf aus, die Welt erst zu dem zu machen, was sie seyn *soll.*“[16]

Diese Unruhe, das Sollen, geht vom Subjekt aus, d. h. vom Forscher, aber es ist objektiv in seinem Inhalt, es drückt das Objekt durch das Prisma des Subjekts, der gesellschaftlichen Bedürfnisse der Menschheit zur Umgestaltung der Welt, aus. Hegel formulierte: „Die *Objektivität* hat das Subjekt hier sich selbst vindicirt; seine Bestimmtheit in sich ist das Objektive, denn es ist die Allgemeinheit, welche ebenso wohl schlechthin bestimmt ist . . .“[17] Damit der Wille nicht reine Willkür, eine Laune des Subjekts ist, stützt er sich auf früher erkannte objektive Gesetzmäßigkeiten. Alle Kategorien der Logik der wissenschaftlichen Forschung sind abgestempelt durch das Sollen. Wenn man dies nicht berücksichtigt, kann man ihre Spezifik nicht verstehen.

Die Kategorien, die die Hauptetappen der wissenschaftlichen Forschung charakterisieren, sind das Problem, die Tatsache, das System.

[15] *W. I. Lenin,* Konspekt zu Hegels „Wissenschaft der Logik“, in: *W. I. Lenin,* Werke, Bd. 38, S. 204.

[16] *Georg Wilhelm Friedrich Hegel,* Sämtliche Werke. Jubiläumsausg. in zwanzig Bänden. Hrsg. v. H. Glockner, 8. Bd.: System der Philosophie. Erster Teil. Die Logik, 3. Aufl. d. Jubiläumsausg., Stuttgart 1955, S. 444.

[17] Ebenda, 5. Bd.: Wissenschaft der Logik. Zweiter Teil. Die subjektive Logik oder Lehre vom Begriff, 3. Aufl., Stuttgart 1949, S. 320.

Die wissenschaftliche Erkenntnis beginnt mit der Stellung eines Problems. Was ist unter Problem zu verstehen? Im „Erklärenden Wörterbuch" von Uschakow finden wir auf diese Frage die Antwort, daß das Problem „eine Lösung erfordernde theoretische und praktische Frage, eine zu erforschende Aufgabe" [18] sei. Hier ist das Wort „Problem" erklärt, aber das Problem als Kategorie der Logik der wissenschaftlichen Forschung findet dadurch freilich keine Definition.

In der Regel ist der Begriff Problem an Nichterkanntes gebunden. Deshalb kann bei der Bestimmung des Problems davon ausgegangen werden, daß es etwas beinhaltet, was vom Menschen nicht erkannt ist und was erkannt werden soll. Das den gesamten Forschungsprozeß lenkende Moment des Sollens liegt schon im Begriff des Problems. Das Gebiet des Nichterkannten und des Begriffen-werden-Sollenden ist indessen außerordentlich groß. Der Mensch weiß sehr vieles noch nicht, und das nicht aus dem Grunde, daß er im Prinzip nicht wissen kann oder nicht wissen soll. In dieser Hinsicht gibt es keine Verbote.

Der Mensch stellt sich die Aufgabe, alle Erscheinungen der Natur und des gesellschaftlichen Lebens seinem Willen zu unterwerfen, sie ihm unterzuordnen, und dafür muß er alles wissen.

Bildet nun der gesamte Bereich des Nichterkannten das wissenschaftliche Problem? Natürlich nicht. Wäre dem so, dann würde der Begriff Problem seine Bedeutung verlieren und mit dem Nichterkannten verschmelzen. Das Problem ist nicht nur Nichterkanntes, sondern auch bereits einiges Wissen darüber. Das Problem ist nicht bloß Unkenntnis, sondern Wissen über die Unkenntnis. Als Problem wird nicht jeder Gegenstand gewählt, von dem wir wissen wollen, was er darstellt und welchen Gesetzmäßigkeiten er unterworfen ist, sondern nur ein solcher, über den Wissen unter den entstandenen gesellschaftlichen Bedingungen real möglich ist. Die Menschheit stellt der Erkenntnis auch nur solche Aufgaben, die sie bei dem gegebenen Stand der Entwicklung lösen soll und zu lösen befähigt ist. Die Probleme entstehen für die Wissenschaft im Zuge der Entwicklung der Gesellschaft und resultieren aus deren Bedürfnissen.

So ist z. B. eins der wichtigsten Probleme der heutigen Wissenschaft die Lenkung der thermonuklearen Reaktion. Ein solches Problem gab es aber weder im 18. und 19. Jahrhundert noch vor fünfzig Jahren. Die Gesellschaft und insbesondere die Wissenschaftsentwicklung mußten erst eine

[18] Толковый словарь русского языка. Главная ред. Б. М. Волин и Д. Н. Ушаков, т. III, Москва 1939, стр. 890.

Höhe erreichen, wo die Möglichkeit gegeben war, die Suche nach Wegen zur Lenkung und Ausnutzung der als Ergebnis der Verschmelzung von Wasserstoffkernen zu Helium entstehenden Energie (die der Sonnenenergie entspricht) für die Bedürfnisse der Volkswirtschaft auf realen Boden zu stellen. Tausende von Sonnen auf der Erde zu entflammen und ihre Energie zu steuern – dieser kühne Traum der Menschheit ist erst jetzt zu einem wissenschaftlichen Problem geworden.

Die Stellung eines Problems schließt unbedingt die Kenntnis der Wege zu seiner Lösung ein. Man muß wissen, was man unter den gegebenen Bedingungen wissen kann, auf welche Weise es möglich ist, das für die Praxis nötige Wissen zu erlangen. Die Probleme erwachsen als originelle logische Folgerung aus den früheren Ergebnissen der Wissenschaft. Ein Problem richtig zu stellen und es aus dem voraufgegangenen Wissen abzuleiten verstehen heißt, es bereits zur Hälfte gelöst zu haben.

Die vorhandenen Kenntnisse sind ausreichend, um ein Problem zu stellen, jedoch nicht, um es zu lösen. Für die Lösung des Problems ist neues Wissen erforderlich, das die Bedeutung von Tatsachen hat.

Der Begriff „Tatsache“ wird in der Literatur in den verschiedensten Bedeutungen gebraucht: Tatsache nennt man Erscheinungen, Dinge und Ereignisse; zu den Tatsachen werden unsere Empfindungen und die Wahrnehmungen von Dingen und ihren Eigenschaften gerechnet; schließlich versteht man unter Tatsache unumstößliche theoretische Sätze, mit denen man etwas beweisen oder widerlegen will.

Das Wort Tatsache mag zwar vieldeutig sein, dennoch muß jede Kategorie der Logik der wissenschaftlichen Forschung einen streng bestimmten Inhalt haben. Die Tatsache ist eine Form des menschlichen Wissens, die Zuverlässigkeit besitzen muß. Auf dieser Grundlage spricht man auch davon, daß Tatsachen hartnäckig sind: Man muß sie anerkennen, ganz gleich, ob sie uns gefallen oder nicht.

Nicht alle Tatsachen erweisen sich als zuverlässig; im Laufe der Wissenschaftsentwicklung wird manchmal die Ungewißheit dessen festgestellt, was als Tatsache anerkannt wurde. In der Idealvorstellung können aber nur gesicherte Kenntnisse als Tatsachen auftreten. Auf Grund dieser Eigenart der Tatsachen nehmen sie eine besondere Stellung in der wissenschaftlichen Forschung ein – sie dienen als Grundlage für den Aufbau des theoretischen Systems, für seine Entwicklung und seinen Beweis.

Das Sammeln von Tatsachen ist ein sehr wichtiger Bestandteil der wissenschaftlichen Forschung, aber der Wissenschaftler verfährt hier nicht gleich einem Trödler und sammelt beliebige Tatsachen nach dem Prinzip, irgendwie würden sie schon verwendbar sein. Er sucht von vornherein solche Tatsachen, die durch das schon in der Problemstellung liegende Ziel bestimmt sein müssen. Dieses Ziel entwickelt und verändert sich im Forschungsprozeß, aber es bleibt solange erhalten, bis das Problem endgültig gelöst ist.

Die logische Form der Tatsache ist die wissenschaftliche Abstraktion. Die Tatsache als Wissensform ist dadurch wertvoll, daß sie, während Theorien zusammenbrechen können, immer einen bestimmten Inhalt behält. Sie bewahrt ihre Bedeutung in verschiedenen Systemen. Das ist aber auch die schwache Seite der Tatsache: Sie behält stets ihren Inhalt, aber an und für sich, an nichts gebunden, entbehrt sie des Sinns für die Lösung des gestellten Problems.

Welche Menge von Tatsachen auch gesammelt wurde, für sich genommen bilden sie noch keine wissenschaftliche Forschung. Man kann unendlich viele Tatsachen sammeln. Mit der Suche von Tatsachen beschäftigt sich der Wissenschaftler im gesamten Verlauf seiner Forschung, aber niemals tritt die Tatsache als Selbstzweck auf; die Tatsache ist ein Mittel zur Lösung der gestellten Aufgaben. Der Forscher benötigt unbedingt eine bestimmte Menge von Tatsachen, um eine wissenschaftliche Annahme formulieren zu können, andere Tatsachen werden zu ihrer Begründung und Entwicklung gebraucht, wieder andere für die Beweisführung. Die Lösung eines wissenschaftlichen Problems tritt stets auf in Form eines Systems von Kenntnissen, das die uns interessierende Erscheinung oder den uns interessierenden Vorgang erklärt. Hegel sagte: „Die wahre Gestalt, in welcher die Wahrheit existirt, kann allein das wissenschaftliche System derselben seyn."[19]

Der Forscher kann sich aber nicht mit jedem beliebigen System zufriedengeben, sein Ziel ist die Erlangung der reifsten Form des Systems – einer zuverlässigen wissenschaftlichen Theorie, zu der der Weg kompliziert und langwierig sowie mit viel schöpferischer Mühsal verbunden ist.

Die folgende Gruppe von Begriffen der Logik der wissenschaftlichen Forschung drückt das Vorwärtsschreiten des Forschers zur Theorie, ihre Entwicklungs- und Beweismethoden aus. Hier sieht sich der Forscher vor allem mit der Notwendigkeit konfrontiert, das gewonnene theoretische Wissenssystem zu interpretieren.

Zuallererst tritt die Theorie in Form einer Hypothese auf; deshalb gehört zur Logik der wissenschaftlichen Forschung die Aufgabe, solche

[19] *Georg Wilhelm Friedrich Hegel*, Sämtliche Werke. Jubiläumsausg. in zwanzig Bänden. Hrsg. v. H. Glockner, 2. Bd.: Phänomenologie des Geistes, 3. Aufl., Stuttgart 1951, S. 14.

Begriffe wie „Annahme“, „wissenschaftliche Hypothese“, „Übergang vom wahrscheinlichen zum zuverlässigen Wissen“, „Untersuchung der Beweismethoden und Prüfung der Wahrheit der Theorie“ zu analysieren. Die Annahme entsteht als Ergebnis wissenschaftlicher Suche, in der Momente wie Intuition, Irrtum usw. impliziert sind.

Die Theorie ist nichts Absolutes, sie ist ein relativ geschlossenes System von Kenntnissen, das im Laufe der Wissenschaftsentwicklung Änderungen unterliegt. In den Gegenstand der Logik der wissenschaftlichen Forschung ist deshalb die Analyse der Grenzen eingeschlossen, innerhalb deren sich die Theorie entwickeln kann. Anders ausgedrückt: Bis zu welcher Zeit kann sich die Theorie auf der Grundlage ihrer Prinzipien und innerhalb ihres Systems weiterentwickeln, wann entsteht die Notwendigkeit einer neuen Theorie, und welches sind die Methoden und Formen des Übergangs von einer Theorie zur andern?

Die Forschung entfaltet sich vom Problem (Wissen vom Nichtwissen) zur Idee, die nicht nur Wissen vom Objekt, sondern auch Wissen vom Wissen sowie die Kenntnis der Wege und Mittel zur Realisierung der theoretischen Konstruktionen in der Wirklichkeit enthält. Der Wissenschaftler darf sich nicht davon freihalten, nach Möglichkeiten zur Verwirklichung wissenschaftlicher Theorien im Leben zu suchen, und sich nicht darauf beschränken, Theorien zu schaffen. Es muß sein Bestreben sein, sie in der Praxis zu realisieren.

Die dritte Gruppe bilden die Begriffe, die das Fazit aus der wissenschaftlichen Forschung ziehen und als methodologische Voraussetzung für ihre Weiterentwicklung dienen. Die wissenschaftliche Forschung bereichert die Wissenschaft, deren Ergebnisse ihrerseits als Sprosse zur Gewinnung neuer Kenntnisse dienen. Die gesamte Wissenschaft mit ihrem vollen Gehalt wird zu einer Methode der Entwicklung der Forschung. Hierunter fallen Begriffe wie System der Theorien, Wissenschaft als angewandte Logik, heuristischer Inhalt der philosophischen Weltanschauung und Methode.

Somit weist die Logik der wissenschaftlichen Forschung drei Gruppen von Begriffen auf: 1. Kategorien, die die hauptsächlichen Momente der wissenschaftlichen Forschung ausdrücken, 2. Begriffe, die die wissenschaftliche Theorie von den verschiedensten Seiten her charakterisieren, und 3. Begriffe, die die allgemeinmethodologischen Voraussetzungen jeder wissenschaftlichen Forschung bilden. In den einzelnen Kapiteln dieses Buches wird der Inhalt aller Kategorien und Begriffe der Logik der wissenschaftlichen Forschung eingehend enthüllt. Uns ist klar, daß das von uns vorgelegte System eins von möglichen Systemen ist und im Zuge der Ausarbeitung der Probleme der Logik der wissenschaftlichen Forschung vervollständigt werden wird.

Die Wissenschaftler verschiedener Fachrichtungen fordern berechtigterweise von der Philosophie, sie möge die Gesetzmäßigkeiten des Vorwärtsschreitens der Wissenschaft zu neuen Wahrheiten konkreter und detaillierter darlegen. Man dürfe sich jetzt nicht länger auf die allgemeine Feststellung beschränken, daß die Entstehung neuer Theorien ein gesetzmäßiger Prozeß ist, dessen Wesen sich in den Gesetzen und Kategorien der materialistischen Dialektik ausdrückt. Unerläßlich sei es, den Prozeß des Vorwärtsschreitens des Menschen zu neuem Wissen auf der Grundlage einer Analyse der Entstehung und Entwicklung der grundlegenden Theorien der heutigen Wissenschaft detaillierter zu enthüllen. Die Ausarbeitung der Kategorien und Begriffe der Logik der wissenschaftlichen Forschung verfolgt dieses Ziel, dessen Erreichung das Bündnis zwischen dem dialektischen Materialismus und den konkreten Gebieten wissenschaftlicher Kenntnis festigen wird.

ERSTES KAPITEL

Das wissenschaftliche Problem

Untersuchen wir die Erkenntnis als gesellschaftlich-historischen Prozeß, so können wir schwerlich einen Anfang darin feststellen.[1] Bestenfalls gelangen wir, wenn wir die verschiedenen Momente der Erkenntnis analysieren, zu ihrem historischen Ausgangspunkt – der halbinstinktiven Tätigkeit der Vormenschen.

Falls wir die Erkenntnis aber aktuell untersuchen, d. h. als bestimmten, relativ abgeschlossenen Akt (als einzelne wissenschaftliche Forschung), der auf ein bestimmtes Objekt (einen Wirklichkeitsbereich) gerichtet ist, dann werden wir unschwer bemerken, daß die einzelne Forschung nicht ohne Stellung eines Problems als Ausgangspunkt gesteuerter Erkenntnis auskommt.

Eine unerläßliche Bedingung der wissenschaftlichen Forschung ist die Systematisierung der zu erlangenden und der erlangten Kenntnisse. Das Problem ist der strukturelle Anfang der Systematisierung von Kenntnissen, *die erlangt werden sollen.* Es fungiert als Zwischenglied zwischen dem nichtsystemischen Wissen von der Existenz eines Objekts und der systemischen Kenntnis seines Wesens.

In der Praxis des Wortgebrauchs hatte der Begriff „Problem" keinen eindeutigen Sinn, wie er ihn auch heute nicht hat. Manchmal wird durch ihn irgendeine Sache bezeichnet, mit der man sich beschäftigen *muß.* Zuweilen soll dieses Wort die *Wichtigkeit* irgendeiner notwendigen Handlung unterstreichen. In der Wissenschaft wurde das Wort „Problem" recht häufig als Synonym für das Wort „Frage" verwendet, was sich auch in den Definitionen des Begriffs Problem ausdrückt, die die Wörterbücher der verschiedenen Sprachen geben. Das Merkmal, nach dem die Wörterbuchverfasser das Problem von einer beliebigen Frage unterscheiden, sehen sie entweder in der Wichtigkeit oder in der Kompliziertheit der zur Lösung

[1] Wir sagen „Anfang" (начальный момент) und nicht „Grundlage" (основа). Ausgangsbasis der Erkenntnis ist die Praxis, die sich ihrerseits auf die Erkenntnis stützt.

bestimmten Frage.[2] Der für die heutige wissenschaftliche Sprache charakteristische Gebrauch des Begriffs „Problem“ umreißt, wie uns scheint, das Wesen eines der für die wissenschaftliche Erkenntnis notwendigen Momente, nämlich des Übergangs vom Wissen zum Nichtwissen in der Wissenschaft, am exaktesten. Die Untersuchung dieses Moments und der es ausdrückenden Kategorie „Problem“ wird durch verschiedene Umstände diktiert.

Erstens durch das Erfordernis, Ausgangsprinzipien für die Planung der Wissenschaftsentwicklung auszuarbeiten. Planung der Erkenntnis ist ein Tätigwerden der Gesellschaft hinsichtlich dessen, was unbekannt ist, aber unbedingt bekannt gemacht werden muß. Deshalb sind Probleme eben die Momente in der Erkenntnis, die es bei Kenntnis ihres Entstehungsmechanismus ermöglichen, die Perspektiven der zukünftigen Entwicklung der Wissenschaft vorauszuahnen (vorherzusehen) und letztere auf dieser Grundlage zu planen. „Das Wesen einer Strategie der Entdeckung“, schreibt John Desmond Bernal, „besteht darin, daß die Reihenfolge festgelegt wird, in der die zu lösenden Probleme in Angriff genommen werden.“ („The essential feature of a strategy of discovery lies in determining the sequence of choice of problems to solve.“)[3] Es ist leicht einzusehen, daß die Ergeb-

[2] W. N. Kljujewa schreibt in ihrem „Kleinen Lexikon der russischen Synonyme“: „Im Wort *Frage* drückt sich aus, daß das zu Lösende nicht wichtig zu sein braucht; das Wort *Problem* unterstreicht die Wichtigkeit der zu lösenden Frage.“ (*В. Н. Клюева,* Краткий словарь синонимов русского языка, 2. изд., испр. и доп., Москва 1961, стр. 195.) P. M. Dergatsch definiert das Problem als Frage, die etwas „kompliziert zu Lösendes“ betrifft (siehe *П. М. Дергач,* Короткий словник синонімів українськоï мови, in: Радяньска школа, 1960, стр. 134). S. I. Oshegow verknüpft die Bedeutung des Wortes „Problem“ ebenfalls mit dem Begriff „wichtige Frage“ (siehe *С. И. Ожегов,* Словарь русского языка, 4. изд., испр. и доп., Москва 1960, стр. 595). „Funk & Wagnalls New ‚Standard‘ Dictionary of the English Language“ (New York-London 1949) nennt das Problem „eine Frage, die untersucht oder geklärt werden soll; eine ungewisse Sache, die weiterer Erhellung bedarf, um die Wahrheit zu bestimmen, besonders wenn die Lösung schwierig oder ungewiß ist“ („a question for discussion and settlement; a matter of uncertainty requiring further light to determine the truth, especially when difficult or uncertain of solution“). In der „Großen Sowjetenzyklopädie“ ist das Problem als komplizierte theoretische oder praktische Frage definiert (Большая Советская Энциклопедия, т. 34, стр. 561).

[3] *J. D. Bernal,* Science in History, London 1954 (3. ed. 1965), p. 14; deutsch zit. nach: *J. D. Bernal,* Die Wissenschaft in der Geschichte. Übers. v. L. Boll, 3., bearb. Aufl., Berlin 1967, S. 12.

nisse wissenschaftlicher Forschungen unmittelbar von der Wahl der Probleme und ihrer richtigen Stellung abhängen.

Zweitens durch die Notwendigkeit, einen großen Kreis von erkenntnistheoretischen Fragen zu studieren, wie den Ausgangspunkt für die Systematisierung der wissenschaftlichen Kenntnisse, die Hypothese und ihre Stellung in der Erkenntnis, die Rolle der Theorie für das Begreifen des Unbekannten, Wahrheit als System und Wahrheit als Prozeß usw.

Drittens durch die praktischen Erfordernisse der maschinellen Modellierung logischer Prozesse (einschließlich schöpferischer Denkvorgänge). „Potentielle Möglichkeiten der Automatisierung", schreibt W. M. Gluschkow, „gibt es auch auf anderen Gebieten der wissenschaftlich-schöpferischen Arbeit, insbesondere bei der Stellung neuer Probleme und bei der Konstruktion neuer Theorien, die einen Tatsachenkomplex verallgemeinern."[4]

Viertens durch die Aufgaben des ideologischen Kampfes. Der Marxist muß es verstehen, die echten wissenschaftlichen Probleme von Pseudoproblemen zu unterscheiden. In der bürgerlichen Philosophie (beispielsweise im Existentialismus) werden Versuche unternommen, die Möglichkeiten und den Wert der Erkenntnis lediglich auf die Stellung von Fragen zu reduzieren. So erklärt Martin Heidegger: „Das eigentlich Aufgegebene ist Jenes, was wir nicht wissen, und das wir, sofern wir es *echt* wissen, nämlich *als* Aufgegebenes, immer nur *fragend* wissen."[5] Für den Neopositivismus ist die Tendenz charakteristisch, nach Art der „Denkökonomie" einige sehr wichtige Probleme der theoretischen Wissenschaften zu verwerfen, da sie nicht „verifizierbar" und deshalb angeblich nicht als Probleme anzuerkennen seien. Die philosophischen Probleme meinend, erklärt Ludwig Wittgenstein, daß „die tiefsten Probleme eigentlich *keine* Probleme sind" („the deepest problems are really *no* problems")[6]. Die Reduzierung der Erkenntnis auf die Stellung von Fragen und der willkürliche Ausschluß philosophischer Probleme aus der wissenschaftlichen Problematik sind eine Ausdrucksform des Agnostizismus.

[4] *В. М. Глушков*, Моделирование мыслительных процессов, in: Природа, 1963, 2, стр. 9.

[5] *Martin Heidegger*, Einführung in die Metaphysik, Tübingen 1953, S. 157.

[6] *Ludwig Wittgenstein*, Tractatus Logico-Philosophicus. With an introd. by B. Russell, 6. impr., London 1955, p. 62; engl. Übers. ebenda, p. 63. (Die englische Übersetzung wird hier wie auch in den späteren Zitaten aus dem „Tractatus" angeführt, weil dessen englische Fassung, auf die sich das russische Original dieses Buches stützt, in der Wortwahl zum Teil zu anderen sprachlichen Lösungen gegriffen hat. – *D. Ü.*)

Gegenwärtig identifizieren nur wenige Wissenschaftler die Begriffe „Problem" und „Frage". Aber selbst dann, wenn eine solche Identifizierung scheinbar vorliegt, stellt sich bei der Analyse heraus, daß unter Problem bei weitem nicht alles das verstanden wurde, was unter einer beliebigen Frage zu verstehen ist. So legt der Lehrer den Schülern tatsächlich eine Frage vor. Allein: niemand nennt diese Frage Problem. Eine Frage stellt ein Mensch einem anderen, wenn er eine Information haben möchte. In diesem Falle spricht ebenfalls keiner von der Stellung eines Problems. Der Vorsitzende einer Versammlung stellt eine bestimmte Frage zur Diskussion, und auch hier entbehrt es des Sinns, von einem Problem zu sprechen. Ferner wird kaum jemand mit dem Wort „Problem" ein ganzes Wissensgebiet oder eine einzelne Wissenschaft bezeichnen, ebensowenig wie kaum jemand dieses Wort zur Bezeichnung einer Teilfrage verwenden dürfte, deren Lösung an sich keine geschlossene Vorstellung von einem Forschungsobjekt schafft und keine Kenntnis über das Gesetz seiner Bewegung vermittelt.

Bereits aus einer solchen Aufzählung läßt sich ersehen, daß die „Wichtigkeit" und die „Kompliziertheit", von denen die Wörterbuchverfasser sprechen, obwohl sie bis zu einem gewissen Grade Unterscheidungsmerkmale des Problems sein können, nicht die *qualitative* Spezifik des wissenschaftlichen Problems im Vergleich zu einer *beliebigen* Frage enthüllen, denn häufig erweist es sich, daß sehr komplizierte und sehr wichtige Fragen dennoch keine Probleme sind.

Das Problem als subjektive Form des Ausdrucks der objektiven Notwendigkeit der Erkenntnisentwicklung

Wie wir schon betont haben, wird der Begriff „Problem" häufig mit dem Begriff „Frage" verknüpft oder ihm sogar gleichgesetzt. Ersteres ist berechtigt, letzteres falsch. In der Tat werden viele Probleme oft der Kürze wegen in Form einer Frage formuliert. Dieser Umstand ist offenbar auch der Grund für eine Identifizierung von Problem und Frage.

Das Problem ist eine solche Art Frage, auf die die Antwort nicht im angesammelten Wissen enthalten ist und die deshalb entsprechende, sich von bloßer Informationssuche unterscheidende praktische und theoretische Handlungen erfordert.

Diese allgemeine Charakteristik des Problems kann, wie später gezeigt wird, bezüglich der formalen Systeme noch genauer gefaßt werden.

Der heutige Entwicklungsstand der marxistischen Philosophie erlaubt es, den Begriff „Erkenntnis“ zu präzisieren, indem man ihn dem Begriff „Wissensaneignung“ gegenüberstellt. Erkenntnis ist das auf ein für den erkennenden Menschen äußeres Objekt gerichtete Tätigsein des Bewußtseins, das die Aufgabe hat, neue Kenntnisse (eine neue Information) zu gewinnen. Der Begriff „Erkenntnis“ umfaßt somit die Beziehung zwischen Subjekt und *unbekanntem* Objekt. Der Begriff „Aneignung“ ist mehrdeutig. In der praktischen Sphäre dient er zur Bezeichnung einer resultativen Tätigkeit der Menschen. In der Erkenntnistheorie versteht man unter Wissensaneignung eine solche Beziehung zwischen individuellen Subjekten, in deren Ablauf eine durch den Erkenntnisvorgang früher gewonnene Information weitergegeben und fixiert wird.

Psychologisch ist der Erkenntnisprozeß und der Prozeß der Wissensaneignung in vieler Hinsicht identisch; aber resultativ, auf das Ergebnis bezogen, sind es verschiedene Vorgänge. Das Resultat der Erkenntnis ist, daß neue Kenntnisse (neue Wahrheiten) gewonnen werden. Wissensaneignung ist Aufnahme von im Erkenntnisverlauf gewonnenen neuen Kenntnissen. Die Erkenntnis vermehrt unsere Kenntnisse von der Welt. Die Wissensaneignung vermehrt lediglich die Anzahl der Menschen, die neue Kenntnisse besitzen.[7]

Diese Präzisierung ermöglicht es, in allgemeiner Form den Unterschied zwischen einer einfachen Frage und einer wissenschaftlichen Frage zu begreifen. Je nachdem, ob die Gesellschaft die Kenntnisse, die für die Antwort notwendig sind, hat oder nicht hat, kann die gestellte Frage auf dem Niveau einer bloßen Frage bleiben oder die Bedeutung einer wissenschaftlichen Frage erlangen, die wiederum eine einfache wissenschaftliche *Frage* oder ein wissenschaftliches *Problem* sein kann.

Das Merkmal, an Hand dessen man eine wissenschaftliche Frage von einem wissenschaftlichen Problem unterscheiden kann, ist der verschiedene *Charakter* der Mutmaßung, die in der Frage enthalten ist. Wenn das in der Frage enthaltene Wissen vom Nichtwissen als Ergebnis wissenschaftlichen Forschens zum Wissen darüber wird, daß die unbekannte Erscheinung unter ein bereits bekanntes (erforschtes) Gesetz zu subsumieren ist, dann ist die Frage nicht als Problem zu werten. Ist die Frage jedoch mit der Mutmaßung gekoppelt (oder enthält sonstwie eine Annahme), daß die Entdeckung eines neuen Gesetzes (dem entspricht in den angewandten

7 Es muß eingeräumt werden, daß bei dem Wissenschaftler, der etwas Neues erforscht, der Erkenntnisprozeß im Moment der Erkenntnis identisch ist mit dem Aneignungsvorgang.

Wissenschaften die Entdeckung einer prinzipiell neuen Methode zur Anwendung früher gewonnener Kenntnisse über die Gesetze) im Rahmen der Möglichkeit liege, dann spricht man von der Stellung eines Problems.

Auf diese Weise läßt sich jedes Problem als untrennbare Einheit zweier inhaltlicher Momente darstellen: 1. des Wissens vom Nichtwissen und 2. der Mutmaßung oder Annahme, daß die Entdeckung entweder eines unbekannten *Gesetzes* in einem bestimmten nichterkannten Bereich (in den Fundamentalwissenschaften) oder einer prinzipiell neuen *Methode* zur praktischen Anwendung früher erzielten Wissens von einem Gesetz (in den Wissenschaften angewandten Charakters) erwartet werden könne.[8] Eben durch das Vorhandensein von Mutmaßungen, daß die Entdeckung eines neuen Gesetzes oder einer neuen Methode zu erwarten sei, unterscheidet sich das wissenschaftliche Problem von einer einfachen wissenschaftlichen Frage.

[8] Wenn wir die Begriffe „angewandte Wissenschaften" und „Fundamentalwissenschaften" gebrauchen, berücksichtigen wir dabei natürlich den relativen Charakter der durch diese Begriffe fixierten Unterschiede. John Desmond Bernal führte in seinem Aufsatz „Planning Science" zutreffend aus, daß „die Grundlagenforschung und die angewandte Wissenschaft die beiden Enden eines zusammenhängenden Spektrums sind. Dieses Spektrum erstreckt sich, angefangen von der Forschung, bei der die Anzahl der Variablen auf ein Minimum beschränkt ist, um den theoretischen Konzeptionen möglichst nahe zu kommen, bis zu einem Bereich, wo eine große Anzahl von Variablen angenommen werden muß, damit eine weitgehende Annäherung an die praktischen Bedingungen erreicht wird." („. . . basic and applied research represent the two ends of a continuous spectrum. It ranges from research where the number of variables is reduced to a minimum so as to be closest to theoretical conceptions, to one where a large number of variables have to be accepted in order to produce a reasonably close approximation to practical conditions. ")*J. D. Bernal*, Planning Science, in: Scientific World, 3 (1959), 1 (No. 5), p. 7; deutsch zit. nach: *J. D. Bernal*, Die Planung der Wissenschaft, in: Wissenschaftliche Welt (Zeitschrift der Weltföderation der Wissenschaftler), Berlin, 3 (1959), 1, S. 7.

In diesem Kapitel analysieren wir hauptsächlich das Problem auf der Stufe der Fundamentalwissenschaften. Der Unterschied zwischen den Problemen in den Fundamentalwissenschaften und in den angewandten Wissenschaften besteht nicht nur im Unterschied dessen, wohin die Mutmaßung oder Annahme tendiert, sondern auch darin, welchen Charakter die Verbindung des Problems mit den Bedürfnissen der Gesellschaft trägt. Die Probleme in den Fundamentalwissenschaften sind auf die äußeren Objekte außerhalb ihrer Beziehung zu den Bedürfnissen der Menschen gerichtet. Die angewandten Probleme sind durch ihre absolute Abhängigkeit von dem, was für die Menschen erforderlich ist bzw. praktisch erforderlich sein wird, gekennzeichnet. Davon bleiben das Gehaltsvolumen und die Lösung dieser Probleme nicht unbeeinflußt.

Sehr wesentlich ist es, zwischen der Mutmaßung, die ein Strukturelement des Problems ist (darum handelt es sich bei der Mutmaßung der Möglichkeit, ein Gesetz zu entdecken), und der Mutmaßung über den Charakter eines unentdeckten Gesetzes, die ein Grundpfeiler der Hypothese ist, zu unterscheiden. Eine Annahme (oder Mutmaßung) im Problem aufzustellen, ist eine nicht minder schwierige Sache, als eine Annahme (oder Mutmaßung) als Element der Hypothese zu konstruieren. Und zwar deswegen, weil im Falle der Stellung eines Problems umfangreiche Kenntnisse als Grundlage für die Mutmaßung dienen müssen, die einen Vergleich mit einer häufig der Höhe nach unbekannten Riesenmenge von Merkmalen erforderlich machen.

Die Möglichkeit von Irrtümern liegt hier darin, daß sich der unbekannte Bereich nur deswegen als unbekannt erweisen kann, weil eine Modifikation der Wirkung eines bereits bekannten Gesetzes vorliegt. Die Mutmaßung auszusprechen, daß auf einem gegebenen Gebiet ein unbekanntes Gesetz wirksam ist, bedeutet deshalb, nachzuweisen, daß auf ihm bereits bekannte Gesetze *nicht wirksam sind.* Mitunter erweist sich dies als recht augenfällig, aber oft ist die Bestimmung des Faktums der Nichtwirksamkeit bekannter Gesetze wegen der Kompliziertheit des neuen Gegenstands erschwert, wenn man den Weg einer bloßen Durchsicht dieser Gesetze geht und versucht, die Kenntnisse, die man von ihnen hat, anzuwenden, um das Unbekannte zu fixieren. Doch die Verdichtung der Kenntnisse schafft, da die Akkumulation des alten Wissens im neuen Wissen gewährleistet ist, die Möglichkeit, mit Hilfe eines Minimums an Kenntnissen der Gesetze (die auf den vorgeschobenen Positionen der Wissenschaft entdeckt wurden) die Wirkung eines Gesetzes x zu bestimmen. Natürlich bleibt dabei dennoch die Möglichkeit eines Irrtums bestehen, weil frühere Mißerfolge in der wissenschaftlichen Erkenntnis von der Akkumulation des alten Wissens im neuen Wissen nicht berührt werden (nur die Errungenschaften akkumulieren sich).

Deshalb ist für die Einschätzung eines unbekannten Bereichs, der der Wirkung eines unbekannten Gesetzes unterliegt, die Kenntnis der Wissenschaftsgeschichte erforderlich. Diese Kenntnis hat nicht nur Angaben über die Errungenschaften zu implizieren, sondern müßte auch Mitteilungen über die früher nicht gelösten Probleme enthalten. Leider vermitteln die wissenschaftshistorischen Arbeiten mit wenigen Ausnahmen meistens ein Bild von den Erfolgen in der Wissenschaftsentwicklung und gehen auf die zu ihrer Zeit ungelöst gebliebenen Probleme nicht selten gar nicht oder nur sehr wenig ein.

Die *Stellung* des Problems ist ein sich als Erkennen der Problemsituation verwirklichendes Hinausgehen über die Grenzen des Erforschten in den

Bereich dessen, was erforscht werden soll. Zum Unterschied von anderen ideellen Formen fixiert das Problem die Aufmerksamkeit speziell auf das Fehlen von Kenntnissen oder den Mangel daran. Diese Fixierung vollzieht sich als Prozeß, in welchem die Unterbrechungspunkte die *Fragen* sind, die den Funktionsbereich eines neuen, unentdeckten Gesetzes oder die Möglichkeit der Anwendbarkeit einer neuen Methode des Handelns umfassen sollen.

Die mit den Mutmaßungen über die Möglichkeit der Entdeckung eines Gesetzes oder einer Methode zusammenhängende und unmittelbar auf ihre Demonstrierung gerichtete *zentrale Frage* ist der Knotenpunkt jedes Problems. In seiner Darlegung des Problems der Wahrscheinlichkeit und der Induktion nennt Bertrand Russell die zentrale Frage dieses Problems „die fundamentale Frage, der die anderen untergeordnet sind . . ." („the fundamental question, to which others are subsidiary . . .")[9]. Um die zentrale Frage sind andere Fragen gruppiert, deren Beantwortung dem Wissenschaftler Daten liefert, die für die Antwortfindung, was die zentrale Frage des Problems betrifft, benötigt werden. Die zentrale Frage zu formulieren, und zwar auf der Grundlage und nach Maßgabe der Bestimmung der Möglichkeit, die für die Entdeckung eines neuen Gesetzes oder einer neuen Methode praktischer Wissensanwendung gegeben ist, bedeutet dem Wesen nach, was unter Stellung des Problems zu verstehen ist.

Man muß unterscheiden zwischen den Fragen, die sich erheben, bevor die zentrale Frage des Problems aufgeworfen wurde, und den Fragen, die nach Formulierung der zentralen Frage gestellt werden. Die ersteren kennzeichnen den Vorgang der *Suche nach dem Problem*, die letzteren die *Entfaltung des Problems*. Diese Unterscheidung trägt naturgemäß relativen Charakter, denn die der Formulierung des Problems vorausgegangenen Fragen können hinterher, sobald das Problem gestellt ist, als Entfaltung eines noch nicht enthüllten Problems angesehen werden. Doch eine Unterscheidung ist hier sinnvoll, und sei es nur aus dem Grunde, daß bei weitem nicht alle entstehenden wissenschaftlichen Fragen zur Stellung von Problemen führen.

Aus allem bisher Angeführten folgt, daß man, wenn man schon Problem und wissenschaftliche Spezialfrage dem Sprachgebrauch folgend identifiziert, das nur unter einer Bedingung tun kann, nämlich wenn man berücksichtigt, daß das Problem eine Frage ist, die die kumulative Form des wirklichkeitsbezogenen Ausdrucks eines komplizierten logischen Gebildes

[9] *Bertrand Russell*, Human Knowledge. Its Scope and Limits, London 1948, p. 418.

darstellt, das die streng bestimmte Funktion hat, die Forschung auf die Entdeckung neuer, der Gesellschaft unbekannter objektiver Gesetzmäßigkeiten zu lenken.

Das Problem ist die subjektive Form, in der sich die Notwendigkeit der Entwicklung der wissenschaftlichen Erkenntnis ausdrückt. Sie ist die Widerspiegelung einer Problemsituation, d. h. des objektiv im Entwicklungsprozeß der Gesellschaft entstehenden Widerspruchs zwischen Wissen und Nichtwissen. Deshalb kann man den *Mechanismus* der Stellung eines Problems nicht verstehen, ohne daß über den Mechanismus der Entstehung einer Problemsituation Klarheit geschaffen wurde. Im Zusammenhang damit muß der Begriff „Problemsituation" selber präzisiert werden.

Wie wir eben konstatiert haben, ist Problemsituation der Widerspruch zwischen Wissen und Nichtwissen. Im Rahmen dieses Abschnittes genügt es, die Problemsituation folgendermaßen zu definieren: Die Problemsituation ist der im Entwicklungsprozeß der Gesellschaft objektiv entstehende Widerspruch zwischen dem Wissen von den Bedürfnissen der Menschen an irgendwelchen resultativen praktischen oder theoretischen Wirkungen und der Unkenntnis der Wege, Mittel, Methoden, Verfahren und Arten der Realisierung dieser notwendigen Wirkungen. Diese Unkenntnis basiert ihrerseits auf dem Fehlen von Kenntnissen über die Gesetze jener Objekte, mit denen man zu operieren hat. Die Problemsituation ist auch der Widerspruch zwischen der Kenntnis von irgendwelchen bestimmten Wesenheiten und der Unkenntnis von Wesenheiten anderer Objekte, mit denen die erkannten Objekte in Wechselbeziehung stehen. (Anders ausgedrückt, sie kann als Widerspruch zwischen der Kenntnis von den Wesenheiten einer Ordnung und der Unkenntnis von den Wesenheiten einer anderen Ordnung definiert werden.)

Der Anlaß für die Entstehung einer Problemsituation liegt in der Praxis. Im Prozeß der praktischen Wechselwirkung zwischen der Gesellschaft und den Objekten ihrer Tätigkeit wird eine „Spannung" zwischen den sich qualitativ rasch verändernden und quantitativ rasch wachsenden Bedürfnissen der Gesellschaft und deren eigenen Mitteln (Möglichkeiten), diese Bedürfnisse zu befriedigen, geschaffen und ständig erneuert.

Die Bedürfnissteigerung fixiert sich im Bewußtsein in Form eines zu erstrebenden *Ziels*. Wenn es nicht gelingt, die Bedürfnisse der Gesellschaft mit den vorhandenen Mitteln durch unwesentliche an diesen vorzunehmende Veränderungen und durch quantitative Steigerung zu befriedigen, dann wird den Menschen der Widerspruch zwischen den Zielen und Mitteln bewußt. Das Bewußtsein erteilt dann gewissermaßen einen *sozialen Auftrag*, der im wesentlichen aus der Forderung besteht, die Wege zur Lösung des entstandenen Widerspruches zu bestimmen und neue Mittel hierfür zu finden. Wenn es sich unter bestimmten Bedingungen als unmöglich erweist, den sozialen Auftrag auf der Grundlage der alten Kenntnisse zu erfüllen, entsteht die Notwendigkeit wissenschaftlicher Forschung nach neuen, unbekannten Bereichen der Wirklichkeit mit dem Ziel, Gesetze in ihnen zu entdecken, deren Ausnutzung die Befriedigung der Bedürfnisse der Gesellschaft gewährleisten könnte.

Ausgangsmoment für die Entstehung eines Problems ist nicht selten eine Frage, die im Prozeß der praktischen Tätigkeit im Zusammenhang damit entsteht, daß ein Resultat erzielt wurde, das entgegengesetzt dem ist oder sich scharf von dem unterscheidet, was erwartet wurde. Und in der Tat, können wir im Prozeß der Verwendung irgendwelcher Materialien etwa nicht Fälle beobachten, wo sich das Material nicht dem Willen des Menschen „fügt" (es fällt oder bricht auseinander, wenn es sich dehnen „soll"; es erwärmt sich, wenn es kalt bleiben „soll"; es glimmt, wenn es mit heller Flamme brennen „soll"; es explodiert, wenn es eine gleichmäßige Flamme geben „soll" usw. usf.)? Der Grund für das negative praktische Resultat ist der Irrtum bezüglich der Eigenschaften und der Struktur des der Bearbeitung unterliegenden Objekts.

Die Praxis lenkt das Denken dadurch, daß sie Möglichkeiten zum Auffinden von Fehlern in unseren Vermutungen bezüglich der Verwendung dieser oder jener Gegenstände schafft, auf die Suche nach den Ursachen für die Mißerfolge. Zuweilen dringt man dabei bis in solche Tiefen des umzugestaltenden Objekts ein, deren Erforschung es ermöglichen kann, ein neues Problem zu stellen. Die Entwicklungsgeschichte der Erkenntnis liefert eine enorme Zahl von Beispielen, die die Entstehung von Problemen speziell als Folge der Erzielung „negativer" Resultate illustrieren.

So entstand das in der Medizin wohlbekannte Problem der Unverträglichkeit, dessen Wesen darin besteht, ein normales Funktionieren von Organen eines Organismus zu erzielen, die auf operativem Wege in einen anderen Organismus verpflanzt werden. Dieses Problem ist bis heute ungelöst, da das Gesetz der Verträglichkeit der Gewebe und Organe von Lebewesen nicht entdeckt ist. Das betreffende Problem war das unmittelbare Resultat aus den mißglückten Versuchen, einem Tier die Organe (beispielsweise eine Niere oder das Herz) eines anderen Tieres einzupflanzen. Bezeichnenderweise hat sich in der Benennung des Problems selber die negative Grundlage für seine Entstehung – die Unverträglichkeit – niedergeschlagen.

Analog wurde auch das Problem der Zuverlässigkeit in der Technik gestellt. Die Störungen, die bei der Arbeit von Maschinen entstehen, ließen die Wissenschaftler es als notwendig erkennen, nach Gesetzen der Mechanismenfunktion und Verfahren zur Verhütung von Defekten oder, anders ausgedrückt, nach Gesetzen und Methoden zu suchen, die die Zuverlässigkeit der Mechanismen gewährleisten. Diese Notwendigkeit kam auch in der Stellung des Problems der Zuverlässigkeit zum Ausdruck.

Doch bei weitem nicht alle Problemsituationen entstehen *unmittelbar* als Widersprüche der Praxis. In der Tat läßt sich die Stellung des bekannten Problems des Beweises für das 5. Postulat von Euklid (Parallelenpostulat) und dessen versuchte Lösung, die in der Schaffung der nichteuklidischen Geometrie mündete, schwerlich mit unmittelbaren Bedürfnissen der Praxis erklären. Offensichtlich ist auch das Problem, das seine Lösung in der Einsteinschen Relativitätstheorie gefunden hat, nicht als direkter Ausdruck von Widersprüchen in der materiellen Tätigkeit der Menschen anzusehen. Den Mechanismus der Entstehung eines Problems dieser Art kann man verstehen, wenn man berücksichtigt, daß die Erkenntnis, obwohl im Ausgangspunkt durch die Praxis determiniert, eine relative Selbständigkeit besitzt, und daß es eine eigene innere Logik des erkennenden Denkens gibt, die durch ihre inneren Widersprüche die Stellung von sich unter bestimmten Bedingungen zu Problemen entfaltenden Fragen bedingt.

Jeder Gegenstand bzw. jede Erscheinung der Wirklichkeit ist qualitativ vielfältig. Jede Erscheinung besitzt praktisch eine unendliche Menge innerer und äußerer Zusammenhänge. Indem wir die Dinge und Erscheinungen tiefer, mehr und vollständiger erkennen, entdecken wir in ihnen immer neue Beziehungen. Dabei stellen wir in der Tendenz bedeutend mehr unbekannte Zusammenhänge im Vergleich zu denen fest, die von uns untersucht wurden. Anders ausgedrückt, je mehr wir das Wesen der Objekte erkennen, um so mehr Nichterkanntes finden wir. Dieser Gedanke hat recht guten Ausdruck gefunden in dem orientalischen Sprichwort: „Nicht jeder weiß, wieviel man wissen muß, um zu wissen, wie wenig wir wissen."

Der widersprüchliche Prozeß der Enthüllung des Unbekannten im Verlauf der Erkenntnis ist auch die objektive Grundlage dafür, daß neue Probleme aufgeworfen werden. „Wir dürfen niemals vergessen – und die Geschichte der Wissenschaften beweist es –", sagte Louis de Broglie, „daß jeder Fortschritt unserer Kenntnisse mehr Probleme aufwirft als löst und daß uns in dieser Domäne jedes neue entdeckte Land noch unbekannte unermeßliche Kontinente ahnen läßt." („Nous ne devons jamais oublier, l'histoire des Sciences est là pour le prouver, que chaque progrès de nos connaissances pose plus de problèmes qu'il n'en résout et dans ce domaine chaque terre nouvelle découverte nous fait entrevoir d'immenses continents encore inconnus.")[10]

Den Vorgang der Stellung eines Problems kann man konkreter definieren als Resultat des Widerspruchs zwischen dem alten theoretischen Wissen (der Methode des Erklärens) und den neuen Tatsachen, die auf der Grundlage dieses alten Wissens nicht erklärt werden können. Das Empirische überflügelt das Theoretische, indem es ihm neue Tatsachen liefert, die in Widerspruch zu der bekannten Methode des Erklärens treten. Der Widerspruch prägt sich darin aus , daß eine Frage gestellt wird, die die unmittelbare Widerspiegelung eines Bedürfnisses nach einer neuen Beschreibungsweise ist.

Das Theoretische, das das Empirische erklärt, geht seinerseits recht häufig über den Rahmen des letzteren hinaus und läßt es hinter sich zurück. Es erhebt sich die Frage, wie ein solches Überschreiten der Grenzen des Empirischen als legitim bestätigt werden kann. Derartige Fragen regen oft zur Erforschung eines großen Ausmaßes neuer Daten an. Das führt zur Auffindung der Möglichkeit, neue Gesetzmäßigkeiten zu entdecken, d. h. zur Stellung neuer Probleme. Eine charakteristische Illustration der Entstehung einer Problemsituation als Folge des Auftretens neuer Tatsachen in der Wissenschaft sind das Problem des Fotoeffekts und das Problem des Mechanismus der plastischen Verformung in der Physik. Ebenfalls genügend Beispiele gibt es von Problemen, die als Folge des Zurückbleibens der empirischen Basis hinter der Theorie entstanden sind (z. B. das Neutrino-Problem).

Über die Möglichkeit der Anwendung der Wahrheits(Echtheits)wertung auf das „Problem"

Bekannt sind die zwei erkenntnistheoretischen Hauptfunktionen des wissenschaftlichen Problems: 1. die Richtung der wissenschaftlichen Forschung zu bestimmen und 2. zu dieser Forschung anzuregen. Diese Funktionen kann das Problem nur dann erfüllen, wenn es ein echtes (oder wahres) Problem ist.

Die Frage nach den Möglichkeiten einer Anwendung der Echtheitswertung auf das Problem kann man nur lösen, wenn man die Ausarbeitung eines Problems als Erkenntnisakt ansieht.

[10] *Louis de Broglie,* Sur les Sentiers de la science, 3. mille, Paris 1960, p. 381.

Eine Untersuchung zeigt, daß ein Problem stellen Forschungstätigkeit ist. In keinem Fall darf das Aufwerfen eines Problems auf einen bloßen Hinweis auf Unbekanntes hinauslaufen.

Bei der Ausarbeitung des Problems wird ein großer Kreis von logischen Operationen angewendet (alle oder nahezu alle, die bei der Erkenntnis von Unbekanntem mitwirken). Besonders gebraucht werden dafür aber die Methoden des Vergleichs und der Analogie, die, nebenbei bemerkt, auch die Möglichkeit garantieren, Vermutungen über die Wirkungsweise eines unbekannten Gesetzes am Beispiel eines bereits bekannten anstellen zu können, wodurch es gelingt, unbekannte Beziehungen so weit zu lokalisieren, daß sie der Forscher analysieren kann. Niemand wird wohl bezweifeln, daß eine solche lokalisierende Arbeit wissenschaftlichen Charakter trägt und Voraussetzung für eine exakte Bestimmung des Problems ist. Wichtig ist es, zu analysieren, wie der „Bereich x" lokalisiert wird. Instrumente dieser Lokalisierung sind die Gesetze und Kategorien der betreffen den Wissenschaft, innerhalb deren Grenzen das Problem gestellt wird.

Wenn wir den Bereich des Erforschten (des Bekannten) und den des ermittelten Unbekannten in unserer Vorstellung durch einen Strich voneinander abteilen, dann werden wir sehen, daß der erste Schritt in den „Bereich x" von uns nur getan werden kann, wenn wir eine Brücke aus Gesetzen und Kategorien bauen, nunmehr aber bereits aus Gesetzen und Kategorien der gemeinsamen Grenzlinie.

Was kann man in der Tat in dem unbekannten Bereich suchen? Das Wesen dieses Bereichs. Aber wie? Das Wesen (hierbei gilt, daß dieser Begriff von gleicher Ordnung ist wie der Begriff Gesetz) kann begriffen werden, wenn man die Erscheinungen auf gegensätzliche Momente aufgliedert. (Alles Bestehende ist ein Widerspruch, und die Erkenntnis besteht eben in der Aufdeckung der wirklichen Widersprüche der Objekte.) Haben wir keinerlei Kenntnis von den realen Elementen, Seiten, Merkmalen einer Erscheinung (eines Objekts), so bleibt nichts anderes übrig, als in den Bereich des Unbekannten das System der gemeinsamen Grenzbegriffe (-kategorien) als Netz von korrelativen Gegensätzen (Quantität – Qualität, Form – Inhalt, Notwendigkeit – Zufall, Ursache – Folge, Möglichkeit – Wirklichkeit usw.) einzuführen. Wenn durch dieses Netz die ersten Informationen über das Unbekannte gelangt sind, dann kann man die notwendige Gesamtvorstellung vom Objekt als Voraussetzung für eine konkrete Analyse schaffen. Darin liegt offensichtlich auch der Sinn von Engels' bekanntem Ausspruch: „Selbst die formelle Logik ist vor allem Methode zur Auffindung neuer Resultate, zum Fortschreiten vom Bekannten zum Unbekannten, und dasselbe, nur in weit eminenterem Sinne, ist die Dialektik . . ."[11]

Der Mensch kann auch nichts von seiner Unkenntnis wissen. Ein Gelehrter beispielsweise des alten Griechenlands wußte nichts von der Struktur des Atoms, aber er wußte gleichzeitig auch nichts von seiner Unkenntnis über die Struktur des Atoms. Ebenso wußten die Menschen im 15. Jahrhundert nichts von Bakterien, aber sie wußten auch nicht das geringste von ihrer Unkenntnis über die Bakterien. Ein Problem stellen heißt die eigene Unkenntnis offenbaren, bestimmen und erkennen. Es gibt nur einen Weg, um Wissen von der eigenen Unkenntnis zu erhalten, das ist die Erforschung der Wirklichkeit. In der Tat enthüllt nur die Untersuchung von etwas Realem Unbekanntes im bereits Bekannten, und nur eine Forschung, die es erlaubt, das Unbekannte als Unbekanntes zu werten, gewährleistet das Ansammeln von Kenntnissen in der dafür erforderlichen Menge und Qualität. Einer alten Legende zufolge zeichnete Zenon von Elea als Antwort auf die Frage, warum er an allem zweifle, zwei verschieden große Kreise auf und indem er zuerst auf den größeren und dann auf den kleineren Kreis wies, sagte er: „Dieser große Kreis sind meine Kenntnisse, jener kleine eure. Alles, was außerhalb der Kreisperipherien liegt, ist das Gebiet des Unbekannten. Ihr müßt zugeben, daß die Grenze der Berührung meines Wissens mit dem Unbekannten größer ist als die Grenze zwischen eurem Wissen und dem Unbekannten. Das ist der Grund, warum ich mehr zweifle als ihr."[11a] Diese Legende erklärt recht gut die Abhängigkeit zwischen der Kenntnis vom Wesen und dem Wissen vom Unbekannten.

Das Problem erweist sich somit als eine Form der Fixierung des Widerspruchs zwischen Subjekt und Objekt (auf der einen Seite die Bedürfnisse des Subjekts, vom Objekt Besitz zu ergreifen, und auf der anderen Seite das Fehlen der dafür erforderlichen Kenntnisse). Genauer gesagt widerspiegelt das Problem unmittelbar keine reale Beziehung von Subjekt und Objekt, sondern einen widersprüchlichen Bewußtseinszustand des Subjekts, das auf Grund der Erforschung irgendeines Gebiets einen neuen weißen Fleck entdeckt hat. Eben deshalb ist die Bestimmung der Echtheit eines Pro-

[11] *Friedrich Engels*, Herrn Eugen Dührings Umwälzung der Wissenschaft („Anti-Dühring"), in: *Karl Marx/Friedrich Engels*, Werke, Bd. 20, Berlin 1962, S. 125.

[11a] Aus dem Russ. übers. – Die von *Hermann Diehls* (Die Fragmente der Vorsokratiker, Hamburg 1957), *Wilhelm Nestle* (Die Vorsokratiker, 4. Aufl., Düsseldorf-Köln 1956) und *Walther Kranz* (Vorsokratische Denker, 2. Aufl., Berlin-Frankfurt a. M. 1949) gebrachten Zenon-Fragmente enthalten den zitierten legendenhaften Ausspruch nicht. – *D. Ü.*

blems eine außerordentlich schwierige Sache. Sie setzt nicht nur Kenntnis des erforschten Objekts und Kenntnis von der Existenz des unbekannten Wirklichkeitsbereichs[12] voraus, sondern auch eine Kenntnis vom Subjekt, von seinen Bedürfnissen, Kräften, Mitteln, Möglichkeiten und dergleichen.

Jedes Aufwerfen eines Problems bedeutet gleichzeitig Erkenntnis auch in anderer Hinsicht. Wie oben gesagt wurde, ist das Problem ein kompliziertes logisches Gebilde, dessen Knotenpunkte Fragen sind. Wohl bekannt ist aber, daß eine auf Unbekanntes zielende Frage nur auf der Grundlage von Bekanntem gestellt werden kann. Nur sehr selten können alle Fragen eines Problems gleichzeitig mit der zentralen Frage formuliert werden.

Die mitunter in der Literatur als ein gleichzeitiger Akt erscheinende Beschreibung der Stellung des gesamten Fragenkomplexes ist meistens eine Beschreibung post festum, d. h., sie erfolgt, wenn das Problem bereits gelöst ist und es sich deshalb als möglich erweist, alle seine Glieder zu reproduzieren und in *eine* zeitliche Reihe zu stellen. Der typische Fall, praktisch offensichtlich sogar der einzig mögliche, ist darin zu sehen, daß sich das Problem nacheinander an Fragen entfaltet, deren Stellung, und zwar jeder einzelnen von ihnen, auf dem Erhalt von Antworten (häufig in Form von Mutmaßungen) auf früher gestellte Fragen basiert. Deshalb ist auch die Annäherung an die Formulierung der zentralen Frage des Problems und die nachfolgende Entfaltung des Problems eine reale Erforschung des Objekts. Man kann deshalb William Ross Ashby nur beipflichten, der, als er die Stellung des Problems des adaptiven Verhaltens (adaptive behaviour) darlegte, konstatierte: „. . . wenn wir das Problem völlig exakt stellen können, sind wir nicht weit von seiner Lösung entfernt." („. . . when we can state the problem with precision we shall not be far from its solution.")[13]

Mithin ist die Stellung eines Problems Erkenntnis in zweifachem Sinne: als Widerspiegelung einer Problemsituation und als Erkennen eines unbekannten Objekts.

[12] Wir operieren häufig mit der Wortverbindung „Gebiet (Bereich) des Unbekannten". Es könnte der Eindruck entstehen, dieser Begriff würde zur Bezeichung räumlicher Objekte gebraucht. Der Begriff „Gebiet (Bereich) des Unbekannten" hat bei uns ausschließlich erkenntnistheoretische Bedeutung. Bestünden keine sprachlichen Schwierigkeiten, dann könnte man diesen Begriff durch den Begriff „das Unbekannte" oder sogar durch das Symbol x ersetzen.

[13] *W. Ross Ashby*, Design for a Brain. The Origin of Adaptive Behaviour, 2. ed., rev., London 1960, p. 1.

Für die Durchführung der Aufgabe, die das Anliegen dieses Abschnitts der vorliegenden Arbeit ist, genügt es, die Stellung des Problems als Widerspiegelung einer Problemsituation zu untersuchen.

In der Literatur wird mitunter die Möglichkeit einer Wahrheits(Echtheits)wertung für einige Denkformen bestritten. So bemerkt beispielsweise D. P. Gorski in seiner „Logik"[14], daß man eine Frage niemals unter dem Gesichtspunkt „wahr" oder „falsch" beurteilen könne. Die gleiche Auffassung über die Frage ist im „Philosophischen Wörterbuch" (1963)[14a] ausgedrückt. Uns scheint das ungenau zu sein. Der Irrtum resultiert hier aus einer Einengung des Objekts der menschlichen Erkenntnis bis auf einen im wortwörtlichen Sinne außerhalb des Menschen befindlichen Gegenstand. Indessen tritt für einige Formen als Objekt des Denkens (und als objektives Analogon) nicht ein isoliert vom Menschen existierender Gegenstand der Wirklichkeit auf, sondern eine Beziehung des Subjekts zum Objekt und, noch enger gefaßt, der an diese Beziehung gebundene Bewußtseinszustand. Als Objekt fungiert hier ebenfalls ein Gegenstand der Wirklichkeit und die Beziehung des Subjekts zu ihm (seine Absichten und Interessen). Der Grad der Unkenntnis, die der Mensch von etwas hat, ist eben in der Frage fixiert. Klar ist, daß diese Fixierung dem Objekt (= Bewußtseinszustand) entsprechen oder nicht entsprechen kann, d. h. entweder wahr oder falsch sein kann. Ein solches Verfahren ist durchaus legitim auch bezüglich des Problems.

Die Berechtigung dieses Vorgehens wird um so offenkundiger, wenn man berücksichtigt, daß es im vorliegenden Falle nicht um eine Frageform geht, die das Problem ausdrücken soll, sondern um den Inhalt des Wissens, das durch den Begriff „Problem" erfaßt wird. Als bekannt darf vorausgesetzt werden, daß die für das Problem charakteristische Frageform nicht die einzige Form für den Ausdruck der Beziehung zum Unbekannten ist. Auch ist die Frageform nicht eindeutig an eine Situation des Widerspruchs von Bekanntem und Unbekanntem gebunden. Ein durchaus mögliches und manchmal real angewandtes Verfahren für den Ausdruck einer Problemsituation ist die Konstatierung des Nichtwissens in Form gewöhnlicher affirmativer Urteile, während die Notwendigkeit der Umwandlung von Nichtwissen in Wissen in Form von Modalbestimmungen des Sollens ausgedrückt wird.

Wir kommen hier auf D. P. Gorskis „Logik" zurück, in der er erklärt, er halte es nicht für möglich, Urteile des Typs: „Alle Lernenden sollen

[14] Siehe *Д. П. Горский*, Логика, изд. 2, испр., Москва 1963.

[14a] Философский словарь. Под ред. М. И. Розенталя и П. Ф. Юдина, Москва 1963.

diszipliniert sein" mit den Kategorien „wahr" und „falsch" zu werten. Ein wesentliches Argument gegen eine solche Auffassung ist die bereits weiter oben mitgeteilte Erwägung über die Spezifik einiger Objekte und Formen ihrer Fixierung. Wir möchten nur hinzufügen, daß im Falle eines anregenden Urteils das *reale* Bedürfnis der Menschen, ein Resultat zu erzielen, zu dessen Erlangung das analysierte Urteil anregt, als Objekt auftritt. Und hier ist es durchaus möglich, die anregenden Urteile als wahr oder als falsch einzuschätzen. Beispielsweise ist die Aussage: „Alle Menschen sollen Schwänze haben" falsch, da das Sollen darin keine realen Bedürfnisse des Lebens der Menschen widerspiegelt. Eine andere Sache ist das Urteil: „Alle Menschen sollen lernen." Hier widerspiegelt die Aussage eine sehr tiefe Gesetzmäßigkeit unserer Zeit, eine von der Entwicklung der heutigen Produktion diktierte Notwendigkeit. Es ist leicht einzusehen, daß der Inhalt des Urteils: „Alle Menschen sollen lernen" in Form von Aussagen beschrieben werden kann, die der Form nach nicht anregend sind, aber die gleiche Bedeutung wie ein anregendes Urteil haben.

Im Falle einer vorbehaltlosen Zustimmung zu dem in D. P. Gorskis Arbeit dargelegten Gesichtspunkt müßten alle Aufrufe, Losungen und dergleichen über die Grenzen von Wahrheitswertungen hinausgehen, womit man sich schwerlich einverstanden erklären kann. Selbstverständlich würde eine kategorische Deutung der Frageurteile und der anregenden Urteile unter Anwendung der Kategorien „wahr" und „falsch" auf semantischer Interpretationsebene unberechtigt sein, und hier hat D. P. Gorski unbedingt recht. Doch offensichtlich hätte der Autor zumindest den Aspekt der Untersuchung streng bestimmen sollen.

Die Anerkennung der Möglichkeit, die Echtheitswertung auf das Problem anzuwenden, bedeutet keineswegs, daß sich die Echtheitswertung hier in absolut gleicher Weise wie die Wertung der Wahrheit von Urteilen oder Theorien vollzieht, die Objekte erklären, die für den Menschen äußerlich sind. Das Problem widerspiegelt ja, wir betonen das erneut, einen bestimmten widersprüchlichen Zustand des Subjekts, der mit seiner Beziehung zu den Objekten zusammenhängt, nicht aber die Objekte an sich. Aus diesem Grunde wird die Echtheitswertung eines wissenschaftlichen Problems in der Regel gemäß den folgenden drei Fragen realisiert:

1. Ist die Schlußfolgerung des Wissenschaftlers, daß das gefundene Unbekannte unbekannt ist, zutreffend? (Das hängt wiederum davon ab, ob die Wahrheit des Wissens, das der Bestimmung eines neuen Bereichs als etwas Unbekanntes zugrunde lag, festgestellt ist.)

2. Stimmt die Annahme des Wissenschaftlers, daß in dem nichterforschten Bereich ein der Wissenschaft unbekanntes Gesetz wirksam ist, bzw.

seine Mutmaßung, daß es möglich ist, eine neue Methode der praktischen Anwendung theoretischer Kenntnisse zu finden?

3. Ist die Auffassung des Wissenschaftlers darüber, *was* speziell – ausgehend von den Bedürfnissen der Praxis und den Erfordernissen der Wissenschaft – erforscht werden muß, richtig? Das Kriterium der Praxis, bezogen auf das Problem, kann, solange dieses nicht gelöst ist, nicht genauso wie – sagen wir – hinsichtlich des Urteils oder der Theorie Anwendung finden, weil das Problem zum Unterschied von allen anderen ideellen Formen das Bedürfnis nach Erkenntnis von etwas Neuem reflektiert, dessen Resultate man nicht prüfen kann, einfach deswegen, weil sie nicht vorliegen.

Der *endgültige* Schluß darüber, ob ein bestimmtes Problem ein echtes Problem oder ein Scheinproblem ist, kann auf der Grundlage (als Fazit) seiner von der Praxis approbierten Lösung gezogen werden. Bevor eine solche Lösung erreicht worden ist, überschreitet die Wertung der Echtheit eines Problems nicht die Grenzen hypothetischen Wissens und läuft auf eine mehr oder weniger strenge Bestimmung der *Notwendigkeit* oder des Nichtvorliegens der Notwendigkeit hinaus, dieses oder jenes wissenschaftliche Problem auszuarbeiten. Diese Bestimmung kann man vornehmen, wenn man die möglichen (vermuteten) Ergebnisse der Erforschung einer neuen Erscheinung nach den in den folgenden drei Fragen ausgedrückten Merkmalen zu den Bedürfnissen der Praxis in Wechselbeziehung setzt: 1. Ist eine Weiterentwicklung der Praxis ohne Lösung des betreffenden wissenschaftlichen Problems möglich? 2. Was wird die Erforschung der Problemerscheinung der Praxis geben? 3. Können die Kenntnisse, die als Ergebnis der Erforschung des betreffenden Problems erwartet werden, größeren praktischen Wert besitzen als die bereits in der Wissenschaft vorhandenen?

Die Erweiterung des Erkenntnisbereichs und seine Vertiefung gehen einher mit der unaufhörlichen lawinenartigen Kettenreaktion, die die Entstehung ständig neuer Problemsituationen darstellt. Dabei überholt das Anwachsen der Menge der Problemsituationen ständig die Vermehrung der Möglichkeiten, die Probleme zu lösen, die als Widerspiegelung dieser Problemsituationen entstehen. Diese Diskrepanz macht eine spezielle *wissenschaftliche Erforschung* der Problemsituationen erforderlich, um die Reihenfolge der Lösbarkeit und Lösung der Probleme bestimmen oder – anders ausgedrückt – die Erkenntnis planen zu können.

Es gibt zwei streng gegenseitig subordinierte *erkenntnistheoretische Prinzipien* der Auswahl von Problemen, die gelöst werden sollen. Das erste Prinzip erfordert die Berücksichtigung der Bedürfnisse und Möglichkeiten der Praxis, das zweite die Berücksichtigung der inneren Bedürfnisse und Möglichkeiten der Wissenschaftsentwicklung. Das Prinzip der Praxis ist das Leitprinzip, aber die Beurteilung, ob die Stellung und Lösung dieses oder jenes wissenschaftlichen Problems notwendig ist, kann nicht nur auf der Grundlage des Prinzips der Praxis geschehen, da die Wissenschaft dauernd Bereiche der Wirklichkeit entdeckt, deren Erforschung die Praxis nicht fordern kann (entweder wegen der Schwierigkeiten, den praktischen Wert der Forschungsergebnisse zu bestimmen, oder wegen der Unmöglichkeit, das betreffende Objekt bei dem gegebenen Entwicklungsstand der Praxis praktisch anzuwenden, oder wegen der prinzipiellen Unmöglichkeit einer unmittelbaren Verwertung der zu erwartenden Erkenntnisse in der Praxis), aber ohne deren Erkenntnis die Erforschung jener Objekte unmöglich ist, die für die Zwecke der Praxis erkannt werden müssen.

Die Berücksichtigung dieser Prinzipien für die Auswahl der Probleme, die gelöst werden sollen, zeitigt nur Ergebnisse, wenn die folgenden allgemeinen methodologischen Forderungen beachtet werden:

1. Die Forderung, die eine voneinander unabhängige Anwendung dieser Prinzipien unbeschadet der bestimmenden Bedeutung des Prinzips der Praxis untersagt. Wird diese Forderung ignoriert, dann tritt eine Disproportion in der Wissenschaftsentwicklung ein, die zwei unerwünschte Wirkungen haben kann: *entweder* die Loslösung der Wissenschaft vom praktischen Leben in einem solchen Ausmaß, daß sie sich aus einem Instrument der Vorhersage der Ergebnisse praktischer menschlicher Tätigkeit in ein Mittel des in der Enträtselung der Naturgeheimnisse liegenden intellektuellen Genusses verwandelt, *oder* die Utilitarisierung der Wissenschaft in einem solchen Grade, daß sie ein Anhängsel der jeweiligen Tagespraxis wird und demzufolge außerstande ist, die Perspektiven zu weisen.[15]

2. Die Forderung, daß für die Auswahl der Probleme und die Feststellung der Reihenfolge, in der sie gelöst werden sollen, mehr Bewegungsfreiheit gewährt sein muß, und zwar hat diese um so größer zu sein, je weiter weg, vom Ausgangspunkt an gerechnet, die wissenschaftliche Aufgabe

[15] Volles Verständnis nötigt einem Bruno M. Pontecorvo ab, der, als er die Bedeutung der Materieerforschung auf Quantenebene analysierte, schrieb: „Selbstverständlich mindert das Fehlen von praktischen Anwendungsmöglichkeiten einiger Arten Elementarteilchen (Neutrinos, Mesonen, Hyperonen) nicht die Bedeutung, die die Erforschung ihrer Eigenschaften hat. Hier ist enger Empirismus (wie: 'Und was gibt das Neutrino den Rjasaner Kollektivwirtschaftlern?') besonders unangebracht.“ (*Бруно Понтекорво*, Загадочное нейтрино, in: Пути в незнаемое. Писатели рассказывают о науке. Сб. 3, Москва 1963, стр. 581)

in die Zeitreihe gestellt wird, d. h., je stärker die Unbestimmtheit in der Formulierung künftiger Probleme wächst.

3. Die Forderung, die wissenschaftlichen Forschungsarbeiten zu koordinieren. Hierin ist einbegriffen:

a) die Empfehlung, Sorge zu tragen für eine ständige und rechtzeitige wissenschaftliche Information, bestehend aus Mitteilungen über die erzielten wissenschaftlichen Ergebnisse, über die Stellung neuer wissenschaftlicher Probleme, über die Mißerfolge und den Charakter der Mißerfolge im Verlaufe aller Forschungen;

b) das Verbot eines völligen (absoluten) Parallelismus in der wissenschaftlichen Tätigkeit der verschiedenen wissenschaftlichen Einrichtungen;

c) die Erlaubnis für einen relativen Parallelismus bei der Erforschung gleicher Erscheinungen der Wirklichkeit unter der Bedingung, daß die Grenzen und die Beziehungen eines solchen Parallelismus streng festgelegt werden.

Die Klärung der die Stellung des Problems betreffenden Fragen wäre nicht vollständig, würde man nicht die für die Stellung von Problemen geltenden logischen Grundregeln darlegen, deren Einhaltung erforderlich ist, damit das Problem seine Funktionen erfüllt.

Von wesentlicher Bedeutung ist die Regel, die man durch die Forderung nach strenger *Abgrenzung des Bekannten vom Unbekannten* ausdrücken kann. Selbstverständlich kann diese Forderung nicht als einmaliger Akt realisiert werden, aber eine solche Abgrenzung muß dann erstrebt werden, wenn es um die Aufgabe geht, das Problem richtig zu stellen. Aus dieser Forderung folgt, daß von keiner Stellung eines wissenschaftlichen Problems jenseits der Wissensgrenze, die die vorgeschobenen Positionen der Wissenschaft und der Entwicklungsgeschichte der Wissenschaft (auf dem Abschnitt, der sich auf ihre vorgeschobene Position bezieht) bilden, die Rede sein kann. Anders ausgedrückt, um ein Problem zu stellen, ist unbedingt erstens eine so weitgehende Kenntnis der neuesten Errungenschaften der Wissenschaft, zweitens der Geschichte der Wissenschaftsentwicklung erforderlich, daß man nicht fehlgeht, wenn man beurteilen will, wie weit ein zu enthüllender Widerspruch wirklich neu ist (ob das betreffende Problem nicht bereits früher gestellt wurde).[16]

[16] Um ein gestelltes Problem zu lösen, ist die Kenntnis der Wissenschaftsgeschichte nicht unbedingt erforderlich (sind doch im Wissen der jeweiligen Gegenwart die Kenntnisse der Vergangenheit akkumuliert), während für die Stellung eines Problems die Kenntnis der Geschichte offensichtlich absolut notwendig ist.

Eine sehr wichtige Regel, die für die richtige Stellung des Problems unbedingt berücksichtigt werden muß, ist die Regel, die die *Lokalisierung des Unbekannten* fordert. Das Wesen dieser Regel besteht darin, daß bei der Problemstellung zu beachten ist, daß der Bereich des Unbekannten durch real überschaubare Grenzen bei gleichzeitiger Hervorhebung einer durchaus konkreten unbekannten Beziehung begrenzt werden muß. Die Bedeutung dieser Regel läßt sich leicht verstehen, wenn man sich vor Augen hält, daß der Fortschritt der Erkenntnis ständig neue Bereiche des Unbekannten hervortreten läßt, die, ohne lokalisiert zu werden, nicht Gegenstand konkreter Forschung sein können, d. h. anders gesagt, bezüglich deren, nimmt man sie als Ganzes, es keine reale Methode gibt, konkretes Wissen zu erhalten. Erstes Mittel für eine solche Lokalisierung sind die Kategorien der Grenzgemeinsamkeit. Ihre konsequente Anwendung erlaubt es, den Bereich des Unbekannten bald durch eine Kausalbeziehung, bald durch eine Form-Inhalt-Beziehung, bald durch eine Möglichkeitsbeziehung oder durch andere Beziehungen zu lokalisieren.

Ein Problem kann schwerlich als gestellt angesehen werden, wenn die Regel, nach der die *etwaigen Bedingungen für die Lösung* zu bestimmen sind, nicht erfüllt ist. Zu diesen Bedingungen gehören je nach dem Charakter des Problems und den Möglichkeiten der Erkenntnis:

1. die Bestimmung des Problemtyps entsprechend den Prinzipien der Klassifikation der Probleme;
2. die Bestimmung der Forschungsmethode, die speziell vom Problemtyp unmittelbar abhängt;
3. die Bestimmung des Maßstabs für die Genauigkeit der Messungen und Wertungen.[17]

Absolut unerläßlich für die Stellung des Problems ist die Regel, die vorsieht, daß im Problem eine *Unbestimmtheit* vorhanden sein muß. Die Unbestimmtheit kann man mit Hilfe des Begriffs der Variabilität interpretieren, die hier als Möglichkeit zu verstehen ist, im Zuge der Problem-

17 Durchaus zutreffend erscheint uns Eli de Gortaris Bemerkung über das Problem: „Das Stellen des Problems *setzt die Bedingungen für die Realisierung der Lösung fest*; doch diese geht ihrerseits über die vorgesehenen Bedingungen hinaus, bestimmt sie von einem höheren Gesichtspunkt aus und fungiert als Bedingung für eine neue Lösung.“ („El planteamiento del problema afirma las condiciones que cumple la solución; pero ésta, a su vez supera las condiciones previstas, las determina desde un punto de vista más elevado y, al mismo tiempo, se constituye en condicionante para una nueva determinación resulutiva.“) *Eli de Gortari*, Introducción a la lógica dialéctica, 2. ed., México-Buenos Aires 1959, p, 279. (Hervorhebungen durch uns — *J. Sh.*)

entfaltung (und ebenso der Lösung) folgende Substitutionen zu gestatten:

1. Austausch früher gewählter spezieller Beziehungen, die als für die Forschung notwendig bestimmt waren, durch neue, der Forschungsaufgabe besser entsprechende;

2. Ersatz früher gewählter Methoden, Arten und Verfahren durch für die betreffende Forschung neue Methoden, zu denen Methoden gehören können, die eigens für die Lösung des gegebenen Problems entwickelt wurden;

3. Austausch unbefriedigender Formulierungen durch neue.

Ein Grenzfall der Variabilität des Problems ist sein Ersatz durch ein neues Problem.

In dem gleichen Maße, in dem der Bereich des Unbekannten streng abgegrenzt und lokalisiert werden muß, soll im Problem auch Unbestimmtheit liegen, die in der Regel von der Problemstellung zu berücksichtigen ist, weil die Lösung des Problems ein Eindringen in ein Gebiet ist, das voll von Überraschnngen und solchen Besonderheiten ist, für die das vorhandene Arsenal der Erkenntnismittel keine Forschungs- und Wertungsmethoden aufzuweisen hat.

Über die Prinzipien der Klassifikation wissenschaftlicher Probleme

Für die Bestimmung der Reihenfolge, in der Probleme zu lösen sind, hat deren Klassifikation wesentliche Bedeutung.

Eine Vorbedingung für die Beschreibung der Prinzipien der Klassifikation *wissenschaftlicher* Probleme ist die Bestimmung ihrer Spezifik im Verhältnis zu den sogenannten *praktischen* Problemen, die sich in einer ganzen Reihe von Merkmalen in fast nichts von den wissenschaftlichen Problemen unterscheiden.

Die in der Praxis entstehende Problemsituation hat durchaus nicht immer die Stellung eines *wissenschaftlichen* Problems zur Folge. Wenn die praktischen Widersprüche durch bereits bekannte Mittel ohne prinzipielle Veränderung ihrer Anwendungsmethode gelöst werden können, dann widerspiegelt sich eine solche Problemsituation in den Köpfen der Menschen als *praktisches* Problem. Die Lösung eines praktischen Problems besteht darin, neue Organisationsformen und Anwendungsmethoden der vorhandenen Mittel zu finden, während die Lösung eines wissenschaftlichen Problems die Gewinnung prinzipiell neuer Kenntnisse voraussetzt.

Zwischen dem wissenschaftlichen und dem praktischen Problem besteht eine dialektische Wechselwirkung: Einerseits hat die Entstehung praktischer Probleme und ihre Lösung früher oder später eine Situation zur Folge, die ein wissenschaftliches Problem hervorbringt, andererseits werden durch die voraufgegangene Lösung wissenschaftlicher Probleme recht häufig Grundlagen für die Lösung praktischer Probleme geschaffen.

Eine charakteristische Entwicklungstendenz der praktischen Tätigkeit ist bei dem heutigen Stand der Dinge die Erhöhung der Anzahl der Probleme, bei denen der praktische und der wissenschaftliche Aspekt kombiniert sind. Bei der Lösung dieser Probleme werden praktische Auswirkungen durch die wissenschaftlichen Forschungen vermittelt, die entsprechend den Aufgaben der wissenschaftlichen Seite des Problems durchgeführt werden und die den Aufgaben der praktischen Seite fest koordiniert sind. Innerhalb dieser Form der Probleme wird zwischen praktischen und wissenschaftlichen Problemen unter Berücksichtigung des Umstandes unterschieden, welche von den Seiten (die praktische oder die wissenschaftliche) im Endeffekt die dominierende ist. Ein hervorragendes Beispiel eines Problems gemischten Typs ist das Problem der Stabilisierung des Wasserspiegels des Kaspisees. Neben Aufgaben, die vom theoretischen und praktischen Gesichtspunkt aus klar sind (d. h. erfüllt werden können, ohne daß man sich an die wissenschaftliche Erkenntnis zu wenden braucht, man muß bloß die erforderlichen Kräfte einsetzen), gibt es hier Fragen, deren Lösung nicht ohne wissenschaftliche Forschung zu erreichen ist.

Die Verbindung von wissenschaftlichem und praktischem Aspekt innerhalb *eines* Problems drückt sich aus sowohl in den Formulierungen der zentralen Fragen wie auch in deren Zahl (in der Regel gibt es zwei davon). Wir führen ein Beispiel an. Wendell Meredith Stanley und Evans G. Valens äußern sich über das Krebsproblem folgendermaßen: „Das Problem der Krebsheilung kann in Form von zwei allgemeinen Fragen dargelegt werden: Was veranlaßt normale Zellen, sich in Krebszellen zu verwandeln? Wie können wir diese Verwandlung aufhalten oder rückgängig machen, ohne dabei den normalen Zellen zu schaden?" („The problem of curing cancer can be stated in the form of two general questions: What causes normal cells to change into cancerous cells? How can we inhibit or reverse this change without damaging normal cells at the same time?" [18]) Die Verflechtung des praktischen Aspekts mit dem wissenschaftlichen in diesem

18 *Wendell M. Stanley* and *Evans G. Valens*, Viruses and the Nature of Life, 2. pr., New York 1962, p. 136.

Problem ist so stark, daß man beide Aspekte wohl nur gedanklich voneinander trennen kann. Diese zentralen Fragen eines Problems sind in bestimmter Weise subordiniert, richtiger gesagt, wechselseitig subordiniert. Der praktische Aspekt stimuliert den wissenschaftlichen, der wissenschaftliche bestimmt die Möglichkeiten des praktischen Aspekts.

Die Klassifikationsprinzipien, die weiter unten vorgeschlagen werden, beziehen sich auf die wissenschaftlichen Probleme sowie auf die Probleme gemischten Typs, für die jedoch der Vorbehalt zu gelten hat, daß ihnen hauptsächlich der wissenschaftliche Aspekt der Klassifikation zugrunde gelegt wird.

Eine Klassifikation der Probleme ist undenkbar ohne Feststellung der Merkmale, die zu berücksichtigen sind, wenn man die Probleme unterscheiden will. Der methodologische Ausdruck dieser Merkmale sind eben die Prinzipien der Klassifikation.

Der heutige Stand der Untersuchung des wissenschaftlichen Problems als Kategorie der Logik der wissenschaftlichen Erkenntnis erlaubt es, für die Klassifikation der Probleme die folgenden Prinzipien herauszustellen: 1. das Objektprinzip, 2. das funktionale Prinzip, 3. das strukturelle Prinzip und 4. das Gemeinsamkeitsprinzip.

Nach dem *Objektprinzip*, d. h. nach dem Charakter des Unbekannten, kann man alle Probleme bedingt einteilen in: a) *konstruktive*, d. h. solche, die den Widerspruch zwischen den Bedürfnissen und den Mitteln der Gesellschaft bei Fehlen eines konkreten empirisch feststellbaren unbekannten Objekts widerspiegeln und die deshalb auf das Auffinden (die Schaffung) von Objekten nach früher aufgegebenen Charakteristiken gerichtet sind; b) *analytische*, die sich von den ersten dadurch unterscheiden, daß sie als Widerspiegelung von Widersprüchen zwischen dem Subjekt und einem aktuell existierenden (d. h. in den Gesichtskreis des Menschen gelangten) unbekannten Objekt entstehen und im Hinblick auf dieses aufgeworfen werden.

Genetisch geht die Entstehung der Probleme vom Typ *b* der Entstehung der Probleme des Typs *a* voraus, und ihre Lösung ist eine Voraussetzung für die Stellung von Problemen des Typs *a*. Ein recht häufiger Fall ist ein Problem, das die Merkmale beider Typen in sich vereinigt.

Den Sinn, der in der Einteilung der Probleme nach dem Objektmerkmal liegt, kann man leicht erfassen am Beispiel der modernen Chemie, die verschiedenartige polymere Stoffe mit Eigenschaften entstehen läßt, die im voraus festgelegt waren. Sehr interessant ist das Problem der Sitalle, d. h. von Stoffen, die mit den Mitteln gesteuerter Kristallisation gewonnen werden und die in einem Ausmaße Eigenschaften besitzen, wie sie in der

Natur unbekannt sind, und zwar mechanische Festigkeit, Feuerbeständigkeit, chemische Stabilität und Verschleißfestigkeit.[18a]

Das *funktionale Prinzip* ermöglicht es, die Probleme je nach der Rolle (oder der Stellung) in der wissenschaftlichen Erkenntnis zu unterscheiden. Von diesem Prinzip ausgehend, kann man alle Probleme in *Schlüsselprobleme* (auch strategische Probleme genannt) und *taktische Probleme* einteilen. Beispiele von taktischen Problemen lassen sich leicht in großer Anzahl anführen, während Schlüsselprobleme Einzelerscheinungen sind. Das Akademiemitglied W. A. Trapesnikow nannte 1960 in einer Rede auf dem Juli-Plenum des ZK der KPdSU das Problem der Zuverlässigkeit das Sehlüsselproblem der heutigen Technik, von dessen Lösung „Sein oder Nichtsein“ einer umfassenden Automatisierung abhänge. Dieses Problem bestimmt die Richtung der Forschung mit dem Ziel, daß sie Klarheit schafft über die Bedingungen und Mittel einer störungsfreien Arbeit der verschiedensten Mechanismen, beginnend bei der einfachen Werkzeugmaschine und endend mit den subtilsten, den sogenannten denkenden Maschinen, unter Beibehaltung (oder mit notwendiger Veränderung) aller Parameter ihres Funktionierens. Schlüsselproblem heißt das Problem, von dessen Lösung der Fortschritt aller Seiten eines bestimmten Wissensgebiets abhängt.

Das *strukturelle Prinzip* liefert den Schlüssel zum Verständnis der Unterschiede zwischen den Problemen, die innerhalb der Grenzen einer Wissenschaft entstehen und mit ihren Methoden gelöst werden können, und den Problemen, die an der Nahtlinie zweier oder einiger Wissenschaften entstehen und mit den Methoden verschiedener Wissenschaften gelöst werden. Die ersten kann man *spezielle Probleme*, die zweiten *komplexe Probleme* nennen (letztere werden mitunter als Grenz- oder Nahtprobleme bezeichnet).

An komplexen Problemen kann man gegenwärtig eine Menge Beispiele geben, denn die Tendenz der heutigen wissenschaftlichen Erkenntnis besteht eben insbesondere darin, daß sie durch eine Erhöhung der Anzahl von komplexen Problemen auf allen Wissensgebieten charakterisiert ist. Vor noch gar nicht langer Zeit entstand im Zusammenhang mit der Entwicklung der Atomenergetik und der Erprobung verschiedenartiger Atombomben das Grenzproblem betreffs des Einflusses der radioaktiven Strahlung auf die Erblichkeit. Es entstand an der Nahtstelle von Biologie und Physik und wird mit den Mitteln der Physik, Biologie, Chemie und Mathematik gelöst.

[18a] Vgl. zu Sitall (ситалл) die unter diesem Stichwort gegebene Erklärung in: Энциклопедический словарь в двух томах, т. 2, Москва 1964, стр. 391. – *D. Ü.*

Das *Gemeinsamkeitsprinzip* ist das Kriterium für die Differenzierung der Probleme in sogenannte *Universalprobleme* und *Teilprobleme.* Zu den Teilproblemen gehören alle Probleme lokalen Charakters, d. h. mit genauen Grenzen ihres Bereichs, der unbedingt kleiner als das betreffende Wissensgebiet sein muß. Als universal werden die Probleme dann bezeichnet, wenn sich ihr Bereich mit dem Bereich der vorgeschobenen Position des ganzen Wissensgebietes deckt. So kann das oben erwähnte Problem der Zuverlässigkeit zu den Universalproblemen der Technik gerechnet werden, denn es umfaßt ausnahmslos alle technischen Systeme.

Es ist zweifellos leicht zu erkennen, daß ein Problem, das man gemäß dem Objektprinzip ein konstruktives Problem nennen kann, gleichzeitig als Schlüssel- oder taktisches Problem gemäß dem funktionalen Prinzip und als komplexes oder spezielles Problem auf der Grundlage des strukturellen Prinzips usw. gewertet werden kann.

Die führende progressive Tendenz in der Entwicklung der heutigen wissenschaftlichen Erkenntnis äußert sich darin, daß die meisten erstrangigen Probleme zu komplexen Problemen erhoben werden, denn das ist der einzige Weg, der die Möglichkeit bietet, das enge Fachbewußtsein zu überwinden, das wegen der ihm gesetzten Grenzen die Lösung vieler sehr wichtiger Probleme hemmt. Es ist für niemanden ein Geheimnis, daß der Fortschritt in der Lösung einer Reihe von Problemen beispielsweise in der Biologie unmittelbar von der Anwendung der Methoden der Physik, Chemie und Mathematik abhängt. Die Kompliziertheit der Frage besteht hier oft darin, daß man es nicht versteht, sich der Methoden einer gegebenen Wissenschaft innerhalb der Grenzen einer anderen zu bedienen, sowie darin, daß die Prinzipien für die Anwendung von Methoden der einen Wissenschaft in anderen Wissenschaften und die Wertungsprinzipien für die durch Anwendung „fremder“ Methoden zu erzielenden Daten nicht ausgearbeitet sind.

Die Lösung der Probleme

Sieht man die Erkenntnis als Ziel an, dessen Anfangsglied das Problem ist, dann erweist sich die Theorie als das abschließende Moment. Anders ausgedrückt heißt ein Problem lösen eine Theorie schaffen, die gleichbedeutend ist mit in entsprechender Weise um die zentrale Idee organisierten, logisch und faktisch begründeten und an der Praxis überprüften Kenntnissen vom Wirken einer Gesetzmäßigkeit (oder von Gesetzmäßigkeiten). Zwischenglied zwischen Problem und Theorie ist die Hypothese.

Die gesamte Kette der wissenschaftlichen Forschung stellt sich also dar in der Abfolge: Problem – Hypothese – Theorie. Eine solche Konzeption erlaubt es uns, das Problem unter einem neuen Gesichtswinkel zu betrachten, d. h. jedes der Kettenglieder der wissenschaftlichen Forschung nach dem Grade der Bestimmtheit oder, was dasselbe ist, nach dem Grade der Unbestimmtheit des in diesen Formen systematisierten Wissens zu werten.

Die Hypothese ist im Verhältnis zur Theorie eine unbewiesene, nicht entfaltete Theorie, d. h. eine Theorie mit großem Grad von Unbestimmtheit im Inhalt der Schlußfolgerungen und Argumente. Ebenso ist auch das Problem gewissermaßen eine Theorie, aber eine Theorie *mit maximalem Unbestimmtheitsgrad,*[19] d. h. quasi die „leere" Struktur einer Theorie, der durch die Forschung, die von der „leeren" Form gesteuert wird, der Inhalt gegeben werden muß.

Bekanntlich kann eine niedere Form der Entwicklung durch das Studium einer höheren verstanden werden. Karl Marx hat in diesem Zusammenhang geäußert, daß der Schlüssel zum Verständnis der Anatomie des Affen in der Erforschung des Menschen liege.[20] Das Problem ist der Bedeutung nach keine niedere Denkform in der Erkenntnis. Wahrscheinlich darf die Frage nach einer Subordination der Formen der Wissenssystematisierung je nach ihrer Bedeutung überhaupt nicht gestellt werden. Manchmal ist es jedoch sinnvoll, auf eine Unterordnung hinzuweisen. Wir denken dabei an folgendes: Erkenntnis ist unmöglich ohne Systematisierung der gewonnenen und der zu gewinnenden Kenntnisse. Die Systematisierung erfolgt in streng bestimmten Formen, durch die die verschiedenen Systematisierungs*ebenen* funktional widergespiegelt werden. Unter Berücksichtigung dieses Umstandes kann man die Frage nach einer Subordination der Formen der Wissenssystematisierung stellen. Verständlicherweise muß die Theorie von diesem Gesichtspunkt aus als höchste Form angesehen werden.

19 Auf dieses Merkmal der Unbestimmtheit, das charakteristisch ist für das Problem zum Unterschied vom System der Kenntnisse, richtete Eli de Gortari seine Aufmerksamkeit. „In gewissem Sinne", schrieb er, „scheint im System die ganze Sicherheit des Wissens konzentriert zu sein, während im Problem hauptsächlich die *Unbestimmtheit* verankert zu sein scheint." („En cierto sentido, en el sistema parece encontrarse concentrada toda la certeza del conocimiento; mientras que en el problema parece radicar principalmente la incertidumbre.") *Eli de Gortari,* Introducción a la lógica dialéctica, p. 283. (Hervorhebung durch uns – *J. Sh.*)

20 Siehe *Karl Marx,* Einleitung zur Kritik der politischen Ökonomie, in: *Karl Marx/Friedrich Engels,* Werke, Bd. 13, Berlin 1961, S. 636.

Ein Problem lösen heißt, wie wir bereits gesagt haben, eine Theorie schaffen oder, mit andern Worten, das Problem über die Hypothese (oder unmittelbar) in eine Theorie „umwandeln". Das wiederum heißt, daß man die Struktur eines Problems verstehen kann, wenn man die Theorie jedes positiven Wissens entkleidet, indem man von der Analyse der inhaltlichen Struktur der Theorie zur inhaltlich unbestimmteren Struktur der Hypothese und von ihr zur inhaltlich maximal unbestimmten Struktur des Problems schreitet. Natürlich sind die Strukturelemente der Theorie nicht mit denen des Problems zu vergleichen. Doch die Suche nach den in unentfalteter Form im Problem befindlichen Keimformen der Theorie kann sich als fruchtbar erweisen, wenn man inhaltserfüllte Elemente der Theorie (als hätten sie positive Vorzeichen) gegen Strukturelemente des Problems austauscht, die quasi Elemente der Theorie sind, nur mit negativem Vorzeichen (d. h. ohne den Inhalt, der durch die Lösung des Problems erzielt werden soll).

Die vergleichende Gegenüberstellung von Theorie und Problem ermöglicht es, folgende Schlüsse zu ziehen:

1. Die zentrale Frage belegt im Problem den Platz der zentralen Ausgangsidee der Theorie;

2. der Kenntnis eines Gesetzes in der Theorie entspricht im Problem die Mutmaßung über die Möglichkeit des Waltens eines unentdeckten Gesetzes, die in der Hypothese schon als Mutmaßung über das Wesen (den Charakter) eines waltenden (unbekannten) Gesetzes fungiert;

3. den Platz der Argumente der Theorie nehmen im Problem die Fragen ein, die die Forschung auf die Suche nach einer Information lenken sollen, die die Erlangung einer beweiskräftigen Antwort auf die zentrale Frage des Problems gewährleistet.

Da die reale Bewegung der Erkenntnis in umgekehrter Form verläuft wie oben beschrieben, ist es sicher nicht falsch, die Bewegung vom Problem zur Hypothese und von ihr zur Theorie als Bewegung von der höchsten Unbestimmtheit zur höchstmöglichen Bestimmtheit darzustellen.

Zu sagen, daß sich das Problem zur Theorie entwickle, wäre eine Vergröberung. Man muß aber sehen, daß eine bewußt zu vollziehende Entdeckung nicht bewerkstelligt werden könnte, wenn die Richtung der Forschung nicht bestimmt wird, wenn die Möglichkeiten, neue Gesetzmäßigkeiten zu entdecken, nicht geklärt werden, d. h., allgemein gesprochen, nicht ohne Stellung eines Problems.

Für das Verständnis des Problems als einer Form, die die zur Schaffung einer Theorie führen sollende Richtung der wissenschaftlichen Erkenntnis festlegt, ist die Interpretation des Begriffs „Problemaspekt" von Belang.

In der Fachliteratur wird dieser Begriff recht häufig verwendet. Er hat zumindest zwei Bedeutungen: 1. Bezeichnung eines im Vergleich mit dem gegebenen Verhältnis anderen Verhältnisses des zu untersuchenden Objekts oder, anders ausgedrückt, Untersuchung des Objekts in einem neuen Zusammenhang, im Zusammenhang mit anderen bekannten oder unbekannten Objekten; 2. ein unter neuen Bedingungen zu untersuchendes bereits erforschtes altes Verhältnis des Objekts.

Das Problem ist ein besonders gearteter Knotenpunkt, von dem „Strahlen“ oder Aspekte nach verschiedenen Seiten ausgehen, die nicht selten selber neue Probleme werden. Die logische Form, in der ein Problemaspekt auftritt, ist eine Frage, die sich auf Grund von Mutmaßungen über den Charakter des Waltens bestimmter Gesetzmäßigkeiten in verschiedenen Beziehungen oder unter verschiedenen Bedingungen erhebt. Die Verwandlung des Aspekts in ein neues Problem geschieht meistens dann, wenn das erforschte Objekt sowohl in neuer Beziehung als auch unter neuen Bedingungen betrachtet wird. Die Aufstellung verschiedener Aspekte des Problems und dessen Lösung in Richtungen, die von diesen Aspekten bestimmt werden, schafft die notwendige Fülle und somit die Bedingungen für die Überführung der Kenntnisse auf praktisches Gebiet.[21]

Die Aufstellung einer möglichst großen Zahl neuer Problemaspekte ist die Realisierung einer Forderung der dialektischen Logik, der Forderung nach Allseitigkeit. Wir führen als Beispiel die Stellung und Entfaltung des Problems der Gibberelline an. Zu Beginn unseres Jahrhunderts waren in vielen Bezirken Asiens die Reisfelder von einer sonderbaren Krankheit befallen. Der Reis brachte keine Erträge mehr, obwohl seine Halme eine bisher nicht dagewesene Größe erreichten. Es erhob sich die Frage, wie der Reis zu „heilen“ sei. Dieses lebenswichtige Problem rief eine andere Frage hervor, nämlich die, worin die Ursache für die geschilderte Erscheinung lag. Die empirische Analyse machte den Zusammenhang zwischen der betreffenden Pflanzen„krankheit“ und der Verbreitung des Fusariumpilzes Gibberella klar. Die Frage tauchte auf, ob die „Nachbarschaft“ der Fusariumpilze und des Reises ein bloß zufälliges Zusammentreffen sei, das keinen Einfluß auf die Entwicklung des Reises habe. Versuche bestätigten die früher entstandene Vermutung über den negativen Einfluß des Gibberella-Pilzes auf die Pflanzenentwicklung. Das wiederum führte zu der Frage, welche Komponenten des Pilzes eine verderbliche Wirkung auf den

21 Dem Begriff „Problemaspekt“ entspricht recht häufig der Begriff „Thema“, der freilich durch das Problemmoment nicht erschöpft wird: Thema kann auch eine mit keinem Problem zusammenhängende Aufgabe bezeichnen.

Reis ausüben. Die Entdeckung des Gibberellins als Produkt der Lebenstätigkeit des Fusariumpilzes und seine nachfolgende Darstellung in reiner Form ließ neue Fragen folgender Art auftauchen: Wie ist der Wirkungsmechanismus des Gibberellins beschaffen, und kann dessen Eigenschaft, das Halmwachstum anzuregen, nicht dafür nutzbar gemacht werden, die Pflanzenfruchtbarkeit zu stimulieren? Von dem Zeitpunkt an, da das Gibberellin in reiner Form dargestellt wurde (1939 – *D. Ü.*), gewann das Schutzproblem einen neuen Aspekt, der sich in der Frage niederschlug, wie die das Wachstum und die Entwicklung der Pflanzen aktivierende Eigenschaft des Gibberellins für die Ertragsteigerung ausgenutzt werden kann. Diese Frage wurde in der Folge die zentrale Frage des neuen Gibberellinproblems. Um diese Frage sowie für die Gewinnung einer Antwort darauf entfaltete sich ein vielfältiger Komplex von Fragen, von denen hier nur die folgenden genannt seien: Welches ist die Wirkung der Gibberellinsäure auf die Bildung von Chloroplasten und auf die Photosynthese? Wie beeinflußt die Gibberellinsäure das Wachstum und den Auxinaustausch der Kultur eines isolierten Gewebes, das bei unterschiedlichen Lichtverhältnissen gezüchtet wurde? Wie verändern sich die Morphogenese und die chemische Zusammensetzung der Pflanzen unter dem Einfluß des Gibberellins?

Die experimentelle Anwendung des Gibberellins nötigte die Wissenschaftler, das Problem in eine ganze Reihe von Aspekten aufzuspalten. Diese betrafen u. a. die *Möglichkeiten* der Anwendung dieses wachstumsfördernden Mittels, die *Technologie* der Gewinnung von Gibberellinen sowie den *wirtschaftlichen Nutzen* der Anwendung von Gibberellinen für Zwecke der Ertragsteigerung.[22]

Mitunter befriedigen die Problemlösungen in irgendeiner Beziehung die Wissenschaft oder die Praxis nicht (wegen der Unvollkommenheit der Methode, meistens aber wegen unzureichender Genauigkeit der Resultate). Dann entsteht die Notwendigkeit, *für bestimmte Probleme eine andere Lösung zu finden.* Dadurch erklärt sich auch, daß es in der Wissenschaft sozusagen zeitlich unbegrenzte Probleme gibt, an deren Lösung manchmal einige Male gegangen wird. Das Fortschreiten der Wissenschaften bringt eine Entwicklung der Erkenntnismethoden mit sich und schafft immer größere Möglichkeiten für eine mit höherem Genauigkeitsgrad zu bewirkende Neulösung der Probleme. Darüber hinaus kann die Entwicklung der Erkenntnis, da sie unsere Fähigkeit, Inhalt und Bedeutung des bisherigen Wissens zu beurteilen, erhöht, dazu führen und führt auch häufig

22 Siehe Гиббереллины и их действие на растения, Москва 1963.

dazu, daß ein altes Problem, d. h. ein Problem, das einst auf die Erforschung eines heute bereits erforschten Objekts abzielte, völlig neu gestellt wird. In diesem Zusammenhang ist es angebracht, die folgenden zwei Fragen zu untersuchen: 1. Die Frage nach den Möglichkeiten, Probleme einer Wissenschaft mit den Methoden anderer Wissenschaften zu lösen, und 2. die Frage der sogenannten Unentscheidbarkeit eines Problems.

Recht häufig tritt die Situation ein, daß die Lösung eines im Rahmen einer gegebenen Wissenschaft entstandenen und mit deren Methoden zu erforschenden Problems in eine Sackgasse gerät. Mit den Methoden der betreffenden Spezialwissenschaft nicht zu lösende Widersprüche veranlassen die Wissenschaftler, das fragliche Problem auf die Ebene einer anderen Wissenschaft zu verlegen oder – anders ausgedrückt – in der Forschung Methoden anderer Wissenschaften anzuwenden. Eine solche Verlagerung ist auf der Ebene verschiedener Wissenschaften möglich. Sie kann die Möglichkeiten für eine Lösung so weit erhöhen (auf Grund der Gewinnung neuer Daten), daß das Problem sich als gelöst erweisen wird. Eine derartige Operation braucht aber auch kein befriedigendes Ergebnis zu liefern, denn die Widersprüche mögen sich als unlösbar erweisen. Dann könnte der Erkenntnis eine agnostische Deutung unterlegt werden, wenn man nicht versucht, das ungelöste Problem auf die Stufe des höchsten Verallgemeinerungsgrades, auf die Ebene der dialektisch-materialistischen Philosophie zu translozieren. Das Problem steigt auf in den Rang der sogenannten philosophischen Probleme der Einzelwissenschaften (Fachwissenschaften, Spezialwissenschaften).

Welchen Sinn hat es, Probleme der Einzelwissenschaften auf das Niveau der Philosophie zu heben?

Das damit verbundene Ziel besteht darin, das ungelöste Problem in neuer (für die Fachwissenschaften nicht charakteristischer) Beziehung, im Verhältnis des Objekts des ungelösten Problems zur Erkenntnis, d. h. in methodologischer Beziehung, zu interpretieren. Es gibt wohl keinen Wissenschaftler von Rang, der sich nicht früher oder später der philosophischen Analyse der auszuarbeitenden Fachprobleme zugewendet hätte.

Was gibt nun die philosophische Interpretation?

Erstens erhöht die philosophische Erklärung, d. h. die Erklärung mit Hilfe einer Methode, die sozusagen die Vorzüge der Methoden aller Einzelwissenschaften akkumuliert, die Möglichkeiten, die Wege für die Lösung des Problems heuristisch vorauszusagen. Zweitens liefert die philosophische Interpretation, da sie in den Grenzen der die Erkenntnis untersuchenden Wissenschaft erfolgt, den notwendigen Maßstab für einen Vergleich. Das ermöglicht es, in der Entwicklungsgeschichte der Erkenntnis eine analoge

Situation zu finden, die auf die Beurteilung des auf die Stufe der Philosophie gehobenen Problems anwendbar ist. Das hat unzweifelhaft Bedeutung für das optimistische Herangehen vom Gesichtspunkt der für die Lösung eines Problems bestehenden Möglichkeiten beziehungsweise für eine Einschätzung der Unmöglichkeit, ein gegebenes Problem zu lösen.

Die Lösung eines Problems und die Bestimmung, daß ein Problem prinzipiell unlösbar (unentscheidbar) ist oder bei dem gegebenen Entwicklungsstand der Wissenschaft (d. h. mit Hilfe der vorhandenen Methoden) unlösbar ist, sind für die wissenschaftliche Erkenntnis gleich wichtig. Die Bestimmung der Unlösbarkeit (Unentscheidbarkeit) ist in jedem Falle von praktischem Nutzen. Wenn sich die prinzipielle Unmöglichkeit herausstellt, ein Problem über ein bestimmtes Objekt zu lösen, dann sucht man nach neuen Methoden der Formulierung des Problems, das dieses Objekt zum Gegenstand hat. Wenn sich eine auf die Schwäche der Methoden zurückführende Unlösbarkeit des Problems herausstellt, dann wird entweder auf die Lösung anderer Probleme umgeschaltet (sofern das erste Problem kein absolut notwendiges ist) oder die Verbesseung der Forschungsmethoden forciert (wenn es sich um ein lebenswichtiges Problem handelt, wie z. B. im Falle der Krebsforschung oder im Falle des Problems Nummer 1 der heutigen Energetik – des Problems der lenkbaren thermonuklearen Reaktion).[23]

Die oben formulierten Prinzipien für die Untersuchung der Probleme können präzisiert werden, wenn die Stellung des Problems in einem System von Kenntnissen untersucht wird, das formalisiert werden kann. In diesem Falle erlangt die Formulierung exakter Kriterien, die es ermöglichen würden zu bestimmen, ob die Stellung einer gegebenen Frage in der Sprache eines gegebenen Systems legitim ist, erstrangige Bedeutung. Da es die logische Analyse der Sprache der Wissenschaft vor allem mit deklarativen (erklärenden) Sätzen zu tun hat, ist es wichtig, die Regeln der Umwandlung des deklarativen Satzes in eine Frage und in einen Satz des Sollens zu formulieren. Wenn eine Frage in einen deklarativen Satz umgewandelt ist und ein Verfahren zur Lösung für den gegebenen Satz in der betreffenden Wissenschaft besteht, dann ist die Frage auf jeden Fall kein Problem.

Ein Problem kann man eine Aussage nennen, die in einer gegebenen Sprache formuliert, aber grundsätzlich in ihr nicht bewiesen werden kann.

[23] Auf mathematischer Ebene gilt als anerkannt, daß die Entdeckung der algorithmischen Unentscheidbarkeit der sogenannten Massenprobleme von unbedingter Wichtigkeit ist. Sie ist als bedeutsamer Erkenntnisakt zu werten.

So ist die Widerspruchsfreiheit eines formalen Systems stets ein Problem für dieses, da gemäß Gödels Theorem die Behauptung von der Widerspruchsfreiheit eines Systems stets in dem System formuliert, jedoch nicht in ihm bewiesen werden kann.[24] Die exakten Methoden für das Erkennen von in einem bestimmten System formulierten Problemen sind sehr beschränkt: Erstens sind in jedem realen System einige Prämissen nicht evident, sie sind nur in Form „intuitiver Momente", häufig nicht in Form genau fixierter Aussagen vorhanden; zweitens gibt es für eine große Klasse von Aussagen (Prädikaten), die in einer hinlänglich reichen Sprache formuliert sind, keinen allgemeinen Algorithmus, der es ermöglichen würde, ihre Entscheidbarkeit festzustellen (Theorem von Church). Was die Bestimmung der Berechtigung einer Fragestellung betrifft, so sind die Mittel der heutigen formalen Systeme nicht reich genug, um zu ermitteln, ob die Aussage vom „üblichen" Gesichtspunkt (Gesichtspunkt der Intuition) aus vernünftig ist.

Was für *ein* formales System ein Problem ist (z. B. die Behauptung, daß es widerspruchsfrei ist), kann eine Frage sein, die mit den Mitteln eines stärkeren Systems entscheidbar ist. Real wird in einem allgemeineren Falle für die Lösung eines Problems in der Wissenschaft jedoch nicht der Aufbau eines stärkeren deduktiven Systems, sondern die Erforschung von Tatsachen gefordert. Die Tatsachenauswertung führt zum Aufbau einer Theorie, in deren Rahmen das Problem gelöst werden kann.

[24] Siehe *Wang Hao*, A Survey of Mathematical Logic, Peking 1962.

ZWEITES KAPITEL

Die Tatsache als Grundlage des wissenschaftlichen Wissens

Die These, daß sich die Wissenschaft auf Tatsachen stützt und ihr Ziel die Erklärung bekannter sowie die Voraussicht neuer, noch nicht entdeckter Tatsachen ist, bedarf keiner besonderen Beweise. Die Tatsachen sind die „Luft des Wissenschaftlers" nicht nur deswegen, weil ohne sie eine theoretische Schlußfolgerung undenkbar und die Stellung eines wissenschaftlichen Problems unmöglich wäre. Tatsachen sind der Ausgangspunkt jeder wissenschaftlichen Forschung, jedes Problems, das im Erkenntnisprozeß entsteht, und zugleich ein sehr wichtiges Ziel des Erkenntnisvorgangs, da es das Ideal des Forschers ist, ein solches System von Kenntnissen zu schaffen, das auf der Grundlage einer beschränkten Zahl abstrakter Sätze alle vorkommenden und in der Erkenntnis möglichen Tatsachen aus dem zu erforschenden Gebiet der Wirklichkeit erklären könnte.

Bei der Untersuchung der Tatsache als Element des wissenschaftlichen Forschungsprozesses taucht eine ganze Reihe philosophischer Fragen auf, von denen wir in Auswahl die folgenden anführen: In welcher Wechselbeziehung stehen wissenschaftliche Tatsache und objektives Ereignis? Wie weit ist eine Tatsache unabhängig von ihrer Feststellung durch das Subjekt? In welchem Maße widerspiegeln die Tatsachen die Wirklichkeit? Reichen die Tatsachen für die Erkenntnis der Wirklichkeit aus? Diesen philosophischen Fragen wenden auch viele idealistische Systeme, namentlich solche positivistischer Prägung, große Aufmerksamkeit zu. Das Problem der Tatsache (faktisch das Problem der Wahrheit) hat auch einen speziellen logisch-semantischen Aspekt. In diesem Kapitel werden hauptsächlich die erkenntnistheoretischen Fragen untersucht, die mit dem Problem der Tatsache verknüpft sind.

Die Tatsache als Kategorie der Logik der wissenschaftlichen Forschung

In der sowjetischen philosophischen Literatur ist die Auffassung der Tatsache als einer objektiven Erscheinung oder eines de facto, in der Wirklichkeit ablaufenden objektiven Prozesses verbreitet. Diese Auffassung vertreten N. I. Kondakow, I. D. Panzchawa, G. N. Powarow[1] und andere. I. S. Narski[2] spricht von objektiven Tatsachen und Erkenntnistatsachen. Nach seiner Auffassung sind objektive Tatsachen der Zustand von Objekten oder dessen Veränderungen sowie Prozesse und Ereignisse, die sich in der Natur, in der Gesellschaft und im Denken vollziehen.

In der Erkenntnis widerspiegeln sich die objektiven Tatsachen als Warnehmungen der Tatsachen und danach in der Form von Urteilen. Die wissenschaftliche Tatsache ist in letzterem Fall eine Aussage in Form eines Urteils, das eine objektive Tatsache fixiert und in dieses oder jenes System wissenschaftlicher Kenntnisse als Element einbezogen wird.

In der Tat ist es völlig natürlich, die objektiv, außerhalb und unabhängig von der Erkenntnis ablaufenden Ereignisse Tatsache zu nennen. Dabei muß man sich vor Augen halten, daß nicht alle Seiten der objektiven Wirklichkeit eine Tatsache *für den Menschen, für die Wissenschaft* sind. Ein Ereignis wird für die Menschen nur dann eine Tatsache, wenn es eine bestimmte Bedeutung als Mittel zur Befriedigung irgendwelcher praktischer Bedürfnisse des Menschen erlangt. So wurde beispielsweise die Existenz zweier Strahlungsgürtel um die Erde – in ungefähren Höhen von 1000 und 50000 km – nur deshalb eine Tatsache für die Menschheit, weil diese Gürtel erhöhter Strahlung mit der Entwicklung der Raketentechnik und dem Start von Raumschiffen in der Sowjetunion und den USA in den Bereich der praktischen Tätigkeit des Menschen einbezogen wurden. Sie existierten Jahrmillionen vor der Entstehung der Menschheit auf der Erde und existierten auch dann weiter, als die Menschheit sich bereits entwickelt hatte, aber eine Tatsache für die Menschheit sind sie erst in den sechziger Jahren des 20. Jahrhunderts geworden.

Im Rahmen der Logik der wissenschaftlichen Forschung wird der Begriff „Tatsache" in anderem Sinne untersucht. Wenn man sagt, daß sich die Wissenschaft auf Tatsachen gründet, wenn man fragt, wie sich die Tatsachen zu den Beschreibungen und Erklärungen verhalten, dann denkt man dabei an die Tatsache als *Element der wissenschaftlichen Kenntnis*. Ohne uns dagegen zu wenden, daß man auch ein objektives Ereignis Tatsache nennen kann, werden wir im weiteren die Tatsache als die be-

1 Siehe *Н. И. Кондаков*, Логика, Москва 1954; *И. Д. Панцхава*, Диалектический материализм, Москва 1958; *Г. Н. Поваров*, Событийный и сужденческий аспекты логики в связи с логическими задачами техники, in: Применение логики в науке и технике, Москва 1960.

2 Siehe *I. S. Narski*, Positivismus in Vergangenheit und Gegenwart. Übers. von einem Übersetzerkollektiv. Wissensch. Bearb.: G. Kröber, Berlin 1967.

stimmte Art „Tatsachenwissen" ansehen, über dessen Funktionen in der gesamten wissenschaftlichen Kenntnis die Logik der wissenschaftlichen Forschung Klarheit schaffen soll. In der nachfolgenden Darlegung über die Tatsache wird von ihr überall als von einem Element der wissenschaftlichen Kenntnis (des szientifischen Wissens) gesprochen.

Nur der Gegenstand der Wirklichkeit wird zum Objekt und widerspiegelt sich in Form von Tatsachenwissen, der durch diese oder jene Methode in den Bereich der Praxis des Menschen gelangt. Das Gebiet des Tatsachenwissens erweitert sich durch Ausdehnung der in jedem gegebenen Moment der Geschichte des Menschen bestehenden Grenzen seiner Praxis. Die Tatsache ist somit nicht nur eine Widerspiegelung objektiver, vom Menschen unabhängiger Eigenschaften des Gegenstandes, sie ist auch ein Gradmesser des Entwicklungsstandes der Praxis.

Die Tatsachen als Elemente des Wissens kann man in zwei Unterkategorien einteilen: in wissenschaftliche und in unwissenschaftliche Tatsachen, wobei zu letzteren nicht nur die „künstlerischen"[3], sondern auch die Tatsachen des „gesunden Menschenverstandes" u. dgl. gehören. Die Gruppe der wissenschaftlichen Tatsachen ist umfangmäßig sehr klein: Damit eine Tatsache wissenschaftlich wird, muß sie in dieses oder jenes System wissenschaftlicher Kenntnis einbezogen werden. Durch Beobachtung läßt sich beispielsweise feststellen, daß beim spontanen radioaktiven Zerfall ein Elektron aus dem Atom herausfliegt. Das ist eine Tatsache, wissenschaftlich wird sie aber erst dann, wenn sie in eine bestimmte physikalische Theorie einbezogen wird, die diese Tatsache erklärt. Es ergibt sich dann, daß das Elektron, das angeblich aus dem Atom herausfliegt, sich auf Grund einer ganzen Reihe von Ursachen dort nicht befinden kann.

Die wissenschaftliche Tatsache ist ein Element des Wissens, das seiner funktionalen Rolle nach in den Grenzen jedes Systems wissenschaftlicher Kenntnis hervortritt. Sie kann L-wahr und F-wahr,[3a] eine einzelne Aussage sowie ein System von untereinander durch ein einheitliches Prinzip oder durch ein Axiom verbundenen Aussagen sein. „Tatsächlichkeit" („Faktizität") wird sozusagen dem konkreten Wissen nicht durch seine logische Natur, sondern durch die erkenntnistheoretische Funktion zugeschrieben, die es im Rahmen eines gegebenen Systems hat.

[3] Siehe *Ю. Лазебник,* Проблема літературної майстерності в журналістиці, Київ 1963.

[3a] Vgl. hierzu *Wang Hao*, A Survey of Mathematical Logic (ch. XVIII: Truth (Definitions and Consistiency Proofs) – *D. Ü.*

Es ist nur natürlich, die Tatsache mit der empirischen Aussage des Protokolls eines Experiments oder einer Beobachtung gleichzusetzen.[3b] Das wissenschaftliche Protokoll ist ein bestimmte Schlußfolgerungen enthaltendes System von Aussagen, die empirisch Beobachtbares beschreiben. Die Tatsache tritt in diesem Falle als Einzelaussage über unmittelbar empirisch Gegebenes, über im Experiment Gewonnenes oder über etwas im natürlichen Milieu zu Beobachtendes auf. Ihrem Charakter nach ist eine solche Tatsache die fixierte Einzelbeobachtung eines Objektzustandes, die absolut zufällig sein kann. Deshalb geht das Ergebnis eines Experiments niemals als Beschreibung *eines* Versuchs oder *einer* Beobachtung in die Wissenschaft ein. Der Forscher führt Dutzende und Hunderte von Experimenten durch, wobei er verschiedene Methodiken bei ihrer Durchführung anwendet, und erst auf Grund der Bearbeitung zahlreicher Beobachtungsprotokolle, die die Aussagen über die empirischen Daten enthalten, leitet er das statistische Mittel ab, das eben als Tatsache in das System der wissenschaftlichen Kenntnisse eingeht. Z. B. ist es eine Tatsache, daß die Plancksche Konstante $h = (6{,}62363 \pm 0{,}00016) \cdot 10^{-27}$ erg·s ist. Es hat viele Versuche gegeben, die diese Größe festgestellt haben. Das Resultat war, daß viele Tatsachen in Form von Aussagen ermittelt wurden. Ihr Durchschnittsergebnis wurde eben zu der Tatsache, die bekannt ist als „Plancksche Konstante" (oder „Planckschcs Wirkungsquantum") mit dem Wert von $(6{,}62363 \pm 0{,}00016) \cdot 10^{-27}$ erg · s.[3c]

Von einer wissenschaftlichen Beobachtung ein Protokoll zu gewinnen ist, wenn auch eine Anfangsetappe, so doch aber ein sehr wichtiger und verantwortlicher Abschnitt in der Tätigkeit des Forschers. Es wird formuliert

[3b] Siehe *A. I. Rakitov*, Die statistische Interpretation eines Fakts und die Rolle statistischer Methoden beim Aufbau empirischen Wissens, in: Studien zur Logik der wissenschaftlichen Erkenntnis, S. 470.

[3c] Je nach der rechnerischen Genauigkeit wird der zahlenmäßige Wert für die Plancksche Konstante h (Wirkungsquantum) verschieden angegeben. Als Beispiele seien angeführt: „Handwörterbuch der Naturwissenschaften" (2. Aufl., 8. Bd., Jena 1963, S. 138) $= 6{,}55 \cdot 10^{-27}$ erg sec; „Brockhaus ABC der Naturwissenschaft und Technik" (Leipzig 1960, S. 681) $= 6{,}626 \cdot 10^{-27}$ erg · s; „Meyers Neues Lexikon" (6. Bd., Leipzig 1963, S. 562) $= (6{,}62517 \pm 0{,}00023) \cdot 10^{-27}$ erg · s; „Большая Советская Энциклопедия" (20. Bd., Moskau 1953, S. 444) $= (6{,}6237 \pm 0{,}0011) \cdot 10^{-27}$ erg · sec, (33. Bd., Moskau 1955, S. 178) $= (6{,}62377 \pm 0{,}00018) \cdot 10^{-27}$ erg · sec. Häufig wird rechnerisch als Wirkungsquantum auch die Größe $\frac{h}{2\pi}$ verwendet, die mit $\hbar$ bezeichnet wird. — *D. Ü.*

als Ergebnis der Beobachtung, der Methode zur Erlangung von Tatsachenwissen. Die Beobachtung besteht in der Fixierung (Konstatierung) von Eigenschaften und Beziehungen der Gegenstände und Erscheinungen der Wirklichkeit unter den natürlichen Daseinsbedingungen. Ein Spezialfall der Beobachtung ist das Experiment, die Methode zur Erzielung von Tatsachen durch künstliche Einmischung in die natürlichen Existenzbedingungen der Gegenstände und Erscheinungen der Wirklichkeit und durch Ausgliederung dieser oder jener Seiten, um sie in „reiner Form", ohne den Prozeß komplizierende Begleitumstände untersuchen zu können.

Beobachtung und Experiment werden sowohl in der Naturwissenschaft wie in den Gesellschaftswissenschaften als Methode zur Erlangung von Tatsachenwissen angewendet. In jeder Wissenschaft sind zahlreiche konkrete Beobachtungs- und Experimentierverfahren ausgearbeitet, die die Spezifik der zu untersuchenden Gegenstände und Erscheinungen der Wirklichkeit berücksichtigen. Das sind z. B. in der Histochemie die Methode der gekennzeichneten Atome, die Luminiszenzanalyse u. dgl. m., in der Statistik die nichtdurchgängige Beobachtung. Diese besteht u. a. aus der Fragebogenmethode (z. B. Erhebungen durch Fragebogenausfüllung von Eisenbahnfahrgästen) aus der Korrespondentenmethode (Fragebogen, werden an speziell ausgewählte Personen versendet), der monographischen Methode (Untersuchung speziell befragter Mengeneinheiten z. B. eines Betriebes oder einer Kollektivwirtschaft) und der Stichprobenmethode (Untersuchung eines Teils einer Menge von Objekten und nachfolgende Extrapolation der gewonnenen Kenntnisse auf die gesamte Menge). In allen Formen der Beobachtung (einschließlich des Versuchs oder Experiments) werden in der heutigen Wissenschaft weitgehend Wahrscheinlichkeitsmethoden angewendet, insbesondere das von J. Bernoulli, S.-D. Poisson, P.-S. Laplace, C. F. Gauß, P. L. Tschebyschow, A. M. Ljapunow, A. A. Markow, A. N. Kolmogorow und anderen Gelehrten ausgearbeitete Gesetz der großen Zahlen. Auf diese Methoden gründet sich insbesondere die sehr wichtige statistische Form der Beobachtung.

Durch dieses Mittel der statistischen Beobachtung wird die Durchschnittsgröße eines zu erforschenden Merkmals (z. B. die durchschnittliche Ertragfähigkeit) oder aber das spezifische Gewicht eines zu untersuchenden Merkmals in einer gegebenen Gesamtheit (z. B. Prozentsatz des Ausschusses) bestimmt. Zur Gewinnung von Kenntnissen über die Variabilität eines Merkmals (einer Eigenschaft) bedient man sich solcher Maßzahlen der Variabilität (Gemischtheit, Variation) wie des Streuungsgrades, der durchschnittlichen linearen Abweichung, des mittleren Abweichungsquadrats, der durchschnittlichen quadratischen Abweichung und des Schwankungskoeffizienten. Das Tatsachenwissen stellt sich hier dar als eine bestimmte Aussage, erhalten durch Ermittlung des Durchschnittswertes nach Wahrscheinlichkeitsprinzipien aus einer Menge von Aussagen, die eine bestimmte Kenntnis über die variierenden Merkmale des zu untersuchenden Gegenstandes vermitteln.

Außer der Stichprobenerhebung gibt es noch viele andere Beobachtungsverfahren wie beispielsweise die analytische Gruppenbildung, die geschichtete Stichprobe, die bilanzierende Zusammenfassung; die Methode der relativen Kennziffern der Struktur, des Wachstums, der Dynamik; zusammengesetzter, mittlerer, individueller und allgemeiner Index, Mengen- und Gradindex, die Indexe der veränderlichen und der konstanten Struktur; die Zeitreihen: Intervall-, Moment-, Steigerungszeitreihen und andere; die korrelativen Beobachtungsmethoden, die lineare Regression usw.[4]

Um zur wissenschaftlichen Tatsache zu werden, muß die Aussage des Beobachtungsprotokolls somit verdurchschnittlicht werden, d. h. eine bestimmte statistische Wahrscheinlichkeit haben. Die Bestimmung dieser Wahrscheinlichkeit ist für den Forscher nicht wichtig, wenn die Theorie bereits fertig dasteht, sondern gerade dann, wenn sie sich im Stadium des Werdens befindet.

Gibt es nun erkenntnistheoretische Argumente, an Hand deren es möglich ist, die statistische Wahrscheinlichkeit einer Tatsache zu bestimmen, wenn sie noch nicht in ein Wissenssystem einbezogen, sondern erst Bestandteil zahlreicher Protokolle der wissenschaftlichen Beobachtung ist?

Die statistische Wahrscheinlichkeit einer Tatsache hängt in beträchtlichem Maße von den Ausgangsprinzipien ab, die als theoretische Grundlage für die Durchführung der Versuche und jener logischen Methoden für die Bearbeitung der Beobachtungsprotokolle gelten, die bei der Beschreibung des Objekts Anwendung finden. Deshalb ist es auf der Grundlage einer Analyse der bezeichneten Bedingungen möglich, die in den Protokollen der wissenschaftlichen Beobachtung enthaltenen Aussagen *vor* der Konstruktion der Theorie statistisch auf ihre Wahrscheinlichkeit hin zu werten.

In diesem Sinne haben die bei der Bearbeitung der Versuchsresultate anzuwendenden induktiven Wahrscheinlichkeitsmethoden erheblichen heuristischen Wert für die Ermittlung der Tatsachen mit der größten statisti-

[4] Siehe *Б. Ц. Урланис*, Общая теория статистики, Москва 1962.

schen Wahrscheinlichkeit. Viele Autoren, z. B. Arthur Pap[5], unterstreichen unserer Auffassung nach richtig die besondere Rolle der induktiven Wahrscheinlichkeitsmethoden als Mittel der Bearbeitung des Tatsachenmaterials und der Konstruktion wissenschaftlicher Kenntnissysteme. Die Überhöhung der Rolle des Axiomatischen wie überhaupt der deduktiven Methoden ist bezüglich vieler Forschungen der heutigen Wissenschaft, besonders auf dem Gebiet der Ökonomik, der Physik, der Wissenschaften von den Denkprozessen usw., nicht gerechtfertigt.

Die Wahrscheinlichkeitsmethoden gründen sich darauf, daß sie bestimmte Bedingungen berücksichtigen, unter denen der Zufall in den Ablauf eines Vorgangs der Wirklichkeit eindringt. A. N. Kolmogorow erwähnt drei Arten eines solchen Eindringens: Die Anfangsbedingungen eines nach strengen Gesetzmäßigkeiten ablaufenden Vorgangs können im Wiederholungsfalle zufällig sein; der gesamte zeitliche Verlauf des Prozesses ist zufällig; der Ablauf des gesetzmäßigen Prozesses wird durch zufällige Abweichungen erschwert.[6] Dabei stehen sich das Zufällige und das Gesetzmäßige nicht gegenüber, sondern ergänzen einander, d. h., die Tatsachen widerspiegeln nicht nur die zufälligen Eigenschaften des Objekts, sondern auch die notwendigen, sowohl unwesentliche als auch wesentliche, wie ferner die statistischen (wahrscheinlichen) und dynamischen Eigenschaften.

Die gleichzeitige Widerspiegelung des Gesetzmäßigen (Notwendigen) und des Zufälligen, des Dynamischen und des Statistischen im Tatsachenwissen läßt sich mit Hilfe der Methode der willkürlichen Funktionen demonstrieren, die speziell die erste Art des Eindringens der Zufälligkeit in den gesetzmäßigen Ablauf eines Vorgangs berücksichtigt, nämlich die Zufälligkeit bei Wiederholung der Anfangsbedingungen eines gesetzmäßig ablaufenden Prozesses. Im Falle von konservativen mechanischen Systemen wird durch die Methode der willkürlichen Funktionen bewiesen, daß die Frequenzen eines bestimmten Ereignisses bei sehr weitgehenden Einräumungen hinsichtlich der Verteilung der Anfangszustände konstant sind, und deshalb ist es möglich, die Bedeutung der Wahrscheinlichkeit dieses oder jenes Ergebnisses theoretisch zu berechnen, d. h., jeder zur Bildung von

[5] Siehe *Arthur Pap*, An Introduction to the Philosophy of Science, London 1962, p. 345–346.

[6] Siehe *А. Н. Колмогоров*, Предисловие, in: *Нильс Арлей и К. Рандер Бух*, Введение в теорию вероятности и математическую статистику. Перев. А. С. Монина и А. А. Петрова, Москва 1951 (russ. Ausg. von: *Niels Arley, K. Rander Buch*, Introduction to the Theory of Probability and Statistics, New York 1950), стр. 6.

Wahrscheinlichkeiten der Gesamtheit führende Einzelvorgang ist strengen dynamischen Gesetzmäßigkeiten unterworfen.[7]

Folglich sind Tatsachen, die mit Hilfe der Methode der willkürlichen Funktionen gewonnen werden, zugleich eine Verkörperung sowohl des Zufälligen wie des Notwendigen, des Wahrscheinlichen wie des Gewissen, des Statistischen wie des Dynamischen, und es wird im Zusammenhang damit richtigerweise die Schlußfolgerung gezogen, daß „die prinzipielle Möglichkeit einer objektiven wissenschaftlichen Voraussicht der Konstanz und der Zahlenwerte realer Frequenzen eindeutig festgestellt ist; im weiteren kann die Ausdehnung des Anwendungskreises der gefundenen Methode hauptsächlich nur auf mathematische Schwierigkeiten technischen Charakters stoßen, die freilich heutigentags noch recht beträchtlich sind“[8].

Die Anwendung mathematisch begründeter induktiver Methoden bei der Bearbeitung der Protokolle der wissenschaftlichen Beobachtung ermöglicht es, vor Konstruktion der Theorie eine statistische Wahrscheinlichkeitswertung der einzelnen empirischen Aussagen vorzunehmen.

Weil die wissenschaftliche Tatsache statistisch-wahrscheinlich ist, ermangelt die Einzeltatsache des Kriteriums der Bestätigung: Die Wahrheit eines theoretischen Satzes kann nur mit Hilfe von Durchschnittsresultaten einer Vielzahl von Experimenten geprüft werden. Dadurch wird die Tatsache selber „logisch“, sie kann folgendermaßen definiert werden: *Tatsache* ist ein Wissen, dessen Zuverlässigkeit außerhalb einer zu schaffenden oder geschaffenen Theorie festgestellt wird. Deshalb ist eben – zumindest zu einem gewissen Teil – alles voraufgegangene Wissen Tatsachenwissen. So mußte Einstein, als er die Relativitätstheorie schuf, mit bestimmten Schlußfolgerungen aus der Mechanik Newtons als mit überprüften, zuverlässigen Tatsachen rechnen.

Keine Tatsache ist das unmittelbare Resultat sinnlicher Wahrnehmung. Eine Tatsache ist bis zum gewissen Grade stets abstrakte Kenntnis. Tatsachen werden in sprachlicher, graphischer usw. Form ausgedrückt, die sie mit dem ganzen System der vom Menschen erworbenen Kenntnisse verbindet. Selbst im Protokoll der wissenschaftlichen Beobachtung ist die Tatsache nicht nur eine Konstatierung des unmittelbar von dem das Protokoll führenden Experimentator Beobachteten; sie wird durch eine Aussage ausgedrückt, die logische Form hat. Und insofern die Tatsache ein

[7] Siehe *А. Я. Хинчин*, Метод произвольных функций и борьба против идеализма в теории вероятности, in: Философские вопросы современной физики, Москва 1952.

[8] Ebenda, стр. 530.

Element des Beobachtungsprotokolls ist, ist sie kein „sense-datum“ (Sinneseindruck), also nichts unmittelbar Sinnliches, sondern der in das System der wissenschaftlichen Kenntnisse einbezogene Inhalt einer Aussage.

Ein Resultat der Gewinnung von Tatsachenwissen ist die Beschreibung eines Objekts in Form eines bestimmten Systems von Aussagen über dieses Objekt. Die Beschreibung des Objekts existiert nicht an sich: sie ist stets untrennbar verknüpft mit einer theoretischen Erklärung der Gesetzmäßigkeiten seiner Existenz.

Die Objektbeschreibung ist an und für sich „monovalent“, d. h., sie ist eine zuverlässige Fixierung dessen, was sich als Objekt darbietet und durch eine Vielzahl von Aussagen ausgedrückt wird. Da aber eine Beschreibung vom Objekt nur dann vorliegt, wenn es eine gewisse Erklärung von ihm gibt (manchmal in Form einer Hypothese, Theorie und dergleichen), so ist niemals eine „Monovalenz“ der Beschreibung zu beobachten: sie wird stets als „wahr“ oder „falsch“ vom Standpunkt der mit ihr zusammenhängenden Erklärung gewertet.

Nicht selten kann ein und dieselbe Objektbeschreibung in verschiedenen Systemen der Erklärung eine mehrdeutige logische Äquivalenz haben (beispielsweise die Erde als Planet im ptolemäisch-aristotelischen und im kopernikanischen System). Durch die Praxis als Kriterium der Wahrheit wird letzten Endes festgestellt, ob es richtig ist, daß der Objektbeschreibung dieser oder jener logischen Valenz ein System der Erklärung „hinzugefügt“ wird. In dieser Auffassung ist die Beschreibung des Objekts die empirische Basis aller Kenntnisse von ihm, da eben die Tatsachen die zuverlässige Grundlage sind, auf die sich alle wissenschaftlichen Konstruktionen, insbesondere des Systems der theoretischen Erklärung, stützen.

Die Unvollständigkeit der Widerspiegelung des Objekts in den Tatsachen und die entstehenden Widersprüche zwischen dem System der Objektbeschreibung und den neuen Tatsachen über das sich mit der Zeit entwickelnde Wesen des Objekts machen es notwendig, daß die Kenntnisse vom Gebiet des Tatsächlichen, Beschreibenden zu dem des Theoretischen, Erklärenden übergehen. Auf diese Weise hört die Ausführung der Objektbeschreibung mittels bestimmter Methoden der Tatsachenmaterialbearbeitung auf, Selbstzweck in der Fortbewegung des Denkens zur Wahrheit zu sein. Die Beschreibung selber wird zu einem Moment, zu einem Teilchen der theoretischen Kenntnisse und existiert nur als Basis dieses oder jenes Systems der theoretischen Objekterklärung.

Es könnte scheinen, daß zwischen der als Resultat der Bearbeitung empirischer Daten verstandenen „Tatsache“ und der „Tatsache“, verstanden als jegliches Wissen, dessen Zuverlässigkeit über die Grenzen der

Theorie hinaus festgestellt wurde, eine unüberbrückbare Kluft liegt: Im ersten Falle ist die Tatsache das „sinnlich Gegebene", im zweiten Falle eine Abstraktion. Doch dem ist nicht so. Die Tatsachen werden mit Hilfe von Begriffen formuliert, die abstrakte Objekte bezeichnen. In den Theorien vom Bau des Wasserstoffatoms z. B. werden nicht nur theoretische Sätze, sondern auch Tatsachen mit Hilfe von Begriffen formuliert, deren Übereinstimmung mit der Wirklichkeit sozusagen im allgemeinen Zusammenhang mit der menschlichen Tätigkeit auf dem Gebiet der Atomindustrie, der Kernraketentechnik usw. festgestellt wird.

Deshalb ist der Begriff der Tatsache als einer Aussage über beobachtbare Größen ein Spezial- und Grenzfall der weitergehenden Auffassung der wissenschaftlichen Tatsache als eines Elements der wissenschaftlichen Kenntnis. Dieses Element hat seine bestimmten Merkmale, seine funktionale Rolle im Komplex der wissenschaftlichen Theorie und hebt sich eben dadurch von den anderen Elementen der wissenschaftlichen Kenntnis – den Axiomen, Ideen, Prinzipien, Problemen usw. – ab.

Das Moment der Abstraktheit ist jene Seite der Tatsache, deren Entwicklung die Wandlung des Tatsachenwissens zu theoretischem Wissen fördert. Gleichzeitig bewahrt aber die Tatsache im Verlaufe der wissenschaftlichen Forschung auch ein Moment des Empirischen: Sie ist die Widerspiegelung eines empirisch beobachtbaren Objekts oder einer bestimmten, durch Meßverfahren als diese oder jene Größe ausgedrückten Eigenschaft von ihm im Bewußtsein des Beobachters.

Die dialektische innerlich widerspruchsvolle Natur der Tatsache in enger Bedeutung des Wortes bewirkt, daß sie als Mittel zur Widerspiegelung der Wirklichkeit mangelhaft ist, und macht sie zu einer unzureichenden und sehr begrenzten Grundlage der theoretischen Kenntnis vom Objekt. Tatsachenkenntnisse sind nicht bloß das Ergebnis der durch empirische Aussagen in Form eines bestimmten wissenschaftlichen Protokolls zu fixierenden Beobachtung. Die Beobachtung selber, ihre Methodik der Durchführung, die Form, in der die Ergebnisse fixiert werden, und dergleichen mehr beinhalten nicht nur eine gegebene Einzelforschung. Sie, die Beobachtung, hängt untrennbar mit der gesamten abstrahierenden Denktätigkeit zusammen und wird nach einem vorher aufgestellten Plan durchgeführt, dem diese oder jene theoretischen Sätze zugrunde liegen. Darüber hinaus ist in der Regel im voraus bekannt, welche theoretischen Schlußfolgerungen die betreffende Beobachtung oder das Experiment bestätigen soll, d. h., der Beobachtungsakt selber fungiert als eigenständiges Element bei der Lösung eines gestellten Problems, bei der Konstruktion einer wissenschaftlichen Theorie.

Deshalb ist das Gegenüberstellen (Vergleichen) von deduktiv ermittelten Aussagen und von Tatsachen als Aussagen über beobachtete Größen nur ein relatives Kriterium der Wahrheit deduktiv konstatierter Aussagen. Es ist unberechtigt, dieses logische Verfahren zu verabsolutieren und es zu einem Kriterium für die Wahrheit theoretischer Sätze zu machen.

Auf das Unvermögen, den geschilderten Umstand zu verstehen, ist das Irrige der vielen Versuche der Neopositivisten zurückzuführen, das bekannte Prinzip der Verifikation (d. h. das Verfahren zur Prüfung des Sinns eines Satzes, der nicht die Beschreibung von Resultaten unmittelbarer Beobachtung ist, durch seine Wertung als empirisch sinnvoll) als einziges Wahrheitskriterium theoretischer Sätze anzusehen. Dieses Prinzip läuft auf folgendes hinaus: Ein theoretischer Satz ist empirisch sinnvoll, sofern er aus einer endlichen Klasse (d. h. aus einer gemeinsame Merkmale aufweisenden Gruppe) von Aussagen abgeleitet wird, die die Ergebnisse ununmittelbarer Beobachtung beschreiben; die Aussagen über die Beobachtung selber („Sätze der Beobachtung") werden aus theoretischen Thesen abgeleitet, und wenn die theoretische Behauptung den angegebenen Bedingungen entspricht, dann wird von ihr mittels einer Reihe anderer Sätze die Aussage über das unmittelbar zu Beobachtende abgeleitet. Dabei ist diese Aussage unbedingt an die zu prüfende theoretische Behauptung gebunden, obwohl sie nur mit Hilfe anderer Zwischensätze abzuleiten ist.[9]

Das Prinzip der Verifizierbarkeit, das auch das Prinzip der Falsifizierbarkeit einschließt (siehe 6. Kapitel), basiert darauf, daß die Tatsache als Aussage über etwas unmittelbar zu Beobachtendes völlig mit dem Einzelakt der Beobachtung identifiziert wird. In Wirklichkeit ist aber die Tatsache ein Element der wissenschaftlichen Forschung, die ihrem Wesen nach theoretischen Charakter hat und sich nicht auf eine Einzelbeobachtung, ja nicht einmal auf eine Vielzahl von Beobachtungen stützt, sondern auf die gesamte weitverzweigte praktische Tätigkeit des Menschen als Ganzes. Die Wahrheit einer Tatsache als Aussage über unmittelbar zu Beobachtendes wird durch die Praxis im ganzen als Grundlage des Erkenntnisprozesses und nicht durch den Einzelakt der Beobachtung bestimmt.

Welche Merkmale sind nun für die Tatsache charakteristisch, wenn sie in weiterem Sinne aufgefaßt wird?

Hier ist zunächst der Hinweis angebracht, daß einige Züge des Tatsachenwissens sowohl der Tatsache im engen Sinne (als Beobachtungsprotokoll) wie der Tatsache im weiten Sinne gemeinsam sind. Von einer Tatsache spricht man als von einer Kenntnis von etwas Einzelnem. Erst

[9] Siehe *Arthur Pap*, An Introduction to the Philosophy of Science, p. 25.

als Ergebnis der durch das Denken vollzogenen Analyse der Tatsachen wird das Allgemeine hervorgehoben, das den Gegenständen eigen ist und durch das sich ihre wesentlichen Gesetzmäßigkeiten äußern. Bereits John Locke definierte die Tatsache als „einzelne Existenz" („particular existence")[10]. Die Tatsache ist ein Element der Kenntnis, in dem sich ein den Gegenstand individualisierendes Merkmal widerspiegelt, das ihn aus der Zahl der anderen, zur gegebenen fixierten Klasse gehörenden Gegenstände heraushebt.

Der Gegenstand, dem ein individualisierendes Merkmal zugeschrieben wird, kann indessen ein – wie oben gesagt wurde – abstraktes Objekt sein. Von formaler Seite läßt sich das Urteil über eine Tatsache in Form einer Beschreibung aufbauen, die der Bedingung der Singularität Genüge trägt: $x\,(\cdots x \cdots)$, wo das Prädikat des Objekts x dieses und nur dieses Objekt charakterisiert. Dabei kann x sowohl ein abstraktes als auch ein beobachtbares Objekt sein, das Prädikat kann sowohl beobachtbare als auch unmittelbar im Experiment nicht beobachtbare Eigenschaften ausdrücken. Im Spezialfall kann das Urteil über eine Tatsache in Form der Deskription eine „Tatsache" im engen Sinne (Protokollaussage) sein.

Der Einzelcharakter der Tatsache ist relativ. Das Einzelne ist eine Äußerung des Allgemeinen, ein Moment und ein Teilchen von ihm. In der Relativität des Einzelcharakters der Tatsache verbirgt sich die für alles Tatsächliche typische Tendenz, Element eines Systems der Kenntnisse zu werden. In dem Maße, wie sich die Bildung einer wissenschaftlichen Theorie vollzieht und die vorhandenen Tatsachen durch das Denken bearbeitet werden, tritt deren Tendenz zum Allgemeinen immer deutlicher zutage, bis die einzelne transformierte Tatsache in die Struktur einer Theorie – der Kenntnis vom Wesen der Gegenstände – einbezogen wird. Jedoch nicht jede Aussage, die diese Forderung erfüllt, ist eine Tatsache, sondern nur eine solche, die, wie oben gesagt wurde, bei Schaffung der Theorie zuverlässig bekannt ist.

Über die Möglichkeit, die Wahrheitswertung auf die Aussagen der Tatsache anzuwenden, ist es in der logischen Literatur zu einer Diskussion gekommen. Nach Meinung von C. J. Ducasse[11] kann man die Tatsachen den Wahrheitsurteilen gleichsetzen; A. A. Bennett und C. A. Baylis[12] vertreten die Auffassung, daß Tatsachen weder wahr noch falsch sind, sondern

[10] *John Locke,* An Essay Concerning Human Understanding, new. ed. rev., London 1883, p. 561; deutsch zit. nach: *John Locke,* Über den menschlichen Verstand. Ausg. in 2 Bdn., Bd. II, Berlin 1962, S. 353.

[11] Siehe *C. J. Ducasse,* Propositions, Opinions, Sentences and Facts, in: Journal of Philosophy 37 (1940); 39 (1942), p. 701–711.

[12] Siehe *Albert Arnold Bennett* and *C. A. Baylis,* Formal Logic. A Modern Introduction, New York 1939, p. 49.

einfach existieren. Rudolf Carnap[13] sieht „Tatsache" nicht als Terminus technicus an, sondern gibt ihr eine Erklärung für sein semantisches System, in dem alle Aussagen in faktisch-wahre (F-wahre) und logisch-wahre (L-wahre) eingeteilt sind. Insofern die Aussagen der Tatsache als Elemente eines semantischen Systems angesehen werden, ist die Beurteilung ihrer logischen Valenz vollauf berechtigt. Nicht richtig ist es jedoch, dieses Kriterium bei allgemeiner, nichtformaler Behandlung des Tatsachenwissens anzuwenden. Eine Theorie kann in Form eines semantischen Systems dargestellt werden (siehe 5. Kapitel). Die Theorie muß allerdings mit einigen Tatsachenkenntnissen übereinstimmen, über deren Wahrheit es im Rahmen der Theorie keine Frage gibt.

Somit unterliegt die Tatsache keiner Analyse auf Wahrheit oder Falschheit durch die Mittel der Theorie; vielmehr wird umgekehrt geprüft, ob die Theorie den Tatsachen entspricht. Unter diesem Gesichtswinkel ist es logisch zu behaupten, daß Tatsachen weder wahr noch falsch sind, sie existieren, und in der Übereinstimmung (oder in der Nichtübereinstimmung) mit ihnen liegt die Wahrheit (oder die Falschheit) der Sätze der Theorie beschlossen. Diese Einschätzung des Tatsachenwissens kann eben, da auf ihm die Theorie basiert, auch auf die Tatsachenkenntnisse ausgedehnt werden, insoweit sie in die Theorie einbezogen sind.

Mithin entbehrt die Tatsache der logischen Valenz: sie ist eine Nachricht, eine Mitteilung, eine Information, d. h. ein solches Element der Kenntnis, das aussagt, unabhängig davon, ob die Erklärung der durch die Tatsache gegebenen Mitteilung falsch oder wahr ist. Eine Tatsache ist also stets einwertig als Information und in diesem Sinne zuverlässig. Ihre Zuverlässigkeit (Gewißheit) wird im Endeffekt durch die Praxis festgestellt. Eben deshalb ist die Tatsache ein Argument des beweisenden (begründenden) Teils, der zu jeder Theorie gehört. In eine Theorie einbezogen, wird die Tatsache die Grundlage, deren Zuverlässigkeit sich auf alle Aussagen überträgt, die sich auf sie stützen und die eigene theoretische Sätze bilden.

Da die Tatsache das ist, womit die Theorie in Einklang gebracht wird, ist das wichtigste Merkmal der Tatsache ihre Invarianz bezüglich aller logischen Modifikationen, die mit ihr vorgenommen werden. Sie wird als individuelles Objekt in allen Systemen der wissenschaftlichen Kenntnis beibehalten; beispielsweise bewahrt eine Tatsache wie: „Unter der Einwirkung von Säure ist eine Rotfärbung des Lackmuspapiers zu beobachten" ihre Zuverlässigkeit, unabhängig davon, welche theoretische Erklä-

[13] Siehe *Rudolf Carnap*, Meaning and Necessity. A Study in Semantics and Modal Logic, enl. ed., Chicago 1956.

rung dieser Tatsache durch dieses oder jenes System gegeben wird. Als Widerspiegelung eines Gegenstandes kann die Tatsache ein individuelles Objekt vieler Systeme wissenschaftlicher Kenntnis sein. In jedem von ihnen hat sie eine andere Funktion: Sie fungiert als Element der Ausgangsbasis, als Argument im Beweissystem, als illustrierendes Beispiel, als Gesamtresultat logischer Erwägungen usw. Je nach der zu erfüllenden Funktion unterscheidet sich die „semantische“ Belastung der Tatsache (und also auch der Umfang der in ihr verkörperten Information) in den verschiedenen Systemen der wissenschaftlichen Kenntnis. Andererseits ist offenkundig, daß diese Unterschiedlichkeit nicht unbeschränkt ist: sie variiert in Grenzen, die durch die Eigenschaften der real existierenden objektiven Wirklichkeit bestimmt werden.

In den verschiedenen Wissenssystemen existiert etwas Allgemeines (oder Gemeinsames), das den ein und denselben Gegenstand betreffenden Tatsachen eigen ist. Dieses Allgemeine kann man als das grundlegende Tatsachenwissen bezeichnen, das in allen potential möglichen Beschreibungen und Erklärungen invariant ist und eine Menge sehr wesentlicher Merkmale verkörpert (sowohl unmittelbar zu beobachtende wie auch theoretisch ermittelte), die den realen Gegenstand recht vollständig charakterisieren. Dieses grundlegende Tatsachenwissen (das Ausmaß der in der Tatsache enthaltenen Information, das nicht von einer theoretischen Erklärung abhängt) nennen wir den *invarianten Faktor.*

Der invariante Faktor kann in Form mathematischer Regeln der invarianten Transformationen genau berücksichtigt werden. Hierbei wird der Terminus „Invarianz“ in weiterem, nichtformalem Sinne als Wissensgehalt verstanden, der in den verschiedenen Theorien über ein und dasselbe Objekt unveränderlich bleibt. Das bedeutet, daß für die Ermittlung dessen, was in den verschiedenen Theorien speziell invariant ist, sowohl formale Mittel als auch intuitive Überlegungen erforderlich sein können.

Die Theorien der heutigen Wissenschaft, die ein und denselben Gegenstand auf verschiedenen Ebenen untersuchen, haben invariante Besonderheiten. So erforschen die Theorie Newtons, die spezielle Relativitätstheorie und die Gravitationstheorie Einsteins mit verschiedenen logischen Mitteln und mit ungleich tiefem Eindringen in das Wesen ein und denselben Gegenstand: den physikalischen Raum, seine vom Beobachter und den Mitteln seiner Beobachtung unabhängigen Eigenschaften. In allen diesen Theorien, die sich auf die Tatsachen von den Eigenschaften des realen Raumes gründen, gibt es einen invarianten Faktor. Da diese Theorien den logischen Mitteln und der Sprache nach (durch den mathematischen Apparat, die Terminologie, die Symbolik und dergleichen) prinzipiell verschieden sind, so ist die Annahme nur natürlich, daß man den invarianten Faktor in ihrer Basis, den Tatsachen, suchen muß, auf die sich diese verschiedenen Systeme wissenschaftlicher Kenntnis stützen.

Der invariante Faktor stellt das gemeinsame (allgemeine) minimale Tatsachenwissen dar, das als Bestandteil in die dem Umfang nach verschiedene Menge von Tatsachen eingeht, auf denen die verschiedenen Theorien des Raumes basieren. Dieser eigenartige invariante „Rest" ist unabhängig von den logischen Transformationen und den sprachlichen Mitteln der verschiedenen Theorien vom Raum und verkörpert in sich jenes Wesentlichste und das Gemeinsame, was von der Praxis unabhängig von den einzelnen Etappen ihrer Genese erreicht wurde.

Als Grundlage bestimmt der invariante Faktor in allgemeiner Form die Grenzen der möglichen theoretischen Konstruktionen. Deshalb hat die Erforschung der Besonderheiten des invarianten Faktors der verschiedenen Theorien von ein und demselben Gegenstand oder Bruchstück der Wirklichkeit methodologische Bedeutung und ist ein Problem der Logik der wissenschaftlichen Forschung.

Die Systeme der wissenschaftlichen Kenntnis, denen ein invarianter Faktor immanent ist, nennen wir polymorph (vielfältig in der Erklärung eines gemeinsamen Gegenstandes der Wirklichkeit). Eine ständig auftretende Komponente in der Vielzahl polymorpher Tatsachenerklärungen sind die Tatsachen als Grundlage der wissenschaftlichen Kenntnis. Sie sind invariant hinsichtlich aller logischen Formen der Erklärung und behalten ihre Faktizität unabhängig von den an ihnen vollzogenen logischen Operationen bei.

Polymorphe Systeme der wissenschaftlichen Kenntnis bestehen mithin aus zwei Arten von Elementen des Wissens: den sensitiven (veränderlichen) und den invarianten (konstanten). Die invarianten Elemente des Wissens in diesen Systemen sind ihr Fundament, dem sich die veränderlichen „auflagern". Die dabei entstehenden logischen Verknüpfungen gestalten aus ihnen die Gesamtheit der Behauptungen und Folgerungen, die durch eine gemeinsame Idee als Ausgangsabstraktion und als Grundlage der Einheit aller das betreffende System formenden Wissenselemente verbunden sind. Die logischen Verknüpfungen zwischen den invarianten und den sensitiven Elementen eines Systems bilden einen Komplex von alternativen Möglichkeiten der theoretischen Erklärung von Tatsachenkenntnissen.

Die Erforschung der invarianten Elemente des Wissens und deren klare Scheidung von den sensitiven Elementen ist besonders wichtig in der Periode der Herausbildung der theoretischen Kenntnis, wenn sie noch hypothetisch ist und die Ermittlung ausreichender Kriterien zur Begründung dieses Wissens besonders große Bedeutung hat.

Die Neopositivisten – darauf wurde bereits weiter oben hingewiesen –, die das Problem der Begründung des hypothetischen Wissens zu lösen suchten, mußten sich davon überzeugen, daß die Lösung dieser Aufgabe auf der Grundlage der positivistischen Ausgangsthesen unmöglich ist. Nimmt man an, daß die einzige Bewährungsprobe der theoretischen Kenntnis empirisch beobachtbare, sinnlich gegebene Merkmale sind, in der Form von Tatsachen ausgedrückt als Protokollaussagen, dann entstehen bei einem solchen Kriterium der Begründung der Kenntnisse unvermeidlich Schwierigkeiten. Ungewiß ist, welches Element der theoretischen Kenntnis (sie ist stets vielfältig und systematisiert) durch ein sinnlich konstatierbares Merkmal bestätigt (bzw. widerlegt) wird. Sieht man die Theorie als inhaltsloses Zeichensystem an, das durch die Interpretation auf Folgerungen gegründet ist, die aus ihm abgeleitet und empirisch durch Beobachtung bestätigt sind, so bleibt ein großer Teil der Theorieelemente einschließlich sogar eines Teils der „empirischen" Prädikate unbegründet. Schließlich weisen die Anhänger des Neopositivismus mitunter darauf hin, daß aus der theoretischen Kenntnis die Ableitung einer Voraussicht möglich sei, die empirisch bestätigt werde. Indessen begründet auch ein solches Verfahren nicht die theoretische Kenntnis, da die zu deduzierende und empirisch verifizierbare Voraussicht selber einer gewissen Begründung bedarf.

Die Herausstellung des invarianten Faktors schafft die Möglichkeit, den Schwierigkeiten der Begründung des theoretischen Wissens bis zu einem gewissen Grade aus dem Wege zu gehen. Der invariante Faktor ist Tatsachenwissen, das die Genese der Praxis, ihre hauptsächlichsten und unumstößlichen Errungenschaften in „aufgehobener Form" fixiert. Die entscheidende Ursache für die Schwierigkeiten einer neopositivistischen Analyse der Kriterien der Wissensbegründung – die Ignorierung des Vorgangs der Theoriebildung, der Versuch, die theoretische Kenntnis als Gegebenheit anzusehen, ohne Berücksichtigung ihres Werdens auf der Grundlage des Prozesses der Praxis – wird dadurch beseitigt.

Nicht Tatsachen als Aussagen über empirisch Verifizierbares und sinnlich Gegebenes begründen die theoretische Kenntnis, auch nicht ein Wissen, das aus „reinen" logischen Elementen konstruiert wurde, ja nicht einmal die kombinatorische Mischung des einen und des anderen, sondern ein Drittes, das die Grundlage aller wissenschaftlichen Konstruktionen bildet, durch die Entwicklung der Praxis bestimmt wird und im gleichen Maße sowohl empirisch als auch abstrakt ist. Das ist das Tatsachenwissen als Inhalt bestimmter wissenschaftlicher Systeme, deren Lebensfähigkeit durch die Praxis festgestellt wurde.

Das Atom ist ein individuelles Objekt vieler Systeme wissenschaftlicher Kenntnis in der Chemie, Physik und Biologie. Seine Existenz, seine chemischen und physikalischen Eigenschaften sind eine unumstößlich festgestellte Tatsache der modernen Wissenschaft. Aber kein Forscher wird das Atom in der Form von Tatsachen als Aussagen über etwas sinnlich Gegebenes beschreiben. Als individuelles Objekt existiert es in vielen Theorien, wobei es in ihnen ein unterschiedliches Ausmaß an Information, eine verschiedene Funktion, Symbolik und Sprache für seinen Ausdruck hat. In den Grenzen dieser Theorien hat es häufig nicht einmal einen bestimmten feststehenden physikalischen Sinn. Das gibt einigen Physikern Veranlassung zu erklären, daß das Atom „seinem Wesen nach nicht ein materielles Gebilde in Raum und Zeit, sondern gewissermaßen nur ein Symbol, bei dessen Einführung die Naturgesetze eine besonders einfache Gestalt annehmen",[14] und, „ähnlich wie das geographische Gradnetz der Erde, im Grunde nur noch ein Hilfsbegriff zur Ordnung experimenteller Tatsachen"[15] ist. Dennoch ist das Atom aber so real, daß kein Forscher es wagen würde, seine Realität als Realität einer durch die Praxis bestätigten Tatsache zu leugnen.

Die Invarianz der Tatsache in weitem Sinne des Wortes als der Grundlage der wissenschaftlichen Kenntnis ist eines ihrer wesentlichen Merkmale. Hierin bekundet sich die Rolle der Praxis als Kriterium der Wahrheit Deshalb ist in den Inhalt der Tatsache in weitem Sinne des Wortes die Praxis gewissermaßen in transformierter Form eingeschlossen. Das verleiht der Tatsachenkenntnis die Bedeutung von begründetem Wissen.

Die Bearbeitung der Tatsachen als Prozeß der Theoriebildung

Der Gegenstand, der eine endlose Menge von Eigenschaften – von Äußerungen seines Wesens – besitzt, wird durch eine ungeordnete Menge von Tatsachen widergespiegelt. Jede Tatsache widerspiegelt den Gegen-

[14] *Werner Heisenberg*, Gedanken der antiken Naturphilosophie in der modernen Physik, in: *Werner Heisenberg*, Wandlungen in den Grundlagen der Naturwissenschaft. Zehn Vorträge, 9. erw. Aufl., Stuttgart 1959, S. 80.

[15] *Pascual Jordan*, Die Physik des 20. Jahrhunderts. Einführung in den Gedankeninhalt der modernen Physik, 7. Aufl., Braunschweig 1949, S. 123. (Die 9., neugestaltete und erweiterte Auflage der „Physik des 20. Jahrhunderts", 1956 unter dem Titel „Atom und Weltall" erschienen, enthält das Kapitel „Physik und Weltanschauung", in dem die zitierte Äußerung Jordans vorkommt, nicht mehr. – *D. Ü.*)

stand einseitig. In diesem Sinne ist die Tatsache statisch; jede Veränderung eines Merkmals oder des Gegenstandes im ganzen wird durch eine neue Tatsache widergespiegelt. Eine vollständige Widerspiegelung des Gegenstandes könnte nur durch eine unendliche Menge von Tatsachen erreicht werden. Entsprechend könnten auch die Verknüpfungen der Gegenstände nur durch eine unendliche Reihe von Aussagen dargestellt werden.

Die wissenschaftliche Erkenntnis geht einen anderen Weg. Sie strebt nicht danach, unendliche Reihen von Tatsachen aufzurollen, sondern stellt zwischen den einzelnen durch die Praxis entdeckten Tatsachen die allgemeinen Zusammenhänge fest, die sie verbinden. Von diesen Zusammenhängen werden die wesentlichsten ausgewählt, die als solche die inneren Gesetzmäßigkeiten der Entwicklung der Gegenstände genügend vollständig charakterisieren.

Die erkenntnistheoretische Natur der wissenschaftlichen Tatsache ist der Art, daß sie, die die einfachste Form des Wissens ist und das Sein des Gegenstandes am vollständigsten, in der Vielfalt seiner Eigenschaften und äußeren Manifestationen „erfaßt", andererseits eine unvollständige und ungenügend abstrakte Widerspiegelung gibt. In der Natur des Tatsächlichen selber ist die Tendenz zu seiner qualitativen Umgestaltung enthalten.

Das Wesen des Gegenstandes ist die tiefe Grundlage der zahllosen Menge von Eigenschaften des Gegenstandes, die sich in seinen Wechselwirkungen mit anderen Gegenständen äußern. Die in dieses Wesen eindringende Erkenntnis enthüllt die primäre Grundlage, aus der alle vielfältigen Eigenschaften des Gegenstandes, die durch eine ungeordnete Menge von Tatsachen fixiert werden, auf natürliche Weise resultieren. Durch die Mittel des theoretischen Denkens wird um so tiefer in das Wesen eingedrungen, je mehr die Zusammenhänge zwischen den Tatsachen enthüllt und die wesentlichen, notwendigen Wechselwirkungen der widerzuspiegelnden Gegenstände (bzw. der Eigenschaften *eines* Gegenstandes) klargestellt werden. In dem Maße, wie in das Wesen des durch das Denken widergespiegelten Gegenstandes eingedrungen wird, vermindert sich die Anzahl der erforschbaren individuellen Objekte, da sich erweist, daß sich die unendlich vielen Eigenschaften des Gegenstandes, die „an der Oberfläche", in den Wechselwirkungen mit dem Milieu in Erscheinung treten, aus wenigen wesentlichen inneren Zusammenhängen der Struktnr dieses Gegenstandes ableiten.

Die Erkenntnis, von der ungeordneten Vielfalt der Tatsachen je nach dem Grad der Vertiefung in das Wesen des widergespiegelten Gegenstandes aufsteigend, reduziert sich auf die Erforschung der begrenzten

Zahl der wesentlichen Zusammenhänge, die durch das Denken im Inhalt bestimmter Prinzipien und Ideen ermittelt werden, aus denen die gesamten vielfältigen Äußerungen des Gegenstandes in Form seiner äußeren Manifestationen logisch ableitbar sind. Das Tatsächliche wandelt sich allmählich in das Theoretische um.

Die endlose Reihe von Urteilen wird durch die Bildung eines abstrakten Begriffs unterbrochen, der so viel Tatsachen wiedergibt, wie für eine relativ vollständige Charakteristik der Eigenschaften ihrer Menge ausreichend sind. Bereits auf dieser Stufe der Entwicklung der Kenntnisse besitzen die Tatsachen Eigenschaften, die die Tendenz zu ihrer qualitativen Umwandlung in Formen abstrakten Wissens entwickeln.

Die Möglichkeit der Entwicklung des Tatsachenwissens zu theoretischer Kenntnis liegt in der widerspruchsvollen Natur der Tatsache. Jede Tatsache wird mit Hilfe von abstrakten Begriffen formuliert, in denen die früheren Kenntnisse der Menschheit akkumuliert sind. Diese Begriffe stehen in wechselseitigem Zusammenhang, so daß man sogar über völlig vereinzelte Merkmale des Gegenstandes urteilen kann, auf welche Weise sie verbunden oder verglichen werden können. Die ungeordnete Vielfalt der Tatsachen wird von dem Forscher unter dem Gesichtswinkel des Wertes der Information beurteilt, deren Träger diese oder jene Tatsache ist.

Die erste Etappe der Forschung ist die Sammlung von Tatsachen. Solange die Anzahl der Tatsachen gering ist, sind keine Verallgemeinerungen möglich. Indessen hemmt ein übermäßig langes Sammeln von Tatsachen die Forschung nicht weniger, als dies voreilige Verallgemeinerungen tun. Tatsachen werden nicht für sich gesammelt, sondern *zur Lösung eines Problems*. Deshalb muß die Menge der gesammelten Tatsachen in gewissem Sinne *optimal* sein.

Der optimale Charakter des Wissens ist an die Eliminierung (Verwerfung) überflüssiger Informationen gebunden. Bezüglich der Einzeltatsachen bedeutet das, daß die zahlreichen Aussagen über das Objekt eine statistische Bearbeitung erfordern, um eine Durchschnittstatsache zu erlangen. Das besagt jedoch nicht, daß damit der Prozeß des Ausscheidens überflüssiger Informationen abgeschlossen ist. Mit der weiteren Optimierung des Tatsachenwissens nimmt die Ordnung der Tatsachenmenge ihren Anfang. Aus den vorhandenen Tatsachen werden die ausgewählt, die Merkmale des Objekts charakterisieren und vom Standpunkt des zu lösenden Problems die wesentlichsten sind. Das steht in Zusammenhang mit der Bewertung der Informationen, deren Träger die Tatsachen sind.

In der Regel stützt sich die zielsetzende Tätigkeit des Menschen, die neue Gegenstände (oder neue Eigenschaften bereits bekannter realer Gegenstände) erfaßt, in bestimmtem Maße auf eine spärliche, aber immerhin gewisse vorläufige Information (die oft den Charakter von Voraussagen oder Vorausahnungen hat). Sie geht in das wissenschaftliche Problem, auf der Grundlage von dessen Entwicklung sich die praktische Wirkung realisiert und Tatsachenwissen erreicht wird, als Bestandteil ein. Diese vorläufige Information schränkt in gewisser Weise die etwaigen Angaben ein, die als Ergebnis eines Aktes der Praxis erhalten werden können und aus denen die Auswahl der Daten erfolgt, die den Gegenstand am vollständigsten widerspiegeln. Deshalb ist eine neue Information als Größe quantitativ weniger theoretisch errechenbar als die vorläufige Information, die sich im voraus der wirklich erhaltenen Information „auflagert" und häufig mehr die „Wesenskräfte" des Menschen, die Entwicklungsstufe seiner Praxis widerspiegelt als die wirklichen Eigenschaften des Gegenstandes.

Die Menge der Information in einer Tatsache ist dadurch beschränkt, daß es in der Regel von ein und demselben Gegenstand eine Vielzahl von Tatsachenkenntnissen gibt, die mit verschieden hoher Wahrscheinlichkeit mit den realen Eigenschaften des Gegenstandes übereinstimmen. Deshalb „erfassen" die Tatsachen die Eigenschaften des Gegenstandes nicht in gleichem Maße. Die Tatsache widerspiegelt eine notwendige Eigenschaft des Gegenstandes, jedoch mitunter entspricht ihr nur eine zufällige, manchmal nebensächliche Eigenschaft, Beziehung, Verbindung. Aus der Vielzahl von Tatsachen über ein und denselben Gegenstand wählt der Forscher eine (oder einen Komplex) aus, die seiner Meinung nach die größte Informationsmenge besitzt.

Wie geht nun die Ordnung der Tatsachen und die Bewertung der Information vor sich, deren Träger sie sind?

Schematisch lassen sich zwei Typen der Ordnung der Tatsachen in einige Unter- oder Teilmengen darstellen. Den ersten Typ nennen wir *Gruppierung*, den zweiten *Generalisierung*.

Die Gruppierung geschieht durch Auswahl in den Grenzen dieser oder jener Menge solcher Tatsachen, die die größte Informationsquantität enthalten und sich ausgliedern lassen, ohne für diesen Zweck zusätzliche Regeln einzuführen, außer den Operationen der unmittelbaren „Verknüpfung" der einen Tatsachen mit anderen nach ihrer Gleichartigkeit oder dem Vorhandensein analoger Merkmale (Eigenschaften). Das allgemeine Schema dieses Vorgangs läßt sich folgendermaßen darstellen.

Angenommen, wir haben einen Komplex von Objekten $x_1, x_2, \ldots x_n$, denen die bestimmten Merkmale $P_1, P_2, \ldots P_n$ zugeschrieben werden. Die Aussage $P_i(x_i)$, in der dem Objekt ein Merkmal zugeordnet ist, nennen wir Tatsache. Die Tatsachenmenge M ist ungeordnet. Gruppierung nennen wir eine Ordnung der Menge M, die hergestellt wird ohne Einführung zusätzlicher Begriffe und Regeln des Übergangs von den diese Begriffe enthaltenden Aussagen zu Aussagen der Tatsache. Infolgedessen ist Gruppierung der Tatsachen die unmittelbare Verknüpfung einer Tatsache mit einer anderen.

Es lassen sich zwei Typen einer solchen Verknüpfung herausstellen:

1. Die *Quantifikation.* Ein Objekt x habe in allen Fällen, in denen es in der Menge M vorkommt, das Merkmal P_1, in einigen Fällen das Merkmal P_2, und andere Objekte sollen sich von ihm dadurch unterscheiden, daß sie das Merkmal P_3 haben. Dementsprechend ist zu schreiben: $(\forall x)\ P_1(x)$, $(\exists x)\ P_2(x)$, $(j\,x)\ P_3(x)$. Wenn das Merkmal die Bedingung der Singularität nicht erfüllt, nennen wir es *transgredierend.* Die Gruppierung der Objekte und die Ordnung einer Tatsachenmenge können auf diese Weise unmittelbar erfolgen. Allerdings muß betont werden, daß es nur in dem Falle möglich ist, die Menge M in sich nicht überschneidende Teilmengen aufzugliedern, wenn $(\forall x)\ P_1(x) \equiv (j\,x)\ P_1(x)$ ist, d. h., für alle x gilt $P_1(x)$, wobei P_1 eben das Merkmal ist, das für x und nur für x charakteristisch ist.

2. Die *Klassifikation.* Strenggenommen ist der Fall der Aufgliederung der Menge M auf n Teilmengen, von denen jede die Elemente $x_1, x_2, \ldots x_n$ umfaßt, wobei für jede Teilmenge das Prädikat P so gewählt wird, daß $(\forall x_1)\ P_1(x_1) \equiv (j\,x_1)\ P_1(x_2) \cdots (\forall x \forall n)\ P_n(x_n) \equiv (j\,x_n)\ P_n(x_n)$, was Klassifikation in der allgemeinüblichen Bedeutung dieses Wortes ist. In diesem Sinne liegt der Übergang von der Quantifikation zur Klassifikation in der Beseitigung der transgredierenden Merkmale. Ein zusammengesetztes Prädikat kann man so bilden, daß es die Bedingung der Singularität erfüllt. Dadurch werden die transgredierenden Merkmale in eine individuelle Deskription umgeformt, die der Bedingung der Singularität Genüge tut. Allein, eine solche Klassifikation kann von zufälligen Merkmalen ausgehen und würde in diesem Falle die Tatsachenmenge, die die Bedürfnisse der Wissenschaft zu befriedigen hätte, nicht ordnen.

Hier wird durch den Begriff „Klassifikation" die Denkoperation bezeichnet, durch die unter den verschiedenen Prädikaten $P_1, P_2, \ldots P_n$ ein und desselben x das Prädikat herausgefunden wird, das die größte Informationsmenge über das Objekt x enthält. Mit anderen Worten, es befindet sich unter den Tatsachen $P_1(x), P_2(x), \ldots P_n(x)$ eine solche, die die meisten Informationen über das Objekt enthält. Nach bestimmten Wahrscheinlichkeitsprinzipien wird auch der Zusammenhang unter den Prädikaten $P_1, P_2, \ldots P_n$ ermittelt. Haben wir unter den Prädikaten eins ermittelt, das mit größter Wahrscheinlichkeit mit den übrigen Prädikaten in Zusammenhang steht, so können wir es das *Leitmerkmal* nennen.

Für die hier beschriebenen zwei Gruppierungsarten kann eine befriedigende Syntax aufgebaut werden, was für die Anwendung von kybernetischen Maschinen im Zuge der Informationssuche Bedeutung hat. Derartige Aufgaben ergeben sich in der heutigen Wissenschaft immer häufiger. Beispielsweise ist es in botanischen Forschungen erforderlich, Informationen über die Eigenschaften einer Pflanze, ausgehend von ihrer Benennung, zu erhalten. Es wäre möglich, ein auf dem Prinzip der Tatsachengruppierung beruhendes System auszuarbeiten, wo jeder Pflanzenname durch eine gleiche Anzahl von sich gegenseitig ausschließenden Merkmalen charakterisiert sein würde. Die transgredierenden Merkmale lassen sich in einwertige umwandeln. Wenn man das Merkmal mit dem Pflanzennamen verbindet, kann man über jede Pflanze eine hinreichend vollständige Information erhalten.[16]

In den chemischen wissenschaftlichen Forschungen lassen sich die Informationen über die chemischen Reaktionen nach dem Prinzip der Tatsachengruppierung bearbeiten, wenn man die in der Chemie eingeführte Sprache der Strukturformeln für die chemischen Verbindungen in ein System kanonischer linearer Bezeichnungen überführt.[17]

Nach Berechnungen einzelner Kybernetiker geben die vorhandenen elektronischen Rechenautomaten die Möglichkeit, die Automaten ungefähr tausend Merkmale „speichern“ zu lassen, was bei Verwendung des dyadischen Stellenwertsystems (auch: binäres System oder Dualsystem) eine praktisch unerschöpfliche Zahl von möglichen Kombinationen ($2^{1000} \approx 10^{300}$) ergibt, die für die Formalisierung vieler Seiten des Prozesses der Tatsachengruppierung ausreicht.

Die wissenschaftliche Klassifikation erfordert die Herausstellung eines Leitmerkmals. Alle übrigen Merkmale können dabei als Vertiefung des besagten Leitmerkmals angesehen werden. Unter diesem Gesichtspunkt ist das von der Staatlichen Plankommission der Ukrainischen Sozialistischen Sowjetrepublik 1963 ausgearbeitete Einheitsdezimalklassifikationssystem und die Codierung der Produktion von Interesse.[18]

[16] Siehe die Aufsätze von *Б. Е. Балковский*, in: Ботанический журнал, 1960, 1, 6, 1962, 9.

[17] Siehe *L. I. Gutenmacher*, Informations-logische Automaten. Automatisierung im Informations- und Bibliotekswesen. Übers. v. G. Müller u. W. Ritzert, München – Wien 1966; *Л. И. Гутенмахер, Т. Э. Влэдуц*, Перспективы применения в химии информационно-логических машин, in: Проблемы высшего и технологического образования. Доклады на VIII Менделеевском съезде по общей и прикладной химии, Москва 1959, стр.42–55.

[18] Siehe *А. Лалаянц*, Проблемы внедрения вычислительной техники и планирование народного хозяйства, in: Вопросы экономики, 1963, 11, стр. 82.

Bezeichnet man die Gesamtheit des Produktionsausstoßes als Menge M, die Merkmale der Erzeugnisse als R^1, R^2, ... R^m und die Konkretisierung eines Merkmals durch das Symbol $\leqslant$, dann erhält die Klassifikationsabfolge der Erzeugnisse folgenden Ausdruck:

$$R^1 \leqslant R^2 \leqslant \cdots \leqslant R^m,$$

wo R^1 das Anfangsmerkmal, R^m das Endmerkmal der Reihe, m die Anzahl der Etappen ist und die Tiefe ausdrückt, mit der die Konkretisierung der Merkmale in der betreffenden Reihe vor sich geht. Bezeichnen wir z. B. das Merkmal „Erzeugnis der Metallurgie" durch R^1, das Merkmal „Eisenmetallwalzgut" durch R^2, dann charakterisiert die Teilmenge „Eisenmetallwalzgut" die Gruppe, zu der das Merkmal „Feinstahl" – R^3 – gehört usw. Es ist also eine Identität der Merkmale der Erzeugnisse und der Struktur der Teilmengen oder Gruppen zu beobachten, woraus folgt, daß die Anzahl der Etappen, in die sich die Menge M aufgliedert, der Anzahl der für die Konkretisierung der Merkmale üblichen Etappen entspricht. Tiefe und Objekte der Information über ein Erzeugnis werden durch die Tiefe und Breite der Merkmalkonkretisierung bestimmt.

Zu den Merkmalen, die die Produktion einer Volkswirtschaft beschreiben, gehören Gleichartigkeit des Charakters der Produktion, Gleichartigkeit der physikalischen, chemischen, geometrischen und sonstigen natürlichen Eigenschaften der Produktion wie auch Gleichartigkeit ihrer ökonomischen Bestimmung. Jedes Erzeugnis der Industrie kann durch eine genügend große Zahl von Merkmalen charakterisiert werden. Die Aufgabe der Klassifikation besteht darin, die Merkmale eines einzelnen Erzeugnisses oder einer Gruppe von Erzeugnissen so zu verwenden, daß sie nicht transgredierend sind. Die transgredierenden Merkmale lassen sich in nichttransgredierende umwandeln, jedoch reicht das nicht aus. Erforderlich ist es, jede Menge so in Teilmengen aufzuteilen, daß die Gruppierung der vor der Klassifikation stehenden Aufgabe gerecht wird. Dafür ist die Auswahl eines Leitmerkmals erforderlich.

Die zusammengesetzten Prädikate, die eine und nur eine Teilmenge einer Menge von Erzeugnissen der Volkswirtschaft charakterisieren, lassen sich in diesem Falle als Konkretisierung (Vertiefung) des Leitmerkmals ansehen. Leitmerkmal ist in dem gegebenen Falle das Produktionsmerkmal, das den technologischen Prozeß der Produktion charakterisiert; die Mehrzahl der physikalischen, chemischen und sonstigen Merkmale wird letztlich durch den Charakter der Produktion bestimmt. Wir können beispielsweise schließen, daß wenn Walzgut auf Walzenstraßen mit profilierten Walzen (Produktionsmerkmal) produziert wird, das Profilstahl ergibt (geometrische

Eigenschaften der Produktion). In dieser Weise hängen die Prädikate unmittelbar untereinander zusammen.

Die nach Produktionsmerkmalen in Teilmengen aufgegliederte Menge *M* wird in Übereinstimmung mit einem bestimmten Code gebracht. Das ermöglicht es, die Informationen über die ökonomischen Objekte mit Hilfe der elektronischen Rechentechnik zu bearbeiten.

Die Generalisierung als Vielzahl von Denkoperationen läßt sich schematisch folgendermaßen darstellen: Angenommen, wir haben die ungeordnete Tatsachenmenge *M*. Jede einzelne Tatsache wird in Form einer Aussage formuliert, wobei kein logischer Zusammenhang zwischen zwei Tatsachenaussagen besteht. Die Systematisierung der Tatsachen wird durch Aussonderung einiger Begriffe und durch die Formulierung mittels bestimmter theoretischer Sätze sowie Regeln erreicht, mit deren Hilfe diese Sätze mit einer bestimmten Anzahl von Tatsachen logisch verbunden werden können.

Angenommen, es werden auf diese Weise *m* Gruppen theoretischer Sätze und Regeln des Übergangs von ihnen zu Tatsachen formuliert. Dann wird die ungeordnete Menge *M* dargestellt als *m* Teilmengen M_0, $\mathrm{M}_1, \ldots, M_m$, von denen jede in sich geordnet ist, jedoch nicht mit einer anderen Teilmenge zusammenhängt. Nunmehr läuft die Aufgabe darauf hinaus, Begriffe und Regeln ihrer logischen Verbindung mit den Teilmengen M_0, $M_1, \ldots M_k$ einzuführen. Als Ergebnis werden *n* Teilmengen $M^1, M^2, \ldots M^n$ gebildet, wo $n < m$ ist. Dieser Vorgang setzt sich fort, bis alle Teilmengen der betreffenden Menge *M* untereinander verbunden sind. Dabei kann keiner der eingeführten Begriffe auf die Summe der Tatsachen zurückgeführt werden, die die Elemente der Menge *M* sind.

Die Theorie stellt sich in diesem Falle als System der Beschreibung der Gesamtheit der mit Hilfe einiger Begriffe und logischer Operationen zu einem einheitlichen Ganzen vereinigten Tatsachen dar. Der Prozeß der Generalisierung der Tatsachen ist nicht umkehrbar, der Übergang der Kenntnisse von der Tatsache zur Theorie ist eine qualitative Transformation und deshalb einseitig. Darum ist auch eine „Reduktion" des Theoretischen auf das Empirische unmöglich.

Mithin ist die Bildung der empirischen Basis als Grundlage der Theorie der nicht umkehrbare Vorgang der qualitativen Transformation von Tatsachen im Prozeß des Aufsteigens der Kenntnisse von der Tatsache zur Theorie.

Die einzelnen Seiten des Generalisierungsvorgangs lassen sich formalisieren. Die zulässige Reihenfolge der konstruktiven Denkoperationen des Generalisierungsprozesses, als dessen Folge das Wissen den Charakter optimaler Kenntnis erlangt, kann in einzelnen Fällen offensichtlich durch einen genau bestimmten (expliziertcn) Algorithmus ausgedrückt werden.

Auf diese Weise vollzieht sich die qualitative Umwandlung der Tatsachen zur empirischen Basis der Theorie durch zwei Typen von Denkoperationen: durch Systematisierung und durch Verdichtung der Tatsachen mit Hilfe von Knotenpunkten der Erkenntnis. Beim Übergang von den Tatsachen zur Theorie „steigen“ die Kenntnisse der empirischen Stufe zur Stufe theoretischer Kenntnisse „auf“. Die in den Tatsachen enthaltene Information geht nicht verloren, sondern verdichtet sich je nach dem Entwicklungsgrad der Kenntnisse.

Im Verlauf der Ordnung der Tatsachenmengen bildet sich die optimale Widerspiegelung des Gegenstands heraus.

Nach und nach tritt eine minimale Anzahl logischer Zusammenhänge hervor, die die gegebene Tatsachenmenge ordnen. Sie drücken sich in der minimalen Zahl von Urteilen aus, die für die Erfassung dieser Menge notwendig und ausreichend sind. Die minimale Zahl von Urteilen, die eine Tatsachenmenge vollständig genug charakterisieren, ist die Gesamtheit der Merkmale dieser Menge; sie erfüllt die Funktion der Klassifizierung der Tatsachen in wichtige und weniger wichtige nach dem relativen Wert der in ihnen enthaltenen Information über das Objekt.

Die Tatsache als Inhalt ist Träger einer bestimmten Quantität an Information über die Wirklichkeit. Diese Information kann bis zu einem bestimmten Grade gemessen und errechnet werden.

Das Wissen vereinfacht sich nach Maßgabe seiner Entwicklung vom Tatsächlichen zum Theoretischen. Je tiefer die Kenntnis das Wesen der Erscheinung enthüllt, um so mehr wird es der Form nach vereinfacht. Es vollzieht sich eine allmähliche Verminderung (*Minimierung*, Reduzierung auf das Minimum) der (logischen, sprachlichen u. dgl.) Mittel, die für die Fixierung der erzielten Denkresultate erforderlich sind. Die Minimierung der Kenntnisse ist ein Nebenprodukt, eine Folge der Realisierung der allgemeinen Tendenz der Wissensentwicklung, den Gegenstand entsprechend der erreichten Entwicklungsetappe der Praxis maximal, d. h. mit größter Tiefe des Eindringens in das Wesen des Gegenstandes widerzuspiegeln. In der Regel (aber nicht unbedingt und nicht immer) wird das durch den *minimalen* Aufwand an logischen, sprachlichen und anderen Mitteln erreicht. Häufig jedoch (besonders in Perioden der Herausbildung einer neuen Theorie) geht das Wissen mit den aufzuwendenden Mitteln sehr verschwenderisch um, dennoch wird es niemals als „unrentabel“ angesehen, da alle Kenntnis durch die Tiefe des Eindringens in das Wesen des widerzuspiegelnden Gegenstandes bewertet wird, nicht aber durch den

„Selbstkostenpreis" – die Zahl der sprachlichen und logischen Mittel, die für ihren Ausdruck und ihre Fixierung aufgewendet werden.

Der *optimale Charakter* des Wissens ist stets an die Eliminierung überflüssiger Information gebunden. So geht im Prozeß der Tatsachenbearbeitung gleichzeitig eine *Minimierung* der Mittel der Beschreibung eines gegebenen Gegenstandsbereichs, die Ausscheidung der überflüssigen Information (*Optimierung* der Kenntnis) vor sich. Das ermöglicht es, *maximal* in das Wesen des zu erforschenden Gegenstandes einzudringen. Die Verabsolutierung eines dieser Momente führt zu philosophischen Irrtümern.

Das Problem der Minimierung des Wissens nimmt in der positivistischen Philosophie einen wichtigen Platz ein. Das Prinzip der „Denkökonomie" spielt im System der Auffassungen der modernen Positivisten eine sehr wesentliche Rolle. „Die Wissenschaft", schrieb Ernst Mach, „kann ... selbst als eine Minimumaufgabe angesehen werden, welche darin besteht, möglichst vollständig die Tatsachen mit dem *geringsten Gedankenaufwand* darzustellen."[19] Nach Auffassung von Richard Avenarius ist die gesamte Geschichte des menschlichen Denkens „ein ... Ringen nach dem einen Ziele ...: die Zahl jener höchsten Einheiten [d. h. die allgemeinsten Begriffe und Gesetze – *D. Ü.*] mindestens auf zwei – die zwei womöglich auf eine zurückzuführen",[20] – nämlich auf die „reine Erfahrung". Das Prinzip der „Denkökonomie" hat eine allseitige Entwicklung und Begründung in den Arbeiten von Bertrand Russell, Moritz Schlick, Ludwig Wittgenstein und anderen Neopositivisten gefunden.

Die Begrenztheit und Fehlerhaftigkeit des Versuchs, das Problem der Minimierung der Kenntnisse auf idealistischer Grundlage zu lösen, ist von Lenin in seiner Arbeit „Materialismus und Empiriokritizismus" einer umfassenden Kritik unterzogen worden. Die Ausgangsthesen des Neopositivismus, der die Praxis als das entscheidende Kriterium der Wahrheit ablehnt, machen das Problem der Minimierung der Kenntnisse unlösbar. Die Wahrheit der Widerspiegelung wird der „Denkökonomie" zum Opfer gebracht. Nicht zu bezweifeln ist aber, daß der optimale Charakter der Widerspiegelung in der Regel mit Prozessen der Wissensminimierung zusammenhängt.

19 *Ernst Mach*, Die Mechanik in ihrer Entwicklung. Historisch-krit. dargestellt, 7. verb. u. verm. Aufl., Leipzig 1912, S. 464 – 465 (9. Aufl. 1933).

20 *Richard Avenarius*, Philosophie als Denken der Welt gemäß dem Prinzip des kleinsten Kraftmaßes. Prolegomena zu einer Kritik der reinen Erfahrung, 2. unverb. Aufl., Berlin 1903, S. 28.

Die bearbeiteten Tatsachen werden zur empirischen Basis des Systems der wissenschaftlichen Kenntnis. Die durch die Ordnung der Tatsachenmenge bewirkte qualitative Umwandlung der Tatsachen in die empirische Basis der Theorie ist gleichzeitig der Entstehungsprozeß wissenschaftlicher Abstraktionen als Strukturelemente des theoretischen Systems und ein Wirksamwerden der Tatsachen im Zuge der Bildung eines solchen Systems.

Die empirische Basis der Theorie ist nicht einfach die für den Aufbau der Theorie erforderliche optimale Tatsachenmenge. Wenn die Menge der Tatsachen durch Gruppierung und Generalisierung geordnet ist, wenn neue Begriffe (Abstraktionen) eingeführt sind, die die Tatsachen untereinander verbinden, wird die *Sprache* der neuen Theorie, ihr Begriffsapparat geschaffen. Die für eine Theorie optimal erforderliche Tatsachenmenge formt sich zur empirischen Basis der Theorie um, insofern die Tatsachen in der Sprache der Theorie (mit Hilfe ihres Begriffsapparats) formuliert sind.

Die Theorie stützt sich auf eine Vielzahl von Tatsachen, aber nur ein unbedeutender Teil von ihnen, der in entsprechender Weise transformiert wurde, ist in ihrer Struktur eingeschlossen. Der übrige, häufig sehr unbestimmte Bereich der mit der gegebenen Theorie auf diese oder jene Weise zusammenhängenden Tatsachen ist „außertheoretisch", da er nicht in die Struktur der ein geschlossenes System von Kenntnissen darstellenden Theorie einbezogen ist. Deshalb ist die Anwendung einer Theorie zur Erklärung des außertheoretischen Bereichs der mit ihr zusammenhängenden Tatsachen stets ein schöpferischer Prozeß, und in diesem Sinne gibt es keine Wissenschaften oder Theorien, die rein „angewandt", „technologisch" wären.

Damit die Tatsache zur Grundlage der Theorie werde, ist sie in ein festgestelltes System als Element einzubeziehen. Die Tatsache ist individuelles Objekt eines gegebenen Kenntnissystems, wenn ihre Zugehörigkeit zu diesem System durch einen grundsätzlich realisierbaren Komplex von Denkoperationen bestimmt wird. Anders ausgedrückt: Wenn eine Tatsache durch eine konstruktive Denkoperation als individuelles Objekt mit einem willkürlich aufgestellten System in Entsprechung gebracht wird, dann gibt dabei die Bestimmung der Operation – vorausgesetzt, daß die Ausgangsthesen des Systems gegeben sind – stets eine prinzipiell durchführbare Methode für den Einbau der Tatsache als individuelles Objekt an.

Die empirische Basis ist die Gesamtheit der qualitativ umgestalteten Tatsachen, die den objektiven Inhalt von Abstraktionen bilden; jede Abstraktion kann zu einer Summe von zuverlässigen Aussagen „entfaltet" werden, die in der Abstraktion in impliziter, unentfalteter Form enthalten sind.

Das theoretische Denken ist stets auf eine Vielzahl von Tatsachen gegründet, die durch die Praxis entdeckt werden. Aber nur eine relativ kleine Menge dieser Tatsachen wird zur empirischen Basis von Theorien. Eine Tatsache, die eine wesentliche Seite oder einen wesentlichen Aspekt der Wirklichkeit beschreibt, geht der Erkenntnis niemals verloren, selbst wenn diese in dem gegebenen Stadium ihrer Entwicklung außerstande ist, jene genügend vollständig zu erklären. So wurde die längst bekannte Tatsache der Gleichheit (Äquivalenz) der schweren und der trägen Masse dreihundert Jahre früher experimentell bewiesen, als sie durch die allgemeine Relativitätstheorie erklärt wurde, in der sie, transformiert in ein Element ihrer empirischen Basis, zur Grundlage der kovarianten physikalischen Gesetze wurde.

Um sich zur empirischen Basis des Systems der wissenschaftlichen Kenntnis umzuwandeln und zu seiner Grundlage zu werden, müssen die von der Praxis entdeckten Tatsachen bei ihrer qualitativen Umgestaltung mittels vieler Denkoperationen einen komplizierten Weg durchlaufen. In der empirischen Basis bleiben diese Operationen in „aufgehobener", unentwickelter Form erhalten.

Die quantitative Vermehrung der Information und ihre auf Grund der Bearbeitung durch das Denken bewirkte Verdichtung in den Tatsachen sowie die Umwandlung der Tatsachen in die empirische Basis der Theorie sind die Grundlage, auf der qualitativ besondere Erkenntnisformen entstehen – die wissenschaftlichen Abstraktionen, deren relativ geschlossene Einheit das „Gewebe" jedes Systems wissenschaftlicher Kenntnisse bildet.

Die Struktur der wissenschaftlichen Abstraktionen kompliziert sich in dem Maße, wie die Anzahl der durch sie zu verallgemeinernden Tatsachenmengen zunimmt. Die Grenzen der empirischen Basis einer Theorie werden durch die Anzahl von Tatsachen bestimmt, die durch die Formen der als Elemente in die Struktur der Theorie eingehenden wissenschaftlichen Abstraktionen geordnet sind.

Da sich die Tatsachen durch den Prozeß der Praxis bilden, ist die qualitativ gewandelte Tatsachen darstellende empirische Basis die Grundlage der Theorie, in der die Praxis durch vermittelnde Glieder gewissermaßen in versteckter, impliziter Form enthalten ist. Eben das verleiht der theoretischen Kenntnis Zuverlässigkeit. Die Praxis tritt nicht nur als äußeres Kriterium der Wahrheit auf, nicht nur als das, an dem eine Theorie geprüft (verifiziert) wird; sie ist in Form der empirischen Basis die Grundlage des theoretischen Wissens.

Die Neopositivisten, die die Rolle der Praxis in der Erkenntnis leugnen, sind der Auffassung, daß die Theorie der sicheren Grundlage entbehre und deshalb nur Wahrscheinlichkeitswert, keinesfalls aber Gewißheitswert habe. Karl Raimund Popper vergleicht die Grundlage, auf der die wissenschaftlichen Konstruktionen errichtet werden, mit einem Sumpf. „... die Wissenschaft", schreibt er, „baut nicht auf Felsengrund. Es ist eher ein Sumpfland, über dem sich die kühne Konstruktion ihrer Theorien erhebt; sie ist ein Pfeilerbau, dessen Pfeiler sich von oben her in den Sumpf senken ..."[21]

Die Grundlage der theoretischen Kenntnis ist nach Poppers Einschätzung ganz und gar konventionell und Beschlüssen („Wahrsprüchen") gleichzusetzen, zu denen ein Schwurgericht kommt.[22] Die neopositivistischen Vorstellungen über das Fehlen einer zuverlässigen Grundlage der theoretischen Kenntnisse werden durch die Wissenschaft widerlegt.

In der geordneten Menge von Tatsachen, die durch die Theorie erklärt werden, ist jede Tatsache ein notwendiges Glied, eine Folge der Theorie.

Diese an theoretische Konstruktionen zu stellende Forderung ist eine der wichtigsten in der modernen Wissenschaft. Sie beruht nicht auf Zufall. Denn davon, wie weit das logische Wechselverhältnis der Elemente eines Systems entsprechend der objektiven „Logik" der Erscheinungen subordiniert ist, die sich in diesen Elementen widerspiegelt, hängt der Grad der Wahrscheinlichkeit der wissenschaftlichen Voraussicht ab, d. h. der Prognosen, die auf der Grundlage dieses Systems gestellt werden. Die Tatsachen, die die Wirklichkeit in der ganzen Vielfalt des Zufälligen und Notwendigen, des Wesentlichen und Unwesentlichen widerspiegeln und eng mit dem Prozeß der Praxis verknüpft sind, bilden die zuverlässige Grundlage der Theorie.

[21] *Karl Popper*, Logik der Forschung, 2. Aufl., S. 75–76.
[22] Siehe ebenda, S. 74.

DRITTES KAPITEL

Die wissenschaftliche Abstraktion

Ein Objekt wird relativ vollständig erkannt, wenn seine Beschreibung mit einem entsprechenden System der Erklärung der gewonnenen Tatsachen verbunden ist. Es gibt viele verschiedene Methoden der Beschreibung von Tatsachen, d. h. der Festlegung der zwischen ihnen bestehenden logischen Zusammenhänge und damit auch der Ordnung, der Systematisierung der Tatsachenkenntnisse und der Konstruktion wissenschaftlicher Abstraktionen auf ihrer Grundlage.

D. P. Gorski[1] unterscheidet folgende Methoden, die zur Erklärung der Tatsachen führen: 1. Gewinnung von Klarheit über ihre Teile und deren notwendige Wechselbeziehungen (so besteht z. B. die Erklärung der Tatsache der kristallinen Form eines chemischen Stoffes in der Enthüllung der chemischen Struktur der Moleküle dieses Stoffes und ihrer Anordnung im Kristall); 2. Klarstellung der notwendigen Bedingungen und Umstände, die an die Existenz der Tatsache geknüpft sind; 3. Ermittlung des Grundes für die Existenz der Tatsache; 4. Feststellung der Wirkungen, die die Erscheinung auf andere Erscheinungen ausübt. Schließlich können in der Forschung verschiedene Kombinationen dieser Methoden angewendet werden.

Wahrscheinlich lassen sich die Typen der Tatsachenerklärung auch anders klassifizieren; erstens läuft nicht in jedem Falle die Erklärung auf die Feststellung von Ursache/Folge-Abhängigkeiten zwischen den Tatsachen hinaus, sie kann auch mit Hilfe anderer Denkkategorien erreicht werden; zweitens wird die Erklärung zum Unterschied von der Beschreibung, die nur ein formaler (symbolhafter) Apparat für die Voraussage der Wahrscheinlichkeit des Eintretens einiger Ereignisse auf dem zu erforschenden Gebiet ist, speziell durch das Vorhandensein eines Begriffsapparats (nicht aber eines inhaltlosen formalen Schemas) charakterisiert, der in gewisser Weise auf Einzelobjekte anwendbar ist.

Das Resultat der Tatsachenerklärung ist die Bildung eines Systems von Aussagen, die die Tatsachen erklären. Die Konstruktion der Erklärung

[1] Siehe *Д. П. Горский,* Логика, стр. 270–271.

eines Objekts geht in den Prozeß seiner wissenschaftlichen Erforschung nicht nur schlechthin als Element, sondern als ein sehr wesentliches Element ein. Das System der die Tatsachen erklärenden Aussagen wird mit Hilfe wissenschaftlicher Abstraktionen formuliert.

Viele Neopositivisten leugnen den Erkenntniswert der Abstraktionen, ihre Rolle in der Erkenntnis und erkennen folglich auch nicht an, daß es Möglichkeiten zur Erklärung von Tatsachen gibt. Die allen heutigen Strömungen des Neopositivismus zugrunde liegende Konzeption des „logischen Atomismus" sieht die Tatsache als etwas an, das nicht erklärt werden kann, und das, was sie „Erklärung" („explanation") nennt, ist lediglich „eine praktische Zusammenfassung oder Reduktion vieler Tatsachen" („a convenient summary or abbreviation of many facts")[2].

Der frühe Neopositivismus war bestrebt, die Abstraktionen (die „theoretischen Begriffe") auf Aussagen über sinnlich wahrnehmbare und empirisch beobachtbare Merkmale der Gegenstände und Erscheinungen zu reduzieren. Die Reduktion der Abstraktionen wurde auf dem Wege der Verifikation durchgeführt (jede sinnvolle Aussage ist der Endklasse der unmittelbar verifizierbaren Aussagen äquivalent). Hierzu gehört auch die nicht vollständige Verifikation – eine sinnvolle Aussage wird durch eine Serie von Prüfungsexperimenten begründet, die die vorweg aus dieser Aussage abgeleiteten Einzelbeispiele bestätigen. Eine besondere Form des „Reduktionismus" ist der Operationalismus, der den theoretischen Begriff durch Hinweis auf die Wirkungen und deren sinnlich wahrnehmbares Resultat zu begründen sucht. Der Reduktionismus erwies sich als nicht stichhaltig und wird heute sogar von seinen früheren Begründern einschließlich Rudolf Carnaps, Karl Gustav Hempels, Herbert Feigls, Hans Reichenbachs und anderer Neopositivisten einer eingehenden Kritik unterzogen.

Vom Standpunkt des modernen Nominalismus „ist das Verstehen eines theoretischen Begriffs in einer wissenschaftlichen Theorie ein Verstehen der Rolle, die der sie repräsentierende theoretische Begriff in dem die Theorie ausdrückenden Kalkül spielt, und der empirische Charakter des theoretischen Begriffs gründet sich auf die empirische Interpretation der Endtheoreme des Kalküls" („an understanding of a theoretical concept in a scientific theory is an understanding of the role which the theoretical term representing it plays in the calculus expressing the theory, and the empirical

[2] *Ernest Gellner*, Words and Things. A Critical Account of Linguistic Philosophy and a Study in Ideology. With an introd. by B. Russell, 2. impr., London 1959, p. 72.

interpretation of the final theorems of the calculus")[3]. Die dem Reduktionismus innewohnenden Mängel sind auch für den Nominalismus charakteristisch, der ebenfalls das Verifikationsprinzip anwendet und die Rolle der Abstraktion in der Erkenntnis leugnet.

Am kategorischsten leugnen die Semantiker – Anatol Rapoport, Alfred Korzybski, Stuart Chase, Samuel Ichiyé Hayakawa, Francis Perry Chisholm und andere – den Erkenntniswert der Abstraktionen. Ihrer Auffassung nach „ist die Erkenntnis . . . persönlich und individuell" („The acquaintance is . . . personal and individual"),[4] und kann deshalb weder in sprachlich formulierten Abstraktionen noch in aus allgemeinen Begriffen zusammengestellten sinnvollen Aussagen ausgedrückt werden. Die höchste Stufe der Abstraktion, die von den allgemeinen Semantikern (general semanticists) unter großen Vorbehalten anerkannt wird, ist die Stufe der Einzelbegriffe. Dabei ist ihren Auffassungen nach diejenige Erkenntnis des Objekts am objektivsten, die sich auf die Wahrnehmung des unmittelbar Sinnlichen, d. h. dessen, auf das man einem Ausdruck Korzybskis zufolge „mit dem Finger deuten kann", beschränkt.

Die Hauptmängel der neopositivistischen Philosophie, die sich gegen die Abstraktion als eines der wichtigsten Mittel der modernen Wissenschaft wendet, werden in der allgemeinen Semantik (general semantics) verdoppelt und verdreifacht. Die Methodologie des Neopositivismus zerstört die Grundlagen der wissenschaftlichen Erkenntnis. Deshalb hat die Ausarbeitung des Problems der wissenschaftlichen Abstraktion als Element der Logik der wissenschaftlichen Forschung große Bedeutung sowohl für die Entlarvung der antimarxistischen Anschauungen der bürgerlichen Philosophen als auch für den Schutz der heutigen Wissenschaft vor dem Einfluß der nihilistischen methodologischen Prinzipien des Neopositivismus.

Wissenschaftliche Forschung ist nicht möglich ohne Abstraktion, denn – wie die amerikanischen Wissenschaftler Norbert Wiener und Arturo Rosenblueth betonen – „kein wesentlicher Teil des Universums ist so einfach, daß er ohne Abstraktion erfaßt und beherrscht werden kann" („no substantial part of the universe is so simple that it can be grasped and controlled without abstraction")[5].

3 *R. B. Braithwaite*, Models in the Empirical Sciences, in: Logic, Methodology and Philosophy of Science. Proceedings of the 1960 International Congress. Ed. by E. Nagel, P. Suppes [u. a.], Stanford, Col., 1962, p. 230–231.

4 *A. Korzybski*, Science and Sanity. An Introduction to Non-Aristotelian Systems and General Semantics, 3. ed., 2. pr., Lakeville, Conn., 1949, p. 374.

5 *Arturo Rosenblueth* and *Norbert Wiener*, The Role of Models in Science, in: Philosophy of Science, 12 (1945), 4, p. 316.

Im weiten Sinne nennt man Abstraktion oder Abstrahieren den Prozeß des Absehens von diesen oder jenen Seiten eines Objekts, das erkannt werden soll, und die Darstellung jener Seiten von ihm „in reiner Form“, die im Prozeß der gegebenen Forschung untersucht werden. Wir nennen Abstraktion das ideale Objekt, das als Resultat des Abstrahierens gebildet wird. Wir unterscheiden in unserer Darstellung die Abstraktion „abstrakter Gegenstand“ vom Begriff.[6] Den Begriff identifizieren wir entsprechend der Theorie Freges mit der propositionalen Funktion (propositional function).[6a] Beispielsweise kann der Begriff „Mensch“ mit der Eigenschaft „Menschsein“ gleichgesetzt werden, so daß die propositionale Funktion *P*/*a* („Peter ist ein Mensch“ gleich „Peter besitzt die Eigenschaft des Menschseins“) ein Individuum *A* zum Bedeutungsbereich „Wahrheit – Falschheit“ in Beziehung setzt. „Mensch“ als abstraktes Objekt kann seinerseits an die Stelle einer Variablen in einem anderen Begriff – in einer propositionalen Funktion („der Mensch ist ein Säugetier“ ist wahr, „der Mensch ist ein Vogel“ ist falsch) – treten.

Wir sagen, daß jedem Begriff ein abstraktes Objekt gegenübergestellt werden kann. Das bedeutet allgemein gesprochen, daß jede Abstraktion sowohl als abstraktes Objekt wie als Methode der *Prädikation* (Bestimmung) eines anderen Objekts angesehen werden kann. Wenn wir den Begriff mit einem Großbuchstaben (z. B. P), das ihm entsprechende abstrakte Objekt mit dem entsprechenden kleinen Buchstaben (z. B. p) bezeichnen, dann können wir die oben formulierte Behauptung so schreiben: Es sei $P\ (x)$ gegeben, dann existiert ein solches p, daß $F\ (p)$ ist. Das Verhältnis zwischen P und p ist analog dem Verhältnis zwischen den Begriffen „weiß“ und „das Weiße“. Unter diesem Gesichtspunkt besitzt die Abstraktion (das abstrakte Objekt) nicht an sich die Bedeutung von Wahrheit oder Falschheit, sondern der Begriff (die propositionale Funktion) bei Substition der Variablen durch Objekte.

In der Logik wird mitunter die Ermittlung eines abstrakten Objekts, das einem Begriff oder allgemein einer Funktion entspricht, die eigentliche Abstraktion (Abstrahierung) genannt. Die These von der Möglichkeit einer

[6] Siehe *Д. П. Горский*, Вопросы абстракции и образования понятий, Москва 1961, стр. 89.

[6a] „propositional“ – Adjektiv zu „proposition“, in welcher Übersetzung Church den Fregeschen Terminus „Gedanke“ wiedergibt (siehe *Alonzo Church*, Introduction to Mathematical Logic, vol. I, Princeton, N. J., 1956, p. 26–27). – *D. Ü.*

solchen Ermittlung und des umgekehrten Übergangs von einem abstrakten Objekt zu einer Funktion liegt der Theorie der λ-Konversion von Alonzo Church zugrunde. Entsprechend der Auffassung von Church ist die Abstraktion eine autonome Behandlung der Funktion, d. h. die Behandlung der Funktion $f(x_1, \ldots x_n)$ nicht als *Resultat* der Operation f an den Variablen $x_1, \ldots x_n$, sondern *als Operation an und für sich.*

So ist $\lambda x_1 y (f^+ (x_1 y)$ die Operation f^+, d. h. die Operation der Addition von x und y, während $f^+ (x_1 y)$ die Bedeutung der Funktion (Resultat der Addition von x und y) ist. Es sei die Aussage gegeben: „Zwei sich nicht im Raum schneidende Linien sind parallel.“ Wir bezeichnen die Linien durch die Symbole a und b, den Begriff „parallel“ durch das Symbol P; die Aussage nimmt dann die Form „$P (a, b)$“ an. Das abstrakte Objekt „Parallelität“ (P) wird als Folge der λ-Operation gebildet: $\lambda a b \mid P (a, b) = p$. Auf der Grundlage der Bedeutungen der Operatorvariablen werden die Kalküle der λ-Konversion aufgebaut. Es gibt zwei entgegengesetzte Richtungen der „Konstruktion“ von Objekten im λ-Kalkül: 1. Verknüpfung der Veränderlichen „a“ und „b“ durch den λ-Operator „$(\lambda a b) P (a, b)$ – Parallelität“ und 2. „Hinzufügung“ eines „abstrakten Objekts“ zu den Namen des Gegenstandsbereichs und Gewinnung der Aussage $P (a, b)$ auf diesem Wege.

Wie oben gesagt wurde, werden die abstrakten Begriffe zum Zwecke der Systematisierung der Tatsachen eingeführt. Außerordentlich wichtig ist die Feststellung, daß die Rolle der auf diese Weise eingeführten abstrakten Begriffe sich nicht darauf reduziert, die logischen Zusammenhänge zwischen den einzelnen Tatsachen zu „kürzen“ und zu vereinfachen. Das abstrakte Objekt dient nicht nur als „Detail“ im „Mechanismus“ der Verknüpfung der einzelnen Elemente eines Wissenssystems; es kann stets zum Begriff entfaltet werden, d. h. zu einer propositionalen Funktion, deren Variable eine Bedeutung aus dem Bereich der individuellen Objekte der empirischen Basis annehmen kann.

Mit anderen Worten ausgedrückt, die Bildung von Abstraktionen ist kein Selbstzweck der Wissenschaft; Abstraktionen werden gebildet, damit wir mit ihrer Hilfe individuelle (einzelne) Gegenstände oder Erscheinungen charakterisieren können. Das System der Abstraktionen stellt den Begriffsapparat dar, die Sprache, in der es eben nur möglich ist, die einzelnen Tatsachen zu erklären.

Mit Hilfe der zu Begriffen entfalteten abstrakten Objekte können sowohl eine zur empirischen Basis gehörende Feststellung als auch ein Beobachtungsprotokoll und dergleichen formuliert werden. Auf diese Weise entfaltet sich die Abstraktion zu einer endlosen Menge von Tatsachenaussagen und ist deshalb nicht reduzierbar auf einen Komplex von Tatsachenaussagen.

Sehen wir uns an, wie die Tatsachen untereinander mit Hilfe der Einführung abstrakter Objekte verbunden werden.

Gegeben sei eine Menge von Tatsachenaussagen über ein Objekt x, die dessen verschiedene Merkmale fixieren: $A(x)$, $B(x)$, ... $N(x)$. Die Tatsachenaussagen seien weiterhin untereinander mit einer gewissen Wahrscheinlichkeit verbunden: Wenn $A(x)$ gegeben ist, dann ist die Wahrscheinlichkeit $B(x)$ gleich 1 (d. h., es wird stets $B(x)$ sein, die Wahrscheinlichkeit $C(x)$ ist gleich $1/2$, die Wahrscheinlichkeit $D(x)$ ist gleich null usw.). Das läßt sich auf einer Zahlengeraden veranschaulichen. Wenn wir als Grundlage $A(x)$ nehmen, wird die Wahrscheinlichkeit dafür auf der Skala durch die Zahl 1 bezeichnet, die Wahrscheinlichkeit der anderen Tatsachen liegt zwischen 0 und 1 einschließlich. Die Skala wird ein verschiedenes Aussehen haben je nachdem, was als Grundlage angenommen wird (wenn wir z. B. als Grundlage nehmen, daß die Wahrscheinlichkeit $C(x)$ gleich 1 ist, dann wird in dem angeführten Beispiel $A(x)$ auf der Achse im Punkt $1/2$ eingezeichnet).

Wir wollen das abstrakte Objekt p so wählen, daß, wenn als Grundlage die Wahrscheinlichkeit $P(x)$ gleich eins angenommen wird, die Wahrscheinlichkeit aller übrigen Tatsachenaussagen gleich eins oder null ist. Gelingt es uns, das zu tun, so kann man annehmen, daß wir einen Begriff gefunden haben, der alle Tatsachen notwendigerweise untereinander verbindet. Gelingt es uns nicht, eine so strenge Forderung zu erfüllen, dann müssen wir zumindest danach trachten, daß die Tatsachenaussagen maximal „dicht" um null und eins konzentriert sind. Den geringsten Wert haben die Prädikate, deren Annahme als Maßgrundlage die am wenigsten „dichte" Anordnung der Wahrscheinlichkeiten auf der Skala ergeben würde. Eine solche Forschungsmethode und Einführung von Abstraktionen wird beispielsweise in der Genetik angewendet.

Abstrakte Objekte können so eingeführt werden, daß jedes von ihnen, wenn sie zu einer propositionalen Funktion entfaltet und als Grundlage für die Berechnung der Wahrscheinlichkeit von Tatsachen genommen werden, die „dichteste" Verteilung der Wahrscheinlichkeiten um 0 und 1 ergibt. So wird z. B. die Existenz von Genen postuliert, die die einzelnen Bereiche der Erblichkeit steuern. Wie oben gesagt wurde, kann ein Begriff (eine propositionale Funktion) in einem abstrakten Objekt implizit enthalten sein, dem man ebenfalls einige Merkmale zuschreiben kann. Es ist offensichtlich, daß für die Prädikation abstrakter Objekte eine Wahrscheinlichkeitsskala konstruiert werden kann.

Da das abstrakte Objekt auf einer höheren Abstraktionsstufe steht als die ihm entsprechende propositionale Funktion, so müßte man für die Aufstellung einer einheitlichen Wahrscheinlichkeitsskala neben der Abszissenachse, auf der die Wahrscheinlichkeiten der Kongruenz von Aussagen eingetragen werden könnten, auch eine Ordinatenachse vorsehen, auf der die Abstraktionsstufen einzuzeichnen wären. Der Übergang zur höheren Stufe entspräche dem Übergang vom Begriff zum abstrakten Objekt. Alle möglichen Äußerungen über das zu erforschende gegenständliche Gebiet würden gewissermaßen eine „Wolke von Aussagen“ bilden. Den geringsten Wert hätten die Aussagenkomplexe, die auf dem Schema das am wenigsten „dichte“ Aussehen haben; den größten Wert hätten die „Wolken“, die sich um die Wahrscheinlichkeiten 1 und 0 „zusammendrängen“.

Die wissenschaftliche Kenntnis strebt nach Einführung solcher Abstraktionen, die Tatsachen mit maximaler Wahrscheinlichkeit voraussagen würden. Im Idealfalle erhalten wir eindeutige Voraussagen. In jedem Falle erfolgt eine sorgfältige Auslese der Abstraktionen, so daß es durchaus nicht gleichgültig ist, welche abstrakten Objekte für den Aufbau der wissenschaftlichen Erklärung der Tatsachen eingeführt werden. Abstrakte Objekte, mit deren Hilfe man nur eine „zerstreute“ „Wolke von Aussagen“ konstruieren könnte, werden im Zuge der Theoriebildung verworfen. Mithin bestimmt das der Erklärung unterliegende Tatsachenmaterial letzten Endes, welche Abstraktionen für die Konstruktion der Theorie zu wählen sind. Mit Hilfe der im Prozeß der Theoriebildung ausgewählten Abstraktionen formulieren wir die Kenntnisse über die einzelnen Objekte.

Die Bildung einer Abstraktion hängt mit dem Prozeß der schöpferischen Einschätzung des Wertes der Information zusammen, die jene Aussagen über die Tatsachen enthalten, auf die sich die Abstraktion stützt. Diese Einschätzung erfolgt intuitiv auf der Grundlage der zahlreichen „Kontakte“ der persönlichen Erfahrung und der von der Persönlichkeit erworbenen Kenntnisse mit der von der gesamten Menschheit auf der gegebenen Kulturstufe entwickelten Praxis. Infolgedessen ist der Prozeß der Abstraktionsbildung wissenschaftlich schöpferisch, er hängt von der Teilnahme der Persönlichkeit an der praktischen Aneignung der Wirklichkeit durch die Gesellschaft zusammen, zu der diese Persönlichkeit gehört.

Eins der wichtigsten Mittel für die Auswahl der für die Bildung von Abstraktionen wertvollsten Informationen ist die Aussonderung von Aussagen aus ihrer allgemeinen potentiellen (möglichen) Zahl an Hand des gegebenen Tatsachenmaterials nach den Merkmalen ihrer größten Optimalität, Einfachheit, Bequemlichkeit, Tiefe des Eindringens in das Wesen des Objekts und dergleichen, d. h., die Auswahl der Informationen, die in den Aussagen enthalten sind, aus denen die Abstraktion gebildet wird, ist wiederum nicht nur auf objektive, sondern auch auf subjektive Faktoren gegründet. Naturgemäß sind aber die Besonderheiten der Persönlichkeit des Forschers, die sich der Abstraktion „auflagern", nicht entscheidend, und nicht nach ihnen wird die heuristische Rolle der wissenschaftlichen Abstraktion bewertet.

Wenn man von dem intuitiven, schöpferischen Moment bei der Bildung der notwendigen Abstraktionen absieht und sie als rein formale Entfaltung der Abstraktionen zu Aussagen und als Auswahl der optimalen Variante der wissenschaftlichen Erklärung ansieht, dann kann man sich etwa das folgende Bild vorstellen.

Es existiert ein Gegenstandsbereich, der aus individuellen Objekten besteht, denen einige Prädikate zugeordnet werden. Die Prädikation der individuellen Objekte geschieht durch Entfaltung der abstrakten Objekte zu Begriffen (zu propositionalen Funktionen) und durch den nachfolgenden Ersatz der Variablen in den propositionalen Funktionen durch Konstante aus dem Gegenstandsbereich. Analog wird die Prädikation abstrakter Objekte usw. durchgeführt. Das Ergebnis ist, daß man eine Aussagenmenge erhält, die aus zwei ungleichen Teilmengen besteht: der Teilmenge der sinnvollen Aussagen und der der sinnleeren Aussagen. Die wahren Aussagen bilden eine Untermenge der ersten.

Gehen wir an die Auswahl der wahren Aussagen rein formal heran, dann müßten wir für die Kombination der Zeichen, die die individuellen Objekte des Gegenstandsbereichs, die abstrakten Objekte und die propositionalen Funktionen symbolisieren, Regeln aufstellen, und zwar so, daß man aus der Form der Formeln von vornherein bestimmen könnte, ob die Ausdrücke sinnvoll sind oder nicht.

Die formalen Modelle in der Linguistik und Logik stellen solche Regeln dar. Dabei ist jedes Modell ziemlich kümmerlich, so daß im Aussagenkalkül beispielsweise die Frage offenbleibt, ob die durch Konstante und Variable bezeichneten Urteile (es wird angenommen, daß sie vernünftig sind) einen Sinn haben und ob es dem Sinne nach einen Zusammenhang unter ihnen gibt. (Von diesem Gesichtspunkt aus ist der Ausdruck: „Wenn der Schnee weiß ist, dann ist zweimal zwei vier" als wahr anzusehen.) Wie dem auch sei, das formale Modell gibt feste Regeln für den Aufbau eines Systems der Kenntnisse, bei deren Verletzung es zu Widersprüchen und Sinnlosigkeiten einschließlich syntaktischer und semantischer Paradoxien kommt.

Die Regeln für die Inbeziehungssetzung (Zuordnung) von Aussagen zu den Objekten „Wahrheit" und „Falschheit" sind als Sonderfall der Regeln für die Bildung sinnvoller Sätze anzusehen. Die Frage nach der Wahrheit von Ausdrücken, die eine Abstraktion enthalten, wird auf diese Weise durch Mittel der Syntax und Semantik entschieden, d. h. *durch ein* relativ *ge-*

schlossenes System. Das Endziel der Konstruktion eines Systems sinnvoller Aussagen, von deren jeder einzelnen man sagen kann, ob sie wahr oder falsch ist, besteht jedoch in der Schaffung eines Systems von Begriffen, die in adäquatester Weise mit den Tatsachen übereinstimmen würden. In diesem Sinne ist die Übereinstimmung des Begriffsapparats mit den Tatsachen die Ursache für die formale Koordiniertheit der Begriffe untereinander nach den Gesetzen der Logik.

Dadurch, daß die theoretische (erklärende) Aussage in Beziehung zu Tatsachen gebracht wird, können wesentliche Seiten der Wirklichkeit beschrieben und ausgedrückt werden. Anders ausgedrückt: eine Tatsachen erklärende Aussage ist kein Symbol, kein Zeichen für wirklich existierende Gegenstände, sondern ihre Abbildung, die die logischen Zusammenhänge klarmacht, die in den Tatsachen existieren und die ein ideales Bild der Zusammenhänge der zum Objekt der praktischen Tätigkeit des Menschen gewordenen Wirklichkeit sind.

Für die Wissenschaft ist es sehr wichtig, in einem gegebenen Kenntnissystem sinnleere Aussagen von sinnvollen unterscheiden zu können. Es erforderte beispielsweise sehr viel Zeit, ehe man sich bewußt wurde, daß es in der Quantenmechanik sinnlos ist, nach der Trajektorie (Bewegungslinie) eines einzelnen Teilchens zu fragen. Bereits die Tatsache, daß die Einführung einer Abstraktion an die Einführung von Regeln für die Konstruktion sinnvoller Aussagen gebunden ist, zeugt von der Begrenztheit der Sprache jedes konkreten Wissensgebietes.

Die Abstraktion als Mittel der Systematisierung der Kenntnisse

Die Hauptfunktion der Abstraktion in der wissenschaftlichen Erkenntnis ist die Systematisierung, die Ordnung der Kenntnisse. Die Verallgemeinerung ist ein Vorgang, der sehr eng mit der Systematisierung der Kenntnisse zusammenhängt, jedoch nicht völlig mit ihr identisch ist. Während die Verallgemeinerung der Übergang vom Einzelnen zum Allgemeinen, vom weniger Allgemeinen zum Allgemeineren ist, kann die Systematisierung der Kenntnisse auch durch Einschränkung – durch den gedanklichen Übergang vom Allgemeineren zum weniger Allgemeinen – erfolgen, z. B. mittels Interpretation der Symbolformen an Hand der Objekte. Dennoch ist die überwiegende Zahl der Methoden der Abstraktionsbildung an den Übergang vom speziellen Wissen zum allgemeinen Wissen geknüpft, und die Entstehung von Abstraktionen verwirklicht sich auf der Grundlage von Verallgemeinerungsprozessen.

Der naive, metaphysische Materialismus glaubt, daß die Verallgemeinerung durch gedankliche „Verwerfung“ unwesentlicher Merkmale (durch Abstrahieren von ihnen) erfolgt. Eine solche Vorstellung ignoriert den aktiven, schöpferischen Charakter des Bewußtseins. In Wirklichkeit hängen die „einfachsten“ Abstraktionen mit der Konstruktion (dem Entwerfen) eines Idealobjektes zusammen. So realisiert sich die Abstraktion der Identifizierung in zwei Formen: a) als Konstruktion eines „abstrakten Gegenstandes (Objekts)“ auf der Grundlage der Gleichheit einer Menge von Gegenständen, die in bestimmter Hinsicht teilweise identisch sind, und b) als in gedanklicher Form zu vollziehende Gleichsetzung einer in einer Menge qualitativ verschiedener Dinge enthaltenen Eigenschaft. Durch das erste Verfahren erhält man beispielsweise eine solche Abstraktion wie „abstrakter Buchstabe“.

„Da es möglich ist, die Gleichheit eines Buchstabens festzustellen“, schreibt A. A. Markow, „können wir mittels der Abstraktion der Identifizierung den Begriff des abstrakten Buchstabens bilden. Die Anwendung dieser Abstraktion besteht im gegebenen Falle darin, daß wir von zwei gleichen Buchstaben als von ein und demselben Buchstaben reden.

Anstatt beispielsweise zu sagen, daß zum Wort ‘одинаковы’ zwei Buchstaben, die gleich einem ‘o’ sind, gehören, sagen wir: ‘Der Buchstabe »o« kommt in dem Wort ‘одинаковы’ zweimal vor.’ Dabei haben wir den Begriff des ‘abstrakten Buchstabens »o«’ gebildet und sehen die konkreten Buchstaben, die gleich einem ‘o’ sind, als Repräsentanten dieses einen abstrakten Buchstabens an. ‘Abstrakte Buchstaben’ sind Buchstaben, die als genau gleich angesehen werden.“[7]

Es ist klar, daß „abstrakter Buchstabe“ ein mit real existierenden konkreten Buchstaben nicht identisches spezielles ideales Objekt ist. Ihm werden besondere Eigenschaften zugeordnet, die die konkreten Buchstaben nicht haben können. Der „abstrakte Gegenstand“ ist ein Vertreter (Repräsentant) von in einer Hinsicht egalisierten Eigenschaften verschiedenartiger Gegenstände. Diese Identitätsrelation wird nicht in die Gegenstände selber hineinverlegt, sondern äußert sich in ihnen nur durch bestimmte Eigenschaften von ihnen und wird gewöhnlich so formuliert: *„$x = y$ dann und nur dann, wenn jede Eigenschaft, die dem Dinge x zukommt, auch dem Dinge y zukommt.“* (*„$x = y$ wtedy i tylko wtedy, gdy każda własność, którą posiada przedmiot x, przysługuje też przedmiotowi y.“*)[8]

[7] *А. А. Марков,* Теория алгоритмов, in: Труды Математического института им. В. А. Стеклова, 1954, т. XLII, стр. 7–8.

[8] *Alfred Tarski,* O logice matematycznej i metodzie dedukcyjnej, Lwów-Warszawa 1936, str. 43; deutsch zit, nach: *Alfred Tarski,* Einführung in die mathe-

Die „Vergegenständlichung“ abstrakter Eigenschaften und Beziehungen erfolgt durch ihre gedankliche Abtrennung von den materiellen Trägern und durch die Vorstellung als „abstrakte Gegenstände“. In diesem Falle gehört die abstrakte Eigenschaft oder Beziehung zu den Klassen von Tatsachen erklärenden Aussagen, nicht aber zu dem Gegenstandsbereich, der durch sie beschrieben wird.

Eine typische Erscheinung in der Wissenschaft ist die sogenannte Begriffsverallgemeinerung. Auf den ersten Blick scheint es, daß die Verallgemeinerung darin besteht, daß einige spezifische Merkmale des Begriffs verworfen, während ihm die einheitlichen allgemeinen Züge belassen werden. In Wirklichkeit jedoch ist ein solches „Verwerfen“ nur auf Grund der Einführung von Idealisierungen, d. h. von zusätzlichen Annahmen möglich.

Das läßt sich an der Geschichte der Verallgemeinerung des Begriffs der Schwingung veranschaulichen.

So erfolgt beispielsweise die Ausdehnung des Bereichs der sinnvollen Aussagen im Entwicklungsprozeß der Abstraktion „in Bewegung befindliches Pendel“ in ähnlicher Weise. Zuerst haben sich die Tatsachen über die Bewegung real existierender Pendel – Schaukeln, Uhrenpendel u. dgl. – geformt. Dann sind sie in nichtspezifizierte individuelle Objekte umgewandelt worden, die sich nicht unterscheiden lassen. Auf diese Art wird die Abstraktion des Pendels als eines Körpers gebildet, der so aufgehängt ist, daß sein Schwerpunkt sich unterhalb des Aufhängepunktes befindet.

Durch Einführung zusätzlicher idealer Bedingungen (Vernachlässigung der Reibung und des Luftwiderstandes) werden die Besonderheiten der Tatsachen, die zu den Schwingungen eines Körpers gehören, dessen Schwerpunkt sich unterhalb des Aufhängepunkts befindet, auf die eine Tatsache des Schwingens eines Pendels bei Fehlen der Reibung und des Luftwiderstandes reduziert. Dadurch wird „Pendel“ zu einem idealisierten Objekt – zu einer Abstraktion. Das ideale Pendel ist der Vertreter der unbestimmt großen, aber dennoch nicht unbegrenzten Klasse der real existierenden Pendel.

matische Logik und in die Methodologie der Mathematik, Wien 1937, S. 32. (Die 2. neubearbeitete Aufl. der deutschen Ausg. ist 1966 in Göttingen unter dem gekürzten Titel „Einführung in die mathematische Logik“ erschienen. Die Übertragung ins Deutsche besorgte E. Scheibe nach der engl. und französ. Ausg. Der zitierte Identitätssatz erscheint S. 67 in der neuen sprachlichen Fassung: „x = y *dann und nur dann, wenn x jede Eigenschaft hat, die y hat, und y jede Eigenschaft hat, die x hat.*“ – *D. Ü.*)

Schließlich wird durch Verabsolutierung der Aussagen über das ideale Pendel eine Abstraktion gebildet, deren Gegenstandsbereich weit umfangreicher ist – nämlich die Gleichung für die Bewegung eines idealen Pendels bei kleinen Schwingungen (Amplituden).

Die mehr oder weniger mit der Sprache der Mathematik verbundenen Theorien stehen offen oder versteckt mit dieser oder jener Unendlichkeitskonzeption in Zusammenhang. Wie stark die Abstraktion der Unendlichkeit ist, braucht nicht besonders betont zu werden. Die Einführung dieser oder jener Vorstellung über die Unendlichkeit hat wesentliche Veränderungen in der gesamten logischen Struktur des Wissens zur Folge. Von der Rolle der Abstraktion der Unendlichkeit in der physikalischen Theorie zeugt insbesondere die Tatsache, daß man alle physikalischen Theorien klassifizieren kann, wenn man als Grundlage diesen oder jenen Typ der Unendlichkeitsabstraktion nimmt („Punkttheorien", „Kontinuumstheorien" usw.). Dabei erweist es sich, daß der Sinn des Begriffs „Raum" in diesen Klassen von Theorien wesentlich verschieden ist.[9]

In den heutigen wissenschaftlichen Forschungen erlangen die Abstraktionen der aktualen (aktuellen) Unendlichkeit und der potentiellen Realisierbarkeit immer größere Bedeutung. Die Abstraktion der aktualen Unendlichkeit ist die abstrahierte prinzipielle Unmöglichkeit, jedes Element einer unendlichen Menge zu beschreiben. Der das Resultat eines solchen Abstrahierens bildende „abstrakte Gegenstand" ist eine unendliche Menge, die als „aktuale", d. h. endliche Menge gegeben ist, in der jedes Element individualisiert ist.

Neben der aktualen Unendlichkeit wird in der Wissenschaft von der Abstraktion der potentiellen Realisierbarkeit Gebrauch gemacht. „Sie besteht im Abstrahieren von den realen Grenzen unserer durch die dem menschlichen Leben durch Raum und Zeit gesetzten Schranken bedingten konstruktiven Möglichkeiten."[10]

Diese Abstraktion ist die Ausgangsbasis für die konstruktive Mathematik und findet bereits Anwendung in den wissenschaftlichen Forschungen. Der Algorithmus, der angibt, wie der „abstrakte Gegenstand" zu konstruieren ist, hat aufgehört, ein rein mathematischer Begriff zu sein, und in vielen Forschungen (beispielsweise in ökonomischen Forschungen unter Anwendung mathematischer Methoden) die Bedeutung einer besondern Form des Denkens im Prozeß seines Fortschreitens zur objektiven Wahrheit erlangt.

[9] Siehe *Ю. В. Петров*, Аксиоматический метод в некоторых теориях эволюционной морфологии, in: Вопросы философии, 1959, 7.

[10] *А. А. Марков*, Теория алгоритмов, a. a. O., стр. 15.

Die Abstraktionen besitzen die Eigenschaft, entstanden aus der Besonderheit der Erkenntnis, „die ideal exakten Objekte als real existierend" anzusehen, „ohne sich etwas daraus zu machen, daß ein solches 'Existieren' auf Annahmen gegründet ist, die wir offenkundig nicht für realisierbar halten"[11].

Selbst die „elementarsten" Abstraktionen der modernen Wissenschaft wie „Linie", „Punkt", „Körper" und dergleichen enthalten Annahmen, von denen schon vorher bekannt war, daß sie in Wirklichkeit nicht zu verwirklichen sind. In nicht geringerem Maße besitzen diese Eigenschaft Begriffe wie „Spin", „Parität" und „Strangeness" (Fremdheitsquantenzahl) der Elementarteilchen.

In diesem Sinne kann man vom „paradoxen Charakter" der Abstraktionen (z. B. des „Punktes" als Vorstellung von einem Raum von der Dimension Null) und der Unmöglichkeit sprechen, die Bewegung durch das Denken anders als in „absurder" Weise darzustellen. Dieser „paradoxe Charakter" ist nicht für die widerzuspiegelnden Objekte, ja nicht einmal für die Empfindungen als Abbilder der unmittelbar sinnlichen Wahrnehmung realer Gegenstände und Erscheinungen, sondern eben für die Abstraktionen typisch, mit deren Hilfe das Wesen und die Gesetzmäßigkeiten des Seins der Wirklichkeit, die sinnlich nicht wahrnehmbar sind, erkannt werden.

Je deutlicher der „paradoxe Charakter" der wissenschaftlichen Abstraktionen ausgedrückt ist, um so wesentlichere Besonderheiten des Universums enthüllt die Theorie, die sie bilden, und ein um so tieferes Eindringen des menschlichen Verstandes in seine wesentlichen Seiten stellt diese Theorie dar. Der „paradoxe Charakter" der wissenschaftlichen Abstraktionen steht in untrennbarem Zusammenhang mit ihrer Zuverlässigkeit (Gewißheit): „nicht anschauliche" und vom Standpunkt des gesunden Menschenverstandes „absurde" Abstraktionen der allgemeinsten Systeme wie der Relativitätstheorie widerspiegeln die Gesetzmäßigkeiten der Wirklichkeit mit unvergleichlich größerer Tiefe, als dies die „anschaulichen" Konzeptionen tun, bei denen man nicht selten sogar durch empirische Überprüfung feststellen kann, daß sie sinnlich wahrnehmbaren Objekten entsprechen. Bekanntermaßen läßt sich die heutige Wissenschaft ohne die von Einstein ausgearbeiteten Abstraktionen nicht vorstellen. Und nicht zufällig ist gerade „für die Einsteinsche Theorie eine Kombination von

[11] *С. А. Яновская*, Преодолены ли в современной науке трудности, известны под названием „апории Зенона"?, in: Проблемы логики, Москва 1963, стр. 133.

ungewöhnlicher Paradoxie der Ausgangsthesen und objektiver Gewißheit dieser Thesen charakteristisch"[12].

Wäre die Theorie die Gesamtheit einer logisch aufeinanderfolgenden Reihe von Abstraktionen, von denen eine aus der anderen resultiert, so wäre sie eine „einlinige" Anordnung ihrer Elemente, die man durch eine Serie von Algorithmen (Konstruktions- oder Rechenverfahren) ausdrücken könnte. In Wirklichkeit jedoch enthält die Theorie, selbst die formalisierteste, z. B. die mathematische, eine Masse von anschaulichen Vorstellungen, von unscharfen Bildern, von inhaltsbezogenen, nichtformalisierten Ideen. Das verleiht der Theorie amorphen Charakter, Abgeschlossenheit, Relativität und Unvollständigkeit. Das „Paradoxe" des wissenschaftlichen Denkens besteht darin, daß letzteres genau und eindeutig sein muß, andererseits aber nicht ohne Bildhaftigkeit und Mehrdeutigkeit der natürlichen Sprache auskommen kann.

Dennoch kann man sagen, daß die Abstraktionen auf wesentliche Weise in wechselseitigem Sinnzusammenhang stehen. Das äußert sich insbesondere in der trivialen Tatsache, daß die einen Begriffe mit Hilfe anderer bestimmt (eingeführt) werden. Dabei kann mit einer solchen „Rückführung" der abgeleiteten auf fundamentale Begriffe eine unabhängige operationale Bestimmung jedes Begriffs durch dessen „Rückführung" auf Erfahrungsdaten einhergehen.

So kann z. B. u. a. der Begriff „Geschwindigkeit" durch Angaben eines Geschwindigkeitsmessers und als Relation zwischen den Begriffen „Zeit" und „Raum", das „spezifische Gewicht" durch Daten, die sich aus dem Messen von Gewicht und Volumen ergeben, und gleichzeitig durch die Erklärung des Verhältnisses der Begriffe „Quantität des Stoffes" und „Volumen des Stoffes" ausgedrückt werden.

Wie oben gesagt wurde, sind die „abstrakten Gegenstände" nicht unmittelbar, nicht an sich wahr oder falsch; um diese Eigenschaften annehmen zu können, müssen die Abstraktionen zur Menge der Variablenbedeutungen in Entsprechung gebracht werden, d. h. zur propositionalen Funktion umgewandelt und an Hand eines Gegenstandsbereichs definiert werden. Das geschieht dann, wenn die Elemente einer zur Theorie gewordenen Abstraktion mit ihrer empirischen Basis verglichen werden. Da eine Abstraktion an sich weder wahr noch falsch ist, unterliegt die Einbeziehung in diese oder jene Theorie, d. h. die Umwandlung der Abstraktion in Wahrheit, bestimmten Regeln und „Verboten", die nichts anderes

[12] *Б. Г. Кузнецов*, Развитие физических идей от Галилея до Эйнштейна в свете современной науки, Москва 1963, стр. 331 (2. изд. 1966).

sind als die Möglichkeit des Vergleichs dieser oder jener Abstraktion mit der empirischen Basis der betreffenden Theorie. Ist ein solcher Vergleich möglich, dann wandelt sich die Abstraktion im Rahmen der gegebenen Theorie in eine Wahrheitsaussage um, die sich auf die Zuverlässigkeit der empirischen Basis der Theorie im ganzen stützt; wenn das nicht geschieht, bedeutet dies, daß die Abstraktion in den Grenzen der betreffenden Theorie keine Wahrheit ist.

Jede Theorie hat ihre spezifischen „Verbote", die die heuristischen Möglichkeiten der sie bildenden Abstraktionen einschränken. Beispielsweise „verbieten" es die heutigen linearen Theorien der „Elementar"teilchen und Felder, der Masse der Teilchen nur den Feldursprung zuzuschreiben, da sich die Masse des Teilchens in diesem Falle als unendlich erweist. M. A. Markow bemerkt hierzu: „. . . selbst wenn es gelingen sollte, die entsprechenden infiniten Ausdrücke der Feldmassen der Teilchen durch irgendein Verfahren künftig zu endlichen zu machen, würden nur Feldzusätze zu den Ausgangsmassen (den sogenannten 'bare masses') der Teilchen entstehen. Somit muß der Ursprung der Ausgangsmassen, der 'bare masses', trotz allem jenseits der Grenzen dieser Theorie gesucht werden."[13]

Die Physiker suchen die Überwindung der Schwierigkeiten, die bei der Erklärung der experimentellen Daten entstanden sind, darin, eine nichtlineare Theorie zu schaffen, der zufolge dem Aufbau der Materie ein konsequent quantisiertes (gequanteltes) fundamentales Ψ-Feld zugrunde liegt, wobei alle bekannten Felder Sonderfälle der Äußerung dieses Ψ-Feldes sind. Infolgedessen kann die den Feldursprung des Teilchens annehmende Abstraktion nicht in den linearen Theorien der Physik der „Elementar"teilchen und Felder Aufnahme finden. Sie ist ein Bestandteil nichtlinearer Theorien, wo das „Verbot", sich den Ursprung des Teilchens als im Feld liegend vorzustellen, aufgehoben ist. Die nichtlinearen Theorien, die zur Zeit noch vervollkommnet werden, arbeiten indessen ebenfalls ihre „spezifischen" Verbote aus. So wird in der Physik immer mehr von der Unmöglichkeit gesprochen, sich im Rahmen dieser Theorien eine Punktvorstellung von einem auf ein Raum/Zeit-Kontinuum beschränkten Teilchen zu machen.

In der allgemeinen Relativitätstheorie existiert ein „Verbot" für die Abstraktion „Trägheitsbewegung". Der Raum wird durch die Verteilung der materiellen Massen bestimmt und steht deshalb in der Makrowelt in engem Zusammenhang mit dem Gravitationsfeld, in der Mikrowelt aber,

[13] *М. А. Марков*, О современной форме атомизма, in: Вопросы философии, 1960, 4, стр. 133.

wo die wechselseitigen Gravitationswirkungen relativ schwach sind, mit dem Quantencharakter als der wichtigsten Eigenschaft des zwischen den Mikroobjekten entstehenden Gravitationsfeldes. Die Abstraktion der Trägheitsbewegung, die in der Newtonschen Raumtheorie außerordentlich wichtige Bedeutung hatte, steht in offensichtlichem Widerspruch zur allgemeinen Relativitätstheorie, da die Newtonsche Auffassung des Raumes als Behältnis aller materiellen Objekte in ihr implizit eingeschlossen ist.

In der Relativitätstheorie gibt es auch das „Verbot", das mit der Vorstellung von der objektiven Existenz eines von der Vorstellung des vierdimensionalen Punktes unabhängigen Systems zusammenhängt. „Es leuchtet ein", schrieb Albert Einstein, „daß der ganze Formalismus der gegenwärtigen Theorien mit dieser Verengung innerlich verknüpft ist." („It is evident that the whole formalism of present day theories is inherently connected with this restriction.")[14] Deshalb könne der Wissenschaftler, der eine Theorie schaffe, niemals von der Unfehlbarkeit ihrer Postulate völlig überzeugt sein.

In der Tat gründet sich, wenn eine gegebene Gruppe von Tatsachenaussagen mit Hilfe des aus der Postulatengruppe S abgeleiteten Theorems T erklärt wird, der wissenschaftliche Beweis darauf, daß es zuverlässige T und die Implikation $S \supset T$ gibt. Aus ihnen wird geschlossen, daß $\frac{S \supset T_1 T}{S}$ ist, d. h., S ist ebenfalls eine zuverlässige Größe. In Wirklichkeit aber ist, damit es so sei, die Umkehrbarkeit der Implikation $S \supset T$ erforderlich, d. h., die Implikation $T \supset S$ ist wahr, da im umgekehrten Falle der angeführte wissenschaftliche Beweis falsch wäre: Entsprechend den Regeln der Logik wird die Wahrheit des Konsequenten aus der Wahrheit der Implikation und des Antezedenten – $\frac{T \supset S_1 T}{S}$ abgeleitet. Die Geschichte der Wissenschaft bezeugt, daß gewöhnlich die Nichtumkehrbarkeit von $S \supset T$

[14] *Albert Einstein,* The Meaning of Relativity, 4. ed., Princeton, N. J., 1953, p. 163. (Die deutsche Ausgabe: *Albert Einstein,* Grundzüge der Relativitätstheorie. 1. Aufl., zugleich 3., erw., Aufl. der „Vier Vorlesungen über Relativitätstheorie", Braunschweig 1956, enthält die zitierte Stelle nicht. In Einsteins Vorbemerkung vom Dezember 1954, auf die sich die erwähnte deutsche Ausgabe stützt, heißt es, daß er der von B. Kaufman übersetzten „Generalizasion of Gravitation Theory", die Appendix II von „The Meaning of Relativity" bildet, unter dem Titel „Relativistic Theory of the Non-Symmetric Field", eine völlig neue Fassung gegeben hat. Ein gedruckter deutscher Text der „Verallgemeinerung der Gravitationstheorie" war auch mit Hilfe der Deutschen Bücherei, Leipzig, nicht nachzuweisen, – *D. Ü.*)

zu beobachten ist. Deshalb ist die Wahrheit wissenschaftlicher Begriffe, die zu Ausgangsgrundlagen einer zu schaffenden Theorie werden, im strengen Sinne nicht beweisbar, da im voraus *angenommen wird*, daß diese Wahrheit nur im Rahmen der gegebenen Theorie zu beobachten ist.

Abstraktionen, die als Material für die Bildung der Ausgangsgrundlage einer Theorie dienen, müssen unbedingt *verschiedenen* wissenschaftlichen Theorien angehören. Je entfernter diese Beziehungen sind, um so „verrückter" ist nach Auffassung des „gesunden Menschenverstandes" die gewonnene Abstraktion, und wenn sie durch die Praxis der Erkenntnis gerechtfertigt wird, dann ist ihr heuristischer Wert außerordentlich groß. Als Bestätigung dieser These kann der Prozeß der Bildung des Begriffs „Quant" dienen.

Somit erfüllen die einzelnen Abstraktionen im Zuge der Entwicklung der wissenschaftlichen Kenntnisse nicht nur die Rolle eines Systemators des Wissens, sondern auch die Gesamtheit der Abstraktionen bildet ein mehr oder weniger vollständiges System. Dieses Merkmal des Wissens äußert sich am vollständigsten in der höchsten Form der Systematisierung der wissenschaftlichen Kenntnisse – in der wissenschaftlichen Theorie.

VIERTES KAPITEL

Das System des theoretischen Wissens

Die Systemnatur der wissenschaftlichen Kenntnis

Eine der wichtigsten Schlußfolgerungen, die aus den vorangegangenen Untersuchungen resultieren, ist der Umstand, daß die Wissensformen Problem, Tatsache, Abstraktion nicht ohne ihren wechselseitigen Zusammenhang und ihre Beziehung zu den anderen Wissensformen untersucht und bestimmt werden können. Wie gezeigt wurde, wird eine in der Wissenschaft entstehende Aufgabe nur dann zum wissenschaftlichen Problem, wenn sie auf der Grundlage des bekannten Wissens, mit den Mitteln des gegebenen Kenntnissystems nicht gelöst werden kann, wenn also für ihre Lösung neue Forschungen, neue Tatsachen erforderlich sind, die über den Rahmen der bestehenden Theorie hinausgehen.

In einem Phänomen der Erkenntnis kann man seinerseits eine wirkliche Tatsache erblicken, die nur in dem Falle Bedeutung und Sinn hat, wenn sie im Rahmen einer wissenschaftlichen Theorie, Hypothese oder in der Arbeitskonzeption eines Wissenschaftlers festgestellt ist. Wie wir beispielsweise auch die Bewegung der Makrokörper ansehen, unter welchem Gesichtswinkel wir auch die von einem sich bewegenden Mikroteilchen in der Wilsonkammer hinterlassene Spur betrachten mögen, wir können doch die wissenschaftliche Tatsache des Bestehens einer Grenze der Geschwindigkeitssteigerung ohne Anwendung von Begriffen z. B. der speziellen Relativitätstheorie nicht fixieren.

Die erwähnte Eigenschaft des Wissens (Konzeptualität) ist eine Folge davon, daß *die Kenntnis ihrer Natur nach Systemcharakter hat.* Das bedeutet, daß eine Besonderheit der wissenschaftlichen Ergebnisse, die im Forschungsprozeß erzielt werden, der Umstand ist, daß sie zu Wissen nur in Verbindung mit dem gesamten Verlauf der menschlichen Erkenntnis werden, nur dann, wenn sie sich zu einem wissenschaftlichen System transformieren und sich in ihm verkörpern. Außerhalb eines solchen Systems wären die erzielten Resultate nicht nur bar jeder Bedeutung für die praktischen Wirkungen und ermangelten des Interesses für die Wissenschaft, sondern sie hätten auch allgemein keinen Sinn. Sie könnten einfach nicht entstehen, denn der Erkenntnisprozeß selber stellt von seiner formalen Seite her den logischen Übergang von einer Wissensform zur anderen – die logische Entwicklung des Kenntnissystems dar.

Der Systemcharakter des Wissens ist eine unmittelbare Folge der Systemnatur des Objekts, dessen Widerspiegelung es ist.

Die Wissenschaft kann jedoch ihr Objekt nicht sofort als System darstellen und darauf Systemmethoden der Forschung anwenden. In der Wissenschaft tritt das Objekt als System – oder das System der Objekte – in einem relativ höheren Stadium ihrer Entwicklung auf. Das Streben nach einer Systemanalyse wurde in vielen Wissenschaften seit Ende des 19. Jahrhunderts sehr stark spürbar. In den letzten Jahrzehnten entstanden die Abteilung der Systemanalyse in der Physik, die Strukturpsychologie (hierunter fällt die „Gestaltpsychologie") und die strukturelle Linguistik,[1] trat die Systemkonzeption in der Biologie hervor[2] und wurden Versuche unternommen, den Begriff „Organisation" auf die Analyse gesellschaftlicher Erscheinungen anzuwenden.[3] Die Systemanalyse ermöglicht es, nicht nur aufzudecken, aus welchen Teilen das Ganze besteht, welche Prozesse in ihm ablaufen, sondern auch, auf welche Weise die Teile das Ganze bilden, nach welchen Gesetzen sie untereinander verbunden sind, welche Einwirkung die Veränderung eines Teiles auf die Veränderung anderer Teile und auf das System im ganzen ausübt.

Das Bedürfnis, Methoden der Systemanalyse auszuarbeiten, hat Theorien ins Leben gerufen, die bereits vom konkreten Inhalt realer Systeme absehen. Sie betrachten das System *als solches* unabhängig davon, welchen Ausdruck es in jedem Einzelfall hat. Für die Kybernetik z. B. ist es gleichgültig, aus welchem Material ein konkretes System besteht. Sie macht keine Unterschiede zwischen der Aufstellung der Figuren auf dem Schachbrett und einem bestimmten Zustand einer Maschine, einem ökonomischen System und einem Denkvorgang, wenn sie ein und denselben Organisationsprinzipien unterworfen sind. Mit der Entstehung und Entwicklung der Mengentheorie, der Gruppentheorie und der Strukturtheorie hat der Begriff „Struktur" (in seiner heutigen Auffassung) in die Mathematik Eingang gefunden. Die Untersuchung der mathematischen Strukturen gestaltete sich besonders ergiebig im Zusammenhang mit der breiten Anwendung der axiomatischen Methode in der Mathema-

1 Siehe Структурно-типологические исследования, Москва 1962.

2 Siehe *К. М. Хайлов*, Проблема системной организованности в теоретической биологии, in: Журнал общей биологии, 24 (1963), 5.

3 Siehe *Stanisław Kowalewski*, Organizacja jako cecha niektórych przedmiotów złożonych, Warszawa 1964.

tik.[4] Diese Tendenz in der Wissenschaft ließ einen anderen Aspekt der Erforschung der Systemnatur des Objekts hervortreten. Hier wird nicht mehr das Objekt als System untersucht, sondern das System selber wird als Objekt genommen und als mögliche Form, als Daseinsgesetz einer ganzen Klasse realer Objekte angesehen.

Das Abstrahieren vom konkreten Inhalt eines Systems und dessen Untersuchung als Form ermöglicht es, unter dem von den Naturwissenschaften ausgearbeiteten Begriff „System" die verschiedenartigsten, nur sehr wenig gemeinsame Merkmale aufweisenden Formen materieller Systeme zu vereinigen. Gestützt auf diese Tatsache und ausgehend von der Widerspiegelungstheorie, könnte man sich versucht fühlen, zu sagen (wie dies auch beispielsweise Ludwig von Bertalanffy tut, der der von ihm geschaffenen „allgemeinen Systemtheorie" eine methodologische Funktion zuschreibt), daß die Untersuchung der Struktur eines Objekts gleichzeitig eine Untersuchung der Struktur des Wissens über dieses Objekt ist, da der Systemcharakter der Kenntnis, wie oben erwähnt, eine Funktion der Systemnatur des Objekts ist. Dennoch darf aber das Wissen über die Systemnatur des Objekts nicht mechanisch auf Erscheinungen der Erkenntnis extrapoliert und zum Verständnis und zur Erklärung der Struktur der Kenntnis über das gegebene Objekt angewendet werden.

Die betreffende Lage wird klar, wenn man zumindest die beiden folgenden Umstände berücksichtigt. Der erste von ihnen besteht darin, daß naturwissenschaftliche Theorien, die ein System als solches zu ihrem Gegenstand haben, Spezialtheorien sind, da sie das System nur in einer bestimmten Relation untersuchen. Dazu kommt, daß die von ihnen untersuchte Eigenschaft des materiellen Systems nicht immer dem System der Kenntnis eigen zu sein braucht. So untersucht die Kybernetik nur sich selbst regulierende und steuernde Systeme.[5] Die wissenschaftlichen Systeme besitzen jedoch die Fähigkeit der Selbstregulierung nicht. Bei umgekehrter Annahme wäre es Hegel zufolge erforderlich, dem Kenntnissystem *Immanenz* zuzuschreiben, d. h. die innere Fähigkeit zur Veränderung und Entwicklung. Eine solche Auffassung würde aber dem wirklichen Prozeß des Fortschreitens der Erkenntnis widersprechen, da eine Veränderung und Entwicklung jedes Wissenssystems unmöglich ist, ohne daß es zu etwas Äußerem – vor allem zur menschlichen Praxis – in Beziehung steht.

[4] Siehe *Nicolas Bourbaki*, L'Architecture des Mathématiques, in: Les grands Courants de la pensée mathématique. Prés. par F. Le Lionnais, nouv. ed. augm., Paris 1962, p. 35 – 47.

[5] Siehe *W. Ross Ashby*, An Introduction to Cybernetics, London 1956.

Der zweite Umstand besteht darin, daß die Art und Weise, in der eine Kenntnis aufgebaut wird, nicht unmittelbar von seinem Gegenstandsbereich abhängt und nicht aus dessen Struktur entspringt. Wir können dem Kreis die verschiedensten Definitionen geben, beispielsweise die folgenden: „Der Kreis ist der geometrische Ort für Punkte, die von einem gegebenen Punkt gleichen Abstand haben" (*A*), „Der Kreis ist die geometrische Figur, die durch Drehung des Punktes eines Segments um einen anderen, festen Punkt von ihm gebildet wird" (*B*). Hier haben wir zwei Definitionen, die sich auf ein und dasselbe Objekt beziehen und ein und dasselbe Objekt bestimmen. In dieser Hinsicht können wir die Definition *A* und die Definition *B* als gleichbedeutend ansehen und von ihnen als gleichwertig Gebrauch machen. Im inhaltlich-operationalen Aspekt unterscheiden sie sich jedoch sehr voneinander. Die Definition *A* bezieht sich auf die Form von Definitionen, die in der Logik die Bezeichnung „reale" Definitionen erhalten haben, während die Definition *B* zur Klasse der „genetischen" (konstruktiven) Definitionen gehört. In der wissenschaftlichen Praxis ist es in manchen Fällen zweckmäßiger, sich der Definition *A* zu bedienen, d. h. der realen Definition, in anderen Fällen dagegen der Definition *B*, d. h. der genetischen Definition. Jedoch völlig klar ist es, daß die Frage, ob sich der Inhalt des Begriffs „Kreis" in der Form der realen Definition oder in der Form der genetischen Definition offenbart, für das Objekt „Kreis" absolut gleichgültig ist. Aus der „Natur" des Kreises kann man nicht unmittelbar die Organisationsformen der Kenntnis von ihm ableiten.

Die Unmöglichkeit, ausgehend von den strukturellen Besonderheiten des Objekts die Art und Weise, in der sich die Kenntnis aufbaut, eindeutig ableiten zu können, ist noch charakteristischer für komplexe Wissenssysteme, wie es die wissenschaftliche Theorie ist. Ein und dieselbe Summe von Kenntnissen können wir jeweils, ohne dabei die Wahrheit zu verletzen und zu entstellen, auf durchaus verschiedene Weise ordnen, wenn wir die Ausgangsprinzipien völlig verschieden wählen und bei weitem nicht eintypige logische Zusammenhänge zwischen den Kenntniselementen ermitteln. Wie tief wir auch in das Wesen des Gegenstandes eindringen, wie scharfsinnig wir auch den Wegen nachspüren mögen, auf denen sich die Verknüpfung seiner Bestandteile vollzieht, wir wären doch außerstande zu sagen, auf welche Weise das über ihn erlangte Wissen zu systematisieren wäre. Die Auswahl der Mittel, mit deren Hilfe die Systematisierung einer Theorie beabsichtigt wird, wird durch die Spezifik des Wissenszweiges selber und – was die Hauptsache ist – durch die Bedürfnisse der (im weiten Sinne, d. h. als gesellschaftliche und wissenschaftliche Praxis verstandenen) menschlichen Praxis bestimmt.

Somit sehen wir, daß sich die Aufgabe der Erforschung des Systems nicht darin erschöpft, allein die materiellen Systeme zu untersuchen, da der als Resultat der Erforschung der materiellen Systeme ausgearbeitete und aus ihnen abstrahierte Begriff „System“ nicht mechanisch auf die Systeme der wissenschaftlichen Kenntnis extrapoliert werden darf. Das System des Wissens hat im Vergleich zum Objekt als System seine spezifischen Besonderheiten, die es zu einem spezifischen Forschungsgegenstand machen, dessen sich eben die logische Wissenschaft annimmt.

Bis in die heutige Zeit ging die Untersuchung des Systems als Organisationsform des Wissens so vor sich, daß man die bestehenden Theorien nahm und auf verwandte Gruppen aufteilte. Für jede von diesen Arten der wissenschaftlichen Systeme wurde, um die Struktur und die Methoden ihrer Bildung zu untersuchen, eine eigene Theorie geschaffen. Als Folge davon wurde eine Reihe von Theorien über die Theorien (Metatheorien) ins Leben gerufen. So entstanden die Theorie der axiomatischen Systeme und die Theorie der genetischen Systeme, die einige Besonderheiten der Entwicklung der physikalischen Theorien aufgedeckt haben.[6] Zur Zeit laufen Bemühungen, die Strukturen der philosophischen Systeme und dergleichen experimentell zu untersuchen. Trotzdem kommt die Tendenz zur Untersuchung des wissenschaftlichen Systems als Organisationsform der wissenschaftlichen Kenntnis im allgemeinen in der logischen Wissenschaft sehr schwach zum Ausdruck, obwohl offensichtlich die Voraussetzungen für eine entsprechende Analyse bereits gegeben sind.

Die Entwicklungsgeschichte der axiomatischen Methode zeigt, daß sie sich in einigen Punkten der konstruktiven Methode annähert. Einer treffenden Bemerkung W. A. Smirnows zufolge „führen“ bereits „die in der Begründung der axiomatischen Methode bestehenden Aufgaben ... zur Idee der genetischen Methode“[7]. Die axiomatische Methode auf der Ebene des Aufbaus formalisierter Sprachen (der Zeichensysteme) läuft auf das Operieren mit Gesetzen nach bestimmten Regeln hinaus, was sie der konstruktiven Methode annähert, die auf das Operieren mit Objekten nach aufgestellten Regeln hinausläuft. Als Folge davon kann ein genetisches System im axiomatischen Kalkül formalisiert werden. Außerdem bezeugen

[6] Unter diesem Aspekt der Forschung sind einzelne Gruppen theoretischer Systeme noch nicht gründlich untersucht worden; überhaupt noch nicht ausgearbeitet ist beispielsweise „eine allgemeine Theorie der nicht-deduktiven Systeme“ (*Georg Klaus*, Moderne Logik. Abriß der formalen Logik, 4., bericht. Aufl. [6. Aufl. v. „Einführung in die formale Logik“] Berlin 1967, S. 424).

[7] *В. А. Смирнов*, Генетический метод построения научной теории, in: Философские вопросы современной формальной логики, Москва 1962, стр. 269.

die bestehenden Meinungsverschiedenheiten darüber, zu welcher der beiden Arten von Systemen die „Elemente“ Euklids zu zählen seien, den sehr bedingten Charakter der Unterschiede zwischen den axiomatischen und genetischen Systemen.

Dies alles läßt uns den Schluß ziehen, daß die Frage, was das theoretische Wissenssystem ist und welches seine Rolle und sein Platz in der wissenschaftlichen Forschung ist, noch nicht ihre völlige Klärung gefunden hat und weiterhin den Gegenstand vieler Forschungen bilden wird.

Die Spezifik des Wissenskomplexes als theoretisches System

Für die Analyse der Systemnatur des Wissens gebrauchen wir den allgemeinen Begriff des „Systems“, der sich in der wissenschaftlichen Literatur der Gegenwart herausgebildet hat. Mit diesem Begriff bezeichnet man jedes Gebilde, das aus einer „Ansammlung miteinander in Beziehung stehender Teile“ („anything that consists of parts connected together“)[8] besteht. Diese Definition ist formal. Sie ermangelt des konkreten Inhalts und schließt jeden Komplex von Elementen der verschiedensten Art ein, die untereinander auf bestimmte Weise verbunden sind. Sie ist so abstrakt, daß sie auf die unterschiedlichsten Gegenstände einschließlich des Denkens und der wissenschaftlichen Kenntnis gezogen werden kann.

Dennoch umfaßt sie zwei Merkmale dieser Gegenstände – den „wechselseitigen Zusammenhang“ („die Art der Verknüpfung“) und das „Element“. Je nach der konkreten Bedeutung der erwähnten Merkmale haben wir es mit einer unendlichen Menge verschiedener Systeme zu tun. Wenn wir diesen Begriffen eine stoffliche Interpretation geben, erhalten wir dadurch die große Klasse der *materiellen Systeme.* Deuten wir die Begriffe „Element“ und „Art der Verknüpfung“ erkenntnistheoretisch, dann erhalten wir die andere große Klasse eigenständiger Systeme – die Klasse der *Systeme der wissenschaftlichen Kenntnis.*

Im vorliegenden Falle interessieren uns jedoch nicht die materiellen Systeme. Darüber hinaus werden wir auch nicht alle Arten und Systeme der wissenschaftlichen Kenntnis oder der erkenntnistheoretischen Systeme berühren. Wir beabsichtigen lediglich, auf eine der Arten solcher Systeme einzugehen, und zwar auf die Klasse der *theoretischen Systeme.*

[8] *Stafford Beer*, Cybernetics and Management, 3. impr., London 1965, p. 9; deutsch zit. nach: *Stafford Beer*, Kybernetik und Management. Übers. v. I. Grubrich, 9. – 14. Taus., Frankfurt a. M. 1959, S. 24.

Unter theoretischem System (System des theoretischen Wissens) verstehen wir die Gattung der erkenntnistheoretischen Systeme, deren Elemente auf bestimmte Weise logisch untereinander verbundene Abstraktionen sind. Die Abstraktionen als Systemelemente[9] schließen in sich „Konzentrationen", „Verdichtungen" des theoretischen Wissens ein, während der logische Zusammenhang die Arten der Abhängigkeit, die Arten des Beweises der Kenntnisse oder die Ableitungen der einen Kenntnisse aus anderen darstellt. Werden die Abstraktionen in Form von Punkten, ihre logischen Zusammenhänge aber in Form gerader Linien gedacht, so kann man das theoretische System in Form eines Gitters darstellen, das aus einer Menge von Punkten gebildet wurde, die durch sich schneidende Linien verbunden sind.

Eine solche Definition des theoretischen Systems besagt weder etwas über den Inhalt seiner Elemente noch etwas über den Charakter ihres logischen Zusammenhangs. Deshalb umfaßt sie jede theoretische Bildung, angefangen von den einfachsten, elementaren Kategorienverbindungen und endend bei den komplexen theoretischen Konstruktionen. Hierzu gehören sowohl die strengen logischen Konstruktionen als auch die intuitiven Assoziationen von Abstraktionen. Unter diesem Gesichtswinkel sind theoretische Systeme in gleichem Maße einfache Gedankenassoziationen, die verschiedenen Konzeptionen eines Wissenschaftlers, Hypothesen, Theorien, der wechselseitige Zusammenhang von Theorien, die Einzelwissenschaften sowie überhaupt alle Formen der theoretischen Kenntnis sowohl in struktureller als auch in funktionaler Hinsicht. In gewissem Sinne kann man auch den Begriff, das Urteil und die Schlußfolgerung zu solchen Systemen rechnen. Kurzum, wir können jeden Komplex von Abstraktionen, die in einem bestimmten logischen Zusammenhang integriert sind, ein theoretisches System nennen.

Das Bestehen von Zusammenhängen zwischen den Abstraktionen als Elementen bildet ein charakteristisches Merkmal des theoretischen Systems und unterscheidet es von einer bloßen Ansammlung von Wissen. Die logischen Verbindungen zwischen den Elementen der Kenntnis liegen jedoch nicht an der Oberfläche, und ihre Aufdeckung ist häufig mit enormen Schwierigkeiten verknüpft. Der logische Zusammenhang kann sich hinter einer sichtbaren chaotischen Anhäufung von Abstraktionen verbergen, und erst eine spezielle logische Analyse würde ihn klarmachen. Andererseits können wir auch in einer bloßen Ansammlung von Kennt-

[9] Unter Abstraktion ist im vorliegenden Falle jede Form des Abstrahierens (Absehens, Abziehens) von Konkretheit zu verstehen.

nissen einige Teile ausgliedern, zwischen denen, wie sich zeigen kann, ein logischer Zusammenhang besteht. So scheinen beispielsweise die Abstraktionen „Materie“, „Masse“, „Gewicht“ auf den ersten Blick eng miteinander verbunden zu sein. Dennoch bilden sie nicht zusammen ein theoretisches System, sondern gehören im Gegenteil zum kategorialen Bestand völlig verschiedener wissenschaftlicher Theorien. Deshalb ist es völlig klar, daß von zwei Gruppen von Abstraktionen nur die ein theoretisches System genannt werden kann, die bestimmten Forderungen gerecht wird oder in bezug auf die einige Bedingungen erfüllt wurden.

Die erste unerläßliche Bedingung, deren Erfüllung das theoretische Wissenssystem von einer bloßen Anhäufung von Abstraktionen unterscheidet, ist die, daß alle seine Kategorien ein und demselben Gegenstandsbereich angehören und ein und dasselbe Forschungsobjekt widerspiegeln müssen. Wenn also der zu untersuchende Komplex wissenschaftlicher Kenntnisse ein System in obengenanntem Sinne darstellt, kann er nicht aus Abstraktionen bestehen, die verschiedenen Bereichen der wissenschaftlichen Erkenntnis angehören. Mehr noch, er darf keine Begriffe und folglich auch keine Aussagen enthalten, die nicht ein und dasselbe Erkenntnisobjekt widerspiegeln. Aber selbst wenn man annimmt, er könnte einen solchen Begriff oder eine solche Aussage enthalten, so würde er in dem betreffenden theoretischen System keinerlei Sinn haben. Der aus den Kategorien „Gravitationsfeld“, „menschliche Tätigkeit“, „Ontogenese“, „Neuron“, „Hydrolyse“, „Sittlichkeit“ gebildete Kenntniskomplex ist kein wissenschaftliches System, da die genannten Abstraktionen nicht auf dieselbe Klasse von Dingen und Relationen bezogen werden können.

Die formulierte Forderung scheint trivial zu sein, dennoch muß sie unbedingt bei der Analyse der Systemnatur des Wissens erfüllt sein und bei Anlage eines Terminiverzeichnisses beim Aufbau wissenschaftlicher Theorien beachtet werden.

Die Forderung des „einheitlichen Gegenstandsbereichs“ ist indessen für die Charakteristik irgendeines Komplexes von Abstraktionen als theoretisches System nicht ausreichend. Durchaus zulässig ist es, das Bestehen eines Komplexes von Wissenselementen anzunehmen, die, obwohl sie ein und denselben Gegenstandsbereich widerspiegeln, dennoch in ihrer Zusammenfassung kein bestimmtes theoretisches System bilden. Eben von diesem Gesichtspunkt gehen einige Autoren aus, wenn sie behaupten, daß die Kybernetik kein spezielles wissenschaftliches System bilde, sondern nur eine Bezeichnung für eine Reihe wissenschaftlicher Theorien – die Informationstheorie, die Algorithmentheorie, die Automatentheorie, die Elektronik – sei, die es lange vor Entstehung der Kybernetik gegeben habe.

Außerdem können für die Erklärung ein und derselben Erscheinung einige Theorien existieren. In der Physik gibt es beispielsweise einige Dutzende gleichwertiger, aber verschiedener allgemeiner Feldtheorien. Ein Teil der sie bildenden Termini sind die gleichen für mehrere dieser Theorien. Andererseits enthält jede von ihnen einige Begriffe, die in der anderen fehlen. Diese brauchen indessen nicht, obwohl sie eine Klasse von Dingen und Beziehungen betreffen, die Objekte einer Theorie sind, in *ein* System hineinzugehören.

Deshalb muß man, um das System von einem bloßen Komplex theoretischer Kenntnisse zu unterscheiden, eine strengere Forderung stellen, deren Erfüllung jene Grundlage sein könnte, die es erlaubt, darüber zu urteilen, ob zwischen den Abstraktionen der erforderliche logische Zusammenhang besteht. Diese Bedingung, die davon zeugt, daß der notwendige Zusammenhang gegeben ist, und die einen bloßen Wissenskomplex zum logischen System macht, ist das Vorhandensein einer solchen erkenntnistheoretischen Eigenschaft bei dem betreffenden Gebilde, die jedes seiner Elemente einzeln genommen de facto nicht aufweist. So besitzt die Summe $\sin^2\alpha + \cos^2\alpha$ die Eigenschaft, bei jedem Wert von α zu eins zu werden, während weder die Größe $\sin \alpha$ noch die Größe $\cos \alpha$ für sich genommen diese Eigenschaft besitzen. $\sin \alpha$ wird zu eins, nur wenn $\alpha = 90\,°$, und $\cos \alpha$, wenn $\alpha = 0$ ist.

Im Prinzip ist das Urteil eine Verbindung von Begriffen. Die Erkenntnisfunktion, die das Urteil erfüllt, ist jedoch keineswegs reduzierbar auf die logischen Funktionen der es bildenden Begriffe. Wenn wir zwei Begriffe nehmen – den Begriff A und den Begriff B – und versuchen, zwischen ihnen z. B. eine einfache Verbindung herzustellen, wie den in teilweiser Kongruenz ihrer Klassen bestehenden Zusammenhang, dann ergibt sich der Ausdruck $A \cap B$, der seiner logischen Funktion nach dem Urteil $\exists\, x\, [A\,(x)\ \&\ B\,(x)]$ gleichwertig ist, das sich nicht auf die Funktion der Ausgangselemente – der Begriffe A und B – zurückführen läßt. In der Wissenschaft muß man, um den Zusammenhang zweier Abstraktionen festzustellen, eine dritte Abstraktion finden oder bilden, die die beiden ersten integriert.

Das Bestehen einer gemeinsamen erkenntnistheoretischen Eigenschaft oder erkenntnistheoretischen Funktion zeugt davon, daß eine innere logische Verknüpfung zwischen den Wissenselementen gegeben ist, und formt einen ihrer Komplexe zu einem ganzheitlichen Gebilde um. Deshalb ist die Ganzheit die charakteristische Besonderheit eines theoretischen Systems, die es von einer bloßen Ansammlung von Abstraktionen unterscheidet.[10]

[10] Es gibt die Ansicht, daß „Ganzheit“ nicht jedem System eigen ist, sondern nur einigen Arten von Systemen. So unterscheidet beispielsweise W. G.

Nur solche zwei (und mehr) Abstraktionen bilden ein theoretisches System, die in ihrer Verknüpfung eine Ganzheit bilden. Als ganzheitlich gilt nur das logische Gebilde, das eine logische Funktion erfüllt, die von seinen einzelnen Elementen, solange sie nicht in diesen wechselseitigen Zusammenhang getreten sind, nicht erfüllt werden.

Die Forderung des „einheitlichen Gegenstandsbereichs" und der „Ganzheit" ist die notwendige und völlig ausreichende Bedingung für die Bestimmung eines theoretischen Systems im Vergleich zu einem bloßen Komplex von Kenntnissen. Man könnte in Ergänzung zu der angeführten Bedingung weitergehende Bedingungen stellen, doch diese würden nur irgendwelche bestimmte Arten von Systemen charakterisieren und wären für die Beschreibung von theoretischen Kenntnissystemen schlechthin nicht anwendbar. Wenn wir beispielsweise für die Bestimmung eines theoretischen Wissenssystems die Forderung der Vollständigkeit, der Unabhängigkeit und der Widerspruchsfreiheit erheben, dann würden wir dadurch die Klasse der theoretischen Systeme auf die Klasse der axiomatischen Theorien einengen, während in Wirklichkeit die Klasse der theoretischen Systeme nicht nur die axiomatischen, sondern auch eine Reihe anderer Arten von Systemen der wissenschaftlichen Kenntnis umfaßt. Um sich nicht durch solche Beschränkungen zu binden, muß man die verschiedenen einengenden Forderungen fallenlassen und sich mit der allgemeinsten, aber notwendigen

Afanassjew zwischen „ganzheitlichen Systemen" und „summativen Systemen", die nicht die Eigenschaft der Ganzheit besitzen (siehe *В. Г. Афанасьев*, О принципах классификации целостных систем, in: Вопросы философии 1963, 5). Zwar ist bei ihm die Rede von materiellen Systemen, doch das ändert die Sache im vorliegenden Falle nicht. Wenn eine Ansammlung von Dingen (oder Abstraktionen) keine integrierende Eigenschaft besitzt, so bedeutet das, daß zwischen ihnen, zumindest in der untersuchten Beziehung, kein Zusammenhang besteht. Das aber bedeutet seinerseits, daß diese „Ansammlung" in der betreffenden Beziehung überhaupt kein System ist. Deshalb kann in dem von Afanassjew angeführten Beispiel eine Ansammlung von Steinen als System angesehen werden, weil sie die integrierende Eigenschaft der „Anhäufung" („кучность") besitzt, die nicht jedem Stein, für sich genommen, eigen ist. Daß wir diese Ansammlung von Steinen in anderer Beziehung nicht als System ansehen können, liegt darin begründet, daß wir in dieser Hinsicht keine Zusammenhänge zwischen ihnen herzustellen und keine integrierende Eigenschaft zu ermitteln vermögen. Auf diese Weise muß jedes „summative System" im Sinne Afanassjews, sofern es wirklich ein System ist, eine integrierende Eigenschaft besitzen und somit auch ganzheitlich sein, oder es ist, wenn es diese Eigenschaft nicht besitzt, überhaupt kein System, da Ganzheit ein unabdingbares Merkmal des Systems ist.

und ausreichenden Forderung der „Ganzheit“ und des „einheitlichen Gegenstandsbereichs“ begnügen. Sie ist einerseits so konkret, daß sie das Kriterium für die Unterscheidung des wissenschaftlichen Systems von einer zufälligen Ansammlung theoretischen Wissens sein kann, andererseits so abstrakt, daß sie es ermöglicht, jede Assoziation von Abstraktionen als theoretisches System zu definieren.

Der Komplex von Abstraktionen, die die Elemente eines Wissenssystems ausmachen, bildet den *kategorialen Bestand* des theoretischen Systems und spielt gewissermaßen die Rolle seines „Baumaterials“. Der kategoriale Bestand ist eins der wichtigen Merkmale des theoretischen Systems. Vom Charakter des kategorialen Bestandes hängen die Bestimmung des Gegenstandsbereichs des Systems, die Tiefe des Eindringens in das Wesen des Objekts und demzufolge die theoretische Stufe des wissenschaftlichen Systems ab.

Die Menge der Abstraktionen, die zum kategorialen Bestand eines theoretischen Wissenssystems gehören, kann nicht unendlich sein. Der kategoriale Bestand jedes theoretischen Systems enthält also eine beschränkte Anzahl von Abstraktionen. Dabei darf man die Begrenztheit des kategorialen Bestandes eines wissenschaftlichen Systems nicht mit der Unbegrenztheit (Unerschöpflichkeit) seines Objekts vermengen. So ist die natürliche Zahlenfolge als Objekt der Arithmetik unendlich, während die Anzahl der Abstraktionen der Arithmetik, mit deren Hilfe sie diese Folge beschreibt, begrenzt, endlich ist. Die minimale Anzahl von Elementen, die einen kategorialen Bestand bilden, ist gleich zwei. Die maximale Anzahl kann theoretisch jede beliebig große, aber immerhin doch endliche Zahl sein. Als Beispiel eines Systems mit einer sehr großen Zahl von Elementen kann das System der natürlichen Sprache dienen.

Der kategoriale Bestand eines theoretischen Systems kann sowohl geschlossen als auch offen für die Aufnahme neuer Abstraktionen sein. Wenn der kategoriale Bestand eines gegebenen Systems geschlossen ist, dann kann daraus weder eine Abstraktion ausgeschlossen noch eine zu ihm hinzugefügt werden, ohne daß es unter den Elementen zu einer Nichtübereinstimmung kommt. In gewissem Sinne kann man zu solchen Systemen die euklidische Geometrie, die traditionelle formale Logik sowie einige Teilgebiete der Arithmetik der natürlichen Zahlen rechnen. Im Prinzip geschlossene kategoriale Bestände gibt es indessen offenbar nicht. Ist der kategoriale Bestand eines Wissenssystems hingegen offen, dann kann man aus ihm Abstraktionen ausschließen oder aber nach und nach neue Abstraktionen hinzufügen. Wird eine Abstraktion aus dem Bestand des theoretischen Systems ausgeschlossen, so ist das in der Regel die Folge der

Entdeckung neuer Gesetzmäßigkeiten. Der Ausschluß des Phlogistonbegriffs aus der Chemie war das Resultat schwerwiegender Umgestaltungen, die in der chemischen Wissenschaft vor sich gingen. Seinem Wesen nach ist der Ausschluß einer Abstraktion aus einem theoretischen Wissenssystem mehr ein historischer Erkenntnisprozeß denn ein logischer Akt.

Erheblich komplizierter ist die Sache, wenn es sich um den Prozeß der Einführung neuer Abstraktionen in den kategorialen Bestand eines Systems handelt. Hier lassen sich zwei fundamentale Arten der Einführung neuer Begriffe in das theoretische System herausstellen: die Einführung von Abstraktionen im Prozeß der Bildung des theoretischen Systems und die Einführung von Abstraktionen in ein bereits bestehendes Wissenssystem.

Der Vorgang der Begriffseinführung während des Aufbaus eines Kenntnissystems besteht im wesentlichen in der Anlage eines Verzeichnisses der Begriffe, in der Auswahl einiger von ihnen als Ausgangsbegriffe (nicht der Bestimmung unterliegende Begriffe) und in der Aufstellung von Regeln, mit deren Hilfe alle folgenden Begriffe bestimmt werden sollen.[11] Hat man erst eine solche Sammlung von Abstraktionen und Regeln für ihre Bestimmung, wird die Einführung neuer Begriffe in das zu errichtende System zu einem algorithmischen Prozeß gleich dem, wie jeder aus einer endlichen Anzahl von Teilen bestehende Automat sich verhält.

Bei der Einführung von Abstraktionen in ein bereits relativ entwickeltes theoretisches System sind zwei Fälle möglich. Der erste Fall besteht darin, daß ein Begriff oder eine Begriffsgruppe einfach durch einen anderen Begriff ersetzt werden. Dabei erfolgen innrerhalb des Systems keine prinzipiellen Veränderungen. Wie das theoretische Niveau des Systems, die Tiefe des Eindringens in das Wesen der Erscheinungen die gleichen bleiben, so bleibt auch der Gegenstandsbereich der gleiche wie vorher. Meistens bildet die Erwägung der Bequemlichkeit den einzigen Grund für die Einführung neuer Begriffe in ein theoretisches System. Die Einführung des Begriffs Pseudotensor in die Gravitationstheorie ging ohne prinzipielle Veränderung vor sich, vereinfachte aber den Kalkül stark. Wird eine solche Reihe von Abstraktionen eingeführt, dann muß stets die Möglichkeit ihres Ausschlusses und Ersatzes durch die ursprünglichen Begriffe, d. h. durch die Ausgangsbegriffe, ohne Schaden für das betreffende System gegeben sein.

Der zweite Fall ist dann gegeben, wenn die Einführung eines neuen Begriffes mit erheblichen Umgestaltungen des bestehenden theoretischen Systems einhergeht. Dabei wird der gesamte kategoriale Bestand des Systems überprüft. Ein Teil der Begriffe wird präzisiert, bis zu einem ge-

[11] Siehe *Henryk Stonert*, Definicje w naukach dedukcyjnych, Łódź 1959.

wissen Grade ändert sich ihr Sinn, einige Begriffe werden aus dem kategorialen Bestand des Systems eliminiert. Es vollzieht sich ein Prozeß der Vertiefung unserer Erkenntnis der Gegenstände und Erscheinungen der objektiven Welt. Der Gegenstandsbereich des Systems kann so wie vorher bleiben, er kann sich aber auch verändern. Die Veränderung des Gegenstandsbereichs bedeutet, daß die in das betreffende theoretische System einbezogene Kenntnis sich entweder auf eine geringere Zahl von Objekten bezieht – dann wird das System eingeschränkt und der Gegenstandsbereich verengt – oder auf eine größere Zahl von Objekten (auf neue Objekte) im Vergleich zu den Ausgangsobjekten – dann wird das System extrapoliert und der Gegenstandsbereich erweitert.

Der zweite Fall der Einführung von Abstraktionen in ein theoretisches System unterscheidet sich von dem ersten auch noch dadurch, daß er einen *nichtumkehrbaren* Vorgang darstellt. Eine in ein theoretisches System aufgenommene Abstraktion, die es gleichzeitig umgestaltet hat, kann nicht mehr aus ihr ausgeschlossen werden, da dies eine Rückwärtsbewegung unserer Erkenntnis, eine Degradation der Erkenntnis wäre, was objektiv unmöglich ist.

Da, wie bereits gesagt, die minimale Zahl von Abstraktionen, die in der Lage ist, ein System von Kenntnissen zu bilden, gleich zwei ist, so gibt dies aller Wahrscheinlichkeit nach die Grundlage für die Schlußfolgerung, daß der kategoriale Bestand nicht aus unter sich identischen Abstraktionen bestehen kann und folglich die Bildung eines Kenntnissystems in solchen Fällen unmöglich ist. Außerdem folgt die Unmöglichkeit des Aufbaus eines Systems aus gleichbedeutenden Abstraktionen auch noch aus folgender Überlegung. Die Verbindung identischer Abstraktionen in einem System würde zur Bildung von Tautologien des Typs „Funktion (f) ist die Funktion (f)“ führen, die keine neue Kenntnis beinhalten und folglich keine Träger einer neuen Information sind. Wir wissen aber bereits, daß ein Komplex von Abstraktionen, der nicht zur Entstehung einer gemeinsamen erkenntnistheoretischen Eigenschaft (einer neuen Kenntnis) oder zur Erfüllung einer anderen logischen Funktion führt, nicht als theoretisches System angesehen werden kann. Auch aus solchen Tautologien sich ergebende kompliziertere Bildungen wie: „Wenn die Funktion eine Funktion ist, so ist die Funktion eine Funktion“ $[(f \& f) \supset (f \& f)]$ usw. sind nicht Träger neuer Informationen. Deshalb läßt sich, so wie eine gleiche Lichtausstrahlung der Bildpunkte kein Bild auf dem Leuchtschirm des Fernsehapparats ergibt, kein Kenntnissystem aus identischen Abstraktionen bilden.

In den kategorialen Bestand des Systems können nur Abstraktionen aufgenommen werden, die sich voneinander unterscheiden und Träger verschiedener Information sind. Der Unterschiedsgrad zwischen den Abstraktionen als Elementen eines theoretischen Systems kann beliebig groß sein, jedoch müssen die Unterschiede in den Grenzen ein und desselben Gegenstandsbereichs bleiben. Der Gegenstandsbereich fungiert als Grenze für die Unterschiedlichkeit (различимость) der zum kategorialen Bestand des Systems gehörenden Abstraktionen. Folglich müssen die Elemente jedes theoretischen Systems zwar gleichartig, vom selben Typ sein, jedoch dürfen sie nicht identisch, nicht gleichbedeutend sein.

In dem theoretischen Wissenssystem ist die Abstraktion, die eines seiner Elemente darstellt, als einfaches logisches Gebilde anzusehen. Das System ist etwas Zusammengesetztes. Jedoch sind die Einfachheit der Abstraktion und die Komplexheit des Systems sehr relative Begriffe. Die Abstraktion ist nur im Rahmen des von ihr gebildeten Systems ein einfaches Gebilde. Der Begriff der Komplexheit des Systems ist sinnvoll nur im Hinblick auf die es bildenden Abstraktionen. Wenn das System in andere Beziehungen tritt, kann es selber die Bedeutung eines einfachen, die Abstraktion aber die eines komplexen Gebildes annehmen.

Das führt uns zum Verständnis der Relativität des Unterschiedes zwischen dem theoretischen System und der Abstraktion als sein Element. Eine Abstraktion wird nur im Rahmen des theoretischen Systems, zu dessen kategorialem Bestand sie gehört, als Element angesehen. Außerhalb der Grenzen dieses Systems, in irgendeiner anderen Beziehung tritt sie selber als System auf, das *seine* Kategorien hat. Ein theoretisches System fungiert im Rahmen eines allgemeineren Systems als Element und kann in dieser Hinsicht als Abstraktion angesehen werden. So kann man sich beispielsweise die Gesamtheit der wissenschaftlichen Kenntnisse als System vorstellen, dessen Elemente die einzelnen Wissenschaften sind. Eine Einzelwissenschaft wiederum läßt sich als wechselseitige Verknüpfung von Theorien vorstellen. Dann bildet die Wissenschaft das System, und die Theorie ist ein Element von ihm usw.

Mithin ist ein und dasselbe theoretische Gebilde in einer Hinsicht ein System, in anderer ein Element. Daraus folgt, daß der Begriff „theoretisches System" und der Begriff „Abstraktion als Element" lediglich funktionalen Sinn und funktionale Bedeutung haben. In jedem konkreten Falle kann aber ein und dasselbe theoretische Gebilde nur *entweder als System oder als Element* auftreten. Wäre es anders, würden wir uns einem logischen Paradoxon vom Typ des in der Abstraktion „Menge aller Mengen" enthaltenen Russellschen Paradoxons konfrontiert sehen.

Die ein System bildenden wissenschaftlichen Abstraktionen sind keine bloße Anhäufung von Kenntnissen, sondern sie verkörpern eine Menge in bestimmter Weise geordneter Elemente. Auf der Grundlage dessen geht mit der Bildung eines theoretischen Systems in jedem Falle eine Systematisierung wissenschaftlicher Kenntnisse einher. Die Ordnung oder Systematisierung der Kenntnisse wird durch die Ermittlung der logischen Zusammenhänge und Abhängigkeiten zwischen den wissenschaftlichen Abstraktionen als Elementen der theoretischen Kenntnis erreicht. Der logische Zusammenhang macht die Stellung der Abstraktion in einem theoretischen System zu etwas Feststehendem und Bestimmtem. Der Charakter des logischen Zusammenhanges der Abstraktionen kann sehr verschieden sein.

Der logische Zusammenhang R zwischen den zwei Kenntniselementen x und y kann so sein, daß die Abstraktionen xy im System xRy nicht zu unterscheiden sind. Nicht unterscheidbar sind sie nicht in dem Sinne, daß x und y, wenn sie sich in etwas Drittes verwandeln, überhaupt nicht mehr existieren. Ihre Nichtunterscheidbarkeit (неразличимость) besteht darin, daß sie sich in einem ständigen wechselseitigen Übergang befinden, x geht in y über und y in x. Zumeist tritt eine solche Verknüpfung entgegengesetzter Elemente gerade dort auf, wo „Extreme zusammentreffen", und stellt eine Synthese der Kenntnis dar. Als Beispiel einer solchen Verknüpfung von Abstraktionen kann die Wechselbeziehung von Quantität und Qualität im Maß dienen. Im Maß sind Quantität und Qualität untereinander nicht unterscheidbar: die Quantität nimmt qualitative Eigenschaft, die Qualität quantitative Eigenschaft an. Die Veränderung der Quantität ist gleichbedeutend mit einer Veränderung der Qualität, die Veränderung der Qualität gleichwertig mit einer Veränderung der Quantität. Im Maß geht die Quantität in Qualität über und umgekehrt die Qualität in Quantität.

Eine solche logische Verknüpfung besteht zwischen den von antiken Mathematikern angewandten und Exhaustion genannten Methoden zur Bestimmung der Flächen und Volumina einiger geometrischer Figuren im Hinblick auf die Methoden der Integralrechnung, die eine originelle Synthese von ihnen sind. Ein solcher Zusammenhang kann beispielsweise die Verknüpfung des Einzelnen, des Besonderen und des Allgemeinen im Begriff sein. Man kann einen dergestaltigen logischen Zusammenhang unter den Elementen der theoretischen Kenntnis synthetischen Zusammenhang nennen, und die theoretischen Systeme, die mit Hilfe einer solchen Verknüpfung gebildet werden, können als synthetische bezeichnet werden.

Der logische Zusammenhang Q zwischen den beiden wissenschaftlichen Abstraktionen x und y als Elementen der wissenschaftlichen Kenntnis kann so sein, daß in dem System xQy die Abstraktionen x und y untereinander unterscheidbar sind und relativ selbständig auftreten. Wenn bei dem logischen Zusammenhang Q die beiden Elemente x und y miteinander so verbunden sind, daß die Veränderung des ersten von ihnen – x – zur Veränderung des zweiten – y – führt, die Veränderung von y aber nicht zur Veränderung von x, so kann der logische Zusammenhang Q einseitig genannt werden, wobei das Element x über dem Element y dominiert. Der funktionale Zusammenhang in der Mathematik oder aber der Zusammenhang von Tatsachen- und Gesetzaussage in der wissenschaftlichen Theorie besitzt demnach den Charakter des Zusammenhangs Q.

Die Widerlegung der Tatsachenaussage führt zur Widerlegung der mit ihr zusammenhängenden Gesetzaussage, aber die Widerlegung der Gesetzaussage führt nicht zur Widerlegung der Tatsachenaussage (siehe im 2. Kapitel über die Invarianz der Tatsache). Das bedeutet, daß eine als Tatsache genommene Aussage über einer als Gesetz genommenen Aussage dominiert. Die Einseitigkeit der Verknüpfung von Tatsache und Gesetz ermöglicht es, auf der Grundlage von ein und derselben Tatsachengruppe mehrere wissenschaftliche Hypothesen, Theorien aufzubauen. Sind die zwei Abstraktionen x und y jedoch untereinander so verknüpft, daß in dem System xQy die Widerlegung einer von ihnen zur Widerlegung der anderen führt und umgekehrt, d. h. auch zur Widerlegung des Systems xQy im ganzen, dann kann man den logischen Zusammenhang Q der Abstraktionen x und y zweiseitig oder reflexiv nennen.

In einem theoretischen System kann der wechselseitige Zusammenhang zwischen den Abstraktionen als seinen Elementen unmittelbar und mittelbar sein. Mittelbar ist ein solcher Zusammenhang der zwei Abstraktionen x und y in einem Kenntnissystem, bei dem der Beweis (bzw. die Widerlegung) der Abstraktion x nicht den Beweis (bzw. die Widerlegung) der Abstraktion y solange nicht zur Folge hat, bis eine dritte Abstraktion z bewiesen (bzw. widerlegt) ist. Anders ausgedrückt: Die Abstraktionen x und y hängen untereinander mittelbar zusammen, wenn für die Ableitung der Wahrheit (oder Falschheit) von y aus der Wahrheit (oder Falschheit) von x zuvor die Wahrheit (oder Falschheit) irgendeines z abgeleitet werden muß. Wenn jedoch bei dem Beweise (oder der Widerlegung) von y aus x das Glied z fehlt, dann ist der Zusammenhang zwischen den Abstraktionen x und y unmittelbar.

Ein und dasselbe theoretische System enthält Verknüpfungen verschiedenen Charakters: einseitige und zweiseitige, unmittelbare und vermittelte (mittelbare) und andere. Die Gesamtheit der logischen Zusammenhänge der Abstraktionen in einem theoretischen System bildet dessen *logische Struktur*. Die logische Struktur ist – neben dem kategorialen Bestand – das zweite wichtige Charakteristikum des theoretischen Systems. Zum Unterschied vom kategorialen Bestand weist jedoch die logische Struktur auf die Methode der Bildung des theoretischen Systems, auf die Form der Systematisierung seiner Elemente hin. Die logische Struktur, die das theoretische System von seiten der Gemeinsamkeit her charakterisiert, ist „gleichgültig" gegenüber der konkreten Natur seiner Elemente und schließt sie als Variable ein.

Im Zusammenhang damit hängen die Eigenschaften der logischen Struktur nicht von der Natur der Elemente ab und werden nur durch den Typ der Verknüpfung bestimmt, der zwischen ihnen gegeben ist. So wird der Charakter der Typen der einfachen fundamentalen Struktur, mit deren Hilfe die Mathematik ihren Begriff „Struktur" realisiert und die die Grundlage für die Bildung aller komplexeren Strukturen bilden, ausnahmslos durch den Charakter des Zusammenhangs bestimmt und ist „gleichgültig" gegenüber der Natur der Elemente. Die algebraische Struktur wird durch das Kompositionsgesetz, die Ordnungsstruktur durch die Relation der Ordnung $x \leq y$, die topologische Struktur durch den Begriff des Raumes bestimmt.[12] Deshalb ist ein und dieselbe logische Struktur in der Lage, völlig verschiedene Abstraktionsmengen zu ordnen. Dennoch können aber der kategoriale Bestand und die logische Struktur ein theoretisches System nur in ihrer dialektischen Einheit bilden.

Zum Unterschied vom kategorialen Bestand, der Hinweise darauf gibt, worüber wir Schlußfolgerungen ziehen, kennzeichnet die logische Struktur die Form der Schlußfolgerung. Der kategoriale Bestand verleiht einem theoretischen System Individualität und Konkretheit, während die logische Struktur es unter dem Aspekt der Gemeinsamkeit und Abstraktheit charakterisiert.

Die verschiedenen Typen der Formen der Schlußfolgerung bestimmen auch die Unterschiedlichkeit der Typen der logischen Strukturen und folglich auch die Verschiedenheit der Typen theoretischer Systeme (deduktives und nicht-deduktives System, wobei unter den deduktiven Systemen wiederum die axiomatischen, genetischen und hypothetisch-deduktiven Systeme unterschieden werden können). Viele von ihnen sind hinlänglich gut untersucht, z. B. die axiomatischen Systeme. Die sogenannte konstruktivistische Richtung in der Mathematik beschäftigt sich gegenwärtig verstärkt mit der Untersuchung der Methoden, durch die genetische Systeme erhalten werden können.

Der kategoriale Bestand und die logische Struktur sind die zwei unabdingbaren Merkmale eines Systems.

[12] Siehe *Nicolas Bourbaki*, L'Architecture des Mathémathiques, a. a. O., p. 41–42.

Das Wesen der Kenntniselemente und der logischen Struktur ist die Bedingung, die völlig ausreicht, um nicht nur Hinweise auf die innere Natur des gegebenen theoretischen Systems, sondern auch auf seine allgemeinen und spezifischen Eigenschaften im Vergleich mit anderen Abstraktionssystemen zu geben. Die zwei von uns herausgestellten Merkmale bilden also eine geeignete Grundlage, um den Charakter der Beziehungen zwischen zwei und mehr sehr unterschiedlichen theoretischen Systemen festzustellen. Durch einen Vergleich des kategorialen Bestandes und der logischen Struktur der verschiedenen theoretischen Systeme wird die zwischen ihnen bestehende Beziehung der Identität, des Isomorphismus, des Homomorphismus und der Unvergleichbarkeit (Ungleichartigkeit) ermittelt.

Zwei oder mehr theoretische Systeme werden gleichwertig genannt, wenn sie zu ein und denselben Folgen führen oder im Endeffekt äquivalente Resultate ergeben. Gleichwertige Systeme unterscheiden sich voneinander nur in der Form, in der sie Ausdruck finden. Als Beispiel für solche Systeme können die Wellenmechanik von Schrödinger und die Quantenmechanik von Heisenberg dienen. Zu den gleichwertigen Kenntnissystemen kann man die beiden Systeme der analytischen Geometrie rechnen, wo die Gleichungen des einen mit Hilfe des rechtwinkligen Koordinatensystems, die des anderen mit Hilfe des Polarkoordinatensystems aufgezeichnet werden. Während im rechtwinkligen Koordinatensystem die Gerade M durch die Größe der Abschnitte angegeben wird, die den Abstand der zu ihr gehörenden Punkte von der X- bzw. Y-Achse ausdrückt, wird im Polarkoordinatensystem die gleiche Gerade M durch den Winkel, der jeden beliebigen Punkt von ihr mit dem Pol des Systems und seiner Länge verbindet, angegeben. Nichtsdestoweniger unterscheiden sich unsere beiden Gleichungen nur der Form nach, in der sie aufgezeichnet werden, da sie ein und dieselbe Bedeutung haben (sie stellen ein und dieselbe Gerade dar) und ein und denselben Typ des Zusammenhangs zwischen den Koordinaten aufweisen. Systeme von gleicher Bedeutung sind praktisch unter beliebigen Bedingungen wechselseitig austauschbar und können mittels eines bloßen Austausches einiger Parameter leicht gegenseitig transformiert werden. Ihre Unterscheidung ist vom Gesichtspunkt der praktischen Bequemlichkeit aus manchmal jedoch sehr wesentlich.

Wenn sich zwei (oder mehr) theoretische Systeme S_1 und S_2 untereinander so verhalten, daß ihre logischen Strukturen wechselseitig identisch sind, dann nennt man solche Systeme isomorph. Anders ausgedrückt: Das System pRq und das System $p_1R_1q_1$ sind untereinander isomorph, wenn $R \equiv R_1$ ist, wo R und R_1 dementsprechend die Typen des Zusammenhangs zwischen den Elementen p und q, p_1 und q_1 sind. Da die Gleichheit der logischen Strukturen eine notwendige Bedingung des Isomorphismus zweier Systeme ist, wird auch die Aussage richtig sein, die eine umgekehrte Abhängigkeit von Struktur und Isomorphismus konstatiert, d. h., auch die Feststellung wird richtig sein, daß zwei isomorphe Systeme wechselseitig gleichbedeutende, einander entsprechende logische Strukturen besitzen.

Wechselseitig gleichwertige logische Strukturen zu sein bedeutet, daß wir, wenn wir die Beziehung R zwischen zwei Abstraktionen mit Hilfe der Operation L umgestalten, als Ergebnis nur die Beziehung R_1 erhalten, und wenn wir die Beziehung R_1 mit Hilfe der Operation L_1 umgestalten, erhalten wir als Ergebnis nur das Verhältnis R.

Der auf die theoretischen Kenntnissysteme angewandte Begriff des Isomorphismus hat große Bedeutung, da er es erlaubt, die in *einem* System bewiesenen Gesetze auf Systeme zu extrapolieren, die ihm isomorph sind, ohne daß ein spezieller Beweis erforderlich wäre, denn jeder Satz, der im System S_1 wahr ist, wird stets auch im isomorphen System S_2 wahr sein.

Nur *eine* Einschränkung muß man in der Anwendung des Begriffs des Isomorphimus gelten lassen: Der Isomorphismusbegriff in der Erkenntnistheorie hat lediglich Sinn bei Anwendung auf die Beziehung zwischen wissenschaftlichen Kenntnissystemen. Die ihm dabei zukommende Rolle erfüllt er jedoch nicht mehr, wenn man ihn, wie es beispielsweise Georg Klaus tut, als Charakteristik der Wahrheit der Erkenntnis, d. h. auf das Verhältnis der Erkenntnis zum Objekt, anzuwenden und die Kategorie der „Widerspiegelung" durch ihn zu ersetzen versucht.[13]

Die Anwendung des Isomorphismusbegriffs zur Charakterisierung des Verhältnisses von Denken und Objekt erscheint auf Grund einer Reihe von Erwägungen nicht gerechtfertigt. Vor allem deswegen nicht, weil sich, wie bereits festgestellt, die Struktur des wissenschaftlichen Kenntnissystems nicht unmittelbar aus der Struktur des Objekts, auf das sich jenes bezieht, ergibt, sondern vor allem durch die gesellschaftliche und wissenschaftliche Praxis bestimmt wird. Dazu kommt: Kann die aristotelische Auffassung der Wahrheit als gedankliche Vereinigung (Trennung) dessen, was im Objekt vereinigt (getrennt) ist, in gewissem Maße noch mit dem Begriff des Isomorphismus vereinbar sein, so kann dies die dialektisch-materialistische Auffassung der Wahrheit als Prozeß im Prinzip bereits nicht mehr sein. Die materialistische Dialektik faßt die Übereinstimmung oder das Zusammenfallen (die Kongruenz) der Kenntnis mit dem Gegenstand als Pro-

[13] Siehe *Georg Klaus*, Moderne Logik, S. 289–290.

zeß auf, während die Isomorphismusbeziehung zwischen zwei Systemen eine statische Beziehung ist. Das bedeutet: Wird das Verhältnis von Kenntnis und Gegenstand durch den Begriff des Isomorphismus bestimmt, dann wird die Frage nach der Relativität und Absolutheit der objektiven Wahrheit und damit auch die Frage nach der Entwicklung der wissenschaftlichen Erkenntnis aufgehoben. Nun ist aber die Wahrheit der wissenschaftlichen Kenntnis der Prozeß des Zusammenfallens von Denken und Gegenstand, und die Frage, wie weit unser Wissen im gegebenen Moment der Entwicklung der gesellschaftlichen Erkenntnis mit dem Objekt des Denkens übereinstimmt, kann nur die Praxis entscheiden.

Bei Aufklärung der Beziehungen zwischen den theoretischen Systemen S_1und S_2 kann sich ergeben, daß wir, wenn wir das System S_1 in das System S_2 umwandeln, die logische Struktur des Systems S_2 gleichwertig aus der logischen Struktur des Systems S_1 erhalten, wenn wir aber S_2 in S_1 umwandeln, brauchen wir aus der logischen Struktur des Systems S_2 bereits nicht mehr die logische Struktur des Systems S_1 zu erhalten. Wenn wir die Beziehung R zwischen zwei Abstraktionen mit Hilfe der Operation L_1 umgestalten, erhalten wir nur die Beziehung Q, wenn wir aber die Beziehung Q mit Hilfe der Operation L_2 transformieren, erhalten wir neben der Beziehung R die Beziehung R_1, R_2, R_3, ... Als anschauliches, wenn auch nicht genaues Beispiel dafür kann die Erhebung einer Zahl in die zweite Potenz mit nachfolgender Wurzelziehung dienen. So erhalten wir bei Erhebung der Zahl 4 ins Quadrat den einen Wert 16, aber bei Ziehen der Quadratwurzel aus 16 zwei Werte: $\sqrt{16} = \pm 4$.

Wenn wir ein inhaltliches theoretisches System, eine Theorie, im Kalkül der rekursiven Funktionen formalisieren, erhalten wir als Ergebnis gleichwertig ein bestimmtes logisches System. Jedoch bereits beim Übergang von dem betreffenden logischen zum inhaltlichen System brauchen wir nicht mehr die Ausgangstheorie zu erhalten. Haben wir beispielsweise als Ausgangssystem eine mathematische Theorie genommen, dann brauchen wir als Ergebnis des Übergangs vom logischen zum inhaltlichen System nicht nur die mathematische Ausgangstheorie zu erhalten, sondern können auch eine andere Theorie, z. B. eine physikalische Theorie, erhalten.

Eine solche Beziehung zwischen theoretischen Systemen, wo ihre gegenseitige Umwandlung nach einer Seite einwertig und nach der umgekehrten Seite mehrwertig ist, heißt Homomorphismus. Die theoretischen Kenntnissysteme, zwischen denen die Beziehung des Homomorphismus besteht, heißen wechselseitig homomorphe oder einfach homomorphe Systeme in bezug aufeinander.

Für die homomorphen Systeme der theoretischen Kenntnis ist zum Unterschied von den isomorphen charakteristisch, daß ein Satz, der im System S_1, das gleichwertig zum System S_2 umgewandelt wird, wahr und bewiesen ist, im System S_2 wahr ist und bewiesen werden kann, jedoch nicht umgekehrt. Aus der Wahrheit und dem Bewiesensein eines Satzes im System S_2, das nicht gleichwertig zum System S_1 umgewandelt wird, folgt noch nicht, daß er in einem ihm homomorphen System, d. h. im System S_1, wahr ist und bewiesen werden kann.

Besitzen vergleichbare theoretische Systeme einen solchen kategorialen Bestand und eine solche logische Struktur, daß die wechselseitige Umwandlung unmöglich wird, dann kann man von ihnen sagen, daß sie in logischer Beziehung nicht vergleichbar, d. h. verschiedenartig sind. Zu den verschiedenartigen Systemen könnten wir beispielsweise eine soziologische und eine physikalische Theorie rechnen, würden wir sie miteinander vergleichen.

Allerdings verbirgt sich, wie dies in der Geschichte der Wissenschaft mehr als einmal vorgekommen ist, hinter dem Anschein der Verschiedenartigkeit von Kenntnissystemen oft ein tiefer Isomorphismus, der es gestattet, die Methoden der Lösung von Forschungsaufgaben in einem Gebiet auf ein davon völlig verschiedenes Gebiet zu extrapolieren. So erwies sich in der Mathematik beim Vergleich der projektiven Geometrie mit den Dedekindschen Strukturen, daß die Projektivitätstheorie nur ein Sonderfall der Theorie der Dedekindschen Strukturen ist. Deshalb ist die Suche nach Analogien zwischen inhaltlich weit auseinander liegenden wissenschaftlichen Systemen eine der wichtigsten Aufgaben der Logik der wissenschaftlichen Forschung.

Wie aus dem Vorangegangenen ersichtlich, sind der kategoriale Bestand (die Elemente) und die logische Struktur (Art der Verknüpfung) sehr wichtige Merkmale eines theoretischen Systems. Sie bestimmen dessen Gegenstandsbereich, sein theoretisches Niveau, die Tiefe des Eindringens in das Wesen der Dinge und Erscheinungen, die Form des theoretischen Systems sowie sein Verhältnis zu anderen Systemen.

Jeder der beiden Bestandteile spielt indessen bei der Bildung eines theoretischen Systems eine eigene Rolle. Die unterschiedliche Rolle der Elemente und der Struktur bei der Bestimmung des Wesens eines Systems tritt am klarsten bei ihrer Veränderung in Erscheinung. Die Veränderung der Elemente eines theoretischen Systems oder der Austausch bestimmter Elemente gegen andere verändert das System so, daß wir als Ergebnis ein neues System erhalten, das dem Ausgangssystem nicht identisch, aber ihm isomorph ist. Aus einer Änderung der Art der Abstraktionenverknüpfung resultiert ein neues theoretisches System, das dem Ausgangssystem weder identisch noch ihm isomorph ist. Andererseits bleibt dabei der Gegenstandsbereich für beide Systeme gemeinsam. Deshalb muß man zur Kennzeichnung jedes theoretischen Systems sowohl die Qualität seines kategorialen Bestandes als auch den Typ der logischen Struktur berücksichtigen. Wie übrigens die Qualität der Elemente nicht die Art ihrer Kombination bestimmt, so folgt auch aus der Art der Kombination nicht, welche Elemente zu kombinieren sind. Ersteres bietet die Möglichkeit, auf der Grundlage ein und derselben Gesamtheit von Abstraktionen viele verschiedene Systeme zu bilden, letzteres ermöglicht es, das System als logische Form zu betrachten.

Zum Begriff der theoretischen Kenntnissysteme gehören die verschiedenartigsten theoretischen Gebilde. Hierunter fallen sowohl einfache Begriffsverknüpfungen wie auch komplexe Zusammenfassungen einer ganzen Menge von Abstraktionen und der aus ihnen gebildeten Aussagen. Zu den theoretischen Systemen gehören alle gedanklichen Konstruktionen von den ersten, schwankenden, zufälligen, die Kenntnisse vom niedrigsten Wahrscheinlichkeitsgrad enthalten, bis zu den reifen und harmonischen Konstruktionen, die Träger von Kenntnissen des höchsten Gewißheitsgrades sind, von den noch unklaren intuitiven Arbeitskonzeptionen des Wissenschaftlers bis zu strengen wissenschaftlichen Theorien. Theoretische Systeme können sowohl Kombinationen von Abstraktionen genannt werden, aus denen sich kategoriale Strukturen ergeben, denen es obliegt, für die zu sammelnden Kenntnisse die Systematisierungsprinzipien bzw. für den Übergang von den einen Wissenssystemen zu anderen die logischen Grundlagen zu liefern, als auch solche Gedankengebilde, die eine selbständige Rolle spielen und dazu dienen, einen bestimmten Ausschnitt der Wirklichkeit zu erklären.

Von dieser ganzen Vielfalt der verschiedensten theoretischen Kenntnissysteme ist das entwickeltste, vollkommenste und reifste die wissenschaftliche Theorie. Das entwickeltste, weil sie erstens die Wirklichkeit am vollständigsten widerspiegelt und zweitens alle den theoretischen Systemen eigenen Merkmale in ausgeprägtester Form besitzt. Das vollkommenste theoretische System kann man die wissenschaftliche Theorie deshalb nennen, weil sie das strengste unter den Systemen ist, d. h., nur in der Theorie erlangen die wissenschaftlichen Sätze größte Beweiskraft. Das reifste theoretische System schließlich verkörpert die wissenschaftliche Theorie, weil die in ihr enthaltene wissenschaftliche Kenntnis den höchsten Grad von Gewißheit erreicht. Anders ausgedrückt: Das wissenschaftliche System ist die Form wahren Wissens.

Die wissenschaftliche Theorie

Die wissenschaftliche Theorie als Form des wahren Wissens zu definieren, die ein Moment bei der Annäherung an die absolute Wahrheit ist, stößt auf große Schwierigkeiten. Nicht nur darum geht es, daß die wissenschaftliche Theorie die komplizierteste Art der wissenschaftlichen Erkenntnis der Wirklichkeit ist. Die Schwierigkeiten erklären sich auch daraus, daß die wissenschaftliche Theorie für die Erkenntnis der Wirklichkeit die verschiedensten logischen Typen annehmen, unterschiedliche Methoden und logische Mittel verwenden, ungleichartige theoretische Niveaus und Gegenstandsbereiche haben sowie verschiedenen wissenschaftlichen und praktischen Zielen dienen kann. Einerseits ist es schwierig, die wissenschaftliche Theorie aus der Reihe der übrigen theoretischen Kenntnissysteme herauszuheben, und andererseits kompliziert, die ihnen allen gemeinsamen Merkmale zu finden.

Die wissenschaftliche Theorie gehört zum Bereich der theoretischen Systeme und ist eine ihrer Arten. Deshalb besitzt sie alle Merkmale, die für ein theoretisches System gelten. Sie hat einen eigenen kategorialen Bestand und eine eigene logische Struktur. Mit dem Hinweis auf das Gegebensein eines kategorialen Bestandes und einer logischen Struktur erfassen wir aber noch nicht die Spezifik und enthüllen wir nicht das Wesen der Theorie als besonderer Form der wissenschaftlichen Kenntnis, da der kategoriale Bestand und die logische Struktur an sich auch für theoretische Gebilde charakteristisch sind, die dem Wesen nach keine Theorien sind.

Ebenso wird die Theorie weder durch die Menge von Begriffen und Aussagen, die zu ihr gehören, bestimmt, denn diese kann beliebig groß und beliebig klein sein, noch durch die Arten ihrer Verknüpfung, da sie für die verschiedenen Theorien so unterschiedlich sind, daß vom Bestehen irgendwelcher für alle Theorien gemeinsamer Verknüpfungsarten nicht die Rede sein kann. Daraus erklärt sich offensichtlich auch der Umstand, daß alle Versuche, eine einheitliche, streng formale Theorie über die Theorien zu schaffen, bis heute nicht von Erfolg gekrönt waren. Dennoch kann man aber sehr wohl auf einige inhaltliche Besonderheiten der wissenschaftlichen Theorien als theoretische Systeme hinweisen, die es gestatten, die wissenschaftliche Theorie als besondere Erkenntnisform der Wirklichkeit unabhängig von ihrem logischen Typ und dem Wirklichkeitsbereich, dessen Kenntnis sie ist, herauszustellen.

Eine dieser Besonderheiten der wissenschaftlichen Theorien ist, daß jede wissenschaftliche Theorie ein System wahren Wissens darstellt, das aus bestimmten logischen Prinzipien (theoretischen abstrakten Prämissen) abgeleitet ist und einen Gegenstandsbereich beschreibt. Für jede wissenschaftliche Theorie gilt also, daß sich in ihr eine klare Aufgliederung der Gesamtaussagenmenge des Systems auf zwei Teilmengen vollzieht: Die erste, kleine Teilmenge enthält alle Ausgangsthesen des Systems, die zweite alle übrigen, aus ersteren ableitbaren Aussagen. Die theoretischen Systeme, für die eine solche Unterteilung der Aussagen nicht durchgeführt werden kann, sind gewöhnliche Assoziationen von theoretischen Sätzen und stellen keine Theorien dar. Die in den wissenschaftlichen Theorien enthaltenen Kenntnisse sind mithin im Grunde genommen abgeleitete Kenntnisse.

Auf Grund logischer Prinzipien sind alle eine Theorie bildenden Begriffe und Feststellungen gesetzmäßig untereinander verbunden und bilden eine Kette von Aussagen, die eine aus der anderen abgeleitet werden können. In klarster Form läßt sich das am Beispiel mathematischer Theorien beobachten. Nach Nicolas Bourbakis Auffassung „ist jede mathematische Theorie eine Kette von Lehrsätzen, die gemäß den Regeln einer Logik auseinander gefolgert werden, die ihre Ausprägung im wesentlichen seit Aristoteles unter dem Namen 'formale Logik' gefunden hat . . ." („toute théorie mathématique est un enchaînement de propositions, se déduisant les unes des autres conformément aux règles d'une logique qui, pour l'essentiel, est celle codifiée depuis Aristote tous le nom de 'logique formelle' . . .")[14] Der notwendige wechselseitige Zusammenhang der Aussagen verleiht der Theorie den Charakter eines ganzheitlichen und stabilen Gebildes.

In der einschlägigen Literatur gibt es zwei strengere Definitionen der Theorie. So wird beispielsweise (von Richard Bevan Braithwaite) nur das Begriffsgebilde, dem ein logisches Modell zum Vergleich gegenübergestellt werden kann, Theorie genannt.[15] Das besagt, daß nur das theoretische Kenntnissystem als Theorie anzusehen ist, das formalisiert werden kann oder das Ergebnis der Interpretation eines logistischen Systems darstellt.[16] Danach kann alles, was nicht formalisiert werden kann, auch keine Theorie genannt werden.

Diese an die Theorie erhobene Forderung ist sehr rigoros. Ihre Realisierung würde den Ausschluß jener Teilmenge von inhaltlichen Theorien aus

[14] *Nicolas Bourbaki*, L'Architecture des Mathématiques, a. a. O., p. 37.

[15] Siehe *Richard Bevan Braithwaite*, Scientific Explanation. A Study of the Function of Theory, Probability and Law in Science, Cambridge 1953.

[16] Zu dieser Meinung neigt im wesentlichen auch Arnošt Kolman, wenn er schreibt, daß der heutigen Auffassung nach „eine wissenschaftliche Theorie formalisiert sein muß" (*Э. Кольман*, Математика в новых областях знания, in: Природа, 1964, 1, стр. 14).

der Gesamtmenge bedeuten, die aus bestimmten Gründen gegenwärtig nicht formalisiert werden können, wie das hinsichtlich vieler astronomischer, chemischer und anderer Theorien zutrifft, oder die grundsätzlich nicht als Formalismen dargestellt werden können, was für die philosophischen Theorien gilt. Das heißt indessen nicht, daß eine inhaltliche Theorie nicht in gewissem Maße formalisiert werden kann. In jeder, sogar in einer im ganzen nicht formalisierbaren Theorie läßt sich stets für bestimmte Bruchstücke von ihr ein Formalismus konstruieren. Die Frage ist nur, ob ein solcher Formalismus das Modell der betreffenden Theorie sein wird. Deshalb denken wir, wenn wir sagen, daß die als Definition der Theorie genommene Forderung Braithwaites die Klasse der wissenschaftlichen Theorien in gewisser Weise einschränkt, dabei daran, daß nicht für alle als Theorien angesehenen theoretischen Systeme Modelle, die ihnen entsprechen würden, konstruiert werden können.

Braithwaites Definition drückt jedoch eine wichtige Tendenz in der Entwicklung der wissenschaftlichen Theorien aus, und zwar das Streben jeder Theorie, in Form eines logischen Kalküls aufzutreten. Da es aber vermutlich stets die Unterklasse nicht zu formalisierender inhaltlicher Theorien geben wird (mit der Formalisierung einiger von ihnen kommt es zur Entstehung anderer, die nicht formalisierbar sind), so läßt sich Braithwaites Definition als Forderung ansehen, die nur an das heutige Ideal der wissenschaftlichen Theorie gestellt werden kann.

Die Forderung, die wir an die Theorie stellen – eine Form zuverlässiger wissenschaftlicher Kenntnis, aus logischen Prinzipien abgeleitet, zu sein –, ist milde und nicht streng. Dennoch ist sie völlig ausreichend für die Definition der wissenschaftlichen Theorie als einer Unterart der wissenschaftlichen Systeme. Sie ist so streng, daß sie es dem Forscher ermöglicht, in jedem Falle zu bestimmen, wann er es mit einer wissenschaftlichen Theorie und wann mit einem bloßen System theoretischer Kenntnis zu tun hat. Andererseits ist sie allgemein genug, um die Möglichkeit zu bieten, unter den einheitlichen Begriff „wissenschaftliche Theorie" Systeme vom Typ der axiomatisierten Euklidischen Geometrie und Systeme vom Typ der Phagozitentheorie I. Metschnikows zu subsumieren.

Die logischen Prinzipien einer Theorie sind die grundlegenden Abstraktionen, die es erlauben, ihre Objekte theoretisch zu konstruieren und ihr Begriffssystem zu entwickeln. Sie enthalten in kumulativer Form die voraufgegangene wissenschaftliche Praxis und bestimmen zusammen mit der empirischen Basis Charakter und Wesen einer wissenschaftlichen Theorie. Insofern die logischen Prinzipien die Thesen sind, welche die sich auf den zu beschreibenden Komplex von Gegenständen und Erscheinungen beziehenden fundamentalen Gesetze formulieren, sind sie der Angelpunkt, um den sich die gesamte Aussagenkette der Theorie schlingt, beziehungsweise das Instrument, mittels dessen aus den Anfangsobjekten alle übrigen Gegenstände der zu entwickelnden Theorie konstruiert werden können.

Ferner können die logischen Prinzipien Thesen sein, die die Zusammenhänge zwischen den Aussagen der Theorie ausdrücken. Dann gewährleisten sie, daß sich die Bedeutung der Wahrheit von den gewissen Aussagen auf die Aussagen überträgt, die aus ihnen gewonnen werden.

Zum Unterschied von der empirischen Basis der Theorie, die auf den Gegenstandsbereich des theoretischen Systems hinweist und damit zugleich die Grenzen des Bedeutungsbereichs für die Aussagen der Theorie festlegt, übernehmen die logischen Prinzipien die Funktion von semantischen Grenzen.

Diese Funktion der logischen Prinzipien äußert sich in zweierlei Hinsicht.

Erstens bestimmen die logischen Prinzipien, welche Aussagen in der Theorie T möglich und welche nicht möglich sind, d. h., die logischen Prinzipien sind die Kriterien, die es ermöglichen zu bestimmen, welche Aussagen der Theorie T angehören und welche ihr nicht angehören können. Die Aussage q gehört zur Theorie T nur in dem Falle, wenn sie unmittelbar aus ihren Prinzipien oder aus dem von ihnen ableitbaren Urteil p hervorgeht. Deshalb hängt die Frage, ob die Aussage q der Theorie T angehört, davon ab, ob für sie die Formel $[\exists\, p\, (p \in T)\ \&\ (p \supset q)] \supset (q \in T)$ erfüllbar ist. Das bedeutet, daß q nur dann zur Theorie T gehört, wenn es für sie ein solches p gibt, aus dem es ableitbar ist und das der Theorie T angehört. Allerdings kann manchmal die Aussage q nicht aus *einer* Aussage der Theorie abgeleitet werden. Hierfür sind zwei oder mehr der Theorie T angehörende Aussagen erforderlich. Das ändert aber nichts an unserer Regel, da p in der angeführten Formel nicht nur als einfache, sondern auch als zusammengesetzte, aus zwei, drei und mehr zur Theorie gehörende Feststellungen bestehende Aussage angesehen werden kann.

Zweitens besteht die Einschränkung, die die logischen Prinzipien der Theorie auferlegen, noch darin, daß sie angibt, welche Aussagen in der gegebenen Theorie als wahr anzusehen sind. Als wahr können nur solche Aussagen in der betreffenden Theorie gelten, die mit deren logischen Prinzipien vereinbar sind. Mit den logischen Prinzipien in dieser Theorie unvereinbare (ihnen widersprechende) Aussagen müssen als falsch angesehen werden. Es muß jedoch berücksichtigt werden, daß die Forderung der Vereinbarkeit nicht mit dem Begriff der Beweisbarkeit identisch ist. Einige Aussagen in der betreffenden Theorie können sich als nicht beweisbar herausstellen, aber dennoch sind sie im Rahmen dieser Theorie als wahr anzusehen, wenn sie mit ihren logischen Prinzipien vereinbar sind. Das besagt zwar nicht, daß tatsächlich alle Aussagen der Theorien wahr sind. Im Entwicklungsprozeß der Erkenntnis, der Theorie, erweisen sich bestimmte Vorstellungen als falsch, andere hingegen als nur in bestimmten Grenzen wahr. Der Wissenschaftler, der eine Theorie konstruiert, setzt jedoch stets voraus, daß alle ihre Aussagen wahr sind, weil sie mit ihren Prinzipien vereinbar sind.

Die wissenschaftliche Theorie als System des aus den Prinzipien abgeleiteten Wissens besitzt eine Reihe von charakteristischen Merkmalen, die die von uns gegebene Definition vertiefen und konkretisieren.

Vor allem ist jede Theorie ein relativ geschlossenes System wissenschaftlicher Kenntnis. Die relative Geschlossenheit der wissenschaftlichen Theorien besteht darin, daß sie Gebilde sind, die sich dem freien Zu- und Abgang von Begriffen und Aussagen verhältnismäßig stark sperren und verschließen.

Das Ausmaß, in dem eine Theorie für den freien Zugang gesperrt ist, differiert bei den verschiedenen Theorien. Deshalb kann man von einem unterschiedlichen Grad der Geschlossenheit wissenschaftlicher Theorien sprechen. Wenn eine Theorie keinerlei Zu- und Abgänge zuläßt, d. h., wenn zu ihr weder Aussagen, die de facto nicht in ihr enthalten sind, hinzugefügt noch Aussagen aus ihr ausgeschlossen werden können, soll die Harmonie unter ihren Thesen (Prinzipien) nicht gestört werden, dann ist eine solche Theorie für freie Zugänge *geschlossen*. Wenn dagegen solche Zugänge (mit bestimmten Umgestaltungen der Theorie) möglich sind, dann kann man die Theorie *offen* nennen (siehe dieses Kapitel, S. 119–123). Indessen gibt es keine absolut geschlossenen Theorien, ebenso wie keine Theorien existieren, die keinerlei Beschränkungen für den freien Zugang haben. Außerdem kann jede Theorie sowohl als offene wie als geschlossene angesehen werden – offen hinsichtlich eines bestimmten Typs von Aussagen und geschlossen hinsichtlich eines anderen Typs.

Der Zusammenhang zwischen den Aussagen einer Theorie auf Grund ihrer Wahrheitswerte kann von verschiedenem Notwendigkeitsgrad sein. Anders ausgedrückt: Die logischen Prinzipien garantieren nicht in jeder Theorie in gleichem Maße die Beweisbarkeit ihrer Sätze. Im Hinblick darauf unterscheidet man die wissenschaftlichen Theorien nach dem Grad der Strenge. Um so weniger Wahrscheinlichkeitssätze eine Theorie in sich einzugliedern erlaubt, desto strenger ist sie ihrem Charakter nach. Und umgekehrt, je mehr Wahrscheinlichkeitsurteile in ihr enthalten sind, d. h. Urteile, bei denen mit den Mitteln der Theorie eine genaue Feststellung, ob sie wahr sind, nicht möglich ist, um so weniger streng ist die Theorie. Zum Unterschied von den nichtstrengen Theorien ist für die strenge Theorie kennzeichnend, daß die Eliminierung einiger Sätze aus ihr *stets* dazu führt, daß die anderen nicht bewiesen werden können. Als absolut streng gilt eine Theorie, bei der alle Aussagen mit eigenen Mitteln bewiesen werden und die die Möglichkeit ausschließt, Aussagen aufzunehmen, die Wahrscheinlichkeitscharakter tragen.

Für die axiomatischen Theorien läuft der Begriff der Strenge im wesentlichen auf zwei Dinge hinaus (es wird angenommen, daß die Theorie widerspruchsfrei ist): auf den Begriff der Vollständigkeit ihres Axiomensystems und auf die Frage nach der Sinngenauigkeit ihrer Ausgangstermini. Da aber vollständige Sprachen, die hinlänglich ausdrucksstark sind, kaum existieren und die nicht bestimmbaren Ausgangsbegriffe stets das Element der Intuition, der Subjektivität und Eigenwilligkeit tragen, gibt es keine absolut strengen Theorien. Es gibt nur Theorien mit einem unterschiedlichen Grad von Strenge.

Die logische Geschlossenheit spielt eine wichtige Rolle im Leben der Theorie. Sie macht sie zu einem stabilen und relativ selbständigen theoretischen Gebilde. Dadurch wird allerdings auch ein Element des Konservativen in die wissenschaftliche Theorie hineingetragen. Gleichwohl ist aber die logische Geschlossenheit eine notwendige Bedingung für die Überzeugungskraft und die Strenge ihres Beweissystems und eine Voraussetzung für die Eindeutigkeit beim Operieren mit ihren Begriffen. Außerdem liegt die logische Geschlossenheit der wissenschaftlichen Theorien einer wichtigen Besonderheit ihrer Entwicklung zugrunde – dem sprunghaften Charakter des Übergangs von einer Theorie zur anderen.[17]

Ein weiteres Merkmal der wissenschaftlichen Theorie ist, daß sie die objektive Welt unvollständig, einseitig widerspiegelt. Indem sie diesen oder jenen Gegenstand der Wirklichkeit ideell, d. h. im Denken, rekonstruiert, abstrahiert die wissenschaftliche Theorie von vielen seinen Eigenschaften, hebt nur einige von ihnen heraus und macht sie zu ihren Objekten. Für die Mathematik ist es beispielsweise gleichgültig, daß die Gegenstände der materiellen Welt eine Menge verschiedener Eigenschaften besitzen und in der Wirklichkeit „Bäume", „Häuser", „Katzen" usw. sind. Für sie ist nur eines wichtig, nämlich daß man alle diese Gegenstände in bestimmter Hinsicht in besondere Objekte transformieren kann, die besondere Eigenschaften besitzen. Nun sind aber diese Gegenstände, die Objekte der

[17] Siehe *И. В. Кузнецов*, Взаимосвязь физических теорий, in: Вопросы фолософии, 1963, 3.

Theorie geworden sind, mit den ursprünglichen, mit denen, die in der Wirklichkeit existieren, nicht identisch. Sie sind nur angenäherte „Modelle“, die eine der Seiten des realen Dinges hervorheben. Deshalb äußert sich in dem Umstand, daß die Objekte einer jeden Theorie abstrakte Objekte sind, wie die „Zahl“ für die Mathematik und die „Gattung“ für die Biologie, eine Einseitigkeit. Um abstrakte Objekte auszudrücken, polarisiert sich das System der die Theorie bildenden Begriffe eben in dieser einen Richtung und macht die wissenschaftliche Theorie zu einer einseitigen Widerspiegelung der Wirklichkeit. Die logischen Prinzipien spielen dabei eine regulierende Rolle.

Auf Grund der Eigenschaft, ihre Abstraktionen zu polarisieren, d. h. ihre Aufmerksamkeit auf einzelne, auf die für uns wichtigsten Seiten der Gegenstände und Erscheinungen der objektiven Welt zu konzentrieren und ihre Objekte aus ihnen theoretisch zu konstruieren, ist die wissenschaftliche Theorie in der Lage, umfassender in das Wesen der Dinge einzudringen, die tiefsten Gesetzmäßigkeiten der Veränderung und Entwicklung der Wirklichkeit zu erfassen. Zugleich damit können aber der einseitige Charakter der wissenschaftlichen Theorien und die Tatsache, daß sie Idealisierungen in sich aufnehmen, zur Loslösung des Denkens von seiner gegenständlichen Basis, zum Auftreten inhaltloser, „unsinniger“ – wie es Marx ausgedrückt hat – Abstraktionen führen. Andererseits enthüllen die Entwicklung der wissenschaftlichen Theorie, ihre Bereicherung mit neuen Tatsachen und Begriffen sowie ihre Ausdehnung auf ein umfassenderes Gebiet der Wirklichkeit innere Widersprüche, die vorher implizit in ihren Basisbegriffen (fundamentalen Abstraktionen) enthalten waren. Eine der Formen, in denen sich die Widersprüche in der Theorie äußern, sind die logischen Paradoxien.

Da aber das Entstehen von logischen Widersprüchen innerhalb der Theorie diese zerstören und ihr den Charakter eines wahren theoretischen Systems nehmen würde, muß die wissenschaftliche Theorie effektive Mittel für ihre Lösung besitzen. Die Widerspruchsfreiheit ist eine Bedingung, der jede Theorie unabhängig vom Charakter ihres Gegenstandsbereichs, ihres logischen Typs, ihres Erkenntnisniveaus genügen muß. Als widerspruchsfrei aber gilt nur die Theorie, bei der zwei wissenschaftliche Sätze von ihr, und zwar beliebig welche, logisch miteinander vereinbar sind. Indem die Theorie die inneren Widersprüche löst, entwickelt sie sich.

Der Entwicklungsprozeß der wissenschaftlichen Theorien hängt eng mit der Entwicklung der Praxis des sozialen Menschen zusammen und wird durch sie determiniert. Die Bedürfnisse der wissenschaftlichen und gesellschaftlichen Praxis bewirken, daß wissenschaftliche Theorien ins Leben gerufen werden. Ihr Bestehen wird dadurch gerechtfertigt, wie erfolgreich sie der Praxis dienen.

Die Formen der Verknüpfung der wissenschaftlichen Theorie mit der Praxis sind indessen sehr kompliziert und verschiedenartig. Die Entwicklung einer wissenschaftlichen Theorie wird manchmal in solchem Maße mittelbar durch andere Formen der Erkenntnis bewirkt, daß es zuweilen sehr schwierig, manchmal sogar unmöglich ist, ihren Zusammenhang mit den unmittelbaren Bedürfnissen festzustellen. Sehr häufig ist diese Erscheinung zu beobachten, wenn die Entstehung und Entwicklung einer bestimmten Theorie, geht man von dem gegebenen Stand der Praxis der Menschheit aus, keine Erklärung findet, sondern anscheinend ausschließlich in „akademischen" Interessen ihre Ursache hatte. Eine solche Theorie kann lange Zeit hindurch als „reine" Theorie bestehen und sich entwickeln, ohne von den Bedürfnissen der Praxis berührt zu sein. Einen solchen Charakter trugen die bereits im Altertum entstandene Theorie der Kegelschnitte sowie die nichteuklidischen Geometrien von Lobatschewski und Riemann. Zur Kategorie der „reinen" Theorien gehören bis heute die von Einstein geschaffene allgemeine Relativitätstheorie und alle Varianten der in unseren Tagen entstandenen einheitlichen Feldtheorien. Wenn aber eine solche Theorie einen bestimmten Gegenstandsbereich relativ richtig widerspiegelt, d. h., wenn sie eine objektive Wahrheit enthält, dann findet sie früher oder später Zugang zur Praxis und dient dem Fortschritt der Wissenschaft.

Bis jetzt haben wir die wissenschaftliche Theorie als Sonderfall des theoretischen Systems betrachtet. Für uns war nur wichtig, daß die Theorie ein auf besondere Art organisiertes theoretisches System ist. In welcher Hinsicht die Theorie jedoch als System auftritt, diese Frage wurde von uns nicht gestellt.

Immerhin erweist es sich, daß sich eine solche Frage, denkt man dabei an eine konkrete reale wissenschaftliche Theorie, wie sie im wirklichen Erkenntnisprozeß auftritt, nicht eindeutig beantworten läßt. Je nachdem, welches „Maß" wir an die Theorie anlegen, unter welchem Gesichtswinkel wir sie betrachten, genauer gesagt, in welcher logischen Funktion wir ein und dieselbe Theorie untersuchen, im Endeffekt werden wir stets einem jeweils anderen System gegenüberstehen, das seine eigenen, untereinander in der nur ihm eigenen Weise verknüpften Elemente besitzt. Das besagt, daß die wissenschaftliche Theorie im Grunde genommen nicht schlechthin ein System ist, sondern ein aus vielen Systemen bestehendes theoretisches Gebilde. Dabei können sich diese Systeme ihren Eigenschaften nach stark voneinander unterscheiden. In allen Fällen erweisen sie sich jedoch als auf besondere Weise organisierte theoretische Systeme, d.h. als theoretische Kenntnissysteme, die aus bestimmten logischen Prinzipien abgeleitet wurden. In Anbetracht dessen, daß die Theorie faktisch ein Polysystem ist, kann sie als Forschungsobjekt vieler Wissenschaften – von der mathematischen Logik bis zur materialistischen Dialektik – fungieren.

Eine reale wissenschaftliche Theorie kann als Komplex richtig konstruierter, untereinander zusammenhängender logischer Formeln betrachtet werden. In diesem Falle läßt sich die Theorie in Form eines *logistischen Systems* darstellen. Die Elemente eines logistischen Systems sind Zeichen oder Symbole, seine Struktur wird nach den für das Operieren mit Zeichen geltenden Regeln gebildet. Für die Konstruktion eines logistischen Systems werden ein endliches Verzeichnis der Symbole und die Regeln für ihre Kombination vorgegeben. Eine endliche Kombination von Symbolen nennt man eine Formel. Wenn die Formel den für die Zeichenkombination aufgestellten Regeln entspricht, dann wird sie eine richtig konstruierte Formel genannt. Ob diese oder jene Formel richtig konstruiert ist, wird nach ihrem Aussehen bestimmt. Unrichtig konstruiert ist eine Formel, bei der beispielsweise eine Klammer oder ein Zeichen fehlt. Deshalb müssen auch Regeln formuliert werden, die es ermöglichen, richtig konstruierte Formeln von unrichtig konstruierten zu unterscheiden. Ein logistisches System enthält nur richtig konstruierte Formeln.

Wenn wir die Gesamtmenge der richtig konstruierten Formeln eines logistischen Systems auf ihren Wahrheits- und Falschheitswert hin untersuchen und die Wahrheitsbeziehungen zwischen ihnen feststellen, haben wir es bei der betreffenden Theorie mit einem *Sprachsystem* oder mit der Theorie als Sprache zu tun, die faktisch nur eine reine Form der Theorie darstellt. Die Theorie als Sprachsystem ergibt sich als Folge daraus, daß allen richtig konstruierten Formeln eines logistischen Systems die Bedeutung von Wahrheit oder Falschheit zugeordnet wird. Die Gesamtmenge der richtig konstruierten Formeln ist dabei streng aufzuteilen in zwei Teilmengen – die Gruppe der Axiome und die Gruppe der Theoreme, wobei die Wahrheit der Axiome postuliert wird, während die Wahrheit der Theoreme mit Hilfe der Regeln der Übertragung des Wahrheitswertes von einer Gruppe Aussagen auf andere bewiesen wird. Nicht alle richtig konstruierten Formeln gehören zum Sprachsystem, sondern nur jene, die der Bedeutung der Wahrheit Genüge tragen. In einer formalisierten Sprache – so heißt es bei Alonzo Church – „bezeichnen alle Axiome etwas Wahres oder haben stets Wahrheitswert, und ... dasselbe gilt für den Schluß aus jeder unmittelbaren Folgerung, wenn es für die Prämissen gilt" („all the axioms either denote truth or have always the value truth, and ... the same thing holds of the conclusion of any immediate inference if it holds of the premisses")[18]. Allerdings sind in den hinreichend ausdrucksfähigen Sprachen (Theorien), wie aus dem Gödelschen Unvollständigkeitssatz folgt, nicht alle wahren Formeln (Aussagen) entscheidbar.

Die Theorie als Sprachsystem ermangelt des konkreten Inhalts. Sie ist nur eine reine Form der Theorie oder bloß die Möglichkeit einer Theorie. Das Fehlen eines konkreten Inhalts erklärt sich daraus, daß der Objektbereich eines Sprachsystems nicht bestimmt ist. Das bedeutet freilich nicht, daß ein Sprachsystem überhaupt keinen Objektbereich hat, da dies unserer Sprache jeden Sinn nähme. Bei der Konstruktion einer formalisierten Sprache muß vorausgesetzt werden, daß mindestens ein Gegenstandsbereich existiert, in dem sie sich realisieren kann. Allerdings ist es bei der Untersuchung eines Sprachsystems nicht notwendig, den Objektbereich streng zu bestimmen. Hier genügt lediglich die intuitive Annahme, daß zumindest ein solches Gebiet besteht.[19] Beim Übergang von der reinen Form, von der Möglichkeit einer Theorie zur wirklichen gegenständlichen Theorie können wir von verschiedenen Gegenstandsbereichen eine Theorie erhalten – eine mathematische, eine physikalische Theorie usw. Die auf diese Weise gebildeten Theorien können untereinander sowohl isomorph als auch nichtisomorph sein. In solchen Fällen tritt das Sprachsystem als Mittel zur Systematisierung der wissenschaftlichen Kenntnisse auf.

Betrachten wir eine wissenschaftliche Theorie unter dem Gesichtspunkt, wie und auf welche Weise sie die wissenschaftlichen Tatsachen systematisiert, wie und auf welche Weise sie einen bestimmten Ausschnitt der Wirklichkeit widerspiegelt und rekonstruiert, dann haben wir es im Grunde genommen mit der Theorie als *Erklärungssystem* zu tun. Die Theorie als Erklärungssystem soll das angehäufte Tatsachenmaterial verallgemeinern, in das Wesen der Erscheinungen eindringen, die sie regierende objektive Gesetzmäßigkeit aufdecken. Sie soll die Tendenz der Veränderung, der Entwicklung der Wirklichkeit aufdecken und die Zukunft voraussehen. Elemente der Theorie als Erklärungssystem sind Ideen, Prinzipien, Tatsachen, Gesetze, Kategorien. Seine Struktur hängt von den Mitteln ab, mit denen die Tatsachen bearbeitet werden, sowie von der Form, in der von den Gesetzen zu den Tatsachen übergegangen wird.

[18] *Alonzo Church*, Introduction to Mathematical Logic, rev. and enl. ed., vol. 1, Princeton, N. J., 1956, p. 55.

[19] Siehe *Wolfgang Stegmüller*, Unvollständigkeit und Unentscheidbarkeit. Die metamathem. Resultate v. Gödel, Church, Kleene, Rosser u. ihre erkenntnistheoretische Bedeutung, Wien 1959, S. 12–13.

Wenn wir die heuristische Funktion der wissenschaftlichen Theorie, den Umstand, daß sie das Mittel zur Gewinnung neuer Kenntnisse und zur Umbildung des Objekts ist, in den Vordergrund stellen, dann haben wir es mit der Theorie als *System der Methode* zu tun. Ihren Elementen und den Arten ihrer Verknüpfung nach unterscheidet sich das System der Methode in nichts vom Erklärungssystem. Jedoch verlagert sich der „Schwerpunkt" der Theorie, nimmt man sie als System der Methode. Während die Theorie als Erklärungssystem bestrebt ist, die objektiven Prozesse *widerzuspiegeln*, trachtet das System der Methode danach, sie *umzugestalten* oder bereits gewonnene Wahrheiten für die *Auffindung* neuer auszunutzen. Der Unterschied zwischen dem System der Methode und dem System der Erklärung besteht sozusagen in einer verschiedenen Polarisierung der wissenschaftlichen Theorie.

Die ersten zwei Fälle – die Theorie als logistisches System und die Theorie als Sprache – drücken das formale Herangehen an die Analyse der wissenschaftlichen Theorie aus und stellen diese als formales System vor. Der dritte und vierte Fall – die Theorie als Erklärungssystem und die Theorie als System der Methode – drücken das inhaltsbezogene Herangehen an die Analyse der wissenschaftlichen Theorie aus und stellen sie als inhaltliches Kenntnissystem vor.

Die oben aufgezählten Arten der Analyse der wissenschaftlichen Theorie als Kenntnissystem sind nicht die einzig möglichen. Eine solche Analyse läßt sich auf die verschiedenste Weise vornehmen. So kann man eine wissenschaftliche Theorie beispielsweise unter dem Gesichtspunkt des wechselseitigen Zusammenhangs der in ihr enthaltenen formalen und inhaltlichen Momente untersuchen. In diesem Falle wird die Theorie als ein mit inhaltlicher Interpretation kombiniertes formales System definiert. Elemente eines solchen Systems sind die Erscheinungen „Form" und „Inhalt" („Bedeutung"), und ihre Verknüpfung wird durch die Regeln der Interpretation bestimmt.

Die wissenschaftliche Theorie als nach logischen Prinzipien organisiertes System der theoretischen Bedeutung ist auf diese Weise eine sehr wichtige Form der modernen Erkenntnis. In unserer Zeit kann die Wissenschaft, wenn sie nur Tatsachen sammelt und eingetretene Erscheinungen beschreibt, sich aber nicht zu ihrem theoretischen Verständnis erhebt, nicht die von der Gegenwart gestellten Ansprüche befriedigen. Das ist der Grund, weshalb die wissenschaftliche Theorie zur Zeit im Mittelpunkt der Aufmerksamkeit derer steht, die die Gesetzmäßigkeiten der modernen wissenschaftlichen Erkenntnis zu erfassen suchen.

Die Rolle des Begriffs „wissenschaftliches System" bei der Analyse von Erkenntnisphänomenen

Die strenge Bestimmung von Begriffen der Wissenschaft, insbesondere wenn sie zu ihren fundamentalen Begriffen gehören, ist und war stets ein komplizierter und schwieriger Prozeß. Ihr geht in der Regel eine lange Periode inhaltlicher nichtstrenger Analyse dieser Begriffe voraus. Bevor eine strenge, in den Grenzen der gegebenen Theorie endgültige Definition eines Begriffs möglich ist, muß eine bestimmte Anzahl von Untersuchungsergebnissen vorliegen.

Einen Begriff streng bestimmen heißt, die Grenzen seines Sinns zu finden, die seine eindeutige Anwendung in allen möglichen Aussagen der Theorie gewährleisten und die Möglichkeit des Auftretens von auf ihn zurückzuführenden logischen Paradoxien in der Theorie ausschließen. Die Präzisierung der Ausgangsbegriffe ist sehr oft mit einem bedeutenden Fortschritt in der Entwicklung der Theorie verbunden. Das besagt jedoch nicht, daß sie vorher keinerlei heuristische Funktion erfüllt haben. Auch die intuitive inhaltliche Begriffsbestimmung spielt eine sehr wichtige Rolle bei der Systematisierung und Entwicklung einer wissenschaftlichen Theorie, manchmal sogar eine erheblichere als die streng formalisierte Definition, besonders dann, wenn es sich um einen Begriff von hohem Allgemeinheitsgrad handelt.

In der einschlägigen Literatur gibt es bis jetzt keine strenge Definition des Begriffs „theoretisches System". Eine solche Bestimmung dürfte bei dem heutigen Stand der Erforschung der Systemnatur der wissenschaftlichen Kenntnis auch kaum zu erreichen sein. Doch bereits die Ausarbeitung des rein inhaltlichen Begriffs des wissenschaftlichen Kenntnissystems hat enorme Bedeutung für die Analyse vieler Seiten der Struktur der wissenschaftlichen Kenntnis und der Erscheinungen der modernen Erkenntnis schlechthin. Die Analyse einiger Erscheinungen der heutigen wissenschaftlichen Erkenntnis kann ohne Auswertung beispielsweise des inhaltlichen Begriffs des theoretischen Kenntnissystems überhaupt nicht als ernsthaft angesehen werden. In dieser Hinsicht sei auf zwei Fälle hingewiesen, wo die wissenschaftliche Analyse nur unter Auswertung des Begriffs „System" erfolgreich sein kann. Es handelt sich um die Verifikation dieser oder jener Form des Wissens an Hand des Wahrheitswerts und um die Auffassung der wissenschaftlichen Methode.

Bereits bei der rein formalen Analyse der Wahrheit des Wissens kommt man nicht ohne den Begriff des Systems aus. Die formale Wahrheit ist eine Eigenschaft der Aussagen. Aber diese Eigenschaft besitzt nicht jede

Aussage, sondern nur die, für die ein widerspruchsfreies Axiomensystem besteht und für die es Regeln gibt, die es ermöglichen, auf sie die Bedeutung der Wahrheit aus früher bewiesenen Aussagen zu übertragen. Mit anderen Worten: Nur die Aussage ist formal wahr, für die ein formales System besteht, innerhalb dessen sie entscheidbar ist.

Die geschilderte Lage ruft keine Zweifel hinsichtlich der Aussagen hervor, die nur in einem formalen System erfüllbar oder entscheidbar sind. Sie erfordert jedoch Erklärungen bezüglich der stets wahren (всегда-истинные) Aussagen, die als Invarianten für eine Reihe von Systemen auftreten. Ein Beispiel solcher stets wahren Aussagen ist die These, die eins der „offensichtlich" wahren Prinzipien der Mathematik formuliert, das manchmal das Axiom Galileis genannt wird: „Der Teil ist nicht gleich dem Ganzen."

Auf der Grundlage dessen, daß die dieses Prinzip der Mathematik ausdrückende Aussage eine Invariante für viele mathematische Theorien ist, bildete sich die Meinung heraus, daß sie eine absolut wahre Aussage sei, d. h. eine Aussage, deren Wahrheit von keinem System der Mathematik abhänge. Die Entwicklung der Mathematik hat jedoch gezeigt, daß das Prinzip: „Der Teil ist nicht gleich dem Ganzen" nur in einigen Systemen der Mathematik wahr ist. In anderen mathematischen Theorien ist es eine falsche oder sinnleere Aussage. Dasselbe ergibt sich auch betreffs Aussagen, die Gesetze der formalen Logik ausdrücken. Die Aussage, die das Gesetz vom ausgeschlossenen Dritten formuliert, ist invariant hinsichtlich der Transformation vieler logischer Theorien der zweiwertigen Logik, sie ist aber nicht invariant, was die Transformation des Systems der zweiwertigen Logik in das System der mehrwertigen Logik anbelangt. Mithin bedeutet die Invarianz einer stets wahren Aussage bezüglich der Transformation eines formalen Systems nicht, daß ihre Wahrheit überhaupt nicht von einem System abhängt. Darin drückt sich lediglich aus, daß für eine solche Aussage ein allgemeineres formales System besteht, hinsichtlich dessen Transformation sie nicht invariant ist.

Noch ausgeprägter tritt die Rolle des Begriffs „System" bei der inhaltlichen Analyse der Wahrheit wissenschaftlicher Kenntnisse zutage.

Zum Unterschied von der formalen Wahrheit, die mittels Analyse der Form der Kenntnis ermittelt wird, wird die inhaltliche Wahrheit durch Inbeziehungsetzung der Kenntnis zum Objekt ermittelt. Die Frage nach der inhaltlichen Wahrheit ist im Grunde die Frage nach ädaquater Widerspiegelung. Daraus folgt, daß die Aussage inhaltlich wahr ist, deren Inhalt der realen Lage der Dinge, einem wirklichen Vorgang entspricht. Deshalb läuft die Feststellung der Tatsache, daß eine gegebene Kenntnis inhaltlich wahr ist, in gewissem Sinne darauf hinaus, die für sie in Frage kommenden Bedeutungen aufzufinden. Es gibt aber auch eine andere Seite dieses Prozesses, und zwar die: Damit die Inbeziehungsetzung der Kenntnis zum Objekt möglich ist, muß ihr Sinn streng lokalisiert und fixiert sein.

Die wissenschaftliche Kenntnis aber, isoliert und außerhalb eines theoretischen Systems genommen, zu dem sie faktisch gehört, hat keinen festgelegten Inhalt. Ihr Inhalt ist unbestimmt und kann jeder beliebige sein. Der Inhalt dieser oder jener Form des Wissens wird nur dann zum bestimmten Inhalt, wenn das System bekannt ist, in dem er gedacht wird.

Nehmen wir als Beispiel den einfachen mathematischen Begriff „Zahl 16". Der Begriff „Zahl 16" hat, wenn er nicht auf ein Rechensystem bezogen wird, keinen bestimmten Sinn und keine bestimmte Bedeutung, im Grunde genommen kann er alles mögliche bedeuten. In einem konkreten System hingegen hat er einen streng umrissenen Inhalt. So bedeutet er im Dezimalsystem die uns gewohnte Menge von Einheiten. Im Siebenersystem hat der Begriff „Zahl 16" jedoch einen völlig anderen Sinn und bezeichnet eine ganz andere Einheitenmenge, die der „Zahl 13" des Zehnersystems äquivalent ist. Die Angabe von Einheiten, die durch die „Zahl 16" im Dezimalsystem bezeichnet wird, wird ihrerseits im Siebenersystem als „Zahl 22" ausgedrückt. Deshalb ist der Begriff „Zahl 16" in der Arithmetik des Dezimalsystems seinem Sinn und seiner Bedeutung nach nicht identisch mit dem Begriff „Zahl 16" in der Arithmetik des Siebenersystems. Hier besteht eine völlig andere Wechselbeziehung: $16_{10} = 22_7$ und $16_7 = 13_{10}$. Im Dezimalsystem ist $5 \times 6 = 30$, während wir im Siebenersystem für 5×6 den Wert 42 erhalten.

Eine solche Abhängigkeit des Sinns der Begriffe von dem System, zu dem sie gehören, ist nicht nur für die mathematischen Theorien charakteristisch, sondern auch für die Kenntnissysteme anderer Wissenschaften. Ein Begriff ist konkret und bestimmt nur innerhalb eines theoretischen Systems. Es fungiert für die wissenschaftlichen Begriffe als Sinngrenze. Dabei ist, je strenger das wissenschaftliche System, der Sinn der es bildenden Begriffe um so lokalisierter, d. h., um so bestimmter sind sie. Für Begriffe, die nicht mit einem theoretischen System verbunden sind, bestehen keine Sinngrenzen. Sie sind unbestimmt, da sie einen eigenen, vom System unabhängigen Inhalt nicht besitzen. Infolgedessen kann die Frage nach der Wahrheit solcher Begriffe nicht gestellt werden. Nicht an sich ist der Begriff „Phlogiston" falsch und der Begriff „Plancksche Konstante" wahr, sondern im Zusammenhang mit der wissenschaftlichen Konzeption, zu deren kategorialem Bestand sie gehören.

Folglich ist der Sinn jedes wissenschaftlichen Begriffes oder Satzes in gewisser Hinsicht eine Funktion des theoretischen Systems, dessen Elemente sie sind. Da aber die Bestimmung der Wahrheit dieser oder jener Form der Kenntnis unmöglich ist ohne genaue Ermittlung ihres Sinns, hängt die Analyse des Wahrheitswertes der Begriffe und wissenschaftlichen Sätze eng mit der Analyse der Systemnatur der wissenschaftlichen Kenntnis zusammen.

Eine wichtige Rolle spielt der Begriff „System“ bei der Analyse der im Erkenntnisprozeß anzuwendenden wissenschaftlichen Methode. In der Regel wird bei der Charakterisierung der wissenschaftlichen Methode in allgemeinen Zügen darauf hingewiesen, daß das Wesen der Methode ein Prinzip darstellt, und zwar dasjenige, das bestimmt, auf welchem Wege an die Untersuchung der uns interessierenden Erscheinungen herangegangen werden muß. Das ist freilich eine Abstraktion, aber eine, die hilft, die wissenschaftliche Methode in reiner Form zu bestimmen und sie als universale Form anzusehen. Andererseits bringt diese Idealisierung auch eine Schwierigkeit mit sich. Die Bestimmung der Methode lediglich als Prinzip, wie an die Erforschung der Erscheinungen heranzugehen ist, bietet keine Möglichkeit zu erklären, wie und auf welche Weise diese abstrakten Sätze zur Gewinnung neuer Resultate führen, wie von ihnen aus eine „Brücke“ zu den konkreten Wissensbereichen zu schlagen sei.

Es geht hier darum, daß die wissenschaftliche Methode nicht nur auf die sie bildenden Prinzipien zu reduzieren ist. Die wissenschaftliche Methode ist in Wirklichkeit das System der in besonderer Weise systematisierten Kenntnis. Die Prinzipien sind nur ihre organisierenden Grundlagen. Damit sie wirklich zur Gewinnung konkreter Resultate führen, ist es erforderlich, diese Prinzipien zu einem System von Definitionen zu entfalten. Deshalb erweitert sich im realen Forschungsprozeß, wie bereits Hegel richtig feststellte, „die Methode selbst . . . durch dieß Moment zu einem *Systeme*“[20]. Nur wenn sich die Methode in einem System der Wissenschaft verkörpert und durch deren Inhalt bereichert hat, wird sie in die Lage versetzt, ein Mittel zu ihrer Entwicklung, ein Instrument zur Erlangung neuer Kenntnisse zu sein. Wenn die den Kern der wissenschaftlichen Methode bildenden Prinzipien nicht als solche bestimmt werden können, die die Methode mit einem theoretischen System verbinden und sie zu der „seinigen“ machen, dann kann diese Methode nicht auf den betreffenden Bereich angewendet werden und ist dafür im Grunde genommen keine Methode.

[20] *Georg Wilhelm Friedrich Hegel*, Sämtliche Werke, 5. Bd.: Wissenschaft der Logik. Zweiter Teil, S. 346.

Somit erlangt die wissenschaftliche Methode, wenn sie sich zum konkreten System entfaltet hat und in dessen Form fungiert, eine Reihe von Eigenschaften und Merkmalen, die den theoretischen Systemen allgemein eigen sind. Deshalb kann naturgemäß keine wissenschaftliche Analyse einer Erkenntnismethode befriedigend sein, wenn sie nicht durch eine Analyse ergänzt wird, die sie als bestimmtes theoretisches Kenntnissystem untersucht.

Die heuristische Rolle des Begriffs „theoretisches System" tritt auch hinsichtlich einer Reihe anderer Aufgaben zutage, die im Zusammenhang mit der Notwendigkeit einer Analyse der Struktur der wissenschaftlichen Kenntnis und des Erkenntnisprozesses schlechthin entstehen. Zu ihnen gehören in erster Linie das Problem der wechselseitigen Transformation der Formen der wissenschaftlichen Kenntnis, das Problem der Wissenschaftsklassifikation, das Problem der Entstehung und Lösung der logischen Paradoxien und anders. Das alles berechtigt zu der Behauptung, daß der Begriff des „theoretischen Systems" eine wichtige Kategorie der Logik der wissenschaftlichen Forschung ist.

FÜNFTES KAPITEL

Die Interpretation der wissenschaftlichen Theorien

Das Problem der Interpretation im modernen wissenschaftlichen Wissen

Wie in den vorangegangenen Kapiteln gezeigt wurde, bedingen die Besonderheiten der Entwicklung des modernen wissenschaftlichen Denkens die wesentliche heuristische Rolle des *Systems*, des theoretischen Wissens als eines logischen Mittels zur Erhellung sehr wichtiger Elemente des Erkenntnisprozesses – der Tatsachen, der Abstraktionen und in gewissem Sinne auch der Wahrheit.

Auf Grund des Umstandes, daß in der heutigen Wissenschaft eine unmittelbare Beobachtung oder Bestimmung der Objekte (beispielsweise der Mikroteilchen, der physikalischen Agenzien kosmogonischer Prozesse usw.) schwierig (mitunter sogar unmöglich) ist, erlangen die Methoden immer größere Verbreitung, die es ermöglichen, die Wahrheit wissenschaftlicher Sätze nicht nur dadurch zu determinieren, daß letztere zu den entsprechenden Objekten in *direkte* Beziehung gesetzt werden, sondern auch indem man sie aus den theoretischen Aussagen der in der Praxis verifizierten Folgerungen ableitet. Das breite Eindringen der „Prinzipienmethode" (axiomatischen Methode) in die heutige Wissenschaft und der praktische Effekt ihrer Anwendung haben gezeigt, daß, wenn man aus einem theoretisch postulierten System Folgerungen ableiten kann, die sämtlich im Experiment bestätigt werden, sowohl das System im ganzen als auch die logisch mit seinen Ausgangsprinzipien zusammenhängenden wissenschaftlichen Sätze unabhängig von der Möglichkeit ihrer direkten experimentellen Verifikation wahr sind.

Diese Situation, die durch den intensiven Prozeß der Mathematisierung und Axiomatisierung der theoretischen Bereiche der Physik und anderer Wissenschaften demonstriert wird, hat zu einer spezifischen erkenntnistheoretischen Erscheinung in der Naturwissenschaft geführt, nämlich zur Aufsplitterung der Verfahren zur Bestimmung der *Wahrheit* eines wissenschaftlichen Satzes (wenn ihre Bestimmung mit der Ableitung experimentell verifizierbarer Folgerungen verbunden wird) und der *Bedeutung* der naturwissenschaftlichen Termini, aus denen er sich zusammensetzt (wenn unter Bedeutung das verstanden wird, was durch den Terminus bezeichnet wird: das Objekt der Bezeichnung oder, wie die Logiker sagen, das Denotat[1]).

Gemeint ist, daß in den modernen wissenschaftlichen Theorien Termini für durch die Praxis des wissenschaftlichen Denkens gerechtfertigte Begriffe Eingang finden, die in die wahren Aussagen eingehen oder ein notwendiges Glied des theoretischen Systems sind, ohne die es seine Wahrheit verliert. Das bezieht sich auch auf die Termini für Begriffe, hinsichtlich deren man (in einem bestimmten Entwicklungsstadium der wissenschaftlichen Theorie) nicht sagen kann, was sie bezeichnen, welche realen Objekte sich in diesen Begriffen reflektieren. Beispielsweise haben in der modernen Gravitationstheorie Termini Aufnahme gefunden, die von den Mathematikern die Bezeichnung „topologischer Zoo" erhalten haben. Wir nennen hier nur die Begriffe „Henkel", „Wurm- oder Maulwurfsgänge", „Kehle" und „Loch". Doch mit Hilfe dieser ungewöhnlichen und seltsamen Ausdrücke werden wahre Ergebnisse gewonnen.

Analog operiert man auch in der Atomphysik mit solchen Termini wie „schaumförmige virtuelle Struktur des Raumes", „negative Wahrscheinlichkeit", „Fremdheit" (strangeness), „Hyperladung" (hypercharge), „Vakuumregion", „Baryonenzahl" usw., deren realer Inhalt sich bis jetzt schwer oder sogar überhaupt nicht vorstellen läßt. Zumindest ist dazu aber ein besonderes Verfahren der Bedeutungssuche erforderlich, das im Hinblick auf das Verfahren zur Bestimmung der Wahrheit des ganzen Systems, das die Bezeichnungen der gesuchten Objekte enthält, relativ autonom ist.

Anders ausgedrückt: Es entsteht in der heutigen Wissenschaft im Zusammenhang mit der Vermehrung des „Zoos" der seltsamen Begriffe, mit der in den theoretischen Systemen vor sich gehenden Zweiteilung nach Wahrheit und Bedeutung und der allgemeinen Tendenz der Formalisierung und Mathematisierung wissenschaftlicher Theorien die wichtige Aufgabe, die Bedeutungen der abstrakten Termini oder, wie sich die Physiker gewöhnlich ausdrücken, des „physikalischen Sinns" zu bestimmen (obwohl es sich im Grunde genommen nicht um den Sinn, sondern um die Suche nach der Bedeutung, d. h. nach den Objekten, handelt, die von den wissenschaftlichen Termini bezeichnet werden). Dabei ist zu berücksichtigen, daß diese Aufgabe nicht mit den alten, für die klassische Physik charakteristischen Methoden der Erläuterung (истолкование), der Deutung (трактовка) gelöst werden kann, sondern sie erfordert die Ausarbeitung besonderer logischer Mittel.

1 Hier ist der Hinweis darauf wichtig, daß, insoweit es um naturwissenschaftlichen Termini geht, *ausschließlich* außerlogische Objekte als Objekte der Bezeichnung angesehen werden.

In der klassischen Wissenschaft, in der hinter allen ihren grundlegenden Termini die Objekte intuitiv (und dazu in anschaulicher, der Betrachtung zugänglicher Form) erfaßt wurden, reduzierte sich die Erläuterung auf die Aufgabe, den zu untersuchenden Satz mit dem naturwissenschaftlichen Gesetz zu vergleichen, auf dessen Grundlage die betreffenden Objekte erklärt werden konnten. Das Problem der Erläuterung deckte sich daher im Prinzip mit dem Problem der *wissenschaftlichen Explikation* (oder Erklärung), d. h. mit der Suche nach den Ursachen, den Gesetzen, dem Wesen der Erscheinung. In diesem Sinne bleibt die Deutung auch in der Wissenschaft der Gegenwart eine wirksame Methode. Als wenig wirksam erweist sie sich aber dort, wo ein strenges, logisches Verfahren zur Bestimmung der Bedeutungen, der Denotate abstrakter Termini, d. h. ein Suchen nach den Objekten oder ihre logische Rekonstruktion auf der Grundlage von Daten gefordert wird, die durch experimentelle Verifikation der aus den theoretisch postulierten Prinzipien gezogenen Folgerungen gewonnen wurden.

Eine solche logische Rekonstruktion der Objekte war in der klassischen Wissenschaft, in der sogar der mathematische Apparat als Ausdruck von etwas intuitiv Offenkundigem angesehen wurde, im Grunde nicht erforderlich.[2]

Wie steht es aber um die Bestimmung der Objekte beispielsweise in der allgemeinen Relativitätstheorie, die ihrer mathematischen Form nach eine vieldimensionale Geometrie ist, oder in der Quantenmechanik, deren mathematische Form die nichtkommutative Algebra bildet. Diese mathematischen Theorien operieren doch mit Ausdrücken, zu denen imaginäre Größen wie $\sqrt{-1}$ gehören. Die Intuition hilft hier nicht weiter, ebensowenig eine Berufung auf die Praxis, denn es ist unmöglich, die Abhängigkeit von Symbolen, z. B. von x, y, z, zu verifizieren, ohne sich deren Inhalt, ihre physikalische Bedeutung vorzustellen.

Ein realer Ausweg aus dieser Lage kann nur die Anwendung einer besonderen logischen Operation sein, durch die die mathematischen Symbole und Begriffe in die Sprache des inhaltlichen Wissens übergeführt werden. Diese erstmalig in den mathematischen Wissenschaften ausgearbeitete Operation hat den Namen „Interpretation“ erhalten. Sie kann (gibt man der Interpretation die primärste, breiteste Definition) als Bestimmung

[2] So wurde in der klassischen Analysis der Begriff der Ableitung (oder des Differentialquotienten) mit der bildlichen Vorstellung der Geschwindigkeit, die zweite Ableitung aber mit der Beschleunigung verbunden.

eines Systems (oder mehrerer Systeme) von Objekten determiniert werden, die den Gegenstandsbereich der Bedeutungen der Termini bilden, welche die zu untersuchende Theorie aufweist.[3]

Selbstverständlich kann man auch dem traditionellen Begriff „Erläuterung" (истолкование) einen dem Begriff „Interpretation" (интерпретация) analogen Sinn beilegen. So verfährt man heute gewöhnlich auch in der Praxis des täglichen Lebens, indem man unter Erläuterung einen weitgezogenen Kreis von Operationen, angefangen von der wissenschaftlichen Erklärung (Explikation, Explanation) und Beschreibung (Deskription) bis zur wissenschaftlichen Analyse überhaupt einschließlich der Interpretation selbst, und sogar die Deutung von Kunstwerken versteht. Weil dies so ist, könnte die Anwendung des nicht fest an diese Vorstellung von strenger logischer Methodik gebundenen intuitiven Begriffs „Deutung" auf die Charakteristik des logischen Verfahrens der Interpretation mit ihren exakten Regeln und Prinzipien zur Verschleierung ihrer spezifischen Aufgaben führen.

Die gewöhnlichen Methoden der wissenschaftlichen Analyse einschließlich einiger solcher, die auf den Begriff der Deutung bezogen werden können, stützen sich vorzugsweise auf die Methode des Abstrahierens, um mit ihrer Hilfe in das Wesen der Erscheinungen einzudringen. Die heutige Wissenschaft schreitet mitunter jedoch auf dem Weg des Abstrahierens und der Formalisierung ihrer Sätze so weit fort, daß sich eine logische Operation, eine Rückabstraktion erforderlich macht, die nicht mit dem Absehen von einem gewissen Erscheinungskreis zusammenhängt, sondern mit der Suche nach den Objekten, die den Prinzipien der extrapolierten theoretischen Systeme entsprechen. Die Lösung dieser Aufgabe bildet die spezifische Besonderheit der Interpretation, die sie von den anderen logischen Mitteln unterscheidet.

Ihrem Ursprung nach ist die Interpretation ein mathematischer Begriff. In der modernen Naturwissenschaft verläuft aber der Prozeß der Mathematisierung wissenschaftlicher Theorien so stürmisch, daß diese Theorien häufig selber auf Gleichungssysteme reduziert werden. Das ist auch der Grund dafür, weshalb die Interpretation immer mehr allgemeinwissenschaftlichen Charakter annimmt, und gegenwärtig können wir ihr allem Anschein nach eine so breite erkenntnistheoretische Bedeutung zuschrei-

[3] In der Logik können bei der Analyse formalisierter Theorien die Bedeutung der Termini eines anderen inhaltlichen Bereichs als abstrakte Objekte angesehen werden, an denen man die zu untersuchende Theorie interpretieren kann.

ben, wie sie die Abstraktion und andere logische Mittel der wissenschaftlichen Kenntnis besitzen.

Das Problem der Interpretation der modernen wissenschaftlichen Theorien entsteht unserer Meinung nach nicht bloß deshalb, weil sie im Endresultat auf ein System von Gleichungen reduziert werden beziehungsweise reduziert werden können. Mitunter führt die naturwissenschaftliche Theorie zu einem Gleichungssystem, dessen Lösungen ein Nullresultat ergeben; oder aber es entsteht in ihr auf Grund einer weitgehend durchgeführten Extrapolation eine eigenartige Selbstnegierung ihres früheren Inhalts, die Notwendigkeit, das Nullresultat nach der Logik der ableitbaren Folgerungen zuzulassen.

Verhältnisse dieser Art, bei denen der Fortschritt der Abstraktionen auf ihrer Grenze zu einem solchen Verlust des früheren Sinns und der Bedeutung der wissenschaftlichen Termini führt, daß sich die Vorstellung ihres Inhalts im Rahmen der gegebenen Theorie als unmöglich erweist, nennen wir *„Nullsituationen"*. Als Beispiel können wir die Situation in der Quantenfeldtheorie anführen, die unter der Bezeichnung „Moskauer Null" bekannt ist. Ihr Wesen besteht darin, daß die strenge Anwendung dieser physikalischen Theorie zur Erklärung starker Wechselwirkungen zur Negierung dieser Wechselwirkungen führt, obwohl ihre faktische Existenz keinem Zweifel unterliegt.

Das Entstehen einer „Nullsituation" ist am typischsten für jene Grenzfälle, wo es sich um die Aufgabe handelt, die Grundlagen der Erscheinungen durch Methoden der Untersuchung dieser Erscheinungen selber zu erforschen. (Andere Methoden existieren solange nicht, bis wir nicht zu Erscheinungen 2. Ordnung vorgestoßen sind.)[4] So hat die Aufgabe, den „Urgrund" der Mikrowelt zu erforschen, zur Idee von der Feldnatur der Elementarteilchen geführt. Die Tatsache, daß das Feld als physikalische Ausgangssubstanz angesehen wurde, nötigte dazu, das Bestehen eines Vakuumzustandes als Grundzustand des elektromagnetischen Feldes anzuerkennen, was zum Begriff des Nullfeldes führte.

Andererseits erwies es sich, daß die mit den Methoden der allgemeinen Relativitätstheorie betriebenen Forschungen über das Wesen der Gravitation äquivalent einer Analyse der Natur des Raumes sind. Das führte

[4] Deshalb erweist sich, was innerhalb der Untersuchung von Erscheinungen 1. Ordnung wie eine „Nullsituation" aussieht, im Rahmen von Erscheinungen 2. Ordnung nur als Schein, hinter dem sich ein realer Inhalt und durchaus kein Null-Inhalt verbirgt. In diesem Zusammenhang kann man nicht umhin, die scharfsinnige Intuition Hegels zu würdigen, der an die Basis seines Systems des absoluten Wissens die Kategorie „Nichts" setzte.

unter den modernen Bedingungen zur Schaffung der „Geometrodynamik“, einer Wissenschaft, von der wir eine Anzahl Sätze nach dem heutigen Stand mit „Nullsituationen“ vergleichen. Wie John Archibald Wheeler, einer der bedeutendsten Vertreter der Geometrodynamik, betont, „ist die Geometrodynamik – und nur sie – als geeignet erkannt worden, nicht nur die Gravitation ohne die Gravitation und die Bewegungsgleichungen ohne die Bewegungsgleichungen, sondern auch die Masse ohne die Masse, den Elektromagnetismus ohne den Elektromagnetismus, die Kopplungskonstante ohne die Kopplungskonstante und die Ladung ohne die Ladung zu erklären“ („geometrodynamics – and geometrodynamics alone – has been found to explain not only gravitation without gravitation and equations of motion without equations of motion, but also mass without mass, electromagnetism without electromagnetism, coupling constant without coupling constant, and charge without charge“)[5].

Beispiele dieser Art gibt es viele. So führte die Suche nach den primären Ausgangsprinzipien der Mathematik zu logischen Tautologien. Wir wollen es hier bei diesem einen Beispiel bewenden lassen. „Nullsituationen“ sind somit in der heutigen Naturwissenschaft keine Zufälligkeit, und darin liegt nichts Negatives.

Die „Nullsituation“ resultiert aus einer gewissen Einseitigkeit im Abstraktionsvorgang, sie ist das Ergebnis der „Selbstnegierung“ des alten Wissens im Rahmen eines gegebenen Systems. Logisch bedeutet sie nichts anderes als den notwendigen Übergang eines theoretischen Systems auf eine Sprache neuen Inhalts, d. h., es wird eine Interpretation gefordert, die den äußeren Anschein eines Nullresultats aufhebt. Man kann sagen, daß die „Nullsituation“ die Abstraktionsgrenze und der Ausgangspunkt für den Übergang von der Extrapolation zur Interpretation, das Signal für die Notwendigkeit eines solchen Übergangs ist. Die „Nullsituation“ ist auch deshalb als wissenschaftliche Situation möglich, weil es eine Interpretation gibt, die das Nullresultat auf einer Gegenstandsstufe mit anderem Inhalt aufhebt. Hier kommen wir zu der wichtigen Frage nach der Interpretation als logischer Bedingung für die theoretische Postulierung von Begriffen in der Wissenschaft.

Bei dem heutigen Stande der Wissenschaft, die intensiven Gebrauch von Zeichensystemen und semiotischen Analysemethoden macht, fungiert die Interpretation als ein Mittel zur Enthüllung und als logische Realisierung der Bedeutungen der Symbole und Formeln abstrakter theoretischer Systeme. Die Zeichensituation erweist sich als Informationsträger, als Ver-

[5] *J. A. Wheeler*, Geometrodynamics, New York – London 1962, p. 68.

treter wissenschaftlicher Sätze nur in Gestalt ihrer Interpretation. Das gestattet es, die Interpretation in gewisser Hinsicht als logische Form der Existenz von Begriffen anzusehen, die durch Symbole abstrakter Systeme dargestellt werden.

So operiert die moderne Physik mit verschiedenen Arten funktionaler und sonstiger „Räume“, die nicht als Widerspiegelung des realen dreidimensionalen Raumes auftreten, sondern als Interpretation bestimmter mathematischer (u. a. funktionaler) Beziehungen am Beispiel beliebiger Objekte (einschließlich solcher der nichträumlichen Natur), an Hand deren der Begriff der Kontinuität bestimmt werden kann. Selbst „die Theorie der Elementarteilchen stellt eine physikalische Interpretation analytischer Funktionen an komplexen Mannigfaltigkeiten dar“[6].

Die Interpretation steht also in Zusammenhang mit den Voraussetzungen der Realisierung abstrakter (formaler) Systeme zu Objekten. In diesem Sinne ist sie der Abstraktion tatsächlich entgegengesetzt, wenn man die Abstraktion als Prozeß deutet, der das Absehen vom Objekt bis zur logischen Form der es widerspiegelnden Aussagen beinhaltet, die Interpretation aber als Bewegung von der Form zu den Objekten definiert. Eine solche Auffassung schließt auch eine spezialisierte Untersuchung der Interpretation als Operation der umgekehrten (reziproken) Formalisierung, d. h. in der Form, in der sie in den deduktiven Wissenschaften auftritt, nicht aus (sondern setzt sie vielmehr voraus).

Der Interpretationsbegriff in den deduktiven Wissenschaften und die Arten der Interpretation

Die Interpretation kann in verschiedener Form erfolgen und einen verschiedenen Inhalt bestimmen. Sie wird unterteilt in die empirische und die semantische Interpretation; letztere gliedert sich wiederum in zwei Unterarten, deren Definition weiter unten gegeben wird. Diese Arten und Unterarten der Interpretation charakterisieren wir in verallgemeinerter Form als zum Typ der *strengen Interpretation* gehörig, wobei wir diesem Terminus nur einen Sinn zuordnen: die bei ihrer Realisierung anzuwendende Strenge der logischen Mittel.

[6] *О. С. Парасюк*, Про математичний апарат теорії елементарних частинок. Доповідь на Республіканській нараді з філософських питань фізики елементарних частинок і полів, Київ 1962, стр. 8.

In der Logik ist es indessen, um die Kontinuität der strengen Interpretation mit den klassischen oder sogar vorklassischen Vorstellungen darüber, wie der Inhalt von Theorien aufzudecken sei, zu wahren, opportun, auch von dem besonderen Typ der extralogischen oder *„natürlichen Interpretation“* zu sprechen.

Unter „natürlicher Interpretation“ versteht man gewöhnlich die intuitive Vorstellung jener Objekte, als deren Idealisierung das Begriffssystem einer gegebenen Theorie fungiert. Hierbei handelt es sich um eine anschauliche, bildliche Darstellung der natürlichen Basis der realen Dinge, über der sich das theoretische System ihrer Erklärung aufbaut. So ist beispielsweise in der klassischen Mechanik die „natürliche Interpretation“ von Begriffen wie „materieller Punkt“ und „Trajektorie“ eine sinnliche Vorstellung realer physischer Körper und ein anschauliches Bild ihrer Bewegungsbahn.

Theoretische Systeme, die wie die klassische Mechanik eine „natürliche Interpretation“ besitzen, bedürfen im Grunde genommen keiner Interpretation, denn ihre Termini werden automatisch mit anschaulichen Vorstellungen von bestimmten Dingen verknüpft, für deren Erklärung sie verwendet werden. So macht sich der Landmesser, der die Parzellen vermißt, die unter Pflug genommen werden sollen, keine Gedanken darüber, ob die von ihm gebrauchten Begriffe der euklidischen Planimetrie einen Sinn haben, da die „Geraden“, die „Winkel“ und die „Flächen“ sinnlich-anschaulich, in Gestalt der deutlich erkennbaren Geometrie der Parzellen, vor ihm ausgebreitet liegen.

Die „natürliche Interpretation“ spielt eine gewisse Rolle im Prozeß der praktischen Transformation der Kenntnisse und bei der retrospektiven Bestimmung der genetischen Wurzeln weit durchgeführter Abstraktionen. Wegen einer Reihe Besonderheiten fällt sie jedoch aus dem Schema heraus, das den Regeln der strengen Interpretation entspricht.

Die strenge Interpretation wird durch den sehr wichtigen Begriff des Isomorphismus (oder der Isomorphie) charakterisiert, der in seiner strengen Bedeutung nicht auf die natürliche Interpretation bezogen werden kann. In der „natürlichen Interpretation“ können wir nur feststellen, daß die Elemente eines theoretischen Systems dem anschaulichen Bild gleichwertig entsprechen, doch der *umgekehrte* Vergleich eines Elements des theoretischen Systems mit dem anschaulichen Bild ist nicht gleichwertig. Zumindest sind, um ihn durchführen zu können, zusätzliche logische Mittel zur Verifikation der Gleichwertigkeit erforderlich.

Die „natürliche Interpretation“ besitzt noch ein anderes wesentliches Merkmal, das es nicht gestattet, sie in den Rang der strengen Interpretation zu erheben; sie gründet sich auf die Intuition, auf die anschauliche Betrachtung, und ein solches Mittel erschwert in der modernen Wissenschaft die Möglichkeit logischer Modellierung.

Bereits die Paradoxien Zenons zeigten, daß unsere theoretischen Vorstellungen von der aktual-unendlichen Teilbarkeit des Raumes und der Zeit keine „natürliche Interpretation" haben. Ein noch vernichtenderer Schlag wurde dem Glauben an die Universalität der „natürlichen Interpretation" durch die Entdeckung der komplexen Zahlen (d. h. der Zahlen von der Art $a + bi$, wo $i = \sqrt{-1}$ ist) versetzt. Derartigen Zahlen konnte unmittelbar keine sinnliche Vorstellung von Dingen gegenübergestellt werden. Für die Interpretation dieser „imaginären" Einheiten mußte man eine andere Methode anwenden, die zum Bereich der strengen Interpretation gehört, die Methode des Suchens nicht nach sinnlichen Bildern, sondern nach solchen außerhalb der Grenzen der Arithmetik liegenden Begriffen, die trotz ihrer „natürlichen Interpretation" gleichzeitig isomorph mit Begriffen aus der Arithmetik der komplexen Zahlen verglichen werden könnten.

So gelang es auf Grund der Feststellung des Isomorphismus zwischen der Menge der komplexen Zahlen und den Elementen der euklidischen Planimetrie, die Arithmetik der komplexen Zahlen an Hand der Flächenvektoren zu interpretieren, die dem gleichen Prinzip wie die Koordinaten unterliegen. Das besagt, daß die von uns komplexe Zahlen genannten Ausdrücke des Typs $a + bi$ in Form symbolischen Ersatzes solcher natürlichen geometrischen Objekte, wie es die Flächenvektoren mit den Koordinaten a und b sind, vorgestellt und die arithmetischen Wirkungen auf die komplexen Zahlen in Form einer geometrischen Zusammensetzung der Vektoren oder in allgemeiner Form durch die gegenseitigen Übergänge der Vektoren in einer entsprechenden Abfolge dargestellt werden konnten.

Dank der strengen Interpretation war es möglich, sich die komplexen Zahlen im Bereich der euklidischen Planimetrie vorzustellen, deren grundlegende Terme und Ausdrücke die räumliche Vorstellung leicht mit den anschaulichen Vorstellungen der Punkte, der Geraden und Flächen verbindet. Im Ergebnis erwies sich die Scheinbarkeit (der imaginäre Charakter) der komplexen Zahlen selber als vorstellbar, was mit besonderer Überzeugungskraft durch die Entwicklung der theoretischen Physik demonstriert wurde, die die Sprache dieser Zahlen für die Beschreibung der physikalischen Realität verwendete.

Im gleichen Maße wurde durch die strenge Interpretation auch die Scheinbarkeit (Irrealität) der nichteuklidischen Geometrie aufgehoben. Insbesondere gelang es Felix Klein, die Riemannschen Flächen und Funktionen im Gegenstandsbereich der Theorie des elektrostatischen Feldes darzustellen.

Die strenge Interpretation dient folglich als wichtiges heuristisches Mittel zur Enthüllung des Inhalts, zur „Vergegenständlichung“ der Theorien, deren Objekte vorher nicht bekannt waren und unter den etwaigen natürlichen Gegenstandsbereichen der Ausdrücke, die als Ausgangspunkte für die Entwicklung der betreffenden nichtinterpretierten Theorien dienten, nicht gefunden werden können. Deshalb wird die *strenge Interpretation* auch als Suche nach Objekten definiert, an denen die zu untersuchenden Theorien vollzogen (realisiert) oder auf die sie mit Hilfe der Modellmethode zurückgeführt werden können.

Ist die Realisierung einer Theorie in einem bestimmten Bereich von Objekten möglich, so besagt dies:

1. Diese Objekte können unter entsprechender Bezeichnung als Repräsentanten der Basisausdrücke der zu untersuchenden Theorie angesehen werden oder als Funktion ihrer Denotate fungieren, d. h. dessen, was durch diese Termini bezeichnet wird, was ihre Bedeutung bildet;

2. die mit Hilfe der gegebenen Bedeutungen nach den Regeln (Gesetzen) der zu untersuchenden Theorie gebildeten Ausdrücke müssen im Interpretationsbereich als wahre oder empirische Aussagen auftreten.[7]

Die Interpretation läuft im Endeffekt auf das logische Verfahren der Ermittlung des Inhalts der Terme und der von ihnen gebildeten Aussagen der Theorie hinaus, die im Rahmen des uns bekannten konkreten und empirischen Wissens noch nicht bekannt sind. Solche unbestimmten Sätze tragen den Charakter eigenständiger *logischer* Hypothesen, die noch bei der Suche nach dem Bereich von Objekten benötigt werden, die den Bedingungen für die Überführung der betreffenden „Hypothesen“ in wahre oder empirische Aussagen Genüge tragen.

Die Bestimmung und die Auswahl der möglichen Objekte, die den Bedingungen der Wahrheit der Sätze der zu interpretierenden Theorie entsprechen, erfolgt mittels eines isomorphen Vergleichs der Elemente des untersuchten Bereichs (der untersuchten Theorie) und der Elemente eines anderen Bereichs, der für uns zugleich inhaltlichen Charakter hat. Die Gesamtmenge der Bereiche von Objekten, die den Ausgangsprinzipien und -sätzen der zu interpretierenden Theorie und den Bedingungen der isomorphen Abbildung dieser Sätze auf wahre oder empirische (durch die

[7] Die Begriffe Wahrheit und empirische Verifizierbarkeit eines Satzes decken sich nicht. So kann beispielsweise ein allgemeines Urteil wahr sein, aber sich nur zu einem bestimmten Teil empirisch verifizieren lassen, da das Universale in der Logik mit den Methoden der unvollständigen Induktion empirisch geprüft wird.

Namen der betreffenden Objekte gebildeter) Aussagen entsprechen, heißt *Interpretationsfeld* der zu untersuchenden Theorie. Hinsichtlich des Interpretationsfeldes der Theorie gilt, daß uns innerhalb seiner Grenzen die Eigenschaft der Wahrheit und Falschheit der entsprechenden Aussagen im inhaltlichen Sinne bekannt (oder intuitiv gegeben) ist.

Die als solche zu formulierenden Forderungen der *Exaktheit* und *Inhaltlichkeit* der Interpretation gründen sich darauf, daß die Bedingungen für die Wahrheit der zu untersuchenden Sätze in ihrem Interpretationsfeld sowie die Voraussetzung für eine isomorphe Abbildung der Elemente der untersuchten Theorie auf Elemente eines anderen Bereichs und die inhaltliche Analyse dieses Bereichs, woraus die Interpretationen geschöpft werden, gewährleistet sind. Zu den genannten Forderungen kann noch die schwächere, aber unter bestimmten Umständen wesentliche Forderung der *Einfachheit* hinzukommen.

Eine wichtige Besonderheit der strengen Interpretation ist, daß sie zum Unterschied von der „natürlichen Interpretation" die Gesamtmenge der Gegenstandsbereiche bestimmen kann, die die Realisierungssphäre der Theorie bilden. So können beispielsweise die grundlegenden Symbole und Operationen der Booleschen Algebra interpretiert werden 1. an der Mengentheorie, 2. an den Relais-Kontakt-Schemata (relay-contact networks, genauer Ein-Aus-Schaltelemente [„on-off" circuit elements]), 3. an der Algebra der Punktmengen (wodurch die Möglichkeit gegeben ist, die zu interpretierende Theorie graphisch darzustellen), 4. an den Multiplikatoren einiger Zahlen in der Arithmetik, 5. an den arithmetischen Abhängigkeiten zwischen Null und Unendlich, 6. an den Matrizen der Wahrheitswerte.[8]

Die Möglichkeit, eine (manchmal sogar eine unendliche) Menge von Gegenstandsbereichen zu finden, die den Regeln und Postulaten der untersuchten Theorie entsprechen, bedeutet bei der strengen Interpretation allerdings nicht, daß es notwendig ist, von der Gesamtmenge der Interpretationen Gebrauch zu machen, obwohl auch eine solche Situation nicht ausgeschlossen ist.

Die Interpretationsmenge kann man auf zwei Unterklassen aufteilen – auf die der isomorphen und der nichtisomorphen (genauer der teilweise isomorphen) Interpretationen.[9] Haben wir es im Interpretationsfeld gleich-

[8] Siehe *Edmund C. Berkeley*, Symbolic Logic and Intelligent Machines, New York-London 1959.

[9] Die Interpretationen werden isomorph genannt, wenn sie dem „Dualitätsprinzip" untergeordnet sind, was besagt, daß alle aus den Elementen einer Interpretation konstruierten Aussagen Abbilder, „Doppelgänger" in den aus den Elementen einer anderen Interpretation konstruierten Aussagen haben

zeitig mit diesen beiden Unterklassen zu tun, dann läßt sich zwischen ihnen immer eine Wahl treffen. In den Fällen aber, wo alle Interpretationen isomorph sind, fehlen uns strenge logische Begründungen für die Auswahl. Unter diesen Umständen läßt man sich gewöhnlich von der praktischen Zweckmäßigkeit der Auswahl einer oder mehrerer Interpretationen für die Belange der betreffenden Untersuchung oder aber von Erwägungen der Einfachheit, der Bequemlichkeit usw. leiten. Diese Interpretationen werden die *Hauptinterpretationen* in der Menge aller möglichen Interpretationen genannt.

Die Notwendigkeit, bei Anwendung der strengen Interpretation eine Vielfalt von Interpretationen zu berücksichtigen, ist kein Nachteil, sondern ein Vorzug dieser Form der „Vergegenständlichung" wissenschaftlicher Theorien. Hat eine wissenschaftliche Theorie eine Menge von Interpretationen aufzuweisen, so ist dies ein Anzeichen für die Vielfalt der in der betreffenden Theorie ausgedrückten Zusammenhänge (Analogien, Äquivalenzen, Identitäten) und Beziehungen, die im Hinblick auf in anderen theoretischen Forschungsbereichen fixierte Bezüge bestehen. Die Tatsache, daß bei ein und derselben wissenschaftlichen Theorie eine Vielfalt von Interpretationen möglich ist, erscheint letztlich als logischer Ausdruck der Einheit der verschiedensten Wirklichkeitsbereiche und der sie reflektierenden Systeme des wissenschaftlichen Wissens, als konkrete Äußerung des allgemeinen Prinzips der Einheit der Welt.

Wie A. A. Ljapunow hervorhebt, „bedingt die Einheit der materiellen Welt, daß unter den verschiedensten Umständen eintypige Verknüpfungen zwischen den verschiedenen Seiten der Äußerungen ihrer Besonderheiten entstehen. Diese Äußerungen sind die Ursache der physikalischen Vorstellungen, die ihrerseits die Ursache der mathematischen Theorien sind."[9a] Diese Sachlage hat große methodologische Bedeutung.

Bereits Engels hatte, als er auf das Wesen der mathematischen Begriffe einging, den Hinweis gegeben: „. . . die scheinbare Ableitung mathematischer Größen aus einander beweist nicht ihren apriorischen Ursprung, sondern nur ihren rationellen Zusammenhang."[9b] Zur Feststellung des rationalen Zusammenhangs der mathematischen Begriffe, die die Möglichkeit

und umgekehrt. In den nichtisomorphen Interpretationen kommt eine solche „Dualität" nur teilweise vor, lediglich in bezug auf einen gewissen Teil der Aussagen in vergleichbaren Interpretationen.

[9a] *А. А. Ляпунов*, О фундаменте и стиле современной математики, in: Математическое просвещение, 1960, 5, стр. 114–115.

[9b] *Friedrich Engels*, Anti-Dühring, in: *Karl Marx/Friedrich Engels*, Werke, Bd. 20, S. 36.

der Erforschung ihrer natürlichen, empirischen Grundlagen eröffnet, trägt auch die strenge Interpretation bei, können wir doch stets aus der Vielfalt von Interpretationen einer wissenschaftlichen Theorie ein solches System von Objekten auswählen, hinsichtlich dessen das empirische Verfahren ihrer Beobachtung oder Fixierung in den an der Praxis bewiesenen Wissensbereichen bekannt oder bereits realisiert ist.

Die für einige wissenschaftliche Theorien charakteristische Vielfalt von Interpretationen vermittelt auch eine spezifisch-logische, konstruktive Vorstellung vom Gemeinsamkeits- oder Universalitätsgrad des durch die Postulate der theoretischen Systeme fixierten Inhalts. Diese Eigenschaften der Interpretation sind sehr wesentlich für die Untersuchung der Axiomatik.

Die Axiomatik in den modernen wissenschaftlichen Theorien gehört einer solchen Stufe der Formalisierung des konkreten Materials an, auf der alle Urteile über die Eigenschaften eines formalen Systems mit Hilfe seiner Interpretation bestimmt werden können. Deshalb nimmt das Interpretationsproblem eine zentrale Stellung in den deduktiven Wissenschaften ein, d. h. in den Wissenschaften, deren Theorien unter strenger Beachtung der Postulierungsmethode (sei sie nun axiomatisch oder – mit ihr in Zusammenhang stehend – genetisch oder hypothetisch-deduktiv) konstruiert werden.[10]

In den deduktiven Wissenschaften tritt die Suche nach den Objekten, mit der die Interpretation verknüpft ist, als Suche nach den Bedeutungen der nichtinterpretierten Termini auf. Genau genommen erweisen sich in den deduktiven Wissenschaften die Objekte selber als abstrakte Objekte, d. h. als solche Abstraktionen und Idealisierungen realer Dinge und Bezüge, wie es u. a. in der Mathematik „Null“, „Punkt“, „Einheit“, in der Logik „Wahrheit“ und „Falschheit“ sind.

Außerdem werden die deduktiven Theorien wegen ihrer Abstraktheit nicht mittels eines direkten Vergleichs mit der objektiven Realität (was nicht immer möglich ist) untersucht, sondern durch Vergleichen mit anderen Theorien, deren empirischer Sinn oder Inhalt feststehen. Dementsprechend ist auch die strenge Interpretation spezialisiert. In den deduktiven Wissenschaften tritt die Interpretation auf als eine besondere Form der Darstellung (Abbildung) eines nichtinterpretierten formalen Systems

[10] Zu den deduktiven Wissenschaften gehören die meisten Disziplinen der Mathematik (Geometrie, Mengenlehre, Arithmetik, Gruppentheorie usw.), einige Abteilungen der theoretischen Physik (z. B. die Mechanik) und die Kybernetik (z. B. die Theorie der abstrakten Automaten). Deduktiven Charakter nehmen in letzter Zeit auch einige Theorien der allgemeinen Biologie an.

oder einer weitere Interpretation erfordernden Theorie auf eine konkretere Theorie, und sie ist in der am Gegenstandsbereich der anderen Theorie durchzuführenden Bedeutungsbestimmung der Basisausdrücke der untersuchten Theorie einbegriffen. Diese Form der strengen Interpretation heißt *semantische Interpretation.*

Die semantische Interpretation kann in nichtstrenger Form auch auf nichtaxiomatische Theorien angewendet werden. Aber unabhängig davon fungieren als Gegenstand ihrer Anwendung stets Formeln, die Variable enthalten, und die Aufgabe, sie zu interpretieren, besteht darin, diese Variablen durch feststehende Elemente (Konstante) zu ersetzen. Der Komplex der Variablenbedeutung, für die sich die betreffenden Formeln in wahre Aussagen umgestalten, wird gewöhnlich als ihre Interpretation angesehen.[11]

Die Forderungen des Isomorphismus treten bei der semantischen Interpretation als Forderungen auf, die besagen, daß jedem Symbol und jeder Beziehung zu einer axiomatischen Theorie gleichwertig abstrakte Objekte und Beziehungen einer anderen Theorie und jeder Ausgangsformel (Axiom) und ableitbaren Formel (Theorem) der untersuchten Axiomatik gleichwertig wahre Aussagen in ihrem Interpretationsfeld entsprechen müssen.

In der Mathematik (oder Metalogik) nimmt die Interpretation eine verallgemeinertere, mit Besonderheiten der mathematischen Forschungen zusammenhängende Form an. Das liegt daran, daß in der Mathematik der Begriff der deduktiven Theorie als Einheit des logistischen Systems (d. h. einer Syntax der Theorie, auf deren Ebene ihre grundlegenden Sätze als endliche Reihen der Ausgangssymbole, als außerhalb ihrer Bedeutungen zu untersuchende „Formeln“ auftreten)[12] und der Interpretation des gegebenen Systems eingeführt ist.

Deshalb stellt sich eine solche Situation als möglich dar, wo sich ergibt, daß die Interpretation des logistischen Systems zugleich ein Verfahren zur Formulierung einer wissenschaftlichen Theorie ist. In diesem Sinne entsprechen bei uns im Interpretationsvorgang den Ausgangs- und ableitbaren Formeln eines logistischen Systems die „immer-wahren“ Ausdrücke, den erfüllbaren Formeln die (unter gewissen Umständen) wahren Aussagen und den nichterfüllbaren Formeln die „immer-falschen“ Ausdrücke einer Theorie.

[11] Siehe *Bertrand Russell*, Human Knowledge, p. 257–258.

[12] Im strengen Sinne enthält das logistische System neben den Ausgangsformeln der untersuchten axiomatischen Theorie auch Ausgangsformeln der Aussagenlogik und der Prädikatenlogik.

Selbstverständlich kann auch eine „interpretierte" Theorie, die ausschließlich aus „immer-wahren" und unter bestimmten Bedingungen wahren Aussagen besteht, weiterinterpretiert werden. Die Interpretation inhaltlicher axiomatischer Theorien, die im Interpretationsfeld inhaltliche Prinzipien zuläßt, kann ihrerseits mit Hilfe „immer-wahrer" Formeln ausgedrückt werden.

Man kann, wie uns scheint, sogar sagen, daß wir es, wenn das zu interpretierende System als *Theorie* angesehen wird, mit der man eine isomorphe Abbildung auf eine andere Theorie (oder andere Theorien) sucht, jenseits der Grenzen der Metamathematik in jedem Falle mit einer logischen Vorinterpretation des betreffenden Systems mittels der abstrakten Objekte „Wahrheit" und „Falschheit" zu tun haben. Anders ausgedrückt: Bei der Bestimmung des Isomorphismus von *Theorien* ist zu berücksichtigen, daß sie logisch interpretiert sind. Deshalb gehört zur Aufgabe der Analyse ihrer Übereinstimmung nicht so sehr, die Möglichkeit zu untersuchen, ob die zu interpretierende Ausgangstheorie an logischen Objekten (das wird im voraus eingeräumt) realisiert werden kann, als vielmehr Klarheit darüber zu schaffen, ob ihre Darstellung oder Abbildung auf den konkreten Inhalt einer anderen Theorie möglich ist, deren Objekte (sowohl die logischen wie die außerlogischen) den Prinzipien der zu interpretierenden Ausgangstheorie entsprechen.

Eine solche inhaltliche Abbildung der Ausgangstheorie auf den Gegenstandsbereich einer anderen Theorie (oder anderer Theorien) erhielt historisch gesehen in der vor-Hilbertschen Mathematik die Bezeichnung „Modellmethode". Davon ausgehend verbreitete sich in der logisch-philosophischen Literatur als fast zum Gesetz erhoben die Auffassung, daß die Begriffe „Interpretation" und „Modell" identisch seien. Die Identifizierung der betreffenden Begriffe führt indessen dazu, daß die „Modellmethode" als einzig mögliche Form der Interpretation angesehen wird, was unserer Meinung nach irrig ist. Die „Modellmethode" läßt sich offenbar nur mit einer Unterart der semantischen Interpretation vergleichen. Wir nennen diese Unterart *modellierende Interpretation.*

In der modellierenden Interpretation wird nicht der Prozeß der Formulierung eines logistischen Systems als Theorie untersucht, sondern die unmittelbare Abbildung einer Theorie auf eine andere oder eine Menge anderer. Bei einem solchen Vergleich von Theorien ist es in der Tat günstig, eine von ihnen, und zwar die konkretere, d. h. die, die als Interpretation dient, *Modell* zu nennen, und wir werden im weiteren von der bequemen Handhabung, die dieser Terminus gewährt, Gebrauch machen. Daraus folgt aber keineswegs, daß zwischen dem Begriff „Interpretation“ und dem Begriff „Modell“ überhaupt keine Unterschiede bestehen.

Nicht jedes Modell kann als Interpretation fungieren, und nicht jede Interpretation kann Modell genannt werden. Modelle können sowohl stofflich als auch ideell sein. Die ideellen Modelle wiederum können anschauliche und logische Modelle sein. Naturgemäß läßt sich die semantische Interpretation nur dem logischen Modell gegenüberstellen.

Der Begriff Interpretation ist eng mit dem Begriff des Interpretationsfeldes verknüpft, das heißt mit der Menge von Interpretationen, die die untersuchten Theorien besitzen. Modelle hingegen können *einzelne* Interpretationen genannt werden, das heißt bestimmte Komponenten des Interpretationsfeldes, nicht aber der gesamte Interpretationsbereich. Außerdem versteht man unter Modell gewöhnlich ein System, dessen Elemente und Bezüge (unabhängig von ihrer Natur) *allen* hauptsächlichen (grundlegenden) und spezifischen Bezügen und Elementen des einzusetzenden Bereichs isomorph entsprechen. Die Interpretation hingegen braucht nicht vollständig isomorph zu sein, das heißt, sie braucht (im Sinne der isomorphen Entsprechung) nur *einzelne* Gruppen von Elementen und Bezügen der untersuchten Theorie darzustellen.

Schließlich können die logischen Modelle sowohl abstrakte (formale) als auch konkrete (gegenständliche) Modelle sein. Während die konkreten logischen Modelle Systeme sind, die den Formalismus interpretieren, sind die abstrakten Modelle logische Kalküle (Zeichensysteme), die eine Interpretation erfordern.[13] Somit trifft die Bezeichnung Modell nicht nur auf die Interpretation einer formalen Theorie zu, sondern auch der Formalismus der Theorie selber wird nicht selten in der Funktion eines abstrakten logischen Modells betrachtet, wie dies in der mathematischen Linguistik, in der Theorie der abstrakten Automaten und in anderen Wissenschaftszweigen üblich ist.[14] Zumindest erscheint es vom Standpunkt des gesunden Menschenverstandes weit logischer, die Zeichensysteme als Modelle anzusehen, denn der Plan (die Karte) von Kiew ist in höherem Maße ein Modell der Stadt als diese selber, ebenso wie der Gipsabdruck von einem Menschen und nicht der Mensch selber ein Modell zu nennen ist.

13 Anders ausgedrückt man versteht, unter einem abstrakten (formalen) logischen Modell Zeichensysteme, die bei der Interpretation realisiert werden, d. h. eine (in den Grenzen von Wahrheit und Falschheit) genauere theoretische Beschreibung der Objekte liefern.

14 Eingehender über das abstrakte (formale) logische Modell siehe bei *А. А. Зиновьев, И. И. Ревзин*, Логическая модель как средство научного исследования, in: Вопросы философии, 1960, 1.

Wenn bei der Untersuchung eines Formalismus oder einer formalen Theorie eine spezielle Interpretation Modell genannt werden kann, so handelt es sich um eine eigenartige „Umkehrung der Methode". Fungiert ein Formalismus bei uns als *Mittel der Forschung*, dann kann er als Modell einer gegenständlichen Theorie angesehen werden, tritt dieser Formalismus aber auf als *Gegenstand der Forschung* (die mittels der Interpretation durchzuführen ist), so kann eine der Interpretationen des betreffenden Formalismus Modell genannt werden.

In Rahmen der modellierenden Interpretation ist der Unterschied zwischen Modell und Interpretation relativ. Deshalb kann diese Art des Forschens nach den Bedeutungen der theoretischen Termini auch „modellierendes" Forschen genannt werden. Es gibt jedoch eine andere Unterart der semantischen Interpretation, in der der Unterschied zwischen Modell und gegenständlicher Theorie (als Interpretation eines logistischen Systems) wesentlich ist.[15] Unabhängig davon erschöpft sich eine Untersuchung der modellierenden Interpretation auch nicht durch ihre Charakteristik als Modell, da sich das Modell als eine besondere Komponente des gesamten Systems der Bedeutungssuche erweist.

Analysiert man die Komponenten der modellierenden Interpretation, dann darf man nicht übersehen, daß die Axiomatik einer zu interpretierenden Theorie nicht in direkter Beziehung zu den Objekten steht, die durch die Interpretation enthüllt werden. Wenn man in der Geometrie, worauf David Hilbert scherzhafterweise hingewiesen haben soll, die Wörter „Punkt", „Gerade" und „Fläche" durch die Wörter „Tisch", „Stuhl" und „Bierseidel" ersetzt, dann ändert sich tatsächlich in der Axiomatik der geometrischen Theorien nichts.

Die Axiomatik einer zu interpretierenden Theorie bezieht sich weniger auf die Objekte des Interpretationsfeldes, sie charakterisiert vielmehr die abstrakte Struktur oder Form, die als Invariante aller isomorphen Interpretationen einer gegebenen axiomatischen Theorie gewonnen werden kann. So kennzeichnet beispielsweise das Axiomensystem der Arithmetik von Giuseppe Peano eine abstrakte natürliche Reihe, d. h. eine bestimmte Form, der sowohl die Menge der natürlichen Ordnungszahlen als auch die Menge der hierarchisch wachsenden Systeme der astromonischen Objekte

[15] Nach Alonzo Church (sowie nach der Nomenklatur anderer Autoren) wird der Terminus „Modell" nur dann verwendet, wenn es sich um die Interpretation des *Axiomensystems* einer *Theorie* handelt. In allen anderen Fällen, beispielsweise bei der Untersuchung eines logistischen Systems, wird der Terminus „Interpretation" verwendet.

im Universummodell von Carl Wilhelm Ludwig Charlier und die Menge der choronologisch wachsenden Generationen vom Typ „Sohn“, „Vater“, „Großvater“, „Urgroßvater“ usw., wenn wir sie für unendlich halten, subsumiert ist.

Solche Interpretationen der Axiomatik von Peano gibt es unendlich viele, aber sie werden durch eine für jede dieser Interpretationen gemeinsame abstrakte Form hervorgebracht, die durch das betreffende Axiomensystem ausgedrückt wird. Das Vorhandensein einer derartigen abstrakten Form gestattet es uns, die Gesamtmenge der isomorphen Interpretationen als *eine* abstrakte Interpretation anzusehen, die wir, hierin Stephen Cole Kleene folgend, *abstraktes System der Objekte* oder Repräsentanz der abstrakten Objekte nennen.

Die Bestimmung eines abstrakten Objektsystems ermöglicht es uns auch, die axiomatische Theorie mit ihren Interpretationen, d. h. mit konkreten Objektsystemen zu verknüpfen. Dabei ist zu berücksichtigen, daß, wenn die axiomatische Theorie *ein* abstraktes System von Objekten hat, dies bedeutet, daß sämtliche Interpretationen von ihr isomorph sind. Weist die axiomatische Theorie dagegen mehrere abstrakte Objektsysteme auf (solche Fälle sind nicht ausgeschlossen), so besagt dies, daß es keine Isomorphie unter allen ihren Interpretationen gibt.

Das abstrakte Objektsystem ist mithin eine wichtige und unbedingt notwendige Komponente der modellierenden Interpretation. Es fixiert die Beziehungen, die die Objekte verknüpfen, über deren Natur wir außer der Struktur ihres wechselseitigen Zusammenhangs nichts wissen. „. . .jede weitere Spezifikation dessen, was die Objekte sind, gibt“, wie Kleene unterstreicht, „eine *Repräsentanz* (oder ein *Modell*) des abstrakten Systems“ („. . . any further specification of what the objects are gives *representation* — or *modell* — of the abstract system“),[16] das eben als Interpretation der untersuchten axiomatischen Theorie fungiert. Die Interpretation ist folglich an den Übergang von der untersuchten axiomatischen Theorie zum abstrakten Objektsystem und von ihm zum Modell als einer der möglichen näheren Bestimmungen dieses Systems gebunden. So erwies sich beispielsweise die geometrische Interpretation der Arithmetik der komplexen Zahlen als möglich, weil in der Menge dieser arithmetischen Elemente die abstrakte topologische Struktur der euklidischen Fläche (das heißt ein abstraktes System von Objekten geometrischer Bezüge) entdeckt wurde, deren Spezifikation es ermöglichte, ein Modell der komplexen Zahl mittels der Flächenvektoren zu schaffen.

[16] *Stephen Cole Kleene*, Introduction to Metamathematics, Amsterdam 1952, p. 25.

Neben dem Modell und dem abstrakten System der Objekte gehört zu den besonders wichtigen Komponenten der modellierenden (und nicht nur der modellierenden) Interpretation auch die *Metasprache*, das heißt die Sprache, in der wir Schlußfolgerungen über die zu interpretierende Theorie ziehen.

Um die Interpretation eines gegebenen Systems zu bestimmen, sind Regeln der Bezeichnung und Regeln der Wahrheit (oder verallgemeinert *semantische Regeln*) erforderlich, mit deren Hilfe die Einsetzung der Bedeutungen in seine Formeln vorgenommen wird und wahre Aussagen in ihrem Interpretationsfeld gewonnen werden, das heißt, es erfolgt eine „Vergegenständlichung" der formalen Konstruktionen. Diese semantischen Regeln müssen in einer Metasprache, das heißt über die Grenzen des untersuchten Systems und seiner Interpretation hinaus formuliert werden, denn nur so erweist es sich als möglich, es einem Objektsystem gegenüberzustellen und zu bestimmten, sich aus einem solchen Vergleich ergebenden Aussagen zu kommen. Deshalb muß die Metasprache naturgemäß ausdrucksvoller, umfassender als das ganze zu interpretierende theoretische Gebiet sein.

Die Metasprache wird gewöhnlich – mit Ausnahme von Sonderfällen, die für die logische Semantik charakteristisch sind –[17] nicht formalisiert und als inhaltliches System angesehen, dessen Sätze intuitiv klar erfaßbar, verständlich und überzeugend sind. Auf diese Weise werden wir im Prozeß der Interpretation eines formalen Systems oder einer formalen Theorie nicht nur im Interpretationsfeld, sondern auch auf der Ebene der Metasprache (Metatheorie) mit einem bestimmten Inhaltsbereich konfrontiert.

Die Rolle dieser beiden Inhaltsbereiche im System der Interpretation beispielsweise einer axiomatischen Theorie ist unterschiedlich. Während das Interpretationsfeld der Realisierungsbereich der Theorie ist, ist die Metasprache der Bereich, der diese Realisierung voraussetzt. Ohne Voraussetzung (oder Vorwegnahme) der Interpretation in der Metasprache wird keine Axiomatik aufgebaut. „So wie die experimentelle Methode", schreibt hierzu Nicolas Bourbaki, „vom Glauben . . . an die Beständigkeit der Naturgesetze ausgeht, stützt sich die axiomatische Methode auf die Übereinkunft, daß die Mathematik, wenn sie keine Aneinanderreihung von

[17] Durch den Gebrauch einer formalisierten Metasprache unterscheidet sich speziell auch die logische Semantik (die gleichfalls als Theorie der zu interpretierenden Systeme fungiert) von der Theorie der Interpretation als allgemeiner methodologischer Disziplin, die Gegenstand unserer Untersuchung ist (siehe *Alonzo Church*, Introduction to Mathematical Logic, vol. 1, p. 64–65).

zufällig abrollenden Sylligosmen ist, auch keine Sammlung von mehr oder weniger 'raffinierten' Tricks ist . . ." („De même que la méthode expérimentale part de la croyance . . . en la permanence des lois naturelles, la méthode axiomatique trouve son point d'appui dans la convention que, si les mathématiques ne sont un enchaînement de syllogismes se deroulant au hasard, elles ne sont pas davantage une collection d'artifices plus ou moins 'astucieux' . . .").[18]

Diese Zuversicht in die Realisierbarkeit unserer theoretischen Konstruktoren (Operatoren) bildet auch das für die Metasprache typische Prinzip „der Präsumtion des Sinnvollen"[19]. Die semantischen Regeln des Metabereichs bestimmen den Sinn und die Sphäre der möglichen Beziehungen, die durch die Formeln und Symbole der Theorie ausgedrückt werden, stets auf indirekte Weise, das heißt sie geben an, „wie (nicht so sehr was) ein Name bezeichnet" („how – rather than what – a name denotes")[20]. Während also die Metasprache implizit den Sinn (die Konzepte oder allgemeinen Begriffe) richtig konstruierter Ausdrücke bestimmt, bestimmt die Interpretation vor allem deren Bedeutung (die Denotate), wodurch zugleich auch Präzisierungen in die Sinnauffassung hineingetragen werden. Der Vorstellungsebene der Konzepte in der Metasprache entspricht mithin die Bestimmungsebene der Bedeutungen im Interpretationsfeld.

In einigen Fällen wird die Metatheorie (Metasprache) als „finite Metalogik" konstruiert. Das bedeutet, daß die Metasprache auf die Mittel des Hilbertschen Finitismus beschränkt ist, das heißt sie wird formuliert auf der Grundlage der Abstraktion der potentiellen Realisierbarkeit und der Eliminierung der aktualen Unendlichkeit sowie der Verweisung auf die Methoden der Konstruktion von abstrakten Objekten. Die Metasprache setzt also unter gewissen Umständen die genetische (konstruktive) Methode als Hilfsmittel bei der Interpretation einer axiomatischen Theorie voraus.

Wenn man die modellierende Interpretation und ihre Komponenten im ganzen charakterisiert, dann darf man nicht bei den grundlegenden Aufgaben und Funktionen dieser Art Realisierung der Theorie in der wissenschaftlichen Forschung stehenbleiben. Sie ist historisch entstanden und wird bis heute nicht nur als Mittel zur Bestimmung der Objekte deduktiver Theorien angewendet, sondern auch als spezifisches (und in der vor-Hilbertschen Mathematik einziges) Mittel zur Bestimmung der Widerspruchsfreiheit einer axiomatischen Theorie, was vom logisch-mathe-

[18] *Nicolas Bourbaki*, L'Architecture des Mathématiques, a. a. O., p. 37–38.
[19] *И. И. Ревзин*, Модели языка, Москва 1962, стр. 17.
[20] *Alonzo Church*, Introduction to Mathematical Logic, vol. 1, p. 54 (Anm.).

matischen Gesichtspunkt aus gleichbedeutend mit der Bestätigung ihrer Realisierbarkeit ist.[21] So war z. B. die Widerspruchsfreiheit der nichteuklidischen Geometrie bewiesen, als es gelungen war, ihr euklidisches Modell zu finden. Da aber die euklidische Geometrie ihrerseits an arithmetischen Modellen interpretiert wird, wurde es möglich, die Exaktheit der nichteuklidischen Geometrie auf den Genauigkeitsgrad der Arithmetik der wirklichen und schließlich der natürlichen Zahlen zurückzuführen.

Die Möglichkeit, derartige Konstruktionen zu verwirklichen, ist auf Grund einer bemerkenswerten Fähigkeit der Interpretation gegeben, nämlich der Eigenschaft der Transitivität, dank der die *Interpretation der Interpretation* einer Theorie als ein Modell der gegebenen Theorie angesehen werden kann. Diese Eigenschaft macht die Erforschung der Widerspruchsfreiheit der Theorie mittels der Konstruktion einer ganzen Kette von Interpretationen, die die Widerspruchsfreiheit einer Theorie auf die einer anderen Theorie usw. zurückführen, zu einer realen Aufgabe. Diese Kette von Zurückführungen einer Theorie auf eine andere, um die eindeutigste Widerspruchsfreiheit eines Systems zu finden, erfordert aber das Bestehen einer *Basis der Widerspruchsfreiheit*, das heißt einer solchen Ebene, auf der der Beweis der Widerspruchsfreiheit „absolut" erscheinen könnte.

Für diese Basis der Widerspruchsfreiheit wird in der modernen Wissenschaft – bestimmt durch eine Reihe von Umständen – die Arithmetik der natürlichen Zahlen gehalten. Erstens ist die Widerspruchsfreiheit der Arithmetik der reellen Zahlen durch die gesamte jahrhundertelange Praxis der Menschheit bewiesen. Zweitens läßt jede Theorie, die eine Interpretation zuläßt, entsprechend dem Löwenheimschen Theorem eine Interpretation auch im Bereich der natürlichen Zahlen zu.

Mithin muß der bis jetzt behandelte Komplex der fundamentalen Komponenten der modellierenden Interpretation noch durch eine weitere ergänzt werden, nämlich durch die Basis der Widerspruchsfreiheit. Als Ergebnis erhalten wir eine vollständige Vorstellung vom

[21] Es wird angenommen, daß eine Theorie widerspruchsfrei ist, wenn ihr wenigstens *ein* Modell entspricht. Mit Hilfe der Interpretation wird auch das Problem der Unabhängigkeit der Axiome einer deduktiven Theorie und ihrer Vollständigkeit gelöst. Dabei gilt die Unabhängigkeit des Axioms in einem axiomatischen System als bewiesen, wenn es gelungen ist, einer axiomatischen Theorie, die aus dem betreffenden System durch Austausch des untersuchten Axioms gegen seine Negation gewonnen wurde, eine Interpretation zu geben. Was die Vollständigkeit eines Axiomensystems anlangt, so wird diese bei abgeschwächter Auslegung durch den Nachweis des isomorphen Charakters aller Interpretationen des besagten Systems bestimmt.

Komponentensystem der betreffenden Interpretation, das unserer Auffassung nach einschließt: 1. die untersuchte Theorie, 2. die Metasprache, 3. das abstrakte Objektsystem, 4. das Modell (als Bestimmung dieses Systems im Interpretationsfeld), 5. die Basis der Widerspruchsfreiheit der Theorie und ihrer Modelle.

Die Tatsache, daß die Basis der Widerspruchsfreiheit eine notwendige Bedingung ist, erwies sich als anfechtbarste Seite der modellierenden Interpretation. Das liegt daran, daß die Arithmetik der natürlichen Zahlen ihrerseits mit Hilfe der Mengentheorie begründet wird. Die dramatischen Ereignisse in der Mathematik gegen Ende des 19. und zu Beginn des 20. Jahrhunderts, die unter der Bezeichnung „große Grundlagenkrise“ bekannt sind, haben aber gezeigt, daß die Mengentheorie die Abstraktion der aktualen Unendlichkeit zuläßt und deshalb mit Paradoxien belastet ist, die den Satz vom ausgeschlossenen Dritten in Zweifel stellen. Es wurde nachgewiesen, daß wir auf Grund der Abstraktion der aktualen Unendlichkeit im Rahmen der Mengentheorie „auf keine Weise aus dem Beweise der Existenz eines Objekts Angaben über das Objekt selber herleiten können“ („we have here an example of a proof of the existance of some object which we have no means of exhibiting“)[22].

Das führt seinerseits zu einer wesentlichen Beschränkung der Möglichkeiten der modellierenden Interpretation und sogar zur Ablehnung der Modellmethode als Mittel zur Erforschung der Widerspruchsfreiheit durch eine Anzahl sehr bedeutender Mathematiker. David Hilbert versuchte eine neue Methode zu finden, die sich von der Interpretation unterscheidet, eine Methode, die die Konstruktion des Formalismus einer Theorie (als eines Systems von Zeilen bestimmter Symbole und Operationen über diesen Zeilen) vorsieht, in welchem man mittels Beschreibung aller möglichen Transformationen der Formeln und der Formen der Deduktion aus ihnen das Vorhandensein oder das Fehlen von Widersprüchen im System unmittelbar nachweisen kann.

Hilberts Methode erwies sich jedoch, wie Kurt Gödel klarmachte, als sehr begrenzt, da die Frage nach der Widerspruchsfreiheit eines Formalismus nicht vollständig durch Mittel entschieden werden kann, die dem betreffenden Formalismus angehören. Außerdem erfordert die Erforschung

[22] *П. С. Новиков*, Элементы математической логики, Москва 1959, стр. 19; engl. zit. nach: *P. S. Novikov*, Elements of Mathematical Logic. Transl. by L. F. Boron. With a pref. and notes by R. L. Goodstein, Edinburgh 1964, p. 6. (Wir bringen die englische Fassung des Zitats nur zum Vergleich. Die Sinnwiedergabe durch den englischen Übersetzer erscheint uns zu frei, wenn nicht sogar abweichend. – *D. Ü.*)

der Widerspruchsfreiheit einer Theorie als eines Systems von Symbolen, die des Inhalts ermangeln, die Einführung des semantischen Begriffs der Negation (das heißt die Zuordnung einer Bedeutung zu dieser Operation, was an die Interpretation durch die Objekte „Wahrheit“ und „Falschheit“ gebunden ist). Man kann diese Schwierigkeit, wie P. S. Nowikow betont, umgehen, wenn man die Erforschung der Widerspruchsfreiheit eines Formalismus durch die Untersuchung einer annalogen Aufgabe ersetzt – die Bestimmung der Leere eines Formalismus durch den Beweis der Ableitbarkeit jeder Gleichheit aus ihm. Aber auch eine solche Methode verlangt zumindest eine zahlenmäßige Interpretation.

In keiner Variante kommt man bei Anwendung der Hilbertschen Formalisierungsmethode um die Notwendigkeit herum, schließlich doch auf die Interpretation zurückzugreifen. Aber die Methode Hilberts ermöglicht es, die Frage nach der Interpretation einer untersuchten Theorie auf die Interpretation ihres Formalismus zurückzuführen. Die Interpretation eines Formalismus kann man indes in solcher Form darstellen, daß die Frage nach der Widerspruchsfreiheit für sie entfällt oder sich außerordentlich vereinfacht.

Somit hat Hilbert, als er gegen die Methode der Interpretation anging, im Grunde genommen die Begrenztheit der modellierenden Interpretation gezeigt und kam (was in der logischen Literatur noch nicht gebührend beachtet wurde) zu einer neuen Form der Interpretation, für welche die auf die Notwendigkeit der Basis der Widerspruchsfreiheit zurückzuführende Begrenztheit der Modellmethode entfällt. Diese Interpretation sieht bereits nicht mehr die direkte, unmittelbare Bestimmung des Verhältnisses einer Theorie zur anderen vor, sondern die Schaffung eines Formalismus, einer syntaktischen Darstellung der untersuchten Theorie und einer Interpretation dieses Formalismus an einem Gegenstandsbereich der Theorie, der sich von dem Ausgangsbereich unterscheidet.[23]

Wir erhalten also zum Unterschied von der modellierenden Interpretation, bei der Theorie und Modell (mit Hilfe der Metasprache, des abstrakten Objektsystems und der Annahme einer Basis der Widerspruchsfreiheit) gegenübergestellt werden, drei Glieder: 1. die zu untersuchende Theorie, 2. ihre syntaktische Darstellung (logistisches System), 3. die Inter-

[23] Außer der Funktion der „Vergegenständlichung“ der Theorie, die die Interpretation hat, dient diese hier als korrigierendes Moment, das die Begrenztheit des Formalismus als Methode der Erforschung der Widerspruchsfreiheit aufhebt.

pretation des logistischen Systems, die gleichzeitig als indirekte Interpretation der zu untersuchenden Theorie fungiert. Dieser Unterschied läßt eine besondere Unterart der semantischen Interpretation entstehen, die wir *indirekte Interpretation* nennen, das heißt Interpretation durch ein logistisches System.

Die indirekte Interpretation besitzt, wie aus dem Obengesagten hervorgeht, eine Reihe von spezifischen Besonderheiten. Außer der Beseitigung der Basis der Widerspruchsfreiheit bedarf sie (weil sie den Nachdruck auf die Konstruktion eines Formalismus legt, der ein Mittel zur Untersuchung der Widerspruchsfreiheit ist) der Metasprache, die nur in Gestalt der finiten Metalogik Hilberts formuliert ist. Ferner verliert in der indirekten Interpretation die Identifizierung von Interpretation und Modell ihren Sinn, da der Formalismus als Mittel der Untersuchung auftritt und in diesem Zusammenhang in der Funktion eines abstrakten logischen (durch Zeichen dargestellten) Modells betrachtet werden kann. Das semantische Modell, in anderen Fällen als Interpretation angesehen, spaltet sich hier auf in ein Zeichenmodell und in die semantische Darstellung (Interpretation) des Zeichenmodells. In der indirekten Interpretation wird auch festgestellt, daß die beiden vergleichbaren Theorien (die Ausgangstheorie und diejenige, über die durch die Interpretation Klarheit geschaffen wird) ein und dieselbe logische Form besitzen, die durch den Formalismus fixiert wird, durch den die Theorien verglichen werden.

Um einen Formalismus zu konstruieren, mit dessen Hilfe die indirekte Interpretation vorgenommen wird, ist es zunächst erforderlich, die zu untersuchende Theorie (nennen wir sie „Theorie *A*“) in ein logistisches System zu transformieren, das heißt ihre Form auszusondern. Hierfür müssen wir in allen Sätzen der Theorie *A* die primären Termini durch entsprechende Variable ersetzen und ihre Aussagen in Funktionen-Aussagen verwandelnt, die als freie Variable die Symbole enthalten, durch die die primären Ausdrücke ersetzt wurden. Wenn wir dann zur unmittelbaren Interpretation des erhaltenen Systems schreiten, suchen wir eine andere Theorie, die Theorie *B*, deren primäre Termini in die angegebenen Funktionen-Aussagen eingesetzt werden können, indem wir sie in Sätze mit einer bestimmten logischen Valenz umwandeln. Erhalten wir bei einer solchen Einsetzung von den Funktionen-Aussagen des logistischen Systems Aussagen, die Theoreme der Theorie *B* oder sogar Axiome anderer Theorien, nämlich der Theorien *C*, *D*, *E* usw., sind, so nehmen wir an, daß wir dadurch nicht nur die Interpretation des logistischen Systems, sondern auch die Interpretation der Theorie *A* im Rahmen der Theorie *B* (oder der Theorien *C*, *D*, *E* usw.) gefunden haben.

Durch das Verfahren der indirekten Interpretation kommen wir auf der Ebene des logistischen Systems zu einer Verallgemeinerung der Prinzipien der untersuchten Theorie, die es erlaubt, der Theorie im Interpretationsfeld des gegebenen logistischen Systems dem Logikbereich angehörende allgemeine logische Sätze (Gesetze) gegenüberzustellen. Das hängt damit zusammen, daß bei der Interpretation des logistischen Systems die Notwendigkeit einer vorhergehenden Realisierung der untersuchten Formeln an den abstrakten Objekten „Wahrheit" und „Falschheit", die sich in anderen Formen der Interpretation in impliziter Form äußert, als die starke Forderung auftritt, den ganzen logischen Bereich als integrierenden, fixierten Teil des Interpretationsfeldes zu finden.

Darüber hinaus wird, wenn sich die untersuchte Theorie so vereinfachen läßt, daß man im Prozeß der Konstruktion ihres logistischen Systems die außerlogischen Konstanten vernachlässigen kann, oder wenn man annehmen kann, daß alle in den Axiomen der Theorie enthaltenen bestimmbaren Termini als logische Konstanten dargestellt werden können, ihre indirekte Interpretation selber im Rahmen der Logik bestimmt. So erwiesen sich beispielsweise Systeme vom Typ der ,,Principia Mathematica"[23a] als möglich auf Grund der Aufgabe, die der axiomatisierten Arithmetik des logistischen Systems gestellt war, dessen Realisierung sich gleichzeitig als Interpretation der Arithmetik im Rahmen der Logik manifestierte.

Jedoch auch bei Fehlen der angegebenen Bindungen gestattet es die durch das logistische System zu erreichende Verallgemeinerung stets, im Interpretationsfeld einer durch einen Formalismus interpretierten deduktiven Theorie eine bestimmte Logik herauszustellen. Diese Gesetzmäßigkeit erhielt in den deduktiven Wissenschaften einen strengen Beweis und ist als Theorem von Alfred Tarski bzw. als „Deduktionsgesetz" (oder „Deduktionstheorem") formuliert worden.

Ausgehend von dem von ihm aufgestellten Theorem begründet Tarski die folgende sehr wichtige methodologische Regel der Interpretation: „. . .*alle auf Grund eines gegebenen Axiomensystems bewiesenen Theoreme bleiben bei jeder Interpretation des Systems gültig.*" („. . .*wszelkie twierdzenia, uzasadnione na gruncie przyjętego układu pewników, zachowują swą moc we wszystkich interpretacjach tego układu.*")[24]

[23a] *A. N. Whitehead* and *Bertrand Russell,* Principia Mathematica, Cambridge 1910—1913.

[24] *Alfred* Tarski, O logice matematycznej i metodzie dedukcyjnej, str. 88; deutsch zit. nach: *Alfred Tarski,* Einführung in die mathematische Logik, 2., neubearb.

Wenn sich aber jedes Spezialtheorem einer Theorie, die eine Interpretation zuläßt, als richtig für alle Interpretationen erweist – und deren kann es viele geben –, so erweitert sich dadurch ihr Wirkungsbereich, und es wird ein gewisser Allgemeinheitsgrad in den Beweisen der betreffenden Theoreme erreicht. Daraus folgt, daß jeder der untersuchten Sätze „als ein viel allgemeineres Argument aufgefaßt werden" kann, „das gar nicht mehr zu der betreffenden Theorie, sondern zur Logik gehört"[25]. Dieser Umstand bestimmt auch die heuristische Funktion der indirekten Interpretation als Mittel zur Erklärung und Untersuchung der „angewandten Logik" der konkreten wissenschaftlichen Theorien, als wichtigen Faktor der methodologischen Begründung unserer Beweise.

In der Tat entfällt, insoweit festgestellt ist, daß alle Beweise der Theoreme der Ausgangstheorie in allen Interpretationen des logistischen Systems dieser Theorie ihre Stärke behalten, das Erfordernis eines Beweises für alle Theoreme anderer Systeme, die dem gegebenen genügen. Es braucht lediglich der Nachweis geführt zu werden, daß die erhaltenen Theoreme den Theorien angehören, die in dem Interpretationsfeld des logistischen Systems der uns bekannten Theorie einbegriffen sind, um diese Theoreme als bewiesen anzusehen.

Die indirekte Interpretation führt somit zu einer besonderen Beweisart, die wir *indirekten Beweis* nennen. Dadurch entfällt die Notwendigkeit, Sätze nochmals zu beweisen, die der Form nach identisch sind, sich aber dem Inhalt nach unterscheiden, was die Lösung bestimmter Aufgaben beträchtlich vereinfacht und zum Fortschritt des forschenden Denkens beiträgt.

Die empirische Interpretation

Die semantische Interpretation, die wir bis jetzt betrachtet haben, bestimmt die abstrakten Objekte eines Systems des theoretischen Wissens. In der Wissenschaft ist es aber nicht nur erforderlich, die abstrakten Objekte einer Theorie zu bestimmen, sondern auch die Frage zu entscheiden, ob den Begriffen der Theorie empirische Objekte entsprechen, ob die Termini unserer theoretischen Sprache einen empirischen Inhalt besitzen.

Aufl. Auf Grund d. engl. u. französ. Ausg. u. d. Ergänzungen d. Verf. übers. v. E. Scheibe, Göttingen 1966, S. 136.

25 Ebenda, S. 135. (In dem polnischen Original und der ersten deutschen Ausgabe von 1937 ist die zitierte Stelle nicht enthalten. – *D. Ü.*)

Das in der Lösung solcher mit dem Forschen nach den empirischen Bedeutungen der theoretischen Termini (Terme) der untersuchten Systeme zusammenhängenden Aufgaben bestehende Verfahren wird *empirische Interpretation* genannt.

Im Gegensatz zur semantischen Interpretation, die die Bedeutungen im theoretischen Vorstellungsbereich der Objekte enthüllt, überführt die empirische Interpretation das Wissen aus der theoretischen Sphäre auf die Ebene der empirischen Sprache, d. h. in die Sprache der Experimente. Die empirische Interpretation ist deshalb eine solche Definition der Terme eines theoretischen Systems, bei der als dessen Bedeutungen die experimentellen Beobachtungsergebnisse der Objekte auftreten, die als „Tatsachen" (Sachverhalte, Fakten) oder als durch entsprechende Termini unseres Systems bezeichnete „Denotate" angesehen werden.

Die moderne Naturwissenschaft bedient sich weitgehend der Methode der empirischen Interpretation, denn unter bestimmten Umständen fungiert sie als notwendige Bedingung für die Formulierung wissenschaftlicher Theorien. Heisenberg bezeugt dies z. B. mit folgenden Worten: „In der theoretischen Physik versuchen wir, Gruppen von Erscheinungen zu verstehen, indem wir mathematische Symbole einführen, die zu den Tatsachen, nämlich zu den Ergebnissen von Messungen, in Beziehung gesetzt werden können." („In theoretical physics we try to understand groups of phenomena by introducing mathematical symbols that can be correlated with facts, namely, with the results of measurements.")[26]

Die empirische Interpretation ist keine gewöhnliche Abbildung einer nichtinterpretierten Theorie auf eine andere, uns bekannte. Sie erfolgt mittels Bestimmung des Zusammenhangs zwischen dem durch einen Komplex von mathematischen Symbolen und ihren Beziehungen (Formeln) dargestellten Formalismus des untersuchten Abstraktionsbereichs, d. h. der „theoretischen Sprache", und bestimmten experimentellen Daten, einem Komplex von empirischen Aussagen, d. h. der „Sprache der Beobachtungen". Diesem Zusammenhang wird als hypothetisch-deduktives System, in dem die theoretischen Terme mit empirischen Effekten verknüpft sind, eine logische Form gegeben.[27]

[26] *Werner Heisenberg*, Physics and Philosophy. The Revolution in Modern Science, London 1959, p. 149; deutsch zit. nach: *Werner Heisenberg*, Physik und Philosophie [Übers. aus d. Engl.], Stuttgart 1959, S. 165.

[27] Die Frage des hypothetisch-deduktiven Schemas als logischer Struktur der empirischen Interpretation und der Besonderheiten einer solchen Konstruktion wird in einer Reihe von Arbeiten sowjetischer Logiker beleuchtet. (Siehe beispielsweise *П. В. Таванец*, Некоторые проблемы логики научного

Als allgemeine Grundlage für den Vergleich der „theoretischen Sprache" und der „Sprache der Beobachtungen", ja sogar als Grundlage für die Überführung der einen sprachlichen Daten in andere dient in der Struktur der empirischen Interpretation die Festlegung des *Zahlenwertes* der Formeln und empirischen Daten. Wenn festgestellt wird, daß die Zahlenbedeutungen der Formeln der „theoretischen Sprache" und die Zahlenausdrücke der empirischen Daten in der „Sprache der Beobachtungen" vergleichbar oder identisch sind, dann wird dadurch als bewiesen angesehen, daß sich die Formeln durch beobachtbare Effekte interpretieren lassen.

Die empirische Interpretation ist somit der Forderung subsumiert, daß die sich aus den Formeln der „theoretischen Sprache" ergebenden Situationen beobachtbar und voraussagbar sein müssen. Diese Forderung setzt voraus, daß theoretische Termini auf der Grundlage beobachtbarer Effekte bestimmt werden können, was die Möglichkeit der gewöhnlichen Definitionsverfahren ausschließt. Deshalb werden für die Vornahme der empirischen Interpretation besondere *operationale Bestimmungen* (Operationaldefinitionen) der Termini eingeführt, d. h. Definitionen durch Verweisungen auf die experimentellen Operationen, mit deren Hilfe uns das durch den Terminus benannte Objekt in der Erfahrung gegeben ist, gemessen, fixiert oder reproduziert wird. So kann man z. B. die Temperatur operational bestimmen als Erscheinung, die auf der Thermometerskala registriert wird, und die Länge gleicherweise definieren durch die Operationen, mit deren Hilfe sie gemessen wird. Sogar der abstrakte Begriff der „Ausdehnung des Universums" wird operational bestimmt als „Rotverschiebung" der Spektrallinien außergalaktischer Gasnebel.

Im System der empirischen Interpretation müssen die Ausgangstermini der „theoretischen Sprache", die die primären Ausdrücke nur unklar bestimmen (in diesem Falle spricht man gewöhnlich von axiomatischen Definitionen), mit operationalen Begriffsbestimmungen koordiniert sein. Dabei wird die Reihe der Operationen auf der Ebene der operationalen Definitionen als äquivalent der Symbolreihe auf der Ebene der axiomatischen Definitionen angesehen.

Es muß jedoch betont werden, daß die Operationaldefinitionen nicht den gesamten Inhalt eines Terminus enthüllen, sondern mehr eine Teilexpli-

исследования, in: Вопросы Философии, 1962, 10; *В. С. Швырев*, Неопозитивистская концепция эмпирического знания и логический анализ логического знания, in: Философские вопросы современной формальной логики, Москва 1962; *В. Н. Садовский*, Проблемы методологии дедуктивных теорий, in: Вопросы философии, 1963, 3.)

kation von ihm sind. Außerdem lassen sich nicht alle Begriffe operational bestimmen, nicht einmal teilweise, wie z. B. der Begriff der „negativen Wahrscheinlichkeit" und viele andere Begriffe.

Deshalb ist es erforderlich, für die Durchführung der empirischen Interpretation zuerst ein Verzeichnis der „beobachtbaren" Größen aufzustellen und die theoretische Sprache durch ein konzeptuales Netz von Termini so auszugestalten, daß diejenigen von ihnen, die sich empirisch ausdrücken lassen (d. h. die Termini beobachtbarer Erscheinungen sind), als Folgerungen aus dem gesamten System der theoretischen Sprache auftreten können.

Das besagt, daß die empirische Interpretation eine *Teilinterpretation* ist. Bei ihrer Anwendung werden eigentlich nur die Termini für beobachtbare Erscheinungen, d. h. für Folgerungen der theoretischen Sprache, unmittelbar interpretiert; was aber die Basisausdrücke des Formalismus betrifft, so werden sie nicht an sich, sondern in ihrem ganzheitlichen System, durch logische Verknüpfung mit „beobachtbaren Größen" interpretiert. Auf Grund dessen, daß die einzelnen Basisausdrücke nicht unmittelbar empirisch interpretiert werden können, entstehen Situationen, wo es bei Inkongruenz der Daten eines Experiments mit einigen Folgerungen der theoretischen Sprache nicht mehr möglich ist, die Frage: Welche Ausgangsaussagen aus der Gesamtmenge der Aussagen einer Theorie sind falsch? eindeutig zu beantworten.

In solchen Fällen muß man das *ganze* System als unvollständig, unwahr und deshalb auch als nichtinterpretierbar ansehen und die Kongruenz der theoretischen Sprache mit dem Experiment durch Veränderung des betreffenden Systems herzustellen suchen. Wir sind infolgedessen dazu gezwungen, das Schicksal der ganzen Theorie mit den experimentellen Einzeleffekten zu verknüpfen, die bei dem für ein modernes Experiment charakteristischen Operieren mit äußerst kleinen und äußerst großen Größen in hohem Grade der Gefahr von Fehlmessungen ausgesetzt sind.

Somit ist die empirische Interpretation recht begrenzt, sie leidet an Unvollständigkeit und erhebt sich nicht auf die Stufe der Allgemeinheit der interpretierten Theorie. Trotz all ihrer Mängel müssen wir aber in Betracht ziehen, daß in der modernen Wissenschaft „jede physikalische Theorie aus zwei (miteinander zusammenhängenden) Teilen besteht: aus dem mit Symbolen (Zahlen, Operatoren und dergleichen) operierenden mathematischen Teil und aus Meßverfahren, die diese Symbole mit den Objekten der Natur verbinden",[28] d. h. daß die Theorie als empirische Interpretation eines Formalismus fungiert.

[28] *Л. И. Мандельштам*, Лекции по основам квантовой механики, in: *Л. И. Мандельштам*, Полное собрание трудов, т. 5, Москва 1950, стр. 393.

Mit Hilfe der empirischen Interpretation ist insbesondere die Quantenmechanik aufgebaut, deren Formalismus oder „die Theorie der Ψ-Funktion“, bemerkt Professor J. P. Terlezki, „als dem Prinzip der Beobachtbarkeit Genüge tragende Theorie der Verbindung von Daten der Makrogeräte gedeutet werden kann“[29]. Entsprechend diesem Prinzip werden in der Quantenmechanik als empirische oder physikalische Größen die „Koordinate“ und der „Impuls“ (sowie die „Teilchen“, die „Energie“, die „Feldstärke“, mittels deren andere physikalische Merkmale ausgedrückt werden können) ausgewählt, von denen jede operational definiert werden kann. So werden die „Koordinate“ und der „Impuls“ als Daten zweier Gerätetypen angesehen, von denen der eine die Teilchen nach ihrer Lage (nach ihrem Ort), der andere nach ihrem Impuls sortiert. Nur die gemeinsame (gleichzeitige) Beschreibung von Koordinate und Impuls läßt sich gemäß dem Unbestimmtheitsprinzip (Heisenbergsche Unschärferelation) nicht operational bestimmen.

Im Formalismusbereich der Quantentheorie werden diese empirischen Größen durch besondere Symbole mit der nicht-kommutativen Multiplikationsregel oder genauer gesagt durch lineare Operatoren charakterisiert. Der Operator läßt sich indessen nicht experimentell messen. Deshalb werden bei der empirischen Interpretation nicht die Operatoren in anschaulicher Weise definiert, sondern ihre Eigenwerte, die auch im Versuch gemessen werden. „. . . wir haben es hier“, betont Niels Bohr, „mit einem rein symbolischen Verfahren zu tun . . ., dessen eindeutige physikalische Deutung letzten Endes den Hinweis auf eine vollständige Versuchsanordnung erfordert.“ („. . . we are here dealing with a purely symbolic procedure, the unambiguous physical interpretation of which in the last resort requires a reference to a complete experimental arrangement.“)[30]

Die besagte Bedingung der empirischen Beobachtbarkeit vereinfacht sich erheblich, wenn sich die Eigenwerte des Operators als *Durchschnittswert* der physikalischen Größe erweisen, denn unter diesen Bedingungen werden die Aufgaben der Quantenmechanik nach dem „Korrespondenzprinzip“ in die Sprache der klassischen Physik überführt, d. h. in die Sprache der Daten von Makrogeräten.

[29] *Я. П. Терлецкий*, О нелинейном обобщении и интерпретации квантовой теории, in: Вопросы философии, 1959, 4, стр. 60.

[30] *Niels Bohr*, Quantum Physics and Philosophy — Causality and Complementarity, in: *Niels Bohr*, Essays 1958—1962 on Atomic Physics and Human Knowledge, New York-London 1963, p. 5; deutsch zit. nach: *Niels Bohr*, Atomphysik und Philosophie — Kausalität und Komplementarität, in: *Niels Bohr*, Atomphysik und menschliche Erkenntnis II. Aufs. u. Vortr. aus d. J. 1958—1962. Übers. v. S. Hellmann, Braunschweig 1966, S. 6.

Dementsprechend wird für die Kennzeichnung einer physikalischen Größe in der Quantenmechanik, beispielsweise bei dem Versuch, sie durch Angabe des Koordinatenwerts zu bestimmen, ein Frequenzgesetz für ihre Verteilung angenommen. Mit anderen Worten, es erfolgt eine gewisse statistische Behandlung, die durch die Wellenfunktion (die Psi-Funktion) oder die „Schrödingerschen Wellen" beschrieben wird.[31]

Dabei können ganzzahlige Lösungen der Wellengleichung (Schrödinger-Gleichung) für viele Teilchen als Teilchenzahl interpretiert werden, und die abstrakte Größe Ψ selber wird als Zustandsvektor (state vector) im höherdimensionalen Raum angesehen, dessen einzelne Dimensionen sich auf die verschiedenen Koordinaten aller zum System gehörenden Teilchen beziehen, während das Quadrat der Wellenfunktion $|\Psi^2|$ als Wahrscheinlichkeit des Auffindens eines Teilchens in einem bestimmten Intervall interpretiert wird.

Die dargelegte Interpretation der Quantenmechanik stützt sich wie die empirische Interpretation überhaupt auf drei wesentliche Bedingungen: 1. die Anwendung der Theorie, ihre empirische Auslegung darf nicht zu Widersprüchen führen; 2. die Interpretation muß eine *Basis der empirischen Offensichtlichkeit* haben, als die im Falle der Quantenmechanik die Vorstellungen der klassischen Physik fungieren;[32] 3. die empirische Interpretation muß auf der Grundlage von methodologischen Prinzipien durchgeführt werden, die den metasprachlichen Regeln der Wahrheit und Bezeichnung im System der semantischen Interpretation analog sind. Bei der Interpretation der Quantenmechanik werden solche Regeln als eine besondere Maßtheorie formuliert, die von Bohr und Heisenberg als Ergänzung zur Theorie der Psi-Funktion geschaffen wurde.

Die Heisenberg-Bohrsche Maßtheorie und die damit zusammenhängende Auffassung der Quantenmechanik wird gewöhnlich „Kopenhagener Deutung" genannt. Daraus folgt jedoch nicht, daß die einigen Vertretern der „Kopenhagener Schule" eigenen idealistischen philosophischen Zielsetzungen auch auf das Verfahren der Konstruktion der Quantenmechanik bezogen werden können. Idealistischen, positivistischen Sinn trägt nicht die empirische Interpretation der quantenmechanischen Theorie, sondern jene irrigen philosophischen Auffassungen sind von ihm erfüllt, die an die

31 Das Operieren mit dem Durchschnittswert von Größen widerspiegelt sich im Formalismus als Forderung, bei der die Wellenfunktion eine Eigenfunktion des Operators ist.

32 Siehe *Werner Heisenberg*, Physics and Philosophy, p. 127–128; dt. Ausg. S. 134–136.

Ignorierung ihrer Begrenztheit und die Verabsolutierung (sowie an die falsche philosophische Begründung) ihrer Prinzipien geknüpft wurden. Dessen beginnen sich allmählich auch einige autoritative Vertreter der „Kopenhagener Schule“ bewußt zu werden.

Eine Analyse der Kopenhagener Deutung der Quantenmechanik zeigt, daß sie sogar in ihrer rationalen Grundlage keineswegs vollständig ist und mit allen Mängeln behaftet ist, die der empirischen Interpretation allgemein eigen sind.

Die empirische Interpretation erfordert in der Tat, wie wir gesehen haben, die Überführung der theoretischen Sprache des quantenmechanischen Formalismus in die Sprache der klassischen Physik als Sprache der Beobachtungen. Doch die klassischen Vorstellungen schöpfen nicht den gesamten Inhalt der Quantenvorstellungen aus, ebenso wie die empirischen Daten der Geräte nicht den gesamten Inhalt der theoretischen Termini enthüllen.

Außerdem dient die empirische Interpretation dem Ziel der Beschreibung, nicht aber dem der Erklärung von Erscheinungen. Die Unvollständigkeit ist deshalb nicht für den untersuchten Formalismus, sondern für seine empirische Interpretation charakteristisch.

Wegen dieser Unvollständigkeit, die der empirischen Interpretation einer physikalischen Theorie wie jeder wissenschaftlichen Theorie überhaupt anhaftet, setzt sie die semantische Interpretation voraus und bezieht diese in ihr Verfahren ein. Schließt man die semantische Interpretation aus dem System der empirischen Interpretation aus und greift man nicht einmal auf die Zahlenwerte etwa des quantenmechanischen Formalismus und der empirischen Daten der Atomphysik zurück, dann ist das Verhältnis zwischen der „theoretischen Sprache“ und der „Sprache der Beobachtungen“ das Verhältnis zweier Zeichensysteme: 1. einer Syntax formaler Symbole und 2. einer ungeordneten Sammlung von physikalischen Zeichen, „Bahnen“, „Gabeln“, Flecken und anderen Bewegungsspuren der Mikroteilchen auf der Photoemulsion oder in der Wilsonkammer. Deshalb erfordert jede empirische Interpretation die Einführung bestimmter „interpretativer Sätze“ semantischer Prägung, die zumindest eine zahlenmäßige Wertung der Zeichen ermöglichen.

Allein auch durch die Einführung solcher „interpretativer Sätze“, die in Form einer Zahlenwertung des Formalismus ebenfalls durch die Kopenhagener Deutung der Quantenmechanik zugelassen werden, wird die Aufgabe der „Vergegenständlichung“ einer physikalischen Theorie nicht gelöst. Hier kann man sich auf Werner Heisenberg berufen, der an der Stelle, wo er Einsteins Einschätzung der Kopenhagener Deutung der

Quantenmechanik auseinandersetzt, schreibt: „... diese Deutung [erlaubt] ... keine Beschreibung von dem, was tatsächlich geschieht, unabhängig von oder zwischen unseren Beobachtungen. Aber irgend etwas muß doch geschehen, daran können wir nicht zweifeln ... Man kann nicht zulassen, daß die Quantenphysik sich nur auf den Beobachtungsakt bezieht ... Daher gewährt die Kopenhagener Deutung kein wirkliches Verständnis der Atomvorgänge." („... this interpretation does not describe what actually happens independently of or between the observations. But something must happen, this we cannot doubt ... It cannot be admitted that it refers to the act of observation only... Therefore, the Copenhagen interpretation offers no real understanding of the atomic phenomena.")[33]

Um dieses Verständnis zu erreichen, muß die empirische Interpretation auch durch solche Elemente der semantischen Interpretation wie die verschiedenen Modellvorstellungen ergänzt werden, die mit der theoretischen Beschreibung physikalischer Objekte (vom Typ der Begriffe „Elektron", „Neutron", „Meson") oder mit anschaulichen Modellen (vom Typ der auf der Grundlage der Theorie der „doppelten Lösung" mit Hilfe des von de Broglie vorgelegten „Wellen-Pilot-Modells" modernisierten Vorstellung des Quanten-Wellen-Dualismus) in Zusammenhang stehen.

Die Grundlage der Modellvorstellungen bilden bei der Interpretation wissenschaftlicher Theorien die Invarianten der von den Theorien erschlossenen Gleichungen. Diese Invarianten können bei entsprechender Modellierung auch als „Gestalten" (shapes) der Außenwelt angesehen werden.[34] Hierbei muß nur die Bedingung erfüllt sein, daß unsere Modelle die Erscheinung mit den gleichen Freiheitsgraden beschreiben, die sie besitzt.

Somit schließt die vollständige Interpretation einer wissenschaftlichen Theorie, wenn sie sich auf die Verknüpfung der „theoretischen Sprache" mit der „Sprache der Beobachtungen" gründet, neben der empirischen Interpretation „interpretative Sätze" und Modellvorstellungen (inklusive anschaulicher Modelle) ein. Unter diesem Gesichtspunkt sind die Bemühungen der Schule de Broglies verständlich,[35] die bestrebt ist, auf der

[33] Ebenda, p. 126; dt. Ausg., S. 134.

[34] Siehe *Max Born*, Experiment and Theory in Physics, new. ed., London 1956, p. 12–13.

[35] Wenn wir von der Schule de Broglies sprechen, dann machen wir einen Unterschied zwischen ihr und der Konzeption David Bohms, dessen Vorstellungen sich auf die Annahme von „verborgenen Parametern" stützen, was sowohl John von Neumanns Satz von der Vollständigkeit des quantenmechanischen Formalismus widerspricht als auch der Bedingung der grundsätzlichen Beobachtbarkeit, d. h. der Annahme, daß es keine „verborgenen" Phänomene

Basis der Theorie der „doppelten Lösung" eine Interpretation der Quantenmechanik mit Hilfe verschiedener anschaulicher Modelle auszuarbeiten.

Eine andere Sache ist es, daß die empirische Interpretation, insbesondere die Interpretation der Quantenmechanik, eine Vielzahl solcher Modelle zuläßt, ohne ein einwandfreies, für alle Fälle richtiges Kriterium der Wahl *eines* Modells und der Garantie, daß es wahr ist, zu geben. Die Geschichte der Wissenschaft kennt Fälle, wo Modelle, die sich später als falsch erwiesen, wie z. B. das Äthermodell in der klassischen Elektrodynamik, als ein Mittel fungierten, das die empirische Interpretation der Theorie gefördert hat.

Dieser Umstand demonstriert in anschaulicher Weise den Unterschied, der zwischen der empirischen wie auch jeder anderen Interpretation und der *empirischen Verifikation des Wissens* besteht. De facto stellt die empirische Verifikation die Wahrheit oder Falschheit unserer Aussagen fest. Die empirische Interpretation hingegen macht, indem sie mittels operationaler Bestimmungen und anschaulicher Vorstellungen den empirischen Inhalt der theoretischen Termini enthüllt, die empirische Verifikation der Wahrheit oder Falschheit eines solchen Inhalts möglich.

Die empirische Verifikation setzt zum Unterschied von der deduktiven Feststellung der Wahrheit des Wissens durch Übertragung der Funktionen der Wahrheit der einen Sätze auf andere im Prozeß ihrer Ableitung bereits das Vorhandensein empirischer Bedeutungen bei den Termini des untersuchten Systems voraus. Infolgedessen wird nicht das formale System selber, sondern der Formalismus plus seiner Interpretation verifiziert. Deshalb unterscheiden sich die empirische Interpretation und die empirische Verifikation ungeachtet ihrer einheitlichen logischen Struktur wesentlich voneinander, sowohl was ihre Aufgaben als auch was ihre Ergebnisse anbetrifft. Während die empirische wie jede andere Interpretation Darlegung eines Inhalts ist, ist die empirische Verifikation die Bestimmung der Wahrheit (oder Falschheit) der Annahme eines solchen Inhalts oder der aus ihm resultierenden Folgerungen.

Die heuristische Rolle der Interpretation

Wie wir gesehen haben, sind die Darstellung des Inhalts und der Beweis der Wahrheit der diesen Inhalt ausdrückenden Aussagen Aufgaben, die durch verschiedene Mittel gelöst werden. Da die Interpretation nicht

gibt, die Voraussetzung für die empirische Interpretation jeder wissenschaftlichen Theorie wären.

die Kriterien für die empirische Wahl zwischen den verschiedenen Systemen von Objekten festsetzt, kann sie auch nicht als direkte Antwort auf die Frage nach der inhaltlichen Wahrheit einer zu untersuchenden Theorie angesehen werden.

Hinsichtlich der Wahrheit tritt die Interpretation als Mittel, als Methode des Forschens nach den logischen Möglichkeiten zu ihrer Ermittlung auf, ist aber kein Synonym für die tatsächliche Wahrheit des interpretierten Systems. Aus diesem Grunde ist das Vorhandensein einer Vielzahl von isomorphen Interpretationen bei einer zu untersuchenden Theorie kein Anzeichen dafür, daß sie im pluralistischen Sinne wahr ist, d. h. nicht eine, sondern eine Vielfalt von Wahrheiten besitzt, von denen jede gleichberechtigt ist.

Bei der Theorie gibt es nur *eine* Wahrheit, so wie auch in unserer praktischen Tätigkeit die Antwort auf ein aktuelles Problem auf *eine* Wahrheit, nicht aber auf viele „Wahrheiten" hinausläuft. Wenn eine Theorie an vielen Modellen interpretiert wird, von denen jedes in seiner Art wahr ist, so heißt dies, daß wir uns im Verlauf der Untersuchung der betreffenden Theorie auf eine Vielfalt von logischen Begründungen stützen können, nach denen wir (auf Grund der Feststellung, daß die Prinzipien der Theorie den wahren Sätzen ihrer Modelle isomorph sind) Schlüsse über die Möglichkeit und Notwendigkeit der Wahrheit unserer Theorie ziehen können. Je mehr Modelle im Interpretationsfeld vorliegen, um so logischere Begründungen sind für die Behauptung gegeben, daß die interpretierte Theorie wahr ist, da die Modelle ihren organischen Zusammenhang mit einer Vielzahl anderer Theorien beweisen, deren Wahrheit bereits festgestellt ist.

Die Interpretation garantiert nur (und zwar in gemilderter Auffassung) die Widerspruchsfreiheit einer Theorie, d. h. ihre formale Wahrheit, was nicht gewährleistet, daß damit die inhaltliche Wahrheit der betreffenden Theorie verifiziert ist. In den Fällen aber, wo es auf der Ebene der deduktiven Theorien keine Mittel für einen direkten Vergleich der theoretischen Prinzipien mit der Wirklichkeit gibt, ermöglicht es die Interpretation, die Axiome (nach den Isomorphieregeln) mit den wahren Aussagen anderer Theorien zu vergleichen. In diesem Sinne fungiert sie in den deduktiven Wissenschaften als indirekter Beweis.

Die heuristischen Funktionen der Interpretation werden in beträchtlichem Maße dadurch bestimmt, daß sie im Verhältnis zur Erfahrung eine Art „Gedankenexperiment" ist, dessen Ziel es ist, Objekte zu suchen, an denen unsere Theorien realisiert werden können. Wenn wir uns beispielsweise, schreibt P. S. Nowikow, von der Wahrheit der Axiome der Euklidischen Geometrie überzeugen wollen, dann stellt es sich als notwendig dar, die Existenz von – sagen wir – physikalischen Objekten einzuräumen, die unseren Axiomen genügen. Anders ausgedrückt: Durch die Aufgabe, die der Interpretation gestellt ist, sollen die physikalischen Umstände gefunden werden, die den fundamentalen geometrischen Ausdrücken „Punkt“, „Gerade“, „Fläche“ entsprechen. Das ermöglicht es, die Geometrie in die Sprache der Physik zu übertragen, wodurch „sich die Axiome in physikalische Behauptungen verwandeln, die experimenteller Verifikation unterzogen werden können. Nach einer solchen Verifikation können wir uns für die Wahrheit unserer Behauptungen bis zu dem Genauigkeitsgrad verbürgen, den die Meßinstrumente garantieren.“ („the axioms transform into physical assertions which can be subjected to experimental verification. After such verification, we can vouch for the truth of our assertions with that degree of precision which the measuring instruments guarantee.“)[36]

Die Interpretation ermöglicht es mithin, die theoretischen Aussagen in Tatsachenaussagen zu überführen, d. h. in Aussagen, die zur Beschreibung von Tatsachen oder zu Feststellungen über Tatsachen werden können. Sie erhöht den Erkenntniswert der theoretischen Systeme, und indem sie die abstrakten Termini auf konkrete zurückführt, erlaubt sie es, über die Wahrheit der Ausgangssätze der interpretierten Theorie auf der Grundlage einer experimentellen Überprüfung der ihr im Interpretationsfeld der betreffenden Theorie enstprechenden Aussagen logische Schlüsse zu ziehen.

In diesem Sinne erweist sich die Interpretation als logische Form der Wechselbeziehung der deduktiven Theorie und der empirischen Daten, der Praxis, und ermöglicht es deshalb, die ursprüngliche Aufsplitterung zwischen Wahrheit und Bedeutung in den abstrakten theoretischen Systemen zu überwinden.

Wegen ihrer heuristischen Funktionen ist die Interpretation ein machtvolles Mittel zur Erforschung der Axiomatik, das es ermöglicht, die axiomatischen Systeme zu „vergegenständlichen“, ihren Inhalt zu analysieren. Wenn wir, wie es Bertrand Russell tat, die Axiomatik in scherzhafter Form charakterisieren, können wir sogar sagen, daß sich, wenn einige von ihr gebotenen Vorteile denen gleichkommen, die dem Diebstahl im Vergleich mit ehrlicher Arbeit eigen sind, die Interpretation als zuverlässige Garantie für die „Ehrlichkeit“ der axiomatischen Konstruktionen erweist. Sie beschränkt die Freiheit des Operierens mit formalen Symbolen, vermindert die Wahrscheinlichkeit subjektiver Willkür auf der Ebene des syntaktischen Abstrahierens von der Bedeutung der theoretischen Termini und leitet die formalen Erwägungen der „Einfachheit“, „Eleganz“ und „Be-

[36] *П. С. Новиков*, Элементы математической логики, стр. 13; engl. Ausg., p. 3.

quemlichkeit" der axiomatischen Konstruktionen hinüber auf das Gebiet der faktischen Möglichkeiten zur Realisierung der axiomatischen Systeme an bestimmten Objekten.

Die Interpretation erweist sich (zusammen mit der Formalisierung, deren Untersuchungsmittel sie ist) als wichtiger Faktor für die Synthese wissenschaftlicher Theorien, als ein Mittel zur Bestimmung ihrer Einheit, die sich auf das Auffinden gemeinsamer deduktiver (logistischer) Systeme gründet, als deren Realisierungen die betreffenden wissenschaftlichen Theorien fungieren. In der Mathematik läßt sich so die Geometrie mit den Mitteln der Interpretation als Sonderfall der linearen Algebra darstellen, diese wiederum kann durch die Arithmetik interpretiert werden, die eine Interpretation im Bereich der Mengentheorie besitzt. Die Mengentheorie kann ihrerseits als Interpretation von mathematischen Strukturen dargestellt werden, die der Mathematik zugrunde liegen.[37]

Die Bestimmung der Einheit der wissenschaftlichen Theorien trägt andererseits zur Bestimmung gemeinsamer methodologischer Entwicklungsprinzipien bei. Das Vorhandensein einer Vielfalt von Modellen ermöglicht es im Interpretationsfeld einer deduktiven Theorie nicht nur, sie zusammen mit allen Modellen zu einer ihnen gemeinsamen logischen Form in Beziehung zu setzen, sondern auch die betreffende Form als Untersuchungsmittel zu verwenden.

Wir wissen (gemäß den Folgerungen aus dem „Deduktionsgesetz" von Alfred Tarski), daß das Vorhandensein einer Vielfalt von Interpretationen bei den deduktiven Theorien es erlaubt, auf eine gewisse Gemeinsamkeit ihrer Theoreme zu schließen und diese dementsprechend in methodologische Prinzipien für jeden Komplex von Modellen umzugestalten. Das bedeutet, daß die Interpretation in der wissenschaftlichen Forschung ein Mittel für die Auffindung der methodologischen Funktionen wissenschaftlicher Sätze, ein Verfahren zur Ausdehnung des Anwendungsbereichs der Methodiken, des Apparats zur Erforschung *eines* Objektgebiets auf ein anderes ist.

Darüber hinaus trägt die Interpretation dadurch, daß sie als Operation der Abbildung einer Theorie auf eine andere (oder auf andere) auftritt, zur Übertragung der Algorithmen und der konstruktiven Methodiken einer

[37] Die Interpretation ermöglicht es, die mathematischen Disziplinen nicht nur untereinander, sondern auch mit anderen Theorien gedanklich zu verknüpfen. So kann die Geometrie an der Physik und die Arithmetik in den Grenzen der Logik interpretiert werden, die ihrerseits an den Relais-Kontakt-Schemata oder an den Neuronensystemen interpretiert wird, die das Funktionieren unseres Denkorgans, des Gehirns, charakterisieren.

ausgearbeiteten Theorie auf die zu untersuchende Theorie bei, was es ermöglicht, in dem betreffenden theoretischen System neue Fragen zu lösen. Insofern erweist sich die Interpretation auch als ein logisches Prinzip für die Entwicklung neuer Theorien. So ermöglichte es beispielsweise die Entdeckung von Objektsystemen mit algebraischer (nichträumlicher) Natur im Interpretationsfeld der Axiome der euklidischen Geometrie, die algebraischen Methoden auf das Gebiet des Operierens mit geometrischen Objekten zu übertragen, was insbesondere zur Schaffung der Theorien n-dimensionaler Räume beitrug.

Die Untersuchung der Rolle, die die Interpretation bei der Analyse wissenschaftlicher Theorien spielt, zeigt, daß ihre heuristischen Funktionen viel umfassender als die Möglichkeiten der Operation der umgekehrten Abstraktion sind. Das hängt damit zusammen, daß die Interpretation nicht nur als *Operation* (d. h. als Suchen nach Objekten mit Hilfe eines logistischen Systems, einer abstrakten Objektvorstellung, einer Metasprache usw.), sondern auch als *Resultat der betreffenden Operation*, nämlich als Interpretationsfeld (oder in gewisser Hinsicht als Komplex von Modellen), angesehen werden kann. Bei einer solchen Auffassung erweist sich der Vergleich von Abstraktion und Interpretation als vielschichtig.

Zu Beginn dieses Kapitels haben wir die Abstraktion in ihrem Zusammenhang mit der Formalisierung als endliches Resultat des Abstrahierens betrachtet. Nunmehr kommen wir auch zur Auffassung der Interpretation nicht nur als Bewegung von der Form zum Objekt, sondern auch als endliches Resultat dieser Bewegung, d. h. der fixierten Gebiete der Objekte (oder der Modelle). Dabei erweist sich die Interpretation unter dem Aspekt der Suche nach allen möglichen (als Modellmenge im Interpretationsfeld dargestellten) Objektsystemen als umgekehrte Seite des Abstrahierens unter Wahrung der ihm eigenen Allgemeinheitsebene, während jedes einzelne (aus dem Interpretationsfeld genommene) Modell im Hinblick auf die Abstraktion bereits als *Konkretisierung* auftritt.

Anders ausgedrückt kann die Interpretation, so wie die Abstraktion in Einheit mit der Formalisierung betrachtet wird, in Einheit mit der Konkretisierung betrachtet werden. Wenn man jedoch die Frage nach dem Charakter der Modelle (nach der Natur des von ihnen fixierten Wissens) und ihrem Erkenntniswert stellt, dann muß die Analyse der Interpretation auch mit der Aufklärung darüber verbunden werden, in welcher Weise sie zur Erkenntnis der Erscheinungen oder des Wesens der untersuchten Prozesse beiträgt.

Die Vielfalt der Verknüpfungen der Interpretation mit anderen logischen Mitteln und Kategorien (mit der Abstraktion, der Formalisierung,

Konkretisierung, Systematisierung, Modellierung, mit dem Beweis, mit dem Begriff der Tatsache, der Theorie, der empirischen Basis, der Wahrheit, der Bedeutung usw.) ermöglicht es, sie als besondere komplexe Form der Analyse des wissenschaftlichen Wissens anzusehen, die in dieser Hinsicht nur mit *der wissenschaftlichen Erklärung und der wissenschaftlichen Beschreibung* vergleichbar ist. Das bedeutet, daß die Anzahl der allgemeinüblichen integralen logischen Methoden, wie die wissenschaftliche Erklärung (d. h. die Bestimmung der Ursachen, des Gesetzes, des Wesens der Prozesse) und die wissenschaftliche Beschreibung (d. h. die Bestimmung der qualitativ-quantitativen Merkmale der untersuchten Prozesse) durch Einführung der nicht weniger allgemeinen und heuristisch wichtigen Methode der Interpretation (mit allen ihren Arten und Typen), die die logische Form der Fixierung oder Rekonstruktion der Objekte abstrakter wissenschaftlicher Theorien ist, erweitert werden muß.

SECHSTES KAPITEL

Die Verifikation der Wahrheit einer Theorie

Formale Richtigkeit, experimentelle Überprüfbarkeit (Verifizierbarkeit) und inhaltliche Wahrheit

In diesem Kapitel wird die Frage untersucht, wie die formale (logische oder mathematische) Verifikation der Richtigkeit des Aufbaus einer Theorie, die experimentelle Überprüfung der aus der Theorie entspringenden Folgerungen und die Verifikation der inhaltlichen Wahrheit sowohl der einzelnen theoretischen Sätze wie der Theorie als System („Sprachgerippe“) sich zueinander verhalten. Im Mittelpunkt der Aufmerksamkeit steht dabei die im allgemeinüblichen Sinne als Übereinstimmung von Gedanken und Wirklichkeit verstandene inhaltliche Wahrheit. Damit der Unterschied zwischen der formalen Richtigkeit, der empirischen Überprüfbarkeit und der inhaltlichen Wahrheit möglichst klar wird, sind einleitende Erklärungen erforderlich.

Die Entdeckung der nichteuklidischen Geometrie (Lobatschewski, Bolyai, Gauß, Riemann) warf folgende Frage auf: Wenn sich Euklid geirrt hatte, als er annahm, daß sein axiomatisches System in formaler Hinsicht vollständig begründet sei, wo liegt dann die Garantie dafür, daß die neugeschaffenen Systeme tatsächlich einwandfrei formal streng sind? Die Versuche, diese Frage zu entscheiden, führten zu der Tendenz, „die abstrakte Mathematik von der Raumerkenntnis zu scheiden“ („to separate abstract mathematics from spatial intuition“)[1]. Im Jahre 1899 formulierte David Hilbert die These, daß die Axiomatisierung ein völliges Abstrahieren von den Bedeutungen der Begriffe zur Folge habe.

Formale Systeme zu schaffen, d. h. solche Systeme, in denen die „fungierenden Unterscheidungsmerkmale“ nur Zeichenabfolgen sind, die nach gewissen formalen Regeln in andere Abfolgen umgewandelt und erst später an einem Bedeutungsbereich interpretiert werden, wurde bald zu einem Erfordernis für ein sehr weites Gebiet der Mathematik. Im 19. Jahrhundert vollzog sich die Entwicklung und Begründung der mathematischen Analyse auf der Linie ihrer Arithmetisierung (Arbeiten von Augustin Louis Cauchy, Karl Weierstraß, Richard Dedekind und schließlich die Begrün-

[1] *Wang Hao*, A Survey of Mathematical Logic, p. 2.

dung der Mengentheorie durch Georg Cantor). Im Jahre 1900, in dem gleichen Jahre, als Henri Poincaré auf dem Internationalen Mathematikerkongreß die Feststellung traf, daß in den Begründungen der Mathematik absolute Strenge erreicht sei, wurden die berühmten Paradoxien der Mengentheorie entdeckt. Damit begann die bereits erwähnte schwere Grundlagenkrise in der Mathematik. Der Ausweg aus ihr wurde durch die Konstruktion verschiedener formaler Systeme gefunden, die keine logischen Widersprüche entstehen lassen.

In den dreißiger Jahren wurden sehr wesentliche Erfolge in der Präzisierung des Begriffs der streng formalen Ableitung erzielt. Die fruchtbaren Forschungen auf diesem Gebiet werden auch heute noch fortgeführt. Einen großen Beitrag zu dieser Frage leisteten Kurt Gödel, Jacques Herbrand, Alan Mathison Turing, Alonzo Church, Emil Leon Post, L. A. Kalushnin, A. A. Markow, A. N. Kolmogorow. Die zeitlich letzten Arbeiten behandeln den Begriff der Ableitbarkeit für relativ ausdrucksfähige Sprachen (formale Systeme) („Grammatik der Ableitbarkeit“ von Noam Chomsky). Grob gesagt handelt es sich um eine solche Darstellung des logischen Folgens, das von einer Maschine ausführbar wäre. Die stürmische Entwicklung der Kybernetik eröffnete diesen Forschungen einen neuen Anwendungsbereich.

Die Forschungen auf dem Gebiet der Logik und Mathematik führten zum Beweise einer Reihe wichtiger Theoreme über die Grenzen der Formalisierung. 1932 wies Gödel nach, daß es in einem hinlänglich ausdrucksfähigen formalen System, sofern es widerspruchsfrei ist, stets eine Aussage gibt, die unwiderlegbar und unbeweisbar in dem System ist. Eine solche Aussage hat die Form: „Die Behauptung, die ich jetzt aufstelle, ist in dem gegebenen System unbeweisbar.“ Der Form nach ist sie analog dem Paradoxon des Lügners („ich behaupte, daß ich lüge“), führt jedoch nicht zum Widerspruch im System, denn es ist nicht erforderlich, daß alle Aussagen in einem gegebenen System in ihm beweisbar oder widerlegbar sind (d. h., es können wahre unbeweisbare Aussagen sein). Dieser Umstand veranlaßte Tarski zu Untersuchungen, die zu einer genauen semantischen Definition der Wahrheit führten. Das Wesen des von Tarski bewiesenen Lehrsatzes besteht darin, daß wir für die hinlänglich ausdrucksfähigen formalen Systeme Gödels den Begriff der Wahrheit *in dem System selber* nicht bestimmen können. Es ist erforderlich, einen Unterschied zwischen den *semantischen Ebenen in der Sprache* zu machen. Die Aussagen „P“ und „es ist wahr, daß P ist“ (oder „wahr ist, daß P der Wirklichkeit entspricht“ beziehungsweise jede andere Aussage, die eine Wahrheitswertung für P enthält) gehören verschiedenen semantischen Ebenen an. Kann P in dem System bewiesen werden, dann ist die Aussage „es ist wahr, daß P ist“ in dem System unbeweisbar. Infolgedessen heißt die Wahrheit einer Aussage feststellen, zu untersuchen, ob sie mit den für den Aufbau des Systems geltenden Regeln übereinstimmt. (Wir bemerken, daß diese Aufgabe für hinlänglich ausdrucksfähige Systeme in allgemeiner Form für willkürlich geformte Aussagen unlösbar ist.)

Die Methode, formale Systeme zu konstruieren und sie nachfolgend an einem Gegenstandsbereich zu interpretieren, erlangt auf verschiedenen Wissensgebieten – in der Linguistik, in der Biologie usw. – immer weitere Verbreitung. Im groben Umriß skizziert handelt es sich darum, daß wir irgendwelche abstrakten Prämissen annehmen, dann aus ihnen nach bestimmten Regeln Schlüsse ziehen und schließlich prüfen, wie unsere Schlüsse mit der Wirklichkeit übereinstimmen. Dabei interessiert uns im Rahmen der Transformationen innerhalb des formalen Systems nicht, was in der Wirklichkeit vor sich geht; wir betrachten sie als „schwarzen Kasten", der für unser Modell nur für die Eingabe (Input) und die Ausgabe (Output) eine Entsprechung aufweist. In der Biologie z. B. kann man sich freilich stets anschaulich vorstellen, was in der Wirklichkeit dem von der Theorie gezeichneten Bild entspricht und schließlich im Mikroskop die molekularen Strukturen sehen, die bei uns durch vereinbarte formale Symbole bezeichnet sind. Weit komplizierter ist die Sache dagegen in der Physik, die hierfür ein gutes Beispiel bietet.

Das Problem der mathematischen Augenscheinlichkeit und des formalen Folgerns hängt eng zusammen mit dem Problem der „mathematischen Realität", d. h. mit der Realität mathematischer Objekte. Im Anschluß an die Entdeckung der Paradoxien in der Mengenlehre wurde die Frage aufgeworfen, „daß die Mengen nicht real sind oder daß wir zumindest keinen klaren Begriff von der Menge haben" („that sets are not real or at least that we do not have a clear concept of set")[2]. Die gleiche erkenntnistheoretische Frage, jedoch in schärferer Form, erhob sich bezüglich der Objekte, die bekanntlich in der Physik unserer Tage vorzugsweise durch die Sprache der Mathematik beschrieben werden.

Sehen wir uns ein solches Beispiel an. Sich vorzustellen, in welchem Sinne $\sqrt{-1}$ besteht, ist sehr schwierig. Bis zu einem gewissen Grade vermag uns die Tatsache zu beruhigen, daß die Realität hier rein mathematischen Charakter hat. Noch weniger verständlich ist indessen, in welchem Sinne physikalische Prozesse existieren, die durch derartige Ausdrücke beschrieben werden. In der Physik der Elementarteilchen werden Eigenschaften der Teilchen durch Funktionen beschrieben, die Streuamplituden (Streu-

[2] Ebenda, p. 9.

ungsamplituden) genannt werden. Die Amplituden zeigen einen realen Zustand der Teilchen an; diese Funktionen haben jedoch analytische Eigeschaften, was die Untersuchung nichtphysikalischer Bereiche erfordert, und das bedeutet bis zu einem gewissen Grade, daß wir „virtuelle Zustände" der Teilchen untersuchen.

Was ist nun ein „virtueller Zustand"?

Als Beispiel kann die „Reaktion" des Ausstoßens und Absorbierens eines Photons durch das Elektron dienen. Wenn ein Elektron ein Photon ausstößt, muß die Gesamtenergie des Systems sich vergrößern und der Satz von der Erhaltung der Energie verletzt werden. Um eine solche Folgerung nicht zu erhalten, nehmen wir an, daß das Photon so schnell ausgestoßen und absorbiert wird, daß die Verletzung des Energiesatzes „sogar im Prinzip nicht beobachtet werden kann" („cannot be detected even in principle")[3]. Eben das ist ein virtueller Prozeß (virtual process).

Es erhebt sich die Frage, ob ein solcher Prozeß in der Wirklichkeit vor sich geht. In dem mathematischen formalen System der Quantenelektrodynamik werden die als virtuelle Zustände interpretierten nichtphysikalischen Bereiche der Streuungsamplituden unzweifelhaft nach den Regeln des Systems konstruiert. Somit ist hier vom Standpunkt der formalen Richtigkeit (der semantischen Behandlung des formalen Systems) alles in Ordnung. Die Theorie liefert Resultate, die mit den Versuchen gut übereinstimmen. Infolgedessen ist der Begriff der virtuellen Wechselwirkungen (ohne den es keine Quantenelektrodynamik gäbe) empirisch verifizierbar. Dennoch unterscheiden wir aber zwischen virtuellen und realen Prozessen, und was das heißt, ist nicht verständlicher, als in welchem Sinne $\sqrt{-1}$ existiert.

Schwierigkeiten dieser Art entstehen nicht nur bei der Deutung der virtuellen Wechselwirkungen. Niels Bohr sagte, daß sowohl die Relativitätstheorie als auch die Quantentheorie die klassischen physikalischen Theorien gerade deshalb mit so erstaunlicher Einfachheit generalisiert haben, weil sie das formale Symbol $\sqrt{-1}$ in ihre Konstruktionen einführten.[4] Die Einführung des Symbols $\sqrt{-1}$ ist in diesem Falle nicht die

[3] Siehe *В. Б. Берестецкий*, Динамические свойства элементарных частиц и теория матрицы рассеяния, in: Успехи физических наук, 76 (1962), 1, стр. 47; *Murray Gell-Mann* and *E. P. Rosenbaum*, Elementary Particles, in: Scientific American 197 (1957), p. 74–75.

[4] Siehe *Niels Bohr*, Atomic Physics and Human Knowledge, New York 1958, p. 64–65; deutsche Ausg.: *Niels Bohr*, Atomphysik und menschliche Erkenntnis I. Übers. v. S. Hellmann u. H. Kopfermann, 2. Aufl., Braunschweig 1964, S. 65.

Ursache aller Schwierigkeiten, sondern ein Anzeichen dafür, daß die Wirklichkeit im gegebenen Falle in einer Sprache extrem abstrakter Begriffe beschrieben wird, die äußerst schwer anschaulich vorstellbar sind, ja vielleicht sogar überhaupt keine anschauliche Vorstellung vom Objekt zulassen. Selbst alte Begriffe (beispielsweise der Begriff „Welle") werden in einem neuen, abstrakteren Sinne gebraucht. Mit der Entstehung der Quantenvorstellungen entbrannte sogleich ein scharfer Meinungsstreit über die physikalische Realität solcher Attribute des atomaren Objekts wie die Lage und die Bewegungsgröße. Auch in anderen Bereichen der physikalischen Wissenschaft erhob sich ein solches Problem. Die in der allgemeinen Relativitätstheorie entstandene Situation charakterisierte John Lighton Synge treffend auf folgende Weise:

„Ein Physiker kann wohl verlangen, daß ihm Muster von Materiepartikeln oder Photonen gegeben werden, die durch das Medium entsprechender Apparate von seinen Augen wahrgenommen oder von seinen Händen ertastet werden können. Ist das Materiepartikel vielleicht die Sonne, der Mond, eine Rakete oder ein Wasserstoffatom? Ist das Photon ein Bündel von γ-Strahlen oder Radiowellen? Wären wir ausschließlich daran interessiert, ein 'Relativität' genanntes rationales mathematisches Schema zu konstruieren, dann könnte die Forderung nach einem Muster ebenso verächtlich beiseitegeschoben werden wie die Forderung, einen Stab von $\sqrt{2}$ cm Länge herzustellen, denn jeder weiß, daß irrationale Zahlen dem Bereich der MO [Mathematical Observations – *M. P.*] und nicht dem der NO [Natural Observations – *M. P.*] angehören, und unsere Partikeln und Photonen sind ebenso künstlicher Natur . . . das Beste, was man sagen kann, ist", so schließt Synge diesen Gedankengang ab, „daß wir daran arbeiten, ein logisch konsequentes mathematisches Schema (MO) mit gewissen zusätzlichen physikalischen Etiketten (Markierungszeichen für NO) zu konstruieren, und daß der praktisch tätige Physiker seine Urteilskraft für die Deutung der Aufschriften auf diesen Etiketten gebrauchen muß. Das ist in der Tat das übliche Verfahren auf allen Gebieten der theoretischen Physik." („A physicist may well ask to be given samples of material particles or photons, visible to his eyes or tangible to his hands through the medium of suitable apparatus. Is the material particle perhaps the sun, the moon, a rocket, or a hydrogen atom? Is the photon a parcel of γ-rays or radio waves? If our interest were solely to construct a rational mathematical scheme labelled 'relativity', the demand for a sample might be brushed aside with as much contempt as the demand for the production of a rod of length $\sqrt{2}$ cm, for everyone knows that irrational numbers belong to MO, not NO, and our particles and photons have that artificiality too. . . the best thing to say ist that we are engaged in constructing a logically consistent mathematical scheme (MO), with certain physical labels attached (guides to NO) and that the practising physicist must use his judgment in the interpretation of the legends on those labels. That is, indeed, the usual procedure in all branches of theoretical physics.")[5]

In dieser Situation liegt begründet, daß sich verschiedene Richtungen der logischen und philosophischen Forschung herausbilden. Einerseits vervollkommnen sich immer mehr die Mittel der logischen und mathematischen Analyse der Widerspruchsfreiheit einer Theorie, die es ermöglichen, ihr eine äußerst strenge und elegante Form zu geben. In relevanter Weise wurde diese Aufgabe jedoch nur für einen relativ kleinen Teil der Mathematik gelöst. Andererseits sind, da der Physiker (und nicht allein der Physiker) sich nicht mit seiner Urteilskraft für die Deutung der Aufschriften auf den verschiedenen „Etiketten" zufriedengeben kann, gewisse exakte Regeln für eine Übertragung aus der mathematischen Sprache der Theorie in die Sprache des Versuchs und der Beobachtung, d. h. Regeln der empirischen Interpretation erforderlich. Diese Regeln sind in der heutigen Wissenschaft komplizierter als vor einem Jahrhundert; andererseits ist heute bereits erkennbar, daß die Wissenschaft im 18. Jahrhundert und weiter bis Mitte des 19. Jahrhunderts in vieler Hinsicht unter einem Mangel an befriedigenden Regeln der empirischen Interpretation litt. Bezüglich der Newtonschen Himmelsmechanik bemerkt Synge: „Wenn der Astronom nicht die Frage danach stellt, was die Erscheinungen *sind*, sondern wie sie von ihm *gesehen* werden sollten, dann ist er gezwungen, für die verschiedenen Probleme auf verschiedene Arten von 'Äther' zurückzugreifen." („When the astronomer asks himself, not what the phenomena *are*, but how they should be *seen* by him, he is compelled, to use different 'ethers' for different problems.")[6] Die Relativitätstheorie weist diesen Mangel nicht mehr auf.

Schließlich erhebt sich auch außer den Fragen, ob eine Theorie vom logischen und mathematischen Gesichtspunkt aus richtig konstruiert ist und welche Folgerungen wir aus ihr im Versuch erwarten können, die Frage, wie die von der Theorie beschriebenen Prozesse in Wirklichkeit beschaffen sind.

Auf den ersten Blick mag es scheinen, daß die Antwort anschauliche Vorstellungen sein werden, die den theoretischen Konstruktionen gerecht werden. Jedoch bereits die mühseligen Versuche, solche anschaulichen Modelle in der Maxwellschen Elektrodynamik zu konstruieren, führten

[5] *J. L. Synge*, Relativity: The General Theory, Amsterdam 1960, p. 111.
[6] Ebenda, p. 390.

nicht zum Ziele. Faktisch erfüllt die Konstruktion anschaulicher Modelle jetzt rein heuristische Funktionen, und in der Frage: „Wie sieht das Photon aus?" liegt nicht mehr Sinn als in der Frage: „Ist das Wassermolekül naß?" Über die Begrenztheit anschaulicher Bilder der Wirklichkeit sagte Lenin in den „Philosophischen Heften": „Die Vorstellung kann nicht die Bewegung ***im ganzen*** erfassen . . ., das *Denken* aber erfaßt sie und muß sie erfassen."[7]

Es könnte scheinen, daß die Frage: „Was geht denn nun in Wirklichkeit vor?" für den Wissenschaftler keine praktische Bedeutung hat. Sehr häufig begnügt sich der Wissenschaftler in der Tat mit der empirischen Interpretation. Indessen sind die Schwierigkeiten, die bei der Bestimmung der inhaltlichen Wahrheit einer Theorie auftreten, ein Hindernis dafür, ihre wahre Bedeutung zu ermitteln, und hemmen dadurch die Wissenschaft. Der amerikanische Physiker Freeman J. Dyson führt sehr treffende Beispiele dafür an, wie lange Ernest Rutherford selber und die Physiker seiner Zeit nicht die wahre Bedeutung seiner Entdeckungen verstanden haben und wie ein halbes Jahrhundert später die Entdeckung von Tsung Dao Lee und Chen Ning Yang (die für ihre 1956 geschriebene Arbeit „Question of Parity Conservation in Weak Interactions" den Nobelpreis erhielten – *D. Ü.*) ebenso oberflächlich beurteilt wurde. „Sie", sagt Dyson von den Physikern, die Zeitgenossen Rutherfords waren, „hatten sich daran gewöhnt, Theorien über das Innere der Atome eher als zur Metaphysik denn zur Physik gehörig anzusehen. Sie verschlossen sich instinktiv gegen jede Information, die ein Gebiet betraf, das jahrhundertelang die Domäne von Scharlatanen und Philosophen gewesen war." („They had been accustomed to regard speculations about the insides of atoms as belonging to metaphysics rather than to physics. They naturally closed their minds to any information concerning a field which had for centuries been the domain of charlatans and philosophers.")[8]

Eine der in der Geschichte der modernen Wissenschaft vorgeschlagenen Methoden zur Entscheidung der Frage nach der von den mathematischen Schemata beschriebenen physikalischen Realität ist das „Komplementaritätsprinzip" von Bohr, demzufolge das Bild der Realität nur durch gleichzeitige Anwendung von „klassischen" Begriffen, deren wir uns im Versuchsbereich bedienen, und von „nichtklassischen" Begriffen der

[7] *W. I. Lenin*, Philosophische Hefte, in: *W. I. Lenin*, Werke, Bd. 38, Berlin 1964, S. 220.

[8] *Freeman J. Dyson*, Innovation in Physics, in: Scientific American, 199 (1958), 3, p. 80.

Sprache der mathematischen Theorie reproduziert werden kann. Spricht man vom philosophischen Inhalt des „Komplementaritätsprinzips", muß festgestellt werden, daß Bohr bei seiner Durchführung eine gewisse Inkonsequenz bezeigt hat. Diese Inkonsequenz ist nicht zufällig, sie steht in Zusammenhang mit bestimmten philosophischen Irrtümern Bohrs.

Es geht darum, daß Bohr in einer Reihe von Fällen von dem komplementären Charakter der „Sprache der Beobachtung" und des formalen Apparats der Quantenmechanik spricht. „Dieser Formalismus", schreibt er, „ist nämlich ein rein symbolisches Schema, das im Rahmen des Korrespondenzprinzips nur solche Voraussagen über Ergebnisse gestattet, die unter mit klassischen Begriffen gekennzeichneten Bedingungen erzielt werden können" („. . . the quantum-mechanical formalism . . . represents a purely symbolic scheme permitting only predictions on lines of the correspondence principle, as to results obtainable under conditions specified by means of classical concepts.")[9] Danach zu urteilen gibt es nicht zwei komplementäre Sprachen, sondern nur *eine Sprache*: Das formale System der Quantenmechanik an sich ermangelt der *Bedeutungen* und erwirbt diese erst, wenn sie in der „klassischen" Sprache der Beobachtungen interpretiert werden. Diese Auslegung wurde vom Positivismus ausgenutzt, der daraus implizit oder explizit die These ableitete, daß sich die Rolle der mathematischen Konstruktionen auf die Regulierung der sinnlichen Erfahrung reduziere.

Den Versuchen der Neopositivisten, die Sprache der Theorie auf die Sprache der Beobachtung zu „reduzieren", war kein Erfolg beschieden. Gegenwärtig wird in der neopositivistischen Literatur bereits nicht mehr von einer solchen „Reduktion" gesprochen, sondern nur von der Feststellung einer Entsprechung zwischen der „Sprache der Theorie" und der „Sprache der Beobachtung". An sich hat diese Aufgabe nichts mit Positivismus zu tun, sondern drückt zweifelsohne fundamentale Bedürfnisse der Wissenschaft aus. Der Positivismus beginnt dort, wo die Frage nach der den abstrakten theoretischen Konstruktionen entsprechenden physikalischen Realität als sinnlos erklärt wird.

Hierbei muß bemerkt werden, daß weder Bohr noch andere bedeutende Physiker jemals an der objektiven Realität der Außenwelt gezweifelt und daß sie dies durch mehrfache Äußerungen bestätigt haben. Nicht darum ging es, ob es außerhalb des Bewußtseins und außerhalb der Wissenschaft ein objektives „Etwas" gibt, sondern darum, *was speziell* den abstrakten wissenschaftlichen Konstruktionen in der objektiven Welt entspricht.

[9] *Niels Bohr*, Atomic Physics and Human Knowledge, p. 40; dt. Ausg., S. 40.

Nach einer Formulierung von Max Born handelt es sich um einen „verwirrenden Gegensatz" „zwischen der einfachen und offenkundigen Realität der zahllosen Instrumente, Arbeitsmaschinen, Kraftmaschinen und Apparate aller Art, welche die Industrie herstellt und welche im Grunde angewandte Physik sind, und der dunklen und abstrakten Bedeutung der physikalischen Grundbegriffe, wie Kräfte und Felder, Teilchen und Quanten" („between the simple and obvious reality of the innumerable instruments, machines, engines, and gadgets produced by our technological industry, which is applied physics, and of the vague and abstract reality of the fundamental concepts of physical science, as forces and fields, particles and quanta")[10]. Deshalb ist hier die allgemeine Antwort, daß die Materie primär und das Bewußtsein sekundär ist, unzureichend; es muß vielmehr konkretisiert werden, in welcher Weise die Grundfrage der Philosophie zu entscheiden ist.

Wie paradox es auch ist, dennoch gehen die positivistischen Logiker in ihren *logischen* Arbeiten ebenfalls von der Auffassung der Wahrheit als Übereinstimmung der Gedanken mit der objektiven Lage der Dinge in der Wirklichkeit aus. Tarski baut auf folgender Bestimmung der Wahrheit auf: „X" ist wahr, dann nur dann, wenn *P*, wobei *P* die Aussage über die Lage der Dinge in der Wirklichkeit und „*X*" der Name (die Bezeichnung der Aussage *P*) ist. Sogar ein so überzeugter Solipsist wie Wittgenstein geht in seinen logischen Untersuchungen von der elementaren materialistischen Auffassung der Wahrheit aus: „Daß sich die Elemente des Bildes in bestimmter Art und Weise zu einander verhalten, stellt vor, daß sich die Sachen so zu einander verhalten." („That the elements of the picture are combined with one another in a definite way, represents that things are so combined with one another.")[11]

Der subjektive Idealismus Wittgensteins beginnt dort, wo er die Möglichkeit ausschließt, sozusagen „von außer her" die Wechselbeziehung von Bild und Wirklichkeit zu sehen. „Der Satz", so sagt er, „kann die gesamte Wirklichkeit darstellen, aber er kann nicht das darstellen, was er mit der Wirklichkeit gemein haben muß, um sie darstellen zu können – die logischen Form. Um die logische Form darstellen zu können, müßten wir uns mit dem Satze außerhalb der Logik aufstellen können, das heißt außerhalb der Welt." („Propositions can represent the whole reality, but

[10] *Max Born*, Physics in My Generation, London-New York 1956, p. 151; deutsch zit. nach: *Max Born*, Physik im Wandel meiner Zeit, Berlin 1957, S. 145 (Aufsatz: „Physikalische Wirklichkeit", übers. aus d. Engl.).

[11] *Ludwig Wittgenstein*, Tractatus Logico-Philosophicus, p. 38; engl. Übers. ebenda, p. 39 (These 2.15).

they cannot represent what they must have in common with reality in order to be able to represent it – the logical form. To be able to represent the logical form, we should have to be able to put ourselves with the propositions outside logic, that is outside the world.")[12] So wie das Auge die Grenzen seines Gesichtsfeldes nicht sehen kann, denn es müßte das sehen, was es nicht sieht, so wie man sich den Tod nicht als Grenze des Lebens vorstellen kann, denn er wird nicht erlebt, so könne man auch von der Logik nicht sagen, sie müsse das „Sagbare klar darstellen" („clearly displaying the speakable").

Ein solcher Gesichtspunkt ist Solipsismus und führt letzten Endes zum inneren Widerspruch. Wittgensteins Worte: „Unser Leben ist ebenso endlos, wie unser Gesichtsfeld grenzenlos ist" („Our life is endless in the way that our visual field is without limit.")[13] sind ein schwacher Trost, denn sowohl über die Begrenztheit unseres Lebens wie über die Begrenztheit des Gesichtsfeldes sind wir gut im Bilde. Dazu kommt, daß Wittgenstein selber, wie Bertrand Russell treffend bemerkt, ziemlich viel von dem spricht, was er das „Unsagbare" („unspeakable") nennt. In Wirklichkeit hat Wittgenstein das Problem der Betrachtung des Verhältnisses von Denken und Wirklichkeit „von außen her" nicht aufgehoben, sondern er hat es in subjektivistischer Manier untersucht und „gelöst". Der Materialismus versucht nicht, dem Problem auszuweichen, sondern geht unmittelbar von der Priorität (der Ursprünglichkeit) des materiellen Prinzips aus.

Die Aufgabe kann auch etwas anders formuliert werden. Mit der Begründung, daß die semantische Definition eines wahren Satzes nur für ein gegebenes semantisches System gültig ist, zieht Carnap den Schluß, daß es sinnlos ist, nach der Wahrheit des Systems selber zu fragen.[14] Daraus resultieren dieselben subjektivistischen Folgerungen wie aus der Konzeption Wittgensteins. Carnap gibt im Grunde genommen den gleichen Schlußfolgerungen nur eine andere Formulierung. Für den Materialisten sind sie unakzeptabel. Der Materialismus behauptet, daß der Wahrheitsbegriff auch auf das System selber angewendet werden kann. Die Frage nach der Wahrheit des Systems hängt aber mit der Frage zusammen, „ob es ein System materieller oder idealer Objekte oder aber ausgedachter,

[12] Ebenda, p. 78; engl. Übers. p. 79 (These 4.12).

[13] Ebenda, p. 184; engl. Übers. p. 185 (These 6.43).

[14] Siehe *С. А. Яновская*, Предисловие, in: *Рудольф Карнап*, Значение и необходимость. Исследование по семантике и модальной логике. Перев. Н. В. Воробьева. Общ. ред. А. А. Вочвара, Москва 1959, стр. 10; *Rudolf Carnap*, Empiricism, Semanties and Ontology, in: Revue Internationale de Philosophie, 4 (1950), p. 20–40.

in der Wirklichkeit nicht existierender Objekte ist"[15]. Auf diese Weise stoßen wir in neuer Form auf das Problem der Universalien (der Allgemeinbegriffe).

Das Universalienproblem und das Problem der inhaltlichen Wahrheit

Der Stand des Universalienproblems in der modernen Logik hat eine gute Abhandlung in der diesbezüglichen Arbeit von D. P. Gorski gefunden.[16] Hier sollen die gleichen Fragen in Anwendung auf das uns interessierende Problem der inhaltlichen Wahrheit einer Theorie untersucht werden.

Die Schwierigkeiten, die im Zusammenhang mit dem Universalienproblem in den formalisierten Sprachen entstanden, bestehen offenbar sämtlich auch in der natürlichen Sprache, aber hier werden sie nicht theoretisch, sondern in der Praxis der menschlichen Tätigkeit (einschließlich der sprachlichen Tätigkeit) bewältigt. Das kann an einigen Beispielen demonstriert werden.

Im täglichen Leben sehen wir als Wahrheit jede Aussage an, die ein Ereignis so beschreibt, wie es in der Wirklichkeit stattfindet. Stets werden dabei durch eine solche Aussage zwei oder mehr gedankliche Bilder (sinn- oder bedeutungshaltige Elemente) verbunden oder getrennt. Das läßt sich leicht prüfen, wenn man aus einer wahren Aussage mit Hilfe der Negation eine falsche bildet. Wenn es beispielsweise wahr ist, daß ich einen Füllhalter habe, dann ist die Behauptung: „Ich habe keinen Füllhalter" falsch. Die Negation hat die gedanklichen Bilder getrennt, die in der wahren Behauptung in gewisser Weise verbunden waren („ich" und „Füllhalter"). In der Wirklichkeit ist das „Ich" ein realer Mensch, der „Füllhalter" ein reales Ding, und sie sind verbunden; verbunden sind im Denken auch ihre Bilder. Die aristotelische Auffassung von der Wahrheit als Verbindung dessen im Denken, was in der Wirklichkeit verbunden ist, oder als Trennung dessen im Denken, was in der Wirklichkeit getrennt ist, wird durch solche Beispiele gut illustriert. Hier sei angemerkt, daß die Begriffe „Verbindung" oder „Trennung" eine Abstraktion darstellen, die in sehr grober Form einen realen sprachlichen und gedanklichen Vorgang abbildet. So kann man, wenn wir sagen: „Das Auto fährt auf der Straße",

[15] *П. В. Таванец*, О семантическом определении истины, in: Философские вопросы современной формальной логики, Москва 1962, стр. 146.

[16] *Д. П. Горский*, Вопросы абстракции и образования понятий, Москва 1961.

selbstverständlich eine solche Behauptung als eine gewisse Verbindung von Auto und Straße auslegen, doch das ist – wie gesagt – recht grob gesehen.

Es ist kennzeichnend, daß in der realen Lebenspraxis niemals Schwierigkeiten im Zusammenhang damit entstehen, daß sich mit Ausnahme der Eigennamen alle Wörter der Sprache auf einen recht großen Kreis von Dingen beziehen. Wenn wir sagen: „Ich habe einen Füllhalter", verwechseln wir niemals das eigene „Ich" mit fremden „Ichs", ebensowenig wie den eigenen Füllhalter mit dem „Füllhalter allgemein": der „praktische Kontext" setzt alles an seinen Platz.

Andererseits kann die Tatsache, daß es sich um nicht ausgedachte Begriffe handelt, stets anschaulich bestimmt werden. Wir können immer feststellen, ob den im Denken verbundenen Bildern bestimmte Dinge in der Welt entsprechen.

Komplikationen entstehen, wenn man den Begriff der Wahrheit als gedankliche Verbindung von Dingen (Gegenständen) anwendet, die in der Wirklichkeit verbunden sind mit solchen Ausdrücken wie „der Schnee ist weiß" oder „Peter ist ein Student". Das „Weiße" oder „Student" sind keine Gegenstände neben dem Schnee oder neben Peter. Jedoch wird im täglichen Leben niemand eine solche Frage stellen. Man kann sagen, daß hier das Ding und seine Eigenschaft verbunden werden. Jede Eigenschaft oder Zugehörigkeit zu einer Klasse fassen wir als eine Wirkungsweise der Dinge auf; wenn wir sagen „Peter ist ein Student", verstehen wir darunter speziell, daß Peter eine bestimmte Lebensweise führt, eine gewisse Art von Tätigkeit ausübt.

Problematischer ist die Frage: Was ist der Schnee, wenn es nicht die Gesamtheit der Eigenschaften „weiß", „kalt", „tauend" usw. ist? Dem berkeleyanischen Philosophen kann man darauf vom Standpunkt des gesunden Menschenverstandes antworten: Erstens ist es unmöglich, „Schnee" auf einen Komplex von sinnlichen Eigenschaften zurückzuführen, unter anderem deshalb, weil es von diesen Eigenschaften unendlich viele gibt; zweitens sind die den Gegenständen zugeschriebenen Eigenschaften nicht nur menschliche Reaktionen auf etwas, das durch ein Wort benannt wird, sondern sie äußern sich auch in den Beziehungen der Gegenstände zueinander. Wenn wir beispielsweise sagen: „Die Brücke ist sicher", so läßt sich die Sicherheit der Brücke natürlich beobachten, doch sie äußert sich vor allem hinsichtlich der Autos und anderer Fahrzeuge. Kurzum, wir behaupten: „Der Schnee existiert", „Peter existiert", „die Brücke existiert" usw., da wir ausdrücken wollen, daß sich diese Dinge außerhalb von uns befinden und daß es sie unabhängig von uns gibt.

Hier haben wir wohl den schwächsten Punkt in der Bestimmung der Wahrheit als gedankliche Verbindung oder Trennung dessen, was in der Wirklichkeit verbunden oder getrennt ist. In der Tat: Kann man sagen, daß wir solche Dinge wie „Schnee“ und „Existenz“ verbinden? Was für ein Ding ist „Existenz“? Darauf läßt sich antworten, daß keinerlei Notwendigkeit vorliegt, den Begriff „Existenz“ zu definieren, ihn hat die jahrhundertelange Praxis „definiert“, und jeder Mensch versteht ausgezeichnet, was das heißt. Dazu kommt, wenn wir von der Existenz (dem Sein), angewandt auf einen Gegenstand in einer konkreten Situation, sprechen („diese Sache ist nicht vorhanden“), dann kann man sich das immer vorstellen.

Somit werden alle Widersprüche, die von den Logikern und den Philosophen in der Sprache aufgedeckt werden, im täglichen Leben durch den „praktischen Kontext“ gelöst, und wir machen uns über diese Widersprüche nicht einmal Gedanken, da wir es wohl verstehen, Wahrheit von Unwahrheit zu unterscheiden. Das wichtigste Kriterium ist hier die Anschaulichkeit der Allgemeinbegriffe, deren wir uns im täglichen Leben bedienen.

Die erwähnten Widersprüche lassen sich schwer überwinden, wenn es um ihre theoretische Lösung bei völligem oder teilweisem Verzicht auf die Anschaulichkeit und die Intuition als Wahrheitskriterien geht. Am vollständigsten hat sich das in der Logik und in der Metamathematik im Zusammenhang mit der Präzisierung der Begriffe „Klasse“ und „Existenz“ ausgedrückt.

Wir unterscheiden: 1. den Namen (das Zeichen, das Symbol); 2. den Sinn dieses Namens („der Sinn ist, was erfaßt wird, wenn man einen Namen versteht“ – „the sense is what is grasped when one understands a name“);[17] 3. das von dem Namen bezeichnete Objekt (Denotat; engl.: denotation). Frege zufolge sind die Denotate der Eigennamen die bezeichneten Dinge. So war das Denotat des Namens „Gottlob Frege“ ein wirklicher Mensch; das Wort „Gott“ hat kein Denotat. Was ist das Denotat eines allgemeinen (general) oder gemeinschaftlichen (common) Namens wie zum Beispiel „Füllhalter“ – alle möglichen realen Füllhalter oder ein abstraktes Objekt? Die gleiche Frage kann man stellen bezüglich der Wörter „das Weiße“, „der Mensch“, „die Klasse“, und die Antwort darauf kann nur lauten: Wir werden nur dann schwere Fehler vermeiden, wenn wir unter dem Eigennamen der Klasse nur die Bezeichnung der betreffenden Klasse (das heißt eines abstrakten Objekts) und nicht die der einzelnen Elemente der Klasse sehen.[18] Im täglichen Leben stoßen wir manchmal auf ähnliche

[17] Siehe *Alonzo Church*, Introduction to Mathematical Logic, vol. I, p. 1–6.
[18] Siehe ebenda, p. 4 (Anm. 6).

Beschränkungen (z. B. läßt sich nicht alles, was man von einer Klasse sagt, auch von einem einzelnen Menschen sagen: „Die Menschen sind zahlreich“, aber unmöglich ist: „Viktor ist zahlreich“). Am natürlichsten scheint uns die Annahme, daß der allgemeine Name jeden Einzelgegenstand in seinem gegenständlichen Bestimmungsbereich bezeichnet.

Brauchte man das nicht zu berücksichtigen, dann wäre es sehr einfach, die inhaltliche Wahrheit jeder beliebigen Aussage festzustellen: Wenn der Name X kein Denotat (beispielsweise „Russalka“) hat, dann kann man ihn nur in den Ausdrücken vom Typ „X existiert nicht“ gebrauchen; haben die Namen Denotate in der Wirklichkeit, dann muß man empirisch prüfen, wie sich diese Denotate verhalten, und dann die Namen verbinden oder trennen. Es geht aber darum, daß die meisten Namen als Denotate abstrakte (ideale) Objekte haben. So ist das Denotat zur Ziffer „5“ die *Zahl* 5, die ein ideales Objekt ist.

Das Gesagte bedeutet nicht, daß die Einführung abstrakter Objekte als Eigennamendenotate der aristotelischen Auffassung von der Wahrheit widerspricht; im Gegenteil, ersteres hängt mit dem letzteren implizit zusammen. Fast in allen Typen metamathematischer Systeme (mit Ausnahme des von Ernst Zermelo stammenden Systemtyps, des Zermelo-Fraenkelschen Axiomensystems) kann eine Klasse mit einer singulären propositionalen Funktion identifiziert werden.[19] Mit anderen Worten, ein Begriff kann in Form der Funktion $P(x)$ dargestellt werden, wo x die Bedeutung von Namen individueller Gegenstände aus dem entsprechenden Gegenstandsbereich annimmt; die Bedeutung der Funktion ist Wahrheit oder Falschheit. Beispielsweise, wenn P – „Mensch“ und x – „Peter“ ist, dann gilt für $P(x)$ „Peter ist ein Mensch“, und dieser Satz ist wahr. Wenn x die Bedeutung „Moskau“ annimmt, dann drückt das Ergebnis der „Zuordnung“ des Begriffs „Mensch“ zu dem betreffenden Namen Falschheit aus.

Auf diese Weise kann man den Begriff als eine Operation ansehen, die, wenn sie auf den Namen eines Individuums angewendet wird, dieses in Beziehung zu Wahrheit oder Falschheit setzt. Diese in der Logik und Metamathematik sehr fruchtbare Vorstellung läßt die Frage nach der Entsprechung von Gedanken und Wirklichkeit völlig beiseite, geht aber davon als von einer Tatsache aus: Die „Zuordnung“ eines Begriffs zum Namen eines Einzelobjekts kann man als „Verbindung“ zweier gedanklicher Bilder interpretieren, die als Resultat in bestimmten Fällen die Wahrheit, in anderen Fällen die Falschheit hat.

[19] Siehe ebenda, p. 28–30.

Hierzu sei bemerkt, daß die Vorstellung des Begriffs als propositionale Funktion dazu zwingt, einen Unterschied zwischen Begriff und abstraktem Objekt anzunehmen.[20] Wir sagen deshalb, einem Allgemeinbegriff entspricht ein abstraktes Objekt, ohne dabei beides zu identifizieren.

Es gibt eine Reihe von Systemen, wo die Klasse anders aufgefaßt wird, nämlich nicht als neuer Gegenstand, sondern als „Anhäufung" von Dingen. So entschieden sich Ernst Schröder und Richard Dedekind. Im Zusammenhang mit dieser Auffassung erwuchsen ihnen unlösbare Schwierigkeiten (beispielsweise bei der Unterscheidung der Begriffe „Aufnahme in eine Klasse" und „Zugehörigkeit zu einer Klasse"). Ein interessanter Versuch, eine allgemeine Konzeption, ausgehend von der Auffassung der Klasse als „Anhäufung" (wo beispielsweise der Name „Großer Bär" die sieben Sterne dieses Sternbildes und nichts weiter bezeichnet), zu konstruieren, wurde von dem polnischen Logiker und Mathematiker Stanisław Leśniewski unternommen (die sogenannte „Mereologie"). Die Bedeutung der Mereologie für die Begründung der Mathematik ist jedoch sehr beschränkt. Wir möchten hier nur feststellen, daß die Allgemeinbegriffe in der natürlichen Sprache häufig in der gleichen Funktion auftreten wie der Begriff „Klasse" in der Mereologie. Die gesellschaftliche Klasse wird beispielsweise als eine Gesamtheit (Gruppe) von Menschen definiert, die sich durch bestimmte Merkmale auszeichnet. Im übrigen kann man diese Auffassung nicht rein mereologisch nennen, wie dies Tadeusz Kotarbiński tut, denn wir bestimmen auch die unterschiedlichen Merkmale des Gesamtkomplexes, die nicht auf jedes Glied der Klasse bezogen werden können.

Die Klasse als „Anhäufung" aufzufassen ist natürlich, wenn die Klasse nur von der Seite ihres Umfangs und der Gesamtheit der zu ihr gehörenden Gegenstände her angesehen wird. Eine solche Auffassung nennt man extensional (extensional view). Gleichzeitig muß bemerkt werden, daß die Bestimmung des Namens der Klasse als Namen der Gegenstände, die in ihrer Gesamtheit die Klasse bilden, nicht notwendigerweise an den extensionalen Gesichtspunkt gebunden ist. Das extensionale Verfahren kann man folgendermaßen charakterisieren: a) Insoweit bei uns ein Begriff vorhanden ist, gibt es auch ein gewisses (materielles oder ideales) Objekt, das dem Begriff entspricht; b) Klassen können als identisch angesehen werden, wenn sie ein und dieselben Glieder enthalten.[21]

[20] Siehe *Д. П. Горский*, Вопросы абстракции и образования понятий, стр. 108–118.

[21] Siehe *Wang Hao*, A Survey of Mathematical Logic, p. 427–429.

Hier nähern wir uns der Frage nach den „erdachten“ und den „wirklichen“ idealen Objekten.

Das wichtigste Ergebnis der logischen und metamathematischen Forschungen im 20. Jahrhundert ist die Ablehnung des extensionalen Verfahrens in der Form, wie es in der Mathematik des 19. Jahrhunderts dominierte. Zugleich gingen die Mathematiker davon aus, daß die von ihnen untersuchten idealen Objekte vor allem in gewissem Sinne existieren und daß die Aufgabe darin besteht, diesen mathematischen Wesenheiten eine richtige Definition zu geben. In der modernen Logik und Metamathematik wird das Wort „ist“ als Synonym für „kann konstruiert sein“ verstanden. A. Heyting schrieb, als er das Fazit aus den langjährigen Diskussionen über die Grundlagen der Mathematik zog, daß der einzige Bestandteil der erkenntnistheoretischen Vorstellungen der klassischen Mathematik, der von den modernen Richtungen verworfen wird, der platonische Bestandteil sei, der nach seiner Formulierung „in dem Glauben an die Existenz einer Welt von mathematischen Gegenständen besteht“[22].

Das darf nicht in dem Sinne verstanden werden, daß die fundamentalen mathematischen Objekte wie zum Beispiel die Zahlen 1, 2, 3. . . durch metamathematische Konstruktionen geschaffen werden und nicht in der jahrhundertelangen Praxis der Menschheit entstanden sind; ein metamathematisches System kann nur eine formale Vorstellung einer mathematischen Realität und dazu noch eine sehr unvollständige sein. Es handelt sich lediglich darum, daß das einzige Kriterium für die Möglichkeit, ein ideales Objekt einzuführen, das semantische Kriterium der Zugehörigkeit zu einem System sein kann. Außer den semantischen Kriterien besitzen wir keine anderen Mittel, um festzustellen, ob das ideale Objekt nicht ein „erdachtes“ Objekt ist.

Dieses konstruktive Verfahren faßte festen Fuß nach der Entdeckung der Paradoxien der Mengentheorie, als die Notwendigkeit klar wurde, ein solches metamathematisches System zu schaffen, das das Auftreten eines Objektes „Klasse aller Klassen“ ausschließt. Allgemein gesagt müssen solche Beschränkungen nicht unbedingt konstruktiv sein; so wird in den nach dem „limitation of size“(Umfangsbegrenzungs)-Prinzip (Zermelo-Fraenkelsches System und dessen prädikative Erweiterung – das System von Paul Bernays) konstruierten Systemen in gewissem Sinne das alte extensionale Verfahren beibehalten. Die Widerspruchsfreiheit wird durch

[22] *A. Heyting*, Blick von der intuitionistischen Warte, in: Dialectica, 12 (1958), 3/4 (47/48), p. 338.

das Verbot erreicht, Mengen zu untersuchen, deren Umfang „zu groß“ ist, das heißt äquivalent dem Universum (der Gesamtheit) aller Mengen (Definition von John von Neumann 1929) ist.

Der völlige Verzicht auf das extensionale Verfahren kommt dem Verzicht gleich, überhaupt abstrakte Objekte zu verwenden. Ein solcher Versuch wurde von Russell in seiner „no-class theory“ („keine-Klassen“-Theorie) unternommen. Er bemühte sich, den Begriff „Klasse“ überhaupt zu beseitigen, indem er zeigte, daß er auf den Begriff Eigenschaft rückführbar ist. Sehr bald stellte sich jedoch heraus, daß das fundamentale „Reduzibilitätsaxiom“ der Russellschen verzweigten Typentheorie es weder erlaubt, diese Theorie als konstruktive Theorie noch als „no-class theory“ anzusehen.[23]

Leon Chwistek und Frank Pennyston Ramsay konstruierten eine vereinfachte Typentheorie ohne das Reduzibilitätsaxiom; eine weitere Vervollkommnung erzielten Norbert Wiener und Kazimierz Kuratowski, nach 1930 wurden die Vereinfachungen von Kurt Gödel (1931) und Alfred Tarski (1933) akzeptiert, und heute ist ihre Formulierung für die Typentheorie die allgemein geltende. Aber auch dieses System ist zur Zeit nicht frei von Mängeln; insbesondere bleibt die Frage seiner Widerspruchsfreiheit in bezug auf das Axiom der Unendlichkeit noch offen.

Die nominalistischen Ideen Russells werden gegenwärtig von Willard Van Orman Quine, N. Goodman, R. M. Martin und anderen weiterentwickelt. Nach der Auffassung von Quine ist es erforderlich, Variable zu vermeiden, die Universalien als Bedeutungen enthalten. Das erste System von Quine enthielt Widersprüche, es wurde von Max Black und Wang Hao sowie von Quine selber vervollkommnet.

In der logischen Fachliteratur, aber auch in der sowjetischen philosophischen Literatur wurde auf die theoretische Haltlosigkeit der Versuche hingewiesen, die abstrakten Objekte aus dem Bereich der Logik zu eliminieren. Hierzu müssen jedoch einige Bemerkungen gemacht werden. Gegenwärtig existieren nicht wenig widerspruchsfreie metamathematische Systeme, die auf verschiedenen Prinzipien einschließlich der nominalistischen basieren. Der Unterschied zwischen ihnen besteht in verschiedenartiger Künstlichkeit der Konstruktionen, in einer verschiedenen Erfassungs-

[23] Nach Russell operieren wir mit dem Begriff „Klasse“ aus Erwägungen linguistischer Bequemlichkeit; man könne aber immer sagen, daß, wenn y zur Menge x gehört, von deren Elementen jedes die Eigenschaft M (d. h. $y \varepsilon \hat{x} M$) besitzt, dies bedeutet, daß y die Eigenschaft M ($M y$) besitzt. Genauer gesagt, besteht für die willkürliche Funktion des Arguments a die einfache quantorfreie Funktion des Arguments a (prädikative Funktion) unabhängig davon, ob sie gebildet werden kann.

weite der mathematischen Realität. Man kann sagen, daß alle diese formalen Systeme logische Modelle einer gedanklichen Realität mit unterschiedlicher modellierender Fähigkeit und unterschiedlicher Breite der Materialerfassung sind. Deshalb kann man z. B. nicht behaupten, daß das nominalistische Modell unrichtig ist, es ist einseitig, unrichtig können die diese Einseitigkeit verabsolutierenden erkenntnistheoretischen Vorstellungen der Schöpfer solcher Modelle sein. Die philosophischen Voraussetzungen tragen hinsichtlich der formalen logisch-mathematischen Überlegungen unweigerlich äußeren Charakter.

Bemerkenswert ist im Zusammenhang damit eine Äußerung des Mathematikers Frederic Brenton Fitch, eines Anhängers der Lehre Platos und eifervollen Gegners des Nominalismus. Als einen der Vorwürfe, den er dem Nominalismus macht, führt er die Überlegung an, daß man in der nominalistischen Sprache, da es in ihr keine abstrakten Objekte gebe, nicht den Ausdruck: „Es gibt keine abstrakten Objekte" formulieren könne und der Nominalist somit in der von ihm konstruierten Sprache seine eigene Position nicht zu formulieren vermöge. Der Einwand ist nicht sehr überzeugend, er zeigt aber, daß die Ausgangsprämissen für die Konstruktion einer künstlichen Sprache, im vorliegenden Falle in der Philosophie, demnach außerhalb (der Wissenschaft) der Logik und der Mathematik formuliert werden müssen. Daß bei mathematischen Systemen philosophische Voraussetzungen gegeben sind, hat Georg Kreisel überzeugend nachgewiesen.

Somit besagt die Unrichtigkeit philosophischer Interpretation nicht, daß das mit ihr verknüpfte formale Modell unrichtig ist; andererseits bedeutet die erfolgreiche Konstruktion eines Modells, geht man von philosophischen Überlegungen aus, nicht, daß diese Überlegungen selber richtig sind. Anders gesagt, Logik und Mathematik können nicht der Kampfplatz sein, auf dem die endgültige Entscheidung in diesem philosophischen Meinungsstreit ausgetragen wird.

Nichtsdestoweniger ist es unter Stützung auf das oben untersuchte Material möglich, einige Schlußfolgerungen philosophischer Ordnung zu ziehen.

1. Die meisten Definitionen der Klasse (angefangen von der Cantors) laufen darauf hinaus, daß, „wann immer wir Objekte zu einem Ganzen sammeln, das Ganze ein neues Objekt sein muß, das sich unterscheidet von all den Objekten, die seine Elemente sind" („whenever we collect objects into a whole, the whole must be a new object distinct from all these objects which are its elements")[24]. Folglich ist der allgemeine Name nicht der Name vieler Einzeldinge (zum Beispiel ist „Atom" nicht der Name

[24] *Wang Hao*, A Survey of Mathematical Logic, p. 425.

vieler Atome). Das Denotat eines allgemeinen Namens[25] ist eine gewisse Seite, ein Moment, eine Eigenschaft, ein Aspekt usw. einer Reihe individueller Dinge oder Erscheinungen. So sind das Denotat des Wortes „Student" nicht alle Studenten; als Denotat muß man hier jene Daseins- und Verhaltensweise sowie Tätigkeitsart der Menschen ansehen, die eine Eigenschaft aller Studenten genannt werden kann. Das Denotat des Wortes „Atom" sind nicht die Dinge, die Atome genannt werden; als Denotat ist hier eine Eigenschaft einiger individueller Gegenstände und Erscheinungen anzusehen, die durch die Atomphysik erforscht werden. Und nur weil alles, was über den Studenten und das Atom allgemein gesagt werden kann, auch von jedem Menschen gesagt werden kann, der „in der Rolle" eines Studenten auftritt, und von jedem Objekt, das „in der Rolle" eines Atoms auftritt, können wir (im bestimmten Rahmen) den allgemeinen Namen als Namen für jeden Studenten (oder jedes Atom) gelten lassen.

2. Da man bei weitem nicht jedes Wort in einer Sprache als Namen (Zeichen) eines realen Dinges ansehen kann, darf man allgemein betrachtet in der eineindeutigen (umkehrbar eindeutigen) Entsprechung von Gedanken und Wirklichkeit keine Wahrheit sehen. Auf die Wirklichkeit schlechthin beziehen sich nicht die Zeichen (Sätze), sondern deren *Sinn*. Deshalb würde der Versuch, in dem Bezug zwischen Aussage und Wirklichkeit die Eindeutigkeit der Elemente zu sehen, allgemein betrachtet vorher eine völlige Reduzierung des gesamten Sinns auf einige Zeichen erfordern, d. h. eine völlige Formalisierung des Denkens, was bekanntlich nicht zu erreichen ist. Mit anderen Worten, der Begriff „Isomorphismus" kann nicht die Beziehung des Denkens zur Wirklichkeit charakterisieren.

Die zentrale Aufgabe in der Analyse der inhaltlichen Wahrheit der Kenntnisse ist mithin die Analyse des Sinns.

Der Sinn der Termini und das theoretische System

Der Sinn eines Terminus[26] läßt sich charakterisieren als Gesamtheit der Kenntnisse von seinem Denotat oder den Eigenschaften des Gegenstandes, der von dem Terminus (Namen) bezeichnet wird. Das nomina-

[25] Wir sprechen hier von den realen Dingen als von Denotaten, was im Rahmen der Logik zulässig ist; genauer gesagt, müßten wir als Denotat des Eigennamens das abstrakte Objekt ansehen, das im Denken den bezeichneten Gegenstand der Wirklichkeit darstellt.

[26] Zum Unterschied von der in der modernen Logik eingeführten Tradition gebrauchen wir das Wort „Terminus" als Synonym für das Wort „Name" (**имя**),

listische Verfahren kann intensional genannt werden, da es voraussetzt, daß es möglich ist, Behauptungen über die Existenz von Objekten durch die Beschreibung eines Komplexes von Eigenschaften zu ersetzen. Im Zusammenhang damit ist es notwendig, das Existenzproblem der Objekte ein wenig von anderer Seite her zu betrachten.

Die reale Schwierigkeit, vor der die Erkenntnis steht, liegt darin, daß wir einerseits die Existenz von Gegenständen konstatieren, andererseits aber über die Gegenstände an sich nichts sagen können außer dem Hinweis auf ihre möglichen Wechselwirkungen mit anderen Gegenständen. Als Friedrich Engels davon sprach, daßdie Wechselwirkung die „letzte Ursache" („causa finalis") der Dinge ist, betonte er: „Weiter zurück als zur Erkenntnis dieser Wechselwirkung können wir nicht, weil eben dahinter nichts zu Erkennendes liegt."[27] Dieser objektive Widerspruch bringt zwei Extreme hervor: einerseits die Vorstellung von „einfachen", „atomaren" Objekten außerhalb der Wechselwirkung (Verabsolutierung des extensionalen Verfahrens, Platonismus); andererseits die Eliminierung der Objekte durch ihre Reduktion auf die Wechselwirkung, letzten Endes auf ihre Wechselwirkung mit dem Menschen (Verabsolutierung des intensionalen Verfahrens, Nominalismus subjektivistischer Prägung).

Die nominalistischen Systeme haben stets ein platonistisches „Überbleibsel" enthalten, ohne das sie nicht auskommen konnten. Das ist besonders typisch für Russell in der Periode, als er den „logischen Atomismus" schuf. Der Logiker Wittgenstein ist sich der Doppelstellung des Gegenstandes (Dinges) in der Erkenntnis wohl bewußt: „Das Ding ist selbständig, insofern es in allen *möglichen* Sachlagen vorkommen kann, aber diese Form der Selbständigkeit ist eine Form des Zusammenhanges mit dem Sachverhalt, eine Form der Unselbständigkeit." („The thing is independent, in so far as it can occur in all *possible* circumstances, but this form of independence is a form of connexion with the atomic fact, a form of dependence.")[28] Da der Gegenstand nicht unabhängig existiert, besteht Wittgenstein aber darauf, daß die Welt nicht aus Gegenständen (Dingen), sondern aus Sachverhalten (Tatsachen) besteht; die Dinge als solche sind etwas Einfaches, Unzerlegbares, das nur im Sachverhalt Sinn hat. Daraus entspringt das Problem der „Einfachheit" und „Unzer-

da es hier um wissenschaftliche Theorien geht, wo Namen meistens als Fachtermini auftreten.

27 *Friedrich Engels*, Dialektik der Natur, in: *Karl Marx/Friedrich Engels*, Werke, Bd. 20, Berlin 1962, S. 499.

28 *Ludwig Wittgenstein*, Tractatus Logico-Philosophicus, p. 32; engl. Übers. ebenda, p. 33 (These 2.0122).

legbarkeit", das für Wittgenstein eine nicht zu nehmende Hürde darstellte und ihn weit weg von seinen Anschauungen aus der Periode des „Traktats" führte.

Der konsequente Nominalismus muß auf Behauptungen über die Existenz der Objekte verzichten. Bereits Russell suchte den Widerspruch zu zeigen, der angeblich aus der Verwendung von Ausdrücken des Typs „x existiert" entsteht. Von einem x könne man nur sagen, *wie* es existiert, das heißt welches seine Eigenschaften sind, wie es mit anderen Gegenständen verknüpft ist. Diese Ideen entwickelte Van Quine weiter.

Die mit dem Gebrauch von Aussagen über die Existenz verbundene logische Schwierigkeit erblickt er in folgendem. Angenommen, wir sagen von einem x, daß es nicht ist (daß es nicht existiert). Einer solchen Aussage könne man die Form geben: „Es existiert ein solches x, das nicht existiert." Hier liegt ein logischer Widerspruch vor. Man kann ihn zu vermeiden suchen, wenn man von verschiedenen Bedeutungen des Wortes „existiert" in den zwei Fällen seiner Verwendung spricht (englisch: exists and subsists), doch Van Quine zeigt, daß das die Situation nicht rettet.

Den einzigen Ausweg sieht er darin, die Russellsche Methode zu akzeptieren und nicht zu sagen „x existiert" oder „x existiert nicht", sondern deskriptive Ausdrücke des Typs ιx $(\ldots x \ldots)$ („das x, welches . . .") zu verwenden, wo wir anstelle der Punkte das einsetzen, was wir über x (seine Eigenschaften oder die ihm zugeschriebenen Prädikate) wissen. So sind nach Russell die Aussagen: „Der Autor von 'Waverley' existiert" und die Negation davon: „Der Autor von 'Waverley' existiert nicht" nicht richtig formuliert. Richtig wäre es vielmehr zu sagen: „Ein gewisser Jemand hat 'Waverley' geschrieben, und nichts anderes hat 'Waverley' geschrieben" und im Falle der Negation: „Weder hat ein gewisser Jemand 'Waverley' geschrieben, noch haben zwei oder mehr Dinge 'Waverley' geschrieben". In dem gegebenen Fall enthalten die Ausdrücke nicht den Namen eines nichtexistierenden Autors, und es entsteht kein Paradoxon. Van Quine geht über Russell hinaus, wenn er feststellt, daß ein Widerspruch immer dann entsteht, wenn wir einen „Bedeutungsbereich" postulieren. Er hält es für konsequent, überhaupt nicht von Bedeutung zu reden, sondern nur „bedeutungtragender Name" („name significant") in dem Sinne zu sagen, der in einer Sprache in gewisser Weise anwendbar ist.

In dieser Überlegung gibt es, wie uns scheint, eine Unkorrektheit, die man auf Grund der nachfolgenden Überlegungen aufdecken kann.

Es sei x ein Objekt, P das Prädikat „existierend sein" („existieren"), $\exists$ der Quanto der Existenz, $\sim$ der Operator der Negation. Der Ausdruck $\exists_x (\sim P(x))$ gilt für „es existiert ein x, das nicht existiert". In der symbolischen Aufzeichnung gibt es keine Widersprüche, denn ∃ und P sind verschiedene Zeichen. Keine Widersprüche gibt es auch in der Interpretation. Das liegt daran, daß der Ausdruck unter dem Quantor eine Wahrheitswertung enthält („es existiert ein x, für das wahr ist, daß. . ." oder „es existiert ein x, für das richtig . . ."). Deshalb sind x und $P(x)$ Ausdrücke von verschiedenem semantischen Niveau.[29] Das Prädikat P wird also dem Denotat zugeordnet; in dem Ausdruck unter dem Quantor handelt es sich um den Namen („es gibt ein solches 'x', daß x nicht existiert").

Aussagen des Typs „x existiert" und „x ist ein solches, daß . . ." gehören dementsprechend verschiedenen semantischen Ebenen an. Wir wollen das an einem von Van Quine angeführten Beispiel klarmachen. Er schlägt vor, anstatt „Pegasus existiert" zu sagen „x pegasiert" (das Wort „pegasiert" könnten wir durch die Aufzählung aller Merkmale von Pegasus ersetzen). In Wirklichkeit ist die Behauptung „Pegasus existiert" nicht der Behauptung „x pegasiert", sondern der Behauptung: „Die Aussage 'x pegasiert' ist wahr" äquivalent.

Daraus folgt indessen nicht, daß der Widerspruch erdacht ist. Ein Widerspruch entsteht solange nicht, wie in unserer Sprache nur das Prädikat der Existenz gebraucht wird. Da aber die Behauptung „x existiert" ein Ausdruck einer anderen semantischen Ebene ist als „x ist ein solches, daß . . .", das heißt als die Deskription, so dürfen wir in einer formalisierten Sprache auf der Ebene, auf der wir Deskriptionen verwenden, keine Behauptungen über die Existenz gebrauchen. Auf der Deskriptionsstufe kann ein abstraktes Objekt konstruiert werden, aber die Behauptung, daß ein solches Objekt konstruiert wurde (mit anderen Worten, daß es existiert), kann nur auf einer höheren Stufe gemacht werden usw. Auf diese Weise erhalten wir eine Hierarchie der Metasprachen, und wenn wir die natürliche Sprache zur Vermeidung von Paradoxien vollständig formalisieren wollten, dann müßten wir eine unendliche Anzahl von Typen konstruieren. Im übrigen entstehen in der natürlichen Sprache dank des „praktischen Kontextes" keine Paradoxien; die Verwendung von Zweideutigkeiten hingegen, die mit dem hierarchischen Stufenbau zusammenhängen, führt zum „ontologischen Gottesbeweis", der in der Behauptung besteht, daß Gott, da der Begriff Gott existiert, in Wirklichkeit existiere.

[29] In der vor dem Entstehen der semantischen Definition der Wahrheit geschaffenen verzweigten Typentheorie Russells waren die Individuen der Nullstufe zugerechnet, während die aus ihnen mit Hilfe von Quantoren und Operatoren gebildeten Ausdrücke der ersten Stufe angehörten.

Eben gegen einen solchen „Beweis“ sowie gegen den „extensionalen Platonismus“ richtete sich unmittelbar Russells Deskriptionstheorie.

Einige mit dem nominalistischen Herangehen an die Logik und Mathematik verbundene logische Ideen können sehr fruchtbar sein. Der Vorzug der intensionalen gegenüber der extensionalen Behandlung des Sinns eines Namens besteht darin, daß sie Wege für seine Modellierung vorschlägt, während beispielsweise in der Konzeption von Frege-Church der Sinn etwas äußerst Intuitives und vom Denotat Losgerissenes bleibt. Hierzu erklärte Reuben Louis Goodstein: „Frege war außerstande, den Ursprung des Sinns eines Wortes zu erklären, und es war Wittgenstein, der uns zum erstenmal zeigte, daß das, was einem Wort ‘Sinn’ verleiht, die Rolle ist, die es in der Sprache spielt, der es angehört.“ („Frege was unable to explain the origin of the sense of a word, and it was Wittgenstein who first showed us that what gives a word ‘sense’ is the part which it plays in the language to which it belongs.“)[30] Davon ausgehend hält er es für möglich, ein solches abstraktes Objekt wie die Zahl überhaupt nicht einzuführen. Wie die Regel im Schachspiel, daß der König mit Ausnahme der Rochade jeweils nur *ein* Feld weiterziehen kann, nicht auf das abstrakte Objekt „König im Schachspiel“ bezogen werden kann, sondern für ein Stück Holz bestimmter Form gilt, das erst die Regeln zum König machen, „ebenso sind die Zahlen die verschiedenen Rollen, die die Zahlwörter in der Sprache spielen“ („so too the numbers are the several parts which the numerals play in language“)[31].

S. A. Janowskaja, die Herausgeberin der russischen Ausgabe von Goodsteins Arbeit, aus der hier zitiert wurde, bemerkt mit Recht, daß das Wesen der Sache dennoch nicht in der Ziffer und nicht in der Holzfigur, sondern in einem sich hinter ihnen verbergenden „invarianten Faktor“ liege. Um die an zwei verschiedenen Stellen vorkommende Ziffer „5“ zu untersuchen, müssen wir sie zumindest für den Repräsentanten einer abstrakten Ziffer halten, die in allen Fällen ihrer Aufzeichnung identisch ist (wie z. B. der in dem Wort „Mama“ zweimal anzutreffende Buchstabe „a“ der Repräsentant eines abstrakten Buchstabens „a“ ist)[32]. Somit gelingt es auch hier nicht, das abstrakte Objekt zu eliminieren.

30 *R. L. Goodstein*, On the Nature of Mathematical System, in: Dialectica, 12 (1958), 3/4 (47/48), p. 313.

31 *R. L. Goodstein*, Mathematical Logic, Leicester 1957, p. 10.

32 Siehe *А. А. Марков*, Теория алгоритмов, in: Труды математического института им. В. А. Стеклова, 1954, т. XLII.

Uns interessiert aber die Frage, in welchem Grade die Darstellung des Sinns durch einen Komplex von Regeln, die für das Operieren mit dem Namen gelten, vollständig ist.

Diese Frage läßt sich auf eine andere zurückführen, auf die wir eine präzise Antwort haben. Den Sinn durch einen Komplex von für das Operieren mit dem Namen geltenden Regeln vollständig darzustellen bedeutet, solche Regeln vorzugeben, die es uns ermöglichen würden, ein Wort richtig zu gebrauchen, ohne seinen Sinn zu kennen. Wäre dies möglich, so könnten wir in jedem Falle, ohne uns auf inhaltliche Überlegungen zu stützen, im Satz ein Wort durch ein anderes in solcher Weise ersetzen, daß der Satz nicht sinnlos wird. In allgemeiner Form ist die Lösung einer solchen Aufgabe unmöglich.[33]

Die allgorithmische Unlösbarkeit der gestellten Aufgabe bedeutet nicht, daß in Spezialfällen die Konstruktion eines Algorithmus unmöglich ist. In jeder Theorie formulieren wir einige Schemata für die Verwendung von Termen (für die Definition, für die Bedingung der Identität von Ausdrücken), die man als Bestimmung der Schemata der Rolle ansehen kann, die von einem Namen in einem theoretischen System gespielt wird. Je strenger das System ist, um so genauer bestimmen solche Regeln die Möglichkeiten für den Gebrauch eines Namens.

Diese These kann auch anders formuliert werden. In den Theorien, die sich mit dem Experiment und der Beobachtung befassen, besteht die Aufgabe, die derartige Regeln zu erfüllen haben, dem Wesen nach in der operationalen Begriffsdefinition. Der Gedanke, daß der Sinn des Namens einer Aussage das Verfahren seiner Verifizierung ist, wurde im Wiener Kreis geboren; er erfuhr eine weitgehende Entwicklung im Operationalismus (Percy Williams Bridgman).

Im Zusammenhang damit erwecken die von Kazimierz Ajdukiewicz entwickelten Auffassungen großes Interesse. Fußend auf der fundamentalen

[33] Betrachten wir den sogenannten assoziativen Kalkül, in dem es ein Alphabet $A_1, A_2, \ldots A_n$ und ein solches Umwandlungsverfahren gibt, daß, wenn $\boldsymbol{B}^m \hat{n}$ ein Wort nach unserem Alphabet ist, $\boldsymbol{B}_1 \leftrightarrow \boldsymbol{B}_1'$ bedeutet: „$\boldsymbol{B}_1$ kann durch das Wort $\boldsymbol{B}_1'$ ersetzt werden ($\boldsymbol{B}$ hier zum Unterschied vom Algorithmenschema, wo $\rightarrow$ den Austausch zwingend vorschreibt). Wenn $\boldsymbol{B}_1 \leftrightarrow \boldsymbol{B}_1'$, dann sind $\boldsymbol{B}_1$ und $\boldsymbol{B}_1'$ sinnverwandte Wörter. Zwei Wörter sind äquivalent, wenn man zwischen ihnen eine Abfolge sinnverwandter Wörter einfügen kann. Die im Text gestellte Aufgabe kann so formuliert werden: Für zwei willkürliche Wörter A und C in einem vorgegebenen Alphabet ist die Aufgabe zu lösen, ob sie äquivalent sind. Eine solche Aufgabe ist abgesehen von Sonderfällen algorithmisch unlösbar.

These: „Der Sinn, den die Ausdrücke in einer Sprache besitzen, bestimmt gewissermaßen die Regeln ihres Gebrauchs"[34], suchte er formale Regeln für die Sinnbestimmung zu finden, wobei er von den Tatsachen der Sprache ausging. Die „Sinnregeln" sind nach Ajdukiewicz exakte formale Kriterien, die es ermöglichen festzustellen, ob die Termini einer gegebenen Sprache in dem Sinne gebraucht werden, der ihnen in dieser Sprache eigen ist. Diese Regeln teilt Ajdukiewicz in drei Gruppen: 1. axiomatische, 2. deduktive und 3. empirische Regeln. Zur Erläuterung dienen die folgenden Beispiele: 1. Wenn jemand den Sinn des Wortes „ist" richtig versteht, dann wird er stets sagen, A ist A (axiomatische Regel): 2. wenn jemand den Sinn des Ausdrucks A richtig versteht und annimmt, daß A ist, und weiß, daß $A \supset B$ ist, dann kann er nicht verneinen, daß B ist, und wenn er B verneint, so faßt er es in anderem Sinne auf (deduktive Regel); 3. wenn sich jemand in der Position L befindet und dabei anerkennt, daß Z ist, dann gebraucht er Z richtig (empirische Regel). (Empirische Regeln können allerdings nicht genauer als operationale Bestimmungen formuliert werden, das heißt als Angaben, was ich tun muß – praktisch oder theoretisch –, um den Ausdruck Z zu erhalten.)

Ajdukiewicz äußerte die Vermutung, daß die „Sinnregeln" den „Wahrheitskriterien" analog sind, die nach Wittgenstein den Sinn eines Ausdrucks bestimmen. Im Lichte der heutigen Errungenschaften der Logik muß hervorgehoben werden, daß es sich hierbei um eine scharfsinnige Annahme handelt. In der Tat sind die „Sinnregeln", die „Verifikationskriterien" und die operationalen Bestimmungen (Operationaldefinitionen) nichts weiter als *Verfahren zur Prüfung der Richtigkeit des Gebrauchs der Ausdrücke, nicht aber Verfahren zur Aufdeckung (Aufklärung) ihres Sinns* (obwohl sich beides im Sonderfall decken kann). So erklären wir den Sinn eines unverständlichen Ausdruckes häufig dadurch, daß wir den Kontext zeigen, in dem der Terminus verwendet werden kann; sich den Kontext einprägen heißt noch nicht den Sinn verstehen. Wenn wir manchmal durch einen Kontext begreifen, dann füllt sich bildlich gesprochen das „Vakuum" eines unverständlichen Terminus, der Sinn wird von uns, ausgehend vom Kontext, „ausgebaut".

Sehr wesentlich ist auch die andere, von Ajdukiewicz gut demonstrierte These, nämlich daß man von „Sinnregeln" immer dann sprechen kann, wenn sie auf verschiedene sprachliche Systeme anzuwenden sind, und daß verschiedenartige Systeme unterschiedliche „Sinnregeln" haben kön-

[34] *Kasimir Ajdukiewicz*, Sprache und Sinn, in: Erkenntnis, 4 (1932), 2, S. 106.

nen.[35] Dieser Umstand liegt klar auf der Hand. In der Naturwissenschaft äußert er sich darin, daß ein und dieselben Termini in verschiedenen Theorien einen wesentlich unterschiedlichen Sinn haben (beispielsweise der Begriff „Masse" in der nichtrelativistischen und in der relativistischen Mechanik) und in verschiedenartigen Kontexten nach unterschiedlichen Regeln gebraucht werden können.

Auf der Grundlage des hier Dargelegten kann man folgende Schlüsse ziehen:

1. Jede Theorie enthält Behauptungen über die Existenz materieller und ideeller Objekte sowie über deren Eigenschaften. Alles, was wir über die Eigenschaften der Objekte wissen, ist in dem Sinn der entsprechenden Namen enthalten; der Sinn offenbart sich in Ausdrücken, denen man die Form der Beschreibung (Deskription) geben kann.

2. Der Sinn der Namen (Termini) wird in einigen für ihren Gebrauch geltenden Regeln fixiert, unter denen die operationalen Bestimmungen (Definitionen) eine wichtige, wenn auch nicht die erschöpfende Rolle spielen. Jedes System hat seine eigenen, bis zu diesem oder jenem Grade genau fixierten „Sinnregeln"; vom Sinn der Ausdrücke kann man mithin nicht ohne Bezug auf ein konkretes System reden. Jedoch sind die „Sinnregeln" (einschließlich der operationalen Bestimmungen) an sich nur Verfahren zur Prüfung der Richtigkeit des Gebrauchs der Termini im Kontext und vermögen nicht einmal die praktische Rolle der Termini in der betreffenden Theorie vollständig abzubilden. Die „Sinnregeln" an sich enthüllen nicht den Sinn, sondern stellen ihn formal dar.

3. Ohne über den Rahmen eines theoretischen Systems (eines „Sprachgerippes") hinauszugehen, sind wir außerstande, mehr als die Feststellung einiger „Sinnregeln" zu geben. Für die Ermittlung des Sinns der in einer Theorie verwendeten Begriffe ist es erforderlich, über den Rahmen der untersuchten Theorie hinauszugehen.

Man kann die Vorsicht verstehen, mit der die Leute vom Fach sich stets gegenüber einem solchen gern von „Philosophen und Scharlatanen" praktizierten „Hinausgehen" verhalten. Bleibt man jedoch innerhalb des Rahmens des theoretischen Systems, dann muß man den Satz akzeptieren: „Verstehen, das heißt etwas im Gedächtnis behalten und anwenden lernen." Diese These führt unweigerlich zu der Behauptung, daß jedes theoretische System ein rein formales Schema darstellt, das an experimentellen Daten und der sinnlichen Beobachtung interpretiert wird, eine Behauptung, die

[35] Daraus zog Ajdukiewicz Schlußfolgerungen im Geiste des „radikalen Konventionalismus". Über die Unbegründetheit des Konventionalismus s. weiter unten.

aus philosophischen Erwägungen heraus nicht annehmbar ist und die Naturwissenschaft nicht zu befriedigen vermag.

Der Begriff des individuellen Objekts

Wir können jetzt einige Thesen darüber formulieren, welche Fragen im Rahmen eines theoretischen Systems (mit den Mitteln des betreffenden Systems) entscheidbar und welche unentscheidbar sind.[36]

1. Mit den Mitteln des Systems und nur mit den Mitteln des Systems kann man entscheiden, ob ein abstraktes Objekt existiert (ob es nicht willkürlich eingeführt, nicht „erdacht" ist). Jedoch kann mit den Mitteln des Systems nicht die Frage entschieden werden, ob eine dem abstrakten Objekt entsprechende physikalische Realität existiert.

2. Mit den Mitteln des Systems und nur mit den Mitteln des Systems kann man entscheiden, ob eine Behauptung in dem Sinne wahr ist, daß sie mit gewissen Regeln des „Sprachgerippes" (mit Regeln für die Konstruktion der in der Theorie gebräuchlichen Ausdrücke) übereinstimmt. Aber erstens können wir in hinreichend ausdrucksfähigen Systemen (in solchen, die ausdrucksfähiger als der Ausgangskalkül sind) nicht von jeder Behauptung sagen, ob sie nach den Regeln des „Sprachgerippes" konstruiert ist; zweitens sind wir außerstande, in hinreichend ausdrucksfähigen Systemen den Begriff der Wahrheit für das System selber zu bestimmen und mit seinen Mitteln seine Widerspruchsfreiheit zu beweisen. Hierfür ist stets ein stärkeres System erforderlich.

Die Theorie sagt uns, was aus diesem und jenem Grunde geschieht. Sie sagt uns aber nicht, eine solche Behauptung der Theorie verhält sich zur Wirklichkeit in folgender Weise (oder: was in der Theorie gesagt wird, ist wahr, geht in der Wirklichkeit vor sich).

3. Vom Sinn der Ausdrücke kann nur gesprochen werden, wenn die Ausdrücke mit Bezug auf das System untersucht werden, in dem sie formuliert sind. Die Mittel des Systems können an sich aber nur „Sinnregeln" geben, Regeln für den Gebrauch der Ausdrücke. Um den Sinn dieser Ausdrücke zu verstehen, ist ein Hinausgehen über den Rahmen des Systems mit Rückgriff auf intuitive Quellen erforderlich.

Nunmehr wollen wir noch eine mit dem Obengesagten zusammenhängende Beschränkung formulieren. Es handelt sich um den Begriff „Individuum" („individuelles Objekt", „Einzelobjekt", „Einzelding").

[36] Die praktische Anwendung einer Theorie sehen wir als ein Hinausgehen über den Rahmen des Systems an.

Es erscheint nur natürlich, den Namen eines Einzelobjekts als Eigennamen realer Dinge oder Ereignisse aufzufassen und die Namen der Einzelobjekte in die Nullstufe der Abstraktion einzuordnen; auf höheren Abstraktionsstufen würden sich in diesem Falle die Namen der Klassen (der propositionalen Funktionen), das heißt die allgemeinen Namen, befinden. Ein solches Einzelobjekt könnte man durch eine der Bedingung der Einmaligkeit genügende Deskription beschreiben, das heißt, in der Deskription sind Bedingungen anzugeben, denen ein und nur ein Individuum gerecht wird. Eine solche Auffassung ist jedoch vor allem deswegen unmöglich, weil der Begriff des Individuums keinen Sinn hat, wenn er nicht zu einem System in Beziehung steht. Deshalb kann man die von Rudolf Carnap gegebene Erklärung des Terminus „Individuum" als völlig zutreffend ansehen: „Wir verwenden den Terminus '*Einzelding*' nicht für eine besondere Art Objekte, sondern vielmehr, bezogen auf ein Sprachsystem *S*, für die Objekte, die als Elemente des geistigen Raums in *S* genommen werden, mit anderen Worten die Gegenstände niedrigster Stufe (wir nennen sie Nullstufe), von denen *S* handelt, ganz gleich, was diese Gegenstände sind. Für ein System können die Einzeldinge physikalische Dinge, für ein anderes Raum-Zeit-Punkte oder Zahlen oder irgend etwas anderes sein." („We use the term '*individual*' not for one particular kind of entity but, rather, relative to a language system *S*, for those entities which are taken as the elements of the universe of discourse in *S*, in other words, the entities of lowest level (we call it level zero) dealt with in *S*, no matter what these entities are. For one system the individuals may be physical things, for another space-time points, or numbers, or anything else.")[37]

Sogar im Rahmen des Systems ist es schwer, formale Kriterien zu finden, mit deren Hilfe wir ein Individuum von jedem anderen Objekt unterscheiden können. Die Bestimmung eines Individuums als Objekt, das durch eine der Bedingung der Einmaligkeit genügende Deskription beschrieben wird, ist unrichtig, da die Klasse ebenfalls durch eine solche Deskription beschrieben werden kann (das heißt es können Bedingungen gegeben sein, die die betreffende Klasse und nur die betreffende Klasse bestimmen). Von Individuen können wir nur dann sprechen, wenn Typen (Abstraktionsstufen) eingeführt sind und festgelegt wurde, welche Objekte zur Nullstufe gehören.[38]

[37] *Rudolf Carnap*, Meaning and Necessity, p. 32.

[38] In der einfachen Typentheorie ist ein fundamentales Axiom das Extensionalitätsaxiom, das besagt, daß zwei Klassen des Typs *n* identisch sind, wenn sie dieselben Glieder des Typs $n-1$ enthalten, auf individuelle Objekte nicht

Deswegen – und das ist völlig klar – darf das Individuum nicht als identisch mit einem realen Ding oder Ereignis angesehen werden. So kann beispielsweise ein Klassifikationssystem lebender Organismen aufgebaut werden, in dem „Mensch“ als Individuum erscheint – jedoch nicht Peter, Viktor oder Sergej, sondern der Mensch allgemein. Auf diese Weise kann, wenn sich der Name des Individuums im Rahmen des Systems als Zeichen ansehen läßt, dem in der Wirklichkeit mehrere Dinge (als Klasse im mereologischen Sinne) entsprechen, ein anderes System konstruiert werden, wo der gleiche Name der Name einer Klasse und das Deskript eine Eigenschaft oder ein abstraktes Objekt ist.

Die Abhängigkeit des Individuums vom System und die Möglichkeit, es als abstraktes Objekt zu betrachten, machte sich Rudolf Carnap bei der Kritik des extremen Nominalismus zunutze, der das Operieren mit abstrakten Objekten als ein Manipulieren mit Formeln und Symbolen ansieht, denen jeder Sinn fehle und die nicht interpretiert seien und nicht interpretiert werden. In der philosophischen Erklärung des Problems der Individuen lassen jedoch Carnap und alle Positivisten einen deutlichen Widerspruch zu, da sie dennoch auf empirischer Ebene, genauer auf der Ebene der sinnlichen Erfahrung eine gewisse absolute Realität zu finden bestrebt sind, an der jedes Sprachsystem interpretiert werden könnte. In dieser Hinsicht ist der extreme Nominalismus konsequenter, da er von den in der sinnlichen Erfahrung gegebenen individuellen Erscheinungen auszugehen versucht. Carnap kann die Wahl von „Sprachgerippen“ mit ihren Individuen und abstrakten Objekten als frei ansehen, solange er ignoriert, daß die „Sprachgerippe“ nicht für sich, sondern zur Beschreibung einer Realität geschaffen werden. Wenn z. B. zwei Autos einander entgegenfahren, so können wir diese Erscheinung in der „Sachensprache“ beschreiben, können einige Berechnungen in der Sprache der Arithmetik anstellen, können das in der Sprache der klassischen oder relativistischen Mechanik beschreiben, die Weltlinien unserer Objekte in der Sprache der allgemeinen Relativitätstheorie konstruieren usw., aber die verschiedenen Sprachen werden auf diese oder jene Weise zur Charakteristik real existierender individueller Dinge und Ereignisse angewendet (individuell nicht in dem Sinne, in dem wir vom Individuum im Hinblick auf das System sprechen).

anwendbar. In der den Theorien vom Typ Zermelo eigenen Behandlung der Logik ist es im allgemeinen üblich, die Beziehungen zu Objekten, die keine Klassen sind, zu übergehen, und der Begriff des Individuums wird dort überhaupt nicht erörtert.

Die enge Auffassung des Individuenproblems durch die Carnapsche Schule wurde treffend von Karl Raimund Popper demonstriert. Mit Recht hebt er hervor: „Der Versuch, ein Individuum durch universelle Eigenschaften und Beziehungen zu kennzeichnen, die anscheinend nur für dieses charakteristisch sind, kann nicht gelingen: nicht ein bestimmtes Individuum wird so gekennzeichnet, sondern die stets universelle Klasse aller jener Individuen, auf die jene Kennzeichnung paßt. . . ob es überhaupt Individuen gibt, und wieviele es gibt, die einer Kennzeichnung durch Universalien genügen, bleibt immer eine offene Frage."[39] Die Instrumente der symbolischen Logik, so bemerkt Popper weiter, taugen nicht für die Lösung dieses Problems.

Auf die Bestimmung des Individuums als Denotat eines Eigennamens verzichtet Popper, er schlägt eine andere Lösung der Frage vor. Er empfiehlt die spezifisch-allgemeinen (strictly universal) Sätze oder „Allsätze" (all-statements) der Wissenschaft[40] als Aussagen des Typs: „Für alle Raum-Zeit-Punkte (oder alle Raum-Zeit-Gebiete) gilt: . . ." („of all points in space and time – or in all regions of space and time – it is true that. . .")[41] anzusehen. Kann man der Aussage eine solche Form nicht beilegen, dann sei sie ein singulärer oder spezieller Satz. Daraus werde der Unterschied zwischen universalen und individuellen Begriffen abgeleitet. Für eine solche Spezifikation einer Aussage, die eine Kennzeichnung eines individuellen Ereignisses (Dinges) wäre, schlägt Popper vor, Raum-Zeit-Koordinaten zu verwenden.

Die von Popper vorgeschlagene Methode hat einen wesentlichen Mangel. Die Behauptung, daß jedes individuelle Ereignis oder Ding mit Hilfe von Raum-Zeit-Koordinaten charakterisiert werden kann, ist zu stark. Sie sieht vor, eine Kontinuumhypothese von Raum-Zeit-Punkten zu akzeptieren, die selbst der Begründung bedarf, so daß es unklar ist, ob wir sie auf alle möglichen Ereignisse (z. B. auf Quantenobjekte) anwenden können. Weiterhin ist unklar, wie wir solche Ausdrücke wie: „Für alle Punkte (oder Bereiche) des Raumes und der Zeit gilt, daß $2 \times 2 = 4$"

[39] *Karl Popper*, Logik der Forschung, 2. Aufl., S. 37.

[40] Von den spezifisch-allgemeinen (strictly universal) Aussagen (Sätzen) unterscheidet Popper die numerisch-allgemeinen (numerically universal) Aussagen des Typs: „Alle erwachsenen Menschen sind unter drei Meter groß" („Of all human beings now living on the earth it is true that their height never exceeds a certain amount – say 8 ft."), d. h. Aussagen, die nicht auf einem allgemeinen Gesetz beruhen, sondern auf der Aufzählung bekannter Fälle. (Siehe *Karl Popper*, Logik der Forschung, 2. Aufl., S. 82; engl. Ausg. p. 62.)

[41] Ebenda, S. 35; engl. Ausg., p. 63.

verstehen sollen; unklar ist auch, ob wir die Raum-Zeit-Koordinaten für die Beschreibung psychischer Prozesse usw. anwenden können.

Mit anderen Worten: Der Mangel der Popperschen Behandlung des Individuenproblems ist darin zu sehen, daß bei ihm der Begriff „Individuum" abstraktes „Individuum" schlechthin bedeutet, das durch Raum-Zeit bestimmt wird. Immerhin erkennt Popper selber an, daß die Individualisierung von Beschreibungen stets mit Hilfe allgemeiner Begriffe erfolgt; so bedienen wir uns, wenn wir die Raum-Zeit-Koordinaten eines Dinges geben, der allgemeinen Begriffe „Meter", „Sekunde" usw. Diese allgemeinen Begriffe gehören aber stets zu einem System, und wenn wir die Grenzen des Systems verlassen, riskieren wir stets, daß wir zu einem Vergleich von Längen- mit Gewichtsmaßen übergehen.

Einen wirklichen individuellen Prozeß können wir nur beschreiben, wenn wir an ihn Begriffe und Regeln „anlegen", die im Rahmen des Systems ausgearbeitet wurden. Hier handelt es sich aber nicht um eine individuelle Deskription mit der Bedingung der Einmaligkeit.

Diese Frage zu entscheiden ist unmöglich, ohne über die Grenzen formallogischer Überlegungen hinauszugehen (darin hat Popper recht) und ohne gewisse philosophische Prämissen zu akzeptieren, und zwar nicht als Hypothesen, sondern als präzise Entscheidung der Frage. Im gegebenen Falle müssen wir uns darüber klar werden, worum es geht: um Sinnesdaten (um den „Bewußtseinsstrom") oder um reale, objektive, außerhalb des Menschen und der Menschheit existierende individuelle Dinge, Gegenstände, Ereignisse, Erscheinungen u. dgl. Der Fehler des Positivismus liegt eben darin, daß er es vorzieht, diese philosophische Grundfrage als Scheinproblem zu deklarieren, und dabei in Wirklichkeit von ihrer subjektiv-idealistischen Lösung ausgeht.

Die philosophische Behauptung, daß eine vom Menschen und der Menschheit unabhängige, von unserem Bewußtsein widergespiegelte objektive Realität existiert, ist keine willkürliche Wahl der „Sachensprache", sondern eine Wahrheit, die durch keinerlei sophistische Kniffe widerlegt werden kann. Akzeptieren wir diese materialistische These und gehen wir von ihr aus, dann kann man folgende Überlegungen formulieren. Die individuellen, einzelnen Dinge, Gegenstände, Ereignisse, Erscheinungen[42] existieren außerhalb und unabhängig von uns. Das Ziel der Wissenschaft ist, diese

[42] Der Gebrauch von Synonymen oder sinnahen Wörtern ist hier zweckmäßig, da die Ausdrücke in der hinreichend ausdrucksfähigen, aber viele Bedeutungen aufweisenden natürlichen Sprache konstruiert sind; man braucht keine Präzisierungen zu geben, da alle durchaus im Bilde sind, wovon die Rede ist.

Einzelobjekte nicht nur zu beschreiben und zu erklären, sondern auch vorauszusagen, welche Einzelereignisse unter bestimmten Bedingungen in der Zukunft eintreten werden. Eine Theorie muß mithin unbedingt einen „Ausgang" zum Sollen haben, zu den einzelnen (individellen) Erscheinungen, die eintreten sollen, und sie darf sich nicht auf die Konstruktion einiger Abstraktionen beschränken. Jedes theoretische System ist an außerhalb von uns existierende individuelle Objekte „anlegbar", liefert die Methoden zu ihrer Beschreibung und gibt Voraussagen über den Ablauf der individuellen Ereignisse in der Zukunft unter Bedingungen, die den Menschen interessieren und häufig vom Menschen geschaffen werden. Für sich genommen ist die Theorie jedoch ein System von Abstraktionen, und die individuellen Erscheinungen werden in ihr durch abstrakte Objekte „dargestellt".

Wenn man diese Überlegungen – die im übrigen nicht nur vom philosophischen materialistischen Gesichtspunkt aus, sondern auch vom Standpunkt des gesunden Menschenverstandes aus recht trivial sind – in Betracht zieht, dann lassen sich die folgenden Thesen über die Möglichkeiten des theoretischen Systems hinsichtlich der individuellen Objekte formulieren:

Der Begriff „Individuum" hat nur bezogen auf ein System Sinn. Ein Individuum (beispielsweise ein „Elementarteilchen") ist unter gewissem Gesichtspunkt ein abstraktes Objekt; im Rahmen eines Systems lassen sich keine absoluten Kriterien zur Unterscheidung abstrakter Objekte von solchen Objekten bestimmen, die individuelle, durch räumlich-zeitliche Rahmen oder andere Einengungen des Gegenstandes begrenzte Einzelobjekte sind. Jedoch bei der praktischen Anwendung eines Systems (und zugleich beim Hinausgehen aus dem theoretischen System in die Praxis) mit Hilfe der in dem System konstruierten abstrakten Objekte können wir stets etwas über individuelle Ereignisse (Gegenstände) sagen. Dabei haben die Mittel der In-Beziehung-Setzung einer allgemeinen Aussage zu den Einzeldingen (Raum-Zeit-Kooordinaten oder etwas anderes) nur Sinn in bezug auf das gegebene System.

Wir sprechen stets von Einzeldingen, sagen von ihnen aber nur Allgemeines. Deshalb ist in gleicher Weise richtig, daß es in der Sprache nur Allgemeines gibt, wie, daß das Einzelne nur mit den Mitteln der Sprache charakterisiert werden kann.[43]

[43] Im Zusammenhang damit ist der Kritik A. I. Ujomows zuzustimmen, die dieser an die Adresse einiger Autoren, darunter auch an den Verfasser dieses Kapitels, richtete und die sich gegen die einseitige Auffassung der These: „In der Sprache gibt es nur Allgemeines" wandte.

Trifft das Obengesagte zu, dann haben wir die Voraussetzungen für eine richtige Lösung der Frage nach dem Verhältnis von Verifikation und Falsifikation.

Die positivistische These, daß auf ein Sprachsystem einschließlich der Theorie als System als Ganzes genommen die Wahrheitswertung unanwendbar ist, stützt sich darauf, daß die allgemeinen Aussagen einer Theorie nicht unmittelbar überprüft (verifiziert) werden können. Ihre Verifikation besteht in der Prüfung der Frage, ob sie mit den Regeln der in dem gegebenen System angenommenen Sprache übereinstimmen und ob aus ihnen im Experiment beobachtbare Folgerungen (Resultate) gewonnen werden können. Da aber experimentell beobachtbare Folgerungen manchmal nur aus direkt entgegengesetzten Aussagen erhalten werden können, gilt es als sinnlos, die Frage zu stellen, ob die allgemeinen Gesetze der Wissenschaft der Wirklichkeit entsprechen. Die Wahl der „allgemeinen Gesetze" wird im Endeffekt zu einer Sache der Vereinbarung (Konvention) erklärt.

Ein Argument gegen den Konventionalismus ist das bereits von Popper formulierte „Falsifikationsprinzip". Er akzeptierte die These, daß die allgemeinen Sätze nicht unmittelbar verifiziert werden können, da der Erhalt von experimentellen Resultaten aus ihnen kein hinreichendes Argument für inhaltliche Wahrheit ist, und wies nach, daß die allgemeinen Sätze in jedem Falle „falsifiziert" werden können.

Dabei geht Popper von der oben dargelegten Auffassung der spezifisch-allgemeinen und singulären (oder speziellen) Sätze (und Begriffe) aus. Die Behauptung, daß (in einem gewissen Raum-Zeit-Punkt) ein x existiert, das die Eigenschaft ... besitzt, kann unmittelbar verifiziert werden – dazu gehören Behauptungen des Typs $\exists\, x\, (\ldots x \ldots)$ –; um aber die spezifisch-allgemeine Aussage „für alle Raum-Zeit-Punkte gilt, daß x die Eigenschaft ... besitzt", oder $\forall\, x\, (\ldots x \ldots)$ prüfen zu können, ist es erforderlich, eine unendliche Zahl von Punkten durchzugehen. Da dies unmöglich ist, ist auch die Verifikation von Aussagen des Typs $\forall\, x\, (\ldots x \ldots)$ unmöglich; möglich ist nach Popper aber ihre Falsifikation, denn wenn auch nur ein einziges solches x gefunden wird, für das $(\ldots x \ldots)$ unrichtig ist, dann ist auch die Aussage $\forall\, x\, (\ldots x \ldots)$ unrichtig. Popper stützt sich dabei auf das formallogische Gesetz, gemäß dem eine allgemeinbejahende Aussage falsch ist, wenn eine speziellnegative Aussage wahr ist, aber aus der Wahrheit des Speziellnegativen folgt nicht die Wahrheit des Allgemeinbejahenden – symbolisch: $\sim (\exists\, x\, P(x) \supset \forall\, x\, P(x))$.

Deshalb tritt Popper zufolge nach dem „Falsifikationsprinzip“ eine Theorie an die Stelle einer anderen: Angenommen werden allgemeine Thesen, aus denen die zu verifizierenden speziellen Behauptungen folgen; stellt sich im weiteren heraus, daß eine allgemeine These „falsifiziert“ ist – wenn das Experiment erweist, daß es ein x gibt, für das $(\ldots x \ldots)$ unrichtig ist und infolgedessen auch der allgemeine Satz $\forall x\,(\ldots x \ldots)$ unrichtig ist, dann wird eine neue allgemeine These aufgestellt usw.

Es muß bemerkt werden, daß das „Falsifikationsprinzip“ keinen Bruch mit dem Konventionalismus bedeutet, da die falsifizierten spezifisch-allgemeinen Aussagen nach Popper den Charakter einer Hypothese haben und als vereinbart gelten. Dieses wesentliche Zugeständnis an den Konventionalismus ist unserer Meinung nach eine direkte Folge aus dem von uns weiter oben erwähnten Ignorieren des Systemcharakters des Wissens durch Popper.

Das liegt daran, daß die spezifisch-allgemeinen Behauptungen verschiedenartiger Systeme einen wesentlich unterschiedlichen Sinn haben, und deshalb ergibt sich, wenn eine spezifisch-allgemeine Aussage dem Anschein nach einer anderen widerspricht, bei tieferer Analyse, daß der Widerspruch scheinbar ist.

Untersuchen wir diese Frage etwas genauer.

Nicht alle Behauptungen einer Theorie, nicht einmal die einer streng formalisierten, sind ableitbar; einige werden als Axiome akzeptiert, einige inhaltlich wahre Aussagen sind in der Theorie, obwohl in ihrer Sprache formuliert, unbeweisbar. Folglich werden nicht alle abstrakten Objekte mit den Mitteln der Theorie konstruiert. Wenn wir einige Ausgangsprinzipien der Theorie (beispielsweise die Axiome) formulieren, akzeptieren wir die Behauptungen, daß abstrakte Objekte vorhanden sind, als Postulat.

Hierzu ist zu sagen, daß diese Behauptungen weder deutlich noch undeutlich die Form spezifisch-allgemeiner Aussagen im Sinne Poppers haben. So läßt sich in der theoretischen Mechanik nicht die Behauptung erreichen: „Für alle Raum-Zeit-Punkte gilt, daß materielle Punkte existieren.“ Eher könnte man einer Darlegung der Mechanik die allgemeinen Behauptungen vorausschicken: „Für alle Gegenstände, die als System materieller Punkte dargestellt werden können, gilt, daß ...“ oder: „Für alle Prozesse, deren Beschreibung die Abstraktion der Fernwirkung zuläßt, gilt, daß ...“. In diesem Sinne kann man die Behauptungen, daß abstrakte Objekte existieren, die als Postulate gelten sollen, als Hypothesen oder Annahmen oder Vereinbarungen (Übereinkünfte) auffassen.

In welchem Sinne werden nun diese Annahmen „falsifiziert“? Kann man sagen, daß wir sie bis zu dem Zeitpunkt akzeptieren, wo sich herausstellt, daß nicht alle Prozesse in der Welt mit Hilfe der gegebenen Abstraktionen beschrieben werden können? Keineswegs! Insofern wir die These von der Existenz materieller Punkte als Annahme akzeptieren, erheben wir *damit* nicht die Forderung, daß alles in der Welt materielle Punkte wären! Im Gegenteil, wir setzen voraus, daß jede Annahme bedingt ist, d. h., daß zumindest hinreichend viele andere Objekte bestehen. Wir reden in der Mechanik bloß nicht davon. Deshalb bringt uns, wenn sich ergibt, daß für bestimmte Objekte die Gesetze der Mechanik nicht zutreffen, das nicht im geringsten in Verlegenheit. Es genügt, daß sie in den Fällen wirksam sind, wo die Abstraktion der Fernwirkung und des materiellen Punktes anwendbar ist.

In der Geschichte der Wissenschaft wurden solche Annahmen freilich häufig „ernst" genommen; viele Physiker glaubten, daß tatsächlich „in allen Raum-Zeit-Gebieten" eine Fernwirkung stattfinde (Streit der Newtonianer mit den Cartesianern), sie nahmen an, daß man materielle Punkte in der Wirklichkeit als reale Gegenstände finden könne (die Physiker vom Ende des 19. Jahrhunderts waren der Ansicht, daß das Elektrizitätsatom „real" ein materieller Punkt sei).

Allein, unter gewissem Aspekt kann man die Ausgangspostulate auch als inhaltlich wahre Behauptungen ansehen. So enthält die Behauptung: „Es existieren materielle Punkte" eine Idealisierung, eine willkürliche Annahme in dem Sinne, daß es kein Ding gibt, dessen Name der Terminus „materieller Punkt" ist. Wie aber bereits weiter oben gesagt wurde, ist der allgemeine Terminus der Name einer Klasse und nicht der eines Dinges; deshalb denken wir, wenn wir sagen, daß materielle Punkte existieren, nicht daran, daß es als „materieller Punkt" bezeichnete Gegenstände gibt, sondern daran, daß sich manche Gegenstände wie materielle Punkte verhalten. Das ist in der Tat so, und die Erde, untersucht man ihre Bewegungslinie, sowie die Atome in den Kristallmolekülen usw. „verhalten sich" wirklich wie materielle Punkte. Man darf hier also nicht abstrakte Objekte im naiv-realistischen oder platonischen Geiste „hypostasieren", und in diesem Sinne enthält der heutige Nominalismus einen rationalen Kern. Da in dieser Weise allgemeine, die Existenz abstrakter Objekte postulierende Behauptungen untersucht werden, bedeutet ihre „Falsifikation" nur, daß sich bei der Untersuchung von Prozessen die Gegenstände nicht mehr so verhalten, wie die Postulate aussagen.

Ausgehend von der Annahme, daß es bestimmte abstrakte Objekte gibt (z. B. „materieller Punkt" oder „Gebrauchswert"), konstruieren wir ein theoretisches System, d. h. ein System von den Kenntnissen über die Bewegung (die Wechselwirkung) der individuellen Objekte eines Gegenstandsbereichs. Erweist sich das theoretische System als befriedigend unter den Gesichtspunkten der Richtigkeit der Konstruktion und der praktischen Effektivität, dann kann man behaupten, daß die postulierten abstrakten Objekte in gewissem Sinne *existieren* – nicht als Dinge, die von den Termini „materieller Punkt" oder „Gebrauchswert" bezeichnet werden, sondern in dem Sinne, daß sich die individuellen Gegenstände des beschriebenen Bereichs wie materielle Punkte oder Gebrauchswerte „verhalten".

Das ganze Gebäude der Theorie wird auf einem Fundament errichtet, das auf einer großen Anzahl von Grundbegriffen basiert. Jeder Ausdruck der Theorie hat einen Sinn, der nur im Rahmen der Theorie enthüllt werden kann. Die in das theoretische System eingeführten abstrakten Objekte sind Mittel für die Charakteristik der objektiv-realen individuellen Prozesse (Ereignisse, Erscheinungen) des beschriebenen Bereichs. Sieht man von diesen Umständen ab, dann mögen die konventionalistischen Schlußfolgerungen überzeugend erscheinen.

Es kann sich beispielsweise zeigen, daß die allgemeinen Aussagen in verschiedenen Theorien einen dem Inhalt nach absolut entgegengesetzten Charakter tragen. So behaupten wir in der einen Theorie z. B., daß es eine Fernwirkung gibt, in der anderen Theorie, daß es sie nicht gibt; das Additionstheorem der Geschwindigkeiten in der relativistischen Mechanik ist dem Additionstheorem der Geschwindigkeiten in der klassischen Mechanik inhaltlich entgegengesetzt usw. Es drängt sich die Schlußfolgerung auf: Wenn wir gestern von der Fernwirkung ausgingen und heute behaupten, daß die Geschwindigkeit der Ortsverlagerung eines Teilchens nicht größer sein kann als c (Lichtgeschwindigkeit), wird dann morgen nicht entdeckt werden, daß es Geschwindigkeiten der Teilchenbewegung gibt, die beträchtlich größer sind als die Lichtgeschwindigkeit? Können wir überhaupt von irgendwelchen allgemeinen Behauptungen der Wissenschaft überzeugt sein? Es scheint, daß hier eine Alternative vorliegt: Entweder muß man darauf verzichten, die allgemeinen Aussagen einer Theorie als inhaltlich wahr (als der Wirklichkeit entsprechend) anzusehen, und darf sie nur für einen leeren Formalismus halten, der Experimente voraussagt, oder man muß sie als inhaltlich wahr anerkennen, aber auf logische Widerspruchsfreiheit verzichten.

In Wirklichkeit erweist sich die Alternative als falsch, wenn wir uns vor Augen halten, daß das Wissen systemhaften Charakter hat und an einen materiellen Gegenstandsbereich „gebunden" ist.

Wenn wir in der klassischen Mechanik behaupten, daß es Fernwirkung gibt, dann denken wir dabei an etwas dem Sinne nach wesentlich anderes als das, was die relativistische Mechanik von dem Grenzcharakter der Geschwindigkeit der Wechselwirkung behauptet. Würde man die klassische und die relativistische Mechanik auf ein und dasselbe in ein und derselben Beziehung untersuchte individuelle Objekt anwenden, dann würden sie dem Sinne nach entgegengesetzte Behauptungen aufstellen, und eine von ihnen wäre unrichtig. Worauf es aber doch nur ankommt, ist, ob sich in verschiedenartigen Theorien *ein und dieselbe Frage* formulieren läßt. Auf die gleiche Frage geben verschiedenartige Theorien die gleiche Antwort (obwohl die Art der Formulierung sowohl der Frage wie der Antwort in den verschiedenen Theorien unterschiedlich ist). Während wir in der klassischen Mechanik fragen, welcher Größe die Summe der Geschwindigkeiten gleich ist, muß in der relativistischen Mechanik dieselbe Frage anders formuliert werden, nämlich: Welcher Größe ist die Summe der Geschwindigkeiten in dem Falle gleich, wenn die Abstraktion der Fernwirkung zugelassen wird, d. h. in dem Falle, wenn wir die relativistischen Effekte ignorieren können? Die Antwort wird in diesem Falle dem Wesen nach die gleiche sein.

Somit ist, um in verschiedenartigen Theorien ein und dieselbe (dem Sinne und nicht der sprachlichen Form nach) Frage zu formulieren, eine *Übertragung* aus der Sprache einer Theorie in die Sprache einer anderen Theorie unter Berücksichtigung des Sinnunterschiedes erforderlich, der mit den Mitteln der Logik und des Experiments (in den operationalen Definitionen) fixiert wird, d. h. durch „Sinnregeln".

Mitunter wird ein scharfsinniges Beispiel angeführt, das, wie es scheinen könnte, den heuristischen Wert des Experiments annulliert. Zu seiner Zeit wog Aristoteles einen mit Luft gefüllten Blasebalg, dann pumpte er die Luft heraus und wog den Blasebalg wiederum, diesmal im leeren Zustand. Da das Gewicht in beiden Fällen gleich war, zog Aristoteles den vom modernen Standpunkt aus wesentlich falschen Schluß, daß die Luft nichts wiege.

In Wirklichkeit kann man der Schlußfolgerung des Aristoteles eine solche Form geben, die sie vom heutigen Standpunkt aus als völlig richtig erscheinen läßt, nämlich wenn man genau bestimmt, was Aristoteles unter dem Wort „Gewicht" zum Unterschied von der modernen Auffassung verstand. Allerdings müssen wir heute diese Präzisierungen für Aristoteles machen. Die moderne Wissenschaft besitzt aber den Vorzug, daß sie weit systemartiger ist als zu Aristoteles' Zeiten und folglich weit exakter die ihren Gegenstandsbereich begrenzenden Ausgangsprinzipien und Annahmen formuliert und weit vorsichtiger in der Formulierung ihrer Schlußfolgerungen ist.

Jede Theorie, die in befriedigender Weise mit der Beobachtung übereinstimmt, rechtfertigt inhaltlich die Ausgangsannahmen, falls wir sie nicht zu weit auffassen. So hat die Theorie des Ptolemäus die scheinbare Planetenbewegung am sichtbaren Horizont gut beschrieben, und in diesem Sinne (und nur in diesem Sinne!) waren ihre Ausgangsprämissen inhaltlich wahr. Wenn sie auf nichts weiter Anspruch erhoben hätte, als was sie im Grunde genommen gab, wäre sie annehmbar gewesen. Im Zusammenhang damit ist ein Vergleich der Ansprüche einer Theorie mit dem, was sie tatsächlich gibt, sehr wichtig.

Wenn wir auf die oben aufgeworfene Frage, ob wir nicht jede fundamentale These der Wissenschaft überprüfen müssen, zurückkommen, so können wir in gewissem Sinne behaupten: nein, das ist nicht erforderlich. Beispielsweise ist es möglich, daß die These über den Grenzcharakter der Lichtgeschwindigkeit revidiert wird. Man kann aber völlig sicher sagen, daß die Behauptung: „Es gibt Geschwindigkeiten der Teilchenbewegung, die größer als *c* sind" (in dem Sinne, wie wir dies heute verstehen) sich auch künftig als unrichtig erweisen wird. Wir sagten: „in dem Sinne, in dem wir dies heute verstehen". Man kann auch anders sagen: wenn $v > c$, dann hat der Begriff „Teilchenbewegung" keinen Sinn.

Die künftigen Thesen der Wissenschaft, für die sich die heutigen Thesen als Grenzfall erweisen werden, werden einen prinzipiell anderen Sinn haben. Welchen? Diese Frage zu beantworten ist heute unmöglich, da eine neue Theorie niemals mit Hilfe der Begriffe einer alten Theorie erdacht und die alte Theorie stets als Grenzfall einer neuen Theorie begriffen werden kann. Heute können Vermutungen dieser Art nur die Sache der Verfasser utopischer Romane sein. Ohne ausschließen zu wollen, daß in der Zukunft etwas in der Art eines „Nulltransports" (ein Blitztransport über riesige Räume hinweg) aus den Romanen von Arkadi und Boris Strugazki verwirklicht wird, können wir doch keine ernsthaften Erwägungen bezüglich des physikalischen Sinns solcher Begriffe anstellen.[44]

Die Schädlichkeit des Konventionalismus liegt gerade darin, daß er inhaltlich entgegengesetzte Antworten *auf ein und dieselbe* Frage in verschiedenen Sprachsystemen zuläßt. Unter diesem Gesichtspunkt ist sowohl die „Sprache" des Materialismus als auch die „Sprache" des Idealismus und der Religion gleichermaßen berechtigt. In Wirklichkeit kann es aber keine Analogie zwischen der relativen Freiheit der Wahl der Sprache

[44] Von A. und B. Strugazki liegt in deutscher Übersetzung der wissenschaftlich-phantastische Roman „Atomvulkan Golkonda" (3. Aufl. 1961) vor, in dem ein Flug zur Venus mit Hilfe einer Photonenrakete betrieben wird. – *D. Ü.*

einer wissenschaftlichen Theorie (z. B. des Matrizen- oder Wellenformalismus in der Quantenmechanik) und der „Wahl“ zwischen dem Materialismus und der Religion geben, denn während im ersten Falle der Unterschied in dem Sinn der anzuwendenden Termini, in der formalen Struktur usw. nicht zu einem Widerspruch bei der Beantwortung ein und derselben Frage führt, die in den verschiedenen Theorien mit unterschiedlichen Mitteln formuliert wurde, so liegt im zweiten Falle gerade ein solcher Widerspruch vor. Die modernen Theologen proklamieren des öfteren gern eine Anerkennung der „Gleichwertigkeit“ der materialistischen und der idealistischen „Sprache“, um dann die These von dem scheinbaren „pragmatischen“ Vorzug der Religion – Tröstung des Menschen vor dem Schrecken des Todes –, von den „moralischen Werten“ der Religion usw. aufzustellen. Werden solche entgegengesetzten Konzeptionen in der Wissenschaft angetroffen, dann wird eine von ihnen als unwahr verworfen.

Man kann die Untersuchung der Frage der „Verifikation“ und „Falsifikation“ folgendermaßen beschließen. Das „Falsifikationsprinzip“ Poppers weist den Mangel auf, daß es die Verknüpfung der „spezifisch-allgemeinen Sätze“ mit dem theoretischen System, in dem sie formuliert sind, dem Sinne nach ignoriert. Da eine solche Verknüpfung existiert, sind wir im Unrecht, wenn wir behaupten, daß die „spezifisch-allgemeinen Sätze“ einfach zu verwerfen sind, wenn sie „falsifiziert“ wurden, und durch willkürliche neue zu ersetzen sind. Die „spezifisch-allgemeinen Sätze“ behalten Wahrheit in den Grenzen der Anwendbarkeit des theoretischen Systems, in dem sie formuliert sind, und bleiben im Grenzfall beschränkt wahr in Theorien, in denen ihre Negationen gelten. Folglich bedeutet „Falsifikation“ die Ermittlung der Grenzen der Anwendbarkeit einer Theorie, während die Möglichkeit der Aufnahme von „spezifisch-allgemeinen Sätzen“ in eine widerspruchsfreie und praktisch effektive Theorie ihre „Verifikation“ bedeutet. In gewissem Sinne heißt dies, daß auch die „Falsifikation“ eine Prüfung der relativen Wahrheit allgemeiner Aussagen, d. h. ihrer Verifikationen ist.

Einige Schlußfolgerungen. Die Wahrheit der als System verstandenen Theorie

Die Wahrheit einer These der Wissenschaft kann man nicht ohne Bezug zum System (zur Theorie) untersuchen, denn in verschiedenartigen Systemen kann ein und dieselbe (der sprachlichen Form nach) Aussage verschiedenen Sinn haben. Eine Wahrheitswertung für eine Aussage geben heißt, diese (insofern es möglich ist) in ein theoretisches System einzubeziehen.

Die logische Analyse einer Theorie ergründet deren Prämissen und fundamentale Begriffe, die logische Wechselbeziehung zwischen ihren Behauptungen sowie ihre Widerspruchsfreiheit. Durch die logische Analyse stellen wir fest, ob bestimmte abstrakte Objekte nicht „erdacht“ (oder in der Theorie auf konstruktivem Wege geschaffen) wurden. Zu den konstruktiven Operationen gehören in einer Reihe von Theorien nicht nur die logischen Regeln, sondern auch die operationalen Bestimmungen, die es gestatten, die Regeln für den Gebrauch der zu definierenden Termini einschränkend zu modifizieren. Je „operationaler“ in diesem Sinne eine Theorie ist, um so besser ist sie formuliert. Abstrakte Objekte, die in der Theorie nicht konstruiert werden können, weder logisch noch operational, können in der Regel aus dieser ohne Schwierigkeiten beseitigt werden. Eine solche logische Analyse kann der Theorie eine maximal einfache und elegante Form geben. Die Regeln der empirischen Interpretation erlauben es, die praktischen Resultate der Tätigkeit des Menschen auf einem bestimmten Gebiet vorauszusagen. Wurden alle diese Prozeduren effektiv durchgeführt, dann kann das System als verifiziert gelten.

Die Verifikationsverfahren geben uns, sofern sie im Rahmen eines theoretischen Systems formulierte Mittel sind, nur Möglichkeiten zur Beurteilung dieser oder jener Ausdrücke der Theorie; darüber hinaus kann man hierfür nichts anderes vorschlagen (beispielsweise läßt sich nicht im voraus außerhalb des Systems die Frage entscheiden, ob die „erdachten“ abstrakten Objekte „eine abgeleitete Größe von einer als analytische Kurve 2. Ordnung vorgestellten beliebigen Funktion“ oder „eine virtuelle Wechselwirkung“ sind). In diesem Sinne schließen wir zumindest nicht von der „Wahrheit“ („Nicht-Erdachtheit“) der abstrakten Objekte auf die Wahrheit der Theorie als System.

Aber selbst wenn man im Rahmen der rein formalen Analyse bleibt, ergibt sich, daß erstens eine inhaltlich-wahre Aussage innerhalb der Theorie über ihre Widerspruchsfreiheit (formale Richtigkeit) formuliert werden kann und zweitens für den Beweis dieser Aussage (für den Beweis der Widerspruchsfreiheit der Theorie) ein mächtigeres System erforderlich ist, dessen Widerspruchsfreiheit seinerseits in ihm selber nicht bewiesen werden kann usw. Die Behauptung, daß eine als System verstandene Theorie wahr ist, kann unter diesem Gesichtspunkt zweifelsfrei bewiesen werden, doch erfordert sie ein Hinausgehen über den Rahmen des Systems.

Der Begriffsapparat einer Theorie muß mit ihren inneren Aufbaugesetzen übereinstimmen. Das bedeutet jedoch nicht, daß der Begriffsapparat willkürlich gewählt werden kann. Der Begriffsapparat wird nicht für das System, sondern das System zusammen mit dem Begriffsapparat zur

Charakterisierung eines bestimmten Gegenstandsbereichs geschaffen. Mit Hilfe des Begriffsapparats wird die Erklärung einzelner, individueller Prozesse, Erscheinungen, Ereignisse gegeben. Die Wahl des Begriffssystems wird nicht in dem Sinne getroffen, daß die Theorien auf ein und dieselbe Frage über ein und dieselben Dinge (die für ihre Formulierung in verschiedenartigen Theorien einen unterschiedlichen Begriffsapparat erfordert) im wesentlichen ein und dieselbe Antwort geben sollen.

Es gibt keine Verifikationsverfahren für die inhaltliche Wahrheit einer Theorie, die sich von den Verfahren ihrer formalen oder experimentellen Überprüfung unterscheiden. Wenn wir aber wissen wollen, *was* in einer Theorie (deren Wahrheit durch die oben aufgezählten Prüfungsverfahren ermittelt wurde) behauptet wird, dann müssen wir über die Grenzen des Systems hinausgehen. (In diesem Sinne kann man von einer „Aufspaltung" des Problems der Wahrheit in das formale Verfahren der Verifikation der Wahrheit und in das Verfahren zur Ermittlung der Bedeutung – siehe das vorige Kapitel – sprechen.) Wie dies verwirklicht werden kann, ist eine besondere Frage, die man die Frage nach der philosophischen Analyse der Wissenschaftssprache nennen kann.

SIEBENTES KAPITEL

Der Übergang vom wahrscheinlichen zum sicheren Wissen

Die Typen des Wissens und ihr Zusammenhang

Die wissenschaftliche Forschung setzt sich als Ziel, objektiv-wahres und sicheres (zuverlässiges, gesichertes) Wissen zu gewinnen.

Objektive Wahrheit und Gewißheit (Zuverlässigkeit) sind zwei, wenn auch eng miteinander verbundene, aber dennoch verschiedene Merkmale des Wissens. Häufig werden sie gleichgesetzt. Das führt zu Irrtümern in philosophischer und fachlicher Beziehung.

In philosophischer Hinsicht hat die Vermengung der objektiven Wahrheit mit der Gewißheit zur Folge, daß die Wahrheit selber subjektivistisch gedeutet wird. Die positivistische Philosophie setzt den Inhalt eines Urteils in Abhängigkeit von der Art seines Beweises. So schrieb Moritz Schlick: „Die Bedeutung eines Satzes feststellen läuft auf die Feststellung der Regeln hinaus, entsprechend denen der Satz anzuwenden ist, und das ist dasselbe wie die Ermittlung des Verfahrens, durch das er verifiziert(oder falsifiziert) werden kann. Die Bedeutung eines Urteils ist die Methode seiner Verifizierung." („Stating the meaning of a sentence amounts to stating the rules according to which the sentence is to be used, and this is the same as stating the way in which it can be verified (or falsified). The meaning of a proposition is the method of its verification.")[1]

Die Bedeutung eines Urteils, sein Inhalt werden also nicht als Objekt definiert, das durch dieses Urteil widergespiegelt wird, sondern als Subjekt, das bestimmte Verfahren zur Prüfung und zum Beweise von Urteilen ausgearbeitet hat.

Der Ersatz der objektiven Wahrheit eines Urteils durch die Einstellung, die der Mensch zu beiden hat, wird in gröbster Form im Pragmatismus, in seiner These: „Wahr ist, was nützlich ist" vollzogen. Hier wird, wie es krasser nicht der Fall sein kann, bestätigt, daß der Inhalt eines Urteils nicht durch das Objekt, durch seine Gesetzmäßigkeiten und Verknüpfungen, sondern durch das auf die Bedürfnisse und Bequemlichkeiten eines

[1] *Moritz Schlick*, Meaning and Verification, in: *Moritz Schlick*, Gesammelte Aufsätze 1926–1936, Wien 1938, S. 340.

einzelnen Individuums und auf dessen Beziehung zum Wissen reduzierte Subjekt bestimmt wird.

In Wirklichkeit hängt jedoch der Inhalt des Wissens nicht vom Subjekt mit seinen Regeln der Überprüfung von Urteilen und seiner Einstellung zum Wissen ab. Das drückt sich unmittelbar im Begriff der objektiven Wahrheit aus. Und es ist durchaus kein Zufall, daß Lenin die Frage nach der Wahrheit folgendermaßen formuliert hat: „Gibt es eine objektive Wahrheit, d. h., kann es in den menschlichen Vorstellungen einen Inhalt geben, der vom Subjekt unabhängig ist, der weder vom Menschen noch von der Menschheit abhängig ist?“[2]

In der Tat hängt die Wahrheit des Urteils: „Auf dem Mars existiert biologisches Leben“ nicht von dem dieses Urteil aussprechenden Subjekt, sondern vom Objekt ab. Wenn es wirklich auf dem Mars eine solche Bewegungsform der Materie gibt, dann ist dieses Urteil wahr, gibt es sie aber nicht, dann ist es falsch. Wie klug und erfinderisch das Subjekt auch sein mag, wie vollkommen die von ihm zur Prüfung und zum Beweis von Urteilen angewendeten Methoden auch sein mögen, den Inhalt der Aussage über den Mars kann es nicht verändern, kann sie nicht wahr machen, wenn auf diesem Planeten noch kein biologisches Leben entstanden ist. Das Schicksal eines Urteils hängt sozusagen von seinem Inhalt ab, der seiner Natur nach objektiv ist und nicht vom Bewußtsein des Subjekts bestimmt wird. Damit ein Urteil objektiv-wahr wird, muß es einen durch die Natur des in ihm widergespiegelten Objekts bedingten Inhalt haben. Wenn aber der Inhalt des Urteils subjektiv ist, dann kann dieses Urteil keinen Anspruch auf Wahrheit erheben, wobei es gleichgültig ist, ob es irgendwelche Verfahren für seine Verifikation gibt.

Die Wahrheit steht der Falschheit konträr gegenüber wie die Objektivität des Inhalts des Wissens seiner Subjektivität. Die Bewegung von der relativen zur absoluten Wahrheit drückt eine Veränderung im Inhalt des Wissens, eine Vervollständigung des objektiven Inhalts durch neue Elemente, den Ersatz des Subjektiven durch das Objektive im Inhalt aus. Diese Unabhängigkeit des Wissensinhalts vom denkenden Subjekt wird von der objektiv-idealistischen Konzeption, derzufolge die Wahrheit schlechthin außerhalb des Bewußtseins des Menschen existiert, einseitig gedeutet. In diesem Falle wird die Wahrheit zur ideellen Sphäre von Bedeutungen, die in der Wirklichkeit außerhalb des Menschen und der Menschheit existieren.

2 *W. I. Lenin*, Materialismus und Empiriokritizismus, in: *W. I. Lenin*, Werke, Bd. 14, Berlin 1962, S. 116.

Doch die Wahrheit ist Wissen und als solches, unabhängig von der Objektivität seines Inhalts, ein Moment der Tätigkeit des Menschen. Die Wahrheit ist der gesellschaftlich-historische Prozeß, in dessen Verlauf das Objekt durch das Denken begriffen und im Bewußtsein ein Inhalt erreicht wird, der vom Bewußtsein selber unabhängig ist.

Vom Subjekt und seinem Bewußtsein hängt aber ab, welche Seiten und Gesetzmäßigkeiten der objektiven Realität – und auf welche Weise – zum Inhalt des Wissens wurden, wie vollständig und tief sie darin widergespiegelt werden und welche Begründungen das Subjekt für den Beweis der Wahrheit oder Falschheit entdeckt hat.

Eines der Merkmale, die diese subjektive Seite im Wissen ausdrücken, ist dessen Zuverlässigkeit. Das Urteil: „Auf dem Mars existiert biologisches Leben" ist seinem Inhalt nach entweder wahr oder falsch, und das hängt, wie wir bereits betont haben, vom Objekt, dem Mars selber, ab. Aber das Subjekt kann theoretisch und praktisch mit dem Wissen operieren, dessen Wahrheit oder Falschheit begründet bzw. bewiesen ist.

Bis zu welchem Grade die Wahrheit dieses oder jenes Urteils begründet ist, ob es als sicher oder als wahrscheinlich bewiesen ist, das hängt bereits vom Subjekt, von seinem Entwicklungsniveau ab. Der Mars ist nicht schuld daran, daß der Mensch auf der Erde bis heute noch nicht sicher weiß, ob es auf diesem Planeten Leben gibt. Die Beweismethoden und -mittel entwickeln sich im Zusammenhang mit der Entwicklung des Wissens. Ein reifes Wissen erzeugt vollständigere und reichere Beweisformen und -mittel. Deshalb wird der Zusammenhang zwischen Beweis und objektiver Welt durch das Wissen vermittelt. Wenn die Positivisten die Bedeutung, den Inhalt eines Urteils durch die Methode seiner Verifizierung, seines Beweises bestimmen, dann schließen sie damit das Wissen in Wissen ein, nehmen ihm die Möglichkeit, in seinem Inhalt in die objektive Welt hinauszutreten.

Gewißheit (Zuverlässigkeit) und Wahrscheinlichkeit sind Merkmale für die Beweiskraft des Wissens. In der Wissenschaft ist es nicht sehr schwierig, einen neuen Gedanken auszusprechen, der sich vielleicht auch als wahr erweisen wird. Bedeutend schwieriger aber ist es, die Wahrheit dieses Gedankens sowie die Gewißheit und eine hochgradige Wahrscheinlichkeit zu beweisen.

Wenn ein Gedanke überhaupt nicht bewiesen ist, dann kann sich der Mensch weder in seiner praktischen noch in seiner theoretischen Tätigkeit von ihm leiten lassen, obwohl er objektiv-wahr sein mag. Deshalb erlangt der Beweis in der wissenschaftlichen Forschung so große Bedeutung. Gewöhnlich werden für den Beweis von Ideen mehr Zeit und Energie aufgewendet als für ihre Hervorbringung.

Wenn ein Urteil bewiesen wird (sich beispielsweise aus einem wahrscheinlichen in ein zuverlässiges Urteil verwandelt), so gehen in seinem objektiven Inhalt keine Veränderungen vor sich, es bleibt unverändert das gleiche. So wurde z. B. in der Mathematik bereits von Christian Goldbach (1690–1764) die These ausgesprochen, daß jede gerade Zahl die Summe zweier Primzahlen ist (außer der 2, die selber eine Primzahl ist). Im vollen Maße ist diese These noch nicht bewiesen. Der ganze Sinn der Aufgabe besteht darin, eben dieses Urteil auch in diesem seinen Inhalt und nicht in einem anderen zu beweisen. Die Bewegung von der Falschheit zur Wahrheit oder von der relativen zur absoluten Wahrheit zieht unbedingt eine Veränderung des Inhalts der Urteile nach sich.

Deshalb ist der Beweisvorgang der Prozeß, in dem die objektive Wahrheit eines bereits gebildeten und ausgesprochenen Urteils festgestellt wird. Bis zum Beweisantritt fungiert das in Form einer These formulierte Urteil als eine Gegebenheit. Der Beweis selber verändert nicht den Inhalt dieses Urteils, sondern unsere Einstellung zu ihm. Wenn die Zuverlässigkeit eines Urteils bewiesen ist, dann ist damit für das Subjekt die objektive Wahrheit des betreffenden Urteils zweifelsfrei festgestellt. Geht die Beweisführung jedoch nur bis zur Begründung einer Wahrscheinlichkeit höheren oder niederen Grades, dann ist die objektive Wahrheit des Urteils für das Subjekt nicht in vollem Umfange festgestellt, sondern nur möglich.

Somit entscheidet der Beweis die Frage, in welcher Form „für uns", für das Subjekt in einer bestimmten Etappe seiner gesellschaftlich-historischen Entwicklung die objektive Wahrheit eines Urteils gegeben ist.

Jedes Urteil bedarf des Beweises, und das bedeutet, daß es aus anderen Urteilen abgeleitet werden muß. Der Beweis ändert das Urteil nicht, sondern macht es verständlich, und es gilt hier die Feststellung von Marx und Engels, daß „es sich bei *wirklichen* Aufgaben von selber versteht, daß sie sich *nicht* von selber verstehn"[3].

Das logische Folgern, bei dem ein Urteil mit Notwendigkeit aus anderen hervorgeht, für die die Frage, ob sie objektiv-wahr sind, noch nicht entschieden ist, garantiert nur Richtigkeit, aber nicht Gewißheit. Wenn wir unsere Urteile jedoch aus Urteilen ableiten, deren Zuverlässigkeit bereits bewiesen ist, wird das abgeleitete Urteil selber zuverlässig. Die Tatsache daß wir nach den Regeln der Logik ein Urteil aus anderen ableiten können, ohne objektiv zu wissen, ob sie wahr sind oder nicht, ist ein weiteres Argu-

3 *Friedrich Engels* und *Karl Marx*, Die heilige Familie oder Kritik der kritischen Kritik. Gegen Bruno Bauer und Konsorten, in: *Karl Marx/Friedrich Engels*, Werke, Bd. 2, 2. Aufl., Berlin 1958, S. 84.

ment dafür, daß der objektive Inhalt der Urteile nicht von unserer Ein sicht in die logischen Operationen abhängt, er ist im Urteil gegeben und wird nicht durch das Subjekt, sondern durch das Objekt bestimmt. Ein Urteil wird aus anderen abgeleitet, diese erfordern jedoch ihrerseits eine Begründung usw. Wo ist aber das Ende dieser üblen Unendlichkeit? Die Antwort darauf kann nur lauten: in der Praxis.

Der Beweis indessen ist die Ableitung von Wissen aus Wissen. In welcher Weise fungiert die Praxis als Kriterium der Wahrheit? Zu beachten ist, daß sie, die Praxis, als solche nicht in den Beweis eingehen kann. Die Resultate der praktischen Tätigkeit des Menschen jedoch werden voll begriffen in der Form von Urteilen, die objektiven Inhalt haben. Als sinnlich-materielle Tätigkeit besitzt die Praxis den Vorzug unmittelbarer Zuverlässigkeit. Lenin erklärte: „***Die Praxis ist höher als die (theoretische) Erkenntnis***, denn sie hat nicht nur die Würde des Allgemeinen, sondern auch der unmittelbaren Wirklichkeit.“[4]

Unmittelbare Zuverlässigkeit besitzen auch Empfindungen und Wahrnehmungen des Menschen fixierende Urteile in der Art wie: „Die Blätter dieses Baumes sind grün“, aber ihnen fehlt die Universalität, deshalb läßt sich mit ihnen nicht die Zuverlässigkeit anderer allgemeiner Urteile begründen. Die gesellschaftlich-historische Praxis schließt die Tätigkeit zur Realisierung der allgemeinen Charakter tragenden Begriffe und Ideen ein, deshalb kann ein Urteil, das Resultate der Praxis fixiert, sowohl zuverlässig als auch universal sein. Urteile dieser Art sind beispielsweise Urteile, die die Funktion von Axiomen in der Mathematik, in der Logik und dergleichen erfüllen.

Gewißheit (Zuverlässigkeit) und Wahrscheinlichkeit sind polare Kategorien, sie unterscheiden sich zugleich sowohl absolut als auch relativ. Das wahrscheinliche Wissen geht während des Beweisvorgangs in sicheres Wissen über. Andererseits trägt die Gewißheit gesellschaftlich-historischen Charakter. Im Beweisvorgang wird die „Wahrheit an sich“ zur „Wahrheit für uns“, für das als Gesellschaft in einer konkreten Entwicklungsetappe verstandene Subjekt. Da sich das Subjekt verändert, verändert sich auch seine Einstellung zu dem früher erworbenen Wissen, zu den Wahrheiten, und die Gewißheit selber erlangt historischen Charakter. Was bisher gewiß war, hört auf, als solches zu existieren, und wird ungewiß.

Das bedeutet aber nicht, daß es keine Gewißheit gibt. Sie existiert, wenn auch nicht als etwas Metaphysisches, sondern wie alles übrige als etwas sich Entwickelndes. Um so mehr stützt sich die Gewißheit letzten Endes auf

[4] *W. I. Lenin*, Philosophische Hefte, in: *W. I. Lenin*, Werke, Bd. 38, S. 204.

das Kriterium der Praxis, das „dem Wesen der Sache nach", schrieb Lenin, „niemals irgendeine menschliche Vorstellung *vollständig* bestätigen oder widerlegen kann. Auch dieses Kriterium ist ‚unbestimmt' genug, um die Verwandlung der menschlichen Kenntnisse in ein ‚Absolutum' zu verhindern, zugleich aber auch bestimmt genug, um gegen alle Spielarten des Idealismus und Agnostizismus einen unerbittlichen Kampf zu führen."[5]

Zu Beginn dieses Kapitels haben wir uns zu zeigen bemüht, daß Wahrheit und Falschheit einerseits und Gewißheit und Wahrscheinlichkeit andererseits verschiedene Momente in der Charakteristik der Kenntnisse sind. Ihre Unterscheidung erfolgt jedoch nicht deshalb, um sie voneinander zu isolieren, um sie voneinander zu trennen.

Vermengt man sie aber miteinander, so resultieren daraus grobe Fehler und Verzerrungen subjektivistischer Prägung. Als Beispiel kann die Auffassung Hans Reichenbachs und anderer dienen, die die Wahrheit als Moment der Wahrscheinlichkeit, als eine ihrer Stufen ansehen. Hier wird erstens die Wahrheit mit der Methode ihrer Begründung vermengt und zweitens verneint, daß es möglich ist, sicheres Wissen zu erzielen. Nach Reichenbachs Ansicht „weigert sich die wissenschaftliche Philosophie, irgendeine Erkenntnis über die physikalische Welt als absolut sicher anzusehen. Weder Aussagen über Einzelereignisse noch solche über die sie beherrschenden Gesetze können mit absoluter Gewißheit gemacht werden. Die Gesetze der Logik und der Mathematik sind das einzige Gebiet, auf welchem Gewißheit erreicht werden kann, doch diese Prinzipien sind analytisch und leer. Gewißheit ist untrennbar von Leere: es gibt kein synthetisches Apriori." („Scientific philosophy . . . refuses to accept any knowledge of the physical world as absolutely certain. Neither the individual occurrences, nor the laws controlling them, can be stated with certainty. The principles of logic and mathematics represent the only domain in which certainty is attainable; but these principles are analytic and empty. Certainty is inseparable from emptiness: there is no synthetic a priori.")[6]

Ebenso irrig ist aber auch die Vorstellung, daß die Erzielung von Wahrheit und deren Beweis absolut unabhängige und untereinander nicht zusammenhängende Bereiche sind. Der Prozeß, in dessen Verlauf die „Wahr-

[5] *W. I. Lenin*, Materialismus und Empiriokritizismus, in: *W. I. Lenin*, Werke, Bd. 14, S. 137.

[6] *Hans Reichenbach*, The Rise of Scientific Philosophy, Berkeley - Los Angeles, 2. pr., 1954, p. 304; deutsch zit. nach: *Hans Reichenbach*, Der Aufstieg der wissenschaftlichen Philosophie. Übertr. v. M. Reichenbach, Berlin-Grunewald 1953, S. 340.

heit an sich“ zu „Wahrheit für uns“ wird, beinhaltet gleichzeitig eine Entwicklung des menschlichen Wissens, d. h. dessen Erweiterung und Bereicherung durch neuen Inhalt. Wenn wir sagen, daß der Beweis eines Urteils nicht zur Veränderung seines Inhalts führt, dann bezieht sich das erstens nur auf das gegebene Urteil, nicht aber auf die Kenntnisse allgemein, zweitens ist damit ein abstraktes Beweismodell gemeint, von dem der reale Beweisvorgang nicht selten abweicht.

Wenn wir ein bereits formuliertes Urteil beweisen, dann sind wir bestrebt, dessen Inhalt zu bewahren, und achten darauf, daß die Beweisthese nicht gegen ein anderes, mit ihr nicht identisches Urteil vertauscht wird, und in dieser Beziehung wird das Wissen nicht bereichert. Doch während des Beweisvorgangs sucht man Argumente, richtet man den Blick auf die Beobachtungen, verallgemeinert man die aus der praktischen Tätigkeit gewonnene Erfahrung, und auf diese Weise vollzieht sich eine Bereicherung des Wissens mit neuem Inhalt.

Ferner gelangt man mitunter im Verlauf des Beweisvorgangs zu dem Schluß, daß es in dem gegebenen Inhalt noch nicht möglich ist, ein Urteil zu beweisen, wohl aber eine andere These bewiesen werden kann, die große theoretische und praktische Bedeutung hat. Das aber bedeutet eine Bereicherung des Wissens durch neue Sätze.

Somit stehen die Prozesse, die die Bewegung der Wahrheit zum Inhalt haben, und der Wahrheitsbeweis in wechselseitigem Zusammenhang. Wenn die Wissenschaft eine These aufgestellt hat, bemüht sie sich, eine Begründung dafür zu finden. Während des Beweisvorgangs vervollkommnen sich nicht nur die Verfahren und Methoden zur Verifikation der Wahrheit von Urteilen, sondern die Wissenschaft wird auch durch neue Thesen bereichert, von denen einige nur bis zu einer bestimmten Wahrscheinlichkeitsstufe begründet sind und ihrerseits eines Beweises bedürfen.

Der wechselseitige Zusammenhang von Wahrheit und Beweiskraft, die heuristische Bedeutung des wahrscheinlichen Wissens werden sichtbar am Beispiel der Analyse der logisch-erkenntnistheoretischen Funktion der Hypothese.

Die Hypothese als eine Form der Wissenschaftsentwicklung

Es erhebt sich die Frage, wie das Subjekt überhaupt ein Urteil aussprechen kann, das sich möglicherweise als objektive Wahrheit erweist, ohne zu wissen, ob es wirklich wahr ist oder nicht.

Hier sehen wir uns einer anderen Besonderheit der Wissensentwicklung konfrontiert: Neues Wissen entsteht, noch bevor der Mensch den Beweis für dessen Gewißheit gefunden hat. Es erfolgt ein Sprung, ein Zerreißen der Kontinuität; das Subjekt stellt eine These auf, die nicht mit logischer Notwendigkeit aus dem bestehenden Wissen folgt. Ein solcher Sprung ist an sich notwendig, weil anders die Entstehung neuen Wissens überhaupt prinzipiell unmöglich wäre. Daß es möglich ist, daß neues Wissen entsteht, ist eine Folge der Praxis, deren Entwicklung die Notwendigkeit zu neuem Wissen hervorruft. Die Wissenschaft, die diesem Bedürfnis sowie den inneren Belangen der Entwicklung der theoretischen Erkenntnis entspricht, errichtet solche theoretischen Konstruktionen, deren Zuverlässigkeit sie noch nicht zu beweisen vermag.

Louis de Broglie konstatiert zutreffend: „Diejenigen, die nicht selber wissenschaftlich arbeiten, glauben recht oft, daß die Wissenschaften uns stets absolute Gewißheit verschaffen: sie stellen sich die wissenschaftlichen Forscher so vor, als stützten diese ihre Schlußfolgerungen auf unbestreitbare Tatsachen und unwiderlegbare Urteile und als schritten sie infolgedessen sicher voran, ohne je mit der Möglichkeit eines Irrtums oder einer Rückwärtsbewegung rechnen zu müssen." („Les personnes qui n'ont pas elles-memes la pratique des sciences s'imaginent fort souvent qu'elles nous apportent toujours des certitudes absolues: elles se représentent les chercheurs scientifiques comme appuyant leurs déductions sur des faits incontestables et des raisonnements irréfutables et par suite comme s'avançant d'un pas assuré sans aucune possibilité d'erreur ou de retour en arrière. Cependant, le spectacle de la Science actuelle, tout comme l'histoire des Sciences dans le passé, nous prouve qu'il n'en est rien.")[7] Die Wissenschaft ist an die Aufstellung von Vermutungen gebunden, die sehr weit von Gewißheit entfernt sind.

Ohne Hypothesen kommt die Forschung auf keinem Gebiete der Wissenschaft aus. Friedrich Engels hielt die Hypothese für ein notwendiges Element des denkenden Naturforschers, ja man kann sagen der Wissenschaft überhaupt. Die Aufstellung von Hypothesen ist der Weg, auf dem sich die Erkenntnis zu neuen Resultaten (zur Entdeckung eines Gesetzes, zur Schaffung zuverlässiger Theorien) fortbewegt. Folgendermaßen beschreibt er die Rolle der Hypothese bei der Bewegung vom Empirischen zum Theoretischen: „Eine neue Tatsache wird beobachtet, die die bisherige Erklärungsweise der zu derselben Gruppe gehörenden Tatsachen unmöglich macht. Von diesem Augenblick an werden neue Erklärungsweisen Bedürfnis – zunächst gegründet auf nur beschränkte Anzahl von Tatsachen und Beobachtungen. Ferneres Beobachtungsmaterial epuriert diese Hypo-

[7] *Louis de Broglie*, Sur les Sentiers de la science, p. 351.

thesen, beseitigt die einen, korrigiert die anderen, bis endlich das Gesetz rein hergestellt. Wollte man warten, bis das Material für das Gesetz *rein* sei, so hieße das, die denkende Forschung bis dahin suspendieren, und das Gesetz käme schon deswegen nie zustande."[8] Ebenso würden wir, wenn wir forderten, daß nur gesicherte wissenschaftliche Theorien aufgestellt werden dürfen, niemals zu einer solchen Theorie kommen.

Die als Verallgemeinerung bereits vorhandener Kenntnisse entstandenen Hypothesen wirken aktiv auf den Forschungsprozeß ein, führen zur Ansammlung neuer Tatsachen und regen neue Forschungen an. Das Suchen nach Beweisgründen für die Hypothesen erweitert und vertieft das bereits vorliegende Wissen, es führt dazu, daß wir neue Ideen aussprechen und begründen.

Was ist für die Hypothese als Form der theoretischen Erfassung des angesammelten Wissens charakteristisch? Vor allem das Streben, über die Grenzen der vorhandenen Kenntnisse hinauszugehen, Thesen mit neuem Inhalt zu formulieren, deren Wahrheit noch nicht präzise bewiesen ist. Sehr einleuchtend hat hierzu Louis de Broglie gesagt: „. . .die in ihrer Grundlage und ihren Methoden dem Wesen nach rationale menschliche Wissenschaft kann ihre bemerkenswertesten Errungenschaften nur durch ungestüme, gefährliche Sprünge des Verstandes erreichen, wenn die von dem drückenden Zwang der strengen Schlußfolgerungen befreiten Fähigkeiten, die man Phantasie, Intuition, Scharfsinn nennt, wirksam werden. Sehr bald kehrt der Wissenschaftler zur rationalen Analyse zurück und nimmt Glied für Glied die Kette seiner Deduktionen wieder auf, doch von da an fesselt ihn diese Kette bis zu dem Moment, wo er sich von ihr vorübergehend befreit und die Freiheit seiner für einen Augenblick wiedererlangten Phantasie es ihm ermöglicht, neue Horizonte wahrzunehmen." („. . .la Science humaine essentiellement rationelle dans son principe et dans ses méthodes ne peut opérer ses plus remarquables conquêtes que par de brusques sauts périlleux de l'esprit ou entrent en jeu ces facultés, affranchies de la lourde contrainte des raisonnements rigoureux, que l'on nomme imagination, intuition, esprit de finesse. Bien vite, le savant revient à l'analyse raisonné et reprend chaînon par chaînon la suite de ses déductions, mais dés lors, cette chaîne l'enchaîne jusqu'au moment ou il s'en affranchira momentanément et ou la liberté de son imagination, un instant reconquise, lui permettra d'apercevoir des horizons nouveaux.")[9]

[8] *Friedrich Engels*, Dialektik der Natur, in: *Karl Marx/Friedrich Engels*, Werke, Bd. 20, S. 507.

[9] *Louis de Broglie*, Sur les Sentiers de la science, p. 354.

Für die Hypothese – und nur für sie – ist die Hervorbringung neuer Wahrscheinlichkeitscharakter tragender Ideen, auf deren Grundlage eine Systematisierung des früher gesammelten Wissens und die Suche nach neuen wissenschaftlichen Resultaten vor sich gehen, charakteristisch. Eben darin liegt das Wesen der Hypothese als einer Form der Wissenschaftsentwicklung begründet.

Auf die Frage, wie und warum es diesem oder jenem Forscher in den Sinn kam, gerade diese These und keine andere aufzustellen, ist es sehr schwierig, eine Antwort zu geben. Das geht auch nicht allein die Logik an. Morris Raphael Cohen antwortete auf die Frage, wie es zur Aufstellung von Hypothesen kommt: „Sie entstehen bei Menschen, die denken.“ („They occur to people who think.“)[10] Etwas anderes läßt sich hier wohl auch schwer sagen, da, wenn ein neuer Gedanke entsteht, in jedem Einzelfalle viel Individuelles eine Rolle spielt, möge es sich nun auf den betreffenden Wissensbereich, den betreffenden Gedanken oder den betreffenden Menschen beziehen.

Manche neigen dazu, sie Entstehung neuer Ideen als eigenartigen Akt wissenschaftlicher Weissagung zu erklären, da es eine allgemeine Methode für die Erzeugung von Ideen nicht gibt.

Ein neuer Gedanke entsteht zuerst in Form einer Vermutung, die bis zu einem gewissen Grade eine Sache der Intuition ist. Dabei bleibt nicht nur seine Zuverlässigkeit, sondern auch seine Wahrscheinlichkeit in beträchtlichem Maße unbegründet. Die Vermutung weist in der Tat viele außerlogische Momente auf, andernfalls würde es eine absolut garantierte Methode des Mutmaßens geben, die für alle erlernbar wäre. Aber unzweifelhaft ist jeder Wissenschaftler bestrebt, auf seinem eigenen Gebiet bestimmte Fertigkeiten im Mutmaßen oder Erraten bei sich selber zu entwickeln. Georg Pólya hat hierzu treffend bemerkt: „Gewiß laßt uns beweisen lernen, *laßt uns aber auch erraten lernen.*“ („Certainly, let us learn proving, but also *let us learn guessing.*“)[11]

Große Bedeutung im Erratensvorgang hat die wissenschaftliche Phantasie. Ohne Phantasie wird in der Wissenschaft, insbesondere in der modernen Wissenschaft, kein einziger neuer Gedanke geboren. „. . . die Phantasie und die Intuition bleiben“, schreibt Louis de Broglie, „wenn sie

[10] *Morris R. Cohen,* American Thought. A Critical Sketch, Glencoe, Ill., 1954, p. 81.

[11] *G. Polya,* Mathematics and Plausible Reasoning, vol. 1: Induction and Analogy in Mathematics, Princeton, N. J., 1954, p. VI; deutsch zit. nach: *Georg Pólya,* Mathematik und plausibles Schließen, Bd. 1. Übers. v. L. Bechtolsheim, Basel-Stuttgart 1962, S. 10.

in engen Grenzen gehalten werden, unentbehrliche Helfer des Wissenschaftlers bei seinem Vorwärtsschreiten." („. . .l'imagination et l'intiution contenues dans de justes limites restent d'indispensables auxiliaires du savant dans sa marche en avant.")[12]

Die Vermutung existiert gewissermaßen nur für den Forscher selber, sie geht in der Regel noch nicht über die Grenzen seines schöpferischen Laboratoriums hinaus. Mitunter erscheint sie so unwahrscheinlich, daß sie einem Wunder gleichsieht. Der Wissenschaftler steht vor der Aufgabe, ihre Anwendbarkeit zu beweisen und die theoretischen Voraussetzungen zu finden, die sie wahrscheinlich machen. Albert Einstein sagte, als Ziel jeder denkerischen Tätigkeit diene die Verwandlung des „Wunders" in etwas Faßbares.

Um die Vermutung zum Besitz der Wissenschaft zu machen, muß sie zur wissenschaftlichen Hypothese umgestaltet und die Phantasie in die der Wissenschaft erlaubten Grenzen verwiesen werden. Dann wird an die Begründung der Hypothese gegangen, und zwar als Hypothese, das heißt, ihr Hauptgedanke bleibt – wenn auch in hohem Maße – aber immerhin nur wahrscheinlich. Das bereits vorliegende Wissen wird mobilisiert, wodurch die den Hauptgedanken, die Idee der Hypothese bildende Vermutung in den Rang der Wahrscheinlichkeit erhoben wird. Wenn freilich eine epochale Entdeckung gemacht wird, wenn Ideen auftreten, die die früheren Vorstellungen sozusagen umkehren, dann geht das Wissen von der Sicht der vorhandenen Daten aus über die Grenzen der Wahrscheinlichkeit hinaus, ist doch die Grenze zwischen dem Wahrscheinlichen und Unwahrscheinlichen wie alle Grenzen relativ. Bis zu einem bestimmten Zeitabschnitt erschien der Gedanke von der Teilbarkeit des Atoms als unwahrscheinlich, denn es lagen keine exakten Daten vor, die diesen Gedanken zugelassen hätten.

Nichtsdestoweniger ist es eine der Hauptaufgaben des Forschers, der eine Hypothese konstruiert, die Wahrscheinlichkeit der grundlegenden Vermutung der Hypothese zu begründen. Dazu bedient er sich der experimentellen Daten, der Analogien, der Induktion und anderer Formen des sogenannten plausiblen Schließens, die bei gesicherten Prämissen Wahrscheinlichkeitsschlüsse ergeben. Bereits die Begründung einer Hypothese führt zur Erweiterung und Vertiefung der Kenntnisse über den zu erforschenden Gegenstand, denn sie schließt die Durchführung neuer Beobachtungen und Versuche sowie eine Analyse des früher gesammelten Wissens vom Blickpunkt der neuen Idee aus ein.

[12] *Louis de Broglie,* Sur les Sentiers de la science, p. 353.

Die Begründung einer Hypothese endet mit der Konstruktion eines Wissenssystems, dessen Modell man folgendermaßen darstellen kann: Gegeben sei eine Gesamtheit inhaltlicher Aussagen (*a*, *b*, *c*, *d*, *e*, *f* usw.), sie seien untereinander durch eine andere inhaltliche Aussage (*q*) verbunden, die die in der Hypothese enthaltene grundlegende Vermutung ausdrückt. Diese erklärt den Vorgang, der durch die Aussagen *a*, *b*, *c*, *d*, usw. beschrieben wird.

Die Aussage *q* trägt Wahrscheinlichkeitscharakter, sie ist weder in dem gegebenen System noch über dessen Rahmen hinaus als gewiß bewiesen. Aus der Sicht der Entwicklung der Erkenntnis drückt sie am vollständigsten den Gedanken aus, der prinzipielle Bedeutung für die theoretische Erfassung der gesammelten Tatsachen hat. Sie bestimmt auch das gegebene Wissenssystem als Hypothese.

Die anderen in das System eingehenden Aussagen müssen überwiegend gesichert, einige von ihnen können wahrscheinlich sein. Doch nicht sie sind die Ursache dafür, daß das Wissenssystem eine Hypothese genannt wird.

Wie im theoretischen System so liegt auch in der Hypothese eine potentielle Energie für die Selbstentwicklung des Wissens. Für die Forschung stellt sie deshalb ein wirksames Mittel dar. Da die Vermutung der Hypothese Wahrscheinlichkeitscharakter trägt, macht sie gewissermaßen einen Vorgriff auf die Zukunft; der Forscher sucht nach neuen Tatsachen, um sie begründen zu können, stellt Versuche an und analysiert die Resultate der Erkenntnis in seinem und den angrenzenden Wissensbereichen. Deshalb wächst eine Hypothese durch das Wissen weiter an, was einer theoretischen Rechtfertigung ihrer selbst gleichkommt.

Bis zu einem gewissen Zeitpunkt ist es dem Forscher sogar gleichgültig, ob es ihm schließlich gelingen wird, die Gewißheit seiner Vermutung zu beweisen. Für ihn ist wichtig, daß sie wirksam ist, daß sie das vorhandene theoretische Material erklärt und zur Gewinnung neuer wissenschaftlicher Resultate führt. Deshalb ist jede Hypothese in gewisser Hinsicht eine Arbeitshypothese, erfüllt sie doch in der wissenschaftlichen Forschung eine bestimmte Funktion bei der Sammlung und Organisierung des Tatsachenmaterials.

In der Tat drängt der Forscher, wenn er eine Hypothese aufstellt, in einer bestimmten Etappe der Forschung die Frage zurück, ob die Hypothese einen Prozeß richtig oder falsch erklärt. Ihn interessiert, so kann man sagen, der instrumentale Charakter der Hypothese, nämlich, was sie ihm für die weitere Analyse des Forschungsgegenstandes gibt, wie sie ihm hilft, das Denken auf dessen detailliertere und tiefere Erforschung zu lenken. Dabei ist er kein Sklave seiner Hypothese, er kann sie verändern, seine Forschung so einrichten, daß er sich gleichzeitig von mehreren Hypothesen leiten läßt. Deshalb haben viele Wissenschaftler die Hypothese mit den Produktionswerkzeugen verglichen und sie als ein besonderes Instrument der wissenschaftlichen Forschung angesehen. D. I. Mendelejew verglich die Rolle der Hypothese in der Forschung mit dem Pflug des Landmanns, der diesem hilft, die Nutzpflanzen zu kultivieren.[13] Andere wiederum haben einen Vergleich zwischen der Funktion der Hypothese und der Baugerüste oder Krückstöcke u. dgl. gezogen. Den instrumentalen Charakter der Hypothese unterstrich auch I. P. Pawlow. Wie er sagt, „wird in jedem Augenblick eine gewisse allgemeine Vorstellung über den Fragenkomplex verlangt, um etwas zu haben, woran man die Tatsachen knüpft, um etwas zu haben, womit man sich vorwärts bewegt, um etwas zu haben, was man für künftige Forschungen voraussetzen kann. Eine solche Hypothese erweist sich in der Wissenschaft als notwendig."[14]

Max Born, der sah, wie sich Hypothesen und Theorien ablösen, wie sie im Zuge der Wissenschaftsentwicklung zusammenbrechen, warf eine Frage auf, die sich viele stellen: „Sind sie nicht vielleicht bloß ein Nebenprodukt der Forschung, eine Art metaphysischer Schmuck, als schillernder Mantel über die allein bedeutungsvollen ‚Tatsachen' gehängt, bestenfalls Stütze und Hilfe bei der Arbeit, Reizmittel für die Phantasie beim Ersinnen neuer Versuchsbedingungen?"[15]

Einige Autoren beantworten diese Frage bejahend, sie verabsolutieren den instrumentalen Charakter der Hypothese, indem sie diese ihre Seite von ihrer anderen Seite lostrennen, die nicht minder wichtig ist und mit ersterer zusammenhängt.[16] Sie sind der Meinung, daß der Hypothese der

[13] Siehe *D. Mendelejeff*, Grundlagen der Chemie. Übers. v. L. Jawein u. A. Thillot, St. Petersburg 1890–1891, S. 246–247.

[14] *I. P. Pawlow*, Allgemeines über die Zentren der Großhirnhemisphären, in: *I. P. Pawlow*, Sämtliche Werke, Bd. III/1. Red.: Dr. med. hab. Winter, Berlin 1953, S. 73.

[15] *Max Born*, Über den Sinn der physikalischen Theorien. Rede, geh. in d. öff. Sitzung der Ges. d. Wissensch. Göttingen, 10. Nov. 1928, in: *Max Born*, Physik im Wandel meiner Zeit, Berlin 1957, S. 19. (In engl. Übersetzung unter dem Titel „On the Meaning of Physical Theories" enthalten in: *Max Born*, Physics in my Generation. A Selection of Papers, London-New York 1956.)

[16] Das ist die Auffassung aller Konventionalisten über die Hypothese. So schrieb Henri Poincaré: „Es kümmert uns wenig, ob der Äther wirklich existiert; das ist Sache des Metaphysikers; wesentlich für uns ist nur, daß alles sich abspielt, als wenn er existierte, und daß diese Hypothese für die Erklärung der Erscheinungen bequem ist." („Peu nous importe que l'éther existe réellement, c'est l'affaire des métaphysiciens; l'essentiel pour nour c'est que tout se passe comme s'il existait et que cette hypothèse est commode pour l'explication des

objektive Inhalt fehle, daß die Frage nach ihrer objektiven Wahrheit keinen Sinn habe. So schrieb Pierre Maurice Marie Duhem: „Unsere physikalischen Theorien setzen ihren Stolz nicht darein, Erklärungen zu sein; unsere Hypothesen sind keine Annahmen über die eigentliche Natur der materiellen Dinge. Unsere Theorien haben einzig die ökonomische Zusammenfassung und Klassifikation der experimentellen Gesetze zum Ziel. . ." („Nos théories ne se piquent point d'être des explications; nos hypothèses ne sont point des suppisitions sur la nature même des choses matérielles. Nos théories ont pour seul objet la condensation économique et la classifiation des lois expérimentales. . .")[17]

In einer bestimmten Etappe ist es allerdings für den Forscher bis zu einem gewissen Grade gleichgültig, ob die angestellte Vermutung objektivwahr ist. Es tritt aber der Moment ein, wo der Beweis nicht nur der Wahrscheinlichkeit, sondern auch der Gewißheit der Hypothese zur Hauptaufgabe der Forschung wird. Darüber hinaus führt eine arbeitsfähige Hypothese zur Entdeckung neuer Tatsachen sowie zu der Bestätigung, daß ihre Vermutung objektiven Inhalt hat. Die Frage ist nur, was in ihr objektiv ist: ihr ganzer Inhalt oder nur ein Teil, eine ihrer Seiten.

Häufig wird gesagt, die Hypothesen sterben, die Wissenschaft wachse und gedeihe auf den Gebeinen toter Hypothesen. Das ist richtig. Man kann aber auch sagen, daß keine wissenschaftliche Hypothese einfach stirbt, sie lebt in dieser oder jener Form in anderen theoretischen Konstruktionen. Sie ist, wenn nicht in ihrem gesamten Inhalt und in der früheren Form, so doch mit einer bestimmten Seite in das gesicherte System des theoretischen Wissens eingegangen. Das wiederum zeugt davon, daß eine wissenschaftliche Hypothese ihrem Inhalt nach objektiv ist, daß sie die Form ist, in der die objektive Wahrheit in einer bestimmten Etappe der wissenschaftlichen Forschung besteht.

Wählt der Forscher aus vielen Hypothesen eine aus, die er für die wahrscheinlichste hält, dann bemüht er sich, sie zu vervollkommnen und zu konsolidieren, wobei er sie von vornherein bereits als wissenschaftliche Hypothese einer Prüfung unterzieht. Vor allem wird die Frage nach ihrer inneren Widerspruchsfreiheit als Wissenssystem gestellt. Bekanntlich darf ein Wissenssystem keine formallogischen Widersprüche enthalten. Wenn

phénomènes.") — *Henri Poincaré*, La Science et l'Hypothèse, Paris 1905, p. 245—246; deutsch zit. nach: *Henri Poincaré*, Wissenschaft und Hypothese. Autor. dt. Ausg. v. F. u. L. Lindemann, 3. verb. Aufl., Leipzig 1914, S. 212.

17 *P. Duhem*, La Théorie physique. Son objet et sa structure, Paris 1906, p. 361 bis 362; deutsch zit. nach: *Pierre Duhem*, Ziel und Struktur der physikalisen Theorien. Übers. v. F. Adler. Mit einem Vorw. v. E. Mach, Leipzig 1908, S. 29

der Forscher solche Widersprüche entdeckt hat, dann muß er versuchen, sie im Rahmen des betreffenden Systems zu beseitigen, indem er darin entsprechende Modifikationen aufnimmt. Insbesondere dürfen keine Widersprüche zwischen der Vermutung der Hypothese (der Aussage *q*) und den anderen zum System gehörenden Thesen (*a*, *b*, *c*, *d*,) zugelassen werden. Man kann schwerlich eine Hypothese, in der die Hauptmasse der sie bildenden Urteile der Vermutung widerspricht, selber akzeptieren und sie anderen vorschlagen

Wenn der Forscher ein in formallogischer Hinsicht widerspruchsfreies Wissenssystem konstruiert hat, schafft er fernerhin Klarheit über dessen Beziehungen zu anderen Systemen (wissenschaftlichen Theorien, Gesetzen, Sachverhalten u. dgl.). Hier ist die Relation komplizierter, da diese Systeme hinsichtlich der Beweiskraft des in ihnen enthaltenen Wissens unterschiedlichlich sind.

Eine Hypothese kann mit anderen wissenschaftlichen Systemen übereinstimmen und ihnen widersprechen. Sowohl die Übereinstimmung als auch der Widerspruch können verschiedenen Charakter tragen, und sie geben an und für sich noch keinen Anlaß, die Hypothese zu verwerfen oder sie zu akzeptieren.

Untersuchen wir den Fall, wo eine Hypothese mit anderen Systemen übereinstimmt. Diese Systeme können erstens entweder zuverlässig gesichert oder wahrscheinlich sein. Sind sie wahrscheinlich, dann stärkt im Grunde die Übereinstimmung mit ihnen die Hypothese weder, noch schwächt sie sie. Sind sie gesichert, dann hängt alles davon ab, welchen Charakter die Übereinstimmung trägt. Wenn die Hypothese mit logischer Notwendigkeit aus einem anderen wissenschaftlichen System folgt, das gesichert ist, dann faßt sie nicht nur festen Fuß, sondern sie wird selber zu einer zuverlässigen Theorie. Doch das kommt sehr selten vor. Meistens bedeutet Übereinstimmung, daß kein Widerspruch vorliegt, und das festigt die Hypothese, erhöht ihre Wahrscheinlichkeit, mehr jedoch nicht.

Komplizierter stehen die Dinge, wenn ein Widerspruch der Hypothese zu anderen wissenschaftlichen Systemen entdeckt wird. Hier muß wiederum konkret an die Sache herangegangen werden. Wenn die Hypothese einer anderen Hypothese widerspricht, dann kann nur die nachfolgende Praxis entscheiden, welche von diesen konkurrierenden Hypothesen ihrer Prüfung standhält. Es gibt Fälle, wo sich beide als unhaltbar herausstellen.

Es ist möglich, daß die Hypothese in Widerspruch zu einem theoretischen System tritt, das in der Wissenschaft als gesichert gilt. Mit einem solchen Widerspruch muß man sich sehr ernsthaft befassen und ihn von allen Seiten her analysieren, bevor man entscheidet, ob die Hypothese akzeptiert werden kann.

Wenn die Hypothese einer gesicherten Theorie widerspricht, bedeutet dies für sie allerdings, daß damit für sie die Frage zu beurteilen ist, ob sie aufrechterhalten werden kann oder zusammenbricht. Aber nicht in jedem Fall bedeutet eine solche Konstellation den Tod der Hypothese.

Erstens trägt die Gewißheit selber, wie wir bereits betont haben, konkret-historischen Charakter. Möglicherweise zeugt der Widerspruch zwischen einer Hypothese und einer gesicherten Theorie davon, daß es notwendig ist, unsere Einstellung zur Gewißheit der betreffenden Theorie zu revidieren und einige Veränderungen in sie aufzunehemen. Am häufigsten sind dies Veränderungen, die den Anwendbarkeitsbereich der gegebenen Theorie einschränken, Hier bleibt nichts anderes übrig, als mit Einsteins Worten zu sagen: „Newton verzeih' mir; du fandest den einzigen Weg, der zu deiner Zeit für einen Menschen von höchster Denk- und Gestaltungskraft eben noch möglich war. Die Begriffe, die du schufst, sind auch jetzt noch führend in unserem physikalischen Denken, obwohl wir nun wissen, daß sie durch andere, der Sphäre der unmittelbaren Erfahrung ferner stehende ersetzt werden müssen, wenn wir ein tieferes Begreifen der Zusammenhänge anstreben."[18]

Solche Widersprüche hat es in der Entwicklung der Wissenschaft stets gegeben und wird es auch fernerhin stets geben. „. . .es ist hier", schrieb Niels Bohr, „wie es so oft in der Geschichte der Wissenschaft gewesen ist, wenn neue Entdeckungen eine fundamentale Begrenzung von Gesichtspunkten geoffenbart haben, deren allgemeine Gültigkeit bislang für unumstößlich gehalten wurde: wir gewinnen einen weiteren Ausblick und die Fähigkeit, in erhöhtem Maße Beziehungen selbst zwischen solchen Phänomenen nachzuspüren, die vorher sogar als unvereinbar erscheinen konnten." („. . .as has often happened in science when new discoveries have led to the recognition of an essential limitation of concepts hitherto considered as indispensable, we are rewarded by getting a wider view and a greater power to correlate phenomena which before might even have appeared as contradictory.")[19] Es kommt vor, daß zwei einander widersprechende Wissenssysteme extreme Fälle einer allgemeineren Theorie ausdrücken.

[18] *Albert Einstein*, Autobiographisches, in: Albert Einstein als Philosoph und Naturforscher. Hrsg. v. P. A. Schilpp, Stuttgart 1955, S. 12. (Deutsche Ausg. von: Albert Einstein: Philosopher – Scientist. Ed. by P. A. Schilpp, Evanston, Ill., 1949)

[19] *Niels Bohr*, Atomic Physics and Human Knowledge, p. 5–6; dt.Ausg., S. 5.

Sie sind beide wahr, jedoch begrenzt. So war es beispielsweise in der Physik, als die Sätze: „Das Licht besteht aus Teilchen“ und: „Das Licht hat Wellennatur“ bewiesen wurden.

In der Tat, wenn neue Hypothesen den Prinzipien der theoretischen Konstruktion nur entsprächen und nie in Widerspruch zu ihnen träten, so gäbe es im Grunde genommen in der Wissenschaft keine revolutionären Umschwünge, die unsere früheren Vorstellungen in grundlegender Weise verändern. Darum ist es völlig gesetzmäßig, daß neue Hypothesen den früheren theoretischen Vorstellungen sowohl entsprechen als auch ihnen widersprechen. Würden sie ihnen nur widersprechen, so würde die Kontinuität in der Wisssentwicklung verlorengehen, und die Aufstellung von Hypothesen wäre keine logische Fortführung des Entwicklungsganges in der Erkenntnis eines zu erforschenden Gegenstandes. Sich allein die Übereinstimmung von neuen Hypothesen und bisherigen theoretischen Konzeptionen als Idealfall vorzustellen, bedeutet im Grunde, der Erkenntnis, die das Aufkommen prinzipiell neuer Ideen voraussetzt, die Entwicklung abzusprechen. Übereinstimmung (Entsprechung) und Widerspruch sind eine Einheit von Gegensätzen, die einander notwendigerweise voraussetzen. Und nur ihre konkrete Analyse, bezogen auf eine bestimmte Hypothese und eine ebenso bestimmte gesicherte Theorie, vermag die Frage zu entscheiden, welche Bedeutung sie für die Hypothese haben – ob sie sie bestätigen, verwerfen oder entwickeln.

Besondere Bedeutung für die Entwicklung der Erkenntnis haben Aufdeckung und Analyse von Widersprüchen zwischen der aufgestellten Hypothese und anderen theoretischen Systemen. Dieser Widerspruch selber spielt eine heuristische Rolle: Er wirft das Problem auf, was mit diesem Widerspruch zu geschehen habe, wie er zu interpretieren sei. Soll man die Hypothese revidieren und Veränderungen in sie aufnehmen oder in Zweifel ziehen, was früher für gesichert gehalten wurde? Sollen bestimmte Korrekturen an der bisher geltenden Theorie vorgenommen werden, oder ist vielleicht eine Vervollkommnung beider Wissenssysteme erforderlich? In jedem Falle führt aber die Entscheidung dieser Frage zu einer Vorwärtsbewegung in der Erkenntnis des Gegenstandes.

An die Hypothese wird noch eine Reihe von Forderungen erhoben, unter denen die der Einfachheit und der mit ihr zusammenhängenden Eleganz eine besondere Stellung einnimmt. So erklärt beispielsweise John G. Kemeny: „. . .wir sehen, daß der Wissenschaftler unendlich viele Hypothesen ausdenkt. . ., daß er dann registriert, welche von ihnen alle bekannten Tatsachen erklären, und daß er schließlich die Hypothese, die als einfachste übrigbleibt, als seine Theorie akzeptiert.“ („. . .we see that the scientist actually thinks up infiniteley many hypotheses. . ., then notes which of these account for all known facts, and finally accepts the simplest remaining hypothesis as his theory.")[20] Die einfachste Theorie ist seiner Auffassung nach die wahrscheinlichste. „Das Kriterium der Einfachheit", schreibt er, „muß auf unser gesamtes Wissenssystem angewendet werden. Als Einstein bemerkte, daß die alle bekannten Tatsachen erklärende Theorie (die spezielle Relativitätstheorie) bei Annahme einer nichteuklidischen Geometrie beträchtlich vereinfacht werden könnte, zögerte er nicht, dies zu tun. Auf diese Weise entstand die allgemeine Relativitätstheorie. Newtons Theorie wurde wegen ihrer mangelnden Übereinstimmung zwischen Voraussagungen und Beobachtungen fallengelassen. Die spezielle Theorie wurde aufgegeben, weil es eine einfachere Theorie gab, die dieselben Tatsachen erklärte. In dem einen Fall war die Glaubwürdigkeit (Wahrscheinlichkeit) zu gering geworden; in dem anderen Fall war zwar die Wahrscheinlichkeit hoch genug, aber es gab eine konkurrierende Theorie von ungefähr derselben Wahrscheinlichkeit, die viel einfacher war. Das enthüllt deutlich die Wechselwirkung von Wahrscheinlichkeit. . . und Einfachheit bei der Verifikation und der nachfolgenden Annahme oder Ablehnung von Theorien." („The criterion if simplicity must be applied to our entire body of knowledge. When Einstein found that the theory explaining all the known facts – the Special Theory of Relativity – could be considerably simplified by adopting a non-Euclidian Geometry, he did not hesitate to do so. Thus the General Theory of Relativity was born. Newton's theory was abandoned because of its lack of agreement between predictions and observations. The Special Theory was abandoned because there was a simpler theory explaining the same facts. In one case, the credibility became too low; in the other case, the credibility was high enough, but there was a competing theory with about the same credibility, which was much simpler. This brings out clearly the interplay of credibility . . . and of simplicity in the verification and consequent acceptance or rejection of theories.")[21]

Kemeny bezieht sich auf ein von ihm mit Einstein geführtes Gespräch, das angeblich Licht in die Frage bringe, weshalb – wofür Einstein eintrat – eine einfache Hypothese vorzuziehen sei. Als Einstein die bestimmte Gleichung gefunden hatte, die sowohl alle bekannten Tatsachen erklärte als auch bedeutend einfacher war als jede andere Gleichung, die alle diese

[20] *John G. Kemeny*, A Philosopher Looks at Science, Toronto – London – New York 1959, p. 96.

[21] Ebenda, p. 101.

Tatsachen erklärte, „sagte er sich, daß Gott sich nicht die Gelegenheit hätte entgehen lassen, die Natur so einfach zu machen. Deshalb veröffentlichte er diese Theorie mit der absoluten Gewißheit, daß sie richtig ist. Der dramatische Erfolg der allgemeinen Realitivitätstheorie resultierte aus Einsteins Glauben." („. . .he said to himself that God would not have passed up the opportunity to make nature this simple. Therefore he published this theory with an absolute conciction that it is correct. The dramatic success of The General Theory of Relativity bore out Einstein's faith.")[22]

Demnach erwächst die Überzeugung, daß eine Theorie wahr ist, aus ihrer Einfachheit, die damit in den Rang eines endgültigen Kriteriums für ihre Gewißheit erhoben wird.

Wie steht es jedoch in Wirklichkeit mit dem Kriterium der Einfachheit?

Die Einfachheit einer Hypothese zum endgültigen Kriterium wenn nicht ihrer Gewißheit, so doch ihrer Höchstwahrscheinlichkeit zu machen entbehrt jeder Grundlage. Das Kriterium der Einfachheit kann keine selbständige Bedeutung haben und, wenn man es verabsolutiert, kann man beim Subjektivismus landen.

Welche Theorie ist nun tatsächlich als einfach anzusehen und wo ist das objektive Kriterium für die Einfachheit selber?

Dieses Kriterium kann nur die objektive Wahrheit sein. Alles, was objektiv wahr ist, ist auch einfach, ökonomisch. Lenin schrieb: „Das menschliche Denken ist dann 'ökonomisch', wenn es die objektive Wahrheit *richtig* widerspiegelt, und das Kriterium dieser Richtigkeit ist die Praxis, das Experiment, die Industrie."[23] Das gleiche kann man auch von der Richtigkeit, Klarheit, Deutlichkeit und anderen derartigen Kriterien sagen. Nicht die Einfachheit bestimmt die objektive Wahrheit, sondern umgekehrt, die Erzielung der objektiven Wahrheit ist der Weg zu Einfachheit, Klarheit und Deutlichkeit, zum ökonomischen Denken.

Heißt dies nun, daß Einfachheit, Klarheit, Ökonomie (Sparsamkeit) keinerlei Bedeutung haben? Beileibe nicht. Man muß sie nur richtig deuten und ihre Verhältnisse zur objektiven Wahrheit klarmachen.

Einstein sprach tatsächlich von der „inneren Vollkommenheit", der „Natürlichkeit" und sogar der Eleganz einer wissenschaftlichen Theorie. Sie zu erreichen muß man seiner Ansicht nach bestrebt sein. Niemals verabsolutierte er diese Kriterien jedoch; als wichtigste Forderung, die in

22 Ebenda, p. 63.

23 *W. I. Lenin*, Materialismus und Empiriokritizismus, in: *W. I. Lenin*, Werke, Bd. 14, S. 166.

der Physik an eine theoretische Konstruktion zu stellen ist, galt für ihn deren Übereinstimmung mit der Erfahrung.

Die Theorien als Begriffssysteme müssen nach Einsteins Auffassung zwei Kriterien genügen: erstens „eine möglichst sichere (intuitive) und vollständige Zuordnung zu der Gesamtheit der Sinnenerlebnisse zuzulassen; zweitens erstreben sie möglichste Sparsamkeit in bezug auf ihre logisch unabhängigen Elemente (Grundbegriffe und Axiome), das heißt nicht definierte Begriffe und nicht erschlossene Sätze“[24].

Gemäß seiner Konkretisierung des Begiffs der Einfachheit „ist von Theorien mit gleich 'einfacher' Grundlage diejenige als die überlegene zu betrachten, welche die an sich möglichen Qualitäten von Systemen am stärksten einschränkt (d. h. die bestimmtesten Aussagen enthält)“[25]. Und er führt weiter aus: „Zur 'inneren Vollkommenheit' einer Theorie rechne ich auch folgendes: Wir schätzen eine Theorie höher, wenn sie nicht eine vom logischen Standpunkt willkürliche Wahl unter an sich gleichwertigen und analog gebauten Theorien ist.“[26]

Wie ersichtlich, enthält die Einsteinsche Auffassung der Einfachheit und inneren Vollkommenheit einer Theorie nicht etwas rein Subjektivistisches, sondern ist ein zusätzliches heuristisches Kriterium für die Wahl des wahrscheinlichsten theoretischen Wissenssystems.

Die Forderung der objektiven Wahrheit bedeutet, daß die wissenschaftliche Theorie die Welt so widerspiegeln soll, wie sie unabhängig von unserem Bewußtsein ist. Die objektive Welt ist sowohl einfach als auch kompliziert, und sie muß in ihrer ganzen Einfachheit und Kompliziertheit widergespiegelt werden. Sie ist rational in dem Sinne, daß die Erscheinungen sich in ihr bewegen, wobei sie strengen Gesetzmäßigkeiten unterworfen sind, deren Widerspiegelung eben die Aufgabe der wissenschaftlichen Theorie bildet.

Eine Hypothese soll einfach sein, sie darf nichts Überflüssiges, Subjektives sowie keine willkürlichen Annahmen enthalten, d. h. solche, die nicht aus der Notwendigkeit entspringen, das Objekt so zu erkennen, wie es in der Wirklichkeit ist. In dieser Hinsicht müssen wir Einfachheit, Klarheit und Sparsamkeit anstreben, ohne ihnen eine selbständige Bedeutung beizulegen. Wir haben sie vielmehr als Momente anzusehen, die das objektiv-wahre Wissen kennzeichnen. Nicht umsonst verwendete Einstein den Terminus „Natürlichkeit“ der Theorie, womit er das Fehlen über-

[24] *Albert Einstein*, Autobiographisches, a. a. O., S. 5.
[25] Ebenda, S. 8.
[26] Ebenda, S. 9.

flüssigen, künstlichen Beiwerks ausdrücken wollte. Zur Lösung der Aufgabe, die objektive Realität in ihrer wahren Form widerzuspiegeln, muß das Denken den rationalsten, einfachsten und klarsten Weg gehen. Von einer Vielzahl gleichwertiger Hypothesen ist in der Tat derjenigen der Vorzug zu geben, die einfacher, klarer und ökonomischer zu diesem Ziel führt.

Einige Worte noch über die „innere Vollkommenheit" und „Eleganz" theoretischer Konstruktionen. Manche Wissenschaftler führen Ludwig Boltzmanns Bemerkung an, daß die Eleganz den Schneidern und Schuhmachern überlassen bleiben müsse, und glauben, daß diese ästhetische Wertung auf wissenschaftliche Theorien schlechthin unanwendbar sei. Doch dem ist nicht so. Die Resultate der wissenschaftlichen Forschung sollen dem Menschen mehr als andere Formen seiner Tätigkeit einen ästhetischen Genuß bereiten. Louis de Broglie äußert in diesem Zusammenhang: „. . .die wissenschaftliche Forschung ist, obwohl fast immer vom Verstand gelenkt, dennoch ein Abenteuer." („. . .la recherche scientifique, bien que presque constamment guidée par la raisonnement, constitue néanmoins une aventure.")[27] Werden in der wissenschaftlichen Forschungsarbeit Ergebnisse erzielt, so ruft dies viele Empfindungen, darunter auch ästhetische, hervor.

Der Eindruck des Schönen, Eleganten, Vollkommenen entsteht beim Menschen nicht nur, wenn er materielle Dinge, sondern auch wenn er die Produkte seiner in dieser oder jener Form materialisierten geistigen Tätigkeit rezipiert. Der Mathematiker ist über die Ableitung einer Gleichung oder Formel genauso entzückt wie über eine Skulptur, eine schöne Landschaft u. dgl. m. Ein wissenschaftliches Problem auf elegante Weise zu lösen ist ebensogut möglich wie der elegante Vortrag eines Musikstücks. Aber die Empfindung von Schönheit und Eleganz hat eine objektive Ursache; diese Empfindung ist der Ausdruck eines objektiven Inhalts. In der wissenschaftlichen Theorie tritt dieser Inhalt als deren objektive Wahrheit auf; wir begeistern uns daran, wie einfach, wie leicht ein schwieriges wissenschaftliches Problem gelöst wurde. Eine solche Lösung bereitet sowohl dem, der sie gefunden hat, als auch anderen Sachkennern einen Genuß, sie erscheint elegant. Einem Nichtmathematiker geht dieser ästhetische Genuß ab, er kann die Eleganz einer mathematischen Formel nicht erkennen. Man muß ihren Inhalt verstehen und sich der Schwierigkeiten, die bei ihrer Lösung überwunden wurden, sowie ihrer Bedeutung für die weitere Wissenschaftsentwicklung bewußt sein.

[27] *Louis de Broglie*, Sur les Sentiers de la science, p. 354.

Somit braucht das entwickelte Gefühl für das Elegante und Schöne in der wissenschaftlichen Forschung allgemein und in der Bewertung einer Hypothese im besonderen keineswegs zu stören. Wir müssen uns von ihm nur richtig leiten lassen und ihm keine absolute Bedeutung beimessen, sondern es als untergeordnetes Moment betrachten, das aktiv zur Gewinnung objektiv-wahren Wissens beiträgt. Die ästhetische Einstellung zur Welt fördert nicht nur das künstlerische, sondern auch das wissenschaftliche Schaffen.

Die Rolle der Praxis bei der Wandlung einer Hypothese zur sicheren Theorie

Eine Hypothese wird in der Hoffnung aufgestellt, sie, wenn schon nicht in ihrem vollen Inhalt, so doch wenigstens in einem ihrer Teile in sicheres Wissen verwandeln zu können. John Stuart Mill schrieb in diesem Zusammenhang: „Es scheint . . . eine Bedingung einer wahrhaft wissenschaftlichen Hypothese zu sein, dass sie nicht dazu bestimmt sei, immer eine Hypothese zu bleiben, sondern daß sie der Art sei, dass sie durch die Verifikation genannte Vergleichung mit bekannten Thatsachen entweder bewiesen oder widerlegt werde." („It appears . . . to be a condition of the most genuinely scientific hypothesis, that it be not destined always to remain an hypothesis, but be of such a nature as to be either proved or disproved by comparison with observed facts.")[28]

Einige unter dem Einfluß des Positivismus stehende Philosophen und Naturwissenschaftler vertreten die Auffassung, daß die Hypothese wohl danach strebe, sich in eine sichere Theorie zu verwandeln, doch werde sie dies niemals erreichen, denn ihr fehle dazu grundsätzlich die Möglichkeit. Dabei gehen sie von folgenden Erwägungen aus: Eine Hypothese entsteht auf der Grundlage von Analogie und Induktion, die wahrscheinliche Schlüsse ergeben. Verfiziert werden Hypothesen jedoch auf deduktivem Wege in folgender Form: Wenn die Annahme richtig ist (wenn *p*), dann müssen die Folgerungen daraus Sachverhalte sein, die auf experimentellem Wege

28 *John Stuart Mill*, A System of Logic, Ratiocinative and Inductive. Being a Connected View of the Principles of Evidence and the Methods of Scientific Investigation. New impr., London 1911, p. 324; deutsch zit. nach: *John Stuart Mill*, System der deductiven und inductiven Logik. Eine Darlegung der Principien wissenschaftlicher Forschung, insbes. der Naturforschung. Übertr. v. J. Schiel, 4. dt., nach der 8. d. Originals erw. Aufl., 2. Theil, Braunschweig 1877, S. 16.

u. dgl. ermittelt werden können (dann q). Im gegebenen Fall haben wir einen Syllogismus von der Behauptung der Folgerung auf die Behauptung der Begründung, der nur wahrscheinliche Schlußfolgerungen ergibt (wenn p, dann ist q wahrscheinlich p). Daraus leitet sich der Schluß her, eine Hypothese kann niemals im vollen Umfange als sicher bewiesen werden oder, wie Kemeny schreibt: „Der Schlüssel zur Verifikation von Theorien ist, daß Sie sie niemals verifizieren. Was Sie verifizieren, sind die logischen Folgerungen der Theorie. Verifikation ist der Vorgang, der darin besteht zu sehen, ob etwas Vorhergesagtes wirklich so ist. Da wir nur einzelne Tatsachen beobachten können, müssen wir einzelne Folgerungen einer Theorie verifizieren, nicht aber die allgemeine Theorie selber." („The key to the verification of theories is that you never verify them. What you do verify are logical consequences of the theory. Verification is the process of seeing whether something predicted is really so. Since we can onely observe particular facts, we must verify particular consequenses of a theory, not the general theory itself.")[29] Die Vermutung einer Hypothese ist kein Einzelurteil, sondern eine Behauptung, die universalen (allgemeinen) Charakter trägt, da sie eine Gesetzmäßigkeit in der Bewegung der Erscheinungen aufdeckt. Bekanntlich ist für den Beweis der Gewißheit einer universalen Behauptung die Feststellung, daß sie einer endlichen Zahl von Sachverhalten entspricht, unzureichend; denn Universalität (Allgemeinheit) schließt stets Unendlichkeit ein. Deshalb erhöht jede neue Bestätigung die Wahrscheinlichkeit der Vermutung einer Hypothese, beweist jedoch niemals ihre Gewißheit.

Es läßt sich nicht bestreiten, daß hier eine wirkliche Schwierigkeit erfaßt wurde, der man sich konfrontiert sieht, wenn man das Problem des Beweises der Zuverlässigkeit theoretischer Konstruktionen lösen will. Andererseits überzeugt uns aber die Praxis der wissenschaftlichen Erkenntnis, daß diese Schwierigkeiten lösbar sind. Wie John O. Nelson mit Recht

[29] *John G. Kemeny*, A Philosopher Looks at Science, p. 96. – Dasselbe – mit anderen Worten – sagt Philipp Frank: „Die Wissenschaft ähnelt einem Kriminalroman. Alle Tatsachen bestätigen eine bestimmte Hypothese, aber am Ende kann die richtige eine völlig andere sein. Dennoch müssen wir sagen, daß wir in der Wissenschaft kein anderes Wahrheitskriterium als dieses haben." („Science is like a detective story. All the facts confirm a certain hypothesis, but in the end the right one may be a completely different one. Nevertheless, we must say that we have no other criterion of truth in science but this one.") – *Philipp Frank*, Philosophy of Science. The Link Between Science and Philosophy, Englewood Cliffs, N. J., 1957, p. 17. – Die in den zitierten Zeilen zum Ausdruck kommende Auffassung vertreten fast alle heutigen Positivisten.

betont, „beweisen Wissenschaftler *ständig* ... Hypothesen in überzeugender Weise. Beispielsweise wurde die Hypothese, daß Atome gespalten werden können, vor einigen Jahrzehnten überzeugend bewiesen. Ebenfalls ist überzeugend bewiesen worden, daß die Kinderlähmung von Viren hervorgerufen wird ... Angesichts dieser und anderer lückenloser Bestätigungen von wissenschaftlichen Hypothesen ist es zweifellos eine Art von Geistesstörung zu behaupten, daß wissenschaftliche Thesen nicht überzeugend bewiesen, sondern nur eliminiert oder teilweise bestätigt werden können." („... scientists *all the time* conclusively establish ... hypotheses. For instance, the hypothesis that atoms could be split was conclusively established several decades ago. It has been conclusively established that infantile paralysis is virus-produced ... In the face of these and other complete confirmations of scientific hypotheses, it is surely a form of lunacy to maintain that scientific hypotheses cannot be conclusively established but only eliminated or partially confirmed.")[30]

Was ist zu berücksichtigen, wenn die Frage zur Entscheidung steht, ob es möglich ist, eine Hypothese in eine sichere Theorie umzuwandeln?

Vor allem darf man nicht vergessen, daß der Wahrheitsbeweis einer theoretischen Konstruktion nicht ein einziger Augenblicksakt ist, sondern ein langewährender historischer Prozeß. Deshalb kann man ihn nicht auf eine einzelne Beobachtung oder ein einzelnes Experiment reduzieren. S. I. Wawilow hatte recht, als er feststellte: „... die experimentelle Bestätigung dieser oder jener Theorie darf streng gesagt niemals als jeden Widerspruch ausschließend angesehen werden, und dies aus dem Grunde, weil ein und dasselbe Resultat aus verschiedenen Theorien folgen kann. In diesem Sinne ist ein unumstößliches 'experimentum crucis' kaum möglich."[31] Auch Philipp Frank bestreitet, daß ein einzelnes Experiment entscheidende Bedeutung habe.[32] Das trifft aber überdies nicht nur auf den

[30] *John O. Nelson*, The Confirmation of Hypotheses, in: The Philosophical Review, 67 (1958), Jan., p. 96–97.

[31] *С. И. Вавилов*, Экспериментальные основания теории относительнети. 1928 г., in: *С. И. Вавилов*, Собрание сочинений, т. УI, Москва 1956, стр. 18.

[32] „Viel ist", schreibt er, „über das 'experimentum crucis' gesagt worden, das entscheiden könne, ob eine bestimmte Theorie verworfen oder nicht verworfen werden muß. Ein einzelnes Experiment kann eine 'Theorie' nur widerlegen, wenn wir unter 'Theorie' ein System spezifischer Aussagen verstehen, die keine Änderung zulassen. Was aber tatsächlich in der Wissenschaft eine 'Theorie' genannt wird, ist niemals ein solches System." („Much has been said about the 'crucial experiment' that can decide whether a certain theory must be rejected

Beweis, sondern auch auf die Widerlegung einer Theorie zu. Frank, der jedem Einzelexperiment das Recht abstreitet, ein endgültiger Beweis für die Wahrheit oder Falschheit einer Theorie zu sein, folgert indessen, daß eine Theorie überhaupt nicht zuverlässig sein könne, sie bleibe stets Hypothese.

Wawilow, der den Standpunkt des dialektischen Materialismus vertritt, unterstreicht, daß jeder Einzelversuch begrenzt ist, und warnt vor der Verabsolutierung der daraus gewonnenen Resultate. Ein einzeln genommenes Experiment darf für eine große und komplizierte Theorie nicht schicksalsentscheidend sein, und nicht von ihm kann es abhängen, ob sie zu leben oder unterzugehen habe; die Beweiskraft eines einzelnen Experiments ist begrenzt. Andererseits ist jedes sorgfältig durchgeführte wissenschaftliche Experiment entscheidend und trägt zum Übergang der Hypothese zur gesicherten Theorie bei, für irgendetwas liefert es einen unbedingt zuverlässigen Beweis. Zusammengenommen mit der ganzen gesellschaftlich-historischen Praxis in ihrer Entwicklung dient das wissenschaftliche Experiment als Kriterium für den Beweis der Zuverlässigkeit von theoretischen Konstruktionen.

Bekanntlich trägt die Vermutung einer Hypothese allgemeinen Charakter, und man kann sie nur durch Allgemeinheit beweisen. Einfacher ist es, sie aus einer anderen theoretischen These, die noch allgemeineren Charakter trägt, deduktiv abzuleiten; und zuweilen werden Hypothesen auch so bewiesen. Uns sind jedoch nicht alle allgemeinen Gesetze der Natur und Gesellschaft apriorisch vorgegeben; gerade sie bemüht sich der Mensch mit Hilfe von Hypothesen zu erkennen. Noch eine weitere Allgemeinheit gibt es – die Allgemeinheit des praktischen Handelns. In der Praxis erlangt eine allgemeinen Charakter tragende menschliche Idee sinnlich-konkrete Form, die den Vorzug der Gewißheit besitzt. Wie Lenin schrieb, konstatiert der Mensch die objektive Wahrheit seiner Begriffe endgültig „erst dann, wenn der Begriff zum ‚Fürsichsein' im Sinne der Praxis wird“[33].

Das Allgemeine existiert in der Praxis nicht in reiner Form, es ist mit einem bestimmten Einzelnen verknüpft. Das ist gut, weil es ermöglicht, es sinnlich wahrzunehmen und die Zuverlässigkeit (Gewißheit) des Allgemeinen am Einzelnen, Endlichen zu beweisen und auf diese Weise

or not. A single experiment can only refute a 'theory' if we mean by 'theory' a system of specific statements with no allowance for modification. But what is actually called a 'theory' in science is never such a system.“) – *Philipp Frank*, Philosophy of Science, p. 31.

33 *W. I. Lenin*, Philosophische Hefte, in: *W. I. Lenin*, Werke, Bd. 38, S. 202.

mit der üblen Unendlichkeit der Induktion Schluß zu machen. Friedrich Engels schrieb: „Die Dampfmaschine gab den schlagendsten Beweis, daß man Wärme einsetzen und mechanische Bewegung erzielen kann. 100000 Dampfmaschinen bewiesen das nicht mehr als Eine, drängten nur mehr und mehr die Physiker zur Notwendigkeit, dies zu erklären."[34]

Eine einzige Dampfmaschine vermag in der Tat die allgemeine theoretische These zu beweisen. Doch wir wissen sehr wohl, daß der Weg dazu über viele Experimente führte und der Mensch sich mit der Konstruktion einer einzigen Maschine nicht begnügte, da ihre Beweiskraft immerhin begrenzt ist. Die Sache ist die, daß sich die Allgemeinheit, in reiner Form genommen, in keinem einzigen Einzelnen in voller Form verwirklicht; sie existiert real nur in der Einzelheit, aber sie äußert sich in keinem einzigen Einzelnen in ihrem ganzen Reichtum. Seinen Gedanken weiterführend, schreibt Engels: „Sadi Carnot ... studierte die Dampfmaschine, analysierte sie, fand, daß bei ihr der Prozeß, auf den es ankam, nicht *rein* erscheint, von allerhand Nebenprozessen verdeckt wird, beseitigte diese für den wesentlichen Prozeß gleichgültigen Nebenumstände und konstruierte eine ideale Dampfmaschine (oder Gasmaschine), die ... ebensowenig herstellbar ist wie z. B. eine geometrische Linie oder Fläche ..."[35]

Die in reiner Form genommene Allgemeinheit tritt vollständig niemals in einem Einzelnen zutage. Hier spielt auch die andere Seite der Verkörperung theoretischer Ideen in der Praxis eine Rolle – die Begrenztheit jeder von ihnen, aber in ihrer Gesamtheit und in der Entwicklungstendenz schließen sie die Allgemeinheit ein. Nur auf diesem Wege wird mit Hilfe des Endlichen, Einzelnen, Sinnlich-Faßbaren das Unendliche, Allgemeine, Rational-Begreifbare bewiesen.

Dieser Umstand erklärt auch, weshalb der Beweis der Gewißheit einer wissenschaftlichen Theorie ein Prozeß ist und nicht ein starrer Zustand von einmaliger Bedeutung.

Einige Kritiker des dialektischen Materialismus argumentieren gegen die Behauptung, daß der Beweis wissenschaftlicher Theorien über die Praxis zu erreichen sei. Da das Allgemeine in der Praxis – so ist ihre Erwägung – in sinnlich-konkreter Form auftritt, müssen die Resultate der sinnlichen Erfahrung ebenfalls der Überprüfung (Verifizierung) unterliegen. So äußerte der in üblem Sinne bekannte Gustav Andreas Wetter in seinem Buch „Sowjetideologie heute": „Offenbar kann die Praxis in zweifacher Weise

34 *Friedrich Engels*, Dialektik der Natur, in: *Karl Marx/Friedrich Engels*, Werke, Bd. 20, S. 496.

35 Ebenda. S. 496–497.

als Wahrheitskriterium angesehen werden. Zunächst so, daß man in der Praxis eine Erfahrung macht, die die vorgefaßte Theorie nachträglich bestätigt. In diesem Sinne soll z. B. das gelungene Experiment den Beweis für die Richtigkeit einer Theorie liefern. Der (positive oder negative) Ausgang des Experimentes kommt uns aber nur durch die Sinneswahrnehmung zum Bewußtsein. Es steht aber gerade zur Frage, ob unsere Sinneswahrnehmungen wirklichkeitsgetreu sind. Die Gültigkeit der Sinneswahrnehmung, die uns den positiven Ausgang des Experimentes zu Bewußtsein bringt, müßte also ihrerseits wieder durch die Praxis überprüft werden; wir sehen also, daß wir auf diesem Wege nie zu einer Entscheidung kommen."[36]

Aber dieses Argument schlägt nicht durch. Die Resultate der Sinneswahrnehmung sind zuverlässig; die Überzeugung, daß die Sinnesangaben richtig sind, ist ein fundamentaler Bestandteil der materialistischen Theorie. Wie Lenin in seiner am Machismus geübten Kritik sagte, „sind die Machisten Subjektivisten und Agnostiker, denn sie trauen dem Zeugnis unserer Sinnesorgane *ungenügend*, sie halten den Sensualismus nicht konsequent ein. Sie erkennen die vom Menschen unabhängige objektive Realität als Quelle unserer Empfindungen nicht an. Sie sehen in den Empfindungen nicht ein getreues Abbild dieser objektiven Realität, geraten in direkten Widerspruch mit der Naturwissenschaft und öffnen dem Fideismus Tür und Tor. . . Für den Materialisten sind unsere Empfindungen Abbilder der einzigen und letzten objektiven Realität – der letzten nicht in dem Sinne, daß sie schon restlos erkannt ist, sondern in dem Sinne, daß es eine andere außer ihr nicht gibt und nicht geben kann."[37]

Die Sinne verbinden uns unmittelbar mit der Außenwelt, und auf Grund ihrer Unmittelbarkeit sind ihre Angaben real, zuverlässig. Irrtum, Falschheit, Entfernung von der Wirklichkeit entstehen nur im Denkprozeß.

Sein zweites Argument gegen das Kriterium der Praxis formulierte Wetter folgendermaßen: „Werden Denken und Sein nicht identisch gesetzt, so kann die Praxis wohl in vielen Fällen eine wertvolle Bestätigung für die Richtigkeit einer Theorie erbringen, aber nur, wenn es außer ihr

[36] *Gustav A. Wetter*, Dialektischer und historischer Materialismus, in: *Gustav A. Wetter*, Sowjetideologie heute. I, Frankfurt a. M. – Hamburg 1962, S. 144 bis 145. (Im „Philosophischen Wörterbuch", hrsg. v. G. Klaus u. M. Buhr, Leipzig 1964, erscheint im Register, S. 633, fälschlicherweise Gustav *Adolf* Wetter. – *D. Ü.*)

[37] *W. I. Lenin*, Materialismus und Empiriokritizismus, in: *W. I. Lenin*, Werke, Bd. 14, S. 123.

noch ein anderes Wahrheitskriterium gibt; sie kann nicht letztes Wahrheitskriterium sein."[38]

Also ist die Praxis das einzige oder nicht das einzige Wahrheitskriterium einer Theorie, die einzige oder nicht die einzige Methode, sie zu beweisen. Ja und Nein!

Die Praxis ist das einzige Kriterium, da nur sie letzten Endes die Frage nach der Zuverlässigkeit einer Theorie entscheidet und es ein anderes Kriterium, das der Praxis gleichkommt und sie ersetzen könnte, nicht gibt. Aber nicht immer tritt die Praxis unmittelbar als Wahrheitskriterium einer konkreten Hypothese auf. Auf der Grundlage der Praxis entsteht der verzweigte logische Apparat, mit dessen Hilfe die Verifikation der Wahrheit theoretischer Konstruktionen erfolgt. Die für den Wahrheitsbeweis einer Theorie in Frage kommenden Verifikationsmethoden, von denen wir im vorangegangenen Kapitel einige untersucht haben, sind entweder Formen der Praxis (z. B. das wissenschaftliche Experiment) oder Mittel der Erkenntnis und der Verankerung der Praxis in strengen logischen Formen. Sie dürfen der Praxis nicht als etwas Selbständiges und von ihr Unabhängiges gegenübergestellt werden. Die Existenz vielfältiger, auf der Basis der Praxis entstandener logischer Formen für den Beweis einer Hypothese, ihre Verknüpfung und gegenseitige Ergänzung beweisen ein weiteres Mal, daß der Übergang der wissenschaftlichen Hypothese zur sicheren Theorie möglich ist und im Zuge der Erkenntnisentwicklung zur realen Tatsache wird.

Die Aufgabe des Forschers besteht darin, in jedem konkreten Fall den Weg zu finden, mit dessen Hilfe eine von ihm aufgestellte Hypothese möglichst einfach und effektiv bewiesen werden kann.

38 *Gustav A. Wetter*, Dialektischer und historischer Materialismus, a. a. O., S. 144.

ACHTES KAPITEL

Die Ermittlung der Grenzen einer Theorie im Verlaufe ihrer Entwicklung

Was ist unter „Entwicklungsgrenze einer Theorie" zu verstehen?

Bekanntlich ist jedes Logiksystem nur ein angenähertes Modell des realen Vorgangs dessen, was das Denken leistet. Diesen Umstand hat A. A. Sinowjew hinsichtlich des logischen Folgerns gut demonstriert.[1] In einer Reihe von Fällen entspricht das formallogische Modell eines Denkprozesses wirklich nicht der realen Lage der Dinge. Das gilt auch für die axiomatische Darstellung des die Gewinnung neuer Erkenntnisse beinhaltenden Vorgangs, mit anderen Worten für die axiomatische Darstellung der *Entwicklung* einer Theorie.

Genaugenommen entbehrt es, wenn die Theorie in Form eines axiomatischen Systems dargestellt ist, jeglichen Sinns, von ihrer Entwicklung zu sprechen. Alle ihre Theoreme können als implizit in den Ausgangsaxiomen und Schlußregeln enthalten angesehen werden. Deshalb ist die von Carnap und Bar-Hillel formulierte Auffassung des deduktiven Systems durchaus gerechtfertigt:[2] Es ist logisch zu sagen, daß in einer gegebenen Sprache nur die Sätze Träger neuer Informationen sind, die allein auf der Grundlage der Ausgangsaxiome und Schlußregeln nicht erzielt werden können (d. h. nur die *F*-wahren Aussagen sind Träger einer neuen Information). Von dieser Sicht aus wird beispielsweise angenommen, daß derjenige, der die Logik und Axiome der euklidischen Geometrie kennt, damit auch den pythagoreischen Lehrsatz kenne.

Daß diese Betrachtungsweise nicht mit der realen Lage der Dinge übereinstimmt, ist offensichtlich. (Schon ein Schuljunge weiß, daß er, sofern er lediglich die Postulate der Geometrie kennt, keinesfalls in der Lage ist, die Länge der Hypotenuse nach den vorgegebenen Größen der Katheten zu finden.) Nichtsdestoweniger ist eine solche Vorstellung völlig logisch und resultiert aus der Natur der axiomatischen Methode. Nicht zufällig verfochten Edward Arthur Milne und Arthur Stanley Eddington seinerzeit

[1] Siehe *А. А. Зиновьев*, Логика высказываний и теория вывода, Москва 1962.

[2] Siehe *Yehoshua Bar-Hillel* and *Rudolf Carnap*, Semantic Information, in: The British Journal for the Philosophy of Science, 4 (1953/54), p. 147–157.

den Gedanken, daß der Mensch alle Kenntnisse hätte axiomatisch gewinnen können, falls ihm von vornherein einige Konstanten und Postulate in der Art des Einsteinschen Postulats über den Grenzcharakter der Lichtgeschwindigkeit bekannt gewesen wären. Eine ähnliche Verabsolutierung der axiomatischen Methode ist die Behauptung der Neopositivisten, daß sich das eigentliche schöpferische Element des Denkens nur in der mittels der Konvention bewirkten Schaffung von Axiomen und Schlußregeln äußere. Da eine solche Konvention offensichtlich kein logischer Akt ist, bezeichnen die konsequenten Anhänger dieser Auffassung das intellektuelle schöpferische Wirken rundheraus als irrational und das logische Denken als rein mechanische Tätigkeit, die sich im Prinzip nicht von der Wirkungsweise einer guten Rechenmaschine unterscheide.[3]

Es geht nicht darum, daß die Axiomatisierung einer Theorie gewissermaßen nur als Fazit ihrer Entwicklung möglich ist und deshalb keine Methode der wissenschaftlichen Forschung darstellt. Wäre dies so, dann würde die Axiomatisierung überhaupt überflüssig sein. Die Darstellung einer Theorie in Form einer axiomatisierten Sprache ist ein abstraktes Modell realer, in der Entwicklung befindlicher Kenntnisse, ein Modell der Erkenntnistätigkeit realer Menschen, und es ist, wie jedes abstrakte Modell, einseitig. Daraus ergeben sich Schwierigkeiten, die sowohl durch Annäherung des abstrakten Modells an die Wirklichkeit (d. h. durch die Mittel der Logik selber) als auch mittels inhaltlicher Beschreibungen bewältigt werden können.

Stellt man eine Theorie als axiomatische Sprache dar, dann können alle Theoreme in ihr als Tautologien angesehen werden, während die *F*-wahren Aussagen, obwohl sie Träger neuer Informationen sind, dennoch nicht dem entsprechen, was wir gewöhnlich „neue Sachverhalte" (Tatbestände, Tatsachen, Fakten) nennen. In Wirklichkeit kann man eine experimentell gewonnene Tatsache, wenn sie ein Sonderfall eines bereits bekannten Satzes ist und durch Einsetzen konkreter Parameter in einer bereits bekannten allgemeinen These erzielt werden kann, niemals einen „neuen Sachverhalt" nennen. Man mag, so oft man will, das archimedische Prinzip über die auf einen in eine Flüssigkeit getauchten Körper wirkende ausstoßende Kraft (den Auftrieb) bestätigen, aber „neue" Tatsachen ergeben sich dadurch nicht. Kann ein Sachverhalt überhaupt nicht durch eine Theorie erklärt werden, dann entwickelt er sie auch nicht und ist von diesem Gesichtspunkt aus nicht „neu". Aussagen über Tatsachen (Tatsachenaussagen) dürfen nicht *F*-wahr (erfüllbar), sondern müssen logisch-wahre

[3] Siehe *Louis Rougier*, Traité de la connaissance, Paris 1955.

Aussagen sein, wenn diese Tatsachen Träger neuer Kenntnisse sind; sie sollen sich in der Theorie als Folgerung aus ihr „unterbringen" lassen und sich gleichzeitig von einer bloßen Spezifikation des bereits Bekannten unterscheiden.

Wir möchten bemerken, daß die klassische Vorstellung von den Verstandeswahrheiten" und den „Tatsachenwahrheiten", von der analytischen und der synthetischen Wahrheit[4] implizit mit dem Begriff der aktualen Unendlichkeit zusammenhängt. In der Tat nehmen wir an, daß uns zugleich mit den Prämissen (genauer mit den Axiomen und Schlußregeln) alle möglichen Folgerungen aus ihnen aktual (aktuell) gegeben sind, obwohl es unendlich viele Axiome und Folgerungen gibt (solche Systeme werden untersucht). Der Aufbau der Logik nach konstruktiven Prinzipien kann bei der Interpretation von Aussagen als Aufgaben auf andere Weise helfen, die Begriffe „*L*-Wahrheit" und „*F*-Wahrheit", „analytische" und „synthetische" Wahrheit einzuführen. Überhaupt kann man verschiedene Kriterien für die Wertung einer Information wählen, deren Träger eine Aussage ist; man kann davon ausgehen, in welchem Grade eine gegebene Aussage für die Lösung einer Aufgabe geeignet ist. Unter diesem Aspekt würden Theoreme, mit denen wir uns nicht für die Ableitung einer Folgerung beschäftigen, keine Informationen enthalten; die größte Information würden die Theoreme aufweisen, aus denen die Lösung der Aufgabe unmittelbar hervorginge. Es ist klar, daß die Wertung der Information sich hier mit der Lösung der Aufgabe decken würde. Im übrigen würden strengere Methoden erforderlich sein, um alle diese Fragen zu untersuchen. Deshalb unterlassen wir es, uns hier damit zu befassen. Uns interessiert der inhaltliche Aspekt der Veränderung einer Theorie, der an den Sinn ihrer Begriffe gebunden ist.

Stellen wir uns die Theorie aus zwei Arten von Aussagen bestehend vor: aus Tatsachenaussagen und aus tatsachenerklärenden Aussagen. Die Erklärungen von Tatsachen können sowohl verbale als auch mathematische Form haben; eine obligatorische Bedingung ist der Zusammenhang zwischen allen Aussagen der Theorie nach bestimmten logischen Prinzipien. Weiterhin seien entsprechend den angenommenen logischen Prinzipien die Aussagen, die die Erklärung einer Tatsache oder einer Klasse von Tatsachen bilden, so umgeformt, daß sie eine neue Ausdrucksform (Auf-

[4] Wir gebrauchen das Begriffspaar „*F*-Wahrheit" und „synthetische Wahrheit" als Synonymenpaar; über ihren Unterschied siehe *Е. Д. Смирнова*, К проблеме аналитического и синтетического, in: Философские вопросы современной формальной логики, Москва 1962.

zeichnung) haben. In dieser Form findet man Größen, die für die Lösung einer Aufgabe bequemer sind als die der Ausgangsform. So kann man z. B. auf diese Weise die Postulate Euklids umbilden, um den pythagoreischen Lehrsatz zu erhalten; er enthält Größen, die für die Ermittlung der Hypotenusenlänge bequemer sind als die Größen in den Postulaten. Transformationen dieser Art setzen wir dem Erhalt neuer theoretischer Erklärungen gleich, obwohl sie vom Standpunkt der Logik aus tautologisch sind.

Weiterhin nehmen wir an, daß jede Aussage über eine zur Theorie gehörende Tatsache stets zu einem unendlichen Netz von Protokollaufzeichnungen von Experimenten, Beobachtungen usw. entfaltet werden kann. Jede derartige Aufzeichnung wollen wir eine *Variante* der Aussage über eine zur Theorie gehörende Tatsache nennen.

Nunmehr präzisieren wir den Begriff „neuer Sachverhalt" (Tatsache) und „neue Erklärung".

Gegeben sei eine Aussagemenge S, „Theorie" genannt, deren Elemente a_1, a_2, . . . a_n entweder Tatsachenaussagen oder tatsachenerklärende Aussagen sein können (wir bezeichnen jedes Element als a_i; $n \geqq i \geqq 2$). Dabei befinden sich alle Elemente der Menge untereinander in logischer Verknüpfung. Weiterhin sei gegeben b, d. h. eine in den Termini der gegebenen Theorie formulierte Tatsachenaussage. Offensichtlich können folgende Fälle vorkommen:

(1) b erweist sich als Variante der Tatsachenaussage a_i; und da a in S erklärt ist, ist auch b in S erklärt;

(2) b erweist sich nicht als Variante von irgendeinem a_i. In diesem Falle müssen die neuen Erklärungen der Tatsachen in S so formuliert werden, daß aus ihnen b als Folgerung hervorgeht.

Der Terminus „neue Erklärungen" ist einfach zu verstehen als Erklärungen (tatsachenerklärende Aussagen), die aktuell nicht in S enthalten sind. Für die Konstruktion einer neuen Erklärung brauchen auch keine neuen Begriffe eingeführt zu werden: es genügt, einige Umformungen der vorhandenen Erklärungen nach den Regeln druchzuführen, die in S gelten.

Neue Tatsachen nennen wir Aussagen, deren Enthaltensein in einer Theorie unter (2) beschrieben wird.

Oben wurde gesagt, daß neue Erklärungen als Resultat gleichbedeutender Umwandlungen bereits bestehender Erklärungen nach den in der Theorie angenommenen logischen Prinzipien gewonnen werden können. So können mitunter neue Tatsachen in einer Theorie nur erklärt werden, nachdem einige mathematische Transformationen ihrer grundlegenden

Sätze durchgeführt wurden und ihnen eine neue Form gegeben wurde. Diese Transformationen können ebenfalls die Einführung neuer Begriffe zur Folge haben.

Wir wollen uns jetzt mit einem komplizierteren Fall beschäftigen, wo es ohne Veränderung des Begriffsapparats unmöglich ist, eine neue Erklärung zu konstruieren.

Gegeben sei ein Objekt x und bekannt sei eine Reihe von Tatsachen darüber: $P_1(x)$, $P_2(x)$ . . . $P_n(x)$, wo P_1, P_2, . . . P_n einige mit Hilfe einer Gruppe von Begriffen formulierte Eigenschaften sind (in weitem Sinne alles, was dem Objekt zugeordnet werden kann). Es sei weiterhin die Tatsachenreihe $Q_1(x)$, $Q_2(x)$, . . . $Q_m(x)$ gegeben, wo Q_1, Q_2, . . . Q_m die Eigenschaften sind, die mit Hilfe einer anderen Gruppe von Begriffen formuliert wurden. $R(x)$ läßt sich stets so formulieren, daß $R(x) \supset P_i(x)$ $(n \geq i \geq 1)$. Nehmen wir an, daß $(R(x) \supset P_i(x))$ & $\sim (R(x) \supset Q_j(x))$. (Aus $R(x)$ folgt $P_1(x)$, $P_2(x)$, . . . $P_n(x)$, aber es folgt daraus weder $Q_1(x)$ noch $Q_2(x)$, . . . noch $Q_m(x)$.) In dem angenommenen Fall ist $R(x)$ keine neue theoretische Erklärung. Eine neue theoretische Erklärung ist ein solches $G(x)$, das der Bedingung $(G(x) \supset P_i(x))$ & $(G(x) \supset Q_j(x))$ genügt.

Betrachten wir das folgende Beispiel. Beim Aufbau der Bohrschen Atomtheorie wurde eine Reihe von Prinzipien (vor allem das Postulat über die Quantelung des Impulses) eingeführt, die aus dem empirischen Ausdruck der Atomenergie hervorgehen. Die energetischen Eigenschaften des Wasserstoffatoms (wir bezeichnen sie durch $P_1(x)$, $P_2(x)$, . . . $P_n(x)$) wurden durch Bohrs Theorie erklärt. Es ist klar, daß die Ideen Bohrs ihre experimentelle Bestätigung nicht durch die energetischen, sondern die magnetischen Eigenschaften des Atoms (in unserer Bezeichnung $Q_1(x)$, $Q_2(x)$, . . . $Q_m(x)$) erhalten mußten. Es erwies sich, daß Bohrs Theorie die magnetischen Eigenschaften nicht erklärte $(R(x) \supset P_i(x))$ & $\sim (R(x) \supset Q_j(x))$.

Die Gewinnung neuer Tatsachen und neuer theoretischer Erklärungen nennen wir Entwicklung der Theorie.

Hier müssen zwei Vorbehalte gemacht werden.

Erstens nehmen wir an, daß zu der Theorie, nachdem eine Tatsachenaussage zu einer Variantenreihe entfaltet wurde, nichts Neues hinzukommt. Eine solche Annahme ist eine gewisse Vereinfachung. In Wirklichkeit liegt zwischen der Bildung einer Tatsachenaussage und dem Erhalt einer Protokollaufzeichnung eines einzelnen Versuchs, einer einzelnen Beobachtung usw. die Methodik, die zur Durchführung der Versuche, Beobachtungen usw. angewendet wird und die zu schaffen häufig eine recht komplizierte selbständige theoretische Aufgabe darstellt. Die empirische Interpretation einer Theorie kann ebenfalls als Entwicklung der Theorie angesehen werden, jedoch abstrahieren wir von dieser Seite der Sache.

Zweitens kann man eine hinreichend große Zahl verschiedener identisch-wahrer Transformationen von theoretischen Erklärungen vorlegen (das Auffinden neuer Ausdrücke für ein und dieselbe Theorie usw). Wir sehen als Entwicklung der Theorie nur die erhaltenen Aufzeichnungen (Ausdrücke) an, die es ermöglichen, bereits bestehende Aufgaben zu lösen. Diejenigen Ausdrücke, die es gegenwärtig nicht gestatten, neue Lösungen zu geben, lassen wir unbeachtet. Es kann sich jedoch ergeben, daß sich gleichbedeutende (identische) Transformationen als sehr wichtig für die Lösung von Aufgaben erweisen, die erst später entstehen. Deshalb kann hier der Satz vom ausgeschlossenen Dritten: „Entweder ist die gegebene Aussage eine neue theoretische Erklärung, oder sie ist es nicht" keine Anwendung finden. Wir untersuchen hier nur die theoretischen Erklärungen, die aktuell bestehende Aufgaben lösen.

Praktisch wird im Laufe der Entwicklung einer Theorie stets parallel nach neuen Ausdrücken gesucht, die Größen enthalten, die für die Aufgabenlösung bequemer sind, und man baut gegebenenfalls den Begriffsapparat der Theorie um. Ein Beispiel hierfür ist die Entwicklung der Elementarteilchentheorie in der heutigen Zeit. Die Hauptaufgabe dieser Theorie ist das Finden von mathematischen Gleichungen, von sogenannten verallgemeinerten Formfaktoren (form factors, F-factors) oder Streuamplituden (scattering amplitudes), die es ermöglichen würden, die Strukturen der zwischen den Teilchen bestehenden Wechselwirkung vorherzusehen. Neben der Suche nach mathematischen Transformationen werden Versuche unternommen, den Begriffsapparat bestehender Theorien umzubauen. Da es in der Feldtheorie, außer der Störungstheorie (perturbation theory), real keine Methoden zur Aufgabenlösung gibt, ist die Idee entstanden, eine Theorie zu konstruieren, wenn einige allgemeine Eigenschaften von Größen formuliert worden sind, die eine direktere physikalische Interpretation als das Feld haben.[5] Mithin sehen wir in der Elementarteilchentheorie 1. eine mathematische Bearbeitung der bestehenden theoretischen These mit dem Ziel, neue Ausdrücke zu gewinnen, die für die Interpretation bequemere Größen enthalten, und 2. Versuche, das Begriffssystem zu verändern.

Somit läßt sich die Entwicklung einer Theorie folgendermaßen darstellen: (a) es besteht eine endliche Menge wechselseitig zusammenhängen-

[5] Siehe *В. Б. Берестецкий*, Динамические свойстна элементарних частиц и теория матрицы рассеяния, in: Успехи фивических наук, 76 (1962), 1.

der logischer Aussagen über Tatsachen (Tatsachenaussagen, von denen jede eine unendliche Zahl von Varianten haben kann) und von tatsachenerklärenden Aussagen; (b) als Ergebnis von Experimenten, Beobachtungen usw. werden in den Ausdrücken der Theorie neue Tatsachen formuliert, die keine Varianten bereits bestehender Aussagen sind; (c) entweder durch gleichbedeutende (identische) Transformationen oder durch Veränderungen des Begriffssystems werden neue theoretische Erklärungen konstruiert, aus denen neue Tatsachenaussagen (neue Tatsachen) als Folgerung abgeleitet werden.

Nunmehr wollen wir erklären, was wir unter „Entwicklungsgrenze einer Theorie“ verstehen.

In der modernen formalen Logik wurden über die Entwicklungsgrenzen einer Theorie die interessantesten Ergebnisse unverkennbar von dem polnischen Logiker A. Lindenbaum erzielt. Er entwickelte die Vorstellungen über die sogenannten vollständigen Übersysteme, von denen ausgehend Tadeusz Kubiński das folgende Theorem bewiesen hat. „(1) *Es existiert eine Menge S sowie eine in ihr enthaltene endliche Folge, die Funktion c mit den Eigenschaften: zu keinem in S enthaltenen widerspruchsfreien System läßt sich ein entsprechendes widerspruchsfreies und vollständiges gleichfalls in S enthaltenes Übersystem auswählen.* (2) *Es gibt unendliche monotone Familien von widerspruchsfreien Systemen, deren Summen widerspruchsvolle Systeme sind.*“ („*1. Istnieje zbiór S oraz będąca w nim konsekwencją skończoną funkcja c, o własnościach: do żadnego systemu niesprzecznego zawartego w S nie da się dobrać jego nadsystemu niesprzecznego i zupełnego również zawartego w S. 2. Istnieją nieskończone monotoniczne rodziny systemów niesprzecznych, których sumy są systemami sprzecznymi.*“)[6] Kubiński weist darauf hin, daß daraus die erkenntnistheoretische Schlußfolgerung resultiert, daß den widerspruchsfreien und eine präzisierte logische Struktur besitzenden wissenschaftlichen Theorien in ihrer Ausweitung Grenzen gesetzt sind.

Wir beschränken uns hier auf die inhaltliche Untersuchung der Frage nach den Entwicklungsgrenzen einer Theorie, wobei wir nicht voraussetzen, daß wir es mit einem abgeschlossenen deduktiven System zu tun haben. Die Frage, ob die Anzahl der Theoreme, die in der Theorie formuliert werden können, endlich ist, ob die Anzahl der Varianten einer Tatsachenaussage endlich ist, interessiert uns nicht.

Weiterhin ist klar, daß die Regeln und Methoden der empirischen Interpretation einer Theorie unendlich entwickelt werden können. In diesem

[6] *Tadeusz Kubiński*, O granicach rozszerzania teorii naukowych, in: Ruch Filozoficzny, 20 (1960/61), 4, str. 300–301.

Sinne hat keine Theorie eine Grenze in ihrer Entwicklung. Die Möglichkeiten jeder Theorie sind unendlich innerhalb ihres Anwendungsbereichs. So können alle in der Praxis vorkommenden Varianten unserer Wechselwirkung mit der mechanischen Ortsverlagerung der Körper, sofern die Translokationsgeschwindigkeit nicht zu groß ist, durch die Newtonsche Mechanik erklärt werden. Die Marxsche Kapitaltheorie ist eine sichere Grundlage für die Erklärung aller Varianten des kapitalistischen Entwicklungsweges der Gesellschaft.

Die Frage nach den Grenzen der Anwendbarkeit einer Theorie wird hier somit als Frage nach den Grenzen des Gegenstandsbereichs gestellt, den die Theorie in befriedigender Weise zu erklären vermag. Die Behauptung, daß jede Theorie eine Grenze habe, kann so formuliert werden: Es gibt Sachverhalte, die entweder in den Ausdrücken einer Theorie nicht formuliert werden können, oder, wenn sie in ihrer Sprache formuliert sind, grundsätzlich in ihr nicht erklärt werden können. (Weiter unten wird gezeigt, daß beide Fälle ein und dieselbe Situation beschreiben.) Damit entsteht die Notwendigkeit, eine neue Theorie zu schaffen.

Untersuchen wir, auf welche Weise man feststellen kann, daß eine Theorie die Grenze in ihrer Entwicklung erreicht hat.

Die logische Widersprüchlichkeit als Indikator der Entwicklungsgrenze einer Theorie

Eins der wichtigsten Wahrheitskriterien einer Theorie ist ihre Widerspruchslosigkeit (Widerspruchsfreiheit). Übrigens wird auch die Auffassung vertreten, daß ein formallogischer Widerspruch in bestimmten Fällen in der Theorie „belassen" werden sollte. Auf diese Frage kommen wir noch zurück und werden dann zu zeigen versuchen, daß Meinungen dieser Art auf einem Mißverständnis beruhen. Zunächst nehmen wir als Tatsache hin, daß eine strenge Theorie widerspruchsfrei sein muß. Tatsächlich wurde eine Theorie immer dann, wenn ein logischer Widerspruch darin entdeckt wurde, einer Revision unterzogen.

Was ist eigentlich Widerspruchsfreiheit (consistency)?

Es gibt verschiedene rein syntaktische Definitionen der Widerspruchsfreiheit eines logischen Systems – als Widerspruchsfreiheit im Hinblick auf eine Transformation, als absolute Widerspruchsfreiheit oder als Widerspruchsfreiheit im Sinne von Emil Leon Post.[7] Vom semantischen Gesichts-

[7] Siehe *Alonzo Church*, Introduction to Mathematical Logic, vol. I, p. 108–109. (Von Emil Leon Post liegt u. a. vor: „Two-valued Iterative Systems of Mathe-

punkt aus ist ein logisches System widerspruchsfrei, wenn es darin keine zwei Theoreme gibt, von denen eins die Negation des anderen ist. Wir gehen von dieser semantischen Definition aus. Da jedoch real existierende Theorien bei weitem nicht immer als Interpretationen logischer Systeme dargestellt werden können, kompliziert sich die Analyse ihrer Widerspruchsfreiheit dadurch, daß bestimmte intuitive Momente vorliegen, die der Sprache jeder Theorie immanent sind und dem logischen Widerspruch mitunter eine implizite Form geben.

Es erhebt sich vor allem die Frage, ob es möglich ist, Begriffe als widerspruchsvoll zu bezeichnen.

Wenn von der Widersprüchlichkeit von Begriffen gesprochen wird, denkt man dabei an verschiedene Fälle. Man kann beispielsweise sagen, daß der Begriff „materieller Punkt" widersprüchlich ist, da er Objekten Eigenschaften zuschreibt, die sie nicht besitzen. Manchmal wird „materieller Punkt" als geometrischer Punkt definiert, dem eine bestimmte Quantität Materie zugeordnet ist. Da Dimension eine unabdingbare Eigenschaft der Materie ist, ist die Vorstellung von einer Materiequantität, die keine räumlichen Ausmaße hat, widerspruchsvoll.

Natürlich kann man in diesem Sinne jede Idealisierung als zum gesunden Menschenverstand, zu anschaulichen Vorstellungen oder zu den Angaben anderer Theorien im Widerspruch stehend nennen. In der von uns akzeptierten semantischen Auffassung der Widerspruchsfreiheit handelt es sich indessen darum, daß einander widersprechende Aussagen in *einer* Theorie nicht formuliert werden können. Damit innerhalb der Theorie keine widerspruchsvollen Aussagen entstehen, müssen die Ausgangsidealisierungen dergestalt in sie aufgenommen werden, daß bestimmte Merkmale der aufgenommenen Begriffe von der Anwendung in der gegebenen Theorie ausgeschlossen werden. Selbstverständlich hat eine solche Erläuterung der Ausgangsbegriffe der Konstruktion einer Theorie vorauszugehen. Mit anderen Worten, der Konstruktion einer Theorie gehen zur Vermeidung von Paradoxien, die mit dem präzisen Gebrauch der Begriffe zusammenhängen, Postulate über die Existenz gewisser Objekte voraus. So kann man sagen, daß der Konstruktion der klassischen Mechanik die Postulate über die Existenz des materiellen Punktes, des Systems der materiellen Punkte und des absolut festen Körpers vorausgehen.

matical Logic" (Annals of Mathematic Studies, 5), Princeton, N. J., 1941. In den „Studien zur Logik der wissenschaftlichen Erkenntnis", Berlin 1967, S. 495, ist G. E. Post erwähnt; das dürfte auf einem Irrtum beruhen. — *D. Ü.*).

Fraglich ist, ob sich diese Forderung auf alle Theorien oder nur auf die erstreckt, die an Hand von vergleichsweise starken Idealisierungen konstruiert sind. Die Unklarheit des Begriffs „starke Idealisierung" sowie die Möglichkeit, jede Abstraktion als eine Idealisierung darzustellen, zwingen zu der Annahme, daß eine solche Aufnahme von Objekten explizit oder implizit in jeder Theorie stattfindet, die auf Strenge Anspruch erhebt.

Ein anderer Fall ist, wenn wir von der Widersprüchlichkeit der Begriffe sprechen, dann gegeben, sofern die Möglichkeit einer Explikation quasi ausgeschlossen ist, die Widersprüche bei Anwendung eines in Frage stehenden Begriffs beseitigen würde. In diesem Sinne wird von der Widersprüchlichkeit des Begriffs „Menge aller Mengen" gesprochen.

Man muß N. A. Schanin darin zustimmen, daß es sogar in der klassischen Mathematik gelingt, die Schwierigkeiten der Mengentheorie ohne Revidierung ihrer Grundprinzipien zu bewältigen, „indem den Methoden der Begriffseinführung bestimmte Beschränkungen auferlegt werden"[8]. Das Wesen dieser Art Beschränkungen erhellen gut die Arbeiten von D. A. Botschwar über die Paradoxien der Mengentheorie. Die Paradoxien (d. h. das, was wir oben mit der Widersprüchlichkeit des Begriffs „Menge aller Mengen" in Zusammenhang gebracht haben) werden dann beseitigt, wenn wir den untersuchten Formalismus teilen in: (1) den Apparat des Logikkalküls im eigentlichen Sinne des Wortes und (2) den Apparat der Axiome und Regeln, die den Objektbereich bestimmen, auf den der Logikkalkül angewendet wird, oder die Gesamtheit der speziellen Existenzaxiome.[9] Die Typentheorie, die ebenfalls ein Mittel zur Beseitigung der Paradoxien der Mengentheorie ist, kann als hierarchische Methode der Objekteinführung dargestellt werden, an deren Spitze Existenzpostulate stehen.

Mithin kann man behaupten, daß der Konstruktion jeder Theorie bestimmte Postulate (Axiome, Behauptungen) über die Existenz einer solchen Reihe von Objekten vorausgehen, von denen in der Theorie die Rede ist.

Real beginnt der Entwicklungsprozeß einer Theorie allerdings nicht mit der Formulierung von Existenzaxiomen; die Präzisierung der Ausgangsidealisierungen und die damit zusammenhängende Eliminierung der expliziten und impliziten Paradoxien ist ein relativ spätes Produkt der Ent-

[8] *Н. А. Шанин*, Конструктивные числа и функциональные пространства, in: Проблемы конструктивного направления в математике. Сборник работ. Труды математического института им. В. А. Стеклова, 67 (1962), стр. 22.

[9] Siehe *Д. А. Бочвар*, К вопросу о парадоксах математической логики и теории множеств, in: Математический сборник. т. 15 (47), 1944, вып. 3.

wicklung. Das bezeugt sowohl die Geschichte der klassischen Mechanik als auch die der Mengentheorie. In der Regel erweist es sich im Verlaufe der Entwicklung einer Theorie als notwendig, ihre Grundlagen logisch zu analysieren; zuweilen hängt dies offen mit der Notwendigkeit zusammen, die infolge einer Ungenauigkeit der Ausgangsbegriffe entstehenden Paradoxien zu beheben. Als Beispiel kann die Polemik zwischen Bohr und Einstein um das sogenannte Einstein-Rosen-Podolsky-Paradoxon in der Quantenmechanik dienen.[10]

Im Idealfall kann die sich auf eine Reihe von Ausgangsidealisierungen stützende Gesamtheit theoretischer Erklärungen eines Objekts so konstruiert werden, daß die Tatsachen, die Untersuchungsgegenstand der Theorie sind, durch sie erklärt werden können. Zugleich damit bildet sich im Verlaufe der Entwicklung einer Theorie nicht selten eine solche Situation heraus, daß neue Tatsachen durch die Theorie nicht unmittelbar erklärt werden können. Häufig besteht die Lösung der Frage in der Konstruktion verschiedener auf den Ausgangsidealisierungen der Theorie basierender *Modelle*.

Wir wollen dies am Beispiel der modernen Theorie der Kernstruktur erklären, wobei wir uns auf die von Victor Frederick Weisskopf gegebene Darlegung stützen.

Die Lösungsverfahren von Kernstrukturproblemen werden auf eine in solcher Form zu gebende Darstellung der Kernkräfte zurückgeführt, daß alle Probleme auf die Aufgabe reduziert werden, die darin besteht, die Schrödinger-Gleichung für a Teilchen zu lösen. Da sie im allgemeinen Falle nicht gelöst werden kann, muß man immer auf angenäherte Methoden, auf Kernmodelle (auf das Modell unabhängiger Teilchen, das optische Modell, statistische Modell usw.) zurückgreifen. Weisskopf weist dabei überzeugend nach, daß die Verwendung findenden Modelle sich keineswegs gegenseitig ausschließen, sondern im Gegenteil: „. . . sie sind verschiedene Aspekte desselben Prinzips, das aus unserer Untersuchung der Kernmaterie folgt, des Prinzips, daß die Teilchenbewegungen im Kern in erster Näherung unabhängig sind und daß der Wechselwirkungseffekt als eine Störung in weiterer Näherung angesehen werden kann." („. . . they are different aspects of the same principle, which follows from our study of nuclear matter, the principle that the motions of particles in the nucleus in first approximation are independent ones, and that the effect of the interaction can be considered as a perturbation in the next approxima-

[10] Ausführlicher hierüber siehe bei *П. С. Дишлевий, М. В. Попович*, До питання про природу парадоксів, in: Логіка і методологія науки, Киïв 1964.

tion.")[11] Alle Modelle stützen sich auf die Vorstellung von einer Kernmaterie als Fermi-Gas freier Teilchen; diese Vorstellung gründet sich auf die Tatsache, daß die Kernkräfte tatsächlich recht schwach sind.

Die Unmöglichkeit der allgemeinen Lösung einer theoretischen Aufgabe, die Notwendigkeit, verschiedene Modelle auf der Grundlage einer allgemeinen Idee zu konstruieren, zeugen von einer wesentlichen Begrenztheit der Theorie im ganzen. Dieser Umstand besagt an sich noch nicht, daß die Theorie die Grenze erreicht hat. In dem Falle, wo für die Erklärung verschiedener Tatsachen jedesmal zusätzliche Begriffsgruppen eingeführt werden müssen, ist es schwierig vorauszusagen, auf welchem Wege eine hinreichend einfache Konstruktion der Theorie gefunden wird – im Rahmen der Grundkonzeption oder bei einer Überprüfung der Ausgangsthesen der Theorie.

Wie oben gesagt wurde, müssen die neuen theoretischen Erklärungen $G(x)$ der Bedingung $(G(x) \supset P_i(x)) \,\&\, G(x) \supset Q_j(x)$ genügen, wo $P_i(x)$, $Q_j(x)$ die mit Hilfe verschiedener Begriffsgruppen formulierten Objektsachverhalte sind. Die Entwicklung der Theorie besteht darin, daß ein solches $G(x)$ gefunden wird, das die angegebene Bedingung erfüllt. Wenn $G(x)$ gefunden ist, kann man die Wechselbeziehung $G(x)$, $P_i(x)$ und $Q_j(x)$ als Deduktion darstellen. Eine auf solche Weise konstruierte Theorie ist – zumindest explizit – widerspruchsfrei.

Es kann sich jedoch ergeben, daß für die Konstruktion von $G(x)$ Begriffe eingeführt werden mußten, die den der Theorie zugrunde liegenden hauptsächlichen Idealisierungen implizit widersprechen. Der Widerspruch entsteht bei der Erklärung der Tatsachen nicht unmittelbar. Häufig kann man ihn nur auf intuitivem Wege erkennen. So oder so entsteht jedoch für die Erklärung der Tatsachen die Notwendigkeit, Begriffe der erwähnten Art aufzunehmen.

Machen wir uns dies an einem Beispiel klar. Die Idee der Fernwirkung ist in der klassischen Mechanik verkörpert, insonderheit im Axiom des ideal festen Körpers. Hier ist eine Untersuchung der Wechselwirkung zwischen den materiellen Punkten oder der absolut starren Verbindung erforderlich, da andernfalls eine Übertragung der Wechselwirkung von Punkt zu Punkt berücksichtigt werden müßte, was zu unendlichen Größen führen würde. Jedoch bereits im Rahmen der Statik des ideal festen Körpers gibt es Fälle, wo Begriffe eingeführt werden müssen, die damit in Verbindung stehen, daß die Wechselwirkung zwischen den Teilchen eines Kör-

[11] *Victor F. Weisskopf*, Problems of Nuclear Structure, in: Physics Today, 14 (1961), p. 20.

pers zu berücksichtigen ist. So muß man bei der Bestimmung der Reibung zweiter Ordnung (Rollreibung) die Deformation der Unterlage und des rollenden Körpers berücksichtigen: soll die Deformation nicht in Betracht gezogen werden, dann muß man künstlich das Rollreibungsmoment L^* einführen. Intuitiv klar ist, daß hier die Wechselwirkung zwischen den Festkörperteilchen berücksichtigt werden muß; und die Vorstellung vom Körper als einem System fest verbundener materieller Punkte ist gestört. Dasselbe tritt ein bei der Reibung erster Ordnung – der Gleitreibung. Die Körperdeformation wird dadurch berücksichtigt, daß die durch Versuche gewonnene Formel für den Grenzwert der Kraft der statischen Gleitreibung eingeführt wird.

Wir weisen darauf hin, daß die Einführung der Formeln der Reibungstheorie in die Mechanik, wie ohne weiteres zu erkennen ist, keine Verletzung der Forderung nach Widerspruchsfreiheit hervorruft. Es werden Erfahrungswerte eingeführt, bei deren Berücksichtigung die theoretische Erklärung (im Rahmen der klassischen Mechanik) eines ganzen Gebiets von Erscheinungen – der Reibung – möglich ist. Im gegebenen Fall muß die Wechselwirkung zwischen den Teilchen des Körpers berücksichtigt werden, bevor irgendwelche Widersprüche entstehen. Würden wir jedoch, gestützt auf die Vorstellung von der Wechselwirkung der Körperteilchen als Wechselwirkung materieller Punkte, die Reibungsformeln abzuleiten versuchen, dann erhielten wir naturgemäß unendliche Größen. Deshalb werden die Formeln aus der Erfahrung genommen, die Versuche und Experimente vermitteln.

Die Widersprüche entstehen hier nicht deshalb, weil wir, indem wir uns auf rein formale Korrekturen beschränken, hinter denen sich gewissermaßen kein neuer Begriffsapparat verbirgt, explizit keine neuen Begriffe einführen.

In anderen Fällen entstehen jedoch völlig offensichtliche paradoxe Folgerungen.

Bekanntlich läßt die Relativitätstheorie, die die Idealisierung der Fernwirkung verwirft, gleichzeitig auch nicht die Existenz ideal fester Körper zu. Mithin lassen sich in ihr dem Teilchen nicht drei Freiheitsgrade (Punktmasse) oder sechs Freiheitsgrade (fester Körper) zuschreiben, sondern man kann ihm eine unendliche Zahl von Freiheitsgraden („Festigkeit in jedem Punkte") zuordnen. Die Vorstellung von den Punktladungen führt zu paradoxen Folgerungen – zur Behauptung, das Elektron besitze unendliche Energie usw.

Das bedeutet nicht, daß die Vorstellung vom Punktcharakter des Teilchens sofort aufgegeben wird. Solange in der Wissenschaft keine neuen

Idealisierungen und neuen formalen Mittel ausgearbeitet sind, operiert sie mit dem Material, das in ihr vorliegt. Die klassische relativistische Theorie beschränkt sich auf die Untersuchung der Punktteilchen in den Grenzen, wo sie von Paradoxien absehen kann. Dabei muß sie ebenfalls die Quanteneffekte berücksichtigen, und zwar weit eher, als sich ihre innere Widersprüchlichkeit herausstellt.[12]

Auf diese Weise ist eine fruchtbare Entwicklung der Theorie selbst dann, wenn ein Widerspruch in ihr entdeckt wurde, noch möglich. Es werden also neue Tatsachen gefunden, für die widerspruchsfreie Erklärungen in der Theorie unter der Bedingung konstruiert werden, daß einige formale Einschränkungen akzeptiert werden, die vor paradoxen Folgerungen schützen.

Schließlich gibt es Tatsachen, die man in der Sprache einer Theorie nicht widerspruchsfrei formulieren kann, ganz gleich, zu welchen Beschränkungen man dabei auch greifen würde.

So sind z. B. Objekte mit einer vorgegebenen Zahl von Freiheitsgraden prinzipiell unmöglich, wenn Prozesse untersucht werden, in denen die Zahl der Teilchen nicht erhalten bleibt (Ausstrahlung und Absorbierung von Photonen und Mesonen, Bildung von Teilchenpaaren usw.). Solche Prozesse werden gewöhnlich durch die Felder beschrieben, d. h., sie sind Systeme mit einer unendlichen Zahl von Freiheitsgraden. Weiterhin können Prozesse, in deren Verlauf sich Teilchen einer Art in die einer anderen Art umwandeln, nicht so beschrieben werden, daß man annehmen könnte, die Teilchen hätten Punktcharakter; aus der Unbestimmtheitsrelation folgt unvermeidlich der Schluß, daß die Teilchen einen Radius haben.[13]

Mitunter erweist sich übrigens die Unmöglichkeit, eine Tatsache in der Sprache der Theorie ohne widerspruchsvolle Folgerungen formulieren zu können, als scheinbar. So war es beispielsweise mit dem β-Zerfall, als es vielen schien, daß die Erklärung dieser Erscheinung die Aufgabe der Erhaltungssätze verlange. In Wirklichkeit stellte sich jedoch heraus, daß ein neues Teilchen – das Neutrino – an der scheinbaren Verletzung der Erhaltungssätze „schuld" hat.[14]

Mithin läßt sich die Entwicklung einer Theorie schematisch folgendermaßen darstellen.

(1) Neue Tatsachen können durch eine Theorie in der Weise erklärt werden, daß sich die vorhandenen theoretischen Erklärungen in Überein-

[12] Siehe *В. Б. Берестецкий*, Динамические свойства элементарных частиц и теория матрицы рассения, a. a. O., стр. 32–33. [13] Siehe ebenda.

[14] Siehe *П. С. Дишлевий, М. В. Попович*, До питання про природу парадоксів, a. a. O.

stimmung mit den Prinzipien der Theorie so weit umformen, bis Ausdrücke erhalten werden, aus denen die Tatsache unmittelbar als Folgerung hervorgeht.

(2) Zur Erklärung neuer Tatsachen können ein zusätzlicher Begriff und eine zusätzliche Umbildung erforderlich sein einschließlich empirisch ermittelter Relationen. Die auf diese Weise gewonnene Erklärung ist mit den anderen Erklärungen der Theorie logisch verknüpft.

(3) Es kann sich ergeben, daß es unmöglich ist, die Erklärungen verschiedener Tatsachengruppen zu einem logischen System zu verknüpfen. Die Entwicklung der Theorie geht auf dem Wege der Konstruktion verschiedener Modelle für die verschiedenen Gruppen von Tatsachen vor sich. Diese Modelle sind untereinander durch eine gemeinsame Idee, durch gemeinsame Begriffe und Idealisierungen verbunden.

(4) Bei der Erklärung einiger Tatsachen erweist es sich als notwendig, Erscheinungen zu berücksichtigen, von denen die Theorie bei Einführung der fundamentalen Idealisierungen zunächst abstrahiert. Diese Erscheinungen werden gewöhnlich durch Einführung von empirisch ermittelten Koeffizienten, Relationen, künstlich konstruierten mathematischen Beschränkungen usw. berücksichtigt. Da die Aufnahme neuer Begriffe für die theoretischen Erklärungen gegebenenfalls zur Widersprüchlichkeit der Theorie führt, werden die erwähnten Korrekturen als rein formal angesehen.

(5) Schließlich werden Tatsachen festgestellt, die zu erklären in der Theorie prinzipiell unmöglich ist, ohne in einen Widerspruch zu verfallen. Diese Tatsachen befinden sich außerhalb des Gegenstandsbereichs, der durch die betreffende Theorie erklärt werden kann. Zu ihrer Erklärung wird eine auf neue fundamentale Idealisierungen gegründete Theorie geschaffen.

Das eben Dargelegte kann auch anders ausgedrückt werden. Nehmen wir an, daß eine Menge von Tatsachenaussagen vorliegt, die in der Sprache der Theorie formuliert sind. In dieser Menge lassen sich folgende Teilmengen unterscheiden: (1) die Teilmenge der Tatsachen, deren Erklärung das Ergebnis von identischen Transformationen im System der Theorie ist; (2) die Teilmenge der Tatsachen, zu deren Erklärung neue Begriffe eingeführt werden müssen, deren Explikation oder Definition nicht zu einem Widerspruch in der Theorie führt; (3) die Teilmenge der Tatsachen, zu deren Erklärung ebenfalls neue Begriffe eingeführt werden müssen, wobei aber die Erklärungen dieser Teilmenge (oder die Erklärungen der Untermengen dieser Teilmenge) nicht als logisch aus den Erklärungen der Teilmengen (1) und (2) hervorgehend dargestellt werden können; (4) die Teilmenge der Tatsachen, zu deren Erklärung man einige formale Korrekturen anwenden muß; (5) die Teilmenge der Tatsachen, deren Erklärung zu einem Widerspruch innerhalb der Theorie führt.

Es liegt auf der Hand, daß Tatsachen, die wir der Teilmenge (5) zurechnen, de facto nicht in der Sprache der Theorie formuliert werden können. Anders gesagt, die von uns für die Beschreibung solcher Tatsachen verwendeten Termini können, obwohl sie aus der alten Theorie entlehnt sind, tatsächlich nicht auf die gegebenen Objekte angewandt werden, oder sie sind in einem mehr unterschiedlichen Sinne anzuwenden.

Das vorgelegte Schema ist freilich recht grob und nicht streng. Indessen ermöglicht es, die folgenden Schlüsse zu ziehen:

Die Feststellung innerer Widersprüche in einer Theorie besagt an sich nicht, daß sie die Grenze ihrer Entwicklung erreicht hat. Häufig werden bei der logischen Analyse der Grundlagen einer Theorie gewisse Widersprüche (Paradoxien) gefunden, die eine Folge des Umstandes sind, daß die Hauptbegriffe ungeordnet sind. Es gibt verschiedene Methoden der Auflösung dieser logischen Widersprüche; von den aufeinander rückführbaren Paradoxien der Mengentheorie die, so könnte es scheinen, einem Typ angehören, sind die syntaktischen und semantischen Paradoxien prinzipiell verschieden. Gemeinsam für alle Methoden der Auflösung von Paradoxien ist jedoch erstens die Scheidung der metatheoretischen Aussagen von den Aussagen der Theorie und zweitens die Explikation des Sinns der Ausgangsbegriffe in einigen (metatheoretischen) Existenzpostulaten, die die Haupteigenschaften der zu untersuchenden Objekte formulieren. Deshalb müssen, wenn Paradoxien festgestellt werden, vor allem die metatheoretischen Mittel überprüft werden.

Ist es unmöglich, die in einer Theorie entstandenen Paradoxien aufzulösen, so zeugt dies davon, daß die Theorie in ihrer Entwicklung die Grenze des Gegenstandsbereichs erreicht hat, der mit ihren Mitteln erklärbar ist. Die Analyse der Ausgangsbegriffe und logischen Prinzipien wird dann wiederum zur erstrangigen Aufgabe.

Mithin kann die Analyse der Entwicklungsgrenzen einer Theorie gewissermaßen auf die Analyse der Widerspruchsfreiheit zurückgeführt werden.

Welches sind nun die Möglichkeiten, die die Analyse der Widerspruchsfreiheit einer Theorie bietet?

Die soeben gestellte Frage ist in sehr weitem Sinne aufzufassen, da wir die Entwicklungsgrenze einer Theorie mit der Möglichkeit der widerspruchsfreien Formulierung neuer Tatsachen und neuer Erklärungen in ihrer Sprache kombiniert haben. Es geht somit darum, daß wir die Möglichkeiten einer Theorie bereits dann, wenn sie geschaffen wird, in gewisser Weise voraussagen und die Grenzen ihrer Entwicklung voraussehen sollten.

Selbstverständlich kann von vornherein gesagt werden, daß eine solche Aufgabe irreal ist, wenn man bei der Schaffung der Theorie die Begrenzung des Gegenstandsbereichs im Auge hat, der von der Theorie widerspruchsfrei beschrieben werden kann. Wenn wir eine Theorie konstruieren, dann wissen wir einfach nichts über den Gegenstandsbereich, der außerhalb der Grenzen ihrer Anwendbarkeit liegt. So wäre es z. B. unsinnig, anzunehmen, daß wir im Jahre 1905, als die spezielle Relativitätstheorie geschaffen wurde, hätten behaupten können, daß ihre Anwendung zur Beschreibung der wechselseitigen Umwandlung der Elementarteilchen zu Paradoxien führe; zu jener Zeit war über die wechselseitige Umwandlung der Elementarteilchen nichts bekannt. Wenn wir von den Möglichkeiten sprechen, die Entwicklungsgrenzen einer Theorie vorauszusehen, dann kann es sich nur um etwas anderes handeln.

Da wir das Auftauchen von logischen Widersprüchen als ein Anzeichen dafür ansehen, daß die Theorie die Grenze in ihrer Entwicklung erreicht hat, fällt die Aufgabe, die Grenze der Theorie vorherzusagen, mit der Aufgabe zusammen, jene Beschränkungen für den Gebrauch der Begriffe festzustellen, deren Nichtbeachtung zur Widersprüchlichkeit führen und mithin davon zeugen würde, daß in dem betreffenden Falle die Grenze der Theorie erreicht ist.

Nehmen wir an, daß unsere Theorie eine deduktive Form hat und formalisiert ist. Ihre Begriffe und Aussagen sind somit durch bestimmte Symbole bezeichnet. Es sei ein beliebiger Ausdruck gegeben, der aus den Symbolen unserer Theorie konstruiert wurde. Auf diese Theorie angewendet besteht die Aufgabe darin, nach der Gestalt eines solchen Ausdrucks zu bestimmen, ob er den Axiomen der betreffenden Theorie nicht widerspricht.

Die so gestellte Aufgabe deckt sich mit dem sogenannten Entscheidungsproblem. Wir wollen hier zwei wichtige Theoreme der mathematischen Logik hervorheben, die die uns interessierende Frage berühren:

1. Die Mittel zur Feststellung der Widerspruchsfreiheit einer Aussage in einem logistischen System können in diesem System nicht formalisiert werden (zweites Gödelsches Theorem).

2. Für jedes logische System, das komplizierter ist als der Aussagenkalkül, gibt es keine wirksame Methode, um festzustellen, welche Sätze in diesem System beweisbar sind (Theorem von Church).

Selbstverständlich muß jede Behauptung über die Wege und Mittel zur Feststellung der Entwicklungsgrenzen einer Theorie diesen streng bewiesenen, für die logischen Systeme geltenden Theoremen entsprechen.

Aus dem Gödelschen Theorem folgt, daß die Mittel, die zur Feststellung der Widerspruchsfreiheit einer Theorie dienen, keine Regeln sein können, die Teil der Theorie selber sind. Dieser Gedanke ist implizit in dem Aphorismus Wittgensteins enthalten, daß das Auge nicht die Grenzen seines Gesichtsfeldes zu sehen vermöge.[15]

Infolgedessen kann beispielsweise die klassische Mechanik nicht von sich selber sagen, sie sei auf ein bestimmtes Gebiet nicht anwendbar: darüber läßt sich nur urteilen, wenn man von den Mitteln der Philosophie, der Logik oder einer anderen Wissenschaft (welcher, diese Frage berühren wir hier nicht) Gebrauch macht.

Aus dem Theorem von Church folgt, daß es in allgemeiner Hinsicht unmöglich ist, nach der Gestalt einer Formel zu entscheiden, ob sie in der Sprache der gegebenen Theorie widerspruchsfrei formuliert werden kann. Jedoch reduziert das Theorem von Church die Bedeutung des Kriteriums der Widerspruchsfreiheit nicht auf den Wert von Null, sondern begrenzt nur seine heuristischen Funktionen wesentlich. Es gibt nicht wenig Sonderfälle, wo wir nach der Gestalt einer Formel bestimmen können, ob sie in dem betreffenden System widerspruchsfrei ist.

Aus dem hier Gesagten folgt, daß die Beschränkungen, die dem Kriterium der Widerspruchsfreiheit als Mittel zur Feststellung der Entwicklungsgrenze einer Theorie durch das Gödelsche Theorem und das Theorem Churchs gesetzt werden, sehr wesentlich sind. Aber sie besagen nicht, daß es unmöglich ist, in einer Reihe von Fällen ein solches Kriterium zu finden. Folglich heben diese Beschränkungen nicht das Problem auf, das darin besteht, effektive Mittel zur Feststellung der Entwicklungsgrenzen einer Theorie zu finden.

Diesen Umstand berücksichtigend, untersuchen wir die von uns oben zu Gruppen zusammengefaßten einzelnen Fälle der Entwicklung einer Theorie.

(1) Neue Tatsachen (Sachverhalte) erhalten ihre Erklärung in der Theorie durch gleichbedeutende (identische) Umformungen, durch in der Theorie existierende Ausdrücke, die alte Sachverhalte erklären.

[15] Siehe *Ludwig Wittgenstein*, Tractatus Logico-Philosophicus.

In dem Falle, wo die Theorie eine streng deduktive Form hat, können wir zumindest stets behaupten, daß eine neue Erklärung hinsichtlich der Axiome und Schlußregeln der Theorie widerspruchsfrei ist. Darüber hinaus können wir in einer Reihe von Fällen bezüglich bestimmter Ausdrücke behaupten, daß sie in der betreffenden Theorie niemals formuliert werden können, weil sie, was Axiome und Schlußregeln angeht, widerspruchsvoll sind. Im übrigen sind auch hier die Grenzen, innerhalb deren das Kriterium der Widerspruchsfreiheit angewendet werden kann, recht eng gezogen. Eine genaue Analyse ist hier nur im Falle der Formalisierung der Theorie möglich, aber, wie wir wissen, konnte nur ein Teil der Mathematik streng formal nach deduktiven Prinzipien aufgebaut werden.

(2) Neue Tatsachen werden durch Einführung neuer Begriffe oder empirisch ermittelter Relationen erklärt, die logisch mit den in der Theorie existierenden Erklärungen verknüpft sind.

Wie oben gesagt wurde, erwirbt in dem gegebenen Fall die Beziehung zwischen den Tatsachenaussagen $P_i(x)$ und $Q_j(x)$ und ihrer theoretischen Erklärung $G(x)$ den Charakter einer logischen Folgerung. Damit behaupten wir, daß es nicht zu einem logischen Widerspruch führt, wenn der Variablen x verschiedene Prädikate zugeordnet werden. Wohl bekannt ist jedoch, daß die formale Abbildung einer logischen Folgerung den Sinnzusammenhang der Prädikate nur sehr schwach berücksichtigt; das Bestehen eines solchen Zusammenhangs muß postuliert werden.[15a] Das beweist noch nicht, daß es einen solchen Zusammenhang in Wirklichkeit gibt. Durch eine inhaltliche Analyse können wir beispielsweise feststellen, daß wir, wenn wir in der physikalischen Theorie den materiellen Punkt verwerfen, auch die potentielle Energie verwerfen müssen.[15b] Man kann indessen viele Beispiele dafür anführen, wie dem Sinne nach unvereinbare Begriffe zu gleicher Zeit für die theoretische Erklärung von Tatsachen in der physikalischen Theorie Anwendung finden (siehe z. B. in der Maxwellschen elektromagnetischen Theorie). Die Feststellung eines Sinnwiderspruchs von Begriffen würde, wenn sie möglich ist, es gestatten zu behaupten, daß die Theorie ihre Entwicklungsgrenze erreicht hat und daß die Ausarbeitung neuer Ideen erforderlich ist.

(3) Neue Tatsachen werden durch die „Modellmethode" erklärt, so daß es unmöglich ist, den Erklärungen der verschiedenen Tatsachengruppen den Anschein wechselseitiger logischer Folgerung zu geben. Das Kriterium der formalen Widerspruchsfreiheit ist auf eine solche Theorie im ganzen

[15a] Siehe *Rudolf Carnap*, Meaning and Necessity.
[15b] Siehe *Albert Einstein*, The Meaning of Relativity, 4. ed. (1953).

nicht anwendbar. Ob ein neues Modell über den Rahmen der Theorie hinausgeht, läßt sich nur durch eine inhaltliche Analyse der Grundidee beurteilen, auf der das neue Modell basiert.

(4) Die Erklärung neuer Tatsachen im Rahmen einer Theorie erfordert die Einführung von Begriffen, die unverkennbar zu Paradoxien (Widersprüchen) in der Theorie führen; die Paradoxien werden nur durch Einführung künstlicher Verfahren beseitigt. Es ist völlig klar, daß wir in dem betreffenden Fall vor der Notwendigkeit stehen, eine neue Theorie zu schaffen und die fundamentalen Idealisierungen einer Revision zu unterziehen.

(5) Die Erklärung neuer Tatsachen führt sogar unter Berücksichtigung formaler Korrekturen zu Widersprüchen. Die Theorie hat mithin die Grenze in ihrer Entwicklung erreicht und ist bereits außerstande, neue Erscheinungsbereiche zu beschreiben.

Somit vermag die Analyse einer bestehenden Theorie nicht die Grenzen des Gegenstandsbereichs anzuzeigen, der eine widerspruchsvolle Beschreibung finden wird, und – was dasselbe ist – sie kann keine Hinweise auf noch nicht existierende Begriffe geben, die in der Zukunft unmöglich formuliert werden können. Nach dem Stand der Theorie kann man jedoch beurteilen, in welcher Entwicklungsetappe sie sich befindet. Werden in einer Theorie logische Widersprüche festgestellt, so zeugt das entweder davon, daß ihre Grundprinzipien ungeordnet sind, oder davon, daß sie an der Grenze des Gegenstandsbereichs angelangt ist, den sie erklären kann. Widersprüche in einer Theorie können auf Grund einer formalen Analyse ihrer inneren Gliederung festgestellt werden, sofern sie streng aufgebaut ist. Man darf jedoch nicht die Begrenztheit der formalen Analyse übersehen, die den Zusammenhang zwischen Begriffen und Sinnaussagen einstweilen noch schwach berücksichtigt. Der Sinnzusammenhang kann durch eine inhaltliche Analyse ermittelt werden. Zugleich können die sich rasch entwickelnden Methoden der Semantik und der Semasiologie (d. h. der logischen und linguistischen Semantik) helfen, neue formale Mittel der Analyse des Sinnzusammenhangs zu finden, die den Vorzug haben, daß sie genauer sind.

Als Beispiel einer inhaltlichen Analyse des wechselseitigen Sinnzusammenhangs der Begriffe kann man die von Einstein vorgenommene Analyse der Grundbegriffe der klassischen Mechanik und der Relativitätstheorie anführen. Er war sich über die Natur der grundlegenden Idealisierungen, der „Mauersteine“, die das Fundament der Relativitätstheorie bilden, durchaus im klaren. Als er die Unterschiede zwischen den Grundbegriffen der klassischen Mechanik, der speziellen und allgemeinen Relativitätstheorie charakterisierte, hob er auch das Gemeinsame zwischen ihnen hervor: „Für alle diese Theorien ist es wesentlich, mit einem Raum-Zeit-Kontinuum von vier Dimensionen – auf jeden Fall aber mit einer endlichen Zahl von Dimensionen zu operieren ... In allen diesen Theorien wird angenommen, daß der – vierdimensionale – *Punkt* objektiv existiert, d. h. unabhängig von der Darstellung existiert ... Es leuchtet ein, daß der ganze Formalismus der gegenwärtigen Theorien mit dieser Verengung innerlich verknüpft ist." („For all these theories it is essential to operate with a space-time continuum of four dimensions – at any rate, a finite number of dimensions – ... In all these theories the – four-dimensioned – *point* is considered to have objective existence, that is: existence independent of the representation ... It is evident that the whole formalism of present day theories is inherently connected with this restiction.")[16] Einstein hatte keine Vorstellung davon, wie man anders einen Formalismus hätte konstruieren können, der die Probleme gelöst hätte, vor denen die allgemeine Relativitätstheorie stand. Es ist jedoch sehr naheliegend, daß neue Resultate eben durch Aufgabe der Vorstellungen vom invarianten Sinn des Punktes zu gewinnen sein werden. Auf jeden Fall widerspricht die Idee der Raum-Zeit-Quantelung diesen Vorstellungen.

Die heutige Wissenschaft ist sich der Notwendigkiet wohl bewußt, die das Fundament einer Theorie bildenden Idealisierungen logisch zu analysieren. I. J. Tamm schrieb in diesem Zusammenhang: „Das gesamte wissenschaftliche Schaffen Einsteins zeigt mit ungewöhnlicher Schärfe, daß die grundlegenden Fortschritte in der Naturerkenntnis durch eine tiefe logische Analyse einiger weniger wesentlicher, den Charakter von Knotenpunkten tragender Erfahrungstatsachen und Gesetzmäßigkeiten erreicht werden. Sie muß man aus der Riesenmenge von Daten und Tatsachen auszusondern verstehen, die in ihrer gewaltigen Masse auf den Forschungen in jedem Bereich der modernen Wissenschaft lasten."[17]

Ein kennzeichnendes Merkmal der modernen Wissenschaft ist auch der Umstand, daß sie sich darüber im klaren ist, daß die jeder Theorie zugrunde liegenden Begriffe Vergröberungen bzw. eine Konstruktion der Wirklich-

[16] Ebenda, p. 163. (Das Zitat, dessen letzter Satz bereits im 3. Kapitel als Zitat Nr. 14 gebracht wurde, ist enthalten in Einsteins „Generalization of Gravitation Theory", die als Appendix II der 4. Aufl. von „The Meaning of Relativity" beigegeben wurde. Die englische Übersetzung des Appendix II besorgte B. Kaufman. Eine entsprechende gedruckte deutsche Fassung scheint nicht vorzuliegen, siehe hierzu Fußnote 14 zum 3. Kapitel dieses Buches. – *D. Ü.*)

[17] *И. Е. Тамм*, А. Эйнштейн и современная физика, in: Эйнштейн и софременная физика, Москва 1956, стр. 89.

keit darstellen. Die oben zitierten Worte Einsteins über den invarianten Sinn des Punktes bedeuten, daß er die Beschreibung des objektiven Raum-Zeit-Kontinuums mit Hilfe des Punktbegriffs für möglich hielt, weil in der objektiven Welt analoge Beziehungen vorliegen. Allerdings ist ein solcher Glaube an die objektive Quelle der wissenschaftlichen Idealisierungen sehr weit entfernt von den Vorstellungen über den Punktcharakter der Elementarteilchen der Materie oder des Äthers, wie sie in der Physik des 19. Jahrhunderts herrschten.

Zu wissen, auf welche Idealisierungen speziell sich eine Theorie gründet, ist außerordentlich wichtig, weil dies die Möglichkeit zumindest für die Behauptung bietet, daß die Theorie ihre Grenze erreicht haben wird, wenn die Anwendung dieser Idealisierungen auf die Wirklichkeit ihre Effektivität verliert.

Die Auflösung der logischen Widersprüche und die dialektischen Widersprüche der Wirklichkeit

Der Ausgangspunkt für alle oben dargelegten Erwägungen war die Vorstellung, daß eine wahre Theorie keine formallogischen Widersprüche enthalten darf. Diese Vorstellung steht im Einklang mit den Angaben der modernen Wissenschaft. Der einzige Einwand, der zuweilen dagegen erhoben wird, gründet sich auf gewisse philosophische Prämissen und besteht darin, daß, wenn die Paradoxien, zumindest einige von ihnen, aus der Theorie „entfernt" werden, als Folge davon die dialektischen Widersprüche der Wirklichkeit nicht widergespiegelt werden, da den Gegenständen Prädikate zugeschrieben werden müssen, die einander in ein und derselben Beziehung widersprechen.

Wir sind von folgenden Voraussetzungen ausgegangen: 1. daß man das Widerspruchsproblem nicht untersuchen kann, wenn man den Widerspruch zwischen Subjekt und Objekt der Erkenntnis ignoriert; 2. daß die formallogische Widerspruchsfreiheit eine Folge der Idealisierung, der Vergröberung, des „Abtötens" der Wirklichkeit durch das Denken ist, wobei die eine Seite des Gegensatzes jenseits des Rahmens der Theorie verlagert wird; 3. daß das Außerachtlassen dieses Umstandes spezifisch für die Hegelsche Auffassung des Widerspruchs ist, denn für Hegel *ist* die Wirklichkeit das objektiv existierende Denken, und eben deshalb *sind* die Widersprüche der Wirklichkeit objektiv existierende formallogische Widersprüche.

Für Hegel sind die abstrakten logischen Kategorien objektiv existierende Äußerungen des Geistes, für Marx dagegen Formen des menschlichen Seins und folglich auch des bewußten Seins, d. h. des Bewußtseins. „Was würde aber old Hegel sagen“, schrieb Marx an Engels, „wenn er erführe jenseits, daß das *Allgemeine* im Deutschen und Nordischen nichts bedeutet als das Gemeinland, und das *Sundre, Besondre*, nichts als das aus dem Gemeindeland ausgeschiedne Sondereigen? Da gehn dann doch verflucht die logischen Kategorien aus ‘unsrem Verkehr’ hervor.“[18] Das bedeutet jedoch keineswegs, daß die abstrakten Kategorien nichts weiter als ein Bewußtwerden, eine gedankliche „Entfremdung“ des menschlichen, gesellschaftlichen Seins sind.

Den Gedanken, daß die Zerstückelung der ganzheitlichen Natur durch den Menschen in einzelne wissenschaftliche Sachverhalte subjektiven, anthromorphen Charakter trägt, finden wir auch bei Lenin. Das bedeutet jedoch nur, daß die Bewegung der Erkenntnis nicht mit einem toten Kopieren der Gegenstände beginnt, sondern damit, daß sich der Mensch in aktiver Weise Ziele setzt. „. . . erste *Stufe*, Moment, Anfang, Ausgangspunkt [der Erkenntnis – *D. Ü.*] ist ihre Endlichkeit und Subjektivität, die Negation der Welt an sich – der Zweck der Erkenntnis ist zunächst subjektiv . . .“[19] Aus dieser subjektiven, durch die gesellschaftlich-praktischen Erfordernisse bedingten Deformierung der Wirklichkeit resultieren nicht nur die Gedanken, sondern auch die Sinne, die für den Menschen, wie Marx sagte, auch „Theoretiker“ sind.

„Wir können die Bewegung nicht vorstellen, ausdrücken, ausmessen, abbilden, ohne das Kontinuierliche zu unterbrechen, ohne zu versimpeln, zu vergröbern, ohne das Lebendige zu zerstückeln, abzutöten. Die Abbildung der Bewegung durch das Denken ist immer eine Vergröberung, ein Abtöten – und nicht nur die Abbildung durch das Denken, sondern auch durch die Empfindung, und nicht nur die Abbildung der Bewegung, sondern auch die **jedes** Begriffes.

Und darin liegt das *Wesen* der Dialektik. ***Gerade dieses Wesen*** wird auch durch die Formel ausgedrückt: Einheit, Identität der Gegensätze.“[20]

Die Identität der Gegensätze besteht hier nach Lenins Gedankengang darin, daß die Abstraktion nicht bloß eine einseitige, sondern auch eine einseitig *richtige* Widerspiegelung der Wirklichkeit ist; die wissenschaftliche Abstraktion widerspiegelt die Natur „tiefer, richtiger, *vollständiger*“.

[18] *Marx* an Engels in Manchester [London] 25. März 1868, in: *Karl Marx/Friedrich Engels*, Werke, Bd. 32, Berlin 1965, S. 52.

[19] *W. I. Lenin*, Philosophische Hefte, in: *W. I. Lenin*, Werke, Bd. 38, S. 196.

[20] Ebenda, S. 246.

„Die Bedeutung des *Allgemeinen* ist widersprechend: es ist tot, es ist nicht rein, nicht vollständig etc. etc., aber es ist auch nur eine ***Stufe*** zur Erkenntnis des ***Konkreten*** ..."[21]

Die Auffassung der Abstraktion als widerspruchsvolle Widerspiegelung der Wirklichkeit gründet sich auf die dialektisch-materialistische Auffassung der *Praxis* als Seinsweise des gesellschaftlichen Menschen. Naturgemäß waren weder der vormarxsche Materialismus noch die idealistische Dialektik Kants, Fichtes und Hegels in der Lage, solche Begriffe auszuarbeiten, da sie entweder die Praxis ignorierten oder sie nur von ihrer subjektiven Seite her erfaßten.

Die widerspruchsvolle Natur der Begriffe äußert sich nicht nur in den einzelnen Abstraktionen, sondern auch in dem ganzheitlichen logischen Denksystem. Einen Begriff kann man mit der Wirklichkeit nicht anders vergleichen als über ein Wissenssystem. Uns scheint übrigens, daß wir die Idealisierung dem realen Gegenstand gegenüberstellen können; so wissen wir, daß eine Streichholzschachtel nicht aus Punkten besteht, aus dem Vergleich des Begriffs des Punktes mit der realen Schachtel. In Wirklichkeit vergleichen wir den Begriff nicht mit der Schachtel, sondern mit dem *sinnlichen Bild* der Schachtel. Ein solcher Vergleich ist erstens nicht überzeugend genug, und eben deshalb glaubte man, wie oben gesagt wurde, in der Physik des 19. Jahrhunderts, daß der materielle Punkt objektive Existenz besitze. Zweitens können wir anschauliche Bilder von den Objekten der Außenwelt nur in sehr begrenztem Maße konstruieren, so daß wir beispielsweise die theoretische Vorstellung vom π-Mesonenfeld nicht mit einem anschaulichen Bild vergleichen können.

Mithin wird das Wissen als System, einschließlich der Theorie, über die Praxis mit der Wirklichkeit verglichen, und jedes System im ganzen ist in der Regel ebenso einseitig wie der Einzelbegriff.

In einem Begriffssystem (das logisch widerspruchsfrei ist, da es ein System ist) tritt in einer bestimmten Etappe seiner Entwicklung ein „Riß" auf, ein logischer Widerspruch, der mit der widerspruchsvollen Natur der Ausgangsabstraktionen organisch zusammenhängt. In der Auflösung dieser Widersprüche liegt der Fortschritt des Wissens.

In der marxistischen Philosophie wird die Abstraktion als Vergröberung, als Konstruktion der Wirklichkeit aufgefaßt. Wenn wir die Wirklichkeit vereinfachen und vergröbern, indem wir die einzelnen Seiten eines Gegensatzes hervorkehren, tun wir damit einen Schritt zu ihrer Erkenntnis. Die Wahrheit ist jedoch stets konkret. Sobald die sich auf ein System von

[21] Ebenda. S. 160, 267.

Abstraktionen stützende Theorie die Grenzen überschreitet, auf die diese Abstraktionen anwendbar sind, entstehen in ihr formallogische Widersprüche. Die Widersprüche werden durch eine andere Theorie mit weitergehenden Möglichkeiten überwunden. Marx erforschte die ökonomische Wirklichkeit nicht nur durch die Konstruktion von abstrakten (einseitig wahren) Schemata, sondern auch durch Berücksichtigung beider Seiten des realen Widerspruchs.

Während die Wissenschaft des 19. Jahrhunderts dazu neigte, ihre Ausgangsbegriffe als Spiegelbilder realer Objekte anzusehen, und die Physiker im elektromagnetischen Feld hartnäckig nach realen materiellen Punkten suchten, ist sich die moderne Naturwissenschaft der Einseitigkeit, der Abstraktheit ihrer Konstruktionen wohl bewußt.

Offensichtlich muß eine Wissenschaft, die sich in recht breitem Maße der Sprache der Mathematik bedient, ihre Konstruktionen auf bestimmte Ausgangsidealisierungen stützen. In der modernen Wissenschaft finden mathematische Methoden immer breitere Anwendung, immer häufiger erlangen theoretische Konstruktionen den Charakter von formalen Systemen (abstrakten mathematischen Modellen), deren Interpretation immer schwieriger wird.

Derartige Systeme sind stets einseitig abstrakt. Das bedeutet jedoch keineswegs, daß sich die Wissenschaft von der Forderung, den widerspruchsvollen Charakter des Objekts zu berücksichtigen, „frei macht". Die Entwicklung der modernen Naturwissenschaft zeigt im Gegenteil immer mehr, wie notwendig eine solche Berücksichtigung ist.

Allgemein gesprochen berücksichtigt jede wahre Theorie den widerspruchsvollen Charakter ihres Objekts bereits dadurch, daß das Experiment den Gegenstandsbereich begrenzt, für dessen Beschreibung die in der Theorie akzeptierten Idealisierungen zulässig sind und die folglich durch die Theorie widerspruchsfrei beschrieben werden. Dadurch werden die in der Naturwissenschaft spontan entstehenden Methoden der Berücksichtigung der Widersprüchlichkeit des Objekts aber nicht ausgeschöpft. Man braucht bloß auf das sogenannte Komplementaritätsprinzip in seinem physikalischen Sinn hinzuweisen. Die Tatsache, daß das wahre Bild der Bewegung eines Objekts nicht durch dessen Vorstellung beispielsweise als Korpuskelmenge oder als Wellen gewonnen werden kann und daß die sich gegenseitig ausschließenden Beschreibungen irgendwie kombiniert werden müssen, kam bereits im Komplementaritätsprinzip zum Ausdruck. Ohne uns auf eine Bewertung des physikalischen und philosophischen Sinns dieses Prinzips, auf eine Charakteristik seiner Begrenztheit einzulassen, können wir einfach schließen, daß der *Mechanismus* der Berücksichtigung von Widersprüchen der Wirklichkeit verschieden sein kann und sich je nach den Besonderheiten jeder konkreten Wissenschaft formt.

Da wir das Komplementaritätsprinzip berührt haben, ist es erforderlich, hier eine Grenze zwischen der dialektisch-materialistischen Auffassung des Widerspruchs und einem derartigen „Komplementarismus“ zu ziehen, der gegensätzliche Definitionen rein äußerlich vergleicht. Das deckt sich unserer Auffassung nach mit der Entscheidung der Frage, ob Definitionen in ein und derselben Beziehung oder in verschiedenen Beziehungen widerspruchsvoll sind.

Engels' bekannte Worte, daß im Prozeß der Bewegung „ein Körper in einem und demselben Zeitmoment an einem Ort und zugleich an einem andern Ort, an einem und demselben Ort und nicht an ihm ist“,[22] werden in der sowjetischen einschlägigen Literatur manchmal als Definition des sich bewegenden Körpers behandelt, die in *ein* und *derselben Beziehung* widerspruchsvoll sei. Die entgegengesetzte Behauptung wird als Eklektizismus und „Komplementarismus“ gewertet. Unserer Meinung nach ist das die Folge eines Mißverständnisses, genauer gesagt eine unkritische Rezeption des Hegelschen Ontologismus.

Mitunter wird auf Lenins „komplementäre“ Vereinigung widerspruchsvoller Definitionen verwiesen: „Nimmt man dabei zwei oder mehrere verschiedene Definitionen und vereinigt diese ganz zufällig. . ., so erhalten wir eine eklektische Definition, die auf verschiedene Seiten des Gegenstandes hinweist und sonst nichts.“[23] Dabei wird außer acht gelassen, daß Lenin daraus keineswegs den Schluß zog, daß Definitionen erforderlich seien, die in *ein* und *derselben Beziehung* gegensätzlich sind. Darüber hinaus hat Lenin speziell N. I. Bucharin des Eklektizismus bezichtigt, der die gegensätzlichen Definitionen der Gewerkschaften zu vereinigen suchte, während sie in dem konkreten Zusammenhang, in der Beziehung, von der die Rede war, *nicht als* Zwangsapparat, sondern *als* „Schule des Kommunismus“ (und nur als „Schule des Kommunismus“) auftraten.

Sehen wir uns die von Karl Marx gegebene Analyse der widerspruchsvollen Natur der Ware an. Die Ware, von ihrer dinglichen, materiellen Seite her genommen, *ist kein Wert*, sondern sie *ist ein Gebrauchswert*. Umgekehrt fungiert nicht ihre dingliche Form im Austauschprozeß als

22 *Friedrich Engels*, Anti-Dühring, in: *Karl Marx/Friedrich Engels*, Werke, Bd. 20, S. 112.

23 *W. I. Lenin*, Noch einmal über die Gewerkschaften, die gegenwärtige Lage, die Fehler Trotzkis und Bucharins in: *W. I. Lenin*, Werke, Bd. 32, Berlin 1961, S. 85.

Wert, sondern die gesellschaftliche Substanz. Die widerspruchsvollen Definitionen der Ware treten in *ihren verschiedenen Beziehungen* auf.

Karl Marx betonte, „daß der Austauschprozeß der Waren widersprechend und einander ausschließende Beziehungen einschließt“[24]. Aber in jeder dieser Beziehungen tritt die Ware nur mit einer und ausschließlich mit einer Seite auf! Die Beschreibung dieser Beziehungen *führt* deshalb *nicht zu einem formallogischen Widerspruch.* Der Widerspruch entsteht dann, wenn wir z. B. die „dingliche“, materielle Form der Ware durch Begriffe charakterisieren, die für die Charakteristik der in sie eingegangenen „abstrakten Arbeit“ geeignet sind.

Worin besteht nun der Unterschied zwischen dem marxistischen Herangehen an die Beschreibung der widerspruchsvollen Eigenschaften der Wirklichkeit und der „Komplementarität“?

Die von Marx geschaffene Warentheorie ist de facto keine „komplementäre“ Beschreibung der Bewegung der kapitalistischen Ökonomik von seiten ihres materiellen Substrats und von seiten der sozialen Substanz. Aber das ist keine irrationalistische Negierung der logischen Widerspruchsfreiheit, vielmehr etwas anderes.

Untersuchen wir einen Gegenstand in nur einer Beziehung, dann stellen wir fest, daß er in einer gewissen Weise bestimmt ist. Charakterisieren wir ihn aber von dieser Seite, so müssen wir daran denken, daß auch eine andere Beziehung besteht, in der der Gegenstand mit gegensätzlichen Eigenschaften auftritt. Nicht der *zufällige* Vergleich, sondern der gesetzmäßige Zusammenhang dieser Beziehungen, das ist es, worin sich die Dialektik vom „Komplementarismus“ unterscheidet. Diese gegensätzliche Bestimmung aufzudecken und die *Wechselwirkung* der gegensätzlichen Eigenschaften zu zeigen ist Sache konkreter wissenschaftlicher Forschung. Diese Wechselwirkung ist der „Kampf“ der Gegensätze, die Quelle der Entwicklung.

Der Terminus „Kampf“ ist anthropomorph, denn bereits vom „Kampf“ der Erblichkeit und Veränderlichkeit kann man nicht in dem Sinne sprechen, wie z. B. vom Kampf der Klassen. Doch auch andere wissenschaftliche Termini – „Kraft“, „Energie“ usw. – sind ihrer Herkunft nach anthropomorph. Das ist kein Mangel von ihnen, *wenn die anschaulichen Vorstellungen, die an die spezifisch menschliche Tätigkeit geknüpft sind, aus ihnen eliminiert wurden.* Das gleiche trifft auch auf den Terminus „Kampf der Gegensätze“ zu. In der Hegelschen Dialektik ist der anthropomorphe Charakter des Terminus „Kampf“ selbstverständlich, da die Dialektik der

[24] *Karl Marx,* Das Kapital. Kritik der politischen Ökonomie, 1. Bd., in: *Karl Marx/Friedrich Engels,* Werke, Bd. 23, Berlin 1962, S. 118.

Welt bei Hegel die nach außen gekehrte Dialektik des menschlichen Geistes ist. Die marxistische Philosophie kann eine solche Auffassung nicht akzeptieren.

Folglich ist in jedem konkreten Falle eine große Arbeit erforderlich, um zu erkennen, von welchen gegensätzlichen Seiten der Wirklichkeit eine Wechselwirkung in der Theorie widergespiegelt wird. Es genügt dabei nicht, die fertigen Begriffe der Theorie zu nehmen. Man kann beispielsweise den Begriff des sich bewegenden materiellen Punktes untersuchen und die mit der Idealisierung des Kontinuums, mit dem Begriff der aktualen Unendlichkeit zusammenhängenden logischen Paradoxien entdecken. Aber es wäre falsch, daraus zu folgern, daß die Ursache der Bewegung des materiellen Punktes die Einheit von Diskontinuität und Kontinuität von Raum und Zeit sei. Zenons Pfeil fliegt deshalb, weil er vom Bogen fortgeschnellt wird.

Ein wirkliches Objekt zu rekonstruieren, das in der Theorie mit nur einer seiner Seiten abstrakt, vergröbert, idealisiert dargestellt ist, ist eine große und komplizierte philosophische Aufgabe. Ohne sie zu lösen, bedeuten Deklarationen über den „Kampf" des Punktes mit der Kontinuität nur eine Kompromittierung der Dialektik. Bevor man sagt, *was wem* widerspricht, ist eine große Arbeit zu leisten: die Analyse der Begriffe der gegebenen Theorie oder – wenn man so will – die dialektisch-materialistische Analyse der Sprache der Wissenschaft. Klarheit über die Grenzen zu schaffen, die den Möglichkeiten jeder wissenschaftlichen Theorie gesetzt sind, dürfte eine sehr verlockende Aufgabe sein. Zu ihrer Lösung ist die Anwendung sowohl philosophischer als auch formaler Mittel möglich.

NEUNTES KAPITEL

Wissenschaftliche Suche

Der Begriff „wissenschaftliche Suche"

Unter wissenschaftlicher Suche (научный поиск) versteht man eine besondere Form der wissenschaftlichen Forschung, als deren Ergebnis prinzipiell neue Resultate gewonnen werden, d. h. Resultate, die die Bedeutung wissenschaftlicher Entdeckungen neuer Gesetzmäßigkeiten haben. Der Sinn der Erkenntnistätigkeit, die wissenschaftliche Suche genannt wird, kann durch ihren Vergleich in zwei Richtungen klargemacht werden: 1. indem man die Unterschiede zwischen der wissenschaftlichen Suche und der sogenannten *informativen Suche* (информационный поиск) analysiert; 2. indem man die Unterschiede zwischen der wissenschaftlichen Suche und der *Untersuchung* (Bearbeitung, Ausarbeitung) eines *Problems* ermittelt.

Bei Beantwortung einer gestellten Frage liegen zweierlei Handlungsweisen im Bereich der Möglichkeit, je nachdem, ob die Gesellschaft (das Kollektiv, die Individuen) die Kenntnisse haben, die für die Antwort nötig sind, oder ob sie ihnen fehlen. In dem Falle, wo die Gesellschaft über die notwendigen Informationen verfügt, die demjenigen fehlen, der die Frage stellt, erlangt die Tätigkeit den Charakter der informativen Suche (Informationssuche), d. h. der Suche nach (sei es gedruckt oder mit anderen Mitteln fixierter) Angaben, die irgendein Mensch besitzt. Das Ergebnis dieser Tätigkeit ist die Weitergabe der vorhandenen Informationen von einem Subjekt an ein anderes. Eine andere Sache ist es, wenn die Gesellschaft über keine Angaben verfügt, die zur Ergänzung einer unzureichenden Information erforderlich sind. Dann nimmt die Suche einen grundsätzlich anderen Charakter an – den der wissenschaftlich-forschenden Suche.[1]

[1] Zu beachten ist, daß man den Unterschied zwischen der informativen Suche und der Suche des Forschers nicht verabsolutieren darf. Schon deswegen nicht, weil die eine Art Suche nicht ohne die andere auskommt, aber auch weil das forschende Suchen des Forschers zugleich eine informative Suche (Informationssuche) ist, nicht jedoch umgekehrt.

Somit darf man die wissenschaftliche Suche nicht mit der informativen oder Informationssuche vermengen, das heißt mit einem Suchen, das wohl äußerlich der Forschertätigkeit ähnlich sein mag, das aber nicht die Aufgabe hat, die wissenschaftliche Information der Gesellschaft zu erhöhen. Eine solche Unterscheidung ist jedoch noch zu allgemein. Sie scheidet die wissenschaftliche Suche nur von nichtwissenschaftlichem Tun, ermöglicht es aber noch nicht, sie von den sonstigen Arten der Erkenntnistätigkeit zu unterscheiden. Aber gerade das ist notwendig. In der Erkenntnis unterscheidet man klar zwischen der auf die Entdeckung neuer Gesetzmäßigkeiten oder anders ausgedrückt auf die *Lösung* von Problemen gerichteten Tätigkeit und der Tätigkeit, die auf die Bestimmung der unter verschiedenen Bedingungen möglichen Modifikationen der Wirkung dieser Gesetzmäßigkeiten gerichtet ist. Der ersten entspricht der Begriff „wissenschaftliche Suche", der zweiten der Begriff „Untersuchung eines Problems".

Im Begriff „wissenschaftliche Suche" ist der Prozeß der Entdeckung von etwas Neuem, das heißt die *heuristische Aktivität des Subjekts* fixiert, das Moment seines Übergangs vom Bekannten zum Unbekannten und die Verwandlung des letzteren in ersteres. Dieser Begriff umfaßt nicht alles, was das erkenntnisbedingte Eindringen des Subjekts in das Wesen der Dinge *gewährleistet* (nämlich: die Praxis als Grundlage der Erkenntnis und Kriterium der Wahrheit; den logischen Beweis als Begründung der Gewißheit bestimmter Ideen; die historische Erfahrung der Erkenntnis; das früher gewonnene Wissen usw. usf.) und das zusammen mit der Suche im Begriff „Erkenntnis" widergespiegelt ist.

Das wissenschaftliche Schaffen (Schöpfertum) als Objekt der Logik der wissenschaftlichen Forschung

Bei dem Versuch der logischen Beschreibung der wissenschaftlichen Suche entsteht eine ernste Schwierigkeit daraus, daß das Moment des Übergangs vom Bekannten zum Unbekannten gewöhnlich durch den Begriff „schöpferische Tätigkeit" oder „Schaffen" (творчество) definiert und der Schaffensvorgang selber der Logik gegenübergestellt wird. In einer Anzahl Untersuchungen nimmt diese Gegenüberstellung die Form einer völligen Verneinung des logischen Charakters des Schaffensprozesses an. So teilt Michel Cuénod[2] die geistige Tätigkeit in den logischen und den

[2] Siehe *Michel Cuénod*, L'Automation dans le réalité technique: Possibilités et limites des „machines à penser", in: Automation. Positions et propositions. Ètudes publ. sous la dir. de A. Savignat, Fribourg/Suisse 1957, p. 54.

schöpferischen Bereich und ist der Meinung, daß letztere nicht der logischen Notwendigkeit unterliege und nur von der Willensfreiheit des Menschen abhänge.

Bei einigen Logikern führt die Verabsolutierung der scheinbaren Unabhängigkeit des wissenschaftlichen Schaffens von der Logik zur Ablehnung der Logik überhaupt. Jugurta (Pseudonym) schrieb in dem Aufsatz „Logik und Rhetorik": „Man kann kühn behaupten, daß keiner der großen Genien des wissenschaftlichen Denkens so logisch gedacht hat, wie dies in den Logiklehrbüchern dargestellt wird, das heißt in Figuren, Modi, Schemata, Grundprinzipien oder wie sie auch heißen mögen, diese scholastischen Absonderheiten. . . Voraussetzung der Erkenntnis ist mehr die Diskontinuität, die Inkonsequenz, die Phantastik. . . Das schöpferische Denken nährt sich von . . . korybantischen Weisen, von denen Platon spricht . . . Deshalb muß man die Kühnheit haben, ein für allemal die erstarrte Form der Wissenschaftlichkeit, die Schale abzulegen, hinter denen sich kraftloses Denken so gern systematisch verbirgt."[3]

Hier ist Richtiges mit Falschem in einer solchen Weise vermengt, daß der Grundgedanke sich unzweifelhaft als falsch erweist. Was Jugurta schrieb, ist selbstverständlich nicht gleichzusetzen mit der Jamesschen Ablehnung der Logik (bei James basiert die Geringschätzung der Logik auf der Idee der pragmatischen Erfahrung), dennoch ist seine Auffassung nicht weniger schädlich. Mitunter wird vom alogischen Charakter des Schaffens gesprochen, wobei man nicht an eine Verletzung der Gesetze der Logik denkt, sondern an inhaltlich unbegründete Übergänge und an Durchbrechungen einer früher gewählten Betrachtungsfolge, an ein gedankliches Auswechseln des Denksystems und des Verknüpfungsschemas der untersuchten Objekte.

Eine enorme Schwierigkeit stellt bereits die Definition des Schaffens dar. Viele Autoren verbinden das Schaffen mit dem individuellen Beitrag, den

[3] Zit. nach *А. Савинов*, Логические законы мышления, Ленинград 1958, стр. 368. (Unter dem Pseudonym Jugurta veröffentlichte A. K. Toporkow in der Zeitschrift „Северные записки" 1913 in Nummer 5–6 und 1916 in Nummer 6 Beiträge, woraus die zitierten Zeilen zu stammen scheinen. Vgl. *И. Ф. Масанов*, Словарь псевдонимов русских писателей, ученых и общественных деятелей, т. III, Москва 1958, стр. 280. – „Korybantisch" leitet sich her von den Korybanten, dämonischen Begleitern der phrygischen Göttin Kybele, die sie mit wilder, rauschender Musik, gespielt auf den Tympana genannten kleinen Rahmentrommeln, verehrten Vgl. Meyers Lexikon; Musikgeschichte in Bildern, Bd. II, Lieferg. 4: *Max Wegner*, Griechenland, Leipzig [1962], S. 9,52 – D. Ü.)

der Mensch zu irgendeiner Sache leistet. Am deutlichsten hat dies wohl Thomas L. Saaty ausgedrückt, als er schrieb: „. . . nur wenn er einen eigenen Beitrag leistet, wird der Einzelne mehr als einer, der sein Fach technisch beherrscht. Dieses Geben von etwas Eigenem ist im wesentlichen das, was wir unter schöpferischem Verhalten verstehen." („It is . . . only when he contributes of himself that the individual becomes more than a technician. This giving of oneself is essentially what we mean by creativity.")[4] Diese Auffassung ist aber noch zu unbestimmt, um mit ihr auf der Ebene der Wissenschaft operieren zu können: das Geben von etwas Eigenem findet schließlich in jeder Tätigkeit des Menschen statt, die Frage ist nur in welchem Sinne.

Die gesamte Tätigkeit der Menschen kann man bedingt einteilen in schöpferische und nichtschöpferische und nach folgenden drei Merkmalen unterscheiden:

1. *nach dem Resultat*: das Schaffen (oder schöpferische Tun) wird als Gewinnung einer *neuen*, zuvor nicht bekannten *Eigenschaft* charakterisiert, während die „nichtschöpferische Tätigkeit" ein im Prinzip bekanntes, schablonenhaftes, serienmäßiges (einem früher erhaltenen prinzipiell ähnliches) Exemplar ergibt;

2. *nach der Methode* (der Struktur) der Realisierung: das schöpferische Tun ist in seiner Fortbewegung zu einem Ergebnis unwiederholbar (die Unwiederholbarkeit tritt entweder auf als Schaffung einer prinzipiell neuen Methode oder als unwiederholbare Kombination bekannter Verfahrensweisen oder als bekannte Kombination unbekannter Verfahren), die „nichtschöpferische Tätigkeit" wird hingegen als Wiederholbarkeit (Schablonenhaftigkeit) eines Verfahrens zur Erlangung des Resultats charakterisiert;

3. *nach der Bedeutung*: die schöpferische Tätigkeit wirkt als unmittelbarer Motor des Fortschritts, der dessen qualitativ unterschiedliche Stufen bestimmt, das nichtschöpferische Tun erweist sich nur als Mittel zur quantitativen Sammlung von Bedingungen für grundlegende Veränderungen, das heißt für das schöpferische Wirken.

Die Erkenntnis fällt offensichtlich nicht schwer, daß schöpferisches und nichtschöpferisches Tun untrennbare Seiten der menschlichen Tätigkeit sind, die einander wechselseitig bedingen.

Auf die Erkenntnis angewandt, stellt sich das Schaffen als Charakteristik dar, die sich vor allem auf die Suche bezieht, das heißt auf eine solche Art

[4] *Thomas L. Saaty*, Mathematical Methods of Operations Research, New York 1959, p. 381.

der Erkenntnistätigkeit, die das im Laufe einer *Entdeckung* gewonnene *prinzipiell neue Wissen* zum Ergebnis hat. Eben deshalb kommt man bei der logischen Analyse der Suche nicht ohne Untersuchung des wissenschaftlichen Schaffens als eines Objekts der Logik aus. Die traditionelle Auffassung des wissenschaftlichen Schaffens besteht darin, daß der logisch beschriebenen wissenschaftlichen Erkenntnis die angeblich nicht als logische Erscheinung anzusehende Intuition als Hauptmoment des wissenschaftlichen Schaffens gegenübergestellt wird.

Dabei wird die Aufmerksamkeit gewöhnlich auf das überraschende Moment der intuitiv gewonnenen Resultate konzentriert, nicht aber auf den Prozeß selber, der zur Erlangung eines Ergebnisses führt. Die Konstatierung von Fällen eines „plötzlichen Erkennens" („Erfassens", „Aufgehens") der Wahrheit ohne, wie es scheint, unmittelbare logische Denkarbeit ist interessant, aber wenig ergiebig. In der Tat wird, wieviel Beispiele einer intuitiven Lösung wissenschaftlicher Fragen wir auch anführen mögen, damit noch kein wissenschaftliches Verständnis der Intuition erreicht. Darüber hinaus schafft die ständige Betonung des überraschenden Eintretens, der Zufälligkeit, der Plötzlichkeit intuitiver Schlußfolgerungen, ohne den Zusammenhang von Zufall und Notwendigkeit zu berücksichtigen, die Voraussetzungen für eine mystische Einschätzung der Intuition und der schöpferischen Tätigkeit überhaupt. Die Auffassung der Intuition als eine Tätigkeit des Bewußtseins, die keinen Gesetzen unterworfen ist, schließt jede reale Möglichkeit einer wissenschaftlichen Analyse des Schaffensprozesses aus.

Gegenwärtig ist es die für materialistischen Dialektiker eine Selbstverständlichkeit, daß die intuitiven Schlüsse (und die Intuition schlechthin) Erfahrungscharakter tragen. Die Intuition gehört zur Denktätigkeit, und L. I. Gutenmacher schreibt zu Recht: „. . . die geistige Tätigkeit des Menschen beruht auf der Verarbeitung von Informationen."[5] Intuitive Schlüsse werden nur dann möglich, wenn Wissenschaftler ein bestimmtes Tatsachen- oder theoretisches Material innerlich verarbeitet haben. Auch der Inhalt der intuitiv gewonnenen Lösungen steht in fester Abhängigkeit vom ganzen durch die Gesellschaft angesammelten Wissen auf dem betreffenden Wissenschaftsgebiet. Es wäre naiv zu glauben, ein antiker Gelehrter hätte intuitiv Wissen beispielsweise über die Struktur der Desoxyribonukleinsäure (DNS) oder den Charakter der wechselseitigen Umwandlungen der Elementarteilchen erlangen können.

[5] *L. I. Gutenmacher*, Informations-logische Automaten, München — Wien 1966, S. 12.

Bei der Untersuchung der Intuition introspektiv vorzugehen ist, selbst wenn man dabei sehr gewissenhaft verfährt, bestenfalls nützlich für die Beschreibung der psychologischen Momente, die den intuitiven Schlüssen vorausgehen oder sie begleiten.

In diesem Kapitel wird der Versuch unternommen, die Argumente zu beschreiben, die bei dem heutigen Entwicklungsstand der Wissenschaft zugunsten der Vorstellung von der Intuition als einem logischen Prozeß vorgebracht werden können. Der vernünftigste Weg hierfür erscheint uns eine vergleichende Analyse der Intuition und des Algorithmus.

Unter *Intuition* verstehen wir eine solche Form der Gewinnung von Wissen, bei der der Mensch aus Symptomen, die im gegebenen Zeitpunkt noch nicht völlig begriffen sind, und ohne klare Erkenntnis der Bewegungsrichtung des eigenen Denkens einen Schluß über das Wesen (eine Seite, die Verknüpfung oder Beziehung) des Gegenstandes oder des Prozesses zieht, die Objekte der Erkenntnistätigkeit sind.[6] In der Intuition schließen sich gewissermaßen früher erarbeitete Vorstellungen zu einer Kette zusammen, und zwar an einer Stelle, die vorher nicht bekannt ist, was häufig zu einer neuen Auffassung der untersuchten Erscheinung im ganzen führt.

Der *Algorithmus* ist äußerlich der direkte Gegensatz der Intuition. Er ist ein determiniertes dynamisches System einer endlichen Zahl von nacheinander realisierbaren Vorschriften (Regeln), die dazu dienen, ein gesuchtes Resultat zu erzielen.

Die Kenntnisse, die wir intuitive nennen, haben die Besonderheit, daß (zumindest in dem gegebenen System) eine endliche Zahl von Vorschriften nicht angegeben werden kann, die es gestatten, das gegebene Wissen auf der Grundlage eines anderen Wissens zu konstruieren. In diesem Sinne wird auch in dem vorliegenden Buch überall der Ausdruck gebraucht: „Intuitiv klar ist, daß . . ."

Eine solche Auffassung des Algorithmus ist, wie wir sehen, nicht an das spezifisch mathematische Verfahren zur Lösung von Massenproblemen gebunden,[7] sondern kann auf jede menschliche Tätigkeit ausgedehnt werden,

[6] W. F. Asmus betrachtet die Intuition als bloße Erfassung eines Gedankensinhalts durch den Verstand. „Man braucht diesen Inhalt nur zu ergründen", schreibt er, „und sogleich entsteht eine unbestreitbare Einsicht in seine Wahrheit" (*В. Ф. Асмус*, Проблема интуиции в философии и математике, Москва 1963, стр 5). In dieser interessanten Bemerkung scheint uns eine zu starre Verbindung mit der Wahrheit vorzuliegen. Ein intuitiver Schluß kann ja auch irrig sein.

[7] Die Bolschaja Sowjetskaja Enziklopedija (BSE) sowie fast alle anderen Nachschlagewerke (ausgenommen die „Filosofskaja Enziklopedija", 1960)

die als eine für die Realisierung irgendwelcher Regeln gültige Operationsfolge charakterisiert wird. Für diese Ansicht können wir schwerwiegende Gründe anführen. Bereits Alan Mathison Turing warf die Frage auf, ob das Denken der Menschen nicht algorithmischen Charakter trage.[7a] W. A. Smirnow sprach, gestützt auf die Arbeiten von A. A. Markow und A. A. Ljapunow, rundheraus vom Algorithmus als von einem Begriff der Logik, von einer besonderen Denkform neben dem Urteil.[8]

Die Entwicklung der Kybernetik machte offenkundig, daß es notwendig ist, den Algorithmus in so breiter Weise zu interpretieren.[9] Der Algorithmus kann als allgemeine Form der resultativen Tätigkeit der Menschen dargestellt werden, die ein ganz bestimmtes Analogon in der objektiven zeitlichen Aufeinanderfolge der Stadien bei der Realisierung eines Naturvorgangs hat. Obwohl als Lösungsmethode von arithmetischen Aufgaben entstanden, war der als solcher *klar erkennbare* Algorithmus nichts anderes als ein Analogon schlechthin zu jeder resultativen Tätigkeit der Menschen. Anders läßt sich schwerlich ein Produktionsprozeß bezeichnen, wo der Mensch, um ein vorher festgelegtes Ergebnis zu erzielen, eine

sehen den Algorithmus als Gesamtheit *mathematischer* Operationen oder als Rechenweise an, bei denen die einzelnen Schritte nach streng fixierten, zur Lösung von Aufgaben führenden Regeln erfolgen.

7a Siehe *A. M. Turing*, Computing Machinery and Intelligence, in: The World of Mathematics. A Small Library of the Literature of Mathematics from A'h-mosé to Albert Einstein, pres. with comm. and notes by J. R. Newman, Simon and Schuster, vol. 4, New York 1956, p. 2099-2123; *John von Neumann*, in: Cerebral Mechanisms in Behavior. The Hixon Symposium. Ed. by L. A. Jeffress, New York-London 1951, p. 2070–2098.

8 Siehe *В. А. Смирнов*, Некоторые выводы из сравнения нормальных алгоритмов А. А. Маркова и логических схем алгоритмов А. А. Ляпунова, in: Проблемы методологии и логики наук, Томск 1962.

9 Interesse verdient die Feststellung, daß sich im Zusammenhang mit dem Fortschreiten der technischen Kybernetik die Tendenz bemerkbar machte, die Definition des Algorithmus mit dem automatischen Charakter bestimmter Vorgänge zu verbinden. So schreibt L. I. Gutenmacher: „Algorithmus — Programm für einen automatischen Arbeitsablauf (Satz von einzelnen Operationen zur Herstellung eines bestimmten Produkts) oder eine genaue Vorschrift über eine einzuhaltende Operationsfolge für die Lösung einheitlicher Aufgaben.“ (*L. I. Gutenmacher*, Informations-logische Automaten, S. 14 Anm.) Diese Beschreibung führt den Algorithmus über die Grenzen der Mathematik hinaus, engt ihn aber durch die Bindung an den automatischen Charakter der Handlungen ein. Wäre es nicht richtiger, von der Möglichkeit der Automatisierung von Handlungen zu sprechen, die nach einem Algorithmus realisiert werden?

ganze Serie von praktischen Operationen ausführt, von denen jede gewährleistet, daß ein ganz bestimmtes Teilresultat erreicht wird, dessen Erhalt die folgende Handlung determiniert (z. B. die Bearbeitung eines Werkstücks auf der Drehbank).

Darüber hinaus läßt sich eine gewisse Analogie zwischen dem algorithmischen Charakter der menschlichen Tätigkeit und der strengen, gesetzmäßigen Folge der Stadien der Veränderung objektiver Prozesse in der Natur feststellen. So können Pflanze oder Tier kein Stadium ihrer Entwicklung überspringen. Von dem Moment an, da ein Samenkorn in den Boden gelangt, bis zu dem Augenblick, da die aus diesem Korn gewachsene Pflanze selber Samen bringt, durchläuft sie eine ganze Reihe von Stadien, ohne die sie sich schlechterdings nicht erhalten und ihr Dasein nicht in Nachkommen verlängern kann. Hier liegt eine Abfolge vor, die objektiven und notwendigen Charakter trägt. Auch bei den chemischen Reaktionen und bei dem in der Natur waltenden Stoffkreislauf ist dies leicht zu erkennen. In dem Sinne, in dem wir von der Allgemeinheit des Determinismus sprechen, ist die Natur „algorithmisch". Und die menschliche algorithmische Tätigkeit ist nichts anderes als ein subjektives Analogon zu diesem objektiven natürlichen „Algorithmus".

Das allgemeine Gesetz der Determiniertheit der Entwicklungsstadien äußert sich in den verschiedenen Bewegungsformen der Materien sowie in den verschiedenen Bereichen der menschlichen Tätigkeit auf unterschiedliche Weise. Die in sich den ideellen Aspekt (das Denken) und den praktischen Aspekt (das Experimentieren) vereinende Erkenntnis als eine der Arten der menschlichen Tätigkeit kann nicht anders als algorithmisch sein. Deshalb ist die Behauptung, eine algorithmische Vorstellung der Intuition sei unmöglich, der Behauptung gleichwertig, daß gewisse Arten der geistigen Tätigkeit keinerlei inneren Gesetzen unterworfen seien.

Die Vorstellung von der Intuition als plötzlicher Erleuchtung kann nur richtig gesehen werden, sofern man dabei das Gesetz des Umschlagens von Quantität in Qualität zu Hilfe nimmt. Wenn eine qualitative Veränderung ohne quantitative Ansammlungen unmöglich ist, dann liegt in der Tat auf der Hand, daß auch die Intuition als qualitativer Sprung ohne entsprechend quantitative Veränderungen unmöglich ist. Es ist klar, daß die Intuition nicht die einzige Form des Übergangs auf eine qualitativ neue Wissensstufe ist (eine andere Form ist der gewöhnliche diskursive Weg), aber klar ist auch, daß die Gesetze, denen die Vorbereitung eines solchen Sprunges unterliegt, mit dem diskursiven Denken etwas Gemeinsames haben müssen. Die quantitativen Veränderungen sind hier nichts anderes als die Verarbeitung des angehäuften Informationsmaterials nach bestimmten logischen

Regeln. Der Umstand, daß die Verarbeitung von Informationen häufig zeitlich nicht an den intuitiven Schluß angrenzt (die Zeitspanne zwischen dem bewußt untersuchten Material und dem intuitiven Schluß ist eine bekannte Tatsache), ändert am Wesen der Sache nichts, denn eine derartige Verarbeitung ist eine durchaus notwendige Voraussetzung dafür, daß sich in einem zuvor aufgebauten Netz diskursiver Überlegungen der Gedankenkreis auf intuitive Weise schließt.[10] Wenn man vom irrationalen Charakter der Intuition spricht, so bedeutet dies folglich, daß man unbestreitbare Tatsachen nicht berücksichtigt.

Die allgemeine Prämisse für die Analyse der Intuition als logischer Erscheinung besteht in der Behauptung, daß die Intuition dem Algorithmus konträr gegenübersteht. Diese Behauptung dürfte kaum einen Einwand hervorrufen, zumindest deswegen nicht, weil die intuitive Lösung dem Wissenschaftler zufließt, ohne daß er sich bewußt wird, wie er zu dem betreffenden Schluß gekommen ist, während der Algorithmus die Gewinnung des Ergebnisses im Zuge der Realisierung eines logischen Systems von richtig verstandenen Regeln gewährleistet. Das Intuitive und das Algorithmische in der Erkenntnis sind dialektische Gegensätze, infolgedessen besteht die Möglichkeit ihres Übergangs ineinander (Identität der Gegensätze). Diese allgemeine Einstellung, kombiniert mit der Idee der Entwicklung, erlaubt es, die berechtigte Vermutung anzustellen, daß es möglich sei, die logische Struktur der Intuition durch die Analyse der Logik des Algorithmus aufzudecken. Letzterer ist ein solcher Gegensatz der Intuition, der sich – in der Entwicklung gesehen – der Intuition auch in logischer Beziehung als identisch erweisen kann.

Zur Zeit sehen wir keinen anderen Weg für ein wissenschaftliches Herangehen an die Untersuchung der intuitiven Denkweise als den einer Vergegenwärtigung der Intuition durch ihre Rekonstruktion in Gestalt ihres offensichtlichen Gegensatzes – des Algorithmus.[11] In der Entwicklung der algorithmischen Tätigkeit lassen sich folgende Besonderheiten feststellen:

[10] Im übrigen erweist sich gerade das Nichtbegreifen des Wesens des Zusammenhangs, der zwischen der logischen Verarbeitung von Informationen und der intuitiven Lösung besteht, als Nährboden verschiedenartiger mystischer Vorstellungen über die Intuition.

[11] Man kann uneingeschränkt G. P. Stschedrowizki beipflichten, wenn er schreibt: „Um den Erkenntnis (oder Denk)prozeß zu erforschen, muß man ihn aussondern und als besonderen Gegenstand darstellen. Anders gesagt, weder das Wissen noch das Denken sind uns als solche von allem Anfang an als empirisches Objekt gegeben; man muß sie schon auf diese oder jene Weise als besondere Gegenstände rekonstruieren. . ." (*Г. П. Щедровицкий*, Методология науки

1. Ein Zusammendrängen der Algorithmen in der Zeit; eine unmittelbare Äußerung dieser Tendenz ist das Streben nach einer Verstärkung der Denkfähigkeiten des Menschen mit Hilfe der sogenannten denkenden Maschinen, in denen die Schnelligkeit der Operationen die Schnelligkeit der Arbeit des menschlichen Gehirns um ein Vielfaches übersteigt;

2. eine Einengung der Algorithmen, das heißt die Verminderung der Zahl der Operationen, die für die Gewinnung eines bestimmten Resultats erforderlich sind;

3. der Übergang der Operationen des Algorithmus von der Bewußtseinsebene auf die Stufe des Unterbewußten.

Unter Zugrundelegung der Vorstellung von der Identität der Gegensätze kann man den intuitiven schöpferischen Akt als Zusammendrängung von Algorithmen in der Zeit, als ihre Einengung und als ihren Übergang in das Unterbewußtsein ansehen. In diesem Falle ist eine streng logische Untersuchung der Schaffensprozesse überhaupt und des wissenschaftlichen Schaffens im besonderen durchaus möglich mittels der Erforschung erstens der Gesetze, nach denen sich die Erkenntnistätigkeit des Bewußtseins allgemein vollzieht, und zweitens der Gesetze, nach denen sich eine „Verdichtung“ des algorithmischen Charakters bis zu Grenzen, die für den denkenden Menschen selber nicht wahrnehmbar sind. Ersteres ist in einem beträchtlichen Grade realisiert, letzteres harrt noch der Erforschung. Deshalb ist die Untersuchung gerade der traditionellen Denkformen zusammen mit einem Algorithmus, nicht aber die Untersuchung irgendwelcher spezieller Formen des Schaffens eine Untersuchung des schöpferischen Prozesses.

Behandelt man die Sache so (wenn das schöpferische Moment eingeengt und in die Sphäre eines unterbewußten Algorithmus übergegangen ist), dann kann es zu Einwänden kommen, die sich auf Äußerungen einiger Wissenschaftler über die Folgewidrigkeit als einer Bedingung für große wissenschaftliche Fortschritte stützen. Meistens steht, wenn die Wissenschaftler von der Folgewidrigkeit als einer Voraussetzung der Entdeckungen sprechen, dahinter durchaus nicht der Appell, sich von der Logik abzuwenden, sondern die Forderung, das, was der vorgelegten Idee oder dem Prinzip nicht entspricht, nicht unbeachtet zu lassen, diese Abweichungen im Namen der neuen Tatsachen zu berücksichtigen und auf ihrer Grundlage von früher vorgebrachten Ideen, Prinzipien und Hypothesen abzugehen. Das ist ein Appell an die Elastizität des sich gegen jeglichen Dogmatismus, jede Erstarrung und jeden Schematismus wendenden Verstandes. Keines-

и логика. Тезисы докладов симпозиума „Логика научного исследования“ и семинара логиков, Киев 1962, стр. 9).

wegs aber ist dies ein Verzicht auf die Logik. Die resultativen Handlungen sind ohne logische Abfolge unmöglich, und die sogenannten Zufallsentdekkungen sind dies nur im Hinblick auf das Vorherberechenbare, nicht aber bezüglich der Logik. Sie sind zufällig in der Kette des erkannten Weges hinsichtlich des zu erwartenden Resultats. Aber sie sind notwendig in einer anderen logischen Kette, deren determinierte Elemente mit Notwendigkeit zu der gegebenen „Zufallsentdeckung" führen.[12]

Alles qualitativ Neue wird als Resultat schöpferischen Schaffens geboren. Dann gestaltet sich die Art und Weise, in der es gewonnen wird, zu einem Massenverfahren um. Dies läßt sich folgendermaßen ausdrücken: Das schöpferische Wirken ist ein individueller Akt, die Wiederholung des schöpferischen Aktes ist bereits eine Fertigkeit, die vielfältige Wiederholung ein Handwerk. Nimmt man als Ausgangspunkt das Handwerk (den Professionalismus), dann kann man, wenn man auf der genetischen Stufenleiter zu den Ursprüngen dieses Handwerks hinabsteigt, zum Anfangsmoment gelangen. Die Verallgemeinerungen, die aus der Analyse der vielen Akte einer solchen Bewegung erzielt werden, können das Ausgangsmoment für die logische Analyse des wissenschaftlichen Schöpfertums überhaupt werden.

Ein Argument, das zugunsten des logischen Charakters der schöpferischen Tätigkeit spricht, ist auch insbesondere die Entdeckung und die praktische Anwendung der *Wahrscheinlichkeitsalgorithmen*, die die Operationen der logischen Maschinen resultativ als analog den schöpferischen Handlungen des Menschen definieren. Das wichtigste Moment eines solchen Algorithmus ist die Fähigkeit, die Richtung der Lösungssuche je nach der Situation im Rahmen einer bestimmten Menge von Variationen abzuändern.[13]

Ein gewisses Licht auf den Charakter des Ablaufs des intuitiven Denkens können die experimentellen Erforschungen der sogenannten *inneren* Sprache werfen. „In dem Maße, wie der Mensch sich Kenntnisse aneignet und die entsprechenden geistigen Operationen automatisiert werden", schreibt A. N. Sokolow, „entfällt die Notwendigkeit äußerer Verbalisierung ('des

[12] Siehe *Ю. В. Ходаков*, Необходимое и случайное в развитии науки, in: Вопросы философии, 1960, 10.

[13] Siehe *Р. Г. Бухарев, М. С. Рытвинская*, О моделировании вероятностного процесса, связанного с сочинением песенной мелодии, in: Вероятностные методы и кибернетика. Ученые записки казанского университета; *А. Г. Ивахненко*, Самообучающиеся системы с положительными обратными связями, Киев 1963, *W. Ross Ashby*, An Introduction to Cybernetics, London 1956.

hörbaren Sprechens'), und sie wird durch eine reduzierte, abgekürzte Verbalisierung – die innere Sprache – ersetzt, die die Grundlage für die sogenannte 'Interiorisierung' der geistigen Operationen – ihre Vollziehung auf 'innerer' (geistiger) Ebene bei maximaler Reduzierung – bildet, aber durch die dennoch die sprechmotorischen Reaktionen nicht ausgeschaltet werden."[14] Die Logik der Überlegungen läßt sich hier auf folgende Elemente zurückführen: 1. Denken und Sprache sind untrennbar; 2. die abgekürzte (innere) Sprache ist abgekürztes Denken; 3. die Erscheinung der Wegverkürzung der Denkbewegung kann als erwiesen angesehen werden; 4. es ist eine solche Minderung der Glieder in der logischen Überlegung möglich, die (für uns) die im Endeffekt gewonnene Schlußfolgerung gewissermaßen zu einem Augenblicksakt der Objekterfassung macht.

Für die Auffassung der Intuition als einer besonderen Form des diskursiven Prozesses kann sozusagen ein physiologisches Argument von Bedeutung sein. Bekanntlich vermag das Auge ein für das Subjekt ganzheitliches Bild aufzunehmen. Wissenschaftliche Forschungen erlauben den Schluß, daß die ganzheitliche Wahrnehmung in Wirklichkeit ein aufeinanderfolgendes Betrachten der Elemente des Bildes ist – das Auge läuft unablässig über den Gegenstand hin, und das Gehirn liefert das ganzheitliche Bild, es „vereinigt" die Abbildung der einzelnen Bildelemente zu einer einheitlichen Vorstellung. Hier ist die Analogie mit dem Fernsehempfänger angebracht. Auf dem Bildschirm lösen sich die einzelnen Elemente der Abbildung in einem kurzen Zeitabschnitt nacheinander ab, für den Zuschauer fließen sie aber zu einem ganzheitlichen Bild zusammen. Ebenso entreißt das Auge der Wirklichkeit die einzelnen Elemente, und das Gehirn synthetisiert diese Elemente zu einem geschlossenen Bild. Ist die Intuition im Denken nicht das gleiche Moment, das die Funktion der Synthese eines algorithmischen logischen Prozesses erfüllt?

Folglich läßt sich die Intuition als unterbewußt realisiert werdender Algorithmus darstellen. Das bedeutet durchaus nicht, daß die Intuition auf einen Komplex von Algorithmen *reduziert* wird. Das intuitiv zu erreichende Resultat ist nichtvorhersehbar (nichtvoraussagbar). Es gibt eine Logik der Intuition, aber keine Logik, die inhaltliche Voraussagen garantieren könnte. Das Aufkommen einer solchen Logik würde die Vernichtung sowohl der Intuition als auch des schöpferischen Wirkens bedeuten.

[14] *А. Н. Соколов*, Электромиографический анализ внутренней речи и проблема нейродинамики мышления, in: Мышление и речь, Москва 1963, стр. 215.

Die Möglichkeit, den intuitiven Akt darzustellen, indem man ein entsprechendes Algorithmenschema entwickelt, d. h. die Möglichkeit, das schöpferisch denkende Schaffen zu formalisieren, ist unbegrenzt in dem Sinne, daß man auf keinen Abschnitt der geistigen Tätigkeit verweisen kann, der im Prinzip nicht formalisiert werden kann. Andererseits sind die Möglichkeiten der „Algorithmisierung" eines schöpferischen Denkaktes in dem Sinne begrenzt, daß jede formale Darstellung eines intuitiven Prozesses in einem wesentlichen Maße unvollständig sein wird. In jedem konkreten System sind einige Wissenselemente in dem betreffenden System stets algorithmisch unentscheidbar und nicht rückführbar auf „ideal einfache" Elemente.

An das Ideal der wissenschaftlichen Kenntnis wurde stets die Forderung nach strenger Definiertheit, Eindeutigkeit und erschöpfender Klarheit gestellt. Jedoch hat das nach diesem Ideal strebende wissenschaftliche Wissen jeder Epoche es nichtsdestoweniger nie erreicht. Daraus resultiert, daß in jeder, auch in der strengsten wissenschaftlichen Konstruktion stets Elemente enthalten waren, deren Motiviertheit und Strenge im klaffenden Widerspruch zu den Forderungen des Ideals standen. Und was besonders beachtlich ist – zu den Elementen dieser Art gehörten häufig die tiefsten und fundamentalsten Prinzipien der betreffenden wissenschaftlichen Konstruktion. Daß es solche Elemente gab, wurde gewöhnlich als bloße Folge der *Unvollkommenheit* des Wissens der gegebenen Periode angesehen. Entsprechend dieser Auffassung wurden in der Wissenschaftsgeschichte mehrmals energische Versuche unternommen – und sie wurden bis in die jüngste Zeit fortgesetzt –, aus der Wissenschaft Elemente der geschilderten Art zu beseitigen. Diese Versuche haben indessen niemals Erfolg gehabt. Gegenwärtig kann als bewiesen gelten, daß das Wissen nicht auf das Ideal absoluter Strenge rückführbar ist.

Die Schlußfolgerung, daß es unmöglich ist, selbst aus der „strengsten" Wissenschaft – der Mathematik – die „nichtstrengen" Sätze völlig zu verbannen, sahen sich die „Logizisten" nach einem langewährenden und hartnäckigen Kampf genötigt zu akzeptieren. David Hilbert, einer der führenden Köpfe des „Logizismus", teilte in seiner Arbeit „Neubegründung der Mathematik"[14a] die Mathematik in die formale Mathematik und in die

[14a] *David Hilbert*, Neubegründung der Mathematik. Erste Mitteilung, in: *David Hilbert*, Gesammelte Abhandlungen. Textually unalt. repr., New York 1965, Bd. 3, S. 157–177.

„Metamathematik“. Nach Stephen Cole Kleene „gehört“ die Metamathematik insbesondere „zur intuitiven und nichtformalen Mathematik ... Die Schlüsse [der „Metatheorie“ – *D. Ü.*] müssen überzeugend sein. Sie müssen aus intuitiven Folgerungen resultieren und nicht, wie die Schlüsse in der formalen Theorie, aus der Anwendung von festgesetzten Regeln.“ („... belongs to intuitive and informal mathematics ... The deductions must carry conviction. They must proceed by intuitive inferences, and not, as the deductions in the formal theory, by applications of stated rules.“)[15]

Dies alles zeugt nicht nur davon, daß jedes System des menschlichen Wissens unbedingt Elemente enthält, die mit theoretischen Mitteln schlechthin (oder zumindest mit den Mitteln des betreffenden Systems, wie Kurt Gödel bewiesen hat) nicht begründet werden können, sondern auch davon, daß ein wissenschaftliches System des Wissens ohne das Vorhandensein derartiger Elemente überhaupt nicht existieren kann (es wird sinnlos).

Die Funktion dieser Elemente im Wissenssystem besteht offensichtlich darin, der strengsten wissenschaftlichen Konstruktion Sinn (Inhaltlichkeit) zu geben. In der Rolle derartiger Elemente treten (wie bereits oben gesagt wurde) die dem betreffenden Wissenssystem zugrunde liegenden fundamentalsten Prinzipien und Begriffe auf.

Faßt man die Intuition als Gegensatz der formalen (algorithmischen) Seite der Erkenntnis auf, dann läßt sich folglich auch das, was man „Intuition des Forschers“, „intuitives Moment der Theorie“, „intuitive Offensichtlichkeit“ nennt, in *einem* Begriff zusammenfassen. Darüber hinaus kann man die Intuition in gewissem Sinne als irrational ansehen, sofern man diesem Terminus keine mystische Bedeutung beilegt. Verstehen wir unter irrational etwas, das durch etwas anderes nicht meßbar und durch anderes nicht ausdrückbar ist, dann können wir behaupten, daß in jedem theoretischen System ein „irrationaler Rest“ vorhanden ist. Selbstverständlich kann man von „intuitiver Offensichtlichkeit“, von „intuitiven Momenten“, von einem „irrationalen Rest“ usw. nur in bezug auf ein fixiertes System sprechen. Es gibt nichts Intuitives oder Irrationales *schlechthin*, ohne Bezug auf ein Wissenssystem. Was in einem System intuitiv oder irrational ist, kann in einem anderen System algorithmisch vorgegeben sein.

Intuition und Logik (diskursives Denken) werden gewöhnlich als zwei verschiedene Verfahren, Wissen über die innere Struktur eines zu untersuchenden Objekts zu gewinnen, gegenübergestellt. „... die Logik braucht

[15] *Stephen Cole Kleene*, Introduction to Metamathematics, p. 62

man zur Beweisführung, die Intuition zur Erfindung.“ (... c'est par la logique qu'on démontre, c'est par l'intuition qu'on invente.“)[16] In dieser von Henri Poincaré stammenden Formulierung ist recht treffend (wenn auch nicht ganz exakt) die Grenzlinie zwischen Logik und Intuition gezogen. Die Intuition liefert das erste Wissen über ein Objekt (sie „erfindet“!), die Logik jedoch entwickelt aus diesem anfänglichen Wissen eine Kette von Schlußfolgerungen, macht das offenkundig, was in impliziter, verborgener Form bereits in diesem ersten Wissen enthalten war (sie „beweist“!). Die Ungenauigkeit Poincarés besteht in der etwas vereinfachten Auffassung des „Beweises“ als eines völlig unschöpferischen Aktes. In Wirklichkeit „erfindet“ die Logik in nicht geringerem Maße als die Intuition – ein Beispiel hierfür ist fast der gesamte Inhalt des mathematischen Wissens. Nebenbei bemerkt „beweist“ die Intuition ebenfalls, nur dient den intuitiven Sätzen nicht das logische Urteil, sondern die *Offensichtlichkeit* als „Beweis“.

Tatsächlich sind Logik und Intuition nur verschiedene *Momente* des menschlichen Denkens. Logik ohne Intuition macht das Denken zu einem inhaltsleeren Spiel „reiner Formen“. (Oben sprachen wir bereits von der Sinnlosmachung der Wissenschaft, wenn man aus ihr die intuitiv erfaßbaren „voraussetzungslosen“ Ausgangsprinzipien eliminiert.) Intuition ohne Logik hingegen macht aus dem Denken eine Widerspiegelung des ungegliederten Chaos objektiver Strukturen, die nur in ihrer *unmittelbaren Gegebenheit* fixiert werden. Ein solches Denken erweist sich als unfähig für den ideellen Umbau dieser Strukturen mit dem Ziel ihrer praktischen Umbildung, d. h. sie macht *die Praxis als spezifisch menschliche Seinsweise in der Welt unmöglich.* Sowohl in diesem wie in jenem Falle wird das Denken zunichte gemacht, da es seine spezifisch menschlichen Züge verliert.

Das Intuitive und das Formale fungieren nicht einfach als Elemente des menschlichen Denkens, sondern als dessen *sich gegenseitig durchdringende* Momente. In dieser Hinsicht ist eine scharfe Abgrenzung zwischen der sinnlichen Anschauung als Herrschaftsbereich der Intuition und dem rationalen Denken als Domäne der Logik unberechtigt. Man kann nur von einem Überwiegen des Intuitiven oder des Formalen in den genannten Bereichen sprechen.

In dem strengsten logischen Beweis ist die Intuition untrennbar eingeflochten. Sie tritt hier als Element auf, das die gesamte Kette der Beweis-

[16] *Henri Poincaré,* Science et méthode, 30. mille, Paris 1947, p. 137; deutsch zit. nach: *Henri Poincaré,* Wissenschaft und Methode. Autoris. dt. Ausg. m. erläut. Anm. v. F. u. L. Lindemann, Leipzig–Berlin 1914, S. 115.

elemente zu einer Ganzheit vereinigt. (Intuitiv ist auch der Übergang von einem Glied der Kette zu einem anderen.) Daß in jeder logischen Folgerung die Intuition ein mitwirkender Faktor ist, äußert sich in der Tatsache, daß die formale Seite des Beweises allein ungenügend ist. Jeder Pädagoge weiß, daß es nicht ausreicht, den Schülern die Beweisführung für diesen oder jenen Satz bloß folgerichtig darzustellen. In den Köpfen der Schüler tritt ein solcher Beweis nur als mechanische Gesamtheit der Glieder einer logischen Kette auf; es sind bestimmte *Anstrengungen* erforderlich, damit diese Glieder, die einzeln genommen den Schülern gut bekannt sind, in ihren Köpfen zu einer einheitlichen, *geschlossenen* (ganzheitlichen) Kette – der Schlußfolgerung – zusammenfließen. Das Erfassen dieser Geschlossenheit (Ganzheit) wird intuitiv erreicht. Im Grunde genommen erscheint das Problem der Intuition hier als *Problem des Verstehens*.

Allein auch eine „reine" (logikfreie) Intuition gibt es nicht. Wie weiter oben gezeigt wurde, ist die Logik bei jeder Intuition sozusagen in verborgener, impliziter Form vorhanden. Das logische Konstruieren eines theoretischen Systems auf der Basis von intuitiv gewonnenen Ausgangsprinzipien ist schließlich nichts anderes als das Zutagetreten jener impliziten Logik, die in „unentfalteter" Form in diesen Ausgangsprinzipien enthalten ist.

Weitergehend ist zu konstatieren: Logik und Intuition sind ein und dieselbe Bewegung der Erkenntnis, jedoch in *entgegengesetzten* Richtungen. Oben wurde gesagt, daß die Ausgangsprinzipien einer Theorie nicht durch logische Mittel erhalten werden können; sie werden intuitiv erkannt. Wie Gödel bewiesen hat, können die Ausgangsprinzipien einer Theorie nicht mit den logischen Mitteln der *betreffenden Theorie* gewonnen werden, wohl aber mit den logischen Mitteln eines anderen, mächtigeren theoretischen Systems.

Wenn dem aber so ist, hatten dann die Logizisten, die danach trachteten, die Intuition aus dem Erkenntnisprozeß zu verbannen, indem sie sie durch die Logik ersetzten, möglicherweise recht?

Wie sich zeigt, ist dies nicht der Fall. Erstens hat jede Theorie *ihre* Ausgangsprinzipien, die erfordern, daß sie intuitiv akzeptiert werden. Zweitens vollzieht sich die reale Bewegung der Erkenntnis gewöhnlich von Theorien geringerer Allgemeinheit zu Theorien größerer Allgemeinheit, und deshalb liegen die Prämissen, aus denen die Ausgangsprinzipien einer gegebenen Theorie auf logischem Wege gewonnen werden können, stets *außerhalb der Grenzen* der betreffenden Theorie (d. h. im Bereich einer mächtigeren Theorie). Der Eintritt in den Bereich einer mächtigeren Theorie aber ist unmöglich mit den logischen Mitteln der gegebenen Theorie – hier steht nur ein Weg offen: die Intuition. Wenn wir uns von einer Theorie zu einer mächtigeren Theorie und von dieser zu einer noch mächtigeren usw. fortbewegen (so ist der reale Erkenntnisprozeß), dann vollziehen wir die Übergänge mit Hilfe der Intuition. Und nur wenn wir von den Positionen der mächtigeren Theorie die zu ihr gehörenden Komponenten als Grenzfälle betrachten, können wir das logisch gewinnen, was in der realen historischen Bewegung der Erkenntnis intuitiv begriffen wurde. Deshalb kann die Logik die Ausgangsprinzipien früherer Theorien gewissermaßen nur „rückdatierend", bei der „rückwärtsgerichteten" Bewegung von der Gegenwart zur Vergangenheit begründen. Um aber die Möglichkeit zu einer solchen „Rückwärtsbewegung" zu erhalten, ist es erforderlich, daß sich die Vergangenheit bereits *ereignet hat* – sie kann sich aber nur intuitiv „ereignen". Diese Tatsache findet ihren Ausdruck in dem strengen Beweis des Umstandes, daß für eine volle Formalisierung des gesamten Wissens die Hierarchie der unendlichen Zahl theoretischer Systeme erforderlich wäre.

Somit ist eine absolute Gegenüberstellung von Logik und Intuition (wie jede Verabsolutierung) nicht gerechtfertigt. Logik und Intuition hängen untrennbar zusammen, sind im realen Erkenntnisprozeß miteinander „verflochten", und jeder Versuch, sie auseinanderzuzerreißen, macht die Erkenntnis selber unmöglich.

Dennoch muß man aber auch den Unterschied zwischen Logik und Intuition berücksichtigen. Die Ignorierung dieses Unterschiedes kann die schlimmsten Folgen für die Lösung des Problems der Intuition haben. Wenn man die Intuition abstrakt „anatomiert", dann darf man dabei nicht übersehen, daß der reale Erkenntnisprozeß eine Einheit von Diskontinuität und Kontinuität ist. Das Modellieren, das den Vorgang der Intuition in elementare *diskrete* „Schritte" zerlegt, zerreißt auf Grund dieser unvermeidlichen *Diskretheit* des Modells die Kontinuität des Prozesses. In dieser Kontinuität besteht aber das Wesen der Intuition.

Deshalb muß man unserer Meinung nach neben der Analyse der maximal vollständigen *Beschreibung* der Situation, in der die Intuition verwirklicht wird, Beachtung schenken. In diesem Sinne verdient die seinerzeit von Edmund Husserl zur Untersuchung der Intuition vorgeschlagene Methode der „phänomenologischen Deskription" ernsthafte Beachtung (selbstverständlich unter Eliminierung der zahlreichen idealistischen Überlagerungen). Eine solche Beschreibung der Situation soll sich der künstlerischen Beschreibung annähern – denn das Verstehen (besser gesagt das „Erfühlen") dessen, wie der Autor diese oder jene objektiven Erscheinungen subjektiv gesehen hat, ruft beim Leser (Zuschauer, Hörer) eben durch die Beschreibung (sei es eine malerische, musikalische oder sonstige Darstellung) jene Assoziationen hervor, die beim Schriftsteller (Maler, Komponisten usw.) in dem Zeitpunkt entstanden, als er sein Werk schuf. Sergej Jessenins Verse z. B.

„Hockt die Abendröte auf dem Dache
wie ein Kätzchen, das den Schnurrbart reibt . . .“[16a]

erzeugen, obwohl sie keine sachliche exakte Beschreibung der Abendröte sind, dennoch in der Phantasie des Lesers ein klares, emotional reiches Bild, das von so vielfältigen Nuancen und Details erfüllt ist, zu deren strenger Beschreibung auch ein vielbändiges Werk wissenschaftlich-analytischer Forschung nicht ausreichen würde.

Von anderer Sicht aus (in anderer Beziehung) erscheint die Intuition als *Unterbrechung* des in der Entwicklung kontinuierlichen Wissens, das diskursive Denken aber als kontinuierliches Moment einer solchen Entwicklung. Wenn es möglich wäre, alle Kenntnisse ausschließlich durch logisches Folgern zu gewinnen, dann wäre die Entwicklung des Wissens kontinuierlich. Völlig klar ist indessen, daß das Bild der endlosen Entfaltung des Wissens von einer bestimmten Basis her durch Anwendung eines festgelegten Algorithmenschemas jene odiöse Unendlichkeit ist, die nicht der Wirklichkeit entspricht. Real entstehen im Erkenntnisprozeß geschlossene theoretische Systeme, deren Entwicklungsmöglichkeiten nicht unbegrenzt sind.

Die Rolle der Intuition ist dann besonders groß, wenn mit den Mitteln des überwundenen Systems kein Deduzieren mehr möglich ist.[17]

Der psychologische und der erkenntnistheoretische Aspekt der Intuition als Arten der geistigen Tätigkeit werden einem klarer im Lichte der Ideen von Karl Marx über die „Vermenschlichung“ der Natur und die „Naturalisierung“ des Menschen.[18]

Die praktische und theoretische Beherrschung der Wirklichkeit kann man von diesem Gesichtspunkt aus als eine „Integration“ von Subjekt und Objekt ansehen, die auf der Grundlage ihrer *wechselseitigen* Umgestaltung verwirklicht wird; mit der „Vermenschlichung“ (Humanisierung) der Natur geht eine „Naturalisierung“ des Menschen einher. Dabei handelt es sich jedoch nicht um eine Veränderung der physikalischen, chemischen, physiologischen usw. Struktur – diese bleibt unverändert. Im Prozeß der Inte-

[16a] *Sergej Jessenin,* Gedichte russisch · deutsch. Nachdichtung v. P. Celan, A. Christoph, R. Kirsch u. a. Hrsg. v. F. Mierau, Leipzig 1965, S. 43.

[17] Siehe *П. В. Копнин,* Гипотеза и познание действительности, Киев 1962.

[18] Siehe *Karl Marx,* Einleitung zur Kritik der politischen Ökonomie, in: *Karl Marx/Friedrich Engels,* Werke, Bd. 13.

gration verändert sich der *Typ der Wechselwirkung*. Die Elektrizität, die auch nach ihrer Erkenntnis dieselbe *physikalische* Erscheinung geblieben ist, hat gewissermaßen eine neue, eine *menschliche* „Dimension" erworben – sie ist „einbezogen" worden in die praktische Lebenstätigkeit des Menschen, wobei sie zu einer der mächtigsten Energiequellen für die zahlreichen Maschinen, Mechanismen und Geräte wurde, die die Rolle eines „anorganischen" Körpers des Menschen spielen, der seine natürlichen Organe ergänzt und unermeßlich stärkt.

Auf Grund des obenbezeichneten Charakters der Strukturveränderung des mit dem Subjekt integriert werdenden Objekts erweist es sich keineswegs als zwingend, daß das Subjekt auf den Stoff, das Substrat des Objekts, *unmittelbar* einwirkt. So wurde beispielsweise der Polarstern ungeachtet dessen, daß ihn noch kein Mensch unmittelbar „berührte" (und auch noch sehr lange nicht berühren wird), bereits in prähistorischer Zeit „vermenschlicht", indem er in die menschliche Lebenstätigkeit als Orientierungspunkt einbezogen wurde.

Das Subjekt als Mensch verändert seinerseits seine menschliche Natur nicht (die Menschen waren sowohl Mitglieder der Urgemeinschaftshorde, wie sie auch Glieder der hochentwickelten Gesellschaft einer fernen, heute kaum erschaubaren Zukunft sein werden). Die Veränderung des Subjekts vollzieht sich in Richtung einer ständig wachsenden „Naturalisierung". Während unser zum Menschen gewordener ferner Tierahne das „Verlangen" nach einer außerordentlich engen Natursphäre hatte, die seine rein biologischen und physiologischen Bedürfnisse befriedigte, empfindet der moderne Mensch ein „Verlangen" (d. h. er kann anders den normalen Lauf seiner Lebenstätigkeit nicht fortsetzen) nach den verschiedenartigsten Wirklichkeitsbereichen, die keine direkte Beziehung zu seinen rein biologisch-physiologischen Bedürfnissen haben – er benötigt sowohl den kosmischen Raum wie die Mikrowelt, das Plasma usw. usf. Die „Naturalisierung" des Subjekts äußert sich mithin darin, daß der Mensch immer mehr zu einem eigenartigen universalen „kosmischen Zentrum" wird, das die Wechselwirkung der verschiedensten Daseinsbereiche vermittelt.

In ihrer elementar-anschaulichen Form ist die Situation der Integration des Objekts mit dem Subjekt jedem Menschen gut bekannt, der bestimmte Fertigkeiten besitzt – beispielsweise die des Autofahrens. Bei den ersten Versuchen, ein Auto zu lenken, erlebt der Anfänger die reale Empfindung eines „Widerstandes" – das Auto benimmt sich wie ein eigensinniges, böswilliges Lebewesen, das sich gewissermaßen den Handlungen des Fahrers bewußt nicht unterordnet. (Diese Situation hat Mark Twain lebenswahr und gekonnt in der ausgezeichneten humoristischen Skizze „Taming the

Bycicle" [„Bändigung des Fahrrades"][18a] beschrieben.) Ist jedoch eine gewisse Zeit vergangen, wird auch der Neuling zu einem *erfahrenen* Autolenker, der seine „Verschmelzung" mit dem Auto ebenso real erlebt, wie er zuvor dessen „Widerstand" erlebt hat.

Wenn der Forscher mit einem neuen Objekt in Berührung kommt, stößt er stets auf einen mehr oder weniger längeren Widerstand des Objekts (hierbei ist es unwichtig, ob es sich um ein gegenständlich-materielles oder ideelles Objekt handelt). Für den Forscher ist eine längere Periode der „Gewöhnung" an den neuen Gegenstand oder das neue Problem erforderlich. Und erst nachdem diese „Gewöhnung" eingetreten ist, kommt die langersehnte Lösung. Und sie kommt überraschend, sozusagen wie eine Augenblickserleuchtung, die das gesuchte Wissen ohne irgendwelche sichtbaren Anstrengungen (physischer oder psychischer Art) liefert. So war Mendelejew, der lange und erfolglos das Periodengesetz der chemischen Elemente gesucht hatte, allmählich mit dem zu erforschenden Problem in solcher Weise „verwachsen", daß dessen Lösung ihm nicht in einem Moment aktiver und schwerer Gedankenarbeit zufloß, sondern im Traum, d. h. bereits ohne bewußt stimulierte Anstrengungen. Mit der Intuition gepaart ist das Gefühl der „Verschmelzung" mit dem Objekt.

Da es sich bei dem intuitiven Wissen um ein eigenartiges ursprüngliches „Erfühlen" der Struktur des neuen Objekts handelt, könnte es scheinen, daß Intuition nur im Falle eines „fühlbaren" (d. h. der menschlichen Empfindung zugänglichen) Objekts stattfindet.

Wie verhält es sich dann aber mit einem ideellen Objekt?

Wie die Geschichte der Erkenntnis zeigt, gibt es für das menschliche Denken keinen prinzipiellen Unterschied zwischen einem „fühlbaren" und einem „nichtfühlbaren" (ideellen) Objekt. Der Unterschied beschränkt sich darauf, daß die „gegenständliche" Wechselwirkung mit dem Objekt, die in der wissenschaftlichen Forschung die Form des Experiments annimmt (in dessen Verlauf sich zuerst ein erfahrungsmäßig wirksames und dann auch ein intuitives Wissen vom Objekt bildet), im Falle eines ideellen Objekts in die Ebene der ideellen Wechselwirkung überführt wird. Das physikalische (chemische, biologische u. dgl.) Experiment wird durch das *geistige Experiment* ersetzt, das in der modernen Wissenschaft außerordentlich breite Anwendung findet. Wie oft der geniale Schöpfer der Relativitätstheorie zum geistigen Experiment griff, hat B. G. Kusnezow demon-

[18a] *Mark Twain*, Taming the Bycicle, in: The Complete Essays of *Mark Twain*. Ed. by C. Neider, Garden City, N. Y., 1963, p. 551–557. (Eine deutsche Übersetzung der Skizze war nicht festzustellen. – *D. Ü.*)

striert.[19] Er wies auf die Ähnlichkeit der *wissenschaftlichen Methode* Einsteins mit der *schöpferischen Methode* Dostojewkis hin, der seine Helden unglaublich schweren Bedingungen aussetzte, um dadurch Züge ihres Charakters aufzudecken, die unter gewöhnlichen Bedingungen nicht zutage treten (sogenanntes „grausames Experimentieren"). In diesem Zusammenhang führte Kusnezow aus:

„Einem solchen 'grausamen Experimentieren' unterzieht aber doch der Wissenschaftler die Natur, wenn er zu paradoxen, unter gewöhnlichen Bedingungen verborgenen experimentellen Resultaten kommt. Wie verhält sich ein sich bewegender Körper unter den Bedingungen eines 'grausamen Experiments', das ihm eine Geschwindigkeit verleiht, die der Lichtgeschwindigkeit vergleichbar ist? Er verhält sich außerordentlich paradox." („The scientist, too, subjects nature to such 'cruel experiments' when he aims at results which otherwise remain hidden. How does a moving body behave in the conditions of a 'cruel experiment' when it travels at velocities comparable with the speed of light? Most paradoxically.")[20]

Das „grausame Experiment", d. h. die Versetzung eines Objekts in *ungewöhnliche Bedingungen*, ist aber in den meisten Fällen nur auf gedanklicher, ideeller Ebene möglich. (Derartige Bedingungen sind auch deshalb ungewöhnlich, weil sie bei dem gegebenen Stand der experimentellen Technik nicht erzielt werden können – andernfalls wären sie völlig gewöhnlich.)

In gewisser Beziehung tritt der Unterschied, der zwischen dem intuitiven Erfassen eines „fühlbaren" und eines ideellen Objekts immerhin besteht, als Unterschied zwischen *sinnlicher* und *intellektueller* Intuition auf.

Der Umstand, daß zwischen Intuition und „grausamem Experimentieren" eine Verbindung besteht, ist kein Zufall. Die Rolle der Intuition ist dort besonders groß, wo es, um zu neuen Entdeckungen in der Wissenschaft zu gelangen, erforderlich ist, über die Grenzen des bestehenden Kenntnissystems hinauszugehen (siehe die weiter oben gegebene Darstellung). Eben hier wird das gedankliche Experimentieren ungewöhnlich „grausam". Alle Kräfte der schöpferischen Phantasie werden benötigt, um den engen Horizont des alten Wissenssystems durchbrechen zu können.

[19] Siehe *Б. Г. Кузнецов*, **Эйнштейн**, Москва 1962 (engl. Ausg.: *B. Kuznetsov*, Einstein. Transl. by V. Talmy, Moscow 1965).

[20] *Б. Г. Кузнецов*, **Эйнштейн**, стр. 89; engl. Ausg., p. 85.

Die Überwindung der Irrtümer – ein Moment des szientifischen Schaffens

Jede Epoche hält die Wissenschaft ihrer Zeit für den Gipfel der Kenntnisse, zu dem die voraufgegangenen Epochen einen langen und schwierigen Weg durchschritten, bis sie schließlich in der Gegenwart ankamen. Das Erreichte erweist sich indessen mit der Zeit nicht als der Gipfel, sondern lediglich als eine kleine Plattform, hinter der sich immer weitere und weitere schwierige Höhen erheben. Was solange klares, strenges und endgültiges Wissen zu sein schien, wird immer schwankender und unbestimmter – die Wahrheit verwandelt sich in Illusion und Vorurteil, in *Irrtum*.

Die Behauptungen: „Das Atom ist unteilbar", „Alle Schwäne sind weiß" und dergleichen traten seinerzeit wirklich als Wahrheiten auf, wobei ihre Wahrhaftigkeit durch die Praxis *bestätigt* wurde. Diese Behauptungen, die heute als falsch gelten, waren tatsächlich Wahrheiten (und in gewissem Sinne bleiben sie dies auch heute noch). Denn, wenn wir sagen: „Das Atom ist unteilbar mit den Mitteln, über die die Menschheit bis zum 20. Jahrhundert verfügte" oder: „Alle Schwäne in den geographischen Bereichen, die den Europäern vor der Entdeckung Australiens bekannt waren, sind weiß," dann bezweifelt auch heute niemand die Wahrheit dieser Behauptungen. Wenn wir die zitierten Behauptungen in dieser Weise formulieren, weisen wir dadurch auf die *Grenzen* der Absolutheit der in ihnen enthaltenen Wahrheiten hin, d. h. neben dem Moment der Absolutheit verweisen wir auch auf ihre Relativität.

Diese Grenzen indessen können wir quasi nur rückdatierend angeben. Woher sollten beispielsweise die Wissenschaftler bis zum 20. Jahrhundert wissen, daß die Methoden, die von ihnen bei den Versuchen, das Atom zu teilen, angewendet wurden, nicht alle möglichen Methoden der Einwirkung auf das Atom ausschöpfen? Wandten sie sich an die Praxis, dann wurden sie nur in der Meinung bestärkt, daß das Atom unteilbar sei, denn die Praxis ließ nichts darüber verlauten, daß andere, in jener Zeit unbekannte Verfahren der Einwirkung auf das Atom möglich seien. Daher sanktionierte die Praxis geradezu, wie wir sehen, die *Verabsolutierung* des den Wissenschaftlern zur Verfügung stehenden relativen Wissens über die Unteilbarkeit des Atoms. Überdies manifestiert sich hierin die Mangelhaftigkeit des die Praxis blind widerspiegelnden gesunden Menschenverstandes, nicht aber der Praxis an sich, ist doch die Verankerung der relativen Kenntnisse dieser oder jener historischen Etappe in kategorischer, absoluter Form eine der wesentlichsten Seiten der Praxis. Dabei ist dies keine schwache, sondern eine ihrer *starken* Seiten. Gäbe es sie nicht, würde die Erkenntnis überhaupt sinnlos.

Da die praktische Wechselwirkung des Menschen mit der Wirklichkeit nicht einen einzigen Moment eingestellt werden kann (andernfalls würde der Mensch seinem Dasein als solchem überhaupt ein Ende bereiten), besteht ein Bedürfnis nach *sofortiger Anwendung der vorliegenden Kenntnisse.* Die Praxis kann nicht auf die Gewinnung tieferer und genauerer Kenntnisse warten – täte sie dies, dann könnte sie überhaupt nicht verwirklicht werden (denn die Vertiefung und Vervollkommnung der Kenntnisse ist ein unendlicher Prozeß).

Das menschliche Wissen, in jedem historischen Moment begrenzt und unvollständig, wird *von der Praxis selber* zu einem geschlossenen allumfassenden System organisiert, das auf *alle* Fragen kategorische positive Antworten gibt, obwohl viele dieser Antworten (wenn nicht alle) im Laufe der Zeit ihre Begrenztheit demonstrieren und sich unter gewissen Bedingungen in Irrtum verwandeln, der den Fortgang der Wissenschaft hemmt.

Die Praxis selber setzt der Erkenntnis folglich in jedem Moment Grenzen, obwohl sie diese in ihrem weiteren Ablauf aufhebt (womit sie neue Grenzen setzt, die sie dann wiederum durch Ziehung neuer Grenzen aufhebt – und so bis zur Unendlichkeit).

Eben diese Bewegung der menschlichen Erkenntnis ist es, die auch die Wahrheit der menschlichen Vorstellungen über die Welt „anwachsen" und den Adäquatheitsgrad der Welt ansteigen läßt, d. h. der Anteil der absoluten Wahrheit im menschlichen Gesamtwissen nimmt mit jeder weiteren Periode zu. Aber darin liegt auch *eine ständige Quelle von Irrtümern.*

Da das Ziel der Erkenntnis die Gewinnung der Wahrheit und dementsprechend der Ausschluß des Irrtums ist, behauptete und festigte sich in der Geschichte der Erkenntnis durch jahrhundertelange Tradition die Anschauung, der Irrtum sei etwas rein Zufälliges und für den Erkenntnisprozeß Äußerliches, das keinerlei Beziehung zum objektiven Wesen des Erkenntnisprozesses habe. Eine solche Auffassung des Irrtums ist jedoch selber ein Irrtum.

In Wirklichkeit erscheint der Irrtum neben der Wahrheit als *integrierendes Moment* des Erkenntnisprozesses. Der Erkenntnisprozeß selber verwirklicht sich real nur im Kampf der polaren Gegensätze von Wahrheit und Irrtum. Die Wahrheit ist vom Irrtum (und der Irrtum von der Wahrheit) untrennbar, so wie der Nordpol eines Magneten nicht vom Südpol getrennt werden kann.

Die Dialektik von Wahrheit und Irrtum bei der Entwicklung des Erkenntnisprozesses widerspiegelt den objektiven Prozeß, der sich in der Wechselwirkung des Menschen mit der Wirklichkeit ausdrückt. Die von dieser Seite betrachtete Wahrheit fungiert als eigenartiges *Maß für die „Vermenschlichung" der wirklichen Welt* (d. h. für ihre Unterordnung unter den Menschen), während der Irrtum analog ein *Maß für die Herrschaft der spontanen Gesetze der Wirklichkeit über den Menschen* ist.

Oben wurde betont, daß die Praxis von der Erkenntnis (neben entsprechenden praktischen Empfehlungen) *sofortige Antworten* auf *alle* Fragen fordert, die die Wirklichkeit dem Menschen in einem bestimmten Zeitpunkt stellt.

Wie sieht nun aber die „Wirklichkeit" aus, die Fragen stellt?

Nur die in praktischen Kontakt mit dem Menschen getretene Wirklichkeit, die ihm ihr Wesen jedoch noch nicht enthüllt hat, kann Fragen aufwerfen. Anders ausgedrückt – es ist das Unbekannte, das ständig in das menschliche Leben einbricht und jedesmal droht, die bewährte geistige und praktische Ordnung dieses Lebens zu zerstören. In eben dieser Weise drangen in das menschliche Leben bereits in seinen ersten Etappen furchteinflößende Naturerscheinungen ein (Erdbeben, Überschwemmungen, Epidemien u. dgl.). Heute ist das Einbrechen des Unbekannten von Krisen ganzer Wissensgebiete begleitet. Das Unbekannte tritt heutzutage auf in der schrecklichen Form der Krebskrankheit, in Gestalt des erregenden Geheimnisses der Atlantis und der alten Zivilisationen Amerikas, es tritt in den Rätseln des Vakuums und des sich ausdehnenden Universums in Erscheinung.

Um den zerstörenden Einfluß des Unbekannten auf das ganze festgeformte Wissenssystem zu neutralisieren, muß man dem Unbekannten die Form des Bekannten geben, es aus Nichtwissen in Wissen umwandeln. Das wird gewöhnlich durch die Konstruktion eines logischen Modells erreicht, das das Unbekannte widerspruchsfrei mit dem bereits geformten Wissenssystem „verknüpft". Ein solches logisches Modell wird zu dem Bereich des menschlichen Wissens, auf dem sich dessen Polarisierung an Wahrheit und Irrtum vollzieht. Denn das Schicksal dieses logischen Modells gestaltet sich in zweifacher Weise – die weitere Praxis kann es entweder als Wahrheit bestätigen oder als Irrtum verwerfen. Die Geschichte der Wissenschaft weist viele Beispiele sowohl für das eine wie für das andere auf. So wurde, als man in der Bahnbewegung des Uranus Anomalien bemerkte (d. h. es wurde das Eindringen von etwas Unbekanntem in das System der Himmelsmechanik festgestellt), ein logisches Modell geschaffen, das dieses Unbekannte mit dem Bekannten verknüpfte – es wurde die Existenz eines Planeten bestimmter Masse angenommen, der sich in einem gewissen Abstande vom Uranus bewegt und dessen Bewegung stört. Die Entdeckung des Planeten Neptun bestätigte die Wahrheit dieses logischen

Modells. Ein gleiches läßt sich von der Entdeckung des Pluto, der Wise-Insel[20a] im Nördlichen Eismeer, mehrerer neuer chemischer Elemente und ähnlichem sagen

Nicht weniger häufig ist aber auch eine andere Art von Situationen. So verband Ptolemäus mit Hilfe der „Epizykeltheorie" logisch das Unbekannte (die sichtbare Bewegung der Planten am Himmelsgewölbe) mit dem geozentrischen System. Die Praxis verwarf jedoch die „Epizykeltheorie" (und mit ihr auch das geozentrische System). Verworfen wurden auch die Theorien des Wärmestoffs, des elektrischen Fluidums, des Äthers und viele andere. Das in diesen Theorien enthaltene Wissen hatte sich als Irrtum erwiesen.

Das Konstruieren von logischen Modellen bezweckt die Gewinnung von neuem Wissen, Natürlich waren sowohl die in der Bewegung des Uranus entdeckten Anomalien als auch die Feststellung der „Seltsamkeit" der sichtbaren Planetenbewegung am Himmelsgewölbe *neue* Tatsachen (Sachverhalte), was die Himmelsmechanik und das geozentrische System betrifft. Indessen *waren diese Tatsachen auf verschiedene Art neu.* Die erste Tatsache sprach von der Existenz eines *neuen Elements im System des bereits entstandenen Wissens* (war der Neptun auch ein neuer Planet, so unterschied er sich doch *als Planet* prinzipiell nicht von den anderen, zu jener Zeit bereits bekannten Planeten des Sonnensystems). Die zweite Tatsache bezeugte das Vorhandensein von etwas, das *über die Grenzen des entstandenen Wissenssystems hinausging* (auf dem Geozentrismus fußend, ist es *im Prinzip* unmöglich, die sichtbare Bewegung der Planeten am Himmelsgewölbe zu erklären). Daraus folgt ganz selbstverständlich, daß die logischen Modelle der ersten Art von Sachverhalten alle Chancen haben, wahr zu sein, während die zweiten *unweigerlich* ein Irrtum sein müssen, denn sie dehnen die Wahrheit bestimmter Sätze über die Grenzen ihrer Anwendbarkeit aus.

Der Irrtum, der eine Form des *Wissens* vom Unbekannten ist, *bewahrt,* obwohl er (zum Unterschied von der Wahrheit) kein adäquates Wissen über das Wesen der „Fragen stellenden" Wirklichkeit vermittelt, nichtsdestoweniger bis zur wirklichen Entdeckung dieses Wesens das entstandene Wissenssystem vor dem sofortigen Untergang. Er tritt in der Rolle eines zügelnden Faktors, eines Stoßdämpfers auf, der die Schläge des Unbekannten auf das Bekannte mildert (aber nicht verhindert). So schuf die Äthertheorie (wie auch die Wärmestofftheorie, die Theorie vom elektrischen Fluidum u. dgl.) die Möglichkeit für ein normales

[20a] 1930 entdeckt und nach dem sowjetischen Polarforscher W. J. Wise benannt — *D. Ü.*

Funktionieren der Wellentheorie des Lichts, „absorbierte“ die diese Theorie zerstörenden Tatsachen bis zu dem Zeitpunkt, in dem die Praxis ein wahres Bild dieser Tatsachen zu liefern vermochte. Genauso ermöglichen die bestehenden Theorien über die Krebserkrankungen, obwohl sie bekanntermaßen nicht die wirkliche Lage der Dinge widerspiegeln (das Wesen dieser Krankheit kennen wir nicht), dennoch ein normales Funktionieren dieser in der modernen Onkologie enthaltenen relativen Wahrheiten in der medizinischen Praxis. Wäre es anders, müßte die Medizin überhaupt auf die Heilung des Krebses bis zu dem Augenblick verzichten, wo ein wahres Bild dieser Krankheit gewonnen ist. Das würde der Menschheit teuer zu stehen kommen.

Da der Irrtum als Folge davon entsteht, daß wahres Wissen *über die Grenzen* seiner Anwendbarkeit *hinaus* ausgedehnt wird, birgt er in sich (freilich in verzerrter Form) jene Wahrheit, aus deren Verabsolutierung er hervorging.

Die Angaben über viele in der Vergangenheit wirklich geschehenen Ereignisse sind – phantastisch verzerrt – in Legenden, Sagen, Mythen usw. auf uns gelangt. Eine sorgfältige Analyse dieses in Form des Irrtums auftretenden Wissens (und von den meisten Tatsachen aus dem Altertum haben wir nur in dieser Form Kenntnis erhalten) liefert die Möglichkeit für sehr interessante wissenschaftliche Entdeckungen. So ermöglichte Heinrich Schliemann die Textanalyse der „Ilias“, die *genaue* Lage des antiken Troja festzustellen, während die Analyse des Phaeton-Mythos einer der Schlüssel war, der es gestattete, eine wahre Erklärung der Natur des rätselhaften Trichters auf der estnischen Insel Saaremaa (Ösel) zu geben. Allgemein bekannt ist die Rolle, die Textanalysen der Bibel für zahlreiche archäologische Entdeckungen in Mesopotamien gespielt haben. Interessante Perspektiven eröffnet der Geschichtswissenschaft das sorgfältige Studium der Atlantislegende.

Die Kriminalisten widmen zufälligen, häufig unwahrscheinlichen und sogar phantastischen Zeugenaussagen große Aufmerksamkeit, denn deren sorfältige Analyse hat in vielen Fällen geholfen, sehr undurchsichtige Verbrechen aufzudecken. Eine derartige Tatsache diente Karel Čapek als Sujet für seine bemerkenswerte Erzählung „Básník“ [20b].

Wir sprachen oben von dem zweifachen Schicksal der logischen Modelle des Unbekannten, die konstruiert werden, wenn man auf neue Objekte

[20b] Siehe *Karel Čapek*, Povídky z jedné kapsy. Povídky z druhé kapsy, Praha 1958, str. 67–73; deutsch: Der Dichter, in: *Karel Čapek*, Die blaue Chrysantheme. Übertr. v. G. Ebner-Eschenhaym, Leipzig 1965, S. 72–79.

stößt. Dabei wurde ein Unterschied zwischen zwei Typen des Neuen gemacht – das Neue in den Grenzen eines bereits geformten Wissenssystems und das Neue, das über diese Grenzen hinausgeht. Im Zusammenhang damit ist es erforderlich, auf ein weiteres Merkmal des Irrtums hinzuweisen – er tritt stets als erste Form des Wissens von etwas Neuem auf, das über die Grenzen des vorhandenen Wissens hinausgeht. Eben deshalb mußte das Wissen des urgemeinschaftlichen Menschen vom Wesen der sich um ihn herum abspielenden Naturprozesse (Gewitter, Stürme, Sonnenfinsternisse u. dgl.) mythologisch-religiöse Form annehmen, d. h. die Form des Irrtums. Das System des wahren Wissens des urgemeinschaftlichen Menschen war in Anbetracht des elementaren Charakters der gesellschaftlichen Praxis dieser Periode auf elementarste Kenntnisse beschränkt.

Aus dem gleichen Grunde trugen die ersten Versuche, in das Wesen der biologischen, sozialen und anderen Erscheinungen einzudringen, *unvermeidlich* mechanistischen Charakter.

Alles ursprüngliche Wissen von etwas prinzipiell Neuem, das objektiv ein Irrtum ist, wird jedoch als solcher von denen, die es schaffen, nicht erkannt. Zu einer solchen Erkenntnis kommt es erst später, wenn sich über das prinzipiell Neue bereits wahres Wissen herausbildet. Darüber hinaus ist das prinzipiell neue Wissen selber, selbst wenn es formuliert ist, genötigt, einen langen Kampf für seine Anerkennung als wahres Wissen zu führen. In den ersten Etappen seiner Existenz wird dieses wahre Wissen *meistens als Irrtum aufgefaßt*, häufig als Irrtum in seiner höchsten Stufe – als *Absurdität.* Das anfängliche Schicksal vieler großer Entdeckungen und Erfindungen war eben deswegen tragisch, weil die ihnen zugrunde liegenden neuen Ideen von den meisten Zeitgenossen als unsinnig aufgefaßt wurden. Allgemein bekannt sind die zahlreichen Spötteleien und Angriffe, denen Darwins Evolutionstheorie bis in die jüngste Zeit hinein ausgesetzt war. Sehr skeptisch war man anfänglich auch Mendelejews Versuchen gegenüber eingestellt, die Gesetzmäßigkeit herauszufinden, die die chemischen Elemente verbindet.

Erst in jüngster Zeit hat unter den Wissenschaftlern die Ansicht Fuß gefaßt, daß die „Absurdität", die „Unwahrscheinlichkeit" natürliche Merkmale jeder wirklich neuen Idee sind. Man ist jetzt dazu übergegangen, sich ernsthaft mit jeder neuen Idee zu befassen, wie „absurd" sie im Hinblick auf das bereits geformte Wissen auch scheinen mag. Heute sprechen z. B. die theoretischen Physiker unumwunden von der großen positiven Bedeutung der „unsinnigen Ideen" für die Entwicklung der Wissenschaft. Das gilt insbesondere für jene neuen Ideen, die an den Grundlagen der Wissenschaft rütteln „Viele der von Exzentrikern geschriebenen Abhandlungen, die der 'Physical Review' zugehen, werden zurückgewiesen, nicht weil es unmöglich ist, sie zu verstehen, sondern eben deswegen, weil es möglich ist. Diejenigen, die zu verstehen unmöglich ist, werden gewöhnlich veröffentlicht. Zeigt sich die große Entdeckung, so fast mit Sicherheit in durcheinandergewürfelter, unvollständiger und konfuser Form. Dem Entdecker selber ist sie nur halbverständlich, für alle anderen ein Geheimnis. Keine Theorie, die nicht auf den ersten Blick verrückt aussieht, hat Aussicht auf Erfolg." („Most of the crackpot papers which are submitted to *The Physical Review* are rejected, not because it is impossible to unterstand them, but because it is possible. Those which are impossible to understand are usually published. When the great innovation appears, it will almost certainly be in a muddled, incomplete and confusing form. To the discoverer himself it will be only half-understood; to everybody else it will be a mystery. For any speculation which does not at first glance look crazy, there is no hope.")[21]

Jedes Wissen ist wahr, da es die *Herrschaft* des Menschen über einen gewissen Bereich der Wirklichkeit sichert. Aber dieses selbe Wissen wird zum Irrtum, sobald es aufhört, diese Herrschaft zu sichern. Das geschieht immer dann, wenn der Mensch, der sein Wissen auf einen immer größeren Kreis von Erscheinungen ausdehnt, in einer bestimmten Etappe auf einen hartnäckigen „Widerstand" der Wirklichkeit stößt. Die Wirklichkeit, die sich bis zu diesem Zeiktpunkt fügsam in den Rahmen des menschlichen Wissens „eingepaßt" hat, entfacht plötzlich gewissermaßen eine Rebellion, indem sie dem triumphalen Vormarsch der Erkenntnis „irrationale Überbleibsel" in den Weg stellt, denen gegenüber die von bestimmten Prinzipien geleitete Erkenntnis ohnmächtig ist. Hier endet die Macht des Menschen über die Wirklichkeit, und diese selber zwingt dem Menschen ihre Herrschaft auf.

Die Überwindung des „Widerstandes" der Wirklichkeit mit den Mitteln des gegebenen Wissenssystems stellt sich als unmöglich heraus. Das betreffende System selber verwandelt sich aus einem machtvollen Instrument zur Unterwerfung der Wirklichkeit in ein Hemmnis für die Erkenntnis. Hier sehen wir uns der *negativen Funktion* des Irrtums konfrontiert.

Die durch die Tradition (die erkenntnistheoretische Überzeugung) gefestigten Wahrheiten verwandeln sich als Folge des Hinausgehens über die Grenzen ihrer Anwendbarkeit in Irrtum und „entfremden sich" von der natürlichen Strömung des Erkenntnisprozesses. Ein solcher „entfremdeter" Irrtum versperrt den neuen Ideen den Weg in die Wissenschaft.

21 *Freeman J. Dyson*, Innovation in Physics, a. a. O., p. 80.

In diesem Zusammenhang sei bemerkt, daß jede große wissenschaftliche Entdeckung, die ein Riesenschritt vorwärts ist, die Quellen künftiger Schwierigkeiten und Hindernisse für den weiteren Gang der Erkenntnis in sich birgt. Klassisch hierfür ist das Beispiel der Mechanik. Ein anderes Biespiel ist die Pawlowsche Lehre über die höhere Nerventätigkeit. Die frappierenden Erfolge, die Pawlows Lehre bei der wissenschaftlichen Erklärung vieler „mysteriöser" psychischer Erscheinungen und in der praktischen Psychotherapie erzielte, trugen ihr den unbestreitbaren Ruf ein, das universale Wissen von den psychischen Erscheinungen zu sein. Obwohl Pawlow selber weit davon entfernt war, seine Lehre für eine solche universale Theorie des Psychischen zu halten, suchten viele seiner Schüler die Ideen ihres Lehrers so auszulegen. Als Folge davon wurde eine Reihe unbedingt wahrer physiologischer Ideen in das Gebiet der Psychologie und Erkenntnistheorie übertragen, wo sie in der Funktion des „entfremdeten" Irrtums auftraten (physiologischer Mechanizismus), der für die fruchtbare Entwicklung dieser Wissenschaften gewisse Schwierigkeiten heraufbeschwor. Eine ähnliche Gefahr erwächst heute real der Erkenntnistheorie in Form des „kybernetischen" und des „logischen" Mechanizismus, die sozusagen ein Nebenprodukt der unbestreitbaren Erfolge der Anwendung der Kybernetik und Logik auf die wissenschaftliche Analyse der Erkenntnistheorie sind.

Wie die Wissenschaftsgeschichte bezeugt, überwindet die Erkenntnis jedoch unweigerlich ihre mechanizistische Trägheit.

ZEHNTES KAPITEL

Die logischen Prinzipien des Übergangs von einer Theorie zur anderen

Die Organisationsprinzipien der Theorie und ihre Rolle bei deren Entstehung

Die Untersuchung der Übergänge von einer Theorie zur anderen setzt die Analyse zweier miteinander verbundener, dennoch aber selbständiger Prozesse voraus: der wechselseitigen Übergänge bereits geformter Theorien und des Übergangs von einem alten theoretischen System zu einem neuen. Der zweite Prozeß ist naturgemäß der kompliziertere, da er den Kulminationspunkt der wissenschaftlichen Forschung darstellt, wo sich alle Gesetzmäßigkeiten der Entwicklung des wissenschaftlichen Wissens auswirken.

Bei der Analyse des Übergangs von einer alten Theorie zu einer neuen stoßen wir sowohl auf die subjektive Dialektik, die die sprungartigen, qualitativen Übergänge der theoretischen Systeme sowie die Genese ihrer Widersprüche demonstriert, als auch auf die erkenntnistheoretischen Gesetzmäßigkeiten, die mit der Bewegung vom empirischen zum theoretischen Wissen und von diesem zur Praxis zusammenhängen; wir begegnen ferner den logischen Gesetzmäßigkeiten, die bei der Ablösung der Wissensformen wirksam sind, wie auch der Heuristik im weitesten Sinne (einschließlich der Intuition, der Zielsetzung, den weltanschaulichen Motiven und sonstigen Faktoren des schöpferischen Prozesses). Aus der ganzen Vielfalt der Aspekte, die sich auf die Entwicklung und Metamorphose wissenschaftlicher Theorien beziehen, untersuchen wir in diesem Kapitel einen – *den logischen Aspekt.* Dabei interessiert uns nicht die Gesamtmenge der damit zusammenhängenden möglichen Denkformen und -methoden (wie Begriffe, Urteile, Schlußfolgerungen, Analyse, Synthese, Abstraktion, Idealisierung, Hypothese u. dgl.), sondern unser Interesse konzentriert sich auf einige *logische Prinzipien* der Entstehung theoretischer Systeme.

Die Frage nach den logischen Prinzipien der Transformation einer Theorie wurde erst vor relativ kurzer Zeit im Zusammenhang mit der weiten Verbreitung formalisierter Systeme in der modernen Wissenschaft aufgeworfen. Die Anwendung von Formalisierungsmitteln bei der Konstruktion moderner wissenschaftlicher Disziplinen ermöglichte es, solche formalen Theorien in die Praxis der wissenschaftlichen Forschungen einzuführen, die die Gemeinsamkeit der Strukturen einer ganzen Reihe konkreter, inhaltlicher theoretischer Bereiche vereinen und klarlegen sowie eine Vorstellung von der gemeinsamen logischen Form ihres wechselseitigen Zusammenhangs vermitteln. Dieser Umstand bestimmt gegenwärtig auch die Möglichkeit, die Prozesse der Transformation konkreter wissenschaftlicher Theorien als Gegenstand einer komplexen logischen Disziplin zu untersuchen – der Logik der wissenschaftlichen Erkenntnis, die die konkreten (z. B. die logisch-mathematischen) Methoden des modernen wissenschaftlichen Denkens vom Standpunkt der dialektisch-materialistischen Methodologie analysiert.

Während also in der Vergangenheit der Prozeß des Übergangs von einer Theorie zur anderen nicht als spezialisiertes, besonderes Objekt der logischen Untersuchung ausgesondert, vielmehr in seinen speziellen, konkreten Äußerungen im wesentlichen als ein Bereich der Intuition deklariert wurde, läßt die intensive Entwicklung der Formalisierungsmittel in der modernen Wissenschaft einen neuen Aspekt bei der Untersuchung der Genese der theoretischen Systeme hervortreten: das Problem gemeinsamer formaler Grundlagen für die Theorientransformation und der Rolle, die deren hauptsächliche formbildende Faktoren in diesem Prozeß spielen.

Bei unserer Untersuchung dieses Problems konzentrieren wir uns zunächst auf eine Analyse der heuristischen Funktionen der hauptsächlichen formbildenden Faktoren einer Theorie nicht nur als Mittel für den Aufbau theoretischer Systeme, sondern auch als Prinzipien ihrer Transformation. Dabei operieren wir in erster Linie mit den Materialien der Mathematik, die die Mittel für die Formalisierung wissenschaftlicher Theorien entwickelt, und der modernen Physik, die die Effektivität der betreffenden Mittel bei der Lösung wichtiger Aufgaben der Erkenntnis am eindrucksvollsten demonstriert. Zu diesem Vorgehen sehen wir uns um so mehr veranlaßt, weil die Methoden der heutigen Mathematik und Physik von allen konkret-wissenschaftlichen Methodiken der modernen Naturwissenschaft die allgemeinsten sind.

In den vorangegangenen Kapiteln wurde die Theorie (insoweit an ihre deduktive Form gedacht wurde) als Einheit eines deduktiven Schemas (letzten Endes des logistischen Systems) und der Interpretation analysiert. Die Untersuchung der Theorie aus der Sicht des Übergangs zu einem neuen theoretischen System macht es notwendig, einen zusätzlichen Faktor einzuführen, nämlich die *Applikation*, das heißt die Anwendung der Theorie zur Lösung bestimmter Aufgaben oder zur Konstruktion neuer theoretischer Konzeptionen. Speziell die Sphäre der Anwendung einer Theorie, ihrer effektiven Auswertung in anderen theoretischen Bereichen enthüllt eins der wesentlichen logischen Merkmale der methodologischen Bedeutsamkeit des gegebenen theoretischen Systems – die Breite oder Begrenztheit seiner Methoden. Darin kommt auch zum Ausdruck, ob ein Bedürfnis nach seiner Abänderung vorliegt.

Das „Leben" einer Theorie besteht unter diesem Aspekt in ihren ständigen Applikationen auf verschiedene Gebiete. Jedoch die Applikationsmöglichkeit selber ist die Funktion der zwei hauptsächlichen formbildenden Faktoren: des deduktiven Schemas und der Interpretation, die nicht nur die Theorie, sondern auch ihre verschiedenen Anwendungen logisch bedingen. So hatte die Dynamik Newtons in ihrer ursprünglichen inhaltlichen Formulierung einen relativ beschränkten Kreis von Applikationen, vornehmlich in der Himmelsmechanik und in der kinetischen Gastheorie. Im Gegensatz dazu zeigt die Entwicklung des mathematischen Formalismus der Newtonschen Dynamik im Rahmen der analytischen Mechanik William Rowan Hamiltons und Charles Lagranges, daß „sie die Quelle neuer Theorien ist" („it is the parent of new theories") und infolgedessen „eine weit größere Bedeutung erlangt als ihr ursprünglicher Anwendungsbereich anzeigte" („takes a significance much greater than indicated by its original scope"[1].

Auf der Basis der Verallgemeinerung der Newtonschen Dynamik wurden neue mathematische Begriffe gewonnen, die, wie John Lighton Synge schreibt, dazu benutzt wurden, „pysikalische Begriffe zu repräsentieren, die sich von den ursprünglich betrachteten unterschieden, und so ließ die Newtonsche Dynamik neue physikalische Schlußfolgerungen dadurch entstehen, daß sie die ihr inhärenten mathematischen Ideen außerhalb ihres eigentlichen Bereichs anwandte. Beispiele sind die Anwendungen der Methoden Lagranges auf die elektrische Stromkreistheorie und (noch überraschender) die Anwendung der Hamiltonschen Methoden bei der Entwicklung der Quantenmechanik". („. . . to represent physical concepts different from those originally envisaged, and so Newtonian dynamics gives birth to new physical conclusions by applying the mathematical ideas inherent in it outside their original domain. Examples are the applications of Lagrangian methods to electrical circuit theory, and – more striking – the application of Hamiltonian methods in the development of quantum mechanics.")[2]

[1] *J. L. Synge*, Classical Dynamics, in: Handbuch der Physik/Encyclopedia of Physics. Hrsg. v. S. Flügge, Bd. III/1: Prinzipien der klassischen Mechanik und Feldtheorie, Berlin - Göttingen - Heidelberg 1960, S. 3.

[2] Ebenda, S. 2–3.

Wie hier augenfällig in Erscheinung tritt, erweisen sich die Formalisierung einer Theorie, die Verwendung ihres deduktiven Schemas und die mit ihm verknüpfte Interpretation (die es erlaubt, mit diesem Schema als Form eines bestimmten Inhalts zu operieren) nicht nur als Quelle neuer Applikationen der Theorie, sondern auch als ein nicht unwichtiges Mittel für die Entwicklung neuer theoretischer Vorstellungen, als Methode zur Gewinnung neuer theoretischer Systeme. Unter gewissen Umständen ist, wie die Praxis des modernen wissenschaftlichen Denkens zeigt, schon eine einzige im Rahmen der logischen Mittel vollzogene Änderung des deduktiven Schemas und seiner Interpretation ausreichend, um ein Wissen zu erhalten, das sich qualitativ von dem unterscheidet, das von dem theoretischen Ausgangssystem vorgegeben war.

Auf diese Weise wurde beispielsweise Anfang des 20. Jahrhunderts eine sehr bedeutende mathematische Entdeckung bewirkt – die Entdeckung der nichtarchimedischen Geometrie durch David Hilbert.[3] Erst die jüngsten Forschungen auf dem Gebiet der Quantelung von Raum und Zeit erbrachten die faktische Begründung dieser Entdeckung.

Das deduktive Schema und die Interpretation können eine wesentliche heuristische Rolle bei der Herausbildung neuer wissenschaftlicher Theorien auch als relativ selbständige Mittel spielen. Insbesondere kann die Interpretation als Mittel dienen, um die Methoden und Richtungen aufzufinden, die bei der Umgestaltung des deduktiven Ausgangssystems angewendet werden müssen. In dieser Hinsicht erlangt die Feststellung, daß die Interpretationen des entsprechenden Systems unvollständig sind, besondere Bedeutung als Indikator, der anzeigt, welche Möglichkeiten für seine Weiterentwicklung bestehen. Eine derartige Situation hat beispielsweise eine gewisse Rolle bei der Schaffung der Wellenmechanik durch Erwin Schrödinger gespielt.

Es handelt sich darum, daß Schrödinger versucht hatte, als Ausgangsmethode für die Lösung der auf die Bewegung der Mikroteilchen bezüglichen Aufgaben den Hamilton-Formalismus zu verwenden, der nicht nur eine Interpretation an der Mechanik, sondern auch an der Optik zuließ, das heißt sich als zumindest mit zwei Modellen vergleichbar erwies. Die von Schrödinger vorgenommene Analyse dieses Umstandes zeigte, daß das optische und das mechanische Modell jedoch nicht völlig isomorph sind; die mechanischen „Figuren" lassen sich nur an „Figuren" der geometrischen Optik vollständig abbilden und können

[3] Siehe *David Hilbert*, Grundlagen der Geometrie, 9. Aufl., rev. u. erg. v. P. Bernays, Stuttgart 1962, § 12–17.

infolgedessen lediglich bezüglich eines Teils der Objekte der Optik als dual angesehen werden.

Wie die Interpretation des Hamilton-Formalismus bestätigte, erwies sich die Optik als umfassendere Disziplin als die Mechanik und mußte folglich einen größeren Anwendbarkeitsbereich, einen größeren Kreis von Applikationen besitzen. Deshalb nahm Schrödinger (zum Unterschied von Heisenberg, der anfänglich von den Vorstellungen über die diskrete Natur der inneratomaren Prozesse ausging) als Grundlage für die Konstruktion einer Bewegungstheorie der Mikroteilchen eben die Wellengleichung, nachdem er sie so verallgemeinert hatte, daß sie nur im Grenzwert in die Gleichungen der klassischen Mechanik überging. Durch Anwendung der Wellenlösungen wurde die Wellenmechanik geschaffen, wozu in nicht geringem Maße – neben anderen Faktoren – die bei der Interpretation des Hamilton-Formalismus erfolgte Entdeckung der Unvollständigkeit des mechanischen Modells gegenüber dem optischen beitrug.

Eine sehr wichtige Funktion der Interpretation als heuristisches Mittel für die Genese neuen Wissens ist ihre Fähigkeit, die Gemeinsamkeit einer deduktiven Form für die verschiedenen Bereiche eines konkreten Inhalts klarzumachen. Diese Funktion der Interpretation spielt eine besonders große Rolle im Lichte der sogenannten „Bourbakisierung" der Mathematik, der zufolge viele mathematische Disziplinen in ihrer axiomatischen Darstellung auf einen Komplex abstrakter Formen – mathematischer Strukturen von außerordentlich hohem Allgemeinheitsgrad, die eine Vorstellung vom wechselseitigen Zusammenhang verschiedenartigster konkreter mathematischer Theorien geben – reduziert werden können.

Die Möglichkeit einer so allgemeinen Vorstellung der mathematischen Disziplinen führt dazu, daß die Konstruktion einer konkreten Theorie in den abstrakten Bereichen der Mathematik auf ein im Interpretationsfeld angelegtes Suchen nach den mathematischen Strukturen eines Typs von Objekten hinauslaufen kann, die den Objekten des zu schaffenden theoretischen Systems gleichen. Wenn die Interpretation zu einem solchen Ergebnis führt, verfügt der Forscher „sofort über das ganze Arsenal von allgemeinen Theoremen, die sich auf Strukturen dieses Typs beziehen, während er sich vordem mühsam selber die Waffen zum Angriff schmieden mußte, deren Stärke von seiner persönlichen Begabung abhing und die häufig von unnötig beengenden, aus den Besonderheiten des untersuchten Problems herrührenden Annahmen gehemmt waren" („aussitôt de tout l'arsenal des theorèmes généraux relatifs aux structures de ce type, là où, auparavant, il devait péniblement se forger lui-même des moyens d'attaque dont la puissance dépendait de son talent personnel, et qui s'encombraient souvent d'hypothèses inutilement restrictives, provenant des particularités du problème étudié")[4].

Allgemeine abstrakte Strukturen vermitteln eine so deutliche Vorstellung von der Wechselbeziehung nicht nur bereits vorliegender theoretischer Bereiche, sondern auch von ihrer Beziehung zu den sich bildenden theoretischen Systemen, daß die Interpretation als Methode zur Übertragung der Axiomatik der Strukturen auf die neuen, zu schaffenden Theorien nicht immer zwingend erforderlich ist. Diese Übertragung kann auch erfolgen auf Grund unmittelbarer Feststellung der formalen Gemeinsamkeit der auszuarbeitenden Theorie mit der Struktur bereits fest geformter Theorien. In diesem Falle tritt das allgemeine deduktive Schema, das sich zuvor anhand von bereits bekanntem Material herausgebildet hat, als – bezogen auf die Interpretation – relativ autonomes heuristisches Mittel der Konstruktion eines neuen theoretischen Systems auf. Darin liegt die Möglichkeit für eine spezifische Methode, die (in bildhafter Weise) als *Methode der „hinüberwechselnden" Form* (метод „блуждающей" формы) charakterisiert werden kann.

Die Strukturen in der Auffassung Bourbakis, von denen oben gesprochen wurde, sind in der Tat mit einer bestimmten Axiomatik assoziiert und werden im Rahmen einer formalisierten Theorie definiert, das heißt sie erweisen sich als abstrakte Formen, die einen eigenen formalen Inhalt besitzen, Dadurch können die betreffenden Strukturen auch relativ unabhängig vom konkreten Material dieser oder jener gegenständlichen Theorie auftreten, weil der formale Charakter ihres Inhalts das Gemeinsame ausdrückt, das einem ganzen Komplex konkreter theoretischer Bereiche, und zwar nicht nur realer, sondern auch möglicher Bereiche, eigen ist. Eine derartige Gemeinsamkeit ermöglicht es naturgemäß, mit Hilfe der axiomatischen Strukturen Theorien, die einer konkreteren Stufe angehören, zu verknüpfen und gewissermaßen in abstrakten Formen die Realisierung des konkreten Inhalts dieser neuen, sich formenden theoretischen Bereiche vorherzubestimmen, die man unter die Axiomatik der betreffenden Form subsumieren kann. Die Möglichkeit der Übertragung, des „Hinüberwechselns" einer Form, die einen feststehenden Inhalt verallgemeinert, auf neue Gebiete bestimmt dadurch fast „automatisch" deren Werdegang.

Selbstverständlich ist der „Automatismus" einer solchen Konstruktion einer neuen Theorie mehr als relativ und stetzt alle Faktoren des Erkenntnisvorgangs, einschließlich der Intuition, voraus. Die Intuition tritt hier

[4] *Nicolas Bourbaki*, L'Architecture des Matématiques, a. a. O., p. 42.

aber nicht als alogischer, irrationaler Sprung in ein neues Gebiet auf, sondern als ein durch die Gemeinsamkeit der Struktur mehrerer Gebiete bestimmtes heuristisches Mittel, des möglichen „Hinüberwechselns" der für sie gemeinsamen deduktiven Form. Somit tritt durch die Feststellung der Tatsache, daß eine formalisierte Theorie einigen konkreten theoretischen Bereichen gemeinsam ist, daß sie an ihnen teilhat, eine neue logische Methode für die Konstruktion theoretischer Systeme in Erscheinung. Obwohl diese Methode nicht allgemein ist, fungiert sie als wichtiges Mittel der heuristischen Suche auf dem Gebiet der Erforschung axiomatischer Theorien, wo es häufig genügt, die Form für die Konstruktion eines neuen theoretischen Systems festzulegen.

Die Methode der „hinüberwechselnden" Form setzt gemäß ihren logischen Grundlagen die mathematische Extrapolation und Formalisierung, die Idealisierung und Analogie, die Intuition und Applikation usw. voraus. Zugleich ist sie spezifisch, insofern sie das Problem der logischen Transformation eines konkreten theoretischen Systems auf die Ebene der Suche nach einer gemeinsamen formalisierten Theorie überführt, die eine Vorstellung vom wechselseitigen Zusammenhang des zu bildenden theoretischen Systems mit früheren theoretischen Bereichen vermittelt.

In dieser Hinsicht postuliert die Methode der „hinüberwechselnden" Form neue Formen des Abstrahierens und der Idealisierung, nämlich solche, die den Bedingungen der Verallgemeinerung inhaltlicher Theorien auf der Ebene formalisierter Konstruktionen genügen würden.

Eines dieser wichtigen Mittel zur Verallgemeinerung einer Theorie ist die besondere Form der Abstraktion, die an die Idealisierung der Theorieobjekte auf der Grundlage ihres Ersatzes durch Größen, die hinsichtlich einiger Transformationen invariant sind, geknüpft ist. Diese Methodik, die in der modernen Physik und Mathematik als Mittel der Entwicklung von Theorien weite Verbreitung gefunden hat, wurde erstmalig in Felix Kleins berühmtem Erlanger Programm theoretisch begründet.

Historisch hing das Erlanger Programm zusammen mit der Verallgemeinerung der Geometrie auf der Grundlage einer idealisierten Vorstellung der Tatsache, daß alle geometrischen Figuren durch bestimmte Konstruktionsregeln vorgegeben sind. Da die Kenntnis über die geometrischen Figuren durch das für die Geometrie wesentliche Verfahren ihrer Konstruktion genau bestimmt werden kann, sind aus der Sicht des Kleinschen Programms nicht die Objekte der sinnlichen Anschauung, sondern die Raumtransformationen und die Figureneigenschaften, die erhalten bleiben, bei den betreffenden Transformationen invariant.

Diese Invarianten sind bezüglich der Transformationen, die eine besondere mathematische Form – die Transformationsgruppe – bilden, vorgegeben und charakterisieren, wie Felix Klein demonstriert hat, geometrische Objekte und folglich auch den Inhalt bestimmter geometrischer Systeme.[5] Anders gesagt – die Einführung der Gruppenvorstellungen ermöglichte es (auf der Grundlage der Abstraktion der Forttransportierung – оттранспортировка – der Objekte und ihrer Substitution durch Invariante gegenüber den Transformationsgruppen), solche allgemeinen Formen zu erhalten, die eine Bedingung für die Konstruktion jedes Systems der Geometrie waren. Als Folge davon wurde jedem dieser Systeme die es bestimmende Transformationsgruppe gegenübergestellt.

Wie die weitere Entwicklung der Wissenschaft demonstriert hat, haben die logisch-mathematischen Begründungen, auf denen das Erlanger Programm basierte, nicht nur Geltung für die Geometrie, sondern auch für andere Gebiete der Naturwissenschaft. Das wurde offenkundig, nachdem bewiesen war, daß es möglich ist, die physikalischen Erhaltungsgesetze in Invariantentermen zu deuten, und Einsteins Relativitätsprinzip entwickelt war, das die Methodik, die Objekte als Invarianten von Transformationsgruppen anzusehen, unmittelbar widerspiegelt.

Es wurde gezeigt, daß die führenden theoretischen Konzeptionen der Physik ebenfalls durch bestimmte Transformationsgruppen vorgegeben sind. Die klassische Mechanik wird beispielsweise vollständig durch die Galilei-Transformation bestimmt. In gleichem Maße bietet die Lorentz-Transformation „die Möglichkeit, leicht alle grundlegenden Formen der relativistischen Kinematik zu erhalten, wobei nur die Struktur der Hauptgruppe berücksichtigt wird, nicht aber irgendwelche speziellen Hypothesen über die Eigenschaften der zu transformierenden Objekte aufgestellt werden“[6].

[5] So erhalten wir, wenn wir als Invariante gegenüber der Transformationsgruppe (im vorliegenden Falle handelt es sich um die sogenannten „Kreistransformationen“) nur die Winkel zwischen den Linien der entsprechenden Figuren (unter Außerachtlassung solcher Charakteristiken wie Beibehalten der Abstandsverhältnisse der Punkte der Figuren) nehmen, die von der euklidischen differierende konforme Geometrie. Wählen wir als Invariante die Parallelität der Geraden und lassen bei der Abbildung der Figuren sowohl die Abstandsverhältnisse als auch die Winkelgrößen als Variable gelten, dann erhalten wir eine neue Geometrie – die affine Geometrie. Die Anerkennung lediglich der Eigenschaft des Zusammenhangs (d. h. der Eigenschaft, sich zu deformieren, ohne zu zerspringen) bestimmt den Inhalt der Topologie.

[6] *Г. А. Зайцев*, О связи теории относительности с теорией групп, in: *Мари-Антуанетт Тоннела*, Основы электромагнетизма и теории относитель-

Von dieser Sicht aus ist der Übergang von der klassischen zur relativistischen Mechanik allein durch die Ersetzung der Galilei-Transformation durch die Lorentz-Transformation vollständig vorgegeben.

„Der allgemeine Gebrauch der Transformationstheorie . . . ist das Kernstück des neuen Verfahrens der theoretischen Physik." („The growth of the use of transformation theory . . . is the essence of the new method in theoretical physics.")[7] Er verlangt, daß die logischen Möglichkeiten für die heuristische Suche nach neuen theoretischen Konzeptionen bedeutend erweitert werden. Insbesondere erlaubt es die Transformationstheorie, ein solches Prinzip der klassischen Mathematik wie das „Übertragungsprinzip" breit anzuwenden, das dazu dient, nach neuen Modellen des theoretischen Ausgangssystems zu forschen.

Die Sache ist die, daß man gemäß dem Erlanger Programm im Inhalt einer wissenschaftlichen Theorie nur die invarianten Beziehungen für wesentlich zu halten braucht. Deshalb können wir in bestimmten (und zwar recht weiten) Grenzen, die an die Erfüllung der Forderung der Invarianz gebunden sind, den Inhalt der Begriffe der Ausgangstheorie verändern, wodurch wir immer neue Modelle von ihr erhalten. Diese Veränderungen des ursprünglichen Systems, die sich von den Ähnlichkeitstransformationen unterscheiden, werden mit Hilfe des Übertragungsprinzips realisiert.

Das Wesen des betreffenden Prinzips besteht darin, daß wir auf der Grundlage einer vorgegebenen Transformationsgruppe die sich von der Ähnlichkeitstransformation unterscheidenden Transformationen auswählen und auf diese Weise die Sätze des Ausgangssystems in neue Sätze überführen können. Dafür brauchen wir nur einen Katalog der Termini zusammenzustellen, in dem sowohl die Begriffe des Ausgangssystems wie auch die Bilder fixiert sind, die die Ausgangsbegriffe in eine neue, durch die gewählten Transformationen bestimmte theoretische Sprache überführen.[8]

Eine solche Überführung des Ausgangssystems in die Sprache eines neuen Inhalts ist außerordentlich wichtig, denn auf der Grundlage des

ности. Перев. Г. А. Зайцева, Москва 1962, стр, 470 (russ. Ausg. von: *Marie-Antoinette Tonnelat,* Les Principes de la théorie électromagnétique et de la relativité, Paris 1959).

7 *P. A. M. Dirac,* The Principles of Quantum Mechanics, 3. ed. (repr.), Oxford 1956, (4. ed. 1958), p. VII; deutsch zit. nach: *P. A. M. Dirac,* Die Prinzipien der Quantenmechanik. Übertr. v. W. Bloch, Leipzig 1930, S. V.

8 Siehe *И. Я. Яглом, Л. С. Атанасян,* Геометричекие преобразования, in: Энциклопедия элементарной математики, т. 4, Москва 1963. (Die deutsche Ausg. des 4. Bandes dieses Titels erscheint Ende 1968 als 4. Bd. der „Enzyklopädie der Elementarmathematik". – *D. Ü.*)

Übertragungsprinzips kann man automatisch zu einer von der Ausgangstheorie differierenden Theorie kommen, deren Thesen zudem keiner selbständigen Beweise bedürfen. Während dieses sich von der Ausgangstheorie unterscheidende theoretische System nicht den Rahmen des potentiellen Inhalts überschreiten kann, der durch die Transformationen der Ausgangstheorie vorgegeben ist, eröffnet die Realisierung solcher verborgenen Möglichkeiten gleichwohl neue Applikationen der betreffenden Theorie und fördert ihre Entwicklung.

Das Übertragungsprinzip ist somit als heuristisches Mittel beschränkt, schöpft es doch nicht alle heuristischen Möglichkeiten zur Auffindung neuer Systeme aus, die mit der Abstraktion der Forttransportierung des Objekts auf der Grundlage seiner Ersetzung durch die Invarianten bestimmter Transformationsgruppen in Zusammenhang stehen. In weitem Sinne kann dieser Abstraktionstyp, da er auch das durch ihn bedingte Übertragungsprinzip einbegreift, als konkrete Äußerung der allgemeinen Methode der „hinüberwechselnden" Form angesehen werden, auf deren Grundlage die Theorien in neue Systeme mittels Übertragung und Verallgemeinerung der Transformationsgruppen der Ausgangstheorien transformiert werden können. So wurde beispielsweise der Übergang von der nichtrelativistischen Quantenmechanik zur relativistischen durch die Übertragung der Lorentz-Transformationsgruppe auf den Quantenbereich bestimmt. Allerdings war dabei eine tiefere Verallgemeinerung des Gruppenbegriffs und der Auffassung, die man von der Invarianz der physikalischen Gesetze hatte, erforderlich. Eine analoge Methodik wandte auch Werner Heisenberg auf dem Gebiet der Feldtheorie an, indem er die Lorentz-Transformation hinsichtlich der neuen Erscheinungen verallgemeinerte und eine einheitliche „Materietheorie" entwickelte. Die gruppentheoretischen Verfahren, deren Sinn darin besteht, die sich aus der Konstruktion neuer wissenschaftlicher Konzeptionen ergebenden heuristischen Aufgaben zu lösen, sind jedoch nicht absolut. So ist es offensichtlich nicht unberechtigt zu behaupten, daß es neben der Anwendung von Gruppenstrukturen auch andere konkrete Äußerungen der Methode der „hinüberwechselnden" Form gibt. Eine solche Art von Abstraktion der Forttransportierung eines Objekts und seine Ersetzung durch die „hinüberwechselnde" Form können die *Algorithmen* sein.

Man kann eine Theorie so formalisieren, daß sie im Endeffekt auf eine sogenannte logisch-algorithmische Theorie reduziert wird,[9] d. h. auf die

[9] Siehe *А. А. Ляпунов*, О фундаменте и стиле современной математики, in: Математическое просвещение, 1960, 5.

logische Form der Vorgabe von Methoden zur Konstruktion eines konkreten Inhalts, der Objekte eines theoretischen Ausgangssystems. Und wenn in diesem inhaltsbezogenen theoretischen Ausgangssystem einige (dem Inhalt oder der Struktur nach) gemeinsame Züge mit einem anderen, konkreten theoretischen Bereich, der sich herausbildet, entdeckt werden, dann kann man für die Konstruktion des letzteren den Apparat der logisch-algorithmischen Theorie verwenden und den Konstruktionsalgorithmus des theoretischen Ausgangssystems auf das gegebene andere inhaltliche Gebiet übertragen. So wurde beispielsweise der Algorithmus der „Suche im endlichen Labyrinth" zuerst in der Algebra ausgearbeitet; später wurde dieser Algorithmus im Zusammenhang mit der Entwicklung der Theorie der logischen Kalküle (die die Möglichkeit seiner „Übertragung" auf das Gebiet der Erforschung deduktiver Prozesse demonstrierte) als „Logikalgorithmus" für die Konstruktion der Hilbertschen Metamathematik verwendet.

Im weiteren Verlauf erwies sich der Algorithmus „Suche im endlichen Labyrinth" als ein Mittel zum Aufbau einer strukturellen Linguistik, als Methode zur Auffindung von Wörtern, genauer zur Erkennung der Äquivalenz oder Nichtäquivalenz eines Wortpaares. Allerdings entstanden hier gewisse Schwierigkeiten, da die Suche nach Wörtern der Aufgabe entsprach, die die Suche im unendlichen Labyrinth darstellt. Doch diese Schwierigkeiten wurden durch Begrenzung der Zahl der Suchgänge im unendlichen Labyrinth überwunden, was es ermöglichte, auf die Untersuchung des „begrenzten Problems der Wörter" die Methodik der Suche im endlichen Labyrinth anzuwenden.[10]

Schließlich zeichnen sich in jüngster Zeit unverkennbar die Voraussetzungen ab für die Übertragung des betreffenden Algorithmus auf den Bereich der Theorie des genetischen Kodes (oder des Vererbungskodes). Zumindest erlaubt es die Entdeckung der erstaunlichen Analogie[11] einiger (im Substrat- oder Funktionssinne) spezifischer Einheiten der genetischen Information (stickstoffhaltige Basen, Kodone, Cistrone, Operone) mit den linguistischen Einheiten vom Typ der Buchstaben, des Wortes, des Satzes, der Periode (des Absatzes), darauf auf zu hoffen, daß es möglich sein wird, die Methoden der mathematischen Linguistik für die Formung der jetzt im Entstehen begriffenen mathematischen Theorie des genetischen Kodes anwenden zu können.

[10] Siehe *М. А. Айзерман, Л. А. Гусев, Л. И. Розоноэр, И. М. Смирнова, А. А. Таль*, Логика, автоматы, алгоритмы, Москва 1963, стр. 438–439.

[11] Siehe *Г. Д. Бердышев, В. А. Ратнер*, Код наследственности, Новосибирск 1963.

Wir sehen also, daß die Methode der „hinüberwechselnden“ Form in recht weiten Forschungsbereichen anwendbar ist. Das hängt in gewissem Maße mit der Gemeinsamkeit der logischen Mittel zusammen, auf die sie sich stützt.

Die Methode der „hinüberwechselnden“ Form läuft, wie bereits dargelegt wurde, auf die Übertragung des deduktiven Schemas von einem theoretischen Bereich auf einen anderen hinaus und setzt für ihre Anwendung (in konkreten Fällen) die Methodik der Forttransportierung des Objekts auf der Grundlage seiner Ersetzung entweder durch Invariante gegenüber den Transformationsgruppen oder durch Algorithmen der Objektkonstruktion voraus. Eine solche Methodik erlaubt es, die Übertragung eines deduktiven Schemas als relativ autonomen heuristischen Faktor nicht nur im Sinne einer – unabhängig von der Interpretation – möglichen Anwendung anzusehen, sondern auch als Faktor, der die Interpretationsformen der entsprechenden Konstruktionen bestimmt.

Man kann beispielsweise bei der gruppentheoretischen Darstellung der „hinüberwechselnden“ Form auf die Gruppen der Automorphismen zurückgreifen. Dann tritt die Gruppe selber als Form auf, die die Gesamtheit der Abbildungen einer Menge von Objekten auf sich selbst bestimmt. Zu einem analogen Resultat führt die „hinüberwechselnde“ Form auch in dem Falle, wenn sie von einem universalen Algorithmus dargestellt wird. Diese Möglichkeit – die Bedingungen der Abbildung einer Objektmenge auf sich selbst vorzugeben – setzt eine besondere Interpretationsoperation voraus, bei der die (durch Gruppen oder Algorithmen bestimmte) entsprechende Theorie nicht nur an den Objekten eines anderen theoretischen Bereichs interpretiert werden kann, sondern auch Modelle zuläßt, die von ihrem eigenen Inhalt, von einer bestimmten Seite her genommen, ausgehen.

Das Vorhandensein einer solchen Interpretationsoperation führt dazu, daß eine zweifache Vorstellung vom Inhalt der Theorie in den Bereich der Möglichkeit rückt, denn neben der Ausgangsvorstellung von den Objekten der Theorie erhalten wir eine andere „Figur“ von eben diesem Inhalt. So kann man zum Exempel ein Modell des Raums in ihm selber erhalten, indem man seine Punkte durch andere geometrische Figuren ersetzt und umgekehrt. In der projektiven Geometrie lassen beispielsweise die Theoreme, in denen der Terminus „Punkt“ zu finden ist, die Ersetzung dieses Terminus durch den Terminus „Gerade“ zu und umgekehrt (wenn es sich um eine Fläche handelt), oder man kann „Punkt“ durch den Terminus „Fläche“ substituieren und umgekehrt (wenn es sich um einen Raum handelt). Das zeugt vom Doppelcharakter der Begriffe „Gerade“ und „Punkt“, „Punkt“ und „Fläche“.

Die Interpretation einer Theorie an „Figuren“, die dem Inhalt eben dieser Theorie entnommen wurde, läßt das sogenannte „*Dualitätsprinzip*“ zur Geltung kommen. Das Wesen dieses Prinzips läuft nicht nur auf die Möglichkeit hinaus, neue wahre Aussagen durch Ersetzung eines bestimmten Terminus in *einem* spezifischen Theorem durch einen bestimmten Terminus eines anderen spezifischen Theorems zu erhalten, sondern es wird dadurch bestimmt, daß in einigen theoretischen Bereichen Begriffe möglich sind, über die die entsprechenden Aussagen (nach einem Ausdruck von Louis Couturat) „doppelt korrelativ“ sind, d. h. einander ergänzen. Solche „doppelt korrelativen“ Begriffe sind z. B. „Konjunktion“ und „Disjunktion“ [11a] in der mathematischen Logik, wo man neue wahre Aussagen erhalten kann, wenn man an bestimmten Stellen in zwei entsprechenden Ausdrücken die Zeichen $\vee$ und $\wedge$ austauscht.

Eine analoge Situation, die mit dem Wirken des Dualitätsprinzips zusammenhängt, ist auch in der Physik zu beobachten. Wie der sowjetische Mathematiker B. A. Rosenfeld gezeigt hat, werden beispielsweise Schwingungsvorgänge, insbesondere die mechanischen Schwingungen, durch doppelt korrelative Begriffe beschrieben. In ihnen ist die Fähigkeit eines Systems, in sich potentielle Energie, d. h. Elastizität, anzusammeln, ein „doppeltes“ Beharrungsvermögen, d. h. die Fähigkeit des Systems, zu verhindern, daß sich die kinetische Energie zerstreut. Denn bei den Schwingungsbewegungen des Systems geht die aufgespeicherte potentielle Energie in kinetische Energie über, und diese kehrt auf Grund des Beharrungsvermögens in die potentielle Energie zurück. In entsprechenden Gleichungen ist dieser Vorgang fixiert.

Die Dualität in dem angegebenen Sinne wird auch in den Systemen vom Typ des elektrischen Schwingungskreises erfüllt, wo der Begriff der Kapazität (d. h. die Fähigkeit, elektrostatische Energie zu speichern) doppelt korrelativ dem Begriff der Induktion ist (d. h. der Fähigkeit, die elektrostatische Energie zurückzugeben).

Die doppelt korrelativen Begriffe, wie Trägheit und Elastizität, Kapazität und Induktion, die die Schwingungsbewegungen beschreiben, widerspiegeln die Bedingungen der Reproduktion des Schwingungsvorgangs. In diesem Zusammenhang darf auch der Dualismus von Welle und Korpuskel in der Quantenmechanik nicht außer acht gelassen werden, wo die doppelte

[11a] Dieselbe Bedeutung hat der Terminus „Alternative“. Der Gebrauch der Termini „Disjunktion“ und „Alternative“ ist in der modernen Logikliteratur uneinheitlich (vgl. hierzu *G. Klaus*, *M. Buhr*, Philosophisches Wörterbuch, 5. Aufl. Berlin 1966). – *D. Ü.*

Korrelativität der Begriffe „Welle“ und „Teilchen“, „Diskretheit“ und „Kontinuität“, „Koordinate“ und „Impuls“ die durch die Schrödingersche Wellengleichung beschriebenen wesentlichen Besonderheiten der Mikrobewegung widerspiegeln.

Daraus folgt, daß das berühmte „Komplementaritätsprinzip“ von Bohr (wenn man die rein spekulative, nicht aus dem Formalismus der Quantenmechanik entspringende Annahme beiseite läßt, daß es eine prinzipielle Korrelativität von Objekt und Gerät und dessen unkontrollierbaren Störungen gibt) in seinem rationalen Inhalt nichts anderes darstellt als das in der Mathematik und Logik seit langem bekannte Dualitätsprinzip.[12] Mit anderen Worten: Die heuristischen Funktionen des Komplementaritätsprinzips werden bei der Konstruktion einer wissenschaftlichen Theorie vollständig durch die heuristischen Funktionen des Dualitätsprinzips, letztlich also von der heuristischen Rolle einer Unterart der Interpretation, bestimmt (oder decken sich damit).

Die Möglichkeit einer „doppelten“ oder „komplementären“ Beschreibung ersetzt dabei keineswegs das Prinzip der Einheit der dialektischen Gegensätze und konkretisiert es auch nicht. Denn die Begriffe „Welle“ und „Teilchen“ sind in der Quantenmechanik z. B. von vornherein so formuliert, daß sie sich auf wesentlich unterschiedliche Aspekte beziehen und eine widerspruchsvolle Situation nur außerhalb der Grenzen einer gegebenen Theorie schaffen können. So dürfen der Wellen- und der korpuskulare Aspekt eines Mikroobjekts auf Grund der Unbestimmtheits- oder Unschärferelation Heisenbergs nicht als momentane, einmalige Äußerung der korpuskularen und der Welleneigenschaften angesehen werden, da die Fixierung, die experimentelle Feststellung des korpuskularen Aspekts den Wellenaspekt eliminiert, ihn unbeobachtbar macht und umgekehrt.

Diese Aspekte in der Quantenmechanik, schreibt Louis de Broglie, „sind wie die zwei Seiten eines Gegenstandes, die man nicht auf einmal betrachten kann, sondern der Reihe nach in Augenschein nehmen muß, um diesen Gegenstand vollständig zu beschreiben“ („sont comme les faces d'un objet que l'on ne peut contempler à la fois et qu'il faut cependant envisager tour à tour pour décrire complètement l'objet“)[12a]. Deshalb sind Begriffe des Typs „Welle“ und „Teilchen“, „Koordinate“ und„ Impuls“ und dergleichen im Rahmen der Quantentheorie nicht widerspruchsvoll, sondern „komplementär“, genauer gesagt doppelt korrelativ. In dieser Auffassung ist das

[12] Es ist kein Zufall, daß in der Quantenmechanik eine Zeitlang der Terminus „Dualität“ zur Beschreibung des Quanten-Wellen-Dualismus verwendet wurde.

[12a] *Louis de Broglie,* La Physique nouvelle et les quanta, Paris 1937, p. 241–242.

Komplementaritätsprinzip unzweifelhaft ein nützliches heuristisches Mittel, das eine wichtige Rolle bei der Konstruktion wissenschaftlicher Theorien spielt. Das Dualitätsprinzip, insofern es mit der Methode der Gewinnung von Modellen einer Theorie in ihr selber verknüpft wird, erlaubt es, die inneren Eigenschaften ihrer inhaltlichen Elemente zu untersuchen, erweitert die Klasse der Theoriemodelle, trägt zur Realisierung aller Möglichkeiten der Darstellung des Inhalts der Theorie und damit zur Klärung der Bedingungen für ihre Weiterentwicklung bei.

Eine wesentliche Grundlage des Dualitätsprinzips und der durch es bedingten Methodik der „Komplementarität" ist die Eigenschaft der prinzipiellen Begrenztheit unserer einzelnen, für sich genommenen theoretischen Vorstellungen.[13] Bei der Konstruktion einer wissenschaftlichen Theorie greifen wir in der Tat häufig zu einseitigen Idealisierungen, die in ihrer Anwendbarkeit streng begrenzt sind. Dadurch sind wir im Rahmen dieser oder jener wissenschaftlichen Theorie genötigt, auf der Grundlage der Suche nach doppelt korrelativen Begriffen unsere Zuflucht zur Methodik der Komplementarität zu nehmen als einem Mittel, die unvollständigen Vorstellungen vollständiger zu machen. Solange eine solche Vervollständigung möglich ist, besitzt die Theorie noch die Fähigkeit zur inneren Vervollkommnung, aber früher oder später stößt die „Komplementarität" auf Grenzen, die besagen, daß es notwendig ist, über den Rahmen des bestehenden theoretischen Systems hinauszugehen.

Die Begrenztheit der Vorstellungen ruft somit nicht nur die Notwendigkeit hervor, eine logische Methodik auszuarbeiten, die diese Begrenztheit berücksichtigt, sondern ist auch zugleich die logische Grundlage für die Entwicklung der Begriffe, für die Transformation der Ausgangstheorie in ein neues theoretisches System. Damit überschreiten wir bereits den Rahmen der heuristischen Funktion der Organisationsprinzipien der Theorie und stoßen auf die spezifischen, eigentlichen Prinzipien ihrer Transformation.

[13] Auf diesen Zusammenhang der Methodik der Komplementarität mit dem Faktum der prinzipiellen Begrenztheit der Vorstellungen hat Niels Bohr aufmerksam gemacht.

Die Transformationsprinzipien der Theorien[14]

Der wechselseitige Zusammenhang zwischen dem oben betrachteten Prozeß der Interpretation einer Theorie an ihrem eigenen Gegenstandsbereich und dem Begrenztheitsfaktor der Vorstellungen ist nicht zufällig. Letzten Endes werden alle Veränderungen nicht nur der Interpretation, sondern auch des deduktiven Schemas (folglich auch der Form schlechthin mit ihren möglichen Applikationen) durch den Mechanismus bestimmt, der in der Begrenzung der alten Grundlagen einer Theorie verkörpert ist.

Diese Begrenzungen können als besondere logische Verbotsforderungen formuliert werden, die jede Theorie bald als zusätzliche Axiome, bald als fundamentalste Axiome des theoretischen Systems, bald als metasprachliche Regeln oder inhaltliche Postulate der gegenständlichen, konkreten Theorie begleiten. Zumindest setzt in der modernen Wissenschaft die Formulierung einer beliebigen neuen Theorie die bewußte Aufstellung einer Serie von Verboten als – von der inhaltlichen Seite her – besondere Klasse ihrer Aussagen voraus. Die Quantenmechanik hat beispielsweise Verbote eingeführt für alle Wirkungswerte, die nicht durch h teilbar sind, sowie für die Möglichkeiten, die darin bestehen, die Lage (Koordinate) und den Zustand (Impuls) zweier Teilchen gleichzeitig zu fixieren oder zu bestimmen (Unbestimmtheitsprinzip) und auf ein und derselben energetischen Stufe zwei Teilchen mit gleichgerichteten Spins zu finden (Pauli-Prinzip). Die (spezielle und allgemeine) Relativitätstheorie formulierte ihre auf die Geschwindigkeit der Prozesse sowie die Forderung der Invarianz bezogenen Verbote.

Die Verbotsforderungen spielen eine wesentliche heuristische Rolle im Entwicklungsprozeß einer Theorie, sie reflektieren bestimmte Gesetzmäßigkeiten ihrer Herausbildung. Die Verbote sind vor allem als Mittel zur Beseitigung von Paradoxien erforderlich, die bei der Extrapolation einer alten Theorie auf ein neues Gebiet von Erscheinungen unweigerlich entstehen. Außerdem besteht die sehr wichtige heuristische Funktion der Verbote auch darin, daß sie einen Hinweis auf den Bereich des Unmöglichen, auf jene Aufgaben geben, die im Rahmen einer bestimmten Theorie formuliert, jedoch von ihr prinzipiell nicht gelöst werden können. Das diente dem

[14] Unter „Transformationsprinzipien der Theorien" verstehen wir die logischen Prinzipien, die die Veränderungen des deduktiven Schemas, der Interpretation und der Applikationen des theoretischen Systems regulieren, anders ausgedrückt, die logischen Grundlagen für die Transformation der Hauptfaktoren des Aufbaus und der Gestaltung einer Theorie.

englischen Mathematiker Edmund Taylor Whittaker (und später dem deutschen Physiker Max Born) als Begründung für die Formulierung eines besonderen „Unmöglichkeitsprinzips" als Mittel, neue theoretische Systeme auf der Basis nichtgelöster Aufgaben alter Theorien zu konstruieren.

Der Hinweis auf die Unmöglichkeit bestimmter Prozesse nimmt tatsächlich zuweilen die Form einer besonderen Methode an, der zufolge wir eine neue Theorie mittels Substitution nur eines unbewiesenen Satzes des alten theoretischen Systems durch seine Negation (d. h. durch einen besonderen Verbotstyp) und mittels nachfolgender systematischer Ableitung aller möglichen Folgerungen aus diesem Verbot konstruieren können, das uns als fundamentale Grundlage (oder Axiom) für die Ableitung dient. Auf diese Weise, d. h. mittels des alleinigen Verbots des 5. Postulats, wurde die nichteuklidische Geometrie Lobatschewskis unter Beibehaltung aller übrigen Axiome der euklidischen Geometrie aufgebaut. In analoger Weise wurde auch die Thermodynamik entwickelt, die nach Einstein „nichts weiter [ist] als die systematische Beantwortung der Frage: Wie müssen die Naturgesetze beschaffen sein, damit es unmöglich sei, ein perpetuum mobile zu konstruieren?" [15]

Diese Methode wie auch das mit ihr zusammenhängende Unmöglichkeitsprinzip ist aber nicht universal und widerspiegelt nicht einmal alle heuristischen Funktionen der Verbotsforderungen. Zumindest ist der Fall eines Verbots eines der Sätze einer alten Theorie als Ausgangsprinzip (oder Axiom) eines neuen theoretischen Systems vergleichsweise selten in der Praxis des wissenschaftlichen Schöpfertums. Viel häufiger treten die Verbote bei der Formulierung einer neuen Theorie nicht in Form von Ausgangsprinzipien, sondern als – bezogen auf die Axiomatik (oder den Komplex der primären Prinzipien) – *zusätzliche* Forderungen der Auswahl auf.[16]

Das Unmöglichkeitsprinzip ist somit einseitig und umfaßt nicht alle möglichen Verbotsformen. Einen interessanten Versuch, es zu verallgemeinern, hat S. W. Illarionow unternommen. Er machte den Vorschlag,

[15] *Albert Einstein*, Briefe an Maurice Solovine, Berlin 1960. S. 18.

[16] Beispielsweise ließ die Quantenmechanik in ihrer historisch gesehen ursprünglichen Variante neben Voraussagen wirklich beobachtbarer Folgen auch Frequenzen zu, die im Versuch nicht zu beobachten sind. Das erforderte die Einführung zusätzlicher, rein empirischer Verbotsregeln, die es gestatteten, aus den Voraussagen der Quantentheorie nur die Lösungen auszuwählen, die physikalisch sinnvoll waren, d. h. bestimmten experimentellen Ergebnissen entsprachen.

das „Begrenztheitsprinzip“ als integrale Form für den Ausdruck der heuristischen Funktionen der Verbote zu verwenden.[17]

Entsprechend dem genannten Prinzip ist in der Erkenntnis ein spezifisches Gesetz wirksam, durch das der Wirkungsbereich der Prinzipien alter Theorien im Hinblick auf neue Erscheinungen, die durch neue Theorien entdeckt werden, eingeschränkt wird. In dieser Hinsicht erfordert die Konstruktion einer neuen Theorie die Einführung entsprechender „Verbote“. So wurden bekanntlich in der klassischen Statistik (Boltzmann-Gibbs-Statistik) alle beliebigen Teilchenzustände im System zugelassen, wobei die möglichen Umgruppierungen seiner Teilchen als verschiedene Zustände des Systems angesehen wurden. Bose und Einstein introduzierten ein Verbot für sich nur durch Teilchenumgruppierungen unterscheidende Systemzustände wie auch für Unterschiede zweier Teilchen von gleicher Natur und schufen eine neue, allgemeinere Statistik, die nicht nur den Bereich der statistischen Methoden in der Physik erweiterte, sondern es auch ermöglichte, die Theorie des Photonengases zu entwickeln.

Fermi und Dirac gingen noch weiter, indem sie zu diesen Beschränkungen das Verbot für alle Zustände hinzufügten, in denen sich zwei oder mehr durch gleiche Quantenzahlen charakterisierte Teilchen befinden können, und die Beschränkung dieses Typs kennzeichnete nicht nur ein neues Statistiksystem, sondern sie gestattete es auch, einen noch weiteren Kreis von Erscheinungen zu erklären und beispielsweise auch die Quantentheorie der elektrischen Leitfähigkeit und Wärmekapazität der Metalle (Elektronentheorie der Metalle) zu entwickeln.

Man muß sich jedoch vor Augen halten, daß die Einführung von Verboten nicht immer mit einer Verminderung der Zahl der Ausgangsthesen einer Theorie verbunden ist; sie kann insbesondere ganz einfach die positive Formulierung eines alten Prinzips auf seine negative Form abändern. Doch das Begrenzungsprinzip in der Behandlung S. W. Illarionows unterscheidet nicht zwischen Fällen einer Minimierung der Form der Theorie (der Beschränkung beispielsweise der Anzahl ihrer Postulate), die als Mittel zu ihrer inhaltlichen Verallgemeinerung dient, und Fällen einer Begrenzung des Inhalts der alten Theorie in einer neuen Form unter Verwendung der ihrer Gemeinsamkeit äquivalenten Form.

So spielt die Begrenzung ebenso wie der Hinweis auf die „Unmöglichkeit“ eine wichtige heuristische Rolle bei der Entwicklung wissenschaftlicher Theorien. Die Interpretation dieser Prinzipien umfaßt indessen nicht alle

[17] Siehe *С. В. Илларионов*, Принцип ограничений в физике и его связь с принципом соответствия, in: Вопросы философии, 1964, 3.

Fälle, in denen sich die heuristischen Funktionen der Verbote äußern. Wäre es nicht besser, in dem gegebenen Zusammenhang nicht vom „Unmöglichkeitsprinzip" oder vom „Begrenzungsprinzip" zu sprechen, sondern in verallgemeinerter Form vom *Verbotsprinzip* als einem Mittel nicht nur der Begrenzung, sondern auch der Verallgemeinerung einer Theorie, als Mittel, das nicht nur auf die Unmöglichkeit hinweist, sondern auch den Bereich des Möglichen bestimmt? Das würde es erlauben, die Bezeichnung des entsprechenden Prinzips nicht nur mit *einer* Seite aus der Menge der heuristischen Funktionen der Verbote zu verbinden, sondern – was das wichtigste ist – alle Fälle zu verallgemeinern, in denen die erwähnten Funktionen sich äußern: sowohl die Fälle der Aufstellung eines Verbots als Ausgangsaxiom (oder -prinzip) wie die der Anwendung von Verboten als zusätzliche Auswahlregeln zu den Fundamentalprinzipien der Theorie und ferner die Rolle der Verbote als Mittel zur Beseitigung von Paradoxien.

Die Verbote sind kein willkürlicher Akt logischer Konvention, sondern fungieren als logischer Ausdruck der realen Negierung („Aufhebung") alter Vorstellungen durch ein neues Tatsachenmaterial, als logischer Ausdruck des in der Bereicherung einer alten Theorie durch neue Daten bestehenden realen Prozesses. Deshalb sind die Verbote stets an den logischen Mechanismen der Verallgemeinerung einer Theorie beteiligt, und zwar nicht nur dem Inhalt, sondern auch der Form nach. Insbesondere stehen die Verbote in einer neuen Theorie oft mit der Einführung neuer logischer Verfahren, Methoden oder sogar neuer logischer Operationen in Verbindung. Dadurch werden die Möglichkeiten erweitert, eine neue Theorie als Methode zur Lösung neuer Aufgaben anzuwenden; erweitert werden auch ihre Logik und der methodologische Bereich des betreffenden theoretischen Systems.

Eine sehr wichtige Rolle der Verbote bei der Verallgemeinerung einer Theorie besteht ferner darin, daß sie es ermöglichen, den Gegenstandsbereich der Theorie durch Einführung einer neuen Klasse von möglichen, hypothetischen, angenommenen Ereignissen und Aussagen über sie zu erweitern. Denn das Verbot eines Postulats trägt stets zur Vergrößerung der Sphäre des Möglichen bei, erweitert den logischen Raum der Theorie für eine neue Klasse von Erklärungen, Tatsachen, Annahmen.

Die Anwendung des Verbotsprinzips in der Erkenntnis wird somit bestimmt durch die dialektische Vereinigung sowohl der Begrenzungsfunktionen wie auch der Wissensverallgemeinerung, durch die dialektische Kombination sowohl des Hinweises auf das Unmögliche wie des Hinweises auf das Mögliche. Hinzugefügt werden muß, daß die Verbote es auch ermöglichen, die Funktion, die in der Charakteristik der Sphäre des in einer Theorie Angenommenen besteht, sowie die Definitionen des Bereichs des

Unanfechtbaren, d. h. jene Wissenselemente, die beibehalten werden, die absolut sind, miteinander zu vereinigen. Die Sache ist die, daß die Verbote die Spezifik des Forschungsgegenstandes umreißen und ihre Ablehnung einer Ablehnung des betreffenden Gegenstandes gleichkäme, was an sich ebenfalls ein neues Verbot wäre. Darüber hinaus werden die Verbote, wie S. W. Illarionow überzeugend nachgewiesen hat,[18] im Prozeß der Theorientransformation beibehalten, wobei sie zu neuen Verboten modifiziert oder verallgemeinert werden.

Diese Beibehaltung der Verbote in der Genese der wissenschaftlichen Theorien charakterisiert von einer bestimmten Seite her die Beibehaltung des positiv vorgegebenen Wissens, denn so viel Verbote wir auch auferlegen würden, stets bliebe in der Theorie etwas, das sich nicht negieren läßt. Hierin zeigt sich bereits die erkenntnistheoretische Gesetzmäßigkeit der Wechselbeziehung zwischen absoluter und relativer Wahrheit, die bestimmend ist für die Kontinuität in den Prozessen der schrittweise aufeinanderfolgenden Verallgemeinerungen der alten Theorien zu neuen theoretischen Systemen. Damit manifestiert sich das Verbotsprinzip in einem seiner wesentlichen Merkmale, als negativer Ausdruck eines anderen, nicht minder wichtigen heuristischen Prinzips – des *Permanenzprinzips.*

Das Permanenzprinzip wurde 1867 von dem deutschen Mathematiker Hermann Hankel eingeführt, der entdeckte, daß es ganze Reihen mathematischer Theorien gibt, die durch kontinuierliche Übergänge und eine einheitliche Gesetzmäßigkeit der gegenseitigen Transformation verknüpft sind. Das Muster für die Feststellung der Beziehungen, die Reihen von Theorien (und nicht zwei beliebige theoretische Systeme, über deren Vergleich das Studium des logischen Prozesses der Theorientransformation gewöhnlich nicht hinausging) charakterisieren, war die Feststellung der Gesetzmäßigkeit des schrittweisen Ineinanderaufgehens der arithmetischen Systeme beim Übergang von der Arithmetik der natürlichen Zahlen zur Arithmetik der Bruchzahlen und von der Arithmetik der Bruchzahlen zur Arithmetik der irrationalen Zahlen und von diesen zur Arithmetik der komplexen (und später auch der hyperkomplexen) Zahlen. Es stellte sich heraus, daß zwischen diesen arithmetischen Systemen ein kontinuierlicher Übergang der Elemente der einen Theorie in die andere auf der Linie der aufsteigenden Bewegung von der Arithmetik der natürlichen Zahlen zur Arithmetik der hyperkomplexen Zahlen besteht und daß bei der rückläufigen, absteigenden Bewegung von der Arithmetik der hyperkomplexen zur Arithmetik der natürlichen Zahlen von Grenzübergängen zu reden ist.

[18] Siehe ebenda, стр. 102.

Wie Hankel demonstrierte, ist der Übergang zwischen den erwähnten arithmetischen Systemen trotz all ihrer qualitativen Unterschiede kontinuierlich nicht nur im Sinne der Zwischenglieder beim Aufsteigen von den natürlichen zu den hyperkomplexen Zahlen, sondern auch im Sinne der Erhaltung eines Teils der Gesetze, die die Arithmetik der natürlichen Zahlen im gesamten Verlauf der qualitativen Umgestaltungen der arithmetischen Systeme charakterisieren. Eben diese Gesetzmäßigkeit, die sich ausdrückt in der Erhaltung eines Teils der Gesetze der Ausgangstheorie bei einer ganzen Serie von schrittweise aufeinanderfolgenden Theorietransformationen, die eine geschlossene Kette von qualitativen Übergängen einer kontinuierlichen Verallgemeinerung bilden (einzuschließen sind hier auch die Stufen der Grenzübergänge bei rückläufiger Bewegung), diente als Grundlage für die Herausbildung des Permanenzprinzips. Dieses Prinzip wird jedoch nicht durch die bloße Konstatierung dessen erschöpft, daß ein gewisser Komplex von Gesetzen in einer ganzen Serie von Theorien, die durch die Kette der kontinuierlichen Transformationen untereinander verbunden sind, erhalten bleibt. Aus ihm entspringt insbesondere die Möglichkeit einer konstruktiven Vorgabe der Objekte der Theorien, die zu einer Reihe permanenter Übergänge gehören.

Wir können, wenn wir die Objekte einer Theorie erster Ordnung als Ausgangsobjekte gewählt haben, gemäß dem Permanenzprinzip die Objekte anderer Theorien allein durch Einführung oder Definition einiger Operationen konstruieren. Wenn man als Ausgangsobjekte die Objekte der natürlichen Reihe nimmt, dann genügt es folglich, die Operation der Division einzuführen, um Zahlen des Typs $\frac{p}{q}$ zu erhalten. Aber Zahlen dieser Art geben bei Substitution von p und q durch Größen, die das Verhältnis $\frac{p}{q}$ kürzbar machen, Zahlen der natürlichen Reihe, während dann, wenn eine vollständige Kürzung nicht möglich ist, neue Objekte – Bruchzahlen – in Erscheinung treten. Führt man weiterhin die Operation des Wurzelziehens ein, dann erhalten wir unter bestimmten Bedingungen nicht nur bereits bekannte Zahlen, sondern auch Objekte der Arithmetik der irrationalen Zahlen, und bei gewissen Kombinationen mit anderen Operationen werden auch Zahlen komplexer Natur eingeführt.

Eine sehr wichtige heuristische Rolle des Permanenzprinzips besteht darin, daß es auch das umgekehrte Verfahren zuläßt, das es ermöglicht, die ganze permanente Kette der Theorien einzurollen und nicht mehr deren konkrete Objekte, sondern ein neues, abstraktes, komplexes Objekt zu untersuchen, das den Gesetzen genügt, die der gesamten Theorienkette gemeinsam sind. Das liefert ein machtvolles Mittel für die Verallgemeinerung und Entwicklung der theoretischen Vorstellungen in der Mathematik. So erlaubte es die Feststellung der Tatsache, daß die arithmetischen Systeme eine Kette permanenter Übergänge bilden, bei deren Realisierung elf Gesetze unverändert bestehen bleiben, von den arithmetischen Objekten überhaupt zu abstrahieren und den Begriff des „algebraischen Körpers" als einer Menge von Elementen beliebiger Natur einzuführen, die nur den der permanenten Kette der arithmetischen Systeme gemeinsamen Gesetzmäßigkeiten unterliegen. Dieser Begriff diente seinerseits als Ausgangspunkt für die Einführung solcher noch abstrakterer Vorstellungen wie „Gruppe", „Ring", „Halbring", „Feld", „Struktur", die den Gegenstand der modernen höheren Algebra bestimmen.

Durch das Permanenzprinzip charakterisierte Beziehungen von Theorien kommen jedoch nicht nur im Bereich der Arithmetik vor. Nicht weniger deutlich tritt dieses Prinzip in der Geometrie, namentlich im Lichte des Erlanger Programms, in Erscheinung. Das läßt sich am Beispiel der permanenten Kette des schrittweisen Ineinanderaufgehens der fundamentalen Gruppen illustrieren, die die entsprechenden geometrischen Systeme definieren. So tritt die sechsparametrige (aus sechs Elementen bestehende) Gruppe der euklidischen Bewegungen, die die euklidische Geometrie charakterisiert, als Untergruppe der zwölfparametrigen Gruppe auf, die die affine Geometrie bestimmen. Die Fundamentalgruppe der affinen Geometrie tritt ihrerseits als Untergruppe der fünfzehnparametrigen Gruppe der projektiven Geometrie auf, und diese fünfzehnparametrige Gruppe geht in die unendliche Gruppe ein, die die Topologie definiert.

Das Permanenzprinzip ist, wie wir sehen, den mathematischen Disziplinen gemeinsam. Ziehen wir aber die breite Anwendbarkeit der Mathematik in Betracht, dann können wir daraus schließen, daß es auch eine logische Bedeutung hat.

Im Zusammenhang damit charakterisieren wir das Permanenzprinzip als ein Prinzip, das die Gesetzmäßigkeiten der Wechselbeziehungen einer ganzen Serie von Theorien ausdrückt, von denen jede in eine andere eingeht, wobei eine Reihe kontinuierlicher Übergänge in Richtung einer schrittweisen Verallgemeinerung der theoretischen Systeme zustandekommt. Wenn wir von den Gesetzmäßigkeiten sprechen, die die permanente Theorienkette bestimmen, haben wir folgende Vorstellungen:

1. In einer permanenten Kette theoretischer Systeme bleibt ein Teil der Gesetze jeder voraufgegangenen Theorie in der folgenden erhalten;

2. die Objekte der voraufgegangenen Theorie können als Ableitungen von den Objekten der folgenden Theorie angesehen werden;

3. demgemäß erweist sich die voraufgegangene Theorie als Grenzfall der folgenden;

4. die Regeln 1 bis 3, die die Beziehungen *benachbarter* Theorien charakterisieren, gelten für alle Theorien, die zur permanenten Kette gehören, unabhängig davon, ob wir eine Theorie erster Ordnung mit einer Theorie n-ter Ordnung oder aber eine Theorie zweiter Ordnung mit einer Theorie fünfter Ordnung vergleichen;

5. die gesamte permanente Theorienkette ist einem einheitlichen Komplex von Gesetzen unterworfen, die auf allen Stufen des Übergangs von einer Theorie zur anderen Gültigkeit haben;

6. auf Grund dieses Umstandes kann die Kette der permanent wechselseitig verbundenen Theorien zu *einem* gemeinsamen theoretischen System eingerollt werden, das sich von jeder Theorie der permanenten Reihe qualitativ unterscheidet.

Eine Untersuchung der Gesetzmäßigkeiten der permanenten Wechselbeziehung der Theorien zeigt, daß diese Beziehungen in gewisser Weise die Eigenschaften der zu der permanenten Reihe gehörenden Theorien vorgeben. Dadurch ermöglicht es die Analyse der permanenten Reihe, dem Ideal der Anwendung der logischen Prinzipien des Übergangs von einer Theorie zur anderen näherzukommen, das bedingt Theorienkalkül genannt werden kann.

Insbesondere kann man (wenn man an die Beziehungen von Theorien des Typs denkt, die in den oben angeführten Beispielen des Ineinanderaufgehens der arithmetischen Systeme oder der Gruppenhierarchie der Geometriesysteme behandelt wurden) eine spezielle Permanenzrelation aussondern und sie bestimmen, indem man die Axiome der Irreflexivität, der Asymmetrie und der Transitivität vorgibt. In diesem Falle sind die Gesetzmäßigkeiten der Permanenz mit einer Axiomatik folgender Art verbunden:

$$\text{I} \quad \overline{S_1 R S_1};$$
$$\text{II} \quad S_1 R S_2 \supset \overline{S_2 R S_1};$$
$$\text{III} \quad (S_1 R S_2) \,\&\, (S_2 R S_3) \supset S_1 R S_3,$$

wo S das Symbol des theoretischen Systems einer bestimmten Ordnung, R das binäre Verhältnis der Permanenz und $\supset$ die materiale Implikation ist.

Die Einsicht fällt nicht schwer, daß das Axiom I durch die Regel 4 der Gesetzmäßigkeiten der permanenten Reihe bestimmt wird und für alle Axiome (I-III) die Forderung gilt, daß die Theorien in linearer Aufeinanderfolge in die permanente Reihe einzugehen haben.

Sind die betreffenden Axiome erfüllt, dann kann die Menge der permanent verbundenen Theorien als *Kette* im algebraischen Sinne angesehen werden, d. h. als eine solche teilweise geordnete Menge, in der beliebige zwei Elemente vergleichbar sind.[19] Im Zusammenhang damit definieren wir an der Gesamtmenge der untersuchten, permanent verbundenen Theorien die Operation des Durchschnitts (wir drücken sie durch das Symbol $\cap$ aus) und die der Vereinigung (Symbol $\cup$). Dann kann man die Kette der permanent verbundenen Theorien als eine Menge ansehen, an der folgende Gesetze erfüllt werden:

a) das Gesetz der Idempotenz – $S_1 \cup S_1 = S_1$;
b) das Gesetz der Assoziativität – $S_1 \cup (S_2 \cup S_3) = (S_1 \cup S_2) \cup S_3$;
c) das Gesetz der Kommutativität – $S_1 \cup S_2 = S_2 \cup S_1$;
d) das Gesetz der Absorption – $S_1 \cup (S_1 \cap S_2) = S_1$.

Wenn uns außerdem das zusätzliche, für jede konkrete Kette permanent verbundener Theorien spezifische Gesetz der Abnahme oder des Anwachsens bestimmter Eigenschaften beim Übergang von einer Theorie zur anderen bekannt ist (beispielsweise, daß jede folgende Theorie ein Axiom der voraufgegangenen eliminiert und dergleichen), dann eröffnet sich die Möglichkeit, schon auf Grund der Feststellung der Ordnung, in der eine noch unerforschte Theorie in die permanente Reihe eingeht, über einige ihrer Eigenschaften urteilen zu können.

Leider sind die den Axiomen I–III unterworfenen Fälle einer Wechselbeziehung von Theorien recht beschränkt, denn das Permanenzprinzip verwirklicht sich nicht nur in Form einer linearen Aufeinanderfolge, in der eine Theorie in einer anderen aufgeht, sondern es kommen auch Verästelungen und Abzweigungen von dieser linearen Aufeinanderfolge der Hauptreihe der permanent verbundenen theoretischen Systeme vor. Anders ausgedrückt, einige dieser Systeme können als Ausgangspunkt einer anderen Theorienkette dienen, die sich mit der permanenten Ausgangsreihe des linearen Ineinanderübergehens überschneidet.

So haben wir, als wir die permanente Kette der Gruppenstrukturen der verschiedenen Geometrien charakterisierten, nur die lineare Abfolge des Ineinanderübergehens der Geometriesysteme genommen. Das erwies sich für die meisten, jedoch nicht für alle geometrischen Systeme als möglich. Würden wir nämlich versuchen, die Beziehungen einer größeren Anzahl von geometrischen Systemen darzustellen, dann müßten wir, wenn wir die lineare Abhängigkeit eines Typs wie Gruppe der euklidischen Bewegungen $<$ Gruppe der affinen Transformationen $<$ Gruppe der projektiven Transformationen $<$ Gruppe der topologischen Transformationen fixierten, hin-

[19] Zwei Elemente (a und b) einer teilweise geordneten Menge sind vergleichbar, wenn $a \leqq b$ oder $b \leqq a$.

zufügen, daß die Gruppe der euklidischen Bewegungen nicht nur eine Untergruppe der Gruppe der affinen, sondern auch der konformen Umformungen ist. Zu berücksichtigen wäre ferner, daß die Gruppen der konformen und projektiven Transformationen (Umformungen) als Untergruppe die Gruppen der elliptischen Bewegungen und der Bewegungen des Lobatschewski-Raums enthalten. Mit anderen Worten: Hier läßt die lineare Aufeinanderfolge des Übergehens der geometrischen Systeme seitliche Verzweigungen zu.

Für solche „verzweigten" Strukturen von Theorienwechselbeziehungen sind die Axiome I–III nicht erfüllt. Deshalb reduziert sich die Realisierung der heuristischen Möglichkeiten der permanenten Beziehungen für die angegebenen Situationen darauf, die *begrenzte Anzahl von Theorien* auszuwählen, die zu einer linearen Reihe von permanenten Abhängigkeiten gehören. Die Frage besteht jedoch darin, *welche* Zahl von Theorien ein und dieselbe permanente Kette linearer Übergänge bilden kann und folglich vorweg Urteile über deren Eigenschaften zuläßt, die durch die Beziehungen dieser Kette vorgegeben sind.

Wie wir aus den angeführten Beispielen ersehen haben, können die mathematischen Theorien permanente Ketten linearer Übergänge bilden, die – das ist Voraussetzung – mehr als zwei theoretische Systeme zählen. Offensichtlich wurde das Permanenzprinzip auch deshalb in der Mathematik formuliert.

Komplizierter verhält sich die Sache in den anderen Wissenschaften. In der Physik kommen beispielsweise Beziehungen vor, die denen der permanenten Reihe analog sind. So kann die klassische Quantenmechanik (*QM*) unter gewissen Bedingungen (wenn $h \to 0$) und die relativistische Mechanik (*RM*) unter anderen Bedingungen (wenn die Konstante c nicht berücksichtigt, d. h. angenommen wird, daß $c \to \infty$) in die Newtonsche Mechanik (*NM*) übergeführt werden. Die relativistische Quantenmechanik (*RQM*) hat ihrerseits unter der Bedingung, daß $h \to 0$, die relativistische Mechanik und unter der Bedingung $c \to \infty$ die klassische Quantenmechanik zur Folge.

Allerdings verzweigen und verflechten sich, wie aus der dargestellten Wechselbeziehung der physikalischen Grundtheorien ersichtlich, die permanenten Beziehungen derart, daß sie keine lineare Kette von Übergängen mehr bilden, sondern in bildhafter Darstellung das Aussehen einer geschlossenen Figur annehmen.

In dieser Figur tritt zudem eine erstaunliche Symmetrie im Sinne einer Gleichartigkeit der Übergänge in Erscheinung, symbolisiert durch die parallelen Seiten. Die senkrechten parallelen Seiten verbinden die an ihren

Enden eingezeichneten Theorien durch die Übergänge $c \to \infty$ und die waagerechten Seiten durch die Übergänge $h \to 0$. Darin liegt die Möglichkeit, die gesamte Figur der Wechselbeziehung der physikalischen Theorien in Form eines Quadrats darzustellen.

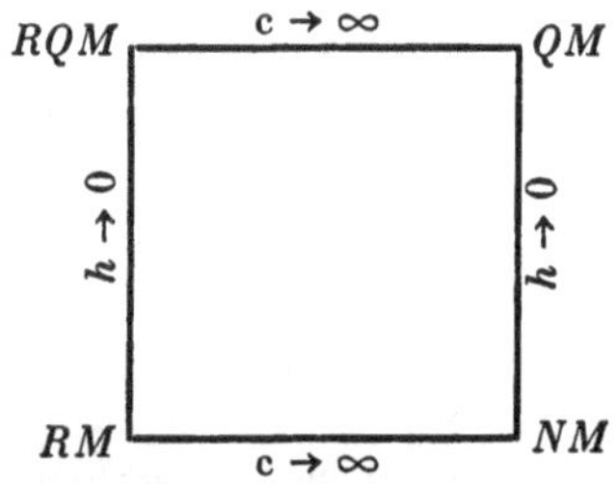

Die Quadratstruktur der Abhängigkeiten der grundlegenden physikalischen Theorien zeigt anschaulich, daß die Beziehungen, die eine permanente Theorienkette charakterisieren, in einer Reihe von Fällen die Tendenz haben, in die Beziehungen zweier durch Grenzübergänge verbundener Theorien überzugehen. Und es ist durchaus kein Zufall, daß Niels Bohr hinsichtlich dieser Wechselbeziehungen des Grenzüberganges zweier Theorien in der Physik 1913 selbständig das *Korrespondenzprinzip* formulierte, das im Grunde genommen als Sonderfall des Permanenzprinzips anzusehen ist. Natürlich bereichert die Funktionsbegrenzung des Korrespondenzprinzips durch den Wechselbeziehungsbereich zweier Theorien seine heuristischen Möglichkeiten und gestattet es infolgedessen, dieses Prinzip als selbständiges logisches Mittel der Genese theoretischer Systeme anzusehen.

Das Korrespondenzprinzip basiert auf dem Grenzübergang, aber seine Hauptgesetzmäßigkeit drückt sich in der Behauptung aus, daß die Resultate einer neuen und einer alten (klassischen) Theorie unter gewissen Bedingungen, die durch die Extremwerte eines „charakteristischen Parameters" (gewöhnlich ist dies eine fundamentale Konstante und ihre Werte sind 0 oder ∞) gegeben sind, in der Erklärung einer bestimmten Gesamtheit von Erscheinungen asymptotisch übereinstimmen. Das hängt damit zusammen, daß in der neuen Theorie (die bezüglich eines qualitativ neuen Gebiets entwickelt wurde) ein Teil der Begriffe und auch der Prinzipien der alten Theorie (häufig in veränderter Form) beibehalten wird und daß infolgedessen in der neuen Theorie „klassische Doppelgänger" vorkommen, die die Übereinstimmung (Korrespondenz) der beiden gegebenen theoretischen Systeme in der Erklärung der Erscheinungen widerspiegeln, die gemeinsamen, beim Übergang zum neuen Gebiet beibehaltenen Gesetzmäßigkeiten unterliegen.

Daraus folgt, daß das Korrespondenzprinzip in seinen heuristischen Anwendungen nicht sosehr in Form der Gesetzmäßigkeit auftritt, die den wechselseitigen Zusammenhang zweier *bereits geformter* theoretischer Systeme nach der Methode des Grenzüberganges konstatiert, als vielmehr als Prinzip der „größtmöglichen Analogie“ (Heisenberg) der zu schaffenden Theorie mit ihrem voraufgegangenen theoretischen Bereich. Anders ausgedrückt – es wird angenommen, daß es in der neuen Theorie „klassische Doppelgänger“ geben muß, die in vollem Maße ausgewertet werden müssen, um die Formeln des neuen theoretischen Systems zu erhalten, indem man Korrekturen (Begrenzungen) in die Resultate der klassischen Berechnungen dort aufnimmt, wo sie unbestimmte Werte ergeben. Das bedeutet letztlich die Möglichkeit einer gewissen begrenzten Verwendung der alten Methoden bei der Erklärung des neuen Erscheinungsbereichs, worauf wir bereits bei der Analyse der Methode der „hinüberwechselnden“ Form gestoßen sind.

Eine andere Sache ist es, daß sich die Überzeugung selber, daß eine solche Analogie zwischen einigen Seiten der alten und der neuen Theorie (der zufolge die Gesetzmäßigkeiten des alten Systems bei der Schaffung eines neuen Systems begrenzt wirksam sind) möglich ist, auf die Praxis der Wissenschaft gründet. Diese Praxis aber bezeugt, daß eine wahre Theorie (wie „klassisch“ sie auch scheinen mag) in bestimmten Grenzen unbedingt erhalten bleibt und (sei es in modifizierter Form) in eine neue, breitere theoretische Konzeption eingeht, die ihrerseits unter Grenzbedingungen in die betreffende klassische Theorie übergehen wird. Von dieser Seite aus tritt das Korrespondenzprinzip sogar als heuristischer Gradmesser der Wahrheit eines neuen theoretischen Systems auf, d. h. es läßt den Schluß: ‘Wenn die neue Theorie richtig ist, dann muß sie im Grenzfalle eine klassische, experimentell geprüfte Theorie ergeben’, berechtigt erscheinen.

Der Grenzübergang ist indessen eine sekundäre, rekursive Funktion des Korrespondenzprinzips, wenn wir es anwenden, um die Verknüpfung einer neuen, *bereits geschaffenen* Theorie mit einer alten logisch zu untermauern, und dadurch eine strenge logische Begründung für die Methode der Ausdehnung einiger alter Vorstellungen auf das neue Gebiet finden, die ein heuristisches Mittel für die Konstruktion einer neuen Theorie ist. Der Hauptwert des Korrespondenzprinzips in heuristischer Beziehung besteht darin, Neues durch Extrapolation der alten Methoden auf ein neues Gebiet zu suchen in der Voraussicht einer unvermeidlichen Analogie zwischen einem Teil der Begriffe des alten und des zu schaffenden theoretischen Systems. Ein beredtes Beispiel hierfür liefert uns die Geschichte des Aufbaus der Quantenmechanik durch Heisenberg.

Bekanntlich benutzte Heisenberg bei der Lösung der betreffenden Aufgabe den mathematischen Apparat der klassischen Mechanik. Er wies nach, daß für die Matrizenabbildung von Größen in der Quantenmechanik die gleichen Operationen über den Fourierschen Reihen gelten, die in der klassischen Mechanik bei der Untersuchung der dynamischen Veränderlichen als Zeit- und Koordinatenfunktionen verwendet werden. Für diese Analogie führte er nur eine Begrenzung ein, die sich als spezifischer Ausdruck der Quantengesetzmäßigkeiten erwies und die mit der Nichtanwendbarkeit der gewöhnlichen Regel der Kommutativität der Multiplikation auf Operationen über den Matrizen zusammenhängt.

Bezogen auf den hier betrachteten Vorgang der Schaffung der Quantenmechanik schrieb Heisenberg: „Das *Bohr*sche Korrespondenzprinzip ... besagt in seiner allgemeinsten Fassung, daß eine bis in die Einzelheiten durchführbare qualitative Analogie besteht zwischen der Quantentheorie und der zu dem jeweils verwendeten Bild gehörigen klassischen Theorie. Diese Analogie dient nicht nur als Wegweiser zum Auffinden der formalen Gesetze, ihr besonderer Wert liegt vielmehr darin, daß sie gleichzeitig die physikalische Interpretation der gefundenen Gesetze liefert.“[20]

Das Korrespondenzprinzip ermöglichte es also speziell dadurch, daß es die Möglichkeit begründete, im Bereich der Mikroerscheinungen Größen zu verwenden, die den klassischen analog sind, den quantenmechanischen Formalismus zu entwickeln und die Bedingungen für eine empirische Interpretation des betreffenden Formalismus in der klassischen Sprache der durch Makrogeräte gelieferten Angaben vorzugeben.

Das Korrespondenzprinzip muß somit vor allem als Prinzip der Entwicklung neuen Wissens auf der Basis der Ermittlung der Grenzen alter Vorstellungen angesehen werden. Genauso formulierte es Niels Bohr auch, wobei er die heuristischen Funktionen des Korrespondenprinzips als eines Prinzips hervorhob, „das das Bestreben ausdrückt, die Begriffe der klassischen Theorien der Mechanik und Elektrodynamik trotz des Gegensatzes zwischen diesen Theorien und dem Wirkungsquantum so weit wie nur irgend möglich zu verwenden“ („which expresses the endeavour of utilizing to the outmost extent the concepts of the classical theories of mechanics and electrodynamics, in spite of the contrast between these theories and the quantum of action“)[21], das heißt über den Rahmen des

[20] *W. Heisenberg*, Die physikalischen Prinzipien der Quantentheorie, Mannheim 1958, S. 78.

[21] *Niels Bohr*, Atomic Physics and Human Knowledge, p. 5 (es wurde ausdrücklich darauf verzichtet, die deutsche Fassung des Zitats nach der deutschen

Tatsachenmaterials hinaus, auf dem sich die klassischen Theorien formten und entwickelten, Damit steht im Zusammenhang, daß das Korrespondenzprinzip eine besondere Methodik der heuristischen Suche voraussetzt.

Einerseits bietet das Korrespondenzprinzip die Möglichkeit, die alten Methoden auf ein neues Gebiet von Erscheinungen zu extrapolieren, andererseits kommt man aber nicht umhin, diese alten Methoden, wenn die Aufgabe gestellt ist, ein neues theoretisches System zu schaffen, als begrenzte, dem neuen Gebiet nicht adäquate Erscheinungen anzusehen. Deshalb müssen wir, haben wir erkannt, daß die alten Methoden dem neuen Bereich nicht entsprechen, imaginäre Objekte konstruieren, genauer gesagt Modelle, in bezug auf die die gegebenen Methoden über die Grenzen der alten Theorie hinaus ihre Wirkung behalten, und dann untersuchen, ob einige Seiten dieser Modelle mit den wirklichen, empirischen Daten des neuen Gebiets kongruieren. In dem Maße, in dem diese Kongruenz in Erscheinung tritt (was dem Korrespondenzprinzip zufolge bezüglich eines begrenzten Teils der Erscheinungen des neuen Gebiets unbedingt der Fall sein muß), entwickeln wir einzelne Thesen der neuen Theorie und ermitteln die Grenze der logischen – und nicht nur der tatsächlichen – Anwendbarkeit der alten Methoden. Dies dient gleichfalls als Grundlage für die Bildung der Postulate des neuen theoretischen Systems. Hier zeigt sich eine mit dem Korrespondenzprinzip verknüpfte besondere Denkmethode, die sich in der Forderung ausdrückt, „die Grenzen von Begriffsbildungen abzutasten und dadurch Schwierigkeiten aufzulösen“[22].

Ausgabe von Niels Bohrs Arbeit zu bringen, obwohl Bohr deren deutsche Übertragung in dem von ihm eigens dafür geschriebenen Vorwort gutgeheißen hat. Die Gründe für das abweichende Vorgehen von der sonst hier geübten Praxis sind, daß die Übersetzung des Zitats, die in der deutschen Ausgabe von Bohrs Arbeit vorliegt, von der englischen Fassung, auf die sich das russische Original dieses Buches stützt, in ihrer Formulierung so stark differiert, daß sie sich in den obigen Text nicht einfügen läßt. Vergleichsweise sei aber die betreffende Stelle aus „Atomphysik und menschliche Erkenntnis“, S. 5., hier angeführt: „das ein Ausdruck für unsere Bestrebungen ist, bei passend eingeschränkter Benutzung mechanischer und elektromagnetischer Vorstellungen eine statistische Beschreibung der atomaren Phänomene zu erhalten, die sich als eine widerspruchsfreie Verallgemeinerung der klassischen physikalischen Theorien darstellt, obwohl das Wirkungsquantum vom Standpunkt dieser Theorien aus als eine Irrationalität betrachtet werden muß“ – *D. Ü.*).

22 *Max Born*, Bemerkungen zur statistischen Deutung der Quantenmechanik, in: *Max Born*, Ausgewählte Abhandlungen, 2. Bd., Göttingen 1963, S. 465.

Ein Beispiel einer solchen auf dem Korrespondenzprinzip beruhende
Methodik der Konstruktion eines neuen theoretischen Systems sind di
heuristischen Verfahren, deren sich Bohr für die Entwicklung der pla
netarischen Theorie des Atomaufbaus bediente. Er postulierte von vorn
herein zwei Prinzipien der neuen Theorie, die für die Nichtanwendbarkei
der klassischen Elektrodynamik auf die inneratomaren Prozesse sprachen
da sich aus ihr Schlußfolgerungen ergaben, die besagten, daß das plane
tarische Atommodell nicht stationär sei. Dennoch versuchte Bohr, obwohl
er betonte, daß die klassischen Methoden für die Berechnung de
Elektronenhüllen nicht anwendbar seien, diese Methoden für die Er
forschung der „Umkreise“ der klassischen Theorie, für eine Analyse de
Zone ihrer unmittelbaren Berührung mit der Physik der Mikrowelt aus
zunutzen. Hierfür schlug er imaginäre klassische Modelle zu dem Zweck
vor, sie mit den empirischen Daten über die Atomspektren zu vergleichen
die von dem Verhalten realer Atome Zeugnis ablegten.

Niels Bohr verglich, wie Louis de Broglie betont, „einerseits ein Ensembl
von fiktiven Atomen, die den Gesetzen der klassischen elektromagnetische
Theorie gehorchen, und andererseits ein Ensemble von realen quanti
fizierten Atomen“ („d'une part un ensemble d'atomes fictifs obéissant au
lois de l'électromagnétisme classique et d'autre part un ensemble d'atome
réels quantifiés“)[23]. Im Verlaufe dieses von ihm durchgeführten Vergleich
erkannte er, daß sich in einem gewissen Grenzfall, wenn man hinlänglic
große Quantenzahlen verwenden kann, die klassischen Berechnungen de
Strahlungsfrequenz mit den empirischen Angaben decken, die in be
stimmter Hinsicht die planetarische Atomtheorie bestätigen. Das gestattet
es auch, gemäß dem Korrespondenzprinzip die Möglichkeit der begrenzte
Anwendung einiger klassischer Methoden in der Theorie der Mikrowel
festzustellen und sich die nachgewiesene Analogie der Makro- und Mikro
bereiche für die Entwicklung des neuen theoretischen Systems zunutze z
machen.

Wenn uns die Nichtübereinstimmung der klassischen (alten) Metho
den mit bestimmten Besonderheiten des neuen Gebiets bekannt ist un
wir genötigt sind, diese Methoden nicht mehr auf wirkliche, sondern au
fiktive Objekte anzuwenden, dann drückt die Methodik der Extrapolatio
der klassischen Methoden auf ein neues Gebiet die spezifische Dialektik de
Wissensentwicklung aus. Die Feststellung der Grenze eines uns durc
effektiv funktionierende klassische Methoden positiv vorgegebenen alte
Kenntnissystems bedeutet zugleich, daß diese Grenze in Form von negati

[23] *Louis de Broglie*, La Physique Nouvelle et les quanta, Paris 1937, p. 160.

vorgegebenem Wissen überschritten wird, wenn die klassischen Methoden bereits an *fiktiven* Objekten realisiert werden. Dieser Übergang vom positiv vorgegebenen zum negativ vorgegebenen Wissen dient eben als Mittel zur Entdeckung neuen positiven Wissens und zur Konstruktion einer Theorie über einen neuen Bereich realer Erscheinungen.

Deshalb müssen wir, die Betrachtung des Korrespondenzprinzips zusammenfassend, konstatieren, daß sein Funktionieren zwei wesentliche Postulate voraussetzt:

1. Wenn eine Theorie wahr ist, kann sie nicht völlig widerlegt, sondern lediglich durch den Rahmen einer weitergehenden theoretischen Konzeption begrenzt werden, die einen Grenzübergang zu dieser alten Theorie zuläßt.

2. Die Wahrheit einer alten (klassischen) Theorie bedeutet, daß in dem Fall, wenn sie jenseits der Grenzen des Gebiets Anwendung findet, für dessen Erklärung sie einmal geschaffen wurde, fiktive Objekte des neuen Bereichs vorgelegt werden können, die den Gesetzen der alten Theorie unterworfen sind. Dabei werden einige Eigenschaften dieser fiktiven Objekte mit den wirklichen Objekten in dem neuen Bereich, der durch die neue Theorie beschrieben wird, identisch sein. Dadurch wird auch der wechselseitige Zusammenhang zwischen der alten und neuen Theorie aufgedeckt, man erkennt das Vorhandensein von „klassischen Doppelgängern" im neuen Bereich; ferner eröffnet sich die Möglichkeit, die alten Methoden für die Lösung der in der Beschreibung der neuen Erscheinungen bestehenden speziellen Aufgaben organisch anzuwenden, und es wird schließlich die logische Grenze der alten Theorie festgestellt.

Das Funktionieren des Korrespondenzprinzips setzt somit in bestimmter Hinsicht die Methodik der Konstruktion imaginärer Modelle voraus, die nur teilweise mit den empirischen Daten des neuen Gebiets übereinstimmen. Dieser Umstand zeigt den organischen Zusammenhang des Korrespondenzprinzips mit einer anderen sehr wichtigen heuristischen Gesetzmäßigkeit, die bei der Konstruktion neuer theoretischer Systeme obwaltet, nämlich mit der Gesetzmäßigkeit, die sich darin ausdrückt, daß in die realen, die wirklichen Erscheinungen widerspiegelnden Aussagen imaginäre („künstliche") Elemente zum Zwecke der logischen Entwicklung einer neuen Theorie einbezogen werden und daß einige fundamentale Prinzipien der klassischen Systeme bei der Schaffung neuer Systeme Verwendung finden.

Die Sache ist die, daß uns ein neues Gebiet von Erscheinungen in unserem Denken zunächst an einer geringen Zahl empirischer Daten bewußt wird, auf die bezogen es schwierig oder sogar unmöglich ist, eine logisch abgeschlossene Theorie zu konstruieren. Zugleich kann dem Bedürfnis, die empirischen Daten zu erweitern und neue Tatsachen zu gewinnen, in der modernen Wissenschaft häufig auf Grund theoretischer Voraussagen und der Voraussicht neuer experimenteller Effekte entsprochen werden, und das wiederum macht ein vollständigeres theoretisches Bild erforderlich. Zur Lösung dieses Paradoxons erweist sich eben als notwendig, zu den realen (d. h. experimentell verifizierbaren) Thesen der zu schaffenden Theorie zusätzliche, imaginäre („künstliche") Elemente einzuführen, um die Lücken zu schließen, die in der logischen Vollständigkeit der Theorie bestehen.

Das Entstehen einer neuen Theorie erfordert auch die Lösung des sich nicht selten ergebenden Widerspruchs zwischen den neuen empirischen Daten, die erkennen lassen, daß bestimmte fundamentale Gesetze des alten Bereichs unerfüllbar sind, und der theoretischen Überzeugung, daß es nicht möglich sei, diese Gesetze zu verletzen. In solchen Fällen wird angenommen, daß die eine Verletzung fundamentaler Gesetze bezeugenden empirischen Belege daraus resultieren, daß wir in den Experimenten bestimmte Faktoren nicht genügend berücksichtigt haben, von deren Sicht aus man sowohl den Widerspruch zwischen den Tatsachen und den Gesetzen als auch die Spezifik der Äußerung der betreffenden Gesetze im neuen Bereich erklären kann. Wenn solche Faktoren bis zu einer gewissen Zeit nicht entdeckt sind, setzt man für sie imaginäre („künstliche") Elemente ein, die ausschließlich zu dem Zweck eingeführt werden, um sich zu vergewissern, daß bestimmte fundamentale Gesetzmäßigkeiten bestehen, da deren Nichtberücksichtigung zu katastrophalen Folgen in der Begründung des Fundaments des an der Praxis überprüften und bewiesenen voraufgegangenen Wissens führen würde.

Eine solche Situation tritt sehr deutlich z. B. in der modernen Quantenfeldtheorie in Erscheinung, von der einige von ihr gelieferte Daten als Beweis einer statistisch möglichen Teilverletzung des Prinzips der Konstanz der Lichtgeschwindigkeit, des Energieerhaltungssatzes (und der sonstigen Erhaltungsgesetze), des Kausalitätsprinzips, des Unbestimmtheitsprinzips, des Prinzips der Asymmetrie des Zeitprozesses, das heißt des in *einer* Richtung erfolgenden Zeitablaufs (einläufig von der Vergangenheit zur Zukunft), gedeutet werden kann. Im Zusammenhang damit werden, damit zumindest einige der angegebenen Prinzipien erhalten bleiben, zusätzliche, experimentell nicht verifizierbare, imaginäre Begriffe wie „deformierbare Formfaktoren" oder Vorstellungen von virtuellen, „nichtbeobachtbaren" Prozessen usw. in die Physik eingeführt.

In gleicher Weise hat sich die zu Beginn des 20. Jahrhunderts gebildete Theorie des Atomaufbaus auf den typischen „künstlichen" Begriff der

Bohrschen „Kreisbahn“ des Elektrons gestützt, der den Prinzipien der Konstruktion eines planetarischen Atommodells (das in Analogie zum Sonnensystem Ellipsenbahnen voraussetzte) keine Rechnung trug, nicht zu reden von der physikalischen Sinnlosigkeit des auf die Mikroteilchen bezogenen Begriffs „Bahn“. Dennoch hätten ohne diesen Begriff die Quantisierungsregeln, auf die sich die Entwicklung der Mechanik der Mikrowelt gründete, nicht eingeführt werden können.

Was geschieht nun im weiteren Verlauf mit solchen imaginären („künstlichen“) Elementen? Werden sie mit der Weiterentwicklung der Theorie eliminiert oder beibehalten, werden sie durch inhaltliche Begriffe ersetzt oder fungieren sie als geistige Konstruktionen (constructs)? Gibt es überhaupt einen Unterschied zwischen der Gesetzmäßigkeit der Einbeziehung imaginärer Elemente und der Methode der Hypothese?

Im Prinzip sind hier drei Fälle möglich:

1. Die imaginären („künstlichen“) Elemente werden im Laufe der Entwicklung der Theorie durch inhaltliche Begriffe ersetzt, die reale Prozesse widerspiegeln; bis dahin können sie als hypothetische Konstruktionen angesehen werden. So war es beispielsweise mit dem Begriff der Längenkontraktion der Körper bei ihrer Bewegung im Äther, der rein künstlich von Lorentz eingeführt wurde, um das Absolutheitsprinzip der Bewegung zu retten, später aber von Einstein aus den Eigenschaften des Raumes und der Zeit abgeleitet wurde. Dabei erwies sich nicht mehr die Lorentz-Kontraktion als künstlich, sondern der Äther und die absolute Bewegung.

2. Die imaginären („künstlichen“) Elemente finden für sich keine realen Prototypen und werden als rein künstliche Konstruktionen aus der Theorie eliminiert, nachdem sie in deren ersten Entwicklungsphasen ihre Aufgabe erfüllt haben, wie dies z. B. mit der Bohrschen „Kreisbahn“ des Elektrons, dem Äther und anderen künstlichen Begriffen der Fall war. In diesem Falle kann man sie als geistige Konstruktionen oder Modelle ansehen.

3. Die imaginären („künstlichen“) Elemente erweisen sich mit der Entwicklung der Theorie als Widerspiegelung eines möglichen, nicht aber eines wirklichen Prozesses und decken sich nur im Grenzfall mit einigen inhaltlichen Vorstellungen über reale Objekte. In diesem Sinne können sie analog dem „unendlich fernen Punkt“, den „komplexen Zahlen“, den „virtuellen Teilchen“ usw. als *Ideale* angesehen werden.

Der erste sowie der zweite Fall der Anwendung imaginärer Elemente stellen keine selbständigen Prinzipien dar, die sich von dem (jedem Denkprozeß eigenen) elementaren Akt der Hypothese unterscheiden. Bei dem dritten Fall der Anwendung von Idealen hingegen haben wir es mit der speziellen logischen *Methode des Hinzufügens* (der Adjunktion) *idealer Elemente* zu den realen Aussagen einer Theorie zu tun. Die Entwicklung dieser Methode gehört der Mathematik an, sie hat im 17. Jahrhundert begonnen und bei der Schaffung der modernen Algebra, Geometrie und sogar der Metamathematik eine prinzipielle Rolle gespielt. Ihre Grundlage ist schon nicht mehr die Hypothese, sondern die Idealisierung, wenngleich sowohl die Hypothese wie die Extrapolation und andere logische Akte bei der Anwendung der genannten Methode selbstverständlich beteiligt sind.

Die Methode der Zufügung idealer Elemente zu den realen Aussagen des alten theoretischen Systems mit dem Ziel ihrer Transformation zu einem neuen, allgemeineren System widerspiegelt die bereits erwähnten Voraussetzungen für das Operieren mit imaginären Elementen. Sie wird als Mittel gebraucht, um die Lücken, die eine Theorie aufweist, zu schließen und ihre Begriffsstruktur bei der Lösung der Aufgaben zu vereinfachen, die in der Elimination von Ausschließungen aus den Postulaten des theoretischen Systems bestehen. Das geschieht durch dessen Verallgemeinerung, die mit der Einführung zusätzlicher, idealer Elemente verbunden ist. Diese ermöglichen es, die Ausschließungen aus den Postulaten der alten Theorie in die allgemeinen Regeln oder Prinzipien der neuen Theorie einzubeziehen.

Die historische Methode der Adjunktion (des Hinzufügens) idealer Elemente entstand im Zuge der auf Gérard Desargues (17. Jh.) und Jean Victor Poncelet (19. Jh.) zurückgehenden Herausbildung der Ideen der projektiven Geometrie. In klar erkennbarer Form wurde sie später von Ernst Eduard Kummer für die algebraische Verallgemeinerung der Arithmetik auf der Grundlage der Einführung der idealen Zahlen angewandt. Untersuchen wir in diesem Zusammenhang die Rolle, die dieser Methode bei der Entstehung einer neuen Theorie zukommt, am Beispiel der Schaffung der projektiven Geometrie.

Bekanntlich ist die euklidische Geometrie auf Theoremen aufgebaut, die mit Ausnahme des 5. Postulats voraussetzen, daß in einer Ebene liegende Gerade sich in *einem*, ihnen gemeinsamen Punkt schneiden. Das äußert sich deutlich darin, daß das Axiom der Verknüpfung („Durch zwei Punkte geht immer eine und nur eine Gerade") dem ihm reziproken Satz, daß „zwei Gerade sich höchstens in einem Punkte schneiden",[24] gegenübergestellt wird. Dieses Theorem widerspricht aber dem 5. Postulat, das die Sätze über

[24] *David Hilbert*, Über das Unendliche, in: *David Hilbert*, Grundlagen der Geometrie, 7. umgearb. u. verm. Aufl., Leipzig-Berlin 1930, S. 268. (Die 8. Aufl. von 1956 und die 9. Aufl. von 1962 enthalten die Arbeit „Über das Unendliche" nicht. – *D. Ü.*)

das reguläre Sich-Schneiden der Geraden für den Fall der parallelen Linien durch Ausschließungen einschränkt.

Um einer solchen Verschiedenartigkeit der Fälle der parallelen und nichtparallelen Geraden zu entgehen und die geometrischen Theoreme zu verallgemeinern, introduzierte Poncelet (in Weiterentwicklung der Desarguesschen Idee von den eigentlichen und nichteigentlichen Punkten) in die Geometrie das Ideal des „unendlich fernen Punktes" und bezog es ein in die Menge der jede Gerade bildenden realen Punkte. Das erlaubte es, um Ausschließungen in den theoretischen Theoremen herumzukommen, da es sich erwies, daß auch die parallelen Linien als aufeinanderstoßend, und zwar in einem imaginären unendlich fernen Punkt, angesehen werden können.

Daraus ergab sich, daß der prinzipielle Unterschied zwischen sich schneidenden und parallelen Linien vernachlässigt werden konnte, was die Beziehungen der gegenseitigen (dualen) Reziprozität der Theoreme über Gerade und Punkte klarmachte (das heißt das Dualitätsprinzip bestätigte) und es ermöglichte, eine allgemeinere Geometrie als die euklidische – die projektive Geometrie – zu entwickeln. So wurde auf Grund der Adjunktion eines idealen Elements („unendlich ferner Punkt") zu den realen (das heißt in den Grenzen unserer Intuition und Erfahrung liegenden und durch sie erhärteten) Sätzen der euklidischen Geometrie die neue geometrische Konzeption von den projektiven Eigenschaften geometrischer Figuren entwickelt.

Die auf diesem Wege geschaffene projektive Geometrie erwies sich indessen nicht als imaginär, denn in ihren Resultaten operierte sie nur mit reellen Elementen. Diese Möglichkeit, mit Hilfe der Ideale ein durch reelle Terme ausgedrücktes Resultat zu erhalten, bildet eine sehr wichtige Besonderheit der Methode des Hinzufügens idealer Elemente und determiniert eine wesentliche Eigenschaft des Ideals, nämlich dessen Fähigkeit, unter gewissen Bedingungen mit reellen Elementen identisch zu sein.

In der Tat gehören zu nichtparallelen Linien, wie aus der projektiven Geometrie folgt, auch unendlich ferne Punkte. In dem Falle aber, wo diese Geraden in *einer* Ebene liegen, fällt der unendlich ferne Punkt mit einem reellen Punkt zusammen, da die Geraden sich in einem uns zugänglichen Bereich schneiden. Das ist der Grund dafür, weshalb es in der projektiven Geometrie geglückt ist, einen Teil der idealen Punkte mit reellen zu identifizieren.

Diese Gesetzmäßigkeit bei der Anwendung von Idealen sowohl in bezug auf die Möglichkeit ihres teilweisen Zusammenfallens mit reellen Elementen als auch hinsichtlich der mit ihrer Hilfe erreichbaren Integration und Verallgemeinerung der Prinzipien der untersuchten Theorie gilt auch für alle übrigen Fälle, in denen die Methode der Zufügung idealer Elemente angewendet wird. So gestattete beispielsweise die Einführung der idealen Zahlen, Ausschließungen von den Gesetzen der Zerlegung in Faktoren beim Übergang von den rationalen zu den algebraischen Zahlen zu vermeiden, wie auch die Zufügung der imaginären Wurzeln (komplexe Zahlen) zu den reellen Wurzeln (Lösungen, Werte) der algebraischen Gleichungen es möglich machte, allgemeine Theoreme über das Vorhandensein von Wurzeln und ihrer Zahl zu formulieren; ferner führte sie auf neuer Grundlage zu einer Verallgemeinerung der Theorie der Gleichungen n-ten Grades. Zugleich wurde gezeigt, daß die komplexe Größe $a + bi$ bei $b = 0$ in eine reelle Zahl übergeht, das heißt sich mit reellen Elementen deckt.

Mit der Einführung von Idealen zusammenhängende analoge Verfahren gibt es auch in der modernen Physik. Hier kann man sich speziell berufen auf das Beispiel der Anwendung der Methode des Hinzufügens idealer Elemente durch de Broglie beim Aufbau der Quantenoptik und ihrer Interpretation im Rahmen der Theorie der „doppelten Lösung". Bei seinen Bemühungen, die Gesetze der Optik im Bereich der Mikrowelt zu bestätigen, verband de Broglie die Bewegung der Mikroteilchen mit der Ausbreitung einer ebenen Phasenwelle. Diese Welle erwies sich jedoch als rein mathematisches Ideal, da angenommen wurde, daß sie keine Energie trägt und sich im abstrakten Konfigurationsraum mit einer im Durchschnitt die Lichtgeschwindigkeit übersteigenden Geschwindigkeit ausbreitet (mit Ausnahme der Wellen, die die Bewegung der Photonen begleiten). Gezeigt wurde ferner, daß die Phasenwellen de Broglies auch einer solchen Bedingung der Einführung eines Ideals genügen wie der Forderung eines teilweisen Sich-Deckens mit reellen Elementen. Es stellte sich heraus, daß man, während die Phasenwelle für ein System von vielen Teilchen im Konfigurationsraum beschrieben wird, für ein System aus *einem* Teilchen, das sich im Kraftfeld bewegt, die Welle analog den realen Wellen als Schwingungsvorgang im dreidimensionalen Raum beschreiben kann.

Das ermöglichte es de Broglie, im weiteren Verlauf die Theorie der „doppelten Lösung" zu entwickeln, die eine Aufspaltung der das Mikroteilchen begleitenden Welle auf zwei Komponenten zuläßt: auf eine reale und auf eine abstrakte Welle. In das reelle Mikroteilchen und den reellen Schwingungsprozeß seines Verhaltens im Kraftfeld bezog de Broglie auf diese Weise im buchstäblichen Sinne die ideale Welle ein, und das bot die Möglichkeit, die geometrische Optik und Mechanik in einer einzigen Optik, nämlich der neuen Quantenoptik zusammenzufassen.[25]

[25] Ein Beispiel für die Anwendung eines Ideals ist der von P. A. M. Dirac unternommene Versuch, den Begriff „Elektron im Zustand negativer Energie" und

Die Methode der idealen Elemente ermöglicht es also, neue theoretische Systeme zu entwickeln. Mit ihrer Hilfe wird eine verallgemeinernde Zusammenfassung des bekannten theoretischen Materials erreicht, werden Ausschließungen aus allgemeinen Regeln eliminiert, und es erweitert sich der ursprünglich vorgegebene Bereich der möglichen Operationen, zugleich aber auch die Klasse der reellen Elemente der Theorie. Das Erstaunlichste an dieser Methode ist, daß das Hinzufügen eines idealen Elementes keineswegs zu imaginären Konstruktionen führt, sondern es ermöglicht, das wirkliche Wesen der Dinge tiefer zu erkennen, denn das Ideal erfährt letzten Endes eine reale Interpretation in Termen experimenteller Daten oder in anschaulichen Figuren und kann teilweise mit reellen Elementen zusammenfallen.

Hier zeigt sich eine Situation, die dem Operieren mit einigen mathematischen Formen analog ist. Es erweist sich, daß „sich bestimmte Aspekte der experimentellen Wirklichkeit in manche von diesen Formen wie durch eine Art Vorherbestimmung einfügen" („certains aspects de la réalité expérimentale viennent se mouler en certaines de ces formes, comme par une sorte de préadaptation")[26]. Warum ist dies aber so?

Vom Standpunkt des dialektischen Materialismus enthält das, was den Eindruck der „Vorherbestimmung" erweckt und in der bürgerlichen Philosophie die verschiedensten Deutungen vom Intuitionismus bis zum Neuplatonismus entstehen läßt, in Wirklichkeit nichts Mystisches. Die Einführung von Idealen bestimmt die Möglichkeit ihrer empirischen Interpretation nicht nur deshalb vorher, weil der schöpferische Prozeß auf ein Objekt gerichtet ist und dessen exakte Beschreibung zum Ziel hat, weil ferner die Logik unseres Denkens die Erfahrung der die Wirklichkeit widerspiegelnden Erkenntnis akkumuliert, sondern hier sind auch andere wichtige Faktoren wirksam, die mit der Spezifik der Konstruktion einer wissenschaftlichen Theorie zusammenhängen.

Wir haben gesehen, daß eine Theorie auf der Basis bestimmter Verbote konstruiert wird. Die Verbote aber treten in Form von Auswahlprinzipien auf und lassen in der Theorie nur die Vorgabe solcher Elemente zu, die den Gesetzen der durch sie beschriebenen Erscheinungen nicht widersprechen. Deshalb bewegen wir uns, wenn wir eine Theorie entwickeln,

„Loch" einzuführen, der bestimmend war für die Entwicklung der Lehre von den Symmetrieeigenschaften der Elementarteilchen. Weitere Beispiele hängen mit der Lehre von den virtuellen Prozessen, mit der Methode der sich bewegenden „Regge-Pole" usw. zusammen.

[26] *Nicolas Bourbaki*, L'Architecture des Mathematiques, a. a. O., p. 46–47.

von vornherein im Rahmen der (durch die Verbote konturierten) Beschreibung lediglich jener Umstände, die *prinzipiell möglich* sind. Wird die Theorie experimentell bestätigt, dann werden auch die in ihr liegenden abstrakten Möglichkeiten, das heißt Aussagen, die den Prinzipien der betreffenden Theorie nicht widersprechen, das Forschen nach dem Inhalt bestimmen, an dem sie realisiert werden können und zum Teil auch unbedingt realisiert werden.

Unsere Erkenntnis entwickelt sozusagen die in der Außenwelt liegenden abstrakten Möglichkeiten und tritt als Reproduktion der Wirklichkeit in ihrer Möglichkeit und Notwendigkeit auf. Eben auf Grund dieser dialektischen Natur der Erkenntnis wird das Funktionieren einer so speziellen Methode determiniert, wie es die Adjunktion idealer Momente ist. In allgemeinerer Form ausgedrückt, handelt es sich dabei um „eine beständige Verfeinerung des Weltbildes durch Zurückführung der in ihm enthaltenen realen Momente auf ein höheres Reales von weniger naiver Beschaffenheit“[27].

Man darf das Ideal somit nicht als rein künstliches Gebilde ansehen. Es widerspiegelt teilweise die realen Seiten eines Prozesses und wird im ganzen durch den Rahmen des prinzipiell Möglichen bestimmt. In dieser Beziehung fungiert das Ideal als Resultat einer weit fortgeschrittenen Verallgemeinerung und kann infolgedessen nicht mit theoretischen Konstruktionen vom Typ der constructs (konstruierte geistige Gebilde) gleichgesetzt werden.

Die Anwendung von Idealen bildet eine selbständige Methode, die eigenen Regeln unterworfen ist, zu denen die folgenden Forderungen gerechnet werden können:

1. Beim Hinzufügen von Idealen zu einer Theorie muß ein bestimmter Teil der (als wesentlichste angesehenen) Regeln (Gesetze) beachtet werden, denen sowohl die wirklichen als auch die idealen Elemente unterworfen sind;

2. es müssen die Bedingungen des reziproken Grenzübergangs von der Theorie mit hinzugefügten Idealen zur alten Theorie erfüllt sein;

3. die Einführung von Idealen darf per definitionem nicht zu einem Widerspruch in der untersuchten Theorie führen;

4. für jedes Ideal muß die Möglichkeit gewahrt sein, reelle Elemente zu konstruieren, die einem Teil seiner Eigenschaften genügen oder einige Merkmale seines Verhaltens besitzen.

[27] *Max Planck*, Sinn und Grenzen der exakten Wissenschaft. Vortrag gehalten im Nov. 1941, 6., mit d. 2. übereinst. Aufl., Leipzig 1958, S. 18.

Diese Regeln sind so allgemein, daß sie die Möglichkeit schaffen, das Verständnis der idealen Elemente zu erweitern, David Hilbert, der diese Möglichkeit realisierte, zeigte insbesondere, daß man unter einem Ideal nicht nur Begriffe von möglichen, unter gewöhnlichen Bedingungen nicht zu beobachtenden Erscheinungen verstehen darf, sondern daß man darunter sogar solche *idealen Aussagen* verstehen kann, die zum Unterschied von den reellen Aussagen keine inhaltliche Betrachtung zulassen und von Sinn und Bedeutung abstrahiert sind. In diesem Zusammenhang wurde von ihm die *Methode des Hinzufügens idealer Aussagen* zum System einer inhaltlichen Theorie entwickelt, die im wesentlichen mit der Methode der Lösung mathematischer Aufgaben mit den Mitteln der Formalisierung identisch ist.

Als Hilbert die Konzeption der Metamathematik entwickelte, ging er davon aus, daß die Erforschung der Widerspruchsfreiheit der deduktiven Systeme die Verwendung bestimmter Aussagen über alle in einem gegebenen System möglichen Beweise der Theoreme voraussetzt. Diese Aussagen treten, wie sich herausstellte, auf formalisierter Ebene auf und müssen als ideale Aussagen angesehen werden, die auf direkte Weise demonstrieren, daß es unmöglich ist, Widersprüche aus ihnen abzuleiten.

Die Adjunktion solcher idealen Aussagen liefert ein machtvolles Mittel zur Erforschung der Theorie, zur Verallgemeinerung und Entwicklung ihrer Prinzipien, ein Mittel zur Behebung und Beseitigung der bei der Bildung eines theoretischen Systems entstehenden Paradoxien. Die Anwendung der Methode des Hinzufügens idealer Aussagen war z. B. eins der Mittel zur Behebung der Grundlagenkrise in der Mathematik, die entstanden war im Zusammenhang mit der Entdeckung der Paradoxien der Mengentheorie und den Kontroversen über die Nichtanwendbarkeit der aristotelischen Logik, genauer ihres Fundamentalprinzips des tertium non datur (das heißt des Satzes vom ausgeschlossenen Dritten), was die Begründung der mathematischen Disziplinen anbetrifft.

In der Situation der Grundlagenkrise in der Mathematik zeigte Hilbert, daß, wenn man die idealen Aussagen als Vertreter (Repräsentanten) inhaltlicher deduktiver Systeme verwendet, die mengentheoretische Begründung der Widerspruchsfreiheit mathematischer Theorien umgangen werden kann, indem man sie z. B. ersetzt durch den direkten Beweis der Unmöglichkeit, aus den sie darstellenden idealen Aussagen irgendeine Gleichheit abzuleiten, das heißt durch die Demonstration, daß die betreffenden Theorien nicht leer sind. Dadurch erweist sich die Wiederherstellung der Rechte des Satzes vom ausgeschlossenen Dritten auf dem Gebiet der Beweistheorie wie allgemein auf dem der Metamathematik als möglich. Anders ausgedrückt (mit den Worten Hilberts): „Adjungieren wir nämlich zu den realen Aussagen die idealen Aussagen, so erhalten wir damit ein System von Aussagen, in denen die einfachen Regeln der aristotelischen Logik sämtlich gelten und die üblichen Methoden des mathematischen Schließens alle zu Recht bestehen." Und Hilbert fährt fort: „Wie beispielsweise in der elementaren Zahlentheorie die negativen Zahlen unentbehrlich sind, wie durch die Kummer-Dedekindschen Ideale erst die moderne Zahlentheorie und Algebra möglich wird, so ist durch Einführung der idealen Aussagen erst wissenschaftliche Mathematik möglich."[28]

Die Methode der Zufügung der idealen Aussagen, die eine Weiterentwicklung der Methode der idealen Elemente war, bildet mithin „den notwendigen Schlußstein der Axiomatik"[29] und wurde der modernen Beweistheorie zugrunde gelegt. In gewissem Sinne kann man jede moderne mathematische Disziplin als praktische Realisierung einer gegebenen Methode ansehen, da mit deren Hilfe Theorien konstruiert werden, in denen „eine Anzahl von (vermutlich) wahren realen Aussagen, die vorher verschiedenartig und nicht miteinander in Beziehung stehend zu sein schienen und häufig vordem unbekannt waren, als Folgerungen aus den idealen Sätzen [dieser Theorien] enthalten ist" („a variety of – presumably – true real statements, previously appearing as heterogeneous and unrelated, and often previously unknown, are comprised as consequences of the ideal theorems")[30].

Die Methode der Adjunktion von Idealen (seien es nun ideale Elemente oder ideale Aussagen) ist im Grunde genommen, wie aus dem Dargelegten ersichtlich, eine Methode zur Erforschung solcher Probleme, deren Lösung sich produktiver in einer Form erweist, die weit allgemeiner ist als die, in der die Probleme ursprünglich gestellt wurden.[31] In diesem Sinne ist die Methode der Ideale als eine integrale Methode anzusehen, die alle anderen logischen Prinzipien der Genese wissenschaftlicher Theorien voraussetzt.

[28] *David Hilbert*, Die Grundlagen der Mathematik, in: *David Hilbert*, Grundlagen der Geometrie, 7. Aufl., S. 299. (In der 8. Aufl. von 1956 und in der 9. Aufl. von 1962 ist die Arbeit „Die Grundlagen der Mathematik" nicht enthalten. – *D. Ü.*)

[29] Ebenda, S. 301.

[30] *Stephen Cole Kleene*, Introduction to Metamathematics, p. 57.

[31] Zu diesen Problemen gehört beispielsweise auch der berühmte Fermatsche Satz, dessen Studium zeigte, wie produktiv eine allgemeinere Analyse von ihm ist, die sich auf die Idee des algebraischen Körpers und anderer Abstraktionen höchster Stufe stützt.

In der Form, in der diese Methode von Hilbert entwickelt wurde, vereinigt sie sich in der Tat mit der Methode der Formalisierung und setzt die Anwendung der Interpretation beim Vergleich idealer mit realen Aussagen voraus. Schließlich kann die Methode der Ideale auch im Zusammenhang mit der Methode der hinüberwechselnden Form gesehen werden, da sie ebenfalls eine Deutung in Form eines solchen Systems idealer Aussagen zuläßt, deren Hinzufügen das vorhandene Material an realen Aussagen systematisiert und die logischen Bedingungen für die Formierung einer neuen konkreten Theorie vorgibt. Die Methode der Ideale setzt weiterhin auch das Korrespondenzprinzip (als Konkretisierung der permanenten Übergänge) voraus, was aus der Regel 2 der Bedingungen für die Anwendung von Idealen ersichtlich ist, das heißt das Prinzip der der Verbote, die die Bedingungen des Wechselverhältnisses der Ideale zur Wirklichkeit regulieren.

So sehen wir am Beispiel der Methode der Ideale wie auch aus dem ganzen dargelegten Material, daß die logischen Prinzipien und die Methoden der Genese wissenschaftlicher Theorien wechselseitig organisch zusammenhängen und bedingt sind. Das zeugt davon, daß hinter der Möglichkeit einer Interpretation der Daten der logischen Prinzipien und der Notwendigkeit ihrer gemeinsamen Anwendung etwas Ganzheitliches steht, nämlich die Logik des wissenschaftlichen Denkens, die im Endeffekt die subjektive Dialektik der Übereinstimmung von Denken und Objekt ausdrückt.

Die Abänderung der Logik beim Übergang von einer wissenschaftlichen Theorie zur anderen

Eine sehr wichtige Gesetzmäßigkeit, die den Prozeß des Überganges von einer Theorie zur anderen charakterisiert, ist die Abänderung der den zu erforschenden Theorien zugrunde liegenden Logik. In einer Theorie unterscheidet man zwei Wissensebenen:

1. die empirische, unmittelbar mit einem experimentellen Forschungsfeld der gegebenen Theorie zusammenhängende Ebene und
2. die theoretische Ebene, zu der man als Folge der Verallgemeinerung der experimentellen Daten gelangt.

Dementsprechend bedeutet die Abänderung der Logik beim Übergang von einer Theorie zur anderen 1. eine Veränderung der formallogischen Mittel, der Sprache der Theorie durch Einführung inhaltlicher Annahmen empirischen Charakters und 2. eine Veränderung der kategorialen Struktur, die den theoretischen Sinn der Grundbegriffe der Theorien bestimmt.

Untersuchen wir die erste Veränderung am Beispiel der Analyse des Übergangs von der klassischen Mechanik zur Quantenmechanik. Obwohl zuweilen angenommen wird, daß die formale Logik eine apriorische Wissenschaft ist, so ist sie dennoch trotz ihrer in jüngster Zeit erfolgten beträchtlichen Formalisierung eine empirische Wissenschaft sowohl ihrem Charakter als auch ihren Grundlagen nach. Es genügt die Feststellung, daß eine so unmittelbare empirische Realität, mit der sie es zu tun hat, die Sprache ist.[32] Aus der formalen Logik gibt es stets einen Ausgang zur empirischen Realität. Im Zusammenhang damit ist es logisch anzunehmen, daß der durch die Veränderung des gegenständlichen Korrespondenzbereichs bedingte Übergang von einer wissenschaftlichen Theorie zur anderen eng mit einer Abänderung der Logik zusammenhängt.

Die ersten Versuche, die Idee der Abänderung der Logik beim Übergang von der klassischen Mechanik zur Quantenmechanik anzuwenden, gehen auf John (Johann) von Neumann[33], später auf G. Birkhoff und wiederum Neumann[34] zurück, die zeigten, daß der mathematische Formalismus der Quantentheorie als Erweiterung des Aussagenkalküls der klassischen Logik verstanden werden kann.

Im weiteren Verlauf wurden bestimmte Resultate in dieser Richtung von Hans Reichenbach[35], Paulette Destouches-Février[36] und Carl Friedrich von Weizsäcker[37] erzielt, die die dreiwertige Logik als Logik der Quantenmechanik in Betracht zu ziehen suchten.

Daß es möglich ist, den Rahmen der formalen Logik in dieser Weise zu erweitern, sieht man, wenn man das Verhältnis des Wahrheits- und des Falschheitswerts im Rahmen der Alternative: 'Entweder wahr oder falsch' analysiert. Aus der Wahrheit *einer* Antwort auf diese Alternative

[32] Siehe *А. А. Зиновьев*, Философские проблемы многозначной логики, Москва 1960, стр. 70.

[33] Siehe *Johann von Neumann*, Mathematische Grundlagen der Quantenmechanik, Berlin 1932.

[34] Siehe *G. Birkhoff*, *J. v. Neumann*, The Logic of Quantum Mechanics, in: Annals of Mathematics, 37 (1936), p. 823.

[35] Siehe *Hans Reichenbach*, Philosophic Foundationso f Quantum Mechanics, 2. pr., Berkeley 1946; deutsche Ausg.: *Hans Reichenbach*, Philosophische Grundlagen der Quantenmechanik. Übers. v. M. Reichenbach, Basel 1949.

[36] Siehe *P. Destouches-Février*, La Structure des théories physiques, Paris 1951.

[37] Siehe *Carl Friedrich von Weizsäcker*, Gestaltkreis und Komplementarität, in: *Carl Friedrich vonWeizsäcker*, Zum Weltbild der Physik, 7. erw. Aufl., Stuttgart 1958, S. 332–366, *derselbe*, Komplementarität und Logik, in: ebenda, S. 281–331.

folgt die Falschheit aller anderen, aus der Falschheit *einer* Antwort folgt für die Anzahl der Antworten $n > 2$ nichts über die Wahrheitswerte der anderen. Somit tritt, wenn die Zahl der Prüfungsschritte (der Antworten auf die Alternative) $n > 2$ ist, eine Asymmetrie zwischen Wahrheit und Falschheit zutage. In diesem Falle liegt eine Unbestimmtheit vor; die Versuche, sie zu bestimmen (die Analyse, warum etwas falsch ist), führen dazu, daß man über die Grenzen der klassischen Logik hinausgeht und neue Wahrheitswerte eingeführt werden.

Die Grundlage für die Anwendung der dreiwertigen Logik in der Quantentheorie sind die Veränderungen in den empirischen Grundlagen der physikalischen Theorie. Das wiederum führt zu dem Bestreben, die klassische Logik durch neue Voraussetzungen empirischen Charakters zu ergänzen, ihre Grenzen auszudehnen. Deshalb leitet man in den Arbeiten zur Logik der Quantentheorie eine neue modifizierte Logik ab, indem man die Unbestimmtheitsrelation (Unschärferelation) und die sie logisch verallgemeinernde Idee der Komplementarität anwendet.

Als Beispiel kann die Komplementaritätslogik $L_{c,3}$ von Paulette Destouches-Février dienen. In dieser Logik führt die Anwendung der Unbestimmtheitsrelation auf experimentelle Aussagen zu einer fundamentalen Veränderung der Regeln des logischen Produkts. Die beiden Sätze p und q (Satz p handelt vom Impuls, Satz q von der Koordinate) können nicht gleichzeitig behauptet werden, denn das logische Produkt $\Delta x_0 \cdot \Delta p_0$ hat einen geringeren Wert als h.

Im Zusammenhang damit lassen sich zwei Klassen von Sätzen bestimmen: die Klasse der konjugierten Paare (paires composables), auf die sich das logische Produkt anwenden läßt, und die Klasse der nichtkonjugierten Sätze (propositions incomposables), für die das logische Produkt niemals bestätigt werden kann.[38] Weiterhin wird neben dem Wert „wahr" und „falsch" ein dritter Wert A – „absolut falsch" – eingeführt, der das logische Produkt nichtkonjugierter Paare charakterisiert.

Wenn wir im weiteren versuchen würden, die logische Bedeutung von F und A zu vermengen, dann kämen wir auf diesem Wege infolge der nichtkonjugierten Satzpaare, auf die das logische Produkt unanwendbar ist, nicht wieder zur klassischen Logik. Diese Tatsache ist wichtig, um den inhaltlichen Charakter der Komplementaritätslogik, die Abhängigkeit der logischen Wahrheitswerte vom Inhalt der Aussagen zu bestimmen.

Ungeachtet einer Reihe von Vorzügen (z. B. das Bestreben, die Logik durch Einführung inhaltlicher Annahmen zu ontologisieren) überwindet

[38] Siehe *P. Destouches-Février*, La Structure des théories physiques, p. 33.

die Logik $L_{o,3}$ von Paulette Destouches-Février nicht die auftauchenden erheblichen Schwierigkeiten. Da sie nur die experimentellen Aussagen berücksichtigt, vermag sie beispielsweise den theoretischen Teil der Quantenmechanik (so die an eine Wahrscheinlichkeitsinterpretation gebundene Psi-Funktion) nicht zu erfassen. Die Einsicht in das Komplementaritätsprinzip, das als inhaltliche Voraussetzung für die Anwendung der dreiwertigen Logik in der Quantenmechanik angesehen wird, ist nicht tief genug.

Einige dieser Schwierigkeiten bemühte sich Weizsäcker zu überwinden. Im Aufbau der Komplementaritätslogik unterscheidet er zwischen den Begriffen der „parallelen" und der „zirkulären" Komplementarität. Während die „parallele" Komplementarität das Verhältnis von Begriffen ein und derselben Stufe charakterisiere, beispielsweise der Begriffe Ort und Impuls, sei die „zirkuläre" Komplementarität „die Komplementarität zwischen der Beschreibung der Natur durch klassische Begriffe und durch die Ψ-Funktion", d. h. durch eine Komplementarität verschiedener Stufen.[39] Im Zusammenhang damit nimmt er an, daß der Übergang von der Schrödinger-Welle zur anschaulichen de Broglie-Welle Anlaß gibt zur Verwechslung der zirkulären Komplementarität mit einer parallelen. Um diese Verwechslung zu vermeiden, sei es erforderlich, ständig auf den nur „symbolischen" Charakter der Materiewellen einerseits und der Lichtquanten andererseits hinzuweisen.

Die Idee der Wissensstufen hat sich zwar als fruchtbar erwiesen, aber die Aufteilung der Komplementaritäten wurde von Weizsäcker unrichtig durchgeführt.[40] Bohr zufolge drückt die Komplementarität die Beziehung zwischen den neuen Sachverhalten auf dem Gebiet der Atomphysik und ihrer Beschreibung mit Hilfe der Begriffe der alten Theorie – der klassischen Mechanik – aus.[41] Das Komplementaritätsprinzip bei Bohr ist im eigentlichen Sinne ein empirisches Prinzip. Aber keine Komplementarität besteht zwischen den theoretischen Begriffen der klassischen Mechanik und der Quantenmechanik (ebenso auch nicht zwischen der klassischen Beschreibung der Erscheinungen und der Psi-Funktion) und kann es auch nicht geben. Die Schrödingersche Wellenfunktion ist nur ein mathematisches Mittel (ein Rechenwert) und kann an und für sich nicht unmittelbar gemessen werden.

[39] Siehe *Carl Friedrich von Weizsäcker*, Komplementarität und Logik, a. a. O., S. 284–297.

[40] Auf diese Unrichtigkeit hat Bohr selber hingewiesen (siehe ebenda, S. 330).

[41] Siehe *Niels Bohr*, Quantum Physics and Philosophy. Causality and Complementarity, in: *Niels Bohr*, Essays 1958–1962 on Atomic Physics and Human Knowledge p. 4–5; dt. Ausg. S. 3–5.

Weizsäcker, der das Problem der Ontologisierung aufwarf, ging an dessen Lösung im neukantianischen Geiste heran: er untersuchte nicht den physikalischen Inhalt der Theorie, sondern nur den mathematischen Formalismus der Quantenmechanik. Als Folge davon verwandelte sich seine Komplementaritätslogik in eine Logik des mathematischen Formalismus der Quantentheorie. Die Logik der Quantenmechanik baut sich in genauer Übereinstimmung mit dem mathematischen Schema der Quantenmechanik auf. In diesem Sinne kann man jeder elementaren Aussage der Logik eine bestimmte komplexe Zahl als Wahrheitswert gegenüberstellen. Den Aussagen beispielsweise, die den Interferenzversuch am Schirm mit zwei Löchern (1 und 2) beschreiben, nämlich a_1 („das Teilchen ist durch 1 gegangen") und a_2 („es ist durch 2 gegangen"), kann man die komplexen Zahlen u und v gegenüberstellen. Ist $u = 1$, so ist $v = 0$, und die Aussage a_1 ist wahr; ist $v = 1$, so ist $u = 0$, und dieselbe Aussage ist falsch. Wenn der Wahrheitswert von 1 und 0 abweicht, enthält er die Wahrscheinlichkeitsdeutung der Wellenfunktion. Das Quadrat des absoluten Wertes der komplexen Zahl $uu^* = |u|^2$ ergibt die Wahrscheinlichkeit, daß die Aussage wahr ist.

Man kann diese Wahrheitswerte im Hilbertschen Raum interpretieren. Das Zahlenpaar (u, v) kann als zweikomponentiger komplexer Vektor fungieren. Dann ist jede durch den Vektor (u, v) definierte Aussage, die selber nicht a_1 oder a_2 ist, komplementär zu a_1 und a_2. Anschaulich sieht dies so aus: Den Vektoren, die aus dem Punkt P hervorgehen, entsprechen Aussagen. Denjenigen von ihnen, die in der Ebene E liegen, müssen Aussagen entsprechen, die bestimmte Behauptungen enthalten. Dann entspricht die Negation dem Vektor, der senkrecht zu E ist. Ein beliebiger anderer Vektor außerhalb von E bezeichnet eine „unbestimmte" Behauptung mit teilweise wahrem Inhalt (der durch den Wahrheitswert als Wahrscheinlichkeit definiert wird), gemessen durch seine Projektion auf E.

Um die Logik zu ontologisieren, führt Weizsäcker eine Reihe von philosophischen Begriffen ein (Wirklichkeit, Möglichkeit, Koexistenz und andere). Diese Begriffe sollen den Zustandsbegriff in der Quantenmechanik charakterisieren. Obwohl diese Begriffe ihre theoretische Definition durch die Wechselbeziehung zu anderen Kategorien finden müssen (so werden alle allgemeinen Grenzbegriffe definiert), erfahren sie bei Weizsäcker eine Definition nur im Rahmen der formalen Logik. Nur möglich sei beispielsweise ein solcher Zustand, wenn die Aussage, daß er bestehe, unentschieden ist. Der zentrale Begriff bei der Charakterisierung der Ontologie der Quantenlogik ist nach Weizsäcker der Begriff der Koexistenz. Er ist der Meinung, daß der Koexistenzbegriff in aller Schärfe die quantenmechanische Ontologie ausdrückt, genau wie Diracs Begriff der Übereinstimmungswahrscheinlichkeit zweier Zustände.[42]

Diese Begriffe sind unzureichend vor allem als logisches Schema bei einer theoretischen Analyse der Quantentheorie. Auf die erheblichen Schwierigkeiten, die mit der Anwendung dieser Begriffe verbunden sind, macht Werner Heisenberg aufmerksam.[43] Bei seiner Erörterung der „Zustände", die den komplementären Aussagen als „koexistierende Zustände" entsprechen, weist er auf die Unmöglichkeit einer quantenmechanischen Ontologie hin, wenn man nicht das Wort „Zustand" durch das Wort „Möglichkeit" ersetzt. Der Begriff „koexistierende Möglichkeiten" sei durchaus annehmbar.

Man könne diese Schwierigkeiten aber vermeiden, so führt Heisenberg aus, wenn man die Sprache der formalen Logik in ihrer Anwendung begrenzt durch die Beschreibung der Experimente. Er wirft die sehr wichtige Frage auf, daß für die logische Analyse philosophische Kategorien notwendig seien, die den theoretischen Teil der Quantenmechanik exakt charakterisieren würden, ist aber außerstande, diese Frage positiv zu lösen. Für ihn stellt sich die Sache letzten Endes so dar: „Wenn man . . . über die atomaren Teilchen selbst sprechen will, so muß man entweder das mathematische Schema allein als Ergänzung zu der gewöhnlichen Sprache benutzen, oder man muß es kombinieren mit einer Sprache, die sich einer abgeänderten Logik oder überhaupt keiner wohldefinierten Logik bedient." („. . . if one wishes to speak about the atomic particles themselves one must either use the mathematical scheme as the only supplement to natural language or one must combine it with a language that makes use of a modified logic or of no well-defined logic at all.")[44] Das ist auch verständlich. Denn für Heisenberg gibt es eine philosophische Logik, die das Problem des objektiven Analogons lösen könnte, verständlicherweise nicht.

In Wirklichkeit sehen wir uns hier dem Problem des „nichtformalisierbaren Restes" (Gödel) konfrontiert. In jeder Theorie gibt es Wissen, das nicht formalisiert ist. Aus einer widerspruchsfreien geschlossenen Theorie wird es in die außertheoretische Ebene verwiesen, aber andererseits ist dieses Wissen in all seiner Unbestimmtheit notwendig bei der Aufstellung einer wissenschaftlichen Theorie. Dieses Wissen wird mittels der spezifischen Sprache der philosophischen Kategorien bezeichnet.

[42] Siehe *Carl Friedrich von Weizsäcker*, Komplementarität und Logik, a. a. O., S. 311.

[43] Siehe *Werner Heisenberg*, Physics and Philosophy, p. 158–159; dt. Ausg., S. 179–180.

[44] Ebenda, p. 160; dt. Ausg., S. 180.

Somit ist das Prinzip der Abänderung der Logik durch Einführung empirischer Prämissen ein sehr wichtiges Prinzip, das den Prozeß des Übergangs von einer Theorie zur anderen charakterisiert. Zugleich ist die formale Logik unzureichend, um den theoretischen Teil einer physikalischen Theorie (z. B. der Quantenmechanik) zu charakterisieren. Wenn die philosophischen Kategorien (beispielsweise die Kategorie Möglichkeit) auch in der Komplementaritätslogik als Mittel der Ontologisierung der Logik bei der Analyse einer physikalischen Theorie angewandt werden, so wird aber der tiefe Sinn, der in ihnen als theoretischen Begriffen liegt, nicht enthüllt. Zudem ist es nötig zu berücksichtigen: 1. daß die Möglichkeit nicht mit dem mathematischen Begriff der Wahrscheinlichkeit identisch ist; 2. daß diese Kategorie theoretisch durch das Verhältnis zu anderen Kategorien bestimmt wird, und dafür ist eine kategoriale Struktur erforderlich.

Bevor wir die Veränderung der kategorialen Struktur beim Übergang von einer fundamentalen Theorie zu einer anderen untersuchen, wollen wir uns mit dem Begriff der kategorialen Struktur beschäftigen. Die kategoriale Struktur in der Logik ist eine Denkform, die dem Stande des theoretischen Wissens entspricht.

Elemente dieser Struktur sind die Kategorien, die in einem langwährenden Erkenntnisprozeß gebildet werden. Die Resultate der gesellschaftlichen Praxis und Erkenntnis zusammenfassend, fungieren sie als „Knotenpunkte des Wissens", als Stützen des erkennenden Denkens bei der Widerspiegelung des Wesens der materiellen Objekte. Ihre heuristische Bedeutung liegt darin, daß sie in ihrer Struktur die inneren Wesenszusammenhänge der Dinge und Erscheinungen ausdrücken.

Die Kategorien sind verallgemeinerte Kenntnisse über die Zusammenhänge des objektiven Seins. Der Charakter ihrer Verallgemeinerung offenbart sich nicht durch die Quantität der denkbaren Merkmale, sondern dadurch, auf welcher Stufe (auf welchem Niveau) das Wesen der materiellen Objekte enthüllt wird.

Die Kategorien, die sich im Laufe einer langwährenden Praxis der Erkenntnis und der Umgestaltung der Welt herausgebildet haben und „Knotenpunkte des Wissens" sind, erfüllen im weiteren Gang der Erkenntnis die Funktion einer Synthese des wissenschaftlichen Wissens. Die kategorialen Strukturen bilden das logische Gerippe, um das sich die „gegenständlichen" Begriffe gruppieren, und sie bestimmen den Sinn dieser Begriffe. Als System charakterisieren die philosophischen Kategorien das wissenschaftliche Niveau, die Tiefe und logische Struktur des Denkens der gegebenen historischen Epoche.

Die naturwissenschaftlichen Kategorien charakterisieren ihrerseits die Grenzen der Anwendbarkeit dieser oder jener wissenschaftlichen Theorie im Zusammenhang damit, wie tief sie in das Wesen der Dinge eindringen. So kennzeichnet der Begriff der Trajektorie beispielsweise eine Bewegung von Makrokörpern, er ist unanwendbar für die Bewegung der Mikroteilchen in der Quantenmechanik. In der Relativitätstheorie wird der Begriff von der Masse der Bewegung eingeführt, den es in der klassischen Mechanik Newtons nicht gibt.

Der Inhalt der Kategorien als Denkformen gestaltet sich im Verlaufe der geschichtlichen Praxis immanent im Prozeß der Erkenntnis des Wesens der Dinge. Diese relativ beständigen Strukturen bilden das logische Denkgebäude und machen das Denken eines vielfältigen veränderlichen Inhalts möglich.

Die kategoriale Struktur, die das Wesen des die Dialektik der Dinge spiegelnden und fortschreitenden Denkens enthüllt, ist eine Einheit von Beständigkeit und Veränderlichkeit. Marx schrieb: „Ce qui constitue le mouvement dialectique, c'est la coexistence des deux côtés contradictoires, leur lutte et leur fusion en une catégorie nouvelle." („Was die dialektische Bewegung ausmacht, ist gerade das Nebeneinanderbestehen der beiden entgegengesetzten Seiten, ihr Widerstreit und ihr Aufgehen in eine neue Kategorie.")[45] Der Aspekt der Beständigkeit ist in dem Koordinationsnetz *A–B* fixiert (Paarigkeit der Kategorien als Ausdruck der Einheit der Gegensätze), der Übergang der die kategoriale Struktur bildenden Elemente in ein Subordinationsnetz erfolgt dann mittels Feststellung der Verknüpfung mit einer dritten Kategorie – $A \cdots B \cdots C$.

Während es für die Analyse der Sachverhalte in der empirischen Naturwissenschaft genügte, sie unter dem Blickwinkel zweier in bestimmter Koordination befindlicher Kategorien zu untersuchen, ist für die theoretische Analyse eine kategoriale Struktur erforderlich, die eine Subordination ausdrückt, deren Elementezahl $n \geq 3$ ist.

In diesem Zusammenhang wollen wir als Beispiel die kategoriale Struktur untersuchen, die die Begriffe der klassischen Mechanik in einer Synthese vereinigt:

Ursache – Folge
\ / (1)
Notwendigkeit (Zufall)

[45] *Karl Marx*, Misère de la philosophie. Response á la Philosophie de la Misère de M. Proudhon, Paris 1961, p. 122; deutsch zit. nach: *Karl Marx*, Das Elend der Philosophie. Antwort auf Proudhons „Philosophie des Elends". Dt. v. E. Bernstein u. K. Kautsky, in: *Karl Marx/Friedrich Engels*, Werke, Bd. 4, Berlin 1959, S. 133.

Diese logische Struktur drückt folgenden Sinn aus: Die Einheit, die die Verknüpfung von Ursache und Folge bedingt, ist die Notwendigkeit. Oder mit anderen Worten, der Ursache-Folge-Zusammenhang trägt notwendigen Charakter. Aus dem Schema (1) geht hervor, daß auf dieser Stufe der Wesenserkenntnis der Sinn des Zufalls nicht zutage tritt, und deshalb können wir den Zufall nicht in Termen der klassischen Mechanik interpretieren. In der Struktur (1) tritt der Zufall in impliziter Form auf. Gleichzeitig führt die Tatsache, daß der Zufall unberücksichtigt bleibt, dazu, daß die kategoriale Struktur (1) keinen Ausgang zu anderen Kategorien hat, daß sie die Entwicklung des Denkens eingrenzt und die untersuchte Theorie verabsolutiert (dogmatisiert) wird. So war es historisch mit der klassischen Mechanik.

Die Aufstellung der kategorialen Struktur (1) wurde möglich, als sich im historischen Erkenntnisprozeß die im Übergang zu einer dritten Kategorie ausgedrückte subordinierte Verknüpfung herausschälte. Davon, daß Newton das logische Denkschema, das die klassische Mechanik synthetisiert, klar erfaßt hatte, zeugen seine Regeln des Philosophierens, die er in den „Philosophiae naturalis principia mathematica" (1687)[45a] dargelegt hat. In diesen Regeln wird der Ursache-Folge-Zusammenhang als notwendiger Zusammenhang angesehen. Diese Struktur liefert den Schlüssel zu einer exakten Analyse der mechanischen Sachverhalte. In der klassischen Mechanik wird die Ursache als Kraft interpretiert, die Folge aber als Beschleunigung. Nicht die Geschwindigkeit an sich, sondern die Geschwindigkeitsveränderung (Beschleunigung) ist der Indikator, der die Wirkung der Kräfte auf den sich bewegenden Körper anzeigt. Infolgedessen werden Kraft und Beschleunigung als Ausgangbegriffe für die Synthese der klassischen Mechanik Newtons gewählt.

Mithin besteht die Bedeutung der kategorialen Strukturen darin, daß sie ein Schema des sich entwickelnden Denkens (seiner Genese) im Prozeß des theoretischen Konstruierens der Wirklichkeit geben. Dadurch erhalten wir die Möglichkeit, den Sinn der intuitiven, der Sphäre der täglichen Erfahrung entnommenen Begriffe weitgehend genau zu bestimmen.

In der klassischen Physik wurden bei der Beschreibung der untersuchten Erscheinungen Begriffe der natürlichen Sprache verwendet, die mit intuitiven Wahrnehmungen eng verknüpft waren. In der modernen Physik hängt die weitere Objektivierung des Wissens damit zusammen, daß für die

[45a] Oft nur mit dem Kurztitel „Principia" zitiert; deutsche Ausg.: *Isaac Newton*, Mathematische Prinzipien der Naturlehre, Berlin 1872 (Neudruck Leipzig 1932) –*D. Ü.*

Konstruktion fundamentaler Theorien nicht mehr die subjektive Erfahrung des Individuums in seiner intuitiven Form benutzt wird, sondern daß dafür philosophische Kategorien die Grundlage bilden, die in ihrer Struktur die Praxis der Erkenntnis des gesellschaftlichen Menschen verankern. Während beispielsweise in der klassischen Mechanik die Kategorien Ursache und Folge solche Begriffe der natürlichen Sprache wie Kraft und Beschleunigung erklären, werden in der Relativitätstheorie Ursache-Folge, aber auch Raum-Zeit Gegenstand einer unmittelbaren physikalischen Analyse.[46] Das Kausalitätsprinzip in der Relativitätstheorie für Prozesse, deren Geschwindigkeiten mit der Lichtgeschwindigkeit vergleichbar sind, hat folgende Form: „Das Ereignis A_1 im Punkt X_1 kann die Ursache des Ereignisses A_2 im Punkt X_2 sein, wenn diese Ereignisse durch eine größere Zeit geteilt werden als die Zeit, die das Licht braucht, um den Abstand zwischen X_1 und X_2 zu durchlaufen.“

In der heutigen Physik werden solche Begriffe wie Zufall, Möglichkeit, Wirklichkeit, Wechselwirkung, Struktur, Element, Teil, Ganzes und viele andere in breitem Umfange untersucht. Auf diese Gesetzmäßigkeit weist Max Born hin, wenn er schreibt, daß das charakteristische Kennzeichen der neuesten Entwicklungsperiode der Physik darin zu sehen ist, „daß die physikalische Kritik Begriffe erfaßt, die gar nicht mehr ausschließlich ihrem Gebiete angehören, sondern von der Philosophie als Eigentum beansprucht werden“[47].

Welche Rolle spielen nun die kategorialen Strukturen als Denkformen im Prozeß des Übergangs von einer alten zu einer neuen Theorie?

Es ist bekannt, daß, wenn eine neue Theorie geschaffen wird, zur Erklärung der neuen Tatsachen lange Zeit hindurch die Sprache der alten Theorie Anwendung findet. Verweisen braucht man hier nur auf Maxwell, der bemüht war, die neuen elektromagnetischen Erscheinungen in Begriffen zu erfassen, die die dynamischen Erscheinungen erklären, oder auf Planck, der seine Entdeckung der Quanten mit einem mechanischen Bild zu verbinden trachtete. Vor einer neuen Theorie steht die Aufgabe, neue Begriffe zu schaffen. Doch dafür ist eine „Veränderung in ihrer [der Physiker – *D. Ü.*] Denkweise“ („change in their way of thinking“)[48] erforderlich.

[46] Es muß unterschieden werden zwischen den philosophischen Kategorien „Raum“ und „Zeit“ einerseits und den entsprechenden physikalischen Begriffen andererseits.

[47] *Max Born*, Über den Sinn der physikalischen Theorien, a. a. O., S. 25.

[48] *Freman J. Dyson*, Innovation in Physics, a. a. O., p. 76.

Um aber diese „Veränderung in der Denkweise“ zu begreifen, muß man sich über die Veränderungen in der kategorialen Struktur der Logik klar werden.

Schon wenn man die kategoriale Struktur der klassischen Mechanik (1) betrachtet, läßt sich die Funktion der Voraussicht im Hinblick auf die Entwicklung der physikalischen Theorien zur Geltung bringen. „Philosophische Verallgemeinerungen müssen auf wissenschaftliche Forschungsergebnisse gegründet werden. Sind sie allerdings einmal formuliert und genießen sie allgemeine Anerkennung, so beeinflussen sie sehr häufig ihrerseits wieder die weitere Entwicklung des wissenschaftlichen Denkens dadurch, daß sie eine der zahlreichen denkbaren Möglichkeiten des Vorgehens aufzeigen.“ („Philosophical generalizations must be founded on scientific results. Once formed and widely accepted, however, they very often influence the further development of scientific thought by indicating one of the many possible lines of procedure.“)[49] In der kategorialen Struktur (1), die den Zufall in impliziter Form involviert, ist die Möglichkeit des Übergangs zur nachfolgenden Theorie enthalten. Es ist logisch, anzunehmen, daß die Erforschung von Zufälligkeiten in der nachfolgenden Theorie einen wichtigen Platz einnehmen muß. So war es auch historisch. Diesem Moment entspricht der Übergang zur statistischen Physik (konkreter zur Thermodynamik).

Um den Zufall theoretisch definieren zu können, ist in der Tat eine weitere Entfaltung der kategorialen Struktur erforderlich. Die Einheit von Zufall und Notwendigkeit (Zufall als Form einer Äußerung der Notwendigkeit und Form ihrer Ergänzung) wird durch den Zusammenhang mit der Kategorie Möglichkeit enthüllt. Wird die Struktur (1) in der gegebenen Form verwendet, dann führt sie das theoretische Denken nicht über die Grenzen der klassischen Mechanik hinaus. Sie kann den thermodynamischen und kinetischen Prozessen nur eine mechanische Erklärung geben. Andererseits zeigt sie jedoch, daß die Beschreibung dieser Erscheinungen mit Hilfe mechanischer Begriffe eindeutig unzureichend ist. Man kann die Thermodynamik im Rahmen der klassischen Mechanik nicht begründen, ohne die mechanischen Begriffe durch Annahmen mit Wahrscheinlichkeitscharakter ergänzt zu haben. So sind beispielsweise im Beweis des Boltzmannschen H-Theorems Wahrscheinlichkeiten

[49] *Albert Einstein* and *Leopold Infeld*, The Evolution of Physics. The Growth of Ideas from the Early Concepts to Relativity and Quanta, Cambridge 1938, p. 55; *Albert Einstein. Leopold Infeld*, Die Evolution der Physik. Übers. v. W. Preusser, Berlin – Darmstadt 1958, S. 66.

bereits in der Annahme einer kontinuierlichen Verteilungsfunktion im μ-Raum enthalten.

Das Bemühen Boltzmanns, die statistische Physik ausgehend von den mechanischen Begriffen zu begründen, führte ihn zwangsläufig zu dem von ihm für statistische Systeme formulierten Prinzip der Gleichwahrscheinlichkeit von anfänglichen Mikrozuständen, zur Konzeption des durch die makroskopischen Zustände vorgegebenen Bereichs des Phasenraums. Da das Wahrscheinlichkeitsgesetz kein Gesetz der klassischen Mechanik ist, wird es in sie auf rein äußere Weise eingeführt. Das ist dadurch bedingt, daß es unmöglich ist, die physikalischen Bedingungen, unter denen sich dieses Gesetz im Versuch äußert, in Begriffen der klassischen Mechanik zu definieren. „In der klassischen Mechanik kann eine dem gegebenen Wahrscheinlichkeitsbegriff entsprechende Versuchskategorie nicht bestimmt und die entsprechenden Versuchsbedingungen können nicht definiert werden.“[50]

Da die Wahrscheinlichkeit in der kategorialen Struktur (1), die den Denkprozeß bei der Synthese der klassischen Mechanik charakterisiert (der Zufall tritt hier implizit auf), nicht bestimmt ist, wird die Wahrscheinlichkeit in der klassischen Mechanik rein empirisch eingeführt. Die Grundlage dafür ist die Vorstellung vom „realen Ensemble“. Ein reales Ensemble wird durch eine endliche Anzahl nicht völlig identischer Systeme gebildet, die sich in den etwas unterschiedlichen anfänglichen Mikrozuständen befinden, in denen die Systeme unter realen Versuchsbedingungen existieren. Auf der Grundlage eines solchen Ensembles kann man nicht notwendigerweise die Aufteilung künftiger Versuche ableiten, die über das betreffende System durchgeführt werden.

Wir haben hier eine empirische Situation, die sich durch das Komplementaritätsprinzip charakterisieren läßt. Dieses Prinzip wurde implizit bereits von Boltzmann bei seiner statistischen Deutung der molekularkinetischen Theorie angewendet.[51] Er war der Auffassung, daß die mechanischen Begriffe an sich für die Begründung der Statistik unzureichend sind und durch Wahrscheinlichkeitsvorstellungen ergänzt werden müssen. Das Komplementaritätsprinzip stellt den Zusammenhang mit der voraufgegangenen Theorie her, wobei es die Beschreibung der neuen Sachverhalte in der theoretischen Sprache der alten Theorie voraussetzt. Das hat seinen Grund darin, daß die Versuchsbedingungen, mit anderen Worten: die

[50] *Н. С. Крылов*, Работы по обоснованию статистической физики, Москва–Ленинград 1950, стр. 64.

[51] In die Physik wurde das Komplementaritätsproblem erst später durch Niels Bohr eingeführt.

Kategorie der Messungen, der Experimente, bei einer solchen empirischen Situation nicht definiert sind. Damit steht in Verbindung, daß dann die Idealisierung dieser Bedingungen nicht erfolgen kann und keine abstrakten Objekte, d. h. theoretische Begriffe, eingeführt werden können. In analoger Weise introduzierte im Grunde genommen auch Bohr das Komplementaritätsprinzip. Da er nicht die Möglichkeit hatte, die Kategorie der Veränderung theoretisch in der Sprache der neuen Theorie zu definieren, bediente er sich der theoretischen Sprache der klassischen Mechanik, wodurch sich eine komplementäre Situation ergab. Auf diese Weise gebraucht die Thermodynamik eine Übergangsstruktur (1a), die sich von der Struktur (1) dadurch unterscheidet, daß hier der Zufall bereits in expliziter Form auftritt, jedoch noch keine theoretische Definition erhält.

Um zur theoretischen Definition in Form des regulären Wahrscheinlichkeitsgesetzes der Distributionen übergehen zu können, muß man den Begriff des „idealen Ensembles" konstruieren, das durch idealisierte Bedingungen charakterisiert ist. Für die Anwendung des Wahrscheinlichkeitsbegriffs muß die prinzipielle Möglichkeit der infiniten Reproduktion gleichartiger Versuchsbedingungen gegeben sein. Wenn die Versuchsbedingungen aber durch das künstliche Mittel der Auswahl geschaffen werden, dann ist das auf ihrer Grundlage gewonnene Distributionsgesetz auf spätere Versuche, die objektiver Art sind, nicht anwendbar.

Deshalb steht die Aufgabe der Begründung der statistischen Physik in Zusammenhang mit einer weiteren Entfaltung der kategorialen Struktur und der Einbeziehung der Kategorie Möglichkeit (Wirklichkeit) in die Analyse. Das drückt sich in der Geschichte der Physik im Übergang zur Quantenmechanik aus. Auf diese Weise wird die Verbindung der klassischen Mechanik mit der Thermodynamik und weiterhin mit der Quantenmechanik hergestellt.

Eine Besonderheit der Quantenmechanik ist, daß in ihr der Begriff Zustand eng verknüpft ist mit dem Begriff Wahrscheinlichkeit. In theoretischer Hinsicht bietet dieser Übergang die Möglichkeit für die weitere Analyse der kategorialen Struktur durch eine Untersuchung der Kategorien Möglichkeit und Wirklichkeit, denn der Begriff der Wahrscheinlichkeit liefert eben eine quantitative Charakteristik der Möglichkeit in ihrer Korrelation mit dem Zufall. Das Mögliche ist, was sein kann; das Zufällige das, was sein kann, aber auch nicht sein kann. Folglich ist alles Zufällige möglich.

Untersuchen wir die innere Natur der Erscheinungen auf quantenmechanischer Ebene, dann berücksichtigen wir dabei die folgende kategoriale Struktur:

Ursache – Folge
\ /
Notwendigkeit – Zufall (2)
\ /
Möglichkeit (Wirklichkeit)

Die neuen Kategorien enthüllen den notwendigen Charakter der Bewegung der statistischen Objekte, in denen die Realisierung der Zufälligkeit (des einzelnen Elementes eines statistischen Ensembles) als Möglichkeit auftritt. So besteht beispielsweise für das soeben aus der Elektronenquelle emittierte Elektron die *Möglichkeit* darin, durch Aufblitzen in einem beliebigen Punkte der Lichtringe des Beugungsdiagramms in Erscheinung zu treten. In welchem Punkte es *wirklich* auftrifft, können wir beim jetzigen Stande der Forschung nicht bestimmen.

Es ist unschwer zu erkennen, daß das Kausalitätsprinzip in der Quantenmechanik wirksam ist, jedoch im Rahmen der einheitlichen kategorialen Struktur (2). Das Moment der Wirklichkeit wird zudem in der Quantenmechanik nicht erschlossen. Die Kategorie Wirklichkeit tritt im Rahmen der kategorialen Struktur (2) implizit auf.

Die Voraussicht kann man realisieren, indem man die Grundbegriffe der klassischen Mechanik analysiert. Die Grundbegriffe der klassischen Mechanik sind Kraft, Masse, Raum und Zeit. Während das Kausalitätsprinzip den Kraftbegriff dadurch hinreichend genau explizierte, daß es dessen Zusammenhang mit der Beschleunigung feststellte, blieben die Kategorien Materie, Raum und Zeit, als sich die klassische Mechanik herausbildete, in der kategorialen Struktur noch ohne theoretische Definition auf der Stufe der Allgemeinheit und Notwendigkeit. Da sie nicht in die kategoriale Struktur einbezogen sind, nehmen sie absoluten Charakter an, werden sie substantialisiert (beispielsweise absoluter Raum, absolute Zeit, Raum und Bewegung in der Newtonschen Mechanik).

Der Begriff der absoluten Bewegung wird mit Bezug auf das absolut privilegierte Koordinatensystem eingeführt, das unbeweglich ist, bezogen auf den unbeweglichen „absoluten Raum“. Die Zeit in der klassischen Mechanik ist ebenfalls absolut, was durch die Galilei-Transformation bezeugt wird, in die die Zeit, die den Übergang von einem Inertialsystem zum anderen charakterisiert, eingeht als $t = t'$, d. h. invariant, unveränderlich ist. Daraus folgt, daß die Gleichzeitigkeit zweier Ereignisse (sogar solcher, die entfernt voneinander stattfinden) ein absoluter und von keinen zusätzlichen Bedingungen abhängiger Begriff ist. Die Invarianz der Zeit und der geometrischen Eigenschaften des Raumes hatte zur Folge, daß die Raum-Zeit-Beziehungen von der Bewegung abgetrennt wurden. Mithin werden

Raum, Zeit, Bewegung und Materie in der klassischen Mechanik Newtons nicht im Rahmen der einheitlichen kategorialen Struktur des theoretischen Denkens definiert.

Das Relativitätsprinzip in der klassischen Mechanik, das Invarianz der Gesetze der Mechanik (z. B. des Bewegungsgesetzes $F = ma$) gegenüber der Galilei-Transformation erfordert, erlegt der Beschreibung der Wechselwirkung der Körper gewisse Beschränkungen auf. Das fand seinen Ausdruck in der sich mit unendlich großer Geschwindigkeit ausbreitenden Fernwirkung. Außerdem erstreckt sich dieses Prinzip nicht auf die elektromagnetischen Erscheinungen und gilt nur für langsame Bewegungen.

Mit der weiteren Entfaltung der kategorialen Struktur im Laufe der Erkenntnisentwicklung kommt es zu einer Umstellung von Kategorien, die bis dahin als selbständige Substanz in der kategorialen Struktur angesehen wurden: Ihre subordinierten Verbindungen werden ausgegliedert, wodurch sie reale Bedeutung erlangen. Deshalb ist es für die Erforschung der Bewegungsgesetze, bezogen auf die elektromagnetischen Erscheinungen, erforderlich, die Einheit zwischen Raum und Zeit herzustellen.

Um die klassische Mechanik zu verallgemeinern, war es nötig, die folgende kategoriale Struktur aufzustellen:

Raum – Zeit
\ /
Bewegung (Materie) (3)

Dieser kategorialen Struktur entspricht die spezielle Relativitätstheorie. Ein sehr wichtiges Moment bei der Aufstellung dieser Theorie war Einsteins Analyse der Kategorie Zeit, die bei ihm eine theoretische Definition erfuhr. Um seine Synthese durchzuführen, ergänzte Einstein das Relativitätsprinzip durch das Prinzip der Invarianz der Ausbreitungsgeschwindigkeit des Lichtes, das er aus dem Versuch Albert Abraham Michelsons und Edward Williams Morleys ableitete. Die Forderung der Kovarianz der Bewegungsgesetze des elektromagnetischen Feldes führt zur Varianz und Relativität der Zeit sowie zur Lorentz-Transformation, so daß hier

$$t = \frac{t' + \frac{v}{c^2} x}{\sqrt{1 - \frac{v^2}{c^2}}}$$

gilt.

Somit bestätigte die spezielle Relativitätstheorie zwangsläufig die radikalen Wandlungen in den Vorstellungen von der Materiebewegung, indem sie den engen Zusammenhang zwischen Raum und Zeit enthüllte. Der

Übergang von der klassischen Mechanik Newtons zur speziellen Relativitätstheorie Einsteins hängt zusammen mit der Ablehnung einer rein mechanischen Deutung der dem Stand der speziellen Relativitätstheorie entsprechenden Struktur (3), die zum Unterschied von der Übergangsstruktur (1a) der Thermodynamik eine fundamentale Struktur ist.

Von gewissem Interesse ist hierbei ein Vergleich der Lorentzschen mit der Einsteinschen Theorie. Beide Theorien sind ihrer mathematischen Form nach ähnlich, wenn nicht sogar identisch.

Warum ist dann aber Einsteins Theorie vorzuziehen?

Anscheinend ist der mathematische Formalismus für das Verständnis des Wesens einer physikalischen Theorie unzureichend. Eine sehr wichtige Rolle bei der Bewertung einer solchen Theorie spielen physikalische und philosophische Methoden. Das Verdienst Einsteins besteht darin, daß er eine Synthese der speziellen Relativitätstheorie entsprechend der kategorialen Struktur (3) durchführte, die dem in jener Zeit in der Physik erreichten Stand der Erkenntnis entsprach.

Hendrik Antoon Lorentz, der zustimmte, daß die Bewertung der theoretischen Bedeutsamkeit der Grundbegriffe einer Theorie zum Bereich der Erkenntnistheorie gehört, machte zugleich aber in einer seiner 1914 gehaltenen Haarlemer Vorlesungen eine für ihn aufschlußreiche Bemerkung. Nach seinen Worten „findet er [Lorentz spricht von sich als Vortragendem – *D. Ü.*] ... eine gewisse Befriedigung in den älteren Auffassungen, daß der Äther wenigstens noch einige Substanzialität besitzt, daß Raum und Zeit scharf getrennt werden können, daß man von Gleichzeitigkeit ohne nähere Spezialisierung reden darf“[52]. Somit war Lorentz darauf bedacht, sein mathematisches Schema auf der alten kategorialen Struktur aufzubauen, was zu negativen Resultaten führte.

Einen Versuch, die Richtigkeit der Theorie Lorentz' und ihre Vorzüge gegenüber der Theorie Einsteins zu begründen, unternahm Lajos Jánossy (Mitglied der sowjetischen Akademie der Wissenschaften).[53] Er schlug vor, das Relativitätsprinzip durch das angeblich tiefere und mehr verallgemeinernde, von Idealismus freie Lorentzsche Prinzip zu ersetzen. Eine Analyse der kategorialen Struktur der Theorie Lorentz' zeigt jedoch, daß sein Prinzip die Existenz der absoluten Zeit (und des absoluten Raumes) voraussetzt, auf Grund dessen es eine Negation des Relativitätsprinzips

[52] *H. A. Lorentz*, Das Relativitätsprinzip. Drei Vorlesungen, gehalten in Teylers Stiftung zu Haarlem, Leipzig – Berlin 1914, S. 23.

[53] Siehe *Л. Яноши*, Философский анализ специальной теории относительности, in: Вопросы философии, 1961, 8, стр. 101–117; 9, стр. 89–104.

ist. Deshalb kann der Theorie Lorentz' gegenüber der Einsteins nicht der Vorzug gegeben werden.

Somit hilft die dieser oder jener fundamentalen physikalischen Theorie entsprechende kategoriale Struktur, den Sinn der Ausgangsbegriffe einer Theorie zu bestimmen; sie zeigt, welche Probleme in den Grenzen der gegebenen Theorie aufgeworfen werden können und welche nicht. Wenn wir die Wandlung der die Synthese einer gegebenen Theorie bewirkenden kategorialen Struktur (der Logik) analysieren, können wir die möglichen Entwicklungslinien der wissenschaftlichen Erkenntnis voraussagen.

ELFTES KAPITEL

Das System der Theorien. Die Wissenschaft als angewandte Logik

Der Begriff der Wissenschaft und die sie bildenden Elemente

Ein sehr wichtiger Satz, der große Bedeutung für das Verständnis des Entwicklungsprozesses des wissenschaftlichen Wissens hat, ist die Feststellung: „Jede Wissenschaft ist angewandte Logik". Dieser Gedanke wurde von Hegel ausgesprochen. Unter angewandter Logik verstand er zum Unterschied von der reinen Logik das konkrete Erkennen, das sich in den verschiedenen Wissenschaften vollzieht. Diesem Gedanken Hegels schenkte Lenin besondere Beachtung,[1] da er ihn für prinzipiell wichtig hielt.

In welcher Beziehung fungiert die Wissenschaft als angewandte Logik?

Nach Hegels Auffassung ist jede Wissenschaft „insofern eine angewandte Logik, als sie darin besteht, ihren Gegenstand in Formen des Gedankens und Begriffs zu fassen"[2]. Doch das reicht für die Charakteristik der Wissenschaft als angewandte Logik nicht aus.

Die logische Natur der Wissenschaft besteht nicht nur darin, daß ihr Gegenstand zum Unterschied von dem der Kunst in einem System von Abstraktionen auftritt. Die Wissenschaft ist angewandte Logik, weil sie die Mittel dafür schafft, daß sich das Wissen zu neuen Resultaten fortbewegt.

Jede Wissenschaft setzt auf der Grundlage ihrer theoretischen Konstruktionen die Regeln fest, nach denen das Fortschreiten in der Erkenntnis ihres Gegenstandes vor sich geht. Wo es strenge Regeln für die Bewegung des Denkens gibt, dort haben wir es mit Logik zu tun.

Jeder Wissenszweig ist angewandte Logik, da seine Regeln für die Bewegung des Denkens auf einen streng bestimmten Gegenstand, nämlich den eigenen, anwendbar sind. Die formale Logik und die Dialektik sind „theoretische" Logiken, da ihre Regeln und Formen auf die Erkenntnis eines beliebigen Objekts angewandt werden.

[1] Siehe *W. I. Lenin*, Philosophische Hefte, in: *W. I. Lenin*, Werke, Bd. 38, S. 192.

[2] *Georg Wilhelm Friedrich Hegel*, Sämtliche Werke, 5. Bd.: Wissenschaft der Logik. Zweiter Teil, S. 244.

Um die logische Funktion der Wissenschaft zu verstehen, ist es erforderlich, den Inhalt des Begriffs Wissenschaft und die sie bildenden Elemente zu untersuchen.

In jüngster Zeit stieg sowohl außerhalb als auch innerhalb der UdSSR das Interesse für eine Analyse des Wissenschaftsbegriffs. Hierfür sind viele Ursachen maßgebend, vor allem die Bedürfnisse, die die Entwicklung der Wissenschaft mit sich bringt, sowie die Prozesse der Wissensdifferenzierung und -integration, die in der Wissenschaft vor sich gehen.

Für eine allseitige Definition der Wissenschaft, die alle ihre wesentlichen Zusammenhänge – mit der Produktion, dem gesellschaftlichen Bewußtsein usw. – erfaßt, werden die verschiedensten Kriterien aufgestellt.[3]

Wenn man die Wissenschaft von logisch-erkenntnistheoretischer Seite her betrachtet, so lassen sich in ihr die folgenden zwei wechselseitig verbundenen Momente bestimmen: das Wissenssystem und die Erkenntnismethode.

Die Wissenschaft wird vor allem durch den Systemcharakter des Wissens charakterisiert. In den vorangegangenen Kapiteln haben wir uns bemüht zu beweisen, daß alles Wissen System ist, ohne das es keine Wahrheit gibt. Aber in der Wissenschaft hat das System seine Besonderheiten, erreicht es einen besonderen Reifegrad.

Gewöhnlich wird eine Wissenschaft als ein Ensemble von Theorien angesehen. Und von außen her betrachtet, tritt die Wissenschaft tatsächlich als eine Theorienverbindung auf. Es erhebt sich aber die Frage, warum diese und nicht jene Theorien sich zu einer Wissenschaft vereinigen, was diese Theorien verbindet und welche Bedeutung ihr Zusammenschluß zu einer Wissenschaft für den Fortschritt des Wissens hat. Eine gewisse Bedeutung kommt dabei natürlich der Tradition zu – es ist üblich anzunehmen, daß die Theorie *K* zu der Wissenschaft *N* gehört. Doch die Verletzung von Traditionen ist in unserer Zeit für die Wissenschafler der

3 Ein Beispiel einer solchen allseitigen Definition findet sich bei M. N. Karpow: „Die Wissenschaft ist die die Welt in Begriffen, Hypothesen, Gesetzen, Prinzipien und Theorien reflektierende spezifische Form des gesellschaftlichen Bewußtseins, sie ist das System der die objektiven Gesetze der Umwelt widerspiegelnden und sich unaufhörlich vervollständigenden und präzisierenden Kenntnisse, die als Ergebnis des Wirkens vieler Wissenschaftlergenerationen gewonnen wurden und die zur Ausarbeitung neuer Wege und Methoden zweckmäßiger Umgestaltung von Natur und Gesellschaft und insbesondere zur Entwicklung der Produktion dienen.“ (*М. Н. Карпов*, Основные закономерности развития естествознания, Ростов-на-Дону, 1963, стр. 14)

geringste Grund, sich aufhalten zu lassen, und die Wissenschaftsentwicklung selber enthüllt in immer größerem Maße die inneren Zusammenhänge zwischen den Theorien der Wissenschaft.

Wissenschaft ist angewandte Logik. Das bedeutet zunächst einmal, daß sie ein logisch organisiertes System von Theorien, nicht aber ein mechanisch zusammengefaßter Komplex ist. In eben dieser Verknüpfung der Theorien besteht die Besonderheit der Wissenschaft als Wissenssystem. Das System ist nirgends Selbstzweck, es fungiert als Mittel zur Lösung irgendwelcher Probleme. In der Wissenschaft wird es zu bestimmten Zwecken aufgebaut: 1. um die erzielten Ergebnisse in aller Vollständigkeit klarzumachen; 2. um das erlangte Wissen für das Fortschreiten zu neuen Resultaten nutzbar zu machen. Im zweiten Falle wird die Wissenschaft zur Methode. Die Reife einer Wissenschaft wird durch ihre Methode bestimmt. Diese bezeugt die Fähigkeit des entstandenen Wissenssystems zur Selbstentwicklung, zur Bereicherung durch neue Thesen.

Auf diese Seite der Wissenschaft richten heutzutage viele Forscher ihre Aufmerksamkeit. So schreibt beispielsweise Paul Freedman, der das dynamische Wesen der Wissenschaft unterstreicht: „Das wichtigste Attribut der Wissenschaft ist nicht Wissen, sondern ihre Fähigkeit zur Wissensvermehrung. Die Kenntnisse, die die Wissenschaft in sich birgt, sind begrenzt, häufig fragmentarisch und ungenau, stets korrekturbedürftig. Die Fähigkeit der Wissenschaft, Wissen zu erwerben, ist grenzenlos.“ („The most important attribute of science is not knowledge, but its capacity for acquisition of knowledge. Knowledge which science contains is limited, frequently fragmentary and inaccurate, always liable to revision. The capacity of science to acquire knowledge is infinite.“)[4]

In der Tat zeigt die Geschichte der Erkenntnis, daß die Wissenschaften in immer steigendem Maße zu Methoden werden, daß Wissenssysteme als Mittel zur Wissensvermehrung geschaffen werden. Zudem braucht, wie Georg Klaus zutreffend feststellt, die Methode „am Anfang einer neuen Wissenschaft ... keine ausgearbeitete Theorie. Gerade die Kybernetik sagt uns sehr deutlich, daß wir eine Methode zur Handhabung von Dingen schon dann besitzen können, wenn uns die Struktur dieser Dinge, die genaue Verhaltensweise dieser Dinge noch nicht vollständig bekannt ist.“[5] Das heißt, daß der Kenntnisse besitzende Mensch danach strebt, sie so

[4] *Paul Freedman*, The Principles of Scientific Research, Washington 1950, p. 14 (2. ed., London 1960).

[5] *Georg Klaus*, Kybernetik in philosphischer Sicht, 4. Aufl., Berlin 1965, S. 198.

schnell wie möglich als Methode anzuwenden, neues Wissen zu erlangen, ohne abzuwarten, bis diese Kenntnisse in ein strenges und relativ abgeschlossenes System gebracht sind.

System und Methode in der Wissenschaft stehen in wechselseitigem Zusammenhang. Als objektive Grundlage der wissenschaftlichen Methode fungiert ein objektive Gesetzmäßigkeiten widerspiegelndes Wissenssystem. An und für sich ist aber die Erkenntnis objektiver Gesetzmäßigkeiten noch keine Methode. Die Verfahren und Methoden für das theoretische und praktische Erfassen des Objekts müssen, basierend auf objektiven Gesetzmäßigkeiten, ausgearbeitet werden. Das System der Wissenschaft ist unmittelbar darauf gerichtet, die erlangte Kenntnis der Eigenschaften und Gesetzmäßigkeiten vollständig auszudrücken, die Methode der Wissenschaft hingegen auf die Gewinnung neuer Resultate. In der Methode sind die Verfahren des Fortschreitens zu ihnen fixiert, in ihr verschmilzt gewissermaßen das in der objektiven Welt Erkannte mit der menschlichen Zielgerichtetheit auf die weitere Erkenntnis und Umgestaltung des Objekts. Das System des wissenschaftlichen Wissens realisiert sich in der Methode der Erkenntnis und des praktischen Handelns.

Die Wissenschaft als logisches System

Die Wissenschaft als Wissenssystem besitzt eine eigene Struktur, die bestimmte logische Funktionen erfüllt. Für das Verständnis dieser Struktur hat die Aufdeckung der Grundtendenz in der Wissenschaftsentwicklung große Bedeutung.

Bekanntlich entstand die Wissenschaft als ein ungegliedertes Ganzes, das alle Kenntnis (und man kann sagen auch alle Unkenntnis) von der Welt vereinigte. Von logischer Struktur der Wissenschaft jener Periode kann keine Rede sein, da eine solche noch nicht geschaffen war. Die verschiedensten Thesen gehörten der Wissenschaft allgemein an, die damals Philosophie hieß, weil sie – und das war die einzige Begründung dafür – das Streben nach Erkenntnis ausdrückte. Die Wissenschaft im ganzen konnte keine logische Struktur haben, da es von dieser kein Beispiel gab, d. h. es waren keine strengen wissenschaftlichen Theorien mit bestimmter Struktur, mit einem Beweissystem und dergleichen geschaffen worden. Die Fixierung einiger Sachverhalte, geniale Vermutungen, phantastische Vorstellungen usw. bildeten den Inhalt der nicht aufgegliederten Wissenschaft. Aus diesen Wissenselementen konnte die Wissenschaft keine logische Struktur für sich entnehmen. Sie erwarb sie allmählich, als sich aus der ungegliederten Wissenschaft einzelne Zweige mit relativ strengen wissenschaftlichen Theorien herauszuheben begannen.

Wenn die Wissenschaft zu einer logischen Struktur kommen soll, so setzt dies vor allem ein mehr oder weniger strenges Umreißen des Forschungsgegenstandes voraus, dessen Besonderheiten in vieler Hinsicht für sie bestimmend sind. Das in der Geschichte erste strenge wissenschaftliche System, das eine deutlich ausgeprägte logische Struktur hat, ist die von Euklid in seinen „Elementen" dargelegte Geometrie. In ihr ist erstens der Gegenstand – die einfachsten Raumformen und -verhältnisse – umrissen; zweitens wurde das Wissen in eine logische Abfolge gebracht: zuerst kommen die Definitionen, Postulate und Axiome, dann folgt die Formulierung der Theoreme mit Beweisen. In ihr sind ferner die Grundbegriffe ausgearbeitet, die ihren Gegenstand und ihre Beweismethode zum Ausdruck bringen. Sie wird zu Recht als eins der ersten Muster eines deduktiven Systems von Theorien angesehen, obwohl sie von heutiger Sicht aus als axiomatisches System sehr unvollkommen ist, vor allem wegen des Fehlens einiger sehr notwendiger Axiome (z. B. der der Bewegung und der Kongruenz).

Die „Elemente" Euklids dienten lange Zeit als Beispiel einer vollendeten logischen Struktur der Wissenschaft. Spinoza unternahm – neben anderen Philosophen des 17. Jahrhunderts – den Versuch, eine Philosophie nach dem Schema der „Elemente" aufzubauen. Das bereicherte die Philosophie jedoch nicht, da das aus der Geometrie Euklids entlehnte logische Schema mit dem Inhalt des im System Spinozas enthaltenen philosophischen Wissens nicht organisch verbunden war.

Daß die „Elemente" Euklids zum Ideal der logischen Struktur aller Wissenschaft gemacht wurden, bewährte sich nicht nur deshalb nicht, weil die nachfolgende Geometrie in ihnen Mängel feststellte und ein vollkommeneres axiomatisches System für die Konstruktion der Geometrie lieferte, sondern hauptsächlich deswegen, weil die gereifte wissenschaftliche Erkenntnis eine Vielzahl von Typen der Wissenschaftskonstruktion hervorbrachte. Bereits in der Neuzeit (17. und 18. Jh.) bildeten sich im Zusammenhang mit der empirischen Naturforschung wissenschaftliche Systeme heraus, deren logische Struktur nicht mit der in den „Elementen" Euklids identisch war. In Verbindung damit entstand die Vorstellung, daß es zwei gegensätzliche Systeme der Konstruktion wissenschaftlichen Wissens gebe – das deduktive und das induktive System. Die mit der Zurückführung aller Theorien auf eine kleine Zahl von Axiomen, Postulaten, Prinzipien verknüpfte Beweisstrenge war den deduktiven Wissenschaften (der Mathematik und der mathematischen Naturwissenschaft) inhärent, der offensichtliche Zusammenhang mit der Erfahrung und dem Experiment, der die Ursache dafür war, daß neue Ideen, kühne Hypothesen geboren wurden, war der augefällige Vorzug der induktiven Wissenschaften.

Im Laufe der Entwicklung der wissenschaftlichen Kenntnis wurde diese schroffe Entgegensetzung der induktiven und deduktiven Wissenschaften jedoch aufgehoben. Es stellte sich heraus, daß es rein deduktive und rein induktive Wissenschaften nicht gibt. In allen Wissenschaften ohne Ausnahme wird Induktion und Deduktion in einer Einheit angewendet. Die Mathematik ist deduktiv dem Charakter ihres Theorienaufbaus nach, aber Entstehung und Entwicklung ihrer Theorien sind auch mit der Erfahrung und der Induktion verknüpft.[6] Der Zusammenhang mit der Erfahrung und Induktion äußert sich in der Mathematik häufig durch die Physik. Sie gibt den Mathematikern, wie es Henri Poincaré treffend ausdrückte, „Gelegenheit, Probleme zu lösen, sie hilft . . . auch, die Mittel dazu zu finden . . . und gibt Schlußfolgerungen ein" („l'ocasion de résoudre des problèmes; elle. . . aide á en trouver les moyens . . . elle . . . suggère des raisonnements")[7]. Im Beweis der mathematischen Theoreme findet die auf Erfahrung gegründete Induktion wegen des problematischen Charakters ihrer Ausgangsbehauptung keine Anwendung. „Beim Prüfen von Konsequenzen eines vermuteten allgemeinen Gesetzes", schreibt Georg Pólya, „richtet der Mathematiker wie der Naturforscher eine Frage an die Natur: 'Ich vermute, daß dieses Gesetz gilt. Gilt es wirklich?' Wenn die Konsequenz offensichtlich widerlegt wird, kann das Gesetz nicht gelten. Wenn die Konsequenz offensichtlich verifiziert wird, deutet das darauf hin, daß das Gesetz vielleicht gilt. Die Natur kann Ja oder Nein antworten, aber sie flüstert uns die eine Antwort zu und donnert uns die andere entgegen; ihr Ja ist provisorisch, ihr Nein ist definitiv." („The mathematician as the naturalist, in testing some consequence of a conjectural general law by a new conservation, addresses a question to Nature: 'I suspect that this law is true. Is it true?' If the consequence is clearly refuted, the law

[6] Der bekannte Mathematiker Georg Pólya schreibt: „Das Verfahren, nach dem sich der Wissenschaftler mit der Erfahrung auseinandersetzt, nennt man im allgemeinen *Induktion*. In der mathematischen Forschung finden sich besonders klare Beispiele des induktiven Verfahrens." („The scientist's procedure to deal with experience is usually called *induction*. Particularly clear examples of the inductive procedure can be found in mathematical research." — *George Polya*, Mathematics and Plausible Reasoning, vol. 1, p. 3–4; dt. Ausg., S. 22)

[7] *H. Poincaré*, La Valeur de la science, Paris 1925, p. 152; deutsch zit. nach: *Henri Poincaré*, Der Wert der Wissenschaft. Übertr. v. E. Weber, 2. Aufl. Leipzig — Berlin 1910, S. 115 (3. Aufl. 1921).

cannot be true. If the consequence is clearly verified, there is some indication that the law may be true. Nature may answer Yes or No, but it whispers one answer and thunders the other, its Yes is provisional, its No is definitive.")[8] Man darf aber nicht glauben, daß es in der Mathematik nur streng bewiesene deduktive Theorien gibt, in ihr gibt es wie in jeder Wissenschaft Hypothesen, Annahmen, die bis jetzt weder bewiesen noch widerlegt sind. Allerdings gehen sie in die Mathematik nur als aufgeworfene Probleme ein, die als gelöst angesehen werden, wenn sie strenge Beweise gefunden haben. In den anderen Wissenschaften gehen Theorien, die auf der Stufe wissenschaftlicher Hypothesen stehen, in ihren Hauptinhalt ein.

Andererseits ist das Bestreben, deduktive Theorien mit strengen Beweisen zu schaffen, die von einer kleinen Anzahl die Funktionen des Axiomensystems erfüllender inhaltlicher Sätze ausgehen, jetzt charakteristisch für viele Wissenschaften, die als induktive Wissenschaften gegolten haben. Das Entstehen solcher Theorien in den Wissenschaften von der Natur und der Gesellschaft spricht für ihre hohe Reife, die gewöhnlich damit in Zusammenhang steht, daß mathematische Methoden zur Erforschung der Objekte und zugleich auch die der Mathematik eigene Methode des Theorienaufbaus in die Wissenschaft eindringen. Man kann unzweifelhaft annehmen, daß in der Zukunft alle Wissenschaften nach der Schaffung gerade solcher Theorien, deren Vorzüge unbestritten sind, streben werden. Auch ihre Systeme werden nach dem Muster dieser Theorien aufgebaut werden, das heißt man wird versuchen, den gesamten Wissenszweig in ein System deduktiven Typs zu verwandeln.

Auf diese Weise verliert die strenge Scheidung der Wissenschaften in deduktive und induktive ihren Sinn. Gleichwohl behält aber die Aufteilung der Theorien auf diese Typen ihre Bedeutung, denn es wird stets Theorien geben, in denen der Beweis sich auf die Erfahrung und Induktion gründet, da der Prozeß der Entstehung neuer Theorien niemals abbricht.

Die Wissenschaften differieren untereinander auf Grund des Unterschiedes ihrer Gegenstände, auf Grund ihrer Entwicklungsstufe und ihres Reifegrades. Deshalb kann man von einer Eigenart auch der logischen Struktur jeder Wissenschaft sprechen. Doch diese spezifischen Besonderheiten können durch Spezialisten auf diesem Gebiet, deren Fachinteresse sie darstellen, aufgedeckt werden. Für die Logik der wissenschaftlichen Forschung ist es außerordentlich wichtig, Klarheit über die logische Struktur des Wissenschaftsaufbaus schlechthin zu schaffen.

[8] *George Polya*, Mathematics and Plausible Reasoning, vol. 1, p. 10; dt. Aus., S. 31.

Selbstverständlich wird diese Struktur bis zu einem gewissen Grade den Charakter eines Ideals tragen, zu dem die Wissenschaften in ihrer Entwicklung hinstreben müssen.

Die logische Struktur der Wissenschaft kann nicht erkannt werden, indem man die Strukturen der verschiedenen Wissenszweige – in allen Etappen ihrer historischen Entwicklung – vergleicht und das Gemeinsame in ihrem Aufbau ausfindig macht. Das ist erstens sehr schwierig, da es einmal einen großen Arbeitsaufwand, zum andern aber eine Kenntnis aller Wissenszweige erfordert, die zu besitzen heutigentags ein Ding der Unmöglichkeit ist, und zweitens wird, was das Entscheidende ist, ein solcher Vergleich und die Suche nach dem Gemeinsamen nur geringfügige Resultate zeitigen.

Es gibt nur einen erfolgversprechenden Weg, nämlich die modernen ausgereiften Zweige des wissenschaftlichen Wissens zu untersuchen, in denen die Struktur am klarsten Ausdruck findet und bereits gedanklich erfaßt ist, und auf der Grundlage ihrer Analyse die Tendenz in der Entwicklung einer das reale Ideal des wissenschaftlichen Wissens bildenden Wissenschaftsstruktur herauszufinden suchen. Elemente der logischen Struktur einer Wissenschaft sind Grundlagen, Gesetze, Grundbegriffe, Theorien und Ideen.

Grundlagen der Wissenschaft. Es existieren zwei Arten von Grundlagen der Wissenschaft: 1. solche, die sich außerhalb von deren Grenzen befinden; 2. solche, die zum Wissenschaftssystem selbst gehören. Die Grundlage jeder Wissenschaft und allen Wissens ist letzten Endes die materielle Wirklichkeit und die praktische Tätigkeit des Menschen. Erstere bildet den objektiven Inhalt jeder Wissenschaft, da alle Wissenschaften es letztlich mit der Widerspiegelung der Bewegungsgesetze von Erscheinungen der ojektiven Welt zu tun haben; letztere ist das Wahrheitskriterium der wissenschaftlichen Theorien, auf das im Endresultat jeder Beweis stößt.

Doch weder die materielle Wirklichkeit selber noch die Praxis gehen als solche in das System einer Einzelwissenschaft, ja nicht einmal der Wissenschaft im ganzen ein. Sie sind im System des wissenschaftlichen Wissens involviert als bereits im Bewußtsein des Menschen widergespiegelt – das eine in Form von Theorien, Prinzipien, Axiomen, Gesetzen der Wissenschaft u. dgl., das andere in Form eines bestimmten logischen Verfahrens für Aufbau und Beweis der wissenschaftlichen Theorien. Im ersten widerspiegeln sich Gesetzmäßigkeiten, Eigenschaften der objektiven Realität, im zweiten ist – in Form der logischen Figuren – die praktische Tätigkeit des Menschen fixiert. Diese, so schrieb Lenin, „**MUSSTE DAS BEWUSSTSEIN DES MENSCHEN MILLIARDENMAL ZUR WIEDERHOLUNG**

DER VERSCHIEDENEN LOGISCHEN FIGUREN FUEHREN, *damit* DIESE FIGUREN DIE BEDEUTUNG VON *Axiomen* ERHALTEN KONNTEN“[9].

Das Erkennen der Grundlagen einer Wissenschaft, die zu ihrem System gehören, hat enorme Bedeutung für die Entwicklung der Forschungen, die den von ihr untersuchten Gegenstand betreffen. Wie die Erfahrung aus der Entwicklung der Mathematik gezeigt hat, die sich früher als die anderen Wissenschaften mit Grundlagenforschung beschäftigte, wirkte sich die Lösung damit verbundener Probleme nützlich aus, nicht nur auf den Fortschritt der Mathematik selber, sondern auch der anderen Wissenschaften, insbesondere der Logik. Bedauerlicherweise gehen die übrigen Wissenschaften an die Erforschung ihrer Grundlagen noch sehr zaghaft heran, was offensichtlich damit zusammenhängt, daß sie in ihrer Entwicklung noch nicht die Stufe erreicht haben, wo es ohne Lösung ihrer Grundlagenprobleme für sie schwierig ist, in der Erkenntnis ihres Gegenstandes weiter voranzukommen.

Bei der Lösung der Frage nach den Grundlagen einer Wissenschaft gehen wir vorzugsweise von der Mathematik, speziell von der Geometrie aus, die in der Grundlagenforschung sehr beachtliche Resultate erzielt hat.

Im eigentlichen Sinne bilden vor allem jene theoretischen Sätze einer Wissenschaft, die die allgemeinen Gesetzmäßigkeiten ihres Gegenstandes ausdrücken und die bis zu einem gewissen Grade von einer bestimmten Seite her in allen ihren Theorien zutage treten, die zum System der Wissenschaft gehörenden Grundlagen. Diese Sätze dienen als Fundament für den logischen Aufbau der betreffenden Wissenschaft. Als diese Sätze fungieren beispielsweise in der Geometrie ihre Axiome, die in Form von Definitionen, Postulaten und Allgemeinbegriffen in Erscheinung treten.

Die Sätze, die als Grundlage einer Wissenschaft dienen, verbinden diese mit der materiellen Wirklichkeit, entweder unmittelbar oder über Sätze, die zum System nicht der betreffenden, sondern einer anderen Wissenschaft gehören. Im System der gegebenen Wissenschaft finden sie keinen strengen Beweis ihrer Wahrheit. Letztere wird entweder durch Ableitung dieser Sätze aus den allgemeineren Charakter tragenden Urteilen einer anderen Wissenschaft ermittelt oder durch Verallgemeinerung der Erfahrung der gesamten wissenschaftlichen Erkenntnis und Lebenspraxis bewiesen, einbegriffen hierbei die Entfaltung des Inhalts des Gegenstandes der betreffenden Wissenschaft. Der logische Beweis stößt früher oder später auf etwas, das über die Grenzen der Logik hinausgeht

[9] *W. I. Lenin*, Philosophische Hefte, in: *W. I. Lenin*, Werke, Bd. 38, S. 181.

und in die Sphäre der unmittelbaren materiellen Wirklichkeit des Menschen hineinreicht.

Wenn man Klarheit über die Grundlagen einer Wissenschaft schaffen will, ist es, wie die Erfahrung der Mathematik zeigt, wichtig, die Frage nach der Vollständigkeit und der logischen Widerspruchsfreiheit der sie bildenden Sätze zu entscheiden. Unter Widerspruchsfreiheit ist hier nur die vom Standpunkt der formalen Logik unzugängliche Widerspruchsfreiheit zu verstehen.

Das zweite Moment der Grundlagen einer Wissenschaft bildet das in ihr zur Anwendung kommende logische Arsenal der Beweismittel. An und für sich ist sowohl die formale als auch die dialektische Logik nicht Grundlage einer Einzelwissenschaft; auf ihnen als den logischen Mitteln des Beweises und des Fortschreitens zu neuen Resultaten basiert das gesamte wissenschaftliche Wissen als Ganzes. Aber jede Wissenschaft wählt mit Bezug auf das, was die Erforschung ihres Gegenstandes erfordert, aus dem allgemeinen logischen Arsenal die ihren Aufgaben entsprechenden Mittel aus. Dabei kann sie, wenn sie die Probleme ihrer Begründung bewältigen will, darauf kommen, daß die ihr zur Verfügung stehenden logischen Mittel für die Lösung der Aufgaben, denen sie sich konfrontiert sieht, unzureichend sind. Dann stellt sie der Logik eine Reihe von Problemen, die sie aber bis zu einem gewissen Grade selber zu lösen versucht, wodurch sie sowohl die allgemeine Logik wie deren konkrete Anwendung auf die Erforschung ihres Gegenstandes bereichert. So war es mit der Mathematik, die bereits gegen Ende des 19. Jahrhunderts feststellte, daß es unmöglich ist, viele speziell mathematische Probleme, insbesondere solche wie die Ableitbarkeit und Nichtableitbarkeit von Sätzen aus Prämissen, die Lösbarkeit oder Nichtlösbarkeit von Aufgaben durch bestimmte Mittel und Methoden, fruchtbringend zu bearbeiten, ohne daß vorher ein Anzahl logischer Fragen gelöst wurde.

Aus der Bearbeitung der logischen Problematik, bezogen auf die Bedürfnisse der Mathematik, ergab sich, daß gleichzeitig zwei Aufgaben gelöst wurden: 1. die formale Logik, insbesondere die Theorie des deduktiven Beweises, erhob sich auf eine neue Stufe ihrer Entwicklung; 2. recht tiefgehend und detailliert wurden die Struktur und das Wesen der mathematischen Theorien sowie die Besonderheiten ihres Beweises erforscht, was eine der Grundlagen der Mathematik bildet.

Leider beschäftigen sich die anderen Wissenschaften noch fast gar nicht mit der Erforschung der logischen Mittel der Konstruktion und des Beweises ihrer Theorien. Das trifft insbesondere auf jene zu, die weitgehend die Erfahrung und die auf diese gegründete induktive Schlußfolgerung zur Basis haben. Als positives Beispiel können die Versuche, Methoden zur Konstruktion physikalischer Theorien auszuarbeiten, gewertet werden, die in S. I. Wawilows Aufsatz „Physik" enthalten sind.[10] Wawilow analysierte darin kritisch die drei für die Konstruktion einer Theorie in der Physik zur Anwendung kommenden Methoden – Modellhypothesen, Prinzipien, mathematische Hypothesen –, wobei er auf die Mängel und Vorzüge jeder von ihnen hinwies. Damit hatte er nur den Grundstein für eine Analyse der Konstruktions- und Beweismittel der Theorien in der Physik gelegt. Daß er diese Gedanken in dem für die Große Sowjetenzyklopädie geschriebenen Artikel „Physik" entwickelte, war keineswegs ein Zufall, hatte es sich die Enzyklopädie doch zur Aufgabe gesetzt, eine Darstellung über den Gegenstand der physikalischen Wissenschaft sowie deren Grundlagen einschließlich der logischen zu geben. Diese Ideen Wawilows haben eine große Rolle insbesondere für die Bestimmung des Wesens und der Besonderheiten einer solchen Methode wie der mathematischen Hypothese gespielt, was einerseits die Lehre der Logik über die Hypothese erweiterte und vertiefte und andererseits die Möglichkeit bot, das Wesen und die Besonderheiten der modernen Physik tiefer zu erfassen.

Welche Bedeutung in der modernen Wissenschaft die mit der Bestimmung ihrer Grundlagen zusammenhängenden Fragen erlangen, drückt sich u. a. in der Entstehung der sogenannten Metawissenschaften und Metatheorien aus. Unter Metatheorie versteht man eine theoretische Konstruktion, die eine Theorie oder deren System (Abschnitt der Wissenschaft) oder aber eine Wissenschaft als Ganzes zu ihrem Gegenstand hat. (Im letzteren Falle handelt es sich bereits um eine Metawissenschaft.) Vorläufig kann man nur von einer Metamathematik sprechen, aber mit der Zeit werden sich natürlich auch die Metaphysik, Metachemie, Metabiologie, Metageschichte usw. herausbilden.[11]

[10] *С. И. Вавилов*. Физика, in: *С. И. Вавилов*, Собрание сочинений, т. 3, Москва 1956.

[11] Einige Forscher sehen die dialektische Logik im Verhältnis zur formalen Logik als Metawissenschaft an, da erstere den formallogischen Systemen die erkenntnistheoretische Begründung gibt. „Der dialektischen Logik kommt die Funktion zu, die formale Logik erkenntnistheoretisch und methodologisch zu begründen, d. h., sie spielt im Verhältnis zur formalen Logik die Rolle einer Art Metawissenschaft." (*I. S. Narski*, Positivismus in Vergangenheit und Gegenwart, Berlin 1967, S. 269) Hier müssen wir die beiden Wörter „einer Art" beachten, weil die dialektische Logik im Verhältnis zur formalen Logik nämlich nur in einem streng bestimmten, begrenzten Sinne als Metawissenschaft an-

Es könnte scheinen, daß die Bearbeitung der Probleme der Metawissenschaft keine heuristische Bedeutung hat, daß sie nicht zur Entdeckung neuer Gesetzmäßigkeiten und Eigenschaften der Erscheinungen der materiellen Welt durch die betreffende Wissenschaft beiträgt, sondern daß sie eine Art theoretischer Luxus ist. Aber das ist durchaus nicht so. Das Beispiel der Mathematik überzeugt uns davon, daß die Metatheoreme es gestatten, eine Reihe von Thesen anzunehmen, ohne sie in jedem Einzelfall beweisen zu müssen.

Die Erfahrung lehrt uns, daß einzelne Wissenszweige deduktiv konstruiert werden können, indem man von einer kleinen Anzahl Axiome ausgeht und einen ausgearbeiteten logischen Apparat anwendet. Hier taucht der Gedanke auf, ob sich der Inhalt dieser Axiome nicht ebenfalls auf einige logische Prinzipien zurückführen und auf diese Weise die Wissenschaft auf ein geschlossenes formales System reduzieren ließe. Einen solchen Versuch unternahmen die Formalisten (Vertreter des formalistischen Standpunkts in der philosophischen Begründung der Mathematik), die es sich zum Ziel gesetzt hatten, den Inhalt der Mathematik unter Anwendung des Apparats der mathematischen Logik auf einen widerspruchsfreien symbolischen Kalkül zu reduzieren, in dem die Symbole nichts aus der realen Welt bezeichnen.

Daß diese Bemühungen keinen Erfolg haben konnten, wurde durch die Mittel der mathematischen Logik selber bewiesen. Gemäß dem Gödelschen Theorem kann nicht einmal die Arithmetik der natürlichen Zahlen vollständig formalisiert werden, das heißt, die inhaltlich wahren Sätze der elementaren Arithmetik können nicht aus einer endlichen Zahl von Axiomen und Schlußregeln deduziert werden. Im Prinzip kann ein an Schlüssen reiches formales System überhaupt nicht durch Mittel bewiesen werden, die eine Formalisierung in demselben System zulassen.

Das Gödelsche Theorem hat große Bedeutung für die Widerlegung der in spezieller und philosophischer Beziehung falschen Konstruktionen der Formalisten, die die Entwicklung der Wissenschaft von der materiellen Wirklichkeit und der praktischen Tätigkeit abtrennten. Wenn man die Grundlagen jeder Wissenschaft auf Axiome und Schlußregeln reduzieren kann, dann bedeutet dies – selbst bei richtiger Auslegung der letzteren –, daß die Wissenschaft zu einem abgeschlossenen, sich nicht entwickelnden formalen System werden würde, das es mit einem sehr beschränkten Inhalt

gesehen werden kann. (In den zitierten Text mußte das in der deutschen Narski-Ausgabe nicht mitübersetzte Wort „Art" eingefügt werden, da sonst der vorstehende Satz seinen Sinn verloren hätte bzw. nicht verständlich wäre. – *D. Ü.*)

zu tun hat, über dessen Grenzen es prinzipiell nicht hinausgehen kann. Da die Formalisten den Axiomen und Schlußregeln eine konventionalistische Deutung geben, wird die Wissenschaft von der realen Welt schlechthin isoliert und letzten Endes in ein Zeichensystem verwandelt, das nicht über die durch die Zeichen gesetzten Grenzen hinausgeht.

Die Geschichte der Wissenschaften zeigt, daß deren Entwicklung mit der Aufstellung neuer inhaltlicher Thesen verknüpft ist, die über die Grenzen der früheren theoretischen Systeme hinausgehen und als Grundlage für die Konstruktion neuer Systeme dienen. Mehr noch – die Entwicklung der Wissenschaft wirft die Frage nach einer neuen Logik, nach anderen Mitteln für die Konstruktion und den Beweis von Theorien auf. Das aber schließt um so mehr die Möglichkeit aus, die Wissenschaftsgrundlagen auf eine beschränkte Zahl logischer Prinzipien zu reduzieren.

Gesetze der Wissenschaft. Während die Grundlagen auf der obersten Stufe in der Hierarchie der logischen Struktur einer Wissenschaft stehen, so die Gesetze auf der niedrigsten. Die Gesetze erfüllen ihrem Wesen nach die Funktion der faktischen Basis der Wissenschaft,[12] unter ihnen sind die den Gegenstand der gegebenen Wissenschaft widerspiegelnden Behauptungen zu verstehen, die allgemeinen Charakter tragen. Als Tatsachen tragen die Gesetze Gewißheitscharakter; im Entwicklungsprozeß der Wissenschaft werden sie nicht widerlegt, es ändert sich nur ihr Anwendungsgebiet. Die Gesetze der Newtonschen Physik oder der euklidischen Geometrie sind nicht widerlegt, ihr gegenständlicher Anwendungsbereich ist eingeschränkt. Die Wissenschaftsgesetze sind objektiv wahr, und auf Grund dessen besitzen sie einen gewissen Grad von Invarianz.

Die Funktion der Gesetze beim Aufbau einer Wissenschaft ist vielfältig. Vor allem treten sie als Prinzipien des in jeder Wissenschaft implizierten wahren Wissens auf. Die Begriffe Gesetz und Prinzip der Wissenschaft liegen auf gleicher Stufe und sind schwer unterscheidbar. Das Wissenschaftsgesetz wird zum Prinzip, wenn es eine logische Funktion bei der Systematisierung des Wissens erfüllt, wenn es als Ausgangsthese bei der Konstruktion einer Theorie, für die Erlangung neuen Wissens dient. Die Gesetze bilden das Skelett der theoretischen Konstruktionen, und die

[12] Es könnte scheinen, daß die Tatsachen (Fakten, Sachverhalte) die untere Grenze der logischen Struktur der Wissenschaft bilden. Doch dem ist nicht so, denn die Tatsachen gehen in die Struktur der Wissenschaft erst als deren Gesetze, Begriffe u. dgl. ein. Solange die Tatsache nicht zum Gesetz oder Begriff geworden ist, steht sie außerhalb der Grenzen der logischen Struktur der Wissenschaft.

Entdeckung eines Gesetzes ist eine der Hauptaufgaben aller wissenschaftlichen Forschung.

Grundbegriffe der Wissenschaft. Die Grundlagen und Gesetze einer Wissenschaft existieren in Form von Begriffen oder eines Begriffssystems. Die Wissenschaft widerspiegelt ihren Gegenstand in Begriffen, ohne die keine Theorie konstruiert werden kann. Die Wissenschaftsbegriffe sind ihrer Stellung und ihrer Bedeutung nach nicht gleichwertig. Es gibt Begriffe, die zu den für die betreffende Wissenschaft schlechthin fundamentalen Begriffen gehören, sie drücken die allgemeinen Gesetzmäßigkeiten des von ihr erforschten Gegenstandes aus und sind grundsätzlich an allen ihren Theorien beteiligt. In der Philosophie des Marxismus beispielsweise sind solche Begriffe Materie, Bewußtsein, Bewegung u. dgl., in der modernen Physik die Begriffe „Feld", „Teilchen" u. dgl. Die übrigen Begriffe einer Wissenschaft beziehen sich nur auf einzelne ihrer Theorien, da sie keine allgemeinen Gesetzmäßigkeiten ihres Gegenstandes, sondern einzelne ihrer Seiten, Momente widerspiegeln.

Besondere Bedeutung haben die Fundamentalbegriffe der Wissenschaft und ihre Analyse. N. I. Lobatschewski konstatierte im Zusammenhang damit: „Die ersten Begriffe, mit denen jede Wissenschaft beginnt, müssen klar und auf die gerinste Anzahl reduziert sein." [13]

Die Geschichte der Wissenschaft zeigt, daß die Analyse und Überprüfung der Ausgangsbegriffe mitunter zu wahrhaft revolutionären Veränderungen in ihr führt. Der Begriff in der Wissenschaft tritt in Form des die Theorie bildenden Systems auf.

Die *Theorie* ist der Konzentrationspunkt des Wissens. In ihr erlangt das *Wissen* einen bestimmten Grad von Vollständigkeit und Abgeschlossenheit, wobei es einen relativ zweifelsfreien Charakter annimmt. Die Wissenschaftsbegriffe sind in der Einzelheit abstrakt und subjektiv. Lenin schrieb: „Die logischen Begriffe sind subjektiv, solange sie 'abstrakt' in ihrer abstrakten Form bleiben, aber zugleich drücken sie auch die Dinge an sich aus. Die Natur ist *sowohl* konkret *als auch* abstrakt, *sowohl* Erscheinung *als auch* Wesen, *sowohl* Moment *als auch* Verhältnis. Die menschlichen Begriffe sind subjektiv in ihrer Abstraktheit, Losgelöstheit, aber objektiv im Ganzen, im Prozeß, im Ergebnis, in der Tendenz, im Ursprung." [14] In der Theorie, die der Ausdruck eines Ganzen, die Entwicklungstendenz des

[13] *Н. И. Лобачевский*, О началах геометрии, in: *Н. И. Лобачевский*, Полное собрание сочинений, т, I, Москва-Ленинград 1946, стр. 186.

[14] *W. I. Lenin*, Philosophische Hefte, in: *W. I. Lenin*, Werke, Bd. 38, S. 198.

Gegenstandes ist, äußert sich das objektive Wesen des Inhalts der Wissenschaftsbegriffe.

Die Funktion der Theorie besteht nicht nur darin, die erzielten Resultate der Erkenntnis in ein System zu bringen, sondern auch darin, den Weg vorzuzeichnen, auf dem die Bewegung zu neuen Gesetzen und Begriffen vor sich geht, die den zu erforschenden Gegenstand tiefer und vollständiger widerspiegeln. I. P. Pawlow betonte in diesem Zusammenhang durchaus richtig: „Eine echte, gesetzmäßige wissenschaftliche Theorie darf nicht nur . . . das gesamte vorhandene Material umfassen, sondern sie muß auch breite Möglichkeiten für die weitere Forschungsarbeit . . . eröffnen.“ [15]

Die Theorie ist ihrer Natur nach heuristisch, sie bahnt stets der Entdeckung neuer Tatsachen und Gesetze den Weg. Deshalb ist das Bestreben einiger Wissenschaftler, sich der Konstruktion der Theorie so lange zu enthalten, bis sämtliche Fakten gesammelt sind, nicht gerechtfertigt. Nicht nur der Weg zur Theorie führt über die Tatsachen, sondern auch umgekehrt, die Aufstellung einer theoretischen Konstruktion ist eine notwendige Bedingung für die Ermittlung neuer Tatsachen. Das wird von manchen so gedeutet: „. . . die Wissenschaft muß mit Tatsachen beginnen und mit Tatsachen enden unabhängig davon, welche theoretische Strukturen sie zwischen ihnen errichtet.“ („. . . Science must start with facts and end with facts, no matter what theoretical structures it builds in between.“) [16] Also: zuerst beobachtet der Wissenschaftler, dann beschreibt er das, was er gesehen hat und was er künftig zu sehen erwartet, daraufhin macht er Voraussagen auf der Grundlage seiner Theorien.

Dabei kommt heraus, daß die Theorie nur ein Mittel des Umgangs mit Tatsachen ist, die das Alpha und Omega der Wissenschaft seien. Natürlich spielen die Tatsachen eine enorme Rolle in der Wissenschaft, aber die Wissenschaft in eine Sammlung von Tatsachen zu verwandeln, ist ebenso falsch, wie ihre Bedeutung zu ignorieren. Die Theorie führt zur Entdeckung neuer Tatsachen, doch nicht nur darin besteht ihre Rolle in der Wissenschaft. Sie liefert ein ganzheitliches Wissen über den Gegenstand und enthüllt seine Gesetzmäßigkeiten. Das kann mit anderen Formen des Wissens nicht erreicht werden.

Die Theorie hat ihre eigene Logik der Entwicklung. [17] Eine der Besonderheiten der Wissensentwicklung gegen Ende des 19. Jahrhunderts und im,

[15] *I. P. Pawlow*, Antwort eines Physiologen an die Psychologen, in: *I. P. Pawlow*, Sämtliche Werke, Bd. III/2, Berlin 1953, S. 426.

[16] *John G. Kemeny*, A Philosopher Looks at Science, p. 85.

[17] Diese Logik sowie andere Seiten der Theorie sind in den vorangegangenen Kapiteln untersucht worden.

20. Jahrhundert ist der Prozeß der Integration der Theorie, die Bildung sogenannter Kopulativtheorien, wenn sich mehrere Theorien auf der Grundlage einer einheitlichen Idee zusammenfügen. Die Vereinigung von Theorien, die zu verschiedener Zeit für die Erklärung unterschiedlicher Erscheinungen geschaffen wurden, zu *einer* Theorie kann als Beweis für das Fortschreiten des Wissens auf dem Wege der objektiven Wahrheit angesehen werden. So schrieb der bekannte Physiker Max von Laue in diesem Zusammenhang sehr richtig: „Immer wieder kommt es in ihrer Geschichte [das heißt der der Physik – *D. Ü.*] vor, daß sich zwei bis dahin völlig unabhängige, von verschiedenen Menschengruppen gepflegte physikalische Gedankenkreise – z. B. Optik und Thermodynamik . . . oder Wellentheorie der Röntgenstrahlen und Atomtheorie der Kristalle . . . – unversehens zusammenfinden und *zwanglos* zusammenfügen. Wer ein solches aufs höchste überraschende Ereignis auch nur von Ferne miterleben durfte, oder wenigstens es nachzuerleben imstande ist, zweifelt nicht mehr, daß die zusammenkommenden Theorien, wenn nicht volle Wahrheit, so doch einen bedeutenden Kern objektiver, von menschlichen Zutaten freier Wahrheit enthalten. Sonst wäre ihr Zusammenpassen nur als Wunder zu verstehen.“ [18]

Ein solches „Zusammenpassen“ von Theorien ist eine Erscheinung, die nicht nur für die Physik, sondern auch für andere Wissenschaftsgebiete charakteristisch ist. Darüber hinausgehend finden sich heutzutage auch Theorien zusammen, die in unterschiedlichen Wissenschaften geschaffen wurden.

Den Prozeß der Vereinigung von Theorien oder Urteilen zu *einer* Theorie kann man nicht verstehen, ohne die erkenntnistheoretisch-logischen Funktionen der Idee geklärt zu haben.

Die *Idee* nimmt einen besonderen Platz unter den Elementen der logischen Struktur der Wissenschaft ein. In ihr sind die zwei für die Wissenschaft erforderlichen Momente organisch kombiniert: die Wirklichkeit objektiv-wahr widerzuspiegeln und für deren Umgestaltung die Formen zu schaffen, indem die Mittel zu ihrer praktischen Realisierung bestimmt werden. Das erste Moment drückt gewissermaßen die kontemplative Seite des Wissens aus, das zweite die praktisch-wirksame Seite. In der Idee sind sie jedoch nicht aufgespalten, sondern miteinander verschmolzen. Dabei existiert das zweite nicht nur nicht ohne das erste Moment, sondern umgekehrt wird wahre Objektivität auch nur im Prozeß der Schaffung der Umgestaltungsformen der Wirklichkeit und ihrer praktischen Realisierung erreicht.

[18] *Max v. Laue*, Geschichte der Physik, 3. durchges. Aufl., Bonn 1950, S. 14–15.

Auf Grund dieser Besonderheit fungiert die Idee als eigenartiges erkenntnistheoretisches Ideal, dem die Entwicklung der Erkenntnis zustrebt. Im Endeffekt schafft die Wissenschaft Theorien, um Ideen zu bilden, und damit die Formen, in denen der Mensch seine Ziele zur Umgestaltung der Wirklichkeit realisiert. Das Wissen muß, um sich in der Welt zu bestätigen, zur Idee werden.

Durch diesen Umstand erreicht das Zusammenfallen des Subjektiven und Objektiven in der Idee unter dem Gesichtswinkel der Möglichkeiten, die der Menschheit bei einem gegebenen Entwicklungsstand zur Verfügung stehen, die höchste Form – sie verschmelzen beide gewissermaßen miteinander. In der Idee wird das Objektive auf das Niveau der Ziele und Bestrebungen des Subjekts gehoben, das geschaffene objektiv - wahre Bild wird zu seinem inneren Bedürfnis, zu dem, was es durch seine praktische Tätigkeit der Welt als Beitrag geben soll. Andererseits erlangen die Ziele und Bestrebungen des Menschen in der Idee objektiven Charakter, sie stehen der objektiven Welt nicht fremd gegenüber, und auf Grund ihrer objektiven Wahrheit werden sie selber mittels der materiellen Tätigkeit zur objektiven Realität. Dieses Charakteristikum in den Ideen wurde vom Idealismus akzentuiert und hypertrophiert. Er stellte nur die eine Seite heraus – daß das Subjektive (die Idee) dem Ding vorausgeht und durch die Tätigkeit des Menschen zur objektiven Realität wird; gleichzeitig vertuschte der Idealismus die andere Seite – daß der objektiv-existierende Gegenstand durch die gleiche Tätigkeit des Subjekts zur Idee wird.

Für die Bildung einer Idee ist nicht nur Wissen über das Objekt, sondern auch über das Subjekt, über seine Ziele und Bestrebungen, über die gesellschaftlichen Bedürfnisse, schließlich Wissen über das Wissen erforderlich, das heißt über die Mittel und Wege zur Umgestaltung der Wirklichkeit, zur praktischen Anwendung des theoretischen Wissens.

Die Idee tritt als erkenntnistheoretisches Ideal in verschiedener Hinsicht auf: 1. In der Idee sind die Errungenschaften des wissenschaftlichen Wissens in konzentrierter Form ausgedrückt; 2. innerhalb ihrer selbst enthält die Idee das Streben nach praktischer Realisierung, nach ihrer materiellen Umsetzung, nach Selbstbestätigung; 3. sie enthält Wissen über sich selbst, über die Wege und Mittel ihrer Objektivierung. Aber in allen diesen Beziehungen ist die Idee als Ideal relativ; sie ist die höchste Form objektiv-wahren Wissens, aber in einem bestimmten historischen Rahmen; sie strebt danach, realisiert zu werden. Jedoch kann das die Idee erstens nicht selbst tun, und zweitens wird sie bei einem gegebenen Entwicklungsstande der Praxis nicht völlig realisiert; die Idee ist relativ auch im Begreifen ihrer selbst, im Erkennen der Mittel der eigenen Realisierung.

Deshalb ist jede wissenschaftliche Idee ein historisch vergängliches Ideal der Erkenntnis, das Ideal schwindet als Ideal dahin, das Subjekt erlangt eine Erkenntnis von großer Objektivität und Vollständigkeit, mit großen realen Möglichkeiten für die praktische Realisierung. Lenin formulierte: „Die Idee hat auch den stärksten Gegensatz in sich, die Ruhe (für das Denken des Menschen) besteht in der Sicherheit und Gewißheit, mit der er ihn (diesen Gegensatz zwischen Gedanken und Objekt) ewig erzeugt und ewig überwindet. . ."[19]

Eine Eigenart der Idee besteht auch darin, daß sich in ihr die theoretische Erkenntnis bis zur Schwelle der Selbstnegierung entwickelt. Das Wissen zeichnet den Übergang in eine andere Sphäre, in die der Praxis, vor, die in der Welt neue Erscheinungen und Dinge entstehen läßt.

Die Idee wird nicht nur in der praktischen, sondern auch in der theoretischen Tätigkeit des Menschen realisiert. Beim Aufbau der Wissenschaft erfüllt die Idee eine synthetisierende Funktion, sie vereinigt das Wissen zu einem einheitlichen System – zur Theorie oder zu einem System von Theorien.

Die synthetisierende Funktion der Idee resultiert aus ihrer Natur. In der Idee ist die Erkenntnis einer fundamentalen Gesetzmäßigkeit ausgedrückt, die die Grundlage für die Vereinigung der Begriffe oder sogar ganzer Theorien bildet. In der Idee erreicht das Wissen den höchsten Grad von Objektivität, und das schafft auch die Voraussetzung für die Synthese des voraufgegangenen Wissens.

Die synthetisierende Funktion gehört aber gewissermaßen ihrer Vergangenheit an. Sie zeigt, was eine neue Idee für das früher gewonnene Wissen zu geben vermag, wie sie es organisieren kann. Doch realisiert wird die Idee theoretisch und praktisch in der wissenschaftlichen Methode. Hier dient sie als Hebel zur Erzielung neuer Resultate in der Erkenntnis und Praxis.

Auf den Zusammenhang der Idee mit der Methode machte bereits Spinoza aufmerksam, er nannte die Methode die Idee der Idee. In der Methode ist das Wissen impliziert, wie sich die Erkenntnis auf der Grundlage einer wahren Idee vollziehen muß.[20] Dieser Gedanke wurde weiterent-

19 *W. I. Lenin*, Philosophische Hefte, in: *W. I. Lenin*, Werke, Bd. 38, S. 185.

20 „Es wird also jene Methode die richtige sein", schrieb Spinoza, „welche zeigt, wie der Geist nach der Norm der gegebenen wahren Idee zu leiten ist." („Unde illa bona erit Methodus, quae ostendit, quomodò mens dirigenda sit ad datae verae ideae normam." – *Spinoza*, Tractatus de intellectus emendatione, et de viâ, quâ optimè in veram rerum Cognitionem dirigitur, in: *Spinoza*, Opera II, Heidelberg 1924, pag. 16; deutsch zit. nach: *Benedictus de Spinoza*, Ab-

wickelt in der Philosophie Hegels, für den die absolute Idee den objektiven Inhalt der Methode bildet. Das Wissen in der Idee dient, wenn es volle Objektivität und Konkretheit erreicht hat, als Instrument der Erkenntnis, es realisiert sich in der Methode. Dieser Gedanke ist, sofern man den Begriff der absoluten Idee von der Mystik des Idealismus befreit, vollkommen richtig. Die Bestimmung der Methode ist es, als Weg zur Erzielung neuer Resultate in der geistigen oder materiellen Produktion zu dienen, aber dafür muß sie eine objektiv-wahre Idee zur Grundlage haben. Dies gilt für jede Methode – sowohl für die philosophische wie für die spezielle.

Die Funktion der Wissenschaft als Methode der Erkenntnis

Von äußerer Seite her tritt jede wissenschaftliche Methode auf als Prozeß der Anwendung eines rationalen Systems auf verschiedenartige Gegenstände während der theoretischen und praktischen Tätigkeit des Subjekts. So wird die Methode häufig definiert als „Fähigkeit, natürliche Zusammenfassungen bewußt und wiedererkennbar im Rahmen einer reproduzierbaren Aussagenordnung zu manipulieren" („power of manipulating natural complexes, purposively and recognizably, within a reproducible order of utterance")[21].

In diesem Falle wird die Methode als ein bestimmtes Verfahren, als Gesamtheit der Einwirkungsweisen auf das zu erforschende Objekt verstanden. Wie Hegel schrieb, „ist die Methode ... als *Werkzeug* gestellt, als ein auf der subjektiven Seite stehendes Mittel, wodurch sie sich auf das Objekt bezieht"[22].

Deshalb tritt die Methode an der Oberfläche als etwas Subjektives, dem Objekt Entgegengesetztes auf. Mit Hilfe eines in bestimmter Weise erfaßten Systems ist das Subjekt, indem es seine Ziele und Bestrebungen realisiert, bemüht, das Objekt zu begreifen und es umzugestalten.

Der Subjektivismus hebt diese Seite der Methode hervor und stellt sie als völlig objektfremd, als rein subjektive Prozedur dar. Wäre dies so, dann könnte die Methode die Erkenntnis und das praktische Handeln nicht dahin führen, daß sie das Objekt beherrschen.

handlung über die Läuterung des Verstandes und über den Weg, auf welchem er am besten zur Erkenntis der Dinge geführt wird, Leipzig 1947. S. 20)

21 *Justus Buchler*, The Concept of Method, New York-London 1961, p. 135.

22 *Georg Wilhelm Friedrich Hegel*, Sämtliche Werte, 5. Bd.: Wissenschaft der Logik. Zweiter Teil, S. 331.

Hegel sagte hierüber: „Die *Methode* kann zunächst als die bloße *Art und Weise* des Erkennens erscheinen, und sie hat in der That die Natur einer solchen.“[23] Damit enthüllte er die objektive Grundlage der Methode, welche das die Erkenntnis der Gesetzmäßigkeiten des Objekts ausdrückende System wahren Wissens ist. Diese Gesetzmäßigkeiten werden transformiert, uminterpretiert zu Regeln für das Handeln des Subjekts. Wie Todor Pawlow richtig bemerkt, „ist die wissenschaftliche Methode die innere Gesetzmäßigkeit der Bewegung des menschlichen Denkens, genommen als subjektive Widerspiegelung der objektiven Welt oder, was dasselbe ist, als die ins menschliche Bewußtsein 'verpflanzte' und 'übertragene', bewußt und planmäßig als Instrument zur Erklärung und Veränderung der Welt ausgewertete objektive Gesetzmäßigkeit“[24].

Die in der Methode erkannte objektive Gesetzmäßigkeit wandelt sich um in eine Regel für das Handeln des Subjekts. Deshalb fungiert jede Methode als ein System von Regeln oder Verfahren, die für die Erkenntnis und Praxis ausgearbeitet wurden. Im Zusammenhang damit entsteht auch die Richtigkeit als Kriterium für die Beurteilung der Handlungen des Subjekts: entsprechen sie den Regeln der Methode oder nicht? Deshalb darf man die Richtigkeit nicht als etwas ausschließlich für die formale Logik Geltendes ansehen. Ihr Platz ist überall da, wo es eine Methode gibt und wo eine Überprüfung der Handlungen gemäß den Regeln und Verfahren der gegebenen Methode stattfindet. Richtigkeit gibt es in der formalen Logik, in allen anderen wissenschaftlichen Spezialmethoden und in der Dialektik, da diese nicht nur die objektiven Bewegungsgesetze enthüllt, sondern auf deren Grundlage auch die Regeln der theoretischen Erkenntnis und des praktischen Handelns formuliert. In diesem Sinne unterscheidet sich auch die Richtigkeit von der Wahrheit. Die Wahrheit wird unmittelbar durch Vergleich des Inhalts des Gedankens mit dem Objekt bestimmt, es wird die Identität zwischen ihnen festgestellt; die Richtigkeit wird ermittelt aus dem Vergleich des (theoretischen oder praktischen) Handelns mit einer These (einer Regel, einem Verfahren), sie hängt mit dem Objekt vermittelt über die Wahrheit des Wissenssystems zusammen, auf dessen Grundlage eine Verhaltensregel formuliert wird.

Es ist falsch, die Richtigkeit als Handeln auf der Grundlage einer Methode (Übereinstimmung des Handelns mit dem Leitsatz der Methode)

[23] Ebenda, S. 329.

[24] *Тодор Павлов*, Теория отраженина. Основные вопросы теории познания диалектического матерализма. Перев. с болг. Ф. И. Георгиева и А. И. Рубина, Москва 1948, стр. 401.

von der Wahrheit abzutrennen. Ebenso unzulässig ist es aber auch, sie miteinander gleichzusetzen. Die Richtigkeit ist keine Bewertung des Gedankeninhalts, sondern der Handlungen des Menschen (folgen sie den bekannten Regeln oder tun sie dies nicht?). Die Wahrheit ist die Beurteilung des Gedankeninhalts, die Feststellung seiner Identität mit dem Objekt. Der Unterschied zwischen Richtigkeit und Wahrheit besteht darin, daß es im ersten Falle um Handlungen des Subjekts geht, die wiederum nicht mit dem Objekt selber verglichen werden, sondern mit den festgesetzten Regeln, im zweiten Falle dreht es sich um den nicht vom menschlichen Verhalten abhängenden Inhalt des Gedankens; die Wahrheit wird nur durch das Objekt bestimmt. Die Richtigkeit basiert auf der Wahrheit, ist aber nicht mit ihr identisch. In seiner Tätigkeit vollzieht der Mensch den Übergang von der Wahrheit zur Richtigkeit, der gleichbedeutend ist mit dem Übergang vom Denken zum Handeln. Sprechen wir von Richtigkeit, dann treten wir gewissermaßen in eine andere Sphäre ein, die mit der Wahrheit und der theoretischen Tätigkeit in Verbindung steht, zugleich aber auch über deren Grenzen hinausgeht – hier geht es bereits um das Verhalten des Menschen, um die Bewertung seiner Handlungen und Taten von theoretischer Sicht aus (Übereinstimmung mit den objektiv-wahren Charakter tragenden Thesen) und vom Standpunkt der praktischen Erfordernisse.

Auf diese Besonderheiten der Richtigkeit stoßen wir bereits, wenn es um die Einschätzung eines Problems geht. Man kann das Problem in der Tat unter dem Gesichtswinkel der Wahrheit untersuchen, da es sich auf bereits gewonnenes Wissen gründet, das objektiv-wahren Charakter trägt. Aber die darin enthaltenen Kenntnisse sind noch kein Problem. In diesem zeichnen sich bestimmte Handlungen gemäß dem Überschreiten der Grenzen dieser theoretischen Thesen ab. Deshalb sind bei der Beurteilung eines Problems auch diese Handlungen zu berücksichtigen, die möglicherweise zu neuen wissenschaftlichen Resultaten führen.

Folglich gibt es erzielte Resultate, die schon vom Gesichtspunkt der Falschheit oder Wahrheit aus beurteilt werden können, ferner mögliche theoretische Sätze, die, wenn sie gewonnen werden, ebenfalls als wahr oder falsch gewertet werden können, und schließlich Handlungen, die zu diesen neuen wissenschaftlichen Resultaten führen müssen. Was sie betrifft, so braucht die Frage nach Wahrheit oder Falschheit nicht unmittelbar gestellt zu werden, denn das sind keine theoretischen Sätze, sondern nur die Handlungen, die zu ihnen führen. Sie sind nicht wahrheitsfremd, aber auch nicht unmittelbar auf die Wahrheit reduzierbar. Im Problem sind Handlungen enthalten, die man vom Standpunkt der Richtigkeit (methodisch) bewerten kann – nämlich, ob sie einerseits den objektiv-wahren Charakter tragenden Regeln und andererseits den Zielen des Subjekts entsprechen, die gleichfalls objektiven Charakter haben, da sie durch die Lebensbedingungen der Menschen, durch den erreichten Stand der Zivilisation bestimmt werden. Mit anderen Worten: Die Tätigkeit des Subjekts orientiert sich dahin, wo die Gewinnung wissenschaftlicher Resultate notwendig und möglich ist.

Die die Erkenntnismethode charakterisierenden Regeln für das Handeln sind stets normiert und streng.[25] Sie können sich im Allgemeinheits- und Anwendbarkeitsgrad unterscheiden, aber, weil sie Regeln sind, müssen sie eindeutig und relativ beständig sein. Man kann sogar weiterhin sagen, sie sind als Handlungsweise automatisch und rational: ist etwas so und nur so, dann muß dies darauf folgen (ist *a* und nur *a*, dann muß *b* auf *a* folgen). Auch Variationen sind möglich, jedoch sind diese ebenso normiert und bestimmt (auf *a* kann *b* folgen, das selber entweder *c* oder *d* oder *e* ist, oder *a* selber kann entweder *q* oder *p* etc. sein).

Mit anderen Worten, die Methode gibt Regeln für das Handeln; die Regeln sind normiert und eindeutig, wo Norm und Eindeutigkeit fehlen, gibt es keine Regel und folglich auch keine Methode und Logik. Selbstverständlich ändern sich die Regeln, keine ist einmalig und absolut, aber soweit die Regel eine Regel für das Handeln des Subjekts ist, muß sie bestimmt und genormt sein.

Somit involviert die Methode der Erkenntnis stets zwei organisch verbundene Seiten – die objektive und die subjektive. Dabei muß in der Methode die erste in die zweite übergehen; in erkenntnistheoretischer Hinsicht bedeutet dieser Übergang den Übergang von Wahrheit in Richtigkeit.

Die erkannten Gesetzmäßigkeiten bilden die objektive Seite der Methode, die auf ihrer Grundlage entstandenen Regeln und Verfahren zur Erforschung und Umgestaltung der Erscheinungen aber die subjektive Seite der Methode. Objektive Gesetzmäßigkeiten machen an sich noch keine Methode aus, auf ihrer Grundlage müssen Verfahren für eine weitere Erkenntnis und Umgestaltung der Wirklichkeit ausgearbeitet werden. Die Methode fixiert nicht unmittelbar das, was in der objektiven Welt ist,

[25] Im Zusammenhang damit ist es angebracht, an die von Hegel gegebene sehr treffende Definition der Richtigkeit zu erinnern. Er vergleicht die „*Wahrheit* des Ideals . . . mit der bloßen *Richtigkeit* . . ., welche darin besteht, daß irgend eine Bedeutung auf gehörige Weise ausgedrückt und ihr Sinn deshalb in der Gestalt unmittelbar zu finden sey". (*Georg Wilhelm Friedrich Hegel*, Sämtliche Werke. Jubiläumsausg. in zwanzig Bänden. Hrsg. v. H. Glockner, 12. Bd.: Vorlesungen über die Ästhetik, 1. Bd., 3. Aufl., Stuttgart 1953, S. 112)

sondern legt fest, wie der Mensch im Prozeß der Erkenntnis und des praktischen Handelns vorgehen muß.

In der Methode sind die erkannten objektiven Gesetzmäßigkeiten und die auf die Erkenntnis des Objekts und seiner Umgestaltung bezogene menschliche Zielgerichtetheit miteinander verschmolzen. Ursprünglich erschien diese Zielgerichtetheit als etwas Äußerliches, dem Objekt Fremdes; in Wirklichkeit aber – so erklärte Lenin – „werden die Zwecke des Menschen durch die objektive Welt erzeugt und setzen diese voraus – finden sie als Gegebenes, Vorhandenes vor“[26]. Die Methode lenkt den Menschen nur dann auf die Gewinnung neuer Resultate und führt in der praktischen Tätigkeit zum Erfolg, wenn seine Ziele mit den objektiven Gesetzmäßigkeiten in Einklang stehen.

Die Kenntnis der objektiven Gesetzmäßigkeiten, auf denen die Methode beruht, ist in Form eines Systems strukturiert. Methode und System bilden eine dialektische Einheit. Ohne ein Wissenssystem kann es keine Methode geben. Andererseits realisiert sich das System des wissenschaftlichen Wissens in der Methode der Erkenntnis und des praktischen Handelns, außerhalb der Methode ist es zwecklos. Die Einheit von System und Methode trägt dialektischen Charakter. Einerseits wird kein Wissenssystem vollständig in der Methode realisiert, es ist seinem Inhalt nach reicher, das System wird nicht sofort zur Methode; andererseits geht die auf der Grundlage eines Systems entstandene Methode in ihrer Entwicklung unbedingt über dessen Grenzen hinaus, führt zur Veränderung des alten Wissenssystems und zur Schaffung eines neuen. Das System ist konservativer, es strebt danach, sich zu erhalten und sich zu vervollkommnen. Die Methode ist ihrer Natur nach beweglicher, sie ist auf die Vermehrung des Wissens und die Schaffung eines neuen Systems gerichtet.

Die Methode gründet sich auf die Systeme des objektiv-wahren Wissens, die sowohl durch die Wissenschaft als Ganzes wie auch durch ihre einzelnen Bereiche geschaffen werden.

Die Vielfalt dieser Systeme hat auch eine Fülle von wissenschaftlichen Methoden zur Folge. Die einen Methoden werden von vielen Wissenschaften angewendet, andere nur von einer Wissenschaft und zuweilen in dieser auch nur bei der Erforschung eines streng speziellen Gegenstandes (beispielsweise die Methodik zur Bestimmung des Alters organischer Fossilien nach dem Gehalt an radioaktivem Kohlenstoff).

Die Methode befähigt die Wissenschaft zur Selbstbewegung, zur Gewinnung neuer Wahrheiten. Deshalb vollzieht sich die Entwicklung einer

[26] *W. I. Lenin*, Philosophische Hefte, in: *W. I. Lenin*, Werke, Bd. 38, S. 179.

Wissenschaft auf dem Wege der Umgestaltung ihrer Thesen zu Regeln einer wissenschaftlichen Methode. Die Ergebnisse einer Wissenschaft (ihre Gesetze, Theorien und deren Systeme) werden mit dem Ziel ausgelegt, sie in ein Instrument der Erkenntnis umzuwandeln; es werden Systeme konstruiert, die sich nicht die Summierung der Kenntnisse zur Aufgabe setzen, sondern die Anwendung des Wissens als Methode, die neue Angaben liefert. Jeder Wissenszweig kann sich nur dann fruchtbringend entwickeln, wenn er seine Theorien vom Zeitpunkt ihrer Entstehung an in eine Methode zur Erlangung neuen Wissens und praktischen Umgestaltung der Wirklichkeit umwandelt. Das wissenschaftliche Wissen fungiert als Mittel zur Lösung theoretischer und praktischer Aufgaben.

Die materialistische Dialektik – Entwicklungsmethode der modernen Wissenschaft

Einen besonderen Platz nimmt unter den vielfältigen wissenschaftlichen Methoden die philosophische Methode ein, die – da universal – auf allen Wissenschaftsgebieten anwendbar ist. Die philosophische Methode, die dem Entwicklungsstand der modernen Wissenschaft entspricht, ist die materialistische Dialektik.

Die Besonderheit der Dialektik als wissenschaftliche Methode besteht nicht in ihrer naturgemäßen allgemeinen Anwendbarkeit. Die Regeln und Verfahren der formalen Logik sind ebenfalls in allen Bereichen des wissenschaftlichen Wissens anwendbar. Sie können jedoch keinen Anspruch auf die Rolle einer Entwicklungsmethode der modernen Wissenschaft erheben, da sie die Entwicklung nicht berühren, sondern vielmehr von ihr abstrahieren.

Der formale Apparat des Denkens, mit dessen Bearbeitung sich die formale Logik beschäftigt, hilft den Aufbau der modernen wissenschaftlichen Theorie verstehen und erfüllt eine gewisse Funktion bei der Fortbewegung von einer Theorie zu einer anderen, die ihren Gegenstand genauer und vollständiger widerspiegelt. Er ist aber außerstande, die gesetzmäßige Entwicklung des wissenschaftlichen Wissens zu erklären.

Was ist in erkenntnistheoretischer Hinsicht kennzeichnend für die heutige Wissenschaft?

In erster Linie das Vordringen in die tiefsten Geheimnisse der Natur, des gesellschaftlichen Lebens sowie des Denkens selbst. Die Erfolge der Wissenschaft verblüffen die entwickeltste schöpferische Phantasie. Dabei sind die Begriffe der modernen Wissenschaft trotz ihrer scheinbaren Abstraktheit objektiver ihrem Inhalt nach als die der Form nach konkreteren Begriffe der Wissenschaft des 18. und 19. Jahrhunderts.

Die Objektivität des Inhalts der Begriffe und Theorien der heutigen Wissenschaft wird bewiesen durch ihre praktische Anwendung in der Produktionstechnik, bei der Eroberung des Kosmos, bei der Umgestaltung der Pflanzen- und Tierwelt für die Bedürfnisse der Volkswirtschaft sowie beim Umbau des gesellschaftlichen Lebens der Menschen.

Doch mit der Objektivität der wissenschaftlichen Begriffe und Theorien ist verbunden, daß sie rascher Fluktuation unterliegen, beweglich, dehnbar und veränderlich sind. Ständig werden wir Zeugen, wie eine Theorie in der Wissenschaft stirbt und ihren Platz einer anderen überläßt, bevor sie sich so hatte herausbilden und klären können, wie es eigentlich erforderlich wäre.

Die erstaunliche Veränderlichkeit der Begriffe und Theorien der heutigen Wissenschaft scheint völlig unvereinbar zu sein mit der Anerkennung der Objektivität ihres Inhalts. Das rationale Denken verbindet die Objektivität mit Unbeweglichkeit, die Absolutheit mit Unveränderlichkeit, es ist außerstande, die Objektivität des Wissens mit dessen Entwicklung zu verbinden. Gleicherweise bewiesen sind aber die objektive Wahrheit der wissenschaftlichen Theorien wie deren rasche Ablösung und Entwicklung. Erforderlich ist eine solche wissenschaftliche Methode, die erklären könnte, wie und warum dies möglich ist, nach welchen Gesetzen sich die Entwicklung des wissenschaftlichen Wissens vollzieht, welches ihre Grundtendenz ist.

Weiterhin ist für die heutige wissenschaftliche Erkenntnis charakteristisch die Übertragung von Begriffen und Methoden einer Wissenschaft auf eine andere sowie – neben dem anhaltenden Prozeß der Wissenschaftsdifferenzierung – die Annäherung unterschiedlicher Wissenschaften. Verschiedene Gebiete der heutigen Wissenschaft rücken erstaunlich nahe aneinander heran (so wendet z. B. die Biologie mit Erfolg physikalisch-chemische Methoden zur Erforschung von Lebensvorgängen an), das beraubt aber keinen dieser Wissenschaftsbereiche irgendwie seiner eigenen, an die Besonderheiten des zu erforschenden Objekts gebundenen Spezifik.

Letzten Endes ist die moderne Wissenschaft dahin gelangt, daß sie die theoretischen Voraussetzungen für die praktische Beherrschung des Denkprozesses selber schaffen und eine Anzahl seiner Funktionen den vom Menschen geschaffenen materiellen Systemen übertragen kann. In erkenntnistheoretischer Beziehung bedeutet dies, daß die Wissenschaft einen hohen Grad von Selbsterkenntnis und Selbstbewußtsein erreicht hat. Das Element einer unmittelbaren Analyse des Inhalts der Begriffe und Theorien wächst unaufhörlich auf allen Wissenschaftsgebieten, unabhängig davon, was sie erforschen.

Die von uns hervorgehobenen Besonderheiten der modernen wissenschaftlichen Erkenntnis lassen die Erforschung der Logik der Entwicklung der modernen Wissenschaft vordringlich erscheinen, sie stellen auch bestimmte Forderungen an sie.

Unter den Philosophen herrschen keine Meinungsverschiedenheiten darüber, daß es dringend notwendig ist, die Probleme der Philosophie und – im engeren Sinne – der Logik der modernen Wissenschaft zu bearbeiten. Die Divergenzen, und zwar sehr wesentliche, beginnen dort, wo es um den Inhalt und die Methode dieser Logik, um ihre Prinzipien, Gesetze und Formen geht.

Es erhebt sich die Frage: Warum kann speziell die materialistische Dialektik die Funktion einer Entwicklungsmethode der Wissenschaft erfüllen, was sie in der Tat auch tut, und nicht eine andere gnoseologische Theorie?

In allgemeiner Form kann man darauf antworten: Die materialistische Dialektik ist, ohne über die Grenzen der Wissenschaft hinauszugehen, geeignet, die Besonderheiten der Entwicklung der modernen wissenschaftlichen Erkenntnis zu erklären und ihre Tendenz sowie die Formen und Methoden, mittels deren die Erkenntnis durch neue Resultate bereichert wird, richtig zu bestimmen.

Was befähigt die Dialektik dazu, die Methode, die Logik der Entwicklung der modernen Wissenschaft zu sein? Vor allem die Objektivität ihrer Gesetze.

Aufgabe der menschlichen Erkenntnis ist es, ein solches Wissen zu erreichen, dessen Inhalt weder vom Menschen noch von der Menschheit abhängt; die Erkenntnis strebt danach, den Gegenstand in seiner ganzen Objektivität zu erfassen. Eben dabei muß die philosophische Methode das Denken lenken, und sie kann dies nur dann tun, wenn ihre eigenen Regeln objektiv in ihrem Inhalt sind und sich auf erkannte Gesetze gründen.

Der Erfolg und die „Leistungsfähigkeit" einer Methode hängen davon ab, auf welche Gesetzmäßigkeiten deren Regeln gegründet sind, wie vollständig und genau diese Gesetzmäßigkeiten in den Regeln der Methode ausgedrückt sind.

Die Gesetze der materialistischen Dialektik (Einheit und Kampf der Gegensätze, Umschlagen von Quantität in Qualität, Negation der Negation und andere) widerspiegeln die allgemeinsten Bewegungsgesetze der Erscheinungen der objektiven Welt. Kraft dessen begreift das Denken, wenn es den sich aus ihnen ergebenden Regeln folgt, in seinen Begriffen und Theorien das Objekt so, wie es außerhalb der Abhängigkeit vom erkennenden Subjekt existiert. Die marxistische philosophische Methode leitet die Wissenschaft bei der Erkenntnis des Objekts nach den Gesetzen des Objekts selber.

Häufig wird in der Literatur anderer Länder die Methode der wissenschaftlichen Erkenntnis auf drei Momente reduziert: Induktion, Deduktion und experimentelle Verifikation. Die Induktion ist der Weg, der zur theoretischen Konstruktion führt; die Deduktion liefert die Möglichkeit, eine Folgerung aus der Theorie zu ziehen, und das Experiment die Möglichkeit, diese Folgerungen zu überprüfen. Viele westliche Autoren zeichnen so die wissenschaftliche Methode, soweit sie die positivistischen Anschauungen über die Wissenschaft teilen. John G. Kemeny beispielsweise stellt, indem er behauptet, daß *eine*, der gesamten Wissenschaft gemeinsame Grundmethode existiert, als charakteristischsten Zug dieser Methode den zyklischen Charakter der Bewegung heraus. „Sie [die Methode – *D. Ü.*] geht von Tatsachen aus und endet mit Tatsachen, und die einen Zyklus beschließenden Tatsachen sind der Anfang des nächsten Zyklus. Ein Wissenschaftler hält seine Theorien versuchsweise aufrecht, stets darauf vorbereitet, sie fallenzulassen, falls die Tatsachen nicht die Voraussagen bestätigen. Wenn uns eine zur Verifizierung gewisser Voraussagen bestimmte Serie von Beobachtungen dazu zwingt, unsere Theorie aufzugeben, suchen wir nach einer neuen oder verbesserten Theorie... Da wir annehmen, daß die Wissenschaft aus einer endlosen Kette des Fortschritts besteht, dürfen wir erwarten, daß dieser zyklische Prozeß unbegrenzt weitergeht.“ („It starts with facts, ends in facts, and the facts ending one cycle are the beginning of the next cycle. A scientist holds his theories tentatively, always prepared to abandon them if the facts do no bear out the predictions. If a series of observations, designed to verify certain predictions, force us to abandon our theory, then we look for a new or improved theory . . . Since we expect that Science consists of an endless chain of progress, we may expect this cyclic process to continue indefinitely.“)[27]

Selbstverständlich belegen Induktion – Deduktion – Verifikation, die sich zyklisch wiederholen, einen wichtigen Platz in der wissenschaftlichen Methode. Man darf letztere indessen nicht nur auf diese kontinuierlich sich wiederholenden Momente reduzieren. Die materialistische Dialektik als Methode hat eine Vielfalt von wechselseitig verbundenen Formen, Verfahren und Methoden ausgearbeitet, wozu auch die Wirkungen gehören, die sich auf der Grundlage solcher Kategorien wie des Abstrakten und Konkreten, des Logischen und Historischen, des Intellektuellen und Rationalen, der Analyse und Synthese und dergleichen ergeben.

[27] *John K. Kemeny*, A Philosopher Looks at Science, p. 85–86.

Die Gesetze der materialistischen Dialektik erklären die Erkenntnis als sich entwickelnden Prozeß, der notwendigerweise Sprünge, Unterbrechungen der Allmählichkeit, Gewinnung prinzipiell neuer Resultate auf der Basis der Lösung der zwischen Subjekt und Objekt entstehenden Widersprüche einschließt. Die Dialektik vereinfacht nicht den Prozeß des wissenschaftlichen Denkens, reduziert ihn nicht auf formallogische Deduktionen, läßt aber auch keinen Raum für irrationalistische Spekulationen.

Die philosophische Methode entsteht als Verallgemeinerung aller übrigen Methoden, sie ist keiner einzigen von ihnen gleich, schließt aber ihren Reichtum in gleicher Weise in sich ein, wie das Allgemeine das Besondere und Einzelne in sich aufnimmt. Genetisch vollzieht sich die Entwicklung von den speziellen Methoden zur philosophischen Methode. Hier wird – wie überall – vom Einzelnen über das Besondere zum Allgemeinen aufgestiegen. Doch das geschieht nicht durch Umwandlung einer speziellen Methode oder der Summe der speziellen Methoden in die philosophische Methode. Die philosophische Methode entsteht selbständig unter Berücksichtigung der Resultate der speziellen Methoden. Die Bewegung verläuft auch in umgekehrter Richtung – von der philosophischen zu den speziellen Methoden. Letztere sind schließlich keine bloße Konkretisierung der philosophischen Methode, sondern in ihnen sind gewisse ihrer Seiten gegenwärtig.

In der einschlägigen sowjetischen Literatur wird eine unterschiedliche Klassifikation der Erkenntnismethoden gegeben. B. M. Kedrow gliedert sie in allgemeine (philosophische), besondere (die, obwohl in allen Wissenschaften anwendbar, sich aber doch auf *eine* Bewegungsform der Materie beziehen) und spezielle Methoden (die in jeder Einzeldisziplin Anwendung finden und an den spezifischen Charakter der verschiedenen Bewegungsformen der Materie gebunden sind). Auf ihr Verhältnis untereinander treffen die Kategorien des Allgemeinen, des Besonderen und des Einzelnen zu. „... im Verlaufe der Entwicklung der wissenschaftlichen Kenntnis vollzieht sich ein Übergang dieser oder jener Forschungsmethode aus einer Kategorie (einer niederen) in eine andere (höhere). Die Methoden der eigens für die Erforschung *einer* Bewegungsform bestimmten Spezialwissenschaften gehen allmählich in besondere, und die besonderen in allgemeine Methoden über."[28]

Wir möchten hier die Aufmerksamkeit auf die Besonderheit der philosophischen Methode lenken, die darin besteht, daß eine spezielle oder

[28] *Б. М. Кедров*, Предмет и взаимосвязь естественных наук, Москва 1962 (2. изд. 1967), стр. 41.

besondere Methode sich allein schon aus dem Grunde nicht direkt, unmittelbar in die allgemeine (philosophische) umwandelt, weil nicht einfach eine wissenschaftliche Theorie oder ihr System, sondern die besondere Ausdrucksform der Resultate der menschlichen Erkenntnis, die das wissenschaftliche Weltbild und die Weltanschauung darstellen, die objektive Grundlage der philosophischen Methode bildet.

Die Philosophiegeschichte zeigt, daß die philosophische Methode jeder Epoche als eine Folge davon entsteht, daß in sinnvoller Weise eine Beziehung zwischen dem geschaffenen Weltbild und den mit den theoretischen und praktischen Handlungen des Menschen zusammenhängenden Erfordernissen hergestellt wird. Das „Organon" des Aristoteles, Descartes' und Bacons Erkenntnismethoden sowie die Hegelsche Dialektik – sie alle entstanden auf der Grundlage eines verallgemeinerten Weltbildes, das von der Wissenschaft jener Zeit geschaffen wurde. So herrschte im 17. und 18. Jahrhundert in der Wissenschaft eine mechanistische Vorstellung von der Welt, was sich auch in der Erkenntnismethode niederschlug. Wenn die Welt nach den Gesetzen der Mechanik aufgebaut ist, dann kann der Schlüssel zu ihrer Erkenntnis die Mathematik, die Feststellung der strengen quantitativen Verhältnisse zwischen den experimentell zu erforschenden Erscheinungen sein. Die organischen Mängel dieser Methode erklären sich aus der erkenntnistheoretischen Begrenztheit des wissenschaftlichen Weltbildes jener Periode. Wenn eine einzelne Theorie oder ihr System (die Einzelwissenschaft) das ganze verallgemeinerte wissenschaftliche Weltbild stellen bzw. ersetzen, dann entsteht eben die metaphysische Erkenntnismethode mit all ihrer Einseitigkeit.

Daraus ergibt sich die für die Entwicklung der gesamten Wissenschaft und aller ihrer Bereiche enorme Bedeutung, die das in jeder Entwicklungsetappe der Gesellschaft geschaffene verallgemeinerte wissenschaftliche Weltbild hat, das in der Wissenschaft zusammen mit der Weltanschauung als philosophische Erkenntnismethode fungiert.

ZWÖLFTES KAPITEL

Die höchsten Stufen der Systematisierung der Kenntnisse und ihr heuristischer Wert

Die Analyse der Struktur des modernen wissenschaftlichen Wissens wäre nicht vollständig, würde man nicht auch seine oberen „Stockwerke" oder Stufen – das wissenschaftliche Weltbild und die wissenschaftliche Weltanschauung – untersuchen. Diese eigentümlichen logischen Formen, die äußerst umfassende Formen der Systematisierung der Kenntnisse sind, erfüllen in der Bewegung des Erkenntnisprozesses eine bestimmte Funktion, die um so bedeutender ist, je reifer die wissenschaftliche Erkenntnis wird.

Was stellen die genannten Formen dar? Worin liegt ihr heuristischer Wert?

Diese Fragen haben seit langem die Aufmerksamkeit der Philosophen und Fachwissenschaftler auf sich gezogen; die Diskussion darüber wurde im Rahmen des allgemeineren Problems des Verhältnisses von naturwissenschaftlichem und philosophischem Denken, der Wechselwirkung der Philosophie und der Einzelwissenschaften geführt. Zugleich gehören diese Fragen zu denen, auf die immer wieder zurückzukommen in jeder neuen Etappe der Erkenntnis notwendig ist. Die Sache ist die, daß sich mit der Entwicklung des wissenschaftlichen Wissens seine innere Architektonik unaufhörlich verändert, daß die Gegenstände präzisiert und die Forschungsmethoden der Einzelwissenschaften vervollkommnet werden, während ihr wechselseitiger Einfluß aufeinander immer stärker wird. Unter diesen Bedingungen mußte sich auch der Gegenstand der philosophischen Forschungen vervollkommnen, mußte die Stellung der Philosophie im allgemeinen System der menschlichen Kenntnisse uminterpretiert werden.

Im Zusammenhang damit veränderten der traditionelle Begriff „Weltanschauung" sowie der relativ jüngere Begriff „Weltbild" ihren Inhalt wesentlich. In der Sinnentwicklung dieser Termini widerspiegelte sich die folgerichtige Evolution der Anschauungen über den Gegenstand und die Aufgaben der Philosophie sowie über das Verhältnis der philosophischen und der „positiven", konkretwissenschaftlichen Forschung. Beim Gebrauch dieser Termini in der einschlägigen sowjetischen Literatur wird ihre

Sinnentwicklung allerdings sehr häufig nicht berücksichtigt. Sie werden mitunter zur Bezeichnung völlig verschiedener Begriffe verwendet. Deshalb halten wir es für zweckmäßig, unserer Analyse des heuristischen Wertes der Weltanschauung und des wissenschaftlichen Weltbildes eine allseitige Untersuchung dieser Begriffe selber voranzustellen. Dabei verfährt man offensichtlich am besten so, daß man den geschichtlichen Werdegang dieser Begriffe im modernen wissenschaftlichen Denken verfolgt.

Die Begriffe „Weltanschauung" und „wissenschaftliches Weltbild"

Der Terminus „Weltanschauung" tauchte erstmalig in der deutschen philosophischen Literatur vom Ende des 18. und Anfang des 19. Jahrhunderts auf. Bald darauf übernahmen ihn auch andere Sprachen. Im Russischen wurden zu seiner Bezeichnung die Lehnübersetzungen „миросозерцание" oder „мировоззрение" verwandt.

Die Tatsache, daß das Wort „Weltanschauung" seit der Zeit seines Bestehens viele Bedeutungen annahm, war nicht zuletzt eine Folge der Polysemie seiner Bestandteile. So besitzt das Wort „Welt" (russisch „мир", französisch „monde", englisch „world" usw.), das zur Bezeichnung einer als einheitliches Ganzes denkbaren Gesamtheit von Erscheinungen und Prozessen gebraucht wird, die Eigenschaft, eine Menge von Bedeutungen anzunehmen, beginnend mit Universum oder Natur schlechthin und endend mit einem bestimmten sozialen Milieu („Welt der Arbeiter", „Welt des Kindes"), ja es kann sogar eine Sphäre gleichartiger psychischer Erscheinungen (z. B. „Traumwelt") bezeichnen.[1]

Nicht weniger reich und vielfältig seinen Bedeutungen nach ist auch das deutsche „Anschauung", das im Russischen meistens durch „созерцание"

[1] „Толковый словарь русского языка" (под ред. Д. Н. Ушакова, т, II, Москва 1938, стр. 223–224) weist auf acht selbständige Bedeutungen des Wortes „мир" (Welt) hin; innerhalb der Bedeutungsbereiche werden insgesamt an fünfundzwanzig Sinnschattierungen aufgezählt. Siehe auch Большая Советская Энциклопедия (БСЭ), изд. 2, т. 27, Москва 1954; Малая Советская Энциклопедия (МСЭ), изд. 3, т. 6, Москва 1959, стр. 21. Eine solche Polysemie ist in analoger Weise auch für andere Sprachen charakteristisch. *André Lalande*, Vocabulaire technique et critique de la philosophie 8. éd. rev. et augm. Paris 1960, verzeichnet vierzehn Bedeutungen von „monde". Siehe auch *Rudolf Eisler*. Wörterbuch der philosophischen Begriffe, 4. völlig neubearb. Aufl., 3. Bd., Berlin 1930, S. 502–506.

und „воззрение“ wiedergegeben wird. In der philosophischen Literatur bezeichnete es die verschiedenen Momente und Seiten des Erkenntnisprozesses von der unmittelbaren sinnlichen Wahrnehmung („lebendige Anschauung“), die dem Verstand und der Vernunft gegenübergestellt wird, bis zu den Formen der a priori zu erreichenden rationalen Erfassung der Wirklichkeit („intellektuelle Anschauung“).[2]

In Übereinstimmung hiermit wurde in der zweiten Hälfte des 19. Jahrhunderts dazu übergegangen, das Wort „Weltanschauung“ als Synonym für „Philosophie“ und „Metaphysik“ (im aristotelischen Sinne) zu gebrauchen. Gleichzeitig fand der Ausdruck „Weltanschauungslehre“ mit der gleichen Bedeutung Ausbreitung, d. h. als Gesamtheit der Resultate des philosophischen Denkens, die sich angeblich ihrem Gegenstand und den Methoden nach von den Resultaten der Einzelwissenschaften unterschieden.

Das war im Grunde genommen die Ausgangslinie, von der aus die Evolution des Begriffs „Weltanschauung“ ihren Anfang nahm. Die Weiterentwicklung seines Inhalts wurde hauptsächlich durch zwei Umstände stimuliert: durch die verschärfte Polemik, die um das Problem des Gegenstandes der Philosophie entbrannte, und durch die konzentrierte Aufmerksamkeit, die der Erforschung der sozialen Funktion der Philosophie gewidmet wurde.

[2] Der letzten Gruppe von Bedeutungen ist vor allem die mystisch ausgelegte mathematische Intuition des Pythagoreismus zuzurechnen, sodann die platonistische Auffassung der Anschauung als inneren Prozeß der Ideenerfassung durch den Verstand, die aristotelische Auffassung vom Erstbeweger, die sittliche Weltanschauung bei Kant (im Sinne einer Bewußtwerdung der ethischen Normen und Prinzipien) und schließlich die verschiedenen Formen der intelligiblen Intuition im klassischen deutschen Idealismus des 18. und 19. Jahrhunderts als unmittelbare rein gedankenmäßige Spekulation über die metaphysischen Wesenheiten, das Absolute, Gott u. dgl. Hierbei verstand man unter „Anschauung“ gewöhnlich sowohl den philosophischen Erkenntnisprozeß selber als auch dessen Resultate – Ideen, Prinzipien, Auffassungen, Systeme usw. (Siehe *А. Лосев*, Интуиция, in: Философская энциклопедия, т. 2, Москва 1962, стр. 302–303, *В. Ф. Асмус*, Проблема интуиции в философии и математике, Москва 1963; *Rudolf Eisler*, Wörterbuch der philosophischen Begriffe, 4. neubearb. Aufl., 1. Bd., Berlin 1927, S. 56–64; *Bertrand Russell*, History of Western Philosophy and Its Connection with Political and Social Circumstances from the Earliest Times to the Present Day, new ed. reset, London 1961 [deutsche Ausg.: *Bertrand Russell*, Philosophie des Abendlandes. Ihr Zusammenhang mit d. polit. u. sozialen Entwicklg. Übers.: E. Fischer-Wernecke u. R. Gillischewski, Berlin-Darmstadt 1951])

Bis zum 19. Jahrhundert herrschte die noch aus der Antike stammende Vorstellung, daß die Philosophie eine Art „Enzyklopädie der Kenntnisse" oder „Wissenschaft der Wissenschaften" sei. Ihre Aufgabe wurde darin gesehen, die Erkenntnisresultate der Einzelwissenschaften und die angesammelte praktische Erfahrung zu einem einheitlichen, logisch widerspruchsfreien System des Wissens über die „Welt im ganzen", über das „Wesen der Welt", über die „ersten Prinzipien" des Seins und der Erkenntnis und dergleichen zusammenzufassen. Da die Naturwissenschaft zur Hauptsache noch auf der Stufe des Sammelns und der Analyse des empirischen Materials verharrte, konnte eine solche Synthese in mancher Beziehung für den Fortschritt der Wissenschaft nützlich sein, war sie doch die Quelle einer Reihe allgemeiner Ideen, die aus der Deutung der realen wechselseitigen Zusammenhänge zwischen den verschiedenen Erscheinungen geschöpft wurden (z. B. der Atomismus, die Idee der Evolution und dergleichen).

Die rein aprioristische, spekulative Methode der alten Philosophie, der zufolge die wirklichen Zusammenhänge nach einer Formulierung von Friedrich Engels durch ideale, phantastische Zusammenhänge und die fehlenden Fakten durch Erfindungen ersetzt wurden, mußte, je weiter sich die experimentelle Naturwissenschaft entwickelte, in einen schroffen Gegensatz zu den Bedürfnissen der Wissenschaft geraten. Genau das trat um die Mitte des 19. Jahrhunderts ein, als die führenden Naturwissenschaften das breite Feld umfassender theoretischer Verallgemeinerungen betraten. Zwischen der systembildenden Philosophie und der sich entwickelnden experimentellen Naturwissenschaft zeichnete sich ein scharfer Konflikt ab. Die metaphysischen Absolutheiten der alten Philosophie wurden in Zweifel gezogen und ihre unbegründeten Ansprüche auf eine spekulative Erkenntnis der „Welt im ganzen" zurückgewiesen.

Der dogmatische Charakter der meisten idealistischen Systeme und ihre übertriebenen Ansprüche auf absolute Unfehlbarkeit riefen berechtigte Proteste seitens der Naturforscher hervor. Die darin zum Ausdruck gebrachten, im Prinzip gesunden Meinungen, die zur Reinigung der Wissenschaft von der idealistischen Methodologie beitrugen, wurden jedoch von einer neuen Abart des Idealismus – dem Positivismus – ausgenutzt. Unter der falschen Losung: „Befreiung der Wissenschaft von aller Metaphysik" strebte der Positivismus nur danach, den in den Augen der Wissenschaft kompromittierten objektiven Idealismus gegen einen Subjektivismus und Skeptizismus im Geiste Berkeleys und Humes auszutauschen. Seine hauptsächliche soziale Funktion aber lief darauf hinaus, dem spontanen Drang der Naturwissenschaft zum Materialismus eine subjektiv-idealistische und agnostische Methodologie entgegenzustellen.

In der Person seines Begründers Auguste Comte erhob der Positivismus Anspruch darauf, eine neue, „metaphysikfreie“ sogenannte positive Philosophie geschaffen zu haben, als deren Aufgabe die Ordnung der Erkenntnisse durch den Aufbau einer einheitlichen Klassifikation der Wissenschaften und die wechselseitige Koordinierung ihrer Methoden und Resultate verkündet wurde. Die früheren traditionellen philosophischen Probleme wurden grundsätzlich als nicht erkennbar und deshalb auch die gesamte philosophische Problematik als unnötig erklärt. Diese Argumentation diente später als Grundlage für die weitere „Zertrümmerung“ der Philosophie durch den Machismus und den modernen Neopositivismus.

Entsprechend einer solchen Auffassung des Gegenstandes der Philosophie und des Charakters der philosophischen Probleme begann man in der positivistischen Literatur, den Ausdruck „Weltanschauung“ (der nebenbei bemerkt nicht sehr populär war) im Sinne von „Gesamtheit der metaphysischen Pseudoprobleme“ zu gebrauchen, denen jeder wissenschaftliche Inhalt abgehe. Die Umwelt wurde als Forschungsobjekt der positiven Wissenschaften angesehen und die Aufgabe der „positiven“ Philosophie in der Analyse der Erkenntnisse dieser Wissenschaften (Erkenntnistheorie) erblickt, während die Weltanschauung dargestellt wurde als aus den früheren vorwissenschaftlichen Erkenntnisstufen ererbtes und – nach Comte – religiöses und metaphysisches System von Irrtümern über die für uns unerreichbare „Welt im ganzen“ und ihr imaginäres „Wesen“. In der psychologischen und kulturgeschichtlichen Literatur positivistischer Prägung bezeichnete man mit dem Terminus „Weltanschauung“ die jedem einzelnen Individuum oder einer Gruppe von Menschen, Volk, Epoche und dergleichen eigene Gesamtheit von Anschauungen, Überzeugungen, Glaubensauffassungen, traditionellen Vorstellungen über die Welt usw., die im Prozeß der geistigen Kontemplation der Menschen angeblich zwangsläufig ausgearbeitet werden, die aber keinen wissenschaftstheoretischen Wert haben, sondern nur den Bedürfnissen der „praktischen Vernunft“ dienen.

Als Reaktion auf einen solchen „Radikalismus“ der Positivisten wurden in der bürgerlichen Philosophie vom Ende des 19. und Anfang des 20. Jahrhunderts neue Versuche unternommen, das Problem des Gegenstandes der Philosophie zu lösen. Jede dieser Konzeptionen, die die Haltlosigkeit der althergebrachten spekulativen Metaphysik zugaben und im wesentlichen mit der an ihrem Gegenstand geübten Kritik übereinstimmten, schlug eigene Wege zur Lösung des Problems vor. Da hier nicht die Möglichkeit besteht, alle diese Konzeptionen zu analysieren, werden wir uns im folgenden nur mit den zwei für unsere Zwecke wesentlichen Richtungen in der Deutung des in Rede stehenden Problems beschäftigen.

Die erste, die sich auf die philosophiegeschichtliche Tradition des antiken Skeptizismus und Stoizismus sowie auf die subjektivistischen Philosophien der Neuzeit (besonders Schopenhauers) stützte, trachtete danach, den Schwerpunkt der philosophischen Problematik auf das Gebiet der philosophischen Anthropologie oder „Lebensphilosophie" zu verlegen. Von dieser Sicht aus stehen im Brennpunkt der philosophischen Forschungen angeblich nicht die Welt und ihre objektiven Gesetze, sondern der Mensch und sein „Welterlebnis". Dementsprechend wurden die Probleme des Ziels und Sinns des Lebens, das Problem der Werte, die Erforschung der psychologischen Struktur der Persönlichkeit und dergleichen zu philosophischen Grundfragen erklärt. Kurzum, es wurde vorgeschlagen, den Ausweg aus den entstandenen Schwierigkeiten darin zu suchen, daß die Philosophie auf die Erkenntnis der objektiven Realität (das sei das Anliegen der positiven Wissenschaften) verzichte und die metaphysische Ontologie durch die Probleme der Ethik und Psychologie ersetze. Was die Fragen der Erkenntnistheorie anbetraf, so führte diese Richtung, ohne ihnen formal die Existenzberechtigung abzusprechen, gleichwohl im Grunde genommen zu ihrer Beseitigung, da sie verschiedene irrationalistische und mystische Erkenntniskonzeptionen verteidigte.

In der sehr buntscheckigen Literatur dieser Richtung[3] wurde dem Terminus „Weltanschauung" ein wesentlich neuer Inhalt gegeben. Hier verstand man unter Weltanschauung die Gesamtheit von Problemen, Anschauungen, Idealen usw., in denen das dem Menschen eigene Streben nach ganzheitlicher, harmonischer Ordnung seiner „inneren Erfahrung", seines „Welterlebnisses" seinen Ausdruck findet. Zum Unterschied von den positiven Wissenschaften, die nur die Außenwelt erforschen, stellte man die Weltanschauung als Wissen einer höheren Ordnung dar: sie berühre auch die innere Welt des Menschen und fungiere als „totales Selbstbewußtsein" der Menschen, als aktive, regulierende und lenkende geistige Kraft, die den Willen und die Handlungen des Menschen dirigiert.

Nach Rudolf Eucken kann die Weltanschauung nicht durch die Wissenschaft definiert werden, da diese für den Menschen nicht innerlich mit der Welt zusammenhänge. „Die Philosophie", so behauptet Wilhelm Dilthey, „muß nicht in der Welt, sondern in dem Menschen den inneren Zusammen-

[3] Von den Vertretern dieser Richtung sind vor allem zu nennen Sören Kierkegaard, Friedrich Nietzsche, Rudolf Eucken, Wilhelm Dilthey, dazu aus dem 20. Jahrhundert unter anderen Henri Bergson, Max Scheler, Hermann Keyserling. Unter den modernen Bedingungen hat der Existentialismus das Erbe dieser Tradition angetreten.

hang ihrer Erkenntnisse suchen . . . Die letzte Wurzel der Weltanschauung ist das Leben."[4] Dabei wird unter Leben nicht der reale biologische und sozial-praktische Prozeß der Wechselwirkung des gesellschaftlichen Menschen mit der objektiven Welt verstanden, sondern die Fülle, Ganzheit, Vielfalt der Erlebnisse des Individuums, deren Objektivation die äußere Realität sei. Nach Diltheys Lehre „schafft das Leben von jedem Individuum aus sich seine eigene Welt"[5].

Wesentlich für eine solche Deutung der Weltanschauung war die Akzentuierung (allerdings ausschließlich in subjektiv-idealistischer Interpretation!) ihrer aktiven, schöpferischen Funktion. Eine bestimmte Weltauffassung wurde für die Grundlage der „Lebensurteile" gehalten, aus denen dann die Ideale und „höchsten Prinzipien" erwachsen, die der Weltanschauung die „praktische Energie" verleihen. In der Literatur der entsprechenden Richtung wird dem psychologischen Aspekt der Weltanschauung, der Analyse ihrer Stellung und Rolle in der psychologischen Struktur der Persönlichkeit, der Umwandlung der weltanschaulichen Ideen in die persönlichen Zielsetzungen des Menschen und dergleichen besondere Aufmerksamkeit gewidmet.[6] Eine obligatorische Komponente jedes Weltanschauungssystems (und zudem seine „höchste Schicht") sind Dilthey zufolge die sozialen Ideale und ethischen Normen. Sie drücken sich aus als „Zusammenfassung der Zwecksetzungen in einer höchsten Ordnung unseres praktischen Verhaltens – einem umfassenden Lebensplan, . . . obersten Normen des Handelns, einem Ideal der Gestaltung des persönlichen Lebens und der Gesellschaft"[7].

Die zweite von uns erwähnte Richtung, die in ihrer Zusammensetzung noch verschiedenartiger ist,[8] nahm hinsichtlich einer Neubestimmung des Gegenstandes der Philosophie eine vorsichtigere Haltung ein. Die Vertreter dieser Richtung, die im wesentlichen mit der Kritik an der alten Metaphysik übereinstimmten und anerkannten, daß den Spezialwissenschaften das Vorzugsrecht auf Erkenntnis der Wirklichkeit zukomme, waren immerhin bemüht, die Extreme des Positivismus und der „Lebens-

[4] *Wilhelm Dilthey*, Gesammelte Schriften, VIII. Bd.: Weltanschauungslehre. Abhandlungen zur Philosophie, Leipzig-Berlin 1931, S. 78.

[5] Ebenda, S. 79.

[6] Siehe *Karl Jaspers*, Psychologie der Weltanschauungen, Berlin 1919 (3. Aufl. 1925).

[7] *Wilhelm Dilthey*, Gesammelte Schriften, Bd. 8, S. 84.

[8] Hier können solche Vertreter der bürgerlichen idealistischen Philosophie eingeordnet werden wie Wilhelm Wundt, Heinrich Gomperz, Wilhelm Jerusalem (dieser schloß sich allerdings teilweise den Konzeptionen der „Lebensphilosophie" an) und einige andere.

philosophie" zu vermeiden. Die Aufgabe der Philosophie, für die sie den Status einer „Universalwissenschaft", einer ganzheitlichen Vorstellung von der Welt beibehielten, sahen sie darin, die Resultate der Einzelwissenschaften zu einem einheitlichen, logisch widerspruchsfreien Wissenssystem zusammenzufassen. „*Philosophie*", so definierte sie Wilhelm Jerusalem, „*ist die Denkarbeit, welche in der Absicht unternommen wird, die tägliche Lebenserfahrung und die Ergebnisse der wissenschaftlichen Forschung zu einer einheitlichen und widerspruchslosen Weltanschauung zu vereinigen.* Der gemeinsame Zweck alles Philosophierens war es von jeher, ein einheitliches Bild der Welt und des Menschenlebens zu gewinnen ... In diesem Sinne ist daher alle Philosophie *Weltanschauungslehre.*"[9] Die Möglichkeit einer solchen Synthese der Kenntnisse und die Grundlage dafür erblickte man entweder in der Einheit unseres individuellen Bewußtseins, in der Ganzheit und Identität des menschlichen „Ichs" oder aber in der Eigenschaft des erkennenden „objektiven Geistes", nach logischer Widerspruchslosigkeit zu streben. Diese Widerspruchslosigkeit erweist sich nach Heinrich Gomperz zum Unterschied von den positiven Wissenschaften als das „die *Weltanschauungslehre* beherrschende und ihre Aufgabe bestimmende Interesse"[10]. Die Weltanschauungslehre sei eine Sekundärwissenschaft: sie habe es nicht mit Tatsachen, sondern mit den Erkenntnisresultaten der Wissenschaften, mit der Verallgemeinerung ihrer Erfahrung zu tun. Folglich sei sie vor allem Erkenntnistheorie. Da ihr Ergebnis jedoch in der Synthese des Wissens zu einer unsere vereinzelte Erfahrung zusammenfassenden Einheit bestehe, könne sie auch als originelle Ontologie oder als Bild der „Welt im ganzen" angesehen werden, obwohl die von ihr postulierte Einheit und Ganzheit nicht der Welt angehören, sondern durch das erkennende Bewußtsein beigesteuert (nach Jonas Cohn – „vorausgeahnt") werden.

Es liegt somit die deutliche Tendenz vor, im Begriff der Weltanschauung Elemente der alten Metaphysik beizubehalten, nachdem man sie irgendwie mit der neuen Erfahrung der Wissenschaften in „Übereinstimmung" gebracht hat.[11] Diese Tendenz verstärkte sich in der bürgerlichen Philo-

[9] *Wilhelm Jerusalem*, Einleitung in die Philosophie, 9. u. 10. Aufl., Wien-Leipzig 1923, S. 1.

[10] *Heinrich Gomperz*, Weltanschauungslehre. Ein Versuch, d. Hauptprobleme d. allgem. theor. Philos. geschichtl. zu entwickeln u. sachl. zu bearbeiten, 1. Bd., Jena-Leipzig 1905, S. 17.

[11] Nach Gomperz' freimütiger Erklärung benötigt er den Terminus „Weltanschauung" (= „Kosmotheorie" = „Weltanschauungslehre") lediglich, um den Inhalt des kompromittierten Terminus „Metaphysik" zu retten (siehe ebenda, S. 2–3).

sophie des 20. Jahrhunderts noch weiter (Nicolai Hartmann, Martin Heidegger u. a.).[12]

Somit hatte, wie wir sahen, der Terminus „Weltanschauung" seine Verwendung im philosophischen und dann auch im gewöhnlichen Sprachgebrauch jener neuen Situation zu verdanken, die sich Mitte des 19. Jahrhunderts im Zusammenhang mit der stürmischen Entwicklung der konkreten Wissenschaften und der sich daraus ergebenden Notwendigkeit herausbildete, die Stellung der Philosophie im System der Wissenschaften neu zu interpretieren. Eine sehr wichtige, vieleicht sogar die erstrangige Rolle kam auch dem Umstand zu, daß unter den Bedingungen des verschärften Klassenkampfes und des Anwachens der proletarischen und allgemeindemokratischen Bewegung die soziale Bedeutung der philosophischen Ideen, ihre vielseitige Verknüpfung mit der Politik, mit den praktischen Interessen und Handlungen der Menschen, Klassen und Parteien jäh anstieg. Schließlich hat dabei zweifellos eine gewisse Rolle die Tatsache gespielt, daß neues philosophiegeschichtliches, kulturgeschichtliches und ethnographisches Material erbracht sowie die Geschichte verschiedener Religionen erforscht wurde. Dieses neue Material und die religionsgeschichtlichen Forschungen enthüllten die außerordentliche Vielfalt der weltanschaulichen Formationen und warfen die Frage nach ihren Ursachen, nach dem Zusammenhang der Weltanschauungen mit den Bedingungen des materiellen Lebens und den sozialen Verhältnissen, nach der Ideenkontinuität u. dgl. auf.

Der Begriff „Weltanschauung" war dazu berufen, die Lösung des herangereiften Problems einer klareren Definition des Gegenstands der Philosophie voranzutreiben. Folgende Fragen standen auf der Tagesordnung und forderten eine Antwort: 1. Welche der traditionellen philosophischen

[12] Sehr bezeichnend ist in dieser Hinsicht das Eingeständnis, das in dem in Stuttgart in 14. Auflage 1957 und in 15. Auflage 1960 erschienenen „Philosophischen Wörterbuch" von Heinrich Schmidt (erg. u. hrsg. v. G. Schischkoff) enthalten ist: „Eine Rückwendung zur M. [Metaphysik – *D. Ü.*] ist seit Beginn des 20. Jh. zu beobachten. Das menschliche Denken zielt auf das Einfache, Einheitliche und Ganzheitliche. Die Wirklichkeit, um die sich die vielen Einzelwissenschaften bemühen, ist aber nur eine, und an sie in ihrer Einfachheit und Ganzheit ist nur durch d. metaphys. Betrachtungsweise heranzukommen. Von der Mathematik, der Physik, der Biologie, aber auch von anderen Einzelwissenschaften aus wurden Vorstöße in das Reich der M. unternommen, um die für alle Wissenschaft gemeinsame Ebene zurückzugewinnen; von der aus wieder der Versuch gemacht werden konnte, ein einheitliches und widerspruchsfreies Weltbild zu entwerfen." (Stichwort „Metaphysik"; 14. Aufl., S. 391)

Probleme sind den positiven Wissenschaften zugefallen, welche haben sich überhaupt als sinnlos erwiesen und welche hat die wissenschaftliche Philosophie zu lösen? 2. Soll sich die Philosophie künftighin auch mit der Erkenntnis der Außenwelt oder nur mit der Untersuchung der Erkenntnisse der anderen Wissenschaften beschäftigen? 3. Besitzt sie spezifische Mittel zur Erkenntnis der Wirklichkeit, die sich von denen der konkreten Wissenschaften unterscheiden? 4. Hat sie das Recht, auf Erkenntnis der „Welt im ganzen" Anspruch zu erheben, und sind ihre Resultate eine solche Erkenntnis? 5. Welches sind die Formen des Zusammenhangs der Philosophie mit dem praktischen Leben, mit den anderen Formen des gesellschaftlichen Bewußtseins?

Eine allbekannte Tatsache ist, daß alle diese Probleme wie auch das des Gegenstandes der Philosophie im ganzen vom Gesichtspunkt der bürgerlichen idealistischen Philosophie aus keine befriedigende wissenschaftliche Lösung erfahren konnten. Das kam auch in dem widerspruchsvollen Inhalt zum Ausdruck, der dem Begriff „Weltanschauung" in der bürgerlichen philosophischen Literatur beigelegt wurde. Man verstand ihn bald als Philosophie im traditionellen Umfang ihrer Probleme, bald engte man seinen Gegenstand auf die Erkenntnistheorie ein, bald erblickte man in ihm einen Komplex von Scheinproblemen, bald reduzierte man ihn auf psychologische und ethische Probleme.

Eine strengere Definition des Inhalts des Begriffs „Weltanschauung" wurde erst auf der Grundlage der marxistischen Auffassung des Gegenstandes der wissenschaftlichen Philosophie möglich. Auf Grund der vom Marxismus bewirkten grundlegenden Umwälzung in der Philosophie erwarb diese zum erstenmal in ihrer Geschichte den Status einer Wissenschaft. Ihr Gegenstand wurden die allgemeinsten Entwicklungsgesetze der Natur, der Gesellschaft und des menschlichen Denkens. Die marxistische Philosophie grenzte sich entschieden ab von den unbegründeten Ansprüchen der alten Metaphysik auf eine Ausnahmestellung im Wissenssystem, auf die Rolle der „Wissenschaft der Wissenschaften". Friedrich Engels betonte, daß mit der Entwicklung der Wissenschaften von der Natur und der Gesellschaft für die Philosophie im alten Sinne des Wortes (das heißt im Sinne der Naturphilosophie, der Geschichtsphilosophie, der Rechtsphilosophie usw.) die letzte Stunde geschlagen habe und Erkenntnis der Wirklichkeit nur auf den Bahnen der positiven, experimentellen Forschung möglich sei. Die Aufgabe der wissenschaftlichen Philosophie aber muß unter diesen Bedingungen in der dialektischen Verallgemeinerung der Ergebnisse der konkreten Wissenschaften, in der Enthüllung der allgemeinsten Gesetze des theoretischen Denkens und ihrer objektiven Analoga und zugleich in der Ausarbeitung einer wissenschaftlichen Methode zur Erkenntnis und praktischen Umgestaltung der Welt bestehen. Der moderne Materialismus „ist . . . wesentlich dialektisch und braucht keine über den anderen Wissenschaften stehende Philosophie mehr. Sobald an jede einzelne Wissenschaft die Forschung herantritt, über ihre Stellung im Gesamtzusammenhang der Dinge und der Kenntnis von den Dingen sich klarzuwerden, ist jede besondere Wissenschaft vom Gesamtzusammenhang überflüssig.“[13]

Eine Weiterentwicklung der marxistischen Konzeption vom Gegenstand der wissenschaftlichen Philosophie war die fundamentale Idee Lenins über die Kongruenz von Dialektik, Logik und Erkenntnistheorie. Er konkretisierte die Thesen der Begründer der marxistischen Philosophie über die Identität der objektiven und subjektiven Dialektik und begründete die generelle Entwicklungsrichtung der materialistischen Dialektik durch Zusammenfassung des Erkenntnisvermögens der konkreten Wissenschaften, der dialektischen „Bearbeitung“ der gesamten Geschichte des menschlichen Denkens, der Wissenschaft und Technik. Auf der Grundlage der Erforschung der Entwicklungsgesetze und -formen des Denkens muß die dialektisch-materialistische Philosophie die in ihnen widergespiegelten allgemeinsten Entwicklungsgesetze und -formen der Außenwelt aufdecken, wodurch sie die konkreten Wissenschaften mit der allgemeinsten, nämlich der philosophischen Methode zur Erkenntnis der Wirklichkeit ausrüstet.

Damit war die Spezifik der philosophischen Erkenntnis der Welt klar definiert, und die Philosophie verwandelte sich aus der imaginären „Wissenschaft der Wissenschaften“ in eine wahre Wissenschaft, die ihren besonderen Gegenstand in Zusammenarbeit mit den übrigen Zweigen des wissenschaftlichen Wissens erforscht.

Schließlich muß auf eine weitere für das Verständnis des Wesens der Philosophie wichtige These des Marxismus hingewiesen werden, die prinzipielle Bedeutung hat. Es handelt sich um Marx' Kritik am kontemplativen Charakter des alten Materialismus. Seine Kritik meinte Kontemplation sowohl im Sinne eines Nichtverstehens der Rolle der Praxis und überhaupt des subjektiven Moments in der Erkenntnis als auch im Sinne einer Unterbewertung der Rolle des subjektiven Faktors in der menschlichen Geschichte, eines Ignorierens der aktiven, effektiven Rolle des gesellschaftlichen Bewußtseins (einschließlich der Philosophie) im Leben der Gesellschaft. „Die Philosophen haben die Welt nur verschieden *interpretiert*, es kömmt drauf an, sie zu *verändern*.“[14] Der enge Zusammenhang der

[13] *Friedrich Engels*, Anti-Dühring, in: *Karl Marx/Friedrich Engels*, Werke, Bd. 20, S. 24.

[14] *Karl Marx*, Thesen über Feuerbach, in: *Karl Marx/Friedrich Engels*, Werke, Bd. 3, Berlin 1958, S. 7.

marxistischen Philosophie mit den praktischen Aufgaben der Epoche, mit der Befreiungsbewegung der Werktätigen stellte sie in eine prinzipiell neue Wechselbeziehung zu den anderen Formen des gesellschaftlichen Bewußtseins, verwandelte sie in das theoretische Fundament der politischen Ideologie der fortschrittlichen gesellschaftlichen Kräfte. Das veränderte die soziale Funktion der Philosophie in grundlegender Weise.

Unter dem Blickwinkel einer solchen Auffasssung des Gegenstandes der wissenschaftlichen Philosophie muß auch die Frage neu geprüft werden, in welchem Verhältnis die Begriffe „wissenschaftliche Philosophie", „wissenschaftliche Weltanschauung" und „wissenschaftliches Weltbild" zueinander stehen. In der sowjetischen philosophischen und fachwissenschaftlichen Literatur werden diese Begriffe häufig gleichgesetzt. Bis in jüngste Zeit wurde Stalins Formulierung für allgemeingültig gehalten, der zufolge der dialektische und historische Materialismus die Weltanschauung der Partei der Arbeiterklasse ist, das heißt nicht alle Bestandteile des Marxismus, sondern nur ihr philosophischer Teil. Viele Autoren folgen auch jetzt noch dieser Tradition und gebrauchen den Terminus „Weltanschauung" als Synonym für „Philosophie". Andere wieder, die vorsichtiger vorgehen und diese Begriffe abzugrenzen wünschen, sprechen von der Philosophie als von der philosophischen Weltanschauung oder Weltanschauung im engen Sinne des Wortes. Eine ernsthafte Analyse der wirklichen Wechselbeziehnug dieser Begriffe ist bisher in unserer Literatur nicht versucht worden.

In analoger Weise mangelt es an der notwendigen Klarheit auch bei der Verwendung des in den wissenschaftlichen Gebrauch gekommenen neuen Ausdrucks „Weltbild". Ihm begegnet man sowohl anstelle des Wortes „Weltanschauung" als auch in der Bedeutung Gesamtheit der wissenschaftlichen Kenntnisse und schließlich als einfache Widerspiegelung der Wirklichkeit im erkennenden Denken. Auch die marxistische Philosophie wird mitunter ein einheitliches oder ganzheitliches Weltbild genannt. Andererseits hat die fachwissenschaftliche Literatur (vor allem die physikalische) bereits einen eigenen Begriff des einheitlichen wissenschaftlichen Weltbildes herausgebildet, der sich von den erwähnten Auffassungen unterscheidet. Es ist klar, daß eine solche Divergenz sowohl die Gefahr einer irrigen Auffassung des Gegenstands der wissenschaftlichen Philosophie als auch unrichtiger Vorstellungen über die erkenntnistheoretische Funktion der untersuchten Formen der Systematisierung der Kenntnisse heraufbeschwört.

Worin besteht nun aber das wirkliche Wechselverhältnis der genannten Begriffe?

Beginnen wir mit dem Begriff Weltanschauung. In der Sprachpraxis wird das Wort „Weltanschauung" tatsächlich in einem Sinne verwendet, der dem nahe kommt, der in der Vergangenheit dem Wort „Philosophie" vorbehalten war. Dabei denken wir meistens an jene Anschauungen und Vorstellungen, die früher „praktische Philosophie" genannt wurden und den Versuch darstellten, einige philosophische Ausgangsprinzipien auf die politisch-sozialen, ethischen usw. Probleme auszudehenen. In diesem Sinne spricht man auch heute noch bildhaft von der Weltanschauung als von einer Lebensphilosophie, wobei man unter letzterer die Gesamtheit von Anschauungen, Verhaltensnormen und Idealen versteht, die unser Verhältnis zu den praktischen Tagesfragen, zur uns umgebenden Wirklichkeit bestimmen.

In den Kreis der weltanschaulichen Probleme beziehen wir auch die grundlegenden Vorstellungen über unsere Umwelt ein, die sich bei uns auf der Grundlage der erworbenen theoretischen Kenntnisse und der praktischen Erfahrung herausbilden. Nach allgemeinem Usus werden als solche die allgemeinen Vorstellungen über den Bau des Kosmos, das Wesen des Lebens, die Bewohner anderer Welten, über die Entstehung und Entwicklung der organischen Welt, über die Natur des Menschen, über die Struktur und die Funktionsgesetze der Gesellschaft usw. angesehen. Alle diese Fragen waren bekanntlich in der Vergangenheit Gegenstand der Untersuchung der philosophischen Systeme und bildeten einen ihrer unabdingbaren Teile, der die Bezeichnung Ontologie erhielt.

Schließlich sind zweifelsohne die mit der Erklärung des Wesens der psychischen und geistigen Prozesse zusammenhängenden Probleme weltanschaulicher Natur. Darunter fallen das psychophysiologische und das psychophysische Problem, die Wechselbeziehung des Psychischen und Geistigen, der Ursprung und das Wesen des Bewußtseins, die Gesetze des Denkens und die Möglichkeiten seiner Modellierung sowie die Gesamtheit der erkenntnistheoretischen Probleme.

Es liegt klar auf der Hand, daß ein solcher Inhalt des Begriffs „Weltanschauung" nicht identisch ist mit dem Begriff „Philosophie" in der marxistischen Auffassung ihres Gegenstandes, denn ein erheblicher Teil der aufgezählten Probleme, Anschauungen und Vorstellungen ist nicht Objekt philosophischer, sondern konkret-wissenschaftlicher Forschung. Die Weltanschauung ist ein im Vergleich zur wissenschaftlichen Philosophie umfassenderes theoretisches Gebilde. Das erklärt sich daraus, daß wir mit dem Begriff Weltanschauung im wesentlichen den Begriffsinhalt der Philosophie verbinden, den sie hatte, als sie noch in der Rolle eines „Weltsystems", einer Synthese der Wissenschaften u. dgl. auftrat. Mit der Entwicklung der positiven Wissenschaften ging die Philosophie jedoch ihrer früheren Funktion verlustig und engte ihren Gegenstand ein, indem sie viele Probleme an die Einzelwissenschaften abtrat; andererseits erweiterte sie ihn durch eine tiefe und konkrete Erforschung der eigenen Probleme.

Einige Autoren, die die Aufmerksamkeit auf den zutage getretenen Unterschied im Inhalt der hier betrachteten Begriffe lenken, schlagen vor, ihn durch Einengung des Umfangs des Begriffs „Weltanschauung“ und durch Identifizierung des Gegenstands der Weltanschauung mit dem Gegenstand der wissenschaftlichen Philosophie aufzuheben. Es geht also darum, die traditionellen weltanschaulichen Probleme, die in unserer Zeit Forschungsgegenstand der konkreten Wissenschaften und nicht der Philosophie sind, aus dem System der Weltanschauung herauszunehmen. Doch eine solche Operation wird sich kaum als nützlich erweisen. Als Folge davon würden wir bloß ein unnötiges Synonym für „Philosophie“ erhalten und einem auf natürliche Weise zustande gekommenen und im wissenschaftlichen und gewöhnlichen Gebrauch notwendigen Begriff das ihm fest angepaßte Wortgewand nehmen. Im realen Denken ist der fragliche Begriff von Nutzen; er hat einen mehr oder weniger stabilen Inhalt, der sich vom Inhalt des Begriffs „Philosophie“ unterscheidet. Wenn dennoch auch heute die Begriffe „Weltanschauung“ und „Philosophie“ mitunter identifiziert werden, so hauptsächlich deswegen, weil entweder ihre Abgrenzung in dem betreffenden Kontext unwesentlich ist oder aber die Einengung des Gegenstandes der wissenschaftlichen Philosophie im Vergleich zu ihrem vorwissenschaftlichen Stand nicht beachtet wird.

„Integriert“ man alle möglichen Bedeutungen und Sinninhalte des Wortes „Weltanschauung“, dann erweist sich in der Tat das erzielte Resultat nicht als identisch mit dem Begriff der Philosophie in der wissenschaftlichen Auffassung ihres Gegenstandes. So sprechen wir von einer kommunistischen und bürgerlichen, progressiven und reaktionären, religiösen und atheistischen, optimistischen und pessimistischen, kollektivistischen und individualistischen, fortschrittlichen und rückständigen Weltanschauung usw. Es ist völlig klar, daß wir hier in den meisten Fällen unter „Weltanschauung“ einen umfassenderen Problemkreis verstehen als den, der vom dialektischen und historischen Materialismus erforscht wird. Ohne Sinnentstellung kann man für „kommunistische Weltanschauung“ nicht „kommunistische Philosophie“ oder für „religiöse Weltanschauung“ nicht „religiöse Philosophie“ setzen.

Einige Autoren, die aus der Praxis, die sich im Gebrauch des Begriffs „Weltanschauung“ herausgebildet hat, allgemeine Schlußfolgerungen ziehen, sind in jüngster Zeit näher an eine richtige Bestimmung seines Umfangs herangekommen, indem sie hervorhoben, daß die Weltanschauung außer tief philosophischen Anschauungen auch naturwissenschaftliche, politisch-soziale, ethische und andere Auffassungen einschließt.[15] „Weltanschauung ist ein zusammengefaßtes System von Anschauungen des Menschen über die Welt und seine Stellung in ihr, sie ist die Gesamtheit der wissenschaftlichen, philosophischen, politischen, moralischen, religiösen sowie ästhetischen Überzeugungen und Ideale der Menschen."[16] Hierbei wird zu Recht unterstrichen, daß die Philosophie die Basis, der „Kern", das „Mark" der Weltanschauung ist.

Für eine genauere Definition der Weltanschauung ist es indessen erforderlich, noch die Kriterien aufzuzeigen, die es erlauben, die weltanschaulichen Probleme und Ansichten aus dem Gesamtkomplex der menschlichen Kenntnisse und Vorstellungen über die Welt auszusondern. Es versteht sich wohl von selbst, daß Weltanschauung nicht mit Weltauffassung, mit dem gesamten Inhalt des gesellschaftlichen Bewußtseins gleichgesetzt werden darf.

Zuweilen sieht man die Spezifik der Weltanschauung darin, daß sie eine ganzheitliche Vorstellung von der Welt vermittelt, daß sie zum Unterschied von den konkreten Wissenschaften, die die einzelnen Seiten der Welt erforschen, ein System von Anschauungen über die Welt im ganzen ist.[17] Diese Auffassung ist nicht unbegründet, da die Weltanschauung (unter einem bestimmten Gesichtswinkel) tatsächlich die Funktion einer Synthese, einer Interpretation aller vereinzelten Kenntnisse und Vorstellungen des Menschen über seine Umwelt erfüllt. Andererseits gibt es aber auch Einwände gegen die erwähnte Auslegung, die im wesentlichen darauf hinauslaufen, daß die in Raum und Zeit unendliche, in ihren Äußerungen unerschöpfliche Welt „keiner Beschauung im ganzen unterliegt" und auf keiner konkreten Entwicklungsstufe der Erkenntnis Forschungsobjekt einer Einzelwissenschaft, ja nicht einmal aller Wissenschaften sein kann.[18]

[15] Siehe z. B. Философский словарь, Москва 1963, стр. 272.

[16] *А. Спиркин.* Курс марксистской философии, Москва 1963, стр, 7.

[17] Siehe z. B. МСЭ. т. 6, стр. 28.

[18] Diese Auffassung wurde von P. W. Kopnin vertreten. Er machte darauf aufmerksam, daß der Begriff „Welt im ganzen" aus der alten Philosophie stamme, die danach trachtete, das System der Welt auf spekulativem Wege zu konstruieren. Für die marxistische Philosophie, die Aufgaben dieser Art als unwissenschaftlich ablehne, sei er unannehmbar. (Siehe *П. В. Копнин*, Диалектика как логика, Киев 1961, стр. 32; Диалектический материализм – философская основа современной науки, Киев 1962, стр. 4–5) Einen analogen Standpunkt nimmt J. A. Lechner ein, der den Begriff „Welt im ganzen" als „inhaltlose Abstraktion" ansieht (*Е. А. Лехнер*, Выступление в редакции при обсуждении учебника В. Г. Афанасьева „Основы философских знаний",

Hier ist ein Hinweis auf das angebracht, was Engels in diesem Zusammenhang ausführte: „Daß die Welt ein einheitliches System, d. h. ein zusammenhängendes Ganzes vorstellt, ist klar, aber die Erkenntnis dieses Systems setzt die Erkenntnis der *ganzen* Natur und Geschichte voraus, die die Menschen *nie* erreichen.“ [19] Mithin ist, wenn wir unter Welt das gesamte Universum, die ganze Natur verstehen, die Definition der Weltanschauung als System von Anschauungen über die Welt im ganzen tatsächlich geeignet, falsche Vorstellungen in dem Sinne zu erwecken, daß eine spekulative Konstruktion der Welt im Denken möglich sei, unabhängig von dem relativen, begrenzten Stand, den die gegebene Menschengeneration in der praktischen Beherrschung und wissenschaftlichen Erkenntnis der Wirklichkeit erreicht hat.

Die wirkliche Spezifik der Weltanschauung besteht hingegen darin, daß sie im System der menschlichen Kenntnisse und Vorstellungen eine ganz bestimmte Funktion ausübt, und zwar die eines Mittels, durch das sich der Mensch seines *Verhältnisses* zu der ihn umgebenden Wirklichkeit in allgemeiner Hinsicht bewußt wird, mit desen Hilfe er seine Stellung in der Welt bestimmt sowie seine gesellschaftliche Wesenheit, das Ziel und den Sinn seines Lebens und seiner Tätigkeit begreift. Die Weltanschauung ist eine solche Stufe der Systematisierung aller speziellen Kenntnisse und Vorstellungen des Menschen von der Welt, eine solche Integration der vereinzelten theoretischen und praktischen Erfahrungen der Menschen, als deren Folge eben der oben bezeichnete Zweck erreicht wird.

Da die Beziehungen der Menschen zu dem sie umgebenden Milieu (das heißt der Welt) außerordentlich vielfältig sind, sind verschiedene Aspekte des Sich-seiner-selbst-Bewußtwerdens in der Welt, verschiedene Seiten der Weltanschauung möglich. Indem sich der Mensch als Naturwesen, als einen Teil der Natur empfindet und als etwas Ganzes zur Natur in Beziehung tritt, erkennt er seine Stellung im System der Naturerscheinungen, entdeckt er seine Einheit mit der Natur (dem Ursprung, der physischen Existenzweise nach usw.) und zugleich damit auch seine relative Gegensätzlichkeit zur Natur, seinen „Kampf“ mit ihr, seine Erfolge und Niederlagen in diesem „Kampf“. Die Gesamtheit aller dieser Beobachtungen, Vorstellungen, Kenntnisse (oder Vorurteile) wird in verallgemeinerter Form

in: **Коммунист. 1963, 2, стр. 150–161**). Im Gegensatz dazu verteidigt W. G. Afanassjew den Begriff „Welt im ganzen“ (siehe ***В. Г. Афанасьев***, Проблема целостности в философии и биологии, Москва 1964),

[19] *Friedrich Engels*, Materialien zum „Anti-Dühring“, in: *Karl Marx/Friedrich Engels*, Werke, Bd. 20, S. 574.

zu einem System des rationalen und emotionalen Verhältnisses zur Natur und zu sich selbst zusammengefaßt.

Diesen Aspekt der Weltanschauung könnte man den naturwissenschaftlichen oder naturalistischen Aspekt nennen. Er setzt die Beantwortung folgender Fragen voraus, die auf die Enthüllung des Naturwesens des Menschen gerichtet sind: Was ist Leben und in welcher Beziehung steht es zum Leblosen? Wie ist es auf der Erde entstanden und in welchen Formen existiert es im Weltall? Wie vollzog sich der Prozeß der Anthropogenese? Was ist das Seelische, das Bewußtsein, der Verstand und wie sind sie entstanden? Alle diese Probleme sind eng verknüpft mit dem gesamten System des naturwissenschaftlichen Wissens und entspringen unmittelbar aus ihm.

Das besagt jedoch nicht, daß der naturalistische Aspekt der Weltanschauung mit diesem ganzen Komplex von Kenntnissen identisch ist. Er schließt nur die Elemente ein, die *unmittelbar* darauf gerichtet sind, die Stellung des Menschen in der Natur und sein Verhalten in ihr zu bestimmen. So ist beispielsweise gegenwärtig die Frage nach der Existenz vernunftbegabter Wesen außerhalb der Erde ein konkretes naturwissenschaftliches Problem, das von den experimentellen Wissenschaften gelöst wird; aber in der spezifischen Problemstellung, ob der Mensch, der Erdbewohner, das einzige Wesen im Kosmos ist oder nicht, haben wir es bereits mit einem weltanschaulichen Problem zu tun, und das wird es auch stets bleiben.

Die andere Seite der Menschenwelt ist die soziale Umwelt, die in ihren verschiedenen Projektionen betrachtete Gesellschaft. Das Sich-Bewußtwerden des Menschen seiner Sozialität, seiner Stellung in der Gesellschaft bildet den Gegenstand des humanitären Aspekts der Weltanschauung, der seinerseits auf vier große Problemgruppen – soziologische, politische, ethische und ästhetische – aufgegliedert werden kann.

Zur ersten Gruppe gehören die allgemeinsten Vorstellungen über die Struktur und die Funktionsgesetze der Gesellschaft, über die Ursachen, den Charakter und die Richtung der gesellschaftlichen Wandlungen, über die Möglichkeiten des Menschen, den gesellschaftlichen Prozeß zu beeinflussen, u. dgl. m. Die zentrale und bestimmende Problemgruppe ist hierbei das Problem des Verhältnisses von gesellschaftlichem Sein und gesellschaftlichem Bewußtsein.

Die zweite Problemgruppe hängt damit zusammen, wie sich der Mensch seiner Stellung in einem gegebenen konkreten System gesellschaftlicher Verhältnisse bewußt wird: wie er die soziale und politische Struktur seiner Gesellschaft beurteilt, wie er die verschiedenen sozialen Kräfte einschätzt, welche Einstellung er zu der bestehenden Gesellschaftsordnung, der Staatsmacht, der herrschenden Ideologie usw. hat. Alle damit verbundenen Auffassungen und Vorstellungen kreisen um ein politisch-soziales Ideal, in dem die Vorstellungen von einer vollkommenen Gesellschaftsordnung und von sozialer Gerechtigkeit gewissermaßen akkumuliert sind.

Die dritte Gruppe – die ethischen Probleme – ist auf die Umstände gerichtet, die zum Bewußtwerden der Wechselbeziehungen zwischen den einzelnen Individuen, zwischen dem Menschen und dem Kollektiv, der Gesellschaft führen. Sie involviert die allgemeine Konzeption der ethischen Normen, die Begründung, auf der das für eine gegebene Menschengemeinschaft charakteristische ethische Ideal, das Kriterium der Moralurteile, die Vorstellung von der Subordination der sittlichen Werte basieren.

Die ästhetische Problematik der Weltanschauung schließlich bezieht sich darauf, wie sich der Mensch seiner selbst als Subjekt einer ästhetischen Einstellung zur Wirklichkeit bewußt wird.

Der humanitäre Aspekt der Weltanschauung ist somit nicht dem Inhalt der konkreten Gesellschaftswissenschaften oder der politischen, sittlichen und Rechtsideologie gleichzusetzen, sondern schließt nur jene ihrer Elemente und Seiten ein, die unmittelbar darauf gerichtet sind, wie sich der Mensch seiner Stellung in der „Menschenwelt", seiner Interessen, Ziele, des Sinns des Lebens, der Richtung und der Arten seiner Tätigkeit bewußt wird.

Als letztes haben wir den gnoseologischen Aspekt der Weltanschauung. Seinen Inhalt bildet die Klärung jenes Verhältnisses des Menschen zur Außenwelt, das sich in seiner Erkenntnis ausdrückt. Die Problematik dieses Aspekts ist die folgerichtige „Entwicklung" oder Konkretisierung der Grundfrage der Philosophie: In welchem Verhältnis steht das Denken zum Gegenstand des Denkens, die „Welt des Wissens" zur „Welt der Dinge"? Ist eine adäquate Widerspiegelung des Gegenstandes durch das Denken möglich? Welchen Gesetzen muß sich das Denken unterwerfen, und welche Formen muß es annehmen, um den Gegenstand zu erfassen? Sind die Denkgesetze und -formen eine apriorische Fähigkeit des Menschen, oder werden sie vom Denken aus der Praxis entlehnt und sind sie eine Widerspiegelung der allgemeinsten Entwicklungsgesetze des Seins? Welcher Art sind diese allgemeinsten Gesetze und Formen des Seins und der Erkenntnis? In welchem Verhältnis steht die Erkenntnis zu den anderen Arten der menschlichen Tätigkeit, zu den anderen Seiten des psychischen und geistigen Lebens der Menschen? Gegenstand des gnoseologischen Aspekts der Weltanschauung ist der gesellschaftliche Mensch als Subjekt der Erkenntnistätigkeit, als Schöpfer und Träger des intellektuellen und geistigen Lebens.

Alle aufgezählten Komponenten der Weltanschauung sind relativ selbständig, zugleich aber im Rahmen einer konsequenten Weltanschauung eng wechselseitig miteinander verbunden. Sie sind sämtlich angeordnet und strukturell geformt um das zentrale Problem aller Weltanschauung, das sich in den Fragen ausdrückt: Was stellt die Umwelt dar und welcher Art ist die Stellung des Menschen in der Welt? Wie ist das Verhältnis des menschlichen Bewußtseins zur Außenwelt, der geistigen Tätigkeit der Gesellschaft zum gesellschaftlichen Sein beschaffen?

Die Weltanschauung ist keine mechanische Gesamtheit vereinzelter Kenntnisse, sondern ein mehr oder weniger ganzheitliches System von Anschauungen, das die Ganzheit des menschlichen Daseins, die Einheit und den wechselseitigen Zusammenhang aller Seiten des praktischen Verhältnisses der Menschen zur Wirklichkeit widerspiegelt. So ist die Grundfrage der Philosophie durch das Problem des Verhältnisses der logischen Gesetze (der Entwicklungsgesetze des Denkens) zu ihren objektiven Analoga (den allgemeinsten Seinsgesetzen) mit einer bestimmten Entwicklungskonzeption verknüpft. Die philosophischen Anschauungen sind durch das Problem der gesellschaftlichen Natur des Subjekts der Erkenntnis, durch das Problem der Kriterien der Entwicklung u. dgl. mit den soziologischen Anschauungen und mittelbar durch diese mit den politischen und ethischen Anschauungen verbunden. Ein enger wechselseitiger Zusammenhang besteht auch zwischen dem gnoseologischen und dem naturalistischen Aspekt (durch das Problem der Evolution der Widerspiegelungsformen, das psychophysiologische Problem u. dgl.) sowie zwischen dem naturalistischen und dem humanitären Aspekt (Probleme der Anthropogenese, Psychologie, Medizin, Geographie, Kybernetik und andere).

Für das richtige Verständnis des Wesens der Weltanschauung ist es weiterhin notwendig zu berücksichtigen, daß die Weltanschauung nicht einfach eine Gesamtheit (und sei es eine systematisierte) bestimmter Anschauungen und Vorstellungen über die Welt und über das Verhältnis des Menschen zu ihr ist. Um in das System der Weltanschauung einbezogen zu werden, müssen solche Anschauungen und Vorstellungen durch die persönliche Erfahrung des Subjekts vermittelt sein, auf Grund dessen sie eine gewisse emotionale Färbung annehmen; sie müssen weiterhin zur festen Überzeugung, zu einer gewissen persönlichen Orientierung werden, die die praktische und erkennende Tätigkeit des Menschen reguliert.[20] Bestimmte aus der Wissenschaft, der Philosophie und anderen Formen des gesellschaftlichen Bewußtseins geschöpfte Kenntnisse und Ideen werden, wenn sie sich in persönliche Überzeugungen umwandeln, zum *Gesichtspunkt* des Menschen, zum *Ausgangsprinzip* seiner theoretischen oder

[20] Siehe Проблемы мышления в современной науке, Москва 1964, стр. 152.

praktischen Tätigkeit. Sie sind Ausdruck seiner Lebensposition und stellen gewissermaßen ein „Prisma" dar, durch das der Mensch die Wirklichkeit wahrnimmt. Über die Weltanschauung nimmt die gesamte gesellschaftliche „Wesenheit" des Menschen, seine ganze konzentrierte Lebenserfahrung und die des sozialen Milieus, dem er angehört, am Erkenntnisprozeß teil.

In einer sozial ungleichartigen Gesellschaft muß die Weltanschauung ihrem Wesen nach klassenmäßig, parteilich sein. Je nachdem, ob die praktischen Interessen der Klasse mit der objektiven Tendenz des Geschichtsprozesses zusammenfallen, deckt sich die Parteilichkeit der betreffenden Klasse mit der wissenschaftlichen Objektivität oder weicht von ihr ab. Dementsprechend formt sich auch die Weltanschauung der betreffenden Klasse als wissenschaftliche, fortschrittliche oder unwissenschaftliche, rückständige, reaktionäre. Das liefert das Verständnis dafür, weshalb gerade in den Weltanschauungen forschrittlicher sozialer Gruppen Elemente einer wissenschaftlichen Lösung der einzelnen weltschaulichen Probleme allmählich heranreifen und sich aufspeichern und warum die einzige wissenschaftliche Weltanschauung der Gegenwart – der Marxismus-Leninismus – nur als theoretischer Ausdruck der Klasseninteressen, -ziele und -ideale der fortschrittlichsten und konsequent revolutionären Klasse, des Proletariats, und ihrer kommunistischen Partei möglich wurde.

Nach dem bisher Gesagten läßt sich auf die oben gestellte Frage, was unter wissenschaftlicher Weltanschauung zu verstehen ist und in welchem Verhältnis zu ihr die wissenschaftliche Philosophie steht, leicht eine Antwort finden. In allgemeinster Form kann man die wissenschaftliche Weltanschauung charakterisieren als einen solchen Komplex wissenschaftlicher Kenntnisse und ein solches System objektiv-wahrer Anschauungen und Vorstellungen, die sich aus der Erforschung der weltanschaulichen Probleme als Resultat ergeben haben. Wissenschaftliche Weltanschauung ist eine in bestimmter Weise organisierte (systematisierte) Gesamtheit wissenschaftlicher (das heißt richtiger) Antworten auf weltanschauliche Fragen.

Zugleich muß bemerkt werden, daß die betreffenden Antworten nicht aus einem unmittelbaren Experiment abgeleitet werden können und in ihrer Mehrzahl nicht das Forschungsergebnis einer Einzelwissenschaft sind. Die Einzelwissenschaften stellen nur das Material, aus dem die allgemeine Vorstellung über die Welt und ihre Gesetzmäßigkeiten erwächst. Damit das Wissen über die einzelnen Prozesse und Gesetze zu einem Element der Weltanschauung werde, muß es vom Blickpunkt einer einheitlichen Methodologie aus verallgemeinert und philosophisch interpretiert werden.

Die wissenschaftliche Philosophie ist neben den anderen Wissenschaften und Formen des gesellschaftlichen Bewußtseins an der Ausarbeitung der wissenschaftlichen Weltanschauung beteiligt, sie spielt jedoch in diesem Prozeß eine besondere Rolle – sie ist die methodologische Grundlage, die die Erkenntnisresultate zu einer ganzheitlichen Vorstellung über die Welt und die Stellung des Menschen in ihr zusammenfaßt und zementiert. Und da die einzige konsequent wissenschaftliche Philosophie der Gegenwart die Philosophie des Marxismus – der dialektische und historische Materialismus – ist, muß die wissenschaftliche Weltanschauung definiert werden als „die richtige, die marxistisch-leninistische, auf die Errungenschaften der modernen Wissenschaft gegründete Vorstellung von den Grundgesetzen der Natur und Gesellschaft, als wissenschaftliche Auffassung über die Stellung des Menschen in der objektiven Wirklichkeit, im Kampf des Kommunismus gegen den Kapitalismus, der Kräfte des Forschritts gegen die Kräfte der Reaktion“[21].

Ist aber die Weltanschauung, wenn sie so aufgefaßt wird, ein „Weltbild“, und wenn nicht, was ist dann darunter zu verstehen?

Wie bereits gesagt, hat die Weltanschauung nicht den Zweck, alle Vorstellungen über die Wirklichkeit zu verallgemeinern und zusammenzufassen, sondern nur jene, die unmittelbar mit der Beantwortung der Grundfrage der Philosophie, mit der Klärung der Stellung des Menschen in der Welt zusammenhängen. Die gegenseitige Koordinierung der Resultate der verschiedenen Wissenschaften und die Schaffung eines mehr oder weniger ganzheitlichen, logisch widerspruchsfreien Wissensystems ist gegenwärtig nicht die Aufgabe der Weltanschauung, sondern des Gesamtkomplexes der konkreten Wissenschaften und der wissenschaftlichen Philosophie. „Die Einsicht“, schrieb Engels, „daß die Gesamtheit der Naturvorgänge in einem systematischen Zusammenhang steht, treibt die Wissenschaft dahin, diesen systematischen Zusammenhang überall im einzelnen wie im ganzen nachzuweisen.“[22] Dabei, so unterstreicht Engels, wird dieses System des Zusammenhangs auf jeder gegebenen Stufe der Erkenntnis relativ und durch den Entwicklungsstand der gesellschaftlichen Praxis begrenzt sein.

Auf diesen Gedanken ist Friedrich Engels mehrfach zurückgekommen und hat ihn sehr beharrlich entwickelt. Dank den gewaltigen Fortschritten der Naturwissenschaft, so schrieb er an anderer Stelle, „sind wir jetzt so weit, den Zusammenhang zwischen den Vorgängen in der Natur nicht nur auf den einzelnen Gebieten unter sich im ganzen und großen nachweisen und

[21] Формирование научного мировоззрения, in: Коммунист, 1962, 14, стр. 50.

[22] *Friedrich Engels*, Anti-Dühring, in: *Karl Marx/Friedrich Engels*, Werke, Bd. 20, S. 34.

so ein übersichtliches Bild des Naturzusammenhangs in annähernd systematischer Form, vermittelst der durch die empirische Naturwissenschaft selbst gelieferten Tatsachen darstellen zu können"[23].

Es ist klar, daß dies, wenn es schon für die zweite Hälfte des 19. Jahrhunderts richtig war, um so mehr für unsere Zeit gilt. Der gewaltige Fortschritt aller Wissenszweige in den verflossenen hundert Jahren hat diese Überlegung Engels' glänzend bestätigt. Für die Wissenschaft des 20. Jahrhunderts ist in noch höherem Maße ein „Wegwischen" der durch die Erkenntnis künstlich geschaffenen „Barrieren" und „Abgrenzungslinien" charakteristisch. Die traditionellen Grenzen zwischen den verschiedenen Erkenntnisbereichen werden „ausradiert". Das wissenschaftliche Denken enthüllt immer tiefer die Einheit der materiellen Welt, den wechselseitigen Zusammenhang ihrer verschiedenen Seiten und Bereiche. Ungeachtet der – wie es scheinen könnte – extremen Spezialisierung der wissenschaftlichen Forschung und trotz der außerordentlichen Differenzierung der Kenntnisse wird die Wissenschaft immer einheitlicher. Die Integration ihrer verschiedenen Resultate wird zu einer gebieterischen Notwendigkeit und Voraussetzung für den weiteren Fortschritt. Das findet seinen Ausdruck in solchen bekannten Erscheinungen, wie es die Bildung von „Nahtlinien" der Wissenschaft und die außerordentlich stürmische Entwicklung der daran angrenzenden Disziplinen, das Eindringen der Methoden der einen Wissenschaften in andere, die effektiven Komplexforschungen auf der Grundlage der Zusammenarbeit verschiedener Wissenschaften u. dgl. sind.

Die Idee der Einheit der wissenschaftlichen Kenntnis erobert immer machtvoller die Gemüter der Gelehrten. Die Weitestblickenden von ihnen waren sich unter dem Druck der offenkundigen Fakten bereits an der Wende dieses Jahrhunderts des Erfordernisses einer engeren Zusammenarbeit der verschiedenen Wisssenschaften für den Aufbau eines einheitlichen Weltbildes bewußt. Das wurde besonders augenfällig als Folge der in der Physik eingeleiteten Revolution und des enormen Einflusses, den sie auf die benachbarten und dann auch auf entferntere Wissenszweige ausübte. „. . . die Wissenschaft", schrieb Max Planck in jener Periode, „bildet . . . eine innerlich geschlossene Einheit. Ihre Trennung nach verschiedenen Fächern ist ja nicht in der Natur der Sache begründet, sondern entspringt nur der Natur des menschlichen Fassungsvermögens, welche zwangsläufig zu einer Arbeitsteilung führt. In der Tat zieht sich ein

[23] *Friedrich Engels*, Ludwig Feuerbach und der Ausgang der klassischen deutschen Philosophie, in: *Karl Marx/Friedrich Engels*, Werke, Bd. 21, Berlin 1962, S. 295.

kontinuierliches Band von der Physik und Chemie über die Biologie und Anthropologie bis zu den sozialen und Geisteswissenschaften, ein Band, das sich an keiner Stelle ohne Willkür durchschneiden läßt. Auch die Methoden, nach denen die Forschung auf den einzelnen Gebieten arbeitet, erweisen sich bei näherer Betrachtung als innerlich nahe verwandt . . . Das ist gerade in der neueren Zeit immer deutlicher hervorgetreten und hat der gesamten Wissenschaft inneren und äußeren Vorteil gebracht."[24]

Die Notwendigkeit, die verschiedenen Wissensbereiche in einer Synthese zusammenzufassen, und die ersten praktischen Schritte zur Realisierung dieser Aufgabe stellte die Wissenschaftler vor das Problem der Konstruktion eines einheitlichen Wissenssystems, dessen einzelne Komponenten sich als gegenseitig koordiniert erweisen sollten und einander nicht widersprechen durften. In den Arbeiten von Ludwig Boltzmann, Max Planck, Niels Bohr, Paul Langevin und anderen Physikern erhielt diese neue Stufe der Wissenssystematisierung die vorläufige Bezeichnung „einheitliches wissenschaftliches Weltbild". Seit jener Zeit erscheint dieser Terminus immer häufiger in der fachwissenschaftlichen und philosophischen Literatur, wenn es um die Vereinigung der Anstrengungen der verschiedenen Wissenschaften geht, eine maximal effektive Erkenntnis der Wirklichkeit zu erreichen. Lenin, der mit der physikalischen Literatur vom Anfang des 20. Jahrhunderts wohlvertraut war, lenkte die Aufmerksamkeit auf diesen Terminus und nennt in seinen „Philosophischen Heften" das „wissenschaftliche Weltbild" in der Reihe der übrigen logischen Formen, in denen das menschliche Denken die Wirklichkeit widerspiegelt.[25] Dabei muß der Vorbehalt gemacht werden, daß der Aufbau eines einheitlichen wissenschaftlichen Weltbildes nichts gemein hat mit den Versuchen der Unifikation der Sprache und der Methoden der verschiedenen Wissenschaften durch ihre Reduzierung auf eine einzige Wissenschaft. Der fruchtlose Versuch einer solchen „Unifikation", die in den dreißiger Jahren vom „Wiener Kreis" proklamiert und u. a. in den Arbeiten von Rudolf Carnap und Otto Neurath unter der Bezeichnung „Physikalismus" in die Tat umgesetzt wurde, hat überzeugend die Haltlosigkeit derartiger Experimente bewiesen.[26]

[24] *Max Planck*, Ursprung und Auswirkung wissenschaftlicher Ideen (Vortrag, geh. am 17. Febr. 1933 im Verein Deutscher Ingenieure Berlin.), in: *Max Planck*, Physikalische Abhandlungen und Vorträge, Bd. III, Braunschweig 1958, S. 240.

[25] Siehe *W. I. Lenin*, Philos. Hefte, in: *W. I. Lenin*, Werke, Bd. 38, S. 172.

[26] Siehe *И. С. Нарский*, Очерки по истории позитивизма, Москва 1960, стр. 191–194. (Die Seiten, auf die hier verwiesen wird, sind in der genannten Arbeit Bestandteil des 6. Kapitels, das in die erweiterte deutsche Ausgabe *I. S.*

Das wissenschaftliche Weltbild ist kein abgeschlossenes, streng definiertes Wissenssystem. Da es eine Funktion und gleichzeitig eine Form der Entwicklung der gesamten Erkenntnis als Ganzes ist, wandelt es sich ständig entsprechend der Veränderung des Inhalts der konkreten Wissenschaften. In diesem Sinne ist es ein offenes, nie abgeschlossenes, bewegliches System, analog den Systematisierungsformen, die wir konkrete Wissenschaften nennen. Von diesen unterscheidet es sich nur durch einen höheren Verallgemeinerungsgrad des vom Denken gelieferten Materials.

Einige Autoren halten es für möglich, von der Entstehung und Entwicklung eines einheitlichen naturwissenschaftlichen Weltbildes zu sprechen, angefangen von den naturphilosophischen Konzeptionen der altgriechischen Philosophie (ionische Schule, Eleaten usw.). In letzterem Falle nennt man die Weltauffassung (im Gegensatz zum religiös-mythologischen Weltbild) wissenschaftlich, da sie sich auf die Entdeckung der ersten objektiven Zusammenhänge und Naturgesetze stützt, und einheitlich, da sie zum Unterschied von den unmittelbaren empirischen Beobachtungen charakterisiert wird „durch die Systematisierung elementarer kausaler Feststellungen, durch das Vorhandensein relativ abstrakter Begriffe sowie durch die Tendenz zu einem gewissen einheitlichen Bild, das alle speziellen Kausalzusammenhänge einschließt“[27].

Eine solche erweiterte Auslegung des einheitlichen wissenschaftlichen Weltbildes hat augenscheinlich einen ganz bestimmten Sinn: Die Notwendigkeit, die vereinzelten naturwissenschaftlichen Angaben zu systematisieren, stellte sich in der Tat zusammen mit der Entstehung des wissenschaftlichen Denkens heraus, und die Form einer solchen Systematisierung bildeten lange Zeit hindurch eben die naturphilosophischen Konstruktionen, dies um so mehr, als jeder dieser Konstruktionen ein Komplex von mehr oder weniger rational begründeten und logisch geordneten Ausgangsprinzipien zugrunde lag, die dem Weltbild eine gewisse Einheit und Ganzheit verliehen.

Geht man jedoch strenger vor, dann darf man alle diese Konzeptionen weder als einheitliches noch als wissenschaftliches Weltbild anerkennen. Sie stützen sich auf eine sehr schmale empirische Basis und wurden im wesentlichen durch kombinatorische Zusammenstellungen einer begrenzten An-

Narski, Positivismus in Vergangenheit und Gegenwart, Berlin 1967, nicht übernommen wurde. Vgl. aber in dieser Ausgabe Teil II, III. Kapitel: Das Wahrheitskriterium, wo die gleiche Frage in anderer Darstellung abgehandelt ist. – *D. Ü.*)

[27] *Б. Г. Кузнецов*, Эволюция картины мира, Москва 1961, стр, 9.

zahl allgemeiner Ideen und Prinzipien konstruiert (z. B. der Monismus oder der Pluralismus in der Auffassung der Urgründe der Welt, die Anerkennung oder Ablehnung der Realität der Leere, das Prinzip des „strengen" Determinismus oder die Anerkennung spontaner Abweichungen u. dgl.). In diesem Sinne wurden sie einander gegenübergestellt als relativ ganzheitliche und geschlossene logische Konstruktionen, die neben rationalen verallgemeinernden Ideen auch verschiedene unwissenschaftliche Spekulationen enthielten.

Von der Formierung eines mehr oder weniger ganzheitlichen naturwissenschaftlichen Weltbildes, das die Funktion einer besonderen logischen Bewegungsform der wissenschaftlichen Erkenntnis erfüllt, kann man wahrscheinlich ernsthaft erst seit dem 17. und 18. Jahrhundert reden, als das Prinzip des Heliozentrismus, die Prinzipien der klassischen Mechanik usw. zu Grundprinzipien wurden. In dieser Periode entstand das mechanistische Weltbild (das Weltbild der klassischen Physik), das bis zur Mitte des 19. Jahrhunderts entwickelt, detailliert und präzisiert wurde.

Die großen naturwissenschaftlichen Entdeckungen der zweiten Hälfte des 19. Jahrhunderts, namentlich aber die grandiose Revolution in der Physik, die an der Wende des 20. Jahrhunderts begann, gestalteten dieses klassische Weltbild in grundlegender Weise um und legten den Grundstein zu einem noch allumfassenderen, abstrakteren und zugleich der Wirklichkeit adäquateren Bild. Die einander rasch ablösenden wissenschaftlichen Ideen und Begriffe, das Vorhandensein von sich mitunter gegenseitig ausschließenden Theorien und Prinzipien ließen mit noch größerer Eindringlichkeit das Bedürfnis nach einer Systematisierung der verschiedenen wissenschaftlichen Resultate, nach logischer Ordnung des wissenschaftlichen Apparats und nach Schaffung solcher stabiler Begriffe und Prinzipien erkennen, die als Kriterium für die Beurteilung neuer wissenschaftlicher Ideen u. dgl. dienen konnten.

Zuweilen spricht man von dem einheitlichen wissenschaftlichen Weltbild als von einem Ideal, dem die moderne Wissenschaft zustrebt, von dessen Erreichung sie aber noch weit entfernt ist. Dabei denkt man wahrscheinlich daran, daß ein hinreichend entwickelter Formalisierungsapparat fehlt, der geeignet wäre, als effektives Mittel zur Systematisierung der Kenntnisse bei dem gegebenen Stand zu dienen. Bezogen auf die höchsten Stufen der Systematisierung und allgemein auf hinlänglich weite Wissenssysteme darf man den Grad der Formalisierung jedoch nicht als unbedingtes Kriterium der logischen Form ansehen. Solche Systeme können, wie dies durch das erste Gödelsche Theorem und die nachfolgenden Arbeiten auf diesem Gebiet von Alonzo Church, Stephen Cole Kleene, Alfred Tarski und anderen bewiesen wurde, grundsätzlich nicht voll formalisiert werden, das heißt, ohne daß in ihnen eine nicht zu formalisierende Inhaltskomponente als Rest übrigbleibt. Deshalb wird die ideale Einheit des gesamten Wissenssystems (im Sinne seiner abgeschlossenen Formalisierung) von der Erkenntnis überhaupt niemals erreicht. Doch daraus pessimistische Schlüsse über den logischen Wert der höchsten Stufen der Wissenssystematisierung zu ziehen wäre nichtsdestoweniger falsch. In jedem hinlänglich ausgereiften Entwicklungsstadium der Erkenntnis werden sie stets eine notwendige logische Form der Organisierung des Wissenssystems bleiben, indem sie ihre spezifische methodologische Funktion erfüllen.

Man darf nicht übersehen, daß sich, was die höchsten Stufen der Wissenssystematisierung angeht, die Kriterien der formalen Analyse der entsprechenden logischen Strukturen unbedingt ändern müssen. Auf eine solche Situation stoßen wir bereits bei der Untersuchung der logischen Form einer konkreten Wissenschaft. „Auf der gegebenen Stufe wird sich bereits eine solche Systematisierung der Kenntnisse als logische Form erweisen, die die Ausschließlichkeit ihrer formalen Charakteristiken verliert, wenn sie sich mit den Mitteln der konkret-inhaltlichen Subordination der Thesen dieser oder jener Wissenschaft verbindet. Anders ausgedrückt, die formalen und inhaltlichen Seiten der Prinzipien der Wissenssystematisierung verschmelzen hier zur einheitlichen Form des Erfassens der Inhaltsbewegung, und das wissenschaftliche System der Kenntnisse geht dazu über, auch in Form einer spezifischen wissenschaftlichen Methode aufzutreten, das heißt in einer solchen 'logischen Form', die selber in den Inhalt des untersuchten Problemkomplexes eingeht."[28] Was die Systematisierungsstufen höchster Ordnung (wissenschaftliches Weltbild und wissenschaftliche Weltanschauung) anbelangt, deren logische Sphäre und inhaltliche Allgemeinbedeutung umfassender ist als bei den konkreten Wissenschaften, so deckt sich ihre logische (methodologische) Funktion mit der Gemeinsamkeit ihres Inhalts, wobei sie in der wissenschaftlichen philosophischen Weltanschauung zur universalen Allgemeinbedeutung strebt.[29]

Vorweg kann man auf einige Besonderheiten in der Struktur der höchsten Stufen der Systematisierung der Kenntnisse zum Unterschied von den Systematisierungsformen niederer Ordnung verweisen. Während beispielsweise der wissenschaftlichen Theorie das Prinzip des linearen Aufbaus zugrunde liegt, sind für die hier untersuchten logischen Formen bereits

[28] Проблемы мышления в современной науке, стр. 249.
[29] Siehe ebenda, стр. 250.

andere Prinzipien charakteristisch: der konzentrische Aufbau für das wissenschaftliche Weltbild und der radial-konzentrische (ringförmige) Aufbau für die Weltanschauung. Das bedeutet, daß sich in jedem dieser Kenntnissysteme ein Komplex von Thesen, die eine allgemeinmethodologische Funktion erfüllen und gewissermaßen den Kern des gegebenen Systems bilden, sowie ein Komplex von Thesen, die eine speziellere Konkretisierung der ersteren darstellen und an der Peripherie des Systems angeordnet sind, bestimmen läßt. Die Peripherie kann sich ihrerseits (nach dem Allgemeinheitsgrad der Thesen oder aus anderen Gründen) aufgliedern in einer Reihe konzentrisch angeordneter Schalen (innere und äußere Peripherie).

Den Kern der wissenschaftlichen Weltanschauung bildet das System der allgemeinsten (philosophischen) Kategorien, Prinzipien und Gesetze, die die allgemeinsten Zusammenhänge, Eigenschaften und Beziehungen der uns umgebenden Wirklichkeit und ihrer Erkenntnis widerspiegeln. Zu diesen Prinzipien müssen u. a. gerechnet werden: der Grundsatz, daß die Materie im Verhältnis zum Bewußtsein das Primäre ist, das Prinzip der Einheit der materiellen Welt, das Entwicklungsprinzip, das Widerspiegelungsprinzip. Zum Kern der wissenschaftlichen Weltanschauung gehören alle übrigen Elemente der materialistischen Dialektik – ihre Kategorien und Gesetze.

Die Peripherie der wissenschaftlichen Weltanschauung (wie jedes weltanschaulichen Systems) gliedert sich in drei relativ isolierte Sektoren (drei Aspekte der Weltanschauung). Es sind dies der naturalistische, der humanitäre und der erkenntnistheoretische (gnoseologische) Sektor, von denen jeder eine Gesamtheit von Anschauungen, Vorstellungen, Idealen, Prinzipien und Kategorien darstellt, die sich in entsprechender Weise um die Probleme „Mensch – Natur“, „Mensch – Gesellschaft“, „Subjekt – Objekt“ ranken. Innerhalb dieser peripheren Sektoren ist das sie bildende Gedankenmaterial in bestimmten Schichten angeordnet je nach dem Grade seiner Allgemeinheit sowie seiner praktischen Bedeutsamkeit und seinem spezifischen Gewicht im Wissenssystem und in der Lebenserfahrung des konkreten Subjekts. Dieses zweite (subjektive, abschätzende) Kriterium kann die rein logische Korrelation des weltanschaulichen Gedankenmaterials wesentlich deformieren. Die Folge davon ist, daß die Ideen und Prinzipien geringeren Allgemeinheitsgrades, die aber sehr wesentliche praktische Beziehungen widerspiegeln, in der Struktur der Weltanschauung in gleicher Ordnung wie das Material von höherem Allgemeinheitsgrad auftreten.

So können beispielsweise die ethischen Prinzipien und Normen der Moralurteile in der gleichen Schicht angeordnet sein wie einige allgemeine

Gesetze und Prinzipien der Naturwissenschaft oder Soziologie. In analoger Weise erweist sich das spezifische Gewicht der Theorie des wissenschaftlichen Kommunismus im System der wissenschaftlichen marxistischen Weltanschauung als kommensurabel mit dem spezifischen Gewicht seiner übrigen Bestandteile, obwohl bekanntlich der Allgemeinheitsgrad der Gesetze des wissenschaftlichen Kommunismus geringer ist als beispielsweise der der soziologischen Gesetze. Auf Grund einer solchen Kombination von formalen und inhaltlichen Kriterien reproduziert (widerspiegelt) die Struktur der Weltanschauung dieser oder jener sozialen Gruppe am vollständigsten die Struktur der Praxisbeziehungen ihres Subjekts, während die Struktur der wissenschaftlichen Weltanschauung in entsprechender Weise die Struktur der gesamtmenschlichen Praxis als Ganzes in ihrer progressiven Entwicklung reflektiert.

Daß subjektive, abschätzende Momente an der Herausbildung der logischen Struktur beteiligt sind, ist nicht nur für die weltanschaulichen Systeme charakteristisch, obwohl diese Momente darin dank der Spezifik des Gegenstandes der weltanschaulichen Vorstellungen (allgemeine Weltauffassung, Stellung des Menschen im System der natürlichen und sozialen Wirklichkeit, Verhalten des Menschen zu deren verschiedenen Seiten) am ausgeprägtesten in Erscheinung treten. Das Vorhandensein der erwähnten Momente kann man letzten Endes in jedem Wissenssystem feststellen, allein schon deshalb, weil die Erkenntnis stets anthropozentrisch bleibt und ihre Struktur so oder anders durch die Struktur der sich aus der Praxis ergebenden Verhältnisse und Bedürfnisse des konkret-historischen Subjekts vorgegeben ist.

Was das wissenschaftliche Weltbild anbetrifft, wie es sich bei dem gegenwärtigen Stande der wissenschaftlichen Erkenntnis herausgebildet hat, so läßt sich seine logische Struktur folgendermaßen darstellen. Als Kern dieses Systems kann man einige spezialisierte oder konkretisierte philosophische Methoden (analytisch-synthetische, induktiv-deduktive Methode usw.) sowie einige für alle oder die meisten Wissenschaften charakteristische speziellere, aber hinreichend allgemeine Methodiken ansehen. Zu diesen letzteren muß man die Formalisierungsmethode (logisch-mathematische Methode), einige mathematische Methoden (z. B. die Methode der mathematischen Extrapolation), die Modellierungsmethode, die Invariantenmethode, einige kybernetische Methoden u. dgl. m. rechnen. Besonders durch seinen methodologischen Kern ist das wissenschaftliche Weltbild sehr eng mit der philosophischen Weltanschauung verbunden und realisiert auf dem Wege über seine Thesen deren Prinzipien und Gesetze. Zum Kern des wissenschaftlichen Weltbildes muß offensichtlich auch eine Reihe allgemeinwissenschaftlicher Prinzipien (beispielsweise das Prinzip des Evolutionismus und das des statistischen Determinismus) gezählt werden, die eine unmittelbare Brechung des entsprechenden philosophischen Prinzips (Entwicklung, Kausalität) in den konkreten Gegenständen darstellen, die von den Einzelwissenschaften untersucht werden.

Die sonstigen hinreichend allgemeinen Prinzipien, die ihre konkrete Verkörperung auf vielen verschiedenen Wissensgebieten finden, können als innere Peripherie des wissenschaftlichen Weltbildes angesehen werden. Hierzu rechnen wir das Prinzip des Atomismus (in seiner heutigen, der Quantenform), die Idee des Feldes, das Ganzheitsprinzip u. dgl. Schließlich bilden die verallgemeinernden Ideen und Theorien der Einzelwissenschaften, die grundsätzliche Bedeutung für die Systematisierung weiter Bereiche des wissenschaftlichen Wissens haben, die äußere periphere Schicht. Zu diesen prinzipiellen Ideen und Theorien der modernen Wissenschaft gehören die System- und Informationstheorien, die Relativitätstheorie, die Quantenphysik, die relativistische Kosmologie, das Periodengesetz Mendelejews, die Theorie der chemischen Struktur des Stoffes, die Vererbungstheorien und etliche andere. Je nach der Entwicklung der Erkenntnis verändert sich der Bestand der peripheren Schichten des Weltbildes: Ideen und Theorien, die einen großen Allgemeinheitsgrad erlangen, siedeln sich seitwärts des Kerns an, während sich andere, die ihre systematisierende Rolle einschränken bzw. verlieren, in umgekehrter Richtung verlagern.

Das wissenschaftliche Weltbild und die wissenschaftliche Weltanschauung als Faktoren des heuristischen Prozesses

Wenn wir diese oder jene wissenschaftliche Entdeckung analysieren und den heuristischen Wert ihrer verschiedenen Faktoren zu bestimmen suchen, konzentriert sich unsere Aufmerksamkeit vornehmlich auf das, was die unmittelbare Grundlage unseres Wissens bildet – auf die empirischen Tatsachen und jene theoretischen Sätze, die sie beschreiben und erklären. Ein solches angenähertes Vorgehen erweist sich in den meisten Fällen für unsere Zwecken als ausreichend, deshalb nimmt es nicht wunder, daß es fast traditionell geworden ist. So beschränkt man sich beispielsweise, spricht man von Einsteins Entdeckung der Relativitätstheorie, darauf, auf die Versuche Michelsons und die Lorentz- Transformation zu verweisen, während man die Entdeckung der Gesetze der Elektrodynamik gewöhnlich mit den Experimenten Faradeys, Heinrich Hertz' und den Maxwellschen Gleichungen verbindet.

Eine tiefere Analyse des Erkenntnisprozesses zeigt jedoch, daß neue Tatsachen an sich sowie deren Beschreibung und Erklärung keineswegs immer zu neuen wissenschaftlichen Ideen und Theorien führen. Die Gewinnung neuen Wissens ist durchaus nicht gleichbedeutend zu definieren mit einer Sammlung empirischer Daten oder dem logischen Apparat ihrer „Bearbeitung". Die Wissenschaftsgeschichte beweist an einer Menge von Beispielen, daß sowohl an der wissenschaftlichen Entdeckung selber wie auch an der ihr vorgreifenden Forschung viele Faktoren beteiligt sind, einschließlich solcher, die nicht nur über die Grenzen des gegebenen engen logischen Systems der Kenntnisse, sondern auch über die der Wissenschaft schlechthin hinausgehen.

Betrachten wir beispielsweise die für das wissenschaftliche Denken typische Situation (für sie gibt es Analogien auch im gewöhnlichen Denken), wenn zwei Forscher, denen die gleichen Argumente (z. B. bestimmte wissenschaftliche Sachverhalte) vorliegen, diese dennoch verschieden werten und sich dadurch bewegen lassen, daraus nahezu entgegengesetzte Schlußfolgerungen zu ziehen. Der bekannte amerikanische Mathematiker Georg Pólya, der die logischen Mechanismen des induktiven oder – nach seiner Terminologie – „plausiblen" Schließens in der Mathematik analysiert, führt folgendes Beispiel einer solchen Situation an: „Mein Freund und ich interessieren uns beide für die Vermutung *A*. (Dieser Freund ist Mathematiker, und die Vermutung ist eine mathematische Vermutung.) Wir wissen beide, daß eine andere Vermutung *B* aus *A* folgt. Und jetzt finden wir, daß *B*, diese Konsequenz von *A*, wahr ist. Wir sind uns darin einig, wie wir das ehrlich sein müssen, daß diese Verifizierung der Konsequenz *B* ein Argument zugunsten der Vermutung *A* ist, aber wir sind uns nicht üder den Wert oder das Gewicht dieses Arguments einig. Der eine von uns behauptet, daß diese Verifizierung nur sehr wenig zu der Glaubwürdigkeit von *A* beiträgt, und der andere behauptet, daß sie viel dazu beiträgt." („My friend and I are both interested in the conjecture *A*. – This friend is a mathematician, and *A* is a mathematical conjecture. – We both know that *A* implies *B*. And now we find that *B*, this consequence of *A*, is true. We agree, as we honestly have to agree, that this verification of its consequence *B* is evidence in favor of the conjecture *A*, but we disagree about the value, or weight, of this evidence. One of us asserts that this verification adds very little to the credibility of *A*, and the other asserts that it adds a lot.")[30] Pólya räumt weiterhin eigens ein, daß beider Mangel

[30] *George Polya*, Mathematics and Plausible Reasoning, vol. 2: Patterns of Plausible Inference, Princeton, N. J., 1954, p. 110; deutsch zit. nach: *Georg*

an Übereinstimmung nicht die Folge davon ist, daß ihnen der Gegenstand in ungleichem Maße bekannt sei oder einer von ihnen schon früher ein Vorurteil gegen *B* gefaßt habe.

„Ich glaube", fährt er in seiner Darstellung fort, „daß wir vollkommen ehrlich sind, und unser Mangel an Übereinstimmung nicht nur eine Sache des Temperaments ist. Wir stimmen nicht überein, weil seine *Grundeinstellung* von meiner verschieden ist. Wir haben beide ungefähr dieselbe wissenschaftliche Ausbildung erhalten, haben uns aber dann nach verschiedenen Richtungen hin entwickelt. Seine wissenschaftliche Arbeit hat ihn dazu geführt, der Vermutung *A* zu mißtrauen . . . Was mich betrifft, so wage ich nicht zu hoffen, daß ich *A* eines Tages beweisen werde. Aber ich muß gestehen, daß ich *A* gerne beweisen möchte . . . Eine solche mir unvollständig eingestandene Hoffnung beeinflußt vielleicht mein Urteil, meine Wertung des fraglichen Arguments. Es spielen aber auch noch andere Gründe mit . . . Und bei meinem Freund spielen vielleicht auch Gründe mit, die er sich noch nicht eingestanden hat. Jedenfalls können solche Einstellungsunterschiede die Sachlage erklären: Wir urteilen verschieden bezüglich der Stärke des Arguments, obgleich wir uns einig sind bezüglich aller klar erkennbaren Punkte, die in einem unpersönlichen Urteil nach universell anerkannten Normen die Stärke des Arguments beinflussen sollten." („We are both perfectly honest, I think, and our disagreement is not merely a matter of temperament. We disagree because his *background* is different from mine. Although we had about the same scientific training, we developed in different directions. His work led him to distrust the hypothesis *A* . . . As to myself, I do not dare to hope that I shall prove *A* one day. Yet I must confess that I would like to prove *A* . . . Such an incompletely avowed hope may influence my judgement, my evaluation of the weight of the evidence. Yet I may have other grounds besides . . . And my friend may have some grounds too that he did not yet confess to himself. At any rate, such differences in our backgrounds may explain the situation: we disagree concerning the strength of the evidence, although we agree in all the clearly recognizable points that should influence the strength of the evidence in an impersonal judgement according to universally accepted reasonable standards.")[30a]

In der oben beschriebenen Situation ist für uns von besonderem Interesse das, was Pólya *Hintergrund* (*background*) der Forschung nennt, aus der sich

Pólya, Mathematik und plausibles Schließen, Bd. 2: Typen und Strukturen plausibler Folgerung. Übers. v. L. Bechtolsheim, Basel-Stuttgart 1963, S. 169.

[30a] Siehe ebenda, p. 111; dt. Ausg., S. 170.

des Forschers Grundeinstellung (ebenfalls „background") ergibt. Zum Background zählt er vor allem solche Faktoren des heuristischen Prozesses, die durch die Persönlichkeit des betreffenden konkreten Forschers bedingt sind: seine wissenschaftliche Erfahrung und allgemeine Lebenserfahrung, die Besonderheiten seiner psychischen Mentalität, seine Weltanschauung und sein Weltempfinden u. dgl. m. Die Gesamtheit aller dieser intellektuellen und emotionalen Momente, die häufig in Form nicht voll ausgereifter, sondern mitunter sogar unbewußter Ideen, Vorstellungen und Gefühle des Wissenschaftlers auftreten, schlägt sich, wie Pólya betont, unvermeidlich sowohl in der Beurteilung der Tatsachen und Hypothesen wie auch in den endgültigen Ergebnissen der Forschung nieder, da sie deren Richtung und Methode bestimmt.

Zugleich darf man nicht unbeachtet lassen, daß auf die Effektivität der auf das Erkennen gerichteten Anstrengungen eines Wissenschaftlers neben seinen individuellen Besonderheiten (seinem Background) auch vielfältige Faktoren sozialer Ordnung einen Einfluß ausüben: die herrschende öffentliche Meinung, moralische Stimuli, politische Interessen usw. Am Beispiel der Analyse des schöpferischen Suchens Johannes Keplers, das durch die Entdeckung der Gesetze über die Planetenbewegung gekrönt wurde, demonstrierte Pólya die Abhängigkeit des heuristischen Prozesses von den erwähnten sozialen Bedingungen.[31] Auf Pólya fußend, könnte man diese Gesamtheit von Faktoren zum Unterschied vom individuellen Hintergrund den kulturellen Hintergrund der Forschung oder den sozialen Kontext der Erkenntnis nennen. Einige Autoren verwenden in diesem Zusammenhang den Ausdruck „allgemeine intellektuelle Atmosphäre der Epoche" bzw. ähnliche Wendungen.

Wie dem auch sei, eine sorgfältige Analyse des Erkenntnisprozesses enthüllt stets die vielseitige Abhängigkeit der wissenschaftlichen Erkenntnis vom gesamten geistigen Leben des sozialen Milieus, in dem der Wissenschaftler lebt und schafft. Dieser Umstand, der früher von der Philosophie unterbewertet wurde, zieht immer mehr die Aufmerksamkeit der heutigen Wissenschaftsforscher auf sich. So charakterisiert beispielsweise John Desmond Bernal den wechselseitigen Zusammenhang der Naturwissenschaft und der herrschenden Weltanschauung folgendermaßen: „Die konventionelle Meinung beschreibt die Gesetze und Theorien der Wissenschaft als zuverlässige und sogar logisch zwingende Ableitungen aus experimentell bewiesenen Fakten. Es ist zweifelhaft, ob es eine Wissenschaft gäbe, hätte man strikt auf diese Einschränkung bestanden. Die Gesetze, Hypothesen

[31] Siehe ebenda, vol. 1, p. 196—198; dt. Ausg., Bd. 1, S. 291—295.

und Theorien der Wissenschaft umfassen mehr als eine Interpretation der objektiven Tatsachen, die sie zu erklären beanspruchen. Die meisten spiegeln notwendigerweise weitgehend die allgemeine außerwissenschaftliche geistige Atmosphäre ihrer Zeit wider, von welcher der einzelne Wissenschaftler unweigerlich beeinflußt ist." („The conventional view of science describes its laws and theories as legitimate and even logical deductions from experimentally established facts. It is doubtful, if this limitation had been strictly insisted on, whether science would ever have existed. The laws, the hypotheses, the theories of science have a wider bearing than the objective facts they claim to explain. Most of them necessarily reflect in large part the general non-scientific intellectual atmosphere of the time by which the individual scientist is inevatibly conditioned.")[32]

Somit muß zugegeben werden, daß auf die Lösung einer Erkenntnisaufgabe viele Faktoren eine Einwirkung ausüben, darunter auch solche, die in bezug auf den eigentlichen wissenschaftlichen Prozeß scheinbar als äußerlich auftreten und die manchmal ungenau als „außerwissenschaftlich" („extrascientific") bezeichnet werden.[33] Einige von ihnen sind wirklich äußerlich vom Standpunkt des rein logischen Entwicklungsprozesses des wissenschaftlichen Denkens (die individuellen Besonderheiten des Wissenschaftlers, die vielfältigen Einflüsse der Gesellschaft u. dgl.). Unter allen diesen Faktoren, die den individuellen und sozialen (kulturellen) Hintergrund der wissenschaftlichen Forschung ausmachen, gibt es aber auch solche, die sich, obwohl sie sich außerhalb des betreffenden Erkenntnisbereiches bilden, dennoch unmittelbar in das Gewebe der Forschung einflechten und deshalb nicht als außerlogisch angesehen werden können. Gemeint sind die höchsten Stufen der Systematisierung der Kenntnisse – das Weltbild und die Weltanschauung.

Die Analyse des heuristischen Wertes dieser logischen Formen kann an Hand verschiedener Schemata durchgeführt werden. Als Grundlage eines von ihnen kann man die allgemeinsten und prinzipiellen Unterschiede in den Weltanschauungstypen und Formen der wissenschaftlichen Weltbilder in ihrer Ganzheit nehmen. So ist allgemein bekannt, daß der Prozeß der Wissenschaft stets gerade mit der materialistischen Weltanschauung eng verbunden war und ist, während der Idealismus für die fruchtbringende Entwicklung des wissenschaftlichen Denkens der Hemmschuh bleibt, der er stets war. Die Erfahrung bescheinigt, daß die Wissenschaft ihrem Wesen nach materialistisch ist. Wissenschaftliche Forschung ist unmöglich, wenn

32 *J. D. Bernal*, Science in History, p. 28; dt. Ausg., S. 24.
33 Siehe *Philipp Frank*, Philosophy of Science, p. 354–360.

man nicht von der Realität des Objekts der Erkenntnis überzeugt ist, wenn man nicht an die Objektivität der von der Wissenschaft zu entdeckenden Gesetze der Wirklichkeit glaubt und wenn man nicht über die richtige, sich auf eine adäquate Widerspiegelung des Seins gründende Methodologie verfügt.

Als markantes Beispiel für den heuristischen Wert der materialistischen Weltauffassung kann die Gegenüberstellung der wissenschaftlichen Resultate zweier so hervorragender Gelehrter wie Albert Einsteins und Henri Poincarés dienen. Poincaré waren bekanntlich schon viele spezielle Thesen der Relativitätstheorie (einschließlich des Additionstheorems der Geschwindigkeiten) vertraut, jedoch seine falschen erkenntnistheoretischen Positionen (die von ihm geteilten konventionalistischen Auffassungen) hinderten ihn daran, den entscheidenden notwendigen Schritt zu tun. Auf dem Hintergrund dieses theoretischen Mißerfolges Poincarés wird die Rolle der materialistischen Überzeugungen Einsteins klar und deutlich. „Das ist der Grund", bezeugt Louis de Broglie, „weshalb der erst fünfundzwanzig Jahre alte Albert Einstein trotz seiner Jugend und seiner im Vergleich mit den mathematischen Kenntnissen des gründlichen und genialen französischen Gelehrten dürftigen mathematischen Bildung dennoch vor diesem zur verallgemeinernden Einsicht gelangte, die, alle Teilversuche der Vorgänger nutzbar anwendend und rechtfertigend, mit einem Schlage alle Schwierigkeiten weggefegt hat. Das Meisterstück eines von einem tiefen Einblick in die physikalischen Realitäten gelenkten kraftvollen Geistes!" („C'est pourquoi le jeune Albert Einstein, âgé seulement de 25 ans et dont l'instruction mathématique était rudimentaire, en comparaison de celle du profond et génial savant français, est cependant arrivé avant lui à la vue synthétique qui, utilisant et justifiant toutes les tentatives partielles de ces devanciers, a balayé d'un seul coup toutes les difficultés. Coup de maître d'un exprit vigoureux guidé par une intuition profonde des réalités physiques!")[34]

Pessimistische und skeptische Einschätzungen der Erkenntnisresultate sowie agnostische Erkenntniskonzeptionen jeglicher Art können kein Anreiz für wissenschaftliches Schöpfertum sein. Allgemein bekannt ist auch, daß unter den Bedingungen einer progressiven sozialen Ordnung, in deren geistiger Atmosphäre die fortschrittlichen gesellschaftlichen Ideale und hohen sittlichen Werte kultiviert werden, die Wissenschaftsentwicklung sich intensiver vollzieht. Ein überzeugendes Bild dieser Abhängigkeit

[34] *Louis de Broglie*, Henri Poincaré et les théories de la physique, in: L'Astronomie et Bulletin de la Société Astronomique de France, 1954 (juin), p. 221.

des wissenschaftlichen Schaffens von der herrschenden Ideologie hat der fortschrittliche amerikanische Schriftsteller Mitchell A. Wilson in seinem Roman „Meeting at a Far Meridian" (London 1963 – *D. Ü.*) gezeichnet, in dem er die Bedingungen und Ergebnisse der schöpferischen Tätigkeit sowjetischer und amerikanischer Atomphysiker miteinander vergleicht. In der sowjetischen Literatur ist der wechselseitige Zusammenhang von Wissenschaft und Weltanschauung unter diesem Aspekt hinlänglich vollständig beleuchtet worden, und hier läßt sich kaum etwas Neues hinzufügen.

Das zweite mögliche Analysenschema, das sich auf eine konsequente Reihenuntersuchung des heuristischen Werts der einzelnen weltanschaulichen Ideen und Prinzipien des Weltbildes gründet, ermöglicht es, eine größere Konkretheit und Überzeugungskraft zu erreichen. Die Folgerungen aus einer solchen Analyse lassen sich leichter zu den Fakten der Wissenschaftsgeschichte in Beziehung setzen. Eben dieses Schema ist bei uns auch das traditionelle Schema bei der Untersuchung der philosophischen Probleme der Naturwissenschaft geworden. Dabei wird in einer solchen Analyse die größte Aufmerksamkeit natürlich der Untersuchung der erkenntnistheoretischen Positionen des Wissenschaftlers, seiner allgemeinen Methodologie gewidmet. Besondere Bedeutung haben in der gegenwärtigen Wissenschaft solche weltanschaulichen Probleme erlangt wie das Problem der Realität des erforschten Objekts, die Frage nach der Rolle von Apparaten im Erkenntnisprozeß, nach dem objektiven Inhalt des Wissens, nach der Universalität des Kausalitätsprinzips, nach der Rolle des logisch-mathematischen Formalismus bei der Konstruktion wissenschaftlicher Theorien usw. Sorgfältig ist in der sowjetischen einschlägigen Literatur der negative Einfluß untersucht worden, den die verschiedenartigsten idealistischen Konzeptionen der heutigen bürgerlichen Philosophie (Konventionalismus, die einzelnen Konzeptionen des Neopositivismus u. dgl.) auf die schöpferische Tätigkeit der Wissenschaftler ausüben. Schließlich wird bei uns besondere Aufmerksamkeit der Erforschung der methodologischen Funktion der Prinzipien, Gesetze und Kategorien der materialistischen Dialektik gewidmet, die die höchste Form des modernen theoretischen Denkens ist.

Der ersprießliche Einfluß der materialistischen Philosophie auf die wissenschaftliche Entwicklung, so heben selbst die Naturwissenschaftler hervor, hängt damit zusammen, daß der Naturwissenschaftler, der über die Methode des dialektischen Materialismus verfügt, besser, schneller und direkter die Lösung einer gestellten Aufgabe erreicht und die Schlußfolgerungen objektiver formuliert.

Dieses zweite Schema, das unbestrittene Vorzüge besitzt, erfordert jedoch ein weites Feld monographischer Untersuchungen. Deshalb ist für die Aufgabe, die wir uns gestellt haben, ein anderer Weg angebrachter und zweckmäßiger, nämlich die heuristische Rolle der höchsten Stufen der Systematisierung der Kenntnisse nicht an ihren ganzheitlichen Merkmalen und nicht an ihren einzelnen Elementen, sondern an den Etappen des Forschungsprozesses analytisch aufzuzeigen.

Der Einschluß dieser oder jener weltanschaulichen wissenschaftlichen Ideen in den heuristischen Prozeß beginnt bereits in der Phase des Erfassens der Problemsituation und des Sich-Bewußtwerdens der Erkenntnisaufgabe. Das wissenschaftliche Problem selber entsteht darüber hinaus eben aus dem Zusammentreffen neuer Tatsachen oder spezieller Schlußfolgerungen der Wissenschaft mit theoretischen Thesen höheren Allgemeinheitsgrades.

Bezeichnend in dieser Hinsicht ist die Situation, die in der Kernphysik im Zusammenhang mit der Entdeckung der Kontinuität des Energiespektrums beim β-Zerfall entstand. Es hatte sich gezeigt, daß die β-Elektronen aus den Kernen des radioaktiven Isotops nicht mit einer bestimmten Energie herausfliegen wie beispielsweise die α-Teilchen beim α-Zerfall, sondern mit verschiedenartigen Energien, die sich nach dem kontinuierlichen Energiespektrum aufteilen. Dabei unterlag es keinem Zweifel, daß sich die Kernernergie beim Zerfall um eine völlig bestimmte Größe vermindert.

Für die Lösung des entstandenen Widerspruchs wurden einige Hypothesen aufgestellt (z. B. wurde versucht, das kontinuierliche β-Spektrum als Resultat der wiederholten Wechselwirkungen des β-Elektrons mit der Elektronenhülle des Elektrons zu erklären), die sich jedoch als unbegründet erwiesen. Es blieb nur die Annahme übrig, daß beim β-Zerfall entweder der Energieerhaltungssatz verletzt oder die überschüssige Energie durch ein unbekanntes neutrales Teilchen, das zusammen mit dem Elektron ausgestrahlt wird, davongetragen wird. Die erste Annahme wurde von Niels Bohr ausgesprochen, die zweite von Wolfgang Pauli. Paulis Hypothese, die die Existenz des Neutrinos voraussagte, war die Alternative zu der Abkehr von der Idee der Universalität des Energieerhaltungssatzes. Sie gab dem experimentellen Forschen eine bestimmte Richtung vor (beispielsweise die exakte obere Grenze des β-Zerfalls festzustellen) und führte letzten Endes zur Entdeckung des hypothetischen Teilchens.

Eine Problemsituation entsteht in der Wissenschaft in zwei Fällen: 1. wenn das neue empirische Material nicht in den Rahmen der vorhandenen theoretischen Schemata hineinpaßt und zu der Einsicht führt, daß eine

Erweiterung bzw. Vervollkommnung der Theorien notwendig ist; 2. wenn die die Theorie (auf Grund der inneren Logik ihrer Bewegung) überholende Entwicklung auf einen Mangel an experimentellen Daten stößt und auf diese Weise zum zielgerichteten experimentellen Forschen anregt. In beiden Fällen bestimmt das Sich-darüber-Klarwerden, was wir speziell noch nicht wissen und was zu wissen für uns speziell notwendig ist, die Richtung des (theoretischen oder experimentellen) Forschens. Die Klarheit über das Forschungsziel muß jedoch, wie dies aus dem oben untersuchten Beispiel hervorgeht, ergänzt werden durch die Bestimmung der Mittel, es zu erreichen, das heißt durch eine Auswahl der konkreten Wege und Methoden der Forschungsarbeit. Hier können gerade das vorhandene System der Kenntnisse und die frühere aus dem Erkenntnisprozeß gewonnene Erfahrung, die im wissenschaftlichen Weltbild und der wissenschaftlichen Weltanschauung akkumuliert sind, dem Forscher wesentliche Hilfe leisten.

Die Koordinierung der Kenntnisse auf den höchsten Stufen ihrer Systematisierung kann selber genügend Anlaß für die Aufstellung wissenschaftlicher Probleme bieten. In der Geschichte der Wissenschaft sind Fälle bekannt, wo eben das Bedürfnis nach innerer logischer Ordnung des Wissenssystems der Stimulus für das wissenschaftliche Forschen war. So wurde beispielsweise H. C. Oersteds Entdeckung des Zusammenhangs zwischen den magnetischen und elektrischen Erscheinungen (Deklination der Kompaßnadel durch den elektrischen Strom) durch die unitären („monistischen") Vorstellungen der Naturphilosophie angeregt, während die Forschungen Faradays, die mit der Schaffung der Theorie des Elektromagnetismus abschlossen, die Realisierung seines umfassenden Plans zur Konstruktion eines einheilichen Bildes der physikalischen „Kräfte" waren.[35]

Die Wahl der Richtung der wissenschaftlichen Forschung steht in unmittelbarem Zusammenhang mit dem Problem der richtigen Beurteilung des vorhandenen empirischen Materials, mit der Einschätzung der wissenschaftlichen Sachverhalte. Auch hier erkennen wir wiederum, daß diese Beurteilungen und Einschätzungen vom Inhalt des ganzen Wissenssystems einschließlich der von dem Wissenschaftler geteilten allgemeinwissenschaftlichen und weltanschaulichen Ideen in bestimmter Weise abhängig sind. Die Sache ist die, daß eine Gesamtheit der Sinneserfahrung nur dann zu einem wissenschaftlichen Faktum wird, wenn sie in einem bestimmten theoretischen Wissenssystem eingeschlossen und in Termen der konkreten

[35] Siehe *J. D. Bernal*, Science in History, p. 438; dt. Ausg., S. 393–394.

Wissenschaftssprache ausgedrückt ist. Eine solche Sinngebung setzt die Anwendung aller durch den kategorialen Apparat gebotenen Möglichkeiten voraus. „Die Annahme eines sprachlichen Systems, in dem die Resultate der Beobachtung formuliert werden, ist mit einer gewissen Schematisierung der untersuchten Wirklichkeit verbunden, und diese Schematisierung liegt dem Akt der Beobachtung unmittelbar zugrunde, läßt dieselbe sich in Kategorien vollziehen und erhebt die Resultate der Sinneserfahrung in die Sphäre des Denkens."[36]

Weiter oben sind wir auf die Analyse der Rolle des Gesamthintergrundes der wissenschaftlichen Forschung eingegangen, auf die Bestimmung des logischen Werts einer empirischen Behauptung. Das von Georg Pólya vorgeschlagene Schema läßt sich am Beispiel der Entdeckung der speziellen Relativitätstheorie interpretieren.

Zu Beginn des 20. Jahrhunderts herrschte bekanntlich noch immer die Vorstellung, daß der Träger der elektromagnetischen und optischen Prozesse ein besonderes materielles Medium – der Äther – sei, der den gesamten vom gewöhnlichen Stoff freien Raum erfülle. Da man annahm, daß die Erde ihre Bewegung ebenfalls im Äthermedium vollzieht, war es logisch, zu vermuten, daß die Zeit der Ausbreitung des Lichts in Richtung der Erddrehung (das heißt gegen den „Ätherwind") größer sein muß als die Zeit seiner Ausbreitung in entgegengesetzter Richtung. Der Wunsch, diese Vermutung experimentell zu überprüfen, ließ es zu dem berühmten Versuch von Michelson und Morley kommen. Dabei wurde entdeckt, daß die Geschwindigkeit der Lichtbewegung in allen Richtungen völlig gleich ist.

So haben wir eine naturwissenschaftliche Hypothese „*A*" (über die Existenz des Äthers) und die aus ihr resultierende Annahme „*B*" (über die Abhängigkeit der Geschwindigkeit des Lichts von seiner Richtung). Stellen wir uns nun zwei Physiker vor, die die entstandene Situation theoretisch analysieren. Beide stimmen darin überein, daß aus „*A*" mit Notwendigkeit „*B*" folgt. Sie stimmen auch darin überein, daß das Experiment betreffs „*B*" richtig durchgeführt wurde und daß sein negatives Resultat die Hypothese „*A*" untergräbt. Für den einen untergräbt es diese aber nur wenig, für den anderen dagegen erheblich, und diese vom rein psychologischen Gesichtspunkt anscheinend nicht prinzipielle Divergenz erweist sich für die weitere Forschung als entscheidend. Der erste Theoretiker ist natürlich bestrebt, neue Hypothesen zu schaffen, die die negativen

[36] *V. A. Smirnov*, Wissensebenen und Etappen des Erkenntnisprozesses, in: Studien zur Logik der wissenschaftlichen Erkenntnis, S. 39.

Versuchsresultate zwar berücksichtigen, aber gleichzeitig „A“ als Hypothese aufrechterhalten, während sein Opponent, der „A“ kein besonderes Vertrauen schenkt, als Grundlage seiner weiteren Überlegungen kurzerhand „nicht-B“ nimmt, indem er es von „A“ losgelöst postuliert, wodurch er zur Entdeckung eines fundamentalen Naturgesetzes kommt.

Den ersten Weg ging Lorentz, der die berühmte „Kontraktionshypothese“ aufstellte, der zufolge sich alle Körper bei der Bewegung gegen den Äther in ihren Längenmaßen verkürzen. Obwohl Lorentz der Entdeckung der Relativitätstheorie näher als alle anderen war, gelang es ihm dennoch nicht, sie zu machen, da er sich außerstande sah, auf die Ätherkonzeption und zugleich mit ihr auch auf die Begriffe der absoluten Bewegung, des absoluten Raumes und der absoluten Zeit zu verzichten.[37] Der entgegengesetzte Weg hingegen, den Einstein beschritt, hatte als Voraussetzung gerade den Verzicht auf die traditionellen physikalischen Anschauungen, die Bereitschaft, einige Prinzipien der klassischen Mechanik aufzugeben. „Durchsichtig wurde die Lage . . . erst“, schrieb Max Born in diesem Zusammenhang, „als Einstein jenes Unvermögen, den Ätherwind zu beobachten, zum Ausgangspunkt nahm und die Tatsache, daß die Lichtgeschwindigkeit von der Bewegung des Beobachters gar nicht abhängt, zum Prinzip erhob. Das widerspricht natürlich den landläufigen Vorstellungen über Bewegungen. Aber Einstein bemerkte, daß diese physikalisch unhaltbar sind, weil sie einen Circulus vitiosus enthalten. Denn zur Bestimmung der Lichtgeschwindigkeit braucht man gleichgehende Uhren an verschiedenen Orten; der Gleichgang der Uhren kann aber mit Lichtsignalen nur kontrolliert werden, wenn man die Lichtgeschwindigkeit kennt.“[38]

Das betrachtete Beispiel ist für uns in folgender Hinsicht interessant. Auf den ersten Blick mag es scheinen, daß die unterschiedlichen Erkenntnisresultate, zu denen Einstein und Lorentz gelangten, einfach durch den Grad des Vertrauens determiniert wurden, das jeder von ihnen den traditionellen physikalischen Anschauungen schenkte, und daß dieses Vertrauen in seinem verschiedenen Ausmaß als etwas höchst Subjektives ausschließlich durch die psychologische Struktur der gegebenen Persönlichkeit bestimmt wird. Genauso wird die Sache mitunter in der positivistischen Literatur zur Wissenschaftsgeschichte dargestellt. Ein solcher „Psychologismus“ ignoriert jedoch die offenkundige Tatsache, daß die Faktoren, die die Persönlichkeit des Forschers bilden, selber hauptsächlich sozial

[37] Siehe *Б. Г. Кузнецов*, **Эйнштейн, стр. 167–170** (engl. Ausg., p. 156–159).

[38] *Max Born*, Die Grenzen des physikalischen Weltbildes, in: *Max Born*, Physik und Politik, Göttingen 1960, S. 27.

determiniert sind. Insbesondere wird das, was wir den Grad des vom Forscher den landläufigen physikalischen Anschauungen geschenkten Vertrauens nannten, seinerseits u. a. durch allgemeinwissenschaftliche und erkenntnistheoretische Prinzipien determiniert, die im gesellschaftlichen Bewußtsein als Verallgemeinerung der früheren auf dem Wege der Erkenntnis gewonnenen Erfahrung entstehen und die der Wissenschaftler bewußt oder unbewußt in sich aufgenommen hat.

Mithin hängen die Beurteilung eines naturwissenschaftlichen Faktums und die Aufstellung einer entsprechenden mutmaßlichen Methode zu seiner Erklärung (Hypothese) unmittelbar von einer Überbewertung aller übrigen Komponenten des Wissenssystems ab, folglich auch von den allgemeinsten erkenntnistheoretischen Prinzipien, auf deren Grundlage eine solche Überbewertung erfolgt.

Die heuristische Funktion der naturwissenschaftlichen Prinzipien, die jenen Gesichtskreis des wissenschaftlichen Wissens bilden, den wir wissenschaftliches Weltbild nannten, äußert sich nicht nur darin, daß sie die Entdeckung neuer Tatsachen und Gesetzmäßigkeiten unmittelbar stimulieren, sondern auch darin, daß sie nicht selten die Grundlage dafür bilden, einzelne Hypothesen und unberechtigte Verallgemeinerungen zu widerlegen, und insofern regen sie vermittelt dazu an, widersprüchliche Tatsachen zu suchen, neue Hypothesen aufzustellen und nach deren experimentellen Verifikation zu streben. Auf diesem Wege kommt es oft zu wichtigen wissenschaftlichen Entdeckungen, die die früheren Vorstellungen wesentlich konkretisieren oder eingrenzen.

Bezeichnend in dieser Hinsicht ist die kritische Überwindung der sogenannten Theorie des zentrenzephalen Systems, für die unter anderen so bedeutende Neurophysiologen wie Wilder Graves Penfield, Herbert Henri Jasper und Alfred Fessard eintraten. Das Wesen dieser Theorie bestand darin, daß die höheren Gehirnfunktionen den oberen Abteilungen des Hirnstamms zugeschrieben wurden, während man die Rinde der Großhirnhemisphären als untergeordnetes Organ ansah.[39] Der Grund für eine solche Folgerung waren einige Daten, die als Ergebnis der klassischen Forschungen über die Funktionen der formatio reticularis des Hirnstamms erzielt wurden, u. a. insbesondere die exakt bestimmte Tatsache der Konvergenz sowohl der zentralen als auch der zentrifugalen Impulsströme in diesem Bereich.

[39] Siehe *W. Penfield* and *Herbert Jasper*, Epilepsy and the Functional Anatomy of the Human Brain, London 1954, und *W. Penfield* and *Theodore C. Erickson*, Epilepsy and Cerebral Localization. A Study of the Mechanism, Treatment and Prevention of Epileptic Seizures, London 1941.

Die Haltlosigkeit der Theorie des enzephalen Systems wurde durch zahlreiche Forschungen bewiesen, wodurch selbst ihre Urheber sich genötigt sahen, von ihr Abstand zu nehmen. Wichtig ist jedoch hervorzuheben, daß im ersten Stadium der Kritik an der erwähnten Theorie, als noch nicht die zahlreichen ihr widersprechenden Tatsachen gesammelt waren, als Hauptargument gegen sie das Evolutionsprinzip ins Treffen geführt wurde, das seit den Zeiten Darwins fundamentale Bedeutung in den biologischen Wissenschaften erlangt hatte. Da die Zentren der höheren Nervenfunktionen in den tiefen subkortikalen Formationen lokalisiert wurden, lief die Theorie des zentrenzephalen Systems der gesamten evolutionären Biologie zuwider.

Das riesige Tatsachenmaterial der vergleichenden Morphologie und der vergleichenden Physiologie, auf dem das Evolutionsprinzip ruht, bezeugte unwiderleglich, daß die progressive Entwicklung der höheren Nerventätigkeit in der phylogenetischen Reihe mit einer unentwegten Vergrößerung der Hirnrinde verknüpft ist. Es war nicht zu verstehen, wieso ein phylogenetisch älteres und in morphologischer Hinsicht weniger vollkommenes Gebilde Träger der kompliziertesten Funktionen sein sollte.[40]

Da die aufsteigenden aktivierenden Einflüsse der formatio reticularis des Hirnstamms auf die Rinde eine unanfechtbare Tatsache blieben, setzte das Evolutionsprinzip voraus, daß es unbedingt umgekehrte regulierende Einflüsse der Rinde auf die formatio reticularis geben müsse. Später wurden diese tatsächlich durch zahlreiche experimentelle Forschungen nachgewiesen. Immer vollständiger begann sich das Bild der kortiko-retikularen zyklischen Wechselwirkungen und die regulierende Rolle der Rinde zu enthüllen, die, „da sie die Fähigkeit zur Erzeugung von Nervenimpulsen hoher Frequenz besitzt, einen weitgehend hemmenden Einfluß auf die Funktionen der formatio reticularis und sogar auf die Funktionen der Spinalebenen ausübt",[41] schreibt P. K. Anochin. „Das Problem der formatio reticularis erhielt eine neue Richtung, nachdem gezeigt worden war, daß sie selber unter der Kontrolle der kortikalen Einflüsse steht. Es ergibt sich eine interessante dynamische Situation: Die 'diffus' aktivierende Wirkung der formatio reticularis auf die Gehirnrinde kann in verschiedenem Ausmaß durch die Hirnrinde selber verändert werden, das heißt auf der Grundlage der *Resultate einer feinsten Synthese der äußeren und inneren*

[40] Siehe *Ю. М. Пратусевич*, Где находится орган мышления?, in; Вопросы философии, 1958, 1.

[41] *П. К. Анохин*, Внутреннее торможение как проблема физиологии, Москва, 1958, стр, 333–334.

Reize, die durch die Rinde auf den 'klassischen' sensorischen Wegen wahrgenommen werden."[42]

Was jene Besonderheit der formatio reticularis betrifft, die mit ihrer Fähigkeit in Zusammenhang steht, einen koordinierenden Einfluß sowohl in aufsteigender als auch in absteigender Richtung auszuüben, so ist nunmehr klargestellt, daß diese Fähigkeit kein Privileg von ihr ist. „Alle Strukturen des Gehirns über einen koordinierenden Einfluß sowohl in aufsteigender wie in absteigender Richtung aus. Obwohl diese Einflüsse für einige Hirnpartien nicht nachgewiesen sind, kann man doch a priori sagen, daß es sie gibt."[43] Diese Überzeugung der Neurophysiologen, die es ihnen ermöglicht, Vermutungen auszusprechen, die über die Grenzen der experimentellen Daten hinausgehen, ist bedingt durch die Vollkommenheit der methodologischen Grundprinzipien, unter denen das Evolutionsprinzip eine wichtige Rolle spielt.[44]

Besonderen heuristischen Wert erlangen die höchsten Stufen der Systematisierung der Kenntnisse in solchen Erkenntnissituationen, wo das Fehlen von oder ein Mangel an empirischen Daten es nicht erlaubt, sich mit hinreichender Bestimmtheit für eine von mehreren untereinander konkurrierenden Hypothesen oder Theorien auszusprechen. Es handelt sich um die Fälle, wo auf einer begrenzten empirischen Grundlage komplizierte theoretische Konstruktionen entstehen, die sich aus der Sicht der verwendeten logischen Mittel als gleichmöglich oder gleichwertig erweisen. Auf der gegebenen Entwicklungsstufe der Forschungen können sie nicht auf den Versuch, auf neues experimentelles Material gestützt werden, da es solches noch nicht gibt. Andererseits erlaubt es auch die Analyse ihres mathematischen Apparats und der Logik ihrer Konstruktion nicht, einer von ihnen entschieden den Vorzug zu geben. Das einzig mögliche Kriterium der Beurteilung solcher konkurrierenden Theorien ist in diesen Situationen, daß man sie zu den höchsten Stufen der Systematisierung der Kenntnisse in Beziehung setzt. Als entscheidend erweist sich hier, wie diese oder jene Theorie in das Gesamtsystem des vorhandenen Wissens „eingezeichnet" werden kann, wie gut, natürlich und widerspruchsfrei sie mit den Grundprinzipien des Weltbildes und der Weltanschauung übereinstimmt.

[42] Ebenda, стр. 328.

[43] *Т. С. Наумова,* физиология ретикулярной формации, Москва 1963, стр. 136.

[44] Siehe *В. И. Пилипенко,* Эволюционный принцип в изучении общих закономерностей структурной организации центральной нервной системы, in: Журнал высшей нервной деятельности, 1963, 2.

Derartige Situationen hatte die Geschichte der Wissenschaft auch schon früher aufzuweisen, besonders charakteristisch sind sie jedoch für das gegenwärtige Stadium der Wissenschaftsentwicklung, wo Objekt der wissenschaftlichen Forschung immer häufiger nicht unmittelbar beobachtbare Erscheinungen sind, wo die Rolle des mathematischen Formalismus bei der Konstruktion von Theorien unermeßlich gewachsen ist und deren Zusammenhang mit der Empirie sich häufig als sehr vermittelt und kompliziert erweist. Als Beispiel hierfür kann man die Situation ansehen, die gegenwärtig auf dem Gebiet der Gravitationstheorie entstanden ist. Wie bereits auf dem Allunionssymposium über philosophische Probleme der Gravitationstheorie und relativistischen Kosmologie (Kiew 1964) betont wurde, existieren zur Zeit auf diesem Gebiet einige konkurrierende Theorien (die von Einstein, A. N. Whitehead, G. Birkhoff, M. J. Belinfante/J. C. Swihart, Paul Kustanheimo und andere), wobei das Fehlen des notwendigen experimentellen Materials es vorläufig nicht gestattet, die Frage, welche von ihnen wahr ist, eindeutig zu entscheiden.[45]

Ein analoges Beispiel hat der deutsche Physiker Max Born in einem seiner letzten Vorträge angeführt. Die Behauptung Einsteins, daß sich das Licht mit gleicher Geschwindigkeit für alle sich gegeneinander bewegenden Beobachter ausbreitet und es keine schnelleren Mittel zur Übermittlung von Signalen gibt, wurde seinerzeit von einer Anzahl Physiker als „gewagte Vermutung“ angesehen und diente als Grundlage für Einwendungen gegen die Relativitätstheorie. In der Tat garantiert das Fehlen von Tatsachen, die einer gegebenen Vermutung widersprechen, noch nicht ihre Wahrheit, da die Möglichkeit, daß solche Tatsachen in der Zukunft entdeckt werden, nicht ausgeschlossen ist. („Woher soll man wissen, ob die künftige Forschung diese Grenzen nicht überschreiten wird?“)

Als das entscheidende Argument zugunsten der Relativitätstheorie erwies sich nach Max Borns Auffassung der Umstand, daß „das auf dieser Annahme entwickelte System der Physik . . . in sich widerspruchsfrei [ist]. Seine Gesetze sehen automatisch vor, daß kein Körper und keine Wellengruppe, mit der man signalisieren könnte, sich auf Über-Lichtgeschwindigkeit beschleunigen läßt, weil der Trägheitswiderstand (die Masse) nach den relativistischen Gesetzen mit der Geschwindigkeit anwächst und bei Erreichung der Lichtgeschwindigkeit unendlich wird.“[46] Im weiteren Verlauf erhielt diese Theorie eine hinreichend überzeugende

[45] Siehe Философские проблемы теории тяготения Эйнштейна и релятивистской космологии, Киев 1964.

[46] *Max Born*, Die Grenzen des physikalischen Weltbildes, a. a. O., S. 29.

experimentelle Bestätigung, jedoch waren ihre logische Widerspruchsfreiheit und der Einklang mit einem umfassenderen Wissenssystem in einem bestimmten Stadium ihr einziger Vorzug.

Die Berufung auf andere theoretische Systeme, namentlich aber auf die höchsten Stufen der Systematisierung der Kenntnisse, ist kein künstliches, ersonnenes Argument für die Beurteilung wissenschaftlicher Theorien. Ihr liegt der Glaube an die Einheit des wissenschaftlichen Wissens, an die Ganzheit des Erkenntnisprozesses zugrunde, und diese Überzeugung drängt uns die gesamte Wissenschaftsgeschichte, die gesamte vorangegangene und gegenwärtige Erkenntniserfahrung der Menschheit auf. Im Grunde genommen haben wir es hier mit einer wichtigen erkenntnistheoretischen Schlußfolgerung zu tun, die logisch aus der Gesamtheit der Prinzipien des dialektischen Materialismus, vor allem aber aus dem Prinzip der Einheit der materiellen Welt folgt. Wenn die für uns erkennbare Welt einheitlich ist, wenn ihre verschiedenen Seiten untereinander wechselseitig zusammenhängen und ein ganzheitliches System bilden, dann muß auch die Welterkenntnis in dem Maße, wie sie sich entwickelt und vervollkommnet, immer einheitlicher und ganzheitlicher werden. Die wechselseitige Durchdringung der Ideen, Begriffe und Methoden der verschiedenen Wissenschaften ist eben nur deshalb möglich, weil es in den Erkenntnisobjekten selber eine reale Gemeinsamkeit ihrer Eigenschaften, ihrer wesentlichen Zusammenhänge usw. gibt. Die so verstandene Einheit der Wissenschaft, die Ganzheit des Wissenssystems kann man als wichtiges erkenntnistheoretisches Prinzip ansehen, das die historische Erfahrung der menschlichen Erkenntnis zusammenfaßt und die objektive Tatsache der Einheit der für uns erkennbaren Welt widerspiegelt.

Der heuristische Wert des Prinzips der Einheit des Wissens ist dadurch bedingt, daß wir, wenn wir uns auf andere theoretische Systeme, auf die höchsten Stufen der Systematisierung der Kenntnisse berufen, den (auf der gegebenen Entwicklungsstufe der Forschung) bestehenden Mangel an empirischem Material durch Verweisung auf die gesamte Erkenntniserfahrung der Wissenschaft und der Menschheit im wesentlichen kompensieren. Wenn der Forscher zeitweilig nicht die Möglichkeit hat, seine theoretischen Folgerungen in einem direkten Versuch, im Experiment usw. zu überprüfen, appelliert er gewissermaßen an die breitere durch die Praxis gegebene Grundlage, die sich im Gesamtsystem des wissenschaftlichen Wissens (oder in einem hinreichend umfassenden Teil desselben) verallgemeinert widerspiegelt. Somit stellt die Einbeziehung der höchsten Stufen der Systematisierung der Kenntnisse bei der Beurteilung dieser oder jener wissenschaftlichen Theorie im Endeffekt eine eigentümliche

Wendung an die gesamte gesellschaftliche Praxis dar, die das einzige und entscheidende Kriterium der Wahrheit einer Theorie ist. Jedoch greifen wir in diesem Falle auf das Kriterium der Praxis nicht unmittelbar, sondern vermittelt zurück.

Dabei können natürlich Schwierigkeiten entstehen, und sie entstehen auch wirklich: die Übereinstimmung mit einem oder sogar mit einigen wissenschaftlichen Prinzipien garantiert noch nicht völlig die Wahrheit der Theorie, da sich diese Prinzipien als zu eng für die neue Erfahrung erweisen können. Die Entwicklung von Wissenschaft und Praxis führt auch zu einer Modifizierung der Prinzipien, zur Vervollständigung des Gesamtsystems des Wissens einschließlich der höchsten Stufen seiner Systematisierung. Darüber hinaus können die umfassenden verallgemeinernden Ideen des wissenschaftlichen Weltbildes und der Weltanschauung, die auf Grund dessen, daß sie mit der früheren begrenzten Erfahrung gut übereinstimmen, zu festen Überzeugungen der Wissenschaftler geworden sind, sogar zu einem Hindernis auf dem Wege zu einer rakidal neuen wissenschaftlichen Entdeckung werden.

John Desmond Bernal schreibt in diesem Zusammenhang: „Die größte Schwierigkeit bei einer Entdeckung liegt nicht so sehr darin, die notwendigen Beobachtungen zu machen, als darin, sich bei ihrer Interpretation von den traditionellen Vorstellungen zu lösen. Seit Kopernikus die Bewegung der Erde und Harvey die Blutzirkulation erkannten, bis zu dem Zeitpunkt, da Einstein den Äther überwand und Planck das Wirkungsquantum postulierte, ging der wirkliche Kampf weniger darum, in die Geheimnisse der Natur einzudringen, als darum, die herrschenden Vorstellungen über den Haufen zu werfen, auch wenn diese zu ihrer Zeit geholfen hatten, die Wissenschaft voranzutreiben. Trotzdem hängt der Fortschritt der Wissenschaft vom Vorhandensein eines kontinuierlich weiter überlieferten Bildes oder Funktionsmodells des Universums ab, das zum Teil beweisbar, zum Teil aber auch, sofern die Beweise nur vermeintlich sind oder überhaupt fehlen, mythisch ist. Es ist jedoch gleichermaßen notwendig, daß diese Tradition, welche sich aus Elementen zusammensetzt, die sowohl der Wissenschaft als auch der Gesellschaft entnommen sind (und die auch immer so zusammengesetzt sein muß), von Zeit zu Zeit und häufig gewaltsam wieder zerschlagen und angesichts der neuen Erfahrungen in der materiellen und der gesellschaftlichen Welt neu geformt wird." („The greatest difficulty of discovery is not so much to make the necessary observations, but to break away from traditional ideas in interpreting them. From the time when Copernicus established the movement of the earth and Harvey the circulation of the blood, down to that when Einstein absolished the ether, and Planck postulated the quantum of action, the real struggle has been less to penetrate the secrets of Nature than to overthrow established ideas, even though these, in their time, had helped to advance science. Nevertheless, the progress of science depends on the existence of a continuous traditional picture or working model of the universe, partly verifiable but also partly mythical where verifications are delusive or altogether missing. It is, on the other hand, equally essential that this tradition compounded as it is (and must always be) from elements drawn from both science and society, should be continually and often violently broken down from time to time and remade in the face of new experience in the material and social worlds.")[47]

Das bietet dennoch keine Veranlassung für einen Pessimismus in bezug auf den heuristischen Wert des Prinzips der Einheit der Kenntnisse. Allerdings hat, da die Praxis jeder neuen Menschengeneration umfassender und reicher ist als die der vorangegangenen Generationen, die Berufung auf die im Weltbild und in der Weltanschauung fixierte vergangene Praxis keinen absoluten Wert. Andernfalls könnte man die allgemeinen Ideen als „Universaldietriche" verwenden, und jede experimentelle Forschung wäre einfach überflüssig. Doch auch das direkte Experiment sowie unmittelbare Tatsachen liefern uns kein absolutes Wahrheitskriterium.

Den Wert eines absoluten Wahrheitskriteriums besitzt nur die in ihrer unendlichen Entwicklung genommene gesamte gesellschaftliche Praxis; in jedem einzelnen konkret-historischen Stadium enthält sie jedoch unausbleiblich neben dem absoluten Moment auch ein relatives, vergängliches Moment. Deshalb kann auch das Prinzip der Einheit des Wissens unbedingten heuristischen Wert nur dann erlangen, wenn sich der Forscher gegenüber den erzielten Erkenntnisresultaten einschließlich der allgemeinen Idee nicht zu dogmatisch verhält, das heißt, wenn er bei der Wissensbeurteilung nicht die dialektische Perspektive verliert.

„Kühnheit des Denkens, Abkehr von traditionellen Vorstellungen und Übergang zu neuen Vorstellungen", sagt M. W. Keldysch, „sind sehr wichtig in der Wissenschaft. Ein großartiges Beispiel hierfür ist die geniale Voraussicht Lenins bezüglich der Unerschöpflichkeit des Elektrons. Speziell mit der Wandlung und Vertiefung der Vorstellungen über die Struktur der Materie hängen die größten Erfolge der modernen Physik zusammen. Das ist heute auch kennzeichnend für die Biologie, die zur Erforschung neuer Strukturen, zu einer vertieften Erforschung der lebenden

[47] *J. D. Bernal*, Science in History, p. 28–29; dt. Ausg., S. 25.

Materie, des Zusammenhangs der Lebensprozesse mit den physikalisch-chemischen Erscheinungen übergeht.“[48]

Der Marxismus-Leninismus als die fortschrittliche wissenschaftliche Weltanschauung der Gegenwart ist es, der gerade diese erkenntnistheoretischen und sittlichen Werte wissenschaftlich begründet, bestätigt und kultiviert.

Eine hohe weltanschauliche Kultur ist heute wie nie zuvor eine notwendige Bedingung und das Unterpfand für ein erfolgreiches wissenschaftliches Schöpfertum.

[48] *М. В. Келдыш*, Проблема методологии и прогресс науки, in: Методологические проблемы науки, Москва 1964, стр. 226.

Literatur*

Ajdukiewicz, Kasimir, Sprache und Sinn, in: Erkenntnis, 4 (1932), 2

Ashby, W. Ross, An Introduction to Cybernetics, London 1956

Ashby, W. Ross, Design for a Brain, 2. ed., rev., London 1960

Avenarius, Richard, Philosophie als Denken der Welt gemäß dem Prinzip des kleinsten Kraftmaßes. Prolegomena zu einer Kritik der reinen Erfahrung, 2. unver. Aufl., Berlin 1903

Baconus, Franciscus, Novum organum scientiarum, sive judicia vera de interpretatione naturae, in: Francisci Baconi Opera omnia, Lipsiae 1694; deutsche Ausg.: Francis Bacon, Das neue Organon (Novum organon). Hrsg. v. M. Buhr. Übers. v. R. Hoffmann, Berlin 1962

Bar-Hillel, Yehoshua, and Rudolf Carnap, Semantic Information, in: The British Journal for the Philosophy of Science, 4 (1953/4)

Beer, Stafford, Cybernetics and Management, 3. impr., London 1965; deutsche Ausg.: Stafford Beer, Kybernetik und Management. Übers. v. I. Grubrich, 9.–14. Taus., Frankfurt a. M. 1959

Bennett, Albert Arnold, and C. A. Baylis, Formal Logic. A Modern Introduction, New York 1939

Berkeley, Edmund C., Symbolic Logic and Intelligent Machines, New York-London 1959

Berkeley, George, The Principles of Human Knowledge. The text of the 1. ed. (1710) with the variants in the 2. (1734), London 1937; deutsche Ausg.: Berkeley's Abhandlung über die Prinzipien der menschlichen Erkenntnis. Übers. v. F. Ueberweg, 4. Aufl. [Neudr.], Leipzig 1917

* Für alle in der Bibliographie des Originalwerks angegebenen russischen Übersetzungsausgaben erscheinen in dieser Zusammenstellung die Originalarbeiten und – sofern diese nicht in deutscher Sprache verfaßt sind – zusätzlich die vorliegenden deutschen Übertragungen. Diejenigen in russischer Sprache verfaßten Arbeiten, von denen es deutsche Übersetzungen gibt, werden nur mit den deutschen Editionen angeführt. Nicht verzeichnet sind in der Literaturzusammenstellung die für die Fertigstellung der Übersetzung zusätzlich herangezogenen Nachschlagewerke, Monographien etc. Den russischen, ukrainischen, bulgarischen und polnischen Titeln wurden zur Benutzungserleichterung deutsche Übersetzungen beigegeben. –*W. H.*

Bernal, J. D., Planning Science, in: Scientific World, 3 (1959), 1 (No. 5); deutsch: J. D. Bernal, Die Planung der Wissenschaft, in: Wissenschaftliche Welt (Zeitschrift der Weltföderation der Wissenschaftler), Berlin 3 (1959), 1

Bernal, J. D., Science in History, London 1954 (3. ed. 1965); deutsche Ausg.: J. D. Bernal, Die Wissenschaft in der Geschichte. Übers. v. L. Boll, 3. bearb. Aufl., Berlin 1967

Birkhoff, G., J. v. Neumann, The Logic of Quantum Mechanics, in: Annals of Mathematics, 37 (1936)

Bohr, Niels, Atomic Physics and Human Knowledge, New York 1958; deutsche Ausg.: Niels Bohr, Atomphysik und menschliche Erkenntnis I. Übers. v. S. Hellmann u. H. Kopfermann, 2. Aufl., Braunschweig 1964

Bohr, Niels, Quantum Physics and Philosophy — Causality and Complementarity, in: Niels Bohr, Essays 1958—1962 on Atomic Physics and Human Knowledge, New York-London 1963; deutsch: Niels, Bohr, Atomphysik und Philosophie — Kausalität und Komplementarität, in: Niels, Bohr, Atomphysik und menschliche Erkenntnis II. Aufs. u. Vortr. aus d. Jahren 1958—1962. Übers. v. S. Hellmann, Braunschweig 1966

Born, Max, Bemerkungen zur statistischen Deutung der Quantenmechanik, in: Max Born, Ausgewählte Abhandlungen, 2. Bd., Göttingen 1963

Born, Max, Die Grenzen des physikalischen Weltbildes, in: Max Born, Physik und Politik, Göttingen 1960

Born, Max, Experiment and Theory in Physics, new ed., London 1956

Born, Max, Physical Reality, in: Max Born, Physics in My Generation, London-New York 1956; deutsch: Max Born, Physikalische Wirklichkeit [übers. aus d. Engl.], in: Max Born, Physik im Wandel meiner Zeit, Berlin 1957

Born, Max, Über den Sinn der physikalischen Theorien. Rede, geh. in d. öff. Sitzung der Ges. d. Wissensch. Göttingen, 10. Nov. 1928, in: Max Born, Physik im Wandel meiner Zeit, Berlin 1957

Bourbaki, Nicolas, L'Architecture des Mathématiques, in: Les grands Courants de la pensée mathématique. Prés. par F. Le Lionnais, nouv. ed. augm., Paris 1962

Braithwaite, R. B., Models in the Empirical Sciences, in: Logic, Methodology and Philosophy of Science. Proceedings of the 1960 International Congress. Ed. by E. Nagel, P. Suppes [u. a.], Stanford, Col., 1962

Braithwaite, Richard Bevan, Scientific Explanation. A Study of the Function of Theory, Probability and Law in Science, Cambridge 1953

Broglie, Louis de, Henri Poincaré et les théories de la physique, in: L'Astronomie et Bulletin de la Société Astronomique de France, 1954 (juin)

Broglie, Louis de, La Physique nouvelle et les quanta, Paris 1937

Broglie, Louis de, Sur les Sentiers de la science, Paris, 3. mille, Paris 1960

Buchler, Justus, The Concept of Method, New York-London 1961

Čapek, Karel, Básnik, in: Karel Čapek, Povídky z jedné kapsy. Povídky z druhé kapsy, Praha 1958; deutsch: Karel Čapek, Der Dichter, in: Karel Čapek, Die blaue Chrysantheme. Übertr. v. G. Ebner-Eschenhaym, Leipzig 1965

Carnap, Rudolf, Empiricism, Semantics and Ontology, in: Revue Internationale de Philosophie, 4 (1950)
Carnap, Rudolf, Meaning and Necessity. A Study in Semantics and Modal Logic, enl. ed., Chicago 1956
Church, Alonzo, Introduction to Mathematical Logic, vol. I, Princeton, N. J., 1956
Cohen, Morris R., American Thought. A Critical Sketch, Glencoe, Ill., 1954
Cuénod, Michel, L'Automation dans la réalité technique: Possibilités et limites des „machines à penser", in: Automation. Positions et propositions. Études publ. sous la dir. de A. Savignat, Fribourg/Suisse 1957
Descartes, R., Discours de la Méthode. Von der Methode des richtigen Vernunftgebrauchs und der wissenschaftlichen Forschung. Übers. u. hrsg. v. L. Gäbe, Hamburg 1960
Destouches-Février, P., La Structure des théories physiques, Paris 1951
Dilthey, Wilhelm, Gesammelte Schriften, VIII. Bd.: Weltanschauungslehre. Abhandlungen zur Philosophie, Leipzig-Berlin 1931
Dirac, P. A. M., The Principles of Quantum Mechanics, 3. ed. (repr.), Oxford 1956; deutsche Ausg.: P. A. M. Dirac, Die Prinzipien der Quantenmechanik. Übertr. v. W. Bloch, Leipzig 1930
Ducasse, C. J., Propositions, Opinions, Sentences and Facts, in: Journal of Philosophy 37 (1940); 39 (1942)
Duhem, P., La Théorie physique. Son objet et sa structure, Paris 1906; deutsche Ausg.: Pierre Duhem, Ziel und Struktur der physikalischen Theorien. Mit einem Vorw. v. E. Mach, Leipzig 1908
Dyson, Freeman J., Innovation in Physics, in: Scientific American, 199 (1958), 3
Einstein, Albert, The Meaning of Relativity, 4. ed., Princeton, N. J., 1953
Einstein, Albert, Autobiographisches, in: Albert Einstein als Philosoph und Naturforscher. Hrsg. v. P. A. Schilpp, Stuttgart 1955 (dt. Ausg. von: Albert Einstein: Philosopher – Scientist. Ed. by P. A. Schilpp, Evanston, Ill., 1949)
Einstein, Albert, Generalization of Gravitation Theory. Transl. by B. Kaufman. Appendix II to: Albert Einstein, The Meaning of Relativity, 4. ed., Princeton, N. J., 1953
Einstein, Albert, Briefe an Maurice Solovine, Berlin 1960
Einstein, Albert, and Leopold Infeld, The Evolution of Physics. The Growth of Ideas from the Early Concepts to Relativity and Quanta, Cambridge 1938; deutsche Ausg.: Albert Einstein. Leopold Infeld, Die Evolution der Physik. Übers. v. W. Preusser, Berlin-Darmstadt 1958
Eisler, Rudolf, Wörterbuch der philosophischen Begriffe, 4. völlig neubearb. Aufl., 1. Bd., Berlin 1927, 3. Bd., Berlin 1930
Engels, Friedrich, Dialektik der Natur, in: Karl Marx/Friedrich Engels, Werke, Bd. 20, Berlin 1962
Engels, Friedrich, Herrn Eugen Dührings Umwälzung der Wissenschaft („Anti-Dühring"), in: Karl Marx/Friedrich Engels, Werke, Bd. 20, Berlin 1962

Engels, Friedrich, Materialien zum „Anti-Dühring", in: Karl Marx/Friedrich Engels, Werke, Bd. 20, Berlin 1962
Engels, Friedrich, Ludwig Feuerbach und der Ausgang der klassischen deutschen Philosophie, in: Karl Marx/Friedrich Engels, Werke, Bd. 21, Berlin 1962
Engels, Friedrich, und Karl Marx, Die heilige Familie oder Kritik der kritischen Kritik. Gegen Bruno Bauer und Konsorten, in: Karl Marx/Friedrich Engels, Werke, Bd. 2, 2. Aufl., Berlin 1958
Erickson, Theodore C., Epilepsy and Cerebral Localization. A Study of the Mechanism, Treatment and Prevention of Epileptic Seizures, London 1941
Fitch, F., Review (N. Goodman and W. V. Quine, Steps Foward a Constructive Nominalism), in: The Journal of Symbolic Logic, 13 (1948), 1
Frank, Philipp, Philosophy of Science. The Link Between Science and Philosophy, Englewood Cliffs, N. J., 1957
Freedman, Paul, The Principles of Scientific Research, Washington 1950 (2. ed., London 1960)
Funk & Wagnalls, New 'Standard' Dictionary of the English Language, New York-London 1949
Gell-Mann, Murray, and E. P. Rosenbaum, Elementary Particles, in: Scientific American 197 (1957)
Gellner, Ernest, Words and Things. A Critical Account of Linguistic Philosophy and a Study in Ideology. With an introd. by B. Russell, 2. impr., London 1959
Gomperz, Heinrich, Weltanschauungslehre. Ein Versuch, d. Hauptprobleme d. allg. theor. Philos. geschichtl. zu entwickeln u. sachl. zu bearbeiten, 1. Bd., Jena-Leipzig 1905
Goodstein, R. L., Mathematical Logic, Leicester 1957
Goodstein, R. L., On the Nature of Mathematical Systems, in: Dialectica, 12 (1958), 3/4 (47/48)
Gortari, Eli de, Introducción a la lógica dialéctica, 2. ed., México — Buenos Aires 1959
Gutenmacher, L. I., Informations-logische Automaten. Automatisierung im Informations- und Bibliothekswesen. Übers. v. G. Müller u. W. Ritzert, München-Wien 1966
Hegel, Georg Wilhelm Friedrich, Sämtliche Werke, Jubiläumsausg. in zwanzig Bänden. Hrsg. v. H. Glockner, 2. Bd.: Phänomenologie des Geistes, 3. Aufl., Stuttgart 1951; 5. Bd.: Wissenschaft der Logik. Zweiter Teil. Die subjektive Logik oder Lehre vom Begriff, 3. Aufl., Stuttgart 1949; 8. Bd.: System der Philosophie. Erster Teil. Die Logik, 3. Aufl. d. Jubiläumsausg., Stuttgart 1955; 12. Bd.: Vorlesungen über die Aesthetik, 1. Bd., 3. Aufl., Stuttgart 1953
Heidegger, Martin, Einführung in die Metaphysik, Tübingen 1953
Heisenberg, Werner, Die physikalischen Prinzipien der Quantentheorie, Mannheim 1958
Heisenberg, Werner, Gedanken der antiken Naturphilosophie in der modernen Physik, in: Werner Heisenberg, Wandlungen in den Grundlagen der Naturwissenschaft. Zehn Vorträge, 9. erw. Aufl., Stuttgart 1959

Heisenberg, Werner, Physics and Philosophy. The Revolution in Modern Science, London 1959; deutsche Ausg.: Werner Heisenberg, Physik und Philosophie [Übers. aus d. Engl.], Stuttgart 1959
Heyting, A., Blick von der intuitionistischen Warte, in: Dialectica, 12 (1958), 3/4 (47/48)
Hilbert, David, Die Grundlagen der Mathematik, in: David Hilbert, Grundlagen der Geometrie, 7. umgearb. u. verm. Aufl., Leipzig-Berlin 1930
Hilbert, David, Grundlagen der Geometrie, 9. Aufl., rev. u. erg. v. P. Bernays, Stuttgart 1962
Hilbert, David, Neubegründung der Mathematik. Erste Mitteilung, in: David Hilbert, Gesammelte Abhandlungen. Textually unalt. repr., New York 1965, Bd. 3
Hilbert, David, Über das Unendliche, in: David Hilbert, Grundlagen der Geometrie, 7. umgearb. u. verm. Aufl., Leipzig-Berlin 1930
Jaspers, Karl, Die Idee der Universität, Berlin 1946
Jaspers, Karl, Psychologie der Weltanschauungen, Berlin 1919 (3. Aufl. 1925)
Jerusalem, Wilhelm, Einleitung in die Philosophie, 9. u. 10. Aufl., Wien-Leipzig 1923
Jessenin, Sergej, Gedichte russisch-deutsch. Nachdichtung v. P. Celan, A. Christoph, R. Kirsch u. a. Hrsg. v. F. Mierau, Leipzig 1965
Jordan, Pascual, Die Physik des 20. Jahrhunderts. Einführung in den Gedankeninhalt der modernen Physik, 7. Aufl., Braunschweig 1949
Kemeny, John. G., A Philosopher Looks at Science, Princeton, N. J. — Toronto-London-New York 1959
Klaus, Georg, Moderne Logik. Abriß der formalen Logik, 4. bericht. Aufl. (6. Aufl. v. „Einführung in die formale Logik") Berlin 1967
Klaus, Georg, Kybernetik in philosophischer Sicht, 4. Aufl., Berlin 1965
Kleene, Stephen Cole, Introduction to Metamathematics, Amsterdam 1952
Korzybski, A., Science and Sanity. An Introduction to Non-Aristotelian Systems and General Semantics, 3. ed., 2. pr., Lakeville, Conn., 1949
Kowalewski, Stanisław, Organizacja jako cecha niektórych przedmiotów złożonych [Organisation als Charakteristikum gewisser zusammengesetzter Objekte], Warszawa 1964
Kubiński, Tadeusz, O granicach rozszerzania teorii naukowych [Über die Grenzen der Ausweitung wissenschaftlicher Theorien], in: Ruch Filozoficzny [Philosophische Bewegung], 20(1960/1), 4
Lalande, André, Vocabulaire technique et critique de la philosophie, 8. ed., rev. et augm., Paris 1960
Laue, Max v., Geschichte der Physik, 3. durchges. Aufl., Bonn 1950
Lenin, W. I., Materialismus und Empiriokritizismus, in: W. I. Lenin, Werke, Bd. 14, Berlin 1962
Lenin, W. I., Noch einmal über die Gewerkschaften, die gegenwärtige Lage, die Fehler Trotzkis und Bucharins, in: W. I. Lenin, Werke, Bd. 32, Berlin 1961

Lenin, W. I., Philosophische Hefte, in: W. I. Lenin, Werke, Bd. 38, Berlin 1964
Locke, John, An Essay Concerning Human Understanding, new. ed. rev., London 1883; deutsche Ausg.: John Locke, Über den menschlichen Verstand. Ausg. in 2 Bdn., Bd. II, Berlin 1962
Lorentz, H. A., Das Relativitätsprinzip. Drei Vorlesungen, gehalten in Teylers Stiftung zu Haarlem, Leipzig-Berlin 1914
Mach, Ernst, Die Mechanik in ihrer Entwicklung. Historisch-krit. dargestellt, 7. verb. u. verm. Aufl., Leipzig 1912 (9. Aufl. 1933)
Marx an Engels in Manchester. [London] 25. März 1868, in: Karl Marx/Friedrich Engels, Werke, Bd. 32, Berlin 1965
Marx, Karl, Das Kapital. Kritik der politischen Ökonomie, 1. Bd., in: Karl Marx/Friedrich Engels, Werke, Bd. 23, Berlin 1962
Marx, Karl, Einleitung zur Kritik der politischen Ökonomie, in: Karl Marx/ Friedrich Engels, Werke, Bd. 13, Berlin 1961
Marx, Karl, Misère de la philosophie. Response à la Philosophie de la Misère de M. Proudhon, Paris 1961; deutsch: Karl Marx, Das Elend der Philosophie. Antwort auf Proudhons „Philosophie des Elends". Dt. v. E. Bernstein u. K. Kautsky, in: Karl Marx/Friedrich Engels, Werke, Bd. 4, Berlin 1959
Marx, Karl, [Ökonomisch-philosophische Manuskripte aus dem Jahre 1844]. Zur Kritik der Nationalökonomie, mit einem Schlußkapitel über die Hegelsche Philosophie, in Karl Marx/Friedrich Engels, Werke, Ergänzungsband: Schriften, Manuskripte, Briefe bis 1844. Erster Teil, Berlin 1968
Marx, Karl, Thesen über Feuerbach, in: Karl Marx/Friedrich Engels, Werke, Bd. 3, Berlin 1958
Mendelejeff, D., Grundlagen der Chemie. Übers. v. L. Jawein u. A. Thillot, St. Petersburg 1890–1891
Mill, John Stuart, A System of Logic, Ratiocinative and Inductive. Being a Connected View of the Principles of Evidence and the Methods of Scientific Investigation. New impr., London 1911; deutsche Ausg.: John Stuart Mill, System der deductiven und inductiven Logik. Eine Darlegung der Principien wissenschaftlicher Forschung, insbes. der Naturforschung. Übertr. v. J. Schiel, 4. dt., nach der 8. d. Originals erw. Aufl., 2. Theil, Braunschweig 1877
Narski, I. S., Positivismus in Vergangenheit und Gegenwart. Übers. v. einem Übersetzerkollektiv. Bearb.: G. Kröber, Berlin 1967
Nelson, John O., The Confirmation of Hypotheses, in: The Philosophical Review, 67(1958), Jan.
Neumann, Johann von, Mathematische Grundlagen der Quantenmechanik, Berlin 1932
Neumann, John von, The General and Logical Theory of Automata, in: Cerebral Mechanisms in Behevior. The Hixon Symposium. Ed. by L. A. Jeffress, New York-London 1951
Newton, Isaac, Philosophiae naturalis principia mathematica, London 1687; deutsche Ausg: Isaac Newton, Mathematische Prinzipien der Naturlehre, Berlin 1872 (Neudruck: Leipzig 1932)

Pap, Arthur, An Introduction to the Philosophy of Science, London 1962
Pawlow, I. P., Allgemeines über die Zentren der Großhirnhemisphären, in: I.P. Pawlow, Sämtliche Werke, Bd. III/1. Red.: Dr. med. hab. Winter, Berlin 1953
Pawlow, I. P., Antwort eines Physiologen an die Psychologen, in: I. P. Pawlow, Sämtliche Werke, Bd. III/2, Berlin 1953
Penfield, W., and Herbert Jasper, Epilepsy and the Functional Anatomy of the Human Brain, London 1954
Planck, Max, Sinn und Grenzen der exakten Wissenschaft. Vortrag gehalten im Nov. 1941, 6., mit d. 2. übereinst. Aufl., Leipzig 1958
Planck, Max, Ursprung und Auswirkung wissenschaftlicher Ideen. (Vortrag, geh. am 17. Febr. 1933 im Verein Deutscher Ingenieure Berlin.), in: Max Planck, Physikalische Abhandlungen und Vorträge, Bd. III, Braunschweig 1958
Poincaré, Henri, La Science et l'Hypothèse, Paris 1905; deutsche Ausg.: Henri Poincaré, Wissenschaft und Hypothese. Hrsg. v. F. u. L. Lindemann, 3. verb. Aufl., Leipzig 1914
Poincaré, H., La Valeur de la science, Paris 1925; deutsche Ausg.: Henri Poincaré, Der Wert der Wissenschaft. Übertr. v. E. Weber, 2. Aufl., Leipzig-Berlin 1910 (3. Aufl. 1921)
Poincaré, Henri, Science et méthode, 30. mille, Paris 1947; deutsche Ausg.: Henri Poincaré, Wissenschaft und Methode. Hrsg. v. F. u. L. Lindemann, Leipzig-Berlin 1914
Polya, George, Mathematics and Plausible Reasoning, Princeton, N. J., 1954, vol. 1: Induction and Analogy in Mathematics, vol. 2: Patterns of Plausible Inference; deutsche Ausg.: Georg Pólya, Mathematik und plausibles Schließen. Übers. v. L. Bechtolsheim, Basel-Stuttgart 1962–1963, Bd. 1: Induktion und Analogie in der Mathematik, Bd. 2: Typen und Strukturen plausibler Folgerung
Popper, Karl, Logik der Forschung, 2. erw. Aufl., Tübingen 1966 (1. Aufl. Wien 1935; engl. Ausg.: Karl Popper, The Logic of Scientific Discovery, London 1959)
Post, Emil Leon, Two-valued Iterative Systems of Mathematical Logic (Annals of Mathematic Studies, 5), Princeton, N. J., 1941
Programm und Statut der Kommunistischen Partei der Sowjetunion. Angenommen auf dem XXII. Parteitag der KPdSU 17. bis 31. Oktober 1961, Berlin 1962
Rakitov, A. I., Die statistische Interpretation eines Fakts und die Rolle statistischer Methoden beim Aufbau empirischen Wissens, in: Studien zur Logik der wissenschaftlichen Erkenntnis. Hrsg. v. G. Kröber, übers. v. G. Richter, Berlin 1967
Reichenbach, Hans, Philosophic Foundations of Quantum Mechanics, 2. pr., Berkeley 1946; deutsche Ausg.: Hans Reichenbach, Philosophische Grundlagen der Quantenmechanik. Übers. v. M. Reichenbach, Basel 1949
Reichenbach, Hans, The Rise of Scientific Philosophy, Berkeley-Los Angeles, 2. pr., 1954; deutsche Ausg.: Hans Reichenbach, Der Aufstieg der wissenschaftlichen Philosophie. Übertr. v. M. Reichenbach, Berlin-Grunewald 1953
Rosenblueth, Arturo, and Norbert Wiener, The Role of Models in Science, in: Philosophy of Science, 12 (1945), 4

Rougier, Louis, Traité de la connaissance, Paris 1955
Russell, Bertrand, History of Western Philosophy and Its connection with Political and Social Circumstances from the Earliest Times to the Present Day, new. ed. reset, London 1961; deutsche Ausg.: Bertrand Russell, Philosophie des Abendlandes. Ihr Zusammenhang mit d. polit. u. soz. Entwicklg. Übers.: E. Fischer-Wernecke u. R. Gillischewski, Berlin-Darmstadt 1951
Russell, Bertrand, Human Knowledge. Its Scope and Limits, London 1948
Saaty, Thomas L., Mathematical Methods of Operations Research, New York 1959
Schaff, Adam, Wstęp do semantyki, Warszawa 1960; deutsche Ausg.: Adam Schaff, Einführung in die Semantik. Übers.: L. u. A. Hermann. Hrsg. u. m. e. Nachw. vers. v. G. Klaus, Berlin 1966
Schlick, Moritz, Meaning and Verification, in: Moritz Schlick, Gesammelte Aufsätze 1926–1936, Wien 1938
Schmidt, Heinrich, Philosophisches Wörterbuch. Erg. u. hrsg. v. G. Schischkoff, 14. Aufl., Stuttgart 1957 (15. Aufl. 1960)
Smirnov, V. A., Wissensebenen und Etappen des Erkenntnisprozesses, in: Studien zur Logik der wissenschaftlichen Erkenntnis. Hrsg. v. G. Kröber, übers. v. G. Richter, Berlin 1967
Spinoza, Tractatus de intellectus emendatione, et de viâ, quâ optimè in veram rerum Cognitionem dirigitur, in: Spinoza, Opera II, Heidelberg 1924; deutsche Ausg.: Benedictus de Spinoza, Abhandlung über die Läuterung des Verstandes und über den Weg, auf welchem er am besten zur Erkenntnis der Dinge geführt wird, Leipzig 1947
Stanley, Wendell, and Evans G. Valens, Viruses and the Nature of Life, 2. pr. New York 1962
Stegmüller, Wolfgang, Unvollständigkeit und Unentscheidbarkeit. Die metamathem. Resultate von Gödel, Church, Kleene, Rosser u. ihre erkenntnistheoretische Bedeutung, Wien 1959
Stonert, Henryk, Definicje w naukach dedukcyjnych [Die Definition in den deduktiven Wissenschaften] Łódź 1959
Strugazki, A. und B., Atomvulkan Golkonda, 3. Aufl., Berlin 1961
Synge, J. L., Classical Dynamics, in: Handbuch der Physik/Encyclopedia of Physics. Hrsg. v. S. Flügge, Bd. III/1: Prinzipien der klassischen Mechanik und Feldtheorie, Berlin-Göttingen-Heidelberg 1960
Synge, J. L., Relativity: The General Theory, Amsterdam 1960
Tarski, Alfred, O logice matematycznej i metodzie dedukcyjnej, Lwów-Warszawa 1936; deutsche Ausg.: Alfred Tarski, Einführung in die mathematische Logik und in die Methodologie der Mathematik, Wien 1937; 2. Aufl. (Titel: Einführung in die mathematische Logik), übers. v. E. Scheibe nach d. engl. u. französ. Ausg., Göttingen 1966
Tavanec, P. V., und V. S. Švyrjev, Die Logik der wissenschaftlichen Erkenntnis, in: Studien zur Logik der wissenschaftlichen Erkenntnis. Hrsg. v. G. Kröber, übers. v. G. Richter, Berlin 1967

Turing, A. M., Computing Machinery and Intelligence, in: The World of Mathematics from A'h-mosé to Albert Einstein, pres. with comm. and notes by J. R. Newman, Simon and Schuster, vol. 4, New York 1956

Twain, Mark, Taming the Bycicle, in: The Complete Essays of Mark Twain. Ed. by C. Neider, Garden City, N. Y., 1963

Ujomow, A. I., Dinge, Eigenschaften und Relationen. Dt. Ausg. bes. v. G. Kröber unter Mitarb. v. P. Bollhagen, Berlin 1965

Wallon, Henri, De l'acte à la pensée. Essai de psychologie comparée, Paris 1942

Wang, Hao, A Survey of Mathematical Logic, Peking 1962

Weisskopf, Victor F., Problems of Nuclear Structure, in: Physics Today, 14 (1961)

Weizsäcker, Carl Friedrich von, Gestaltkreis und Komplementarität, in: Carl Friedrich von Weizsäcker, Zum Weltbild der Physik, 7. erw. Aufl., Stuttgart 1958

Weizsäcker, Carl Friedrich von, Komplementarität und Logik, in: Carl Friedrich von Weizsäcker, Zum Weltbild der Physik, 7. erw. Aufl., Stuttgart 1958

Wetter, Gustav A., Dialektischer und historischer Materialismus, in: Gustav A. Wetter, Sowjetideologie heute. I, Frankfurt a. M.-Hamburg 1962

Wheeler, J. A., Geometrodynamics, New York-London 1962

Whitehead, A. N., and Bertrand Russell, Principia Mathematica, Cambridge 1910—1913

Wilson, Mitchell A., Meeting at a Far Meridian, London 1963

Wittgenstein, Ludwig, Tractatus Logico-Philosophicus. With an introd. by B. Russell, 6. impr., London 1955

Айзерман, М. А., Л. А. Гусев, Л. И. Розоноэр, И. М. Смирнова, А. А. Таль, Логика, автоматы, алгоритмы [Logik, Automaten, Algorithmen], Москва 1963

Алексеев, М. Н., Логика научного исследования [Logik der wissenschaftlichen Forschung], in: Вопросы философии [Fragen der Philosophie], 1962, 11

Анохин, П. К., Внутреннее торможение как проблема физиологии [Die innere Hemmung als Problem der Physiologie], Москва 1958

Арсеньев, А. С., О принципе соответствия в современной физике [Über das Korrespondenzprinzip in der modernen Physik], in: Вопросы философии [Fragen der Philosophie], 1958, 4

Асмус, В. Ф., Выступление на симпозиуме по логике научного исследования [Rede auf dem Symposium zur Logik der wissenschaftlichen Forschung], in: Вопросы философии [Fragen der Philosophie], 1962, 10

Асмус, В. Ф., Проблема интуиции в философии и математике [Das Problem der Instuition in der Philosophie und Mathematik], Москва 1963

Афанасьев, В. Г., О принципах классификации целостных систем [Über die Klassifikationsprinzipien ganzheitlicher Systeme], in: Вопросы философии [Fragen der Philosophie], 1963, 5

Афанасьев, В. Г., Проблема целостности в философии и биологии [Das Ganzheitsproblem in der Philosophie und Biologie], Москва 1964

Балковский, Б. Е., Новый тип линейного (монотомического) ключа для определения растений [Ein neuer Typ des linearen (monotomen) Schlüssels (Clavis) zur Pflanzenbestimmung], in: Ботанический журнал [Botanische Zeitschrift], 1960, 6

Балковский, Б. Е., Цифровой политомический ключ для определения растений [Ein polytomer Zahlenschlüssel zur Pflanzenbestimmung], in: Ботанический журнал [Botanische Zeitschrift], 1960, 1

Балковский, Б. Е., О повышении диагностической значимости признаков, используемых для определения растений [Die Zunahme der diagnostischen Bedeutung der für die Pflanzenbestimmung auszuwertenden Merkmale], in: Ботанический журнал [Botanische Zeitschrift], 1962, 9

Бердышев, Г. Д., В. А. Ратнер, Код наследственности [Der genetische Kode], Новосибирск 1963

Берестецкий, В. Б., Динамические свойства элементарных частиц и теория матрицы рассеяния [Die dynamischen Eigenschaften der Elementarteilchen und die Streuungsmatrix], in: Успехи физических наук [Erfolge der physikalischen Wissenschaften], 76 (1962), 1

Большая Советская Энциклопедия (БСЭ) [Große Sowjetenzyklopädie], изд. 2

Бочвар, Д. А., К вопросу о парадоксах математической логики и теории множеств [Zur Frage der Paradoxien der mathematischen Logik und der Mengentheorie], in: Математический сборник [Mathematisches Sammelwerk], т. 15 (47), 1944, вып. 3

Бухарев, Р. Г., М. С. Рытвинская, О моделировании вероятностного процесса, связанного с сочинением песенной мелодии [Über die Modellierung des Wahrscheinlichkeitsprozesses, der mit dem Schaffen einer Liedmelodie in Zusammenhang steht], in: Вероятностные методы и кибернетика [Wahrscheinlichkeitsmethoden und Kybernetik]. (= Ученые записки казанского университета [Wissenschaftliche Mitteilungen der Universität Kasan])

Вавилов, С. И., Физика [Physik], in: С. И. Вавилов, Собрание сочинений [Gesammelte Werke], т. 3, Москва 1956

Вавилов, С. И., Экспериментальные основаниа теории относительности [Die experimentellen Grundlagen der Relativitätstheorie], in: С. И. Вавилов, Собрание сочинений [Gesammelte Werte], т. УI, Москва 1958

Гиббереллины и их действие на растения [Die Gibberellinen und ihre Wirkung auf die Pflanzen], Москва 1963

Глушков, В. М., Моделирование мыслительных процессов [Modellierung von Denkvorgängen], in: Природа [Natur], 1963, 2

Горский, Д. П., Вопросы абстракции и образования понятий [Die Probleme der Abstraktion und Begriffsbildung], Москва 1961

Горский, Д. П., Истина и ее критерий [Die Wahrheit und ihr Kriterium], in: Вопросы философии [Fragen der Philosophie], 1962, 2

Горский, Д. П., Логика [Logik], изд. 2, испр., Москва 1963

Гутенмахер, Л. И., Т. Э. Влэдуц, Перспективы применения в химии информационно-логических машин [Die Perspektiven für die Anwendung informations-logischer Maschinen in der Chemie], in: Проблемы высшего и технологического образования. Доклады на VIII Менделеевском съезде по общей и прикладной химии [Probleme der Hochschul- und technologischen Bildung. Referate auf dem VIII. Mendelejew-Kongreß zur allgemeinen und angewandten Chemie], Москва 1959

Дергач, П. М., Короткий словник синонімів української мови [Kurzes ukrainisches Synonymenlexikon], in: Радянська школа [Die sowjetische Schule], 1960

Диалектический материализм — философская основа современной науки [Der dialektische Materialismus — die philosophische Grundlage der heutigen Wissenschaft], Киев 1962

Дишлевий, П. С., М. В. Попович, До питання про природу парадоксів [Zur Frage über das Wesen der Paradoxien], in: Логіка і методологія науки [Logik und Methodologie der Wissenschaft], Київ 1964

Зайцев, Г. А., О связи теории относительности с теорией групп [Über den Zusammenhang der Relativitätstheorie mit der Gruppentheorie], in: Мари-Антуанетт Тоннела, Основы электромагнетизма и теории относительности. Перев. Г. А. Зайцева, Москва 1962 (russ. Ausg. von: Marie-Antoinette Tonnelat, Les Principes de la théorie électromagnétique et de la relativité, Paris 1959)

Зиновьев, А. А., Логика высказываний и теория вывода [Aussagenlogik und Theorie des Folgerns], Москва 1962

Зиновьев, А. А., Философские проблемы многозначной логики [Die philosophischen Probleme der mehrwertigen Logik], Москва 1960

Зиновьев, А. А., И. И. Ревзин, Логическая модель как средство научного исследования [Das logische Modell als Mittel der wissenschaftlichen Forschung], in: Вопросы философии [Fragen der Philosophie], 1960, 1

Ивахненко, А. Г., Самообучающиеся системы с положительными обратными связями [Selbstoptimierende Systeme mit Mitkopplungen], Киев 1963

Илларионов, С. В., Принцип ограничений в физике и его связь с принципом соответствия [Das Begrenztheitsprinzip in der Physik und sein Zusammenhang mit dem Korrespondenzprinzip], in: Вопросы философии [Fragen der Philosophie], 1964, 3

Каганович, Б., В. Резніков, Методологічні основи системи класифікації і кодування в промислової і сільськогосподарскої продукції [Die methodologischen Grundlagen des Klassifikationssystems und der Kodierung in der industriellen und landwirtschaftlichen Produktion], in: Економіка Радянської України [Ökonomik der Sowjetukraine], 1964, 1

Карпов, М. Н., Основные закономерности развития естествознания [Die Hauptgesetzmäßigkeiten der Entwicklung der Naturwissenschaft], Ростов-на-Дону 1963

Кедров, Б. М., День одного великого открытия [Der Tag einer großen Entdeckung], Москва 1958

Кедров, Б. М., Предмет и взаимосвязь естественных наук [Der Gegenstand und der wechselseitige Zusammenhang der Naturwissenschaften], Москва 1962 (2. изд. 1967)

Келдыш, М. В., Проблема методологии и прогресс науки [Das Problem der Methodologie und der Fortschritt der Wissenschaft], in: Методологические проблемы науки [Methodologische Probleme der Wissenschaft], Москва 1964

Клюева, В. Н., Краткий словарь синонимов русского языка [Kurzes russisches Synonymenlexikon], 2. изд., испр. и доп., Москва 1961

Колмогоров, А. Н., Предисловие [Vorwort], in: Нильс Арлей и К. Рандер Бух, Введение в теорию вероятности и математическую статистику. Перев. А. С. Монина и А. А. Петрова, Москва 1951 (russ. Ausg. von Niels Arley, K. Rander Buch, Introduction to the Theory of Probability and Statistics, New York 1950)

Кольман, Э., Математика в новых областя знаниях [Die Mathematik in neuen Wissensbereichen], in: Природа [Natur], 1964, 1

Кондаков, Н. И., Логика [Logik], Москва 1954

Копнин, П. В., Гипотеза и познание действительности [Hypothese und Erkenntnis der Wirklichkeit], Киев 1962

Копнин, П. В., Диалектика как логика [Die Dialektik als Logik], Киев, 1961

Крылов, Н. С., Работы по обоснованию статистической физики [Die Arbeiten zur Fundierung der statistischen Physik], Москва-Ленинград 1950

Кузнецов, Б. Г., Развитие физических идей от Галилея до Эйнштейна в свете совеременной науки [Die Entwicklung der physikalischen Ideen von Galilei bis Einstein im Lichte der heutigen Wissenschaft], Москва 1963 (2. изд. 1966)

Кузнецов, Б. Г., Эволюция картины мира [Die Evolution des Weltbildes], Москва 1961

Кузнецов, Б. Г., Эйнштейн, Москва 1962; engl.Ausg.: B. Kuznetsov, Einstein. Transl. by V. Talmy, Moscow 1965

Кузнецов, И. В., Взаймосвязь физических теорий [Der wechselseitige Zusammenhang der physikalischen Theorien], in: Вопросы философии [Fragen der Philosophie], 1963, 6

Кузнецов, И. В., Принцип соответствия в современной физике и его философское значение [Das Korrespondenzprinzip in der modernen Physik und seine philosophische Bedeutung], Москва-Ленинград 1948

Лазебник, Ю., Проблема літературної майстерності в журналістиці [Das Problem der literarischen Meisterschaft in der Journalistik], Київ 1963

Лалаянц, А., Проблемы внедрения вычислительной техники и планирование народного хозяйства [Probleme der Einführung der Rechentechnik und die Planung der Volkswirtschaft], in: Вопросы экономики [Fragen der Ökonomik], 1963, 11

Лехнер, Е. А., Выступление в редакции при обсуждении учебника В. Г. Афанасьева „Основы философских знаний“ [Referat im Verlag bei der Diskussion über W. G. Afanassjews Handbuch „Grundlagen der philosophischen Wissenschaften“], in: Коммунист [Kommunist], 1963, 2

Лобачевский, Н. И., О началах геометрии [Über die Grundlagen der Geometrie], in: Н. И. Лобачевский, Полное собрание сочинений [Sämtliche Werke], т. I, Москва-Ленинград 1946

Лосев, А., Интуиция [Intuition], in: Философская энциклопедия [Philosophische Enzyklopädie], т. 2, Москва 1962

Ляпунов, А. А., О фундаменте и стиле современной математики [Über das Fundament und den Stil der modernen Mathematik], in: Математическое просвещение [Mathematische Schulung], 1960, 5

Малая Советская Энциклопедия (МСЭ) [Kleine Sowjetenzyklopädie], изд., 3

Мандельштам, Л. И., Лекции по основам квантовой механики [Vorlesungen über die Grundlagen der Quantenmechanik], in: Л. И. Мандельштам, Полное собрание трудов [Sämtliche Werke], т. 5, Москва 1950

Марков, А. А., Теория алгоритмов [Theorie der Algorithmen], in: Труды Математического института им. В. А. Стеклова [Arbeiten des Mathematischen W. A. Steklow-Instituts], 1954, XLII

Марков, М. А., О современной форме атомизма [Die moderne Form des Atomismus], in: Вопросы философии [Fragen der Philosophie], 1960, 4

Методологические проблемы науки. Материалы заседания Президиума Акад. наук СССР [Methodologische Probleme der Wissenschaft. Materialien einer Sitzung des Präsidiums der Akad. d. Wissenschaften d. UdSSR], Москва 1964

Минский, М. Л., О некоторых методах искусственного мышления и составления эвристических программ. Материалы X симпозиума научной физической лаборатории (Англия) [Über einige Methoden künstlichen Denkens und der Zusammenstellung heuristischer Programme. Materialien des X. Symposiums des wissenschaftlichen physikalischen Laboratoriums (England)], in: Механизация процесса производства [Mechanisierung des Produktionsprozesses], 1958, т. 1

Нарский, И. С., Очерки по истории позитивизма [Abriß der Geschichte des Positivismus], Москва 1960

Наумова, Т. С., физиология ретикулярной формации [Physiologie der formatio reticularis], Москва 1963

Новиков, П. С., Элементы математической логики, Москва 1959; engl. Ausg.: P. S. Novikov, Elements of Mathematical Logic. Transl. by L. F. Boron. With a pref. and notes by R. L. Goodstein, Edinburgh 1964

Ожегов, С. И., Словарь русского языка [Wörterbuch der russischen Sprache], 4. изд., испр. и доп., Москва 1960

Павлов, Тодор, Теория етражения. Основные вопросы теории познания диалектического матерализма. Перед. с болг. ф. И. Георгиева и А. И. Рубина [Widerspiegelungstheorie. Die Grundfragen der Erkenntnistheorie des dialektischen Materialismus. Aus d. Bulg. übers. v. F. I. Georgijew u. A. I. Rubin], Москва 1948

Панцхава, И. Д., Диалектический материализм [Dialektischer Materialismus], Москва 1958

Парасюк, О. С., Про математичний апарат теоії елементарных частинок. Доповідь на Республіканській нараді з філософських питань фізики елементарних частинок і полів [Über den mathematischen Apparat der Elementar-

teilchentheorie. Referat auf der Republiktagung über die philosophischen Fragen der Physik der Elementarteilchen und Felder], Київ 1962
Петров, Ю. В., Аксиоматический метод в некоторых теориях эволюционной морфологий [Die axiomatische Methode in einigen Theorien der evolutionären Morphologie], in: Вопросы философии [Fragen der Philosophie], 1959, 7
Пилипенко, В. И., Эволюционный принцип в изучении общих закономерностей структурной организации центральной нервной системы [Das Evolutionsprinzip bei der Erforschung der allgemeinen Gesetzmäßigkeit der strukturellen Organisation des Zentralnervensystems], in: Журнал высшей нервной деятельности [Zeitschrift zu Fragen der höheren Nerventätigkeit], 1963, 2
Поваров, Г. Н., Событийный и сужденческий аспекты логики в связи с логическими задачами техники [Der Ereignis- und der Urteilsaspekt der Logik in Verbindung mit den logischen Aufgaben der Technik], in: Применение логики в науке и технике [Anwendung der Logik in Wissenschaft und Technik], Москва 1960
Поликаров, А., Материя и познание. Въпроси на маркс. теория на познанието [Materie und Erkenntnis. Probleme der marxistischen Erkenntnistheorie], София 1961
Понтекорво, Бруно, Загадочное нейтрино [Das rätselhafte Neutrino], in: Пути в незнаемое. Писатели рассказывают о науке [Wege ins Unbekannte. Schriftsteller erzählen über die Wissenschaft]. Сб. 3, Москва 1963
Пратусевич, Ю. М., Где находится орган мышления? [Wo befindet sich das Denkorgan?], in: Вопросы фолософии [Fragen der Philosophie], 1958, 4
Проблемы мышления в современной науке [Die Probleme des Denkens in der modernen Wissenschaft], Москва 1964
Ревзин, И. И., Модели языка [Sprachmodelle], Москва 1962
Савинов, А. В., Логические законы мышления. О структуре и закономерностях логического процесса [Die logischen Denkgesetze. Über die Struktur und die Gesetzmäßigkeiten des logischen Prozesses], Ленинград 1958
Садовский, В. Н., Проблемы методологии дедуктивных теорий [Probleme der Methodologie der deduktiven Theorien], in: Вопросы философии [Fragen der Philosophie], 1963, 3
Свириденко, В. М., Роль математичної гіпотези в пізнанні мікроявищ [Die Rolle der mathematischen Hypothese bei der Deutung von Mikroerscheinungen], Київ 1962
Смирнов, В. А., Генетический метод построения научной теории [Die genetische Konstruktionsmethode einer wissenschaftlichen Theorie], in: Философские вопросы современной формальной логики [Philosophische Probleme der heutigen formalen Logik], Москва 1962
Смирнов, В. А., Некоторые выводы из сравнения нормальных алгоритмов А. А. Маркова и логических схем алгоритмов. А. А. Ляпунова [Einige Folgerungen aus dem Vergleich der normalen Algorithmen A. A. Markows und der logischen Algorithmenschemata A. A. Ljapunows], in: Проблемы методологии и логики наук [Probleme der Methodologie uud Logik der Wissenschaften], Томск 1962

Смирнова, Е. Д., К проблеме аналитического и синтетического [Zum Problem des Analytischen und des Synthetischen], in: Философские вопросы современной формальной логики [Philosophische Probleme der heutigen formalen Logik], Москва 1962

Соколов, А. Н., Электромиографический анализ внутренней речи и проблема нейродинамики мышления [Die elektromyographische Analyse der inneren Sprache und das Problem der Neurodynamik des Denkens], in: Мышление и речь [Denken und Sprache], Москва 1963

Спиркин, А., Курс марксистской философии [Lehrgang der marxistischen Philosophie], Москва 1963

Структурно-типологические исследования [Strukturelle und typologische Untersuchungen], Москва 1962

Таванец, П. В., Некоторые проблемы научного исследования [Einige Probleme der wissenschaftlichen Forschung], in: Вопросы философии [Fragen der Philosophie], 1962, 10

Таванец, П. В., О семантическом определении истины [Über die semantische Definition der Wahrheit], in: Философские вопросы современной формальной логики [Philosophische Probleme der heutigen formalen Logik], Москва 1962

Тамм, И. Е., А. Эйнштейн и современная физика [A. Einstein und die moderne Physik], in: Эйнштейн и современная физика [Einstein und die moderne Physik], Москва 1956

Терлецкий, Я. П., О нелинейном обобщении и интерпретации квантовой теории [Die nichtlineare Verallgemeinerung und Interpretation der Quantentheorie], in: Вопросы философии [Fragen der Philosophie], 1959, 4

Толковый словарь русского языка. Главная ред. Б. М. Волин и Д. Н. Ушаков [Erklärendes Wörterbuch der russischen Sprache. Hrsg. v. B. M. Wolin u. D. N. Uschakow], т. II, Москва 1938, т. III, Москва 1939

Тюхтин, В. С., О природе образа. Псих. отражение в свете идей кибернетики [Über die Natur des Bildes. Psych. Widerspiegelung im Lichte der Kybernetik], Москва 1963

Урланис, Б. Ц., Общая теория статистики [Allgemeine Theorie der Statistik], Москва 1962

Философские проблемы теории тяготения Эйнштейна и релятивистской космологии [Die philosophischen Probleme der Gravitationstheorie von Einstein u. der relativist. Kosmologie], Киев 1965

Философский словарь [Philosophisches Wörterbuch], Москва 1961

Философский словарь. Под ред. М. М. Розенталя и П. Ф. Юдина [Philosophisches Wörterbuch. Hrsg. v. M. M. Rosental u. P. F. Judin], Москва 1963

Формирование научного мировоззрения [Die Bildung der wissenschaftlichen Weltanschauung], in: Коммунист, 1962, 4

Хайлов, К. М., Проблема системной организованности в теоретической биологии [Das Problem der systemhaften Organisiertheit in der theoretischen Biologie], in: Журнал общей биологии [Zeitschrift für allgemeine Biologie], 24 (1963), 5

Хинчин, А. Я., Метод произвольных функций и борьба против идеализма в теории вероятности [Die Methode der willkürlichen Funktionen und der Kampf gegen den Idealismus in der Wahrscheinlichkeitstheorie], in: Философские вопросы современной физики [Philosophische Probleme der modernen Physik], Москва 1962

Ходаков, Ю. В., Необходимое и случайное в развитии науки [Das Notwendige und das Zufällige in der Wissenschaftsentwicklung], in: Вопросы философии [Fragen der Philosophie], 1960, 10

Шанин, Н. А., Конструктивные числа и фунционалъные пространства [Konstruktive Zahlen und funktionale Räume], in: Проблемы конструктивного направления в математике. Сборник работ. Труды Математического института им. В. А. Стеклова [Probleme der konstruktiven Richtung in der Mathematik. Sammlung von Aufsätzen. Arbeiten des Mathematischen W. A. Steklow-Instituts], 67 (1962)

Швырев, В. С., Неопозитивистская концепция эмпирического знания [Die neopositivistische Konzeption des empirischen Wissens], in: Философские вопросы современной формальной логики [Philosophische Probleme der heutigen formalen Logik], Москва 1962

Шинкарук, В. И., Логика, диалектика и теория познания Гегеля [Die Logik, Dialektik und Erkenntnistheorie Hegels], Киев 1964

Щедровицкий, Г. П., Методология науки и логика. Тезисы докладов симпозиума „Логика научного исследования“ и семинара логиков [Methodologie von Wissenschaft und Logik. Thesen der auf dem Symposium „Logik der wissenschaftlichen Forschung“ gehaltenen Referate sowie des Seminars der Logiker], Киев 1962

Яглом, И. Я., Л. С. Атанасян, Геометрические преобразования [Die geometrischen Transformationen], in: Энциклопедия элементарной математики [Enzyklopädie der Elementarmathematik], т. 4, Москва 1963

Яновская, С. А., Предисловие [Vorwort], in: Рудольф Карнап, Значение и необходимость. Исследование по семантике и модальной логике. Перев. Н. В. Воробьева. Общ. ред. Д. А. Бочвара, Москва 1959 (russ. Ausg. von Rudolf Carnap, Meaning and Necessity. A Study in Semantics and Modal Logic, enl. ed., Chicago 1956)

Яновская, С. А., Преодолены ли в современной науке трудности, известны под названием „апории Зенона“? [Sind in der heutigen Wissenschaft die unter der Bezeichnung „Aporien des Zenon“ bekannten Schwierigkeiten überwunden?], in: Проблемы логики [Probleme der Logik], Москва 1963

Яноши, Л., Философский анализ специальной теории относительности [Philosophische Analyse der speziellen Relativitätstheorie], in: Вопросы философии [Fragen der Philosophie], 1961, 8, 9

Personenregister

Sachregister*

* Dieses Register reproduziert den Kreis von Begriffen und die Verweisungen, die das Original dieses Buches gegeben hat. – *W. H.*

Vorkommende formallogische und mathematisch-physikalische Symbole

h	Plancksche Konstante (Wirkungsquantum) 67, 337, 338
$\frac{h}{2\pi}$	(oder $\hbar$) Wirkungsquantum (als Rechengröße) 67
$\forall$	„alle" (Quantor); Alloperator 84, 219
$\exists$	Quantor der Existenz („es gibt"); Existentialoperator 84, 118, 135, 207, 208, 219
$\equiv$	identisch (identisch gleich) 84, 127
$\approx$	angenähert (nahezu gleich) 85
$\lessdot$	Konkretisierungssymbol 86
ψ	Wellenfunktion 107
$\supset$	materiale Implikation; echte Obermenge („enthält") 108, 122, 135, 219, 260, 267, 385,
$\cap$	Durchschnitt (von) 118, 336
$\leqq$	kleiner oder gleich 126, 336
$\in$	Element von 135
$\sim$	Operator der Negation 207, 219, 260
$\leftrightarrow$	kann ersetzt werden durch (Äquivalenz) 210
$\geqq$	größer oder gleich 259, 360
$\wedge$, &	Konjunktion („und") 325
$\vee$	Disjunktion/Alternative („oder") 325
c	Lichtgeschwindigkeit 337, 338
$\cup$	Vereinigung (von) 336
$<$	kleiner als 336